JN188906

韓国農村社会の歴史民族誌

産業化過程でのフィールドワーク再考

本田 洋

風響社

まえがき

韓国社会に暮らす人たちの独特の社会感覚，いいかえれば，流動的な社会経済的諸状況のなかで人間関係と人的ネットワークを巧みに紡ぎだし，手持ちの資源をうまく配分し動員して柔軟かつ試行錯誤的に生きる感覚のルーツは，どこに求めることができるのだろうか。

筆者が社会・文化人類学の研究者を志し，フィールドの候補地として韓国をしばしば訪れるようになってから30年近い歳月が経った。その間にこの社会が経験しためまぐるしい変化に眩暈のような感覚を覚えるのは，決して筆者だけではあるまい。思いつくままに出来事をあげれば，1987年の民主化運動・民主化宣言と大統領直接選挙の実施，翌年のソウル・オリンピックと国会5共非理・光州特委聴聞会の熱狂，海外渡航の自由化，ソ連・東欧の旧共産主義諸国や中国との国交樹立，そして文民政権の樹立など――当初の10年あまりは，「ハンガン（漢江）の奇跡」と讃えられる産業化・高度経済成長の成果が花開き，国家の政治経済的な発展と国際社会への門戸開放を人びとが自身や家族の豊かな生活の実現と同一視しえた時代であった。

ところが1997年の金融・経済危機，いわゆる「IMF」をひとつの契機として，韓国経済は新自由主義体制への急転換を迫られ，職場や教育現場でも競争主義と成果主義がよりいっそう激化していった。すなわち主流であることに苛酷な再生産労働が課されるようになり，また主流からの脱落・疎外も深刻な社会問題となった。その一方で，（IMF後の）生き辛さと（産業化過程での）成長主義への反省から，オルターナティヴな関係性（共同体）や生き方を追求する者も数を増していった。韓国社会が，より正確にいえばこの社会で生きるということが，多岐的な分化と対立・葛藤を示すようになり，また異なる生き方のあいだの断絶もより先鋭化していったのだといえる。

このようにめまぐるしく変わる人々の生き方，試行錯誤，その流動性とある意味での柔軟性は，筆者がこの社会とかかわりを持つようになった時期から見て一時代前に始まった，産業化と都市化に起源を求めることができるのかもしれない。1960年代半ばに本格化した産業化の過程で，地方・農村の人口が大量に都市に移住し，20年余りの短い期間で都市と農村の人口比率は逆転した。産業の中心も農村（農業）から都市（製造業・サービス業）へと移っていった。その過程で故郷・農村から切りはなされ都市の根無し草となった人たちのあいだで移動性と社会的流動性が否応なく高まっていったのも，また一面の事実であったろう。

とはいえ，流動的な状況に巧みに適応する社会感覚，さらにいえば流動性を基調とする社会システムは，産業化過程で生み出された新しい現象といい切ってしまっていいのであろうか。

韓国が産業化への離陸を果たした1960年代から70年代にかけては，その農村部で民族誌的研究，すなわち現地調査に基づく社会・文化・民俗・生活の研究が活発に展開された時期でもあった。韓国の農村社会学者や民俗学者，あるいは日米の人類学者によるこの時期の農村社会研究をひもとくと，未婚の青年層や若い既婚者が群をなして都市へと移住し新たな生活の基盤を築いてゆく一方で，当時の農村では互いに助け合い，協力しあうコミュニティ的生活が営まれ，親族組織の活動も相当に活発であったことがわかる。そこからうかがえるのは，人口の流出にもかかわらず地縁・血縁の共同性が再生産され，逆に地縁的共同体や血縁紐帯が決して人の移動を抑制する機制として作用していたわけではなかったことである。生き方の流動性と柔軟性，それを支える社会システムは，産業化過程や都市生活に特有の現象ではなく，実は農村社会の生き方にもともと具わっていた属性である可能性も考えられるのではないだろうか。

本書は，筆者が1989年の夏から翌年の夏まで1年余りのあいだ，韓国南西内陸部のある農村に暮らしながら収集した資料——産業化過程でのフィールドワークに基づく民族誌資料——を整理しなおし，また当時の住民のライフヒストリー・手記や植民地期の村落結社の記録を韓国の農村社会に関する様々な資料と対照しながら，生き方の流動性・柔軟性と地縁的・血縁的共同性の再生産とのあいだに，どのような均衡がとられてきたのかを検討するものである。題名の「歴史民族誌」とは，フィールドワークに基づく民族誌資料を歴史的脈絡におき戻すことによって，そこに見いだされる持続性と変化を同定しようとする試みを意味する。

27年前のフィールドワークの資料を改めて記述分析しなおす理由のひとつは，この調査を終えた直後の筆者にとって，これから行おうとする作業が当時はまだ手に余るものであったことにある。今の韓国社会から見れば確かに古い資料であり，時代遅れの作業であるのかもしれないが，逆にこれだけ時間を置かなければ見えなかったことがあるのも事実である。それは韓国社会に関する実証的な歴史・人類学的研究の蓄積によるものでもあるし，また筆者自身がその間行ってきたフィールドワークと民族誌的作業を通じて蓄積した知識や認識によるものでもある。改めて断っておきたいのは，過去の資料の再分析であっても，それは韓国社会の今現在を理解するにあたって，少なくとも筆者にとっては必須の作業として位置づけられるということである。

流動性を基調とする社会システムは，決して産業化過程と都市生活に限定されるものではない――農村社会のどのような社会経済的基盤が流動性と持続性の均衡を可能にしたのかについての理解を含め，この仮説を本書を通じて検証してゆこうと思う。

目次

まえがき……………………………………………………………… 1

凡例　10

序論……………………………………………………………………13

序 -1　1980 年代末の Y マウル：表層としての民族誌的現在　15

序 -2　韓国の農村社会を捉える視角：民族誌的現在の現在化　27

序 -2-1　研究単位としての村落と共同性　29

序 -2-2　家族の理想型と再生産過程　34

序 -3　本書の構成　44

I 部　農村社会の長期持続と Y マウル住民の生活経験

1 章　小農社会の社会単位としての戸と村落………………51

1-1　朝鮮時代後期の身分構造と経済階層　54

1-2　戸の定着／流動性と再生産　60

1-2-1　戸の定着／流動性　60

1-2-2　相続慣行と戸の構成の変化　67

1-3　村落の構成と諸機能　73

1-3-1　朝鮮時代後期の村落　73

1-3-2　村落の多次元的複合性と統合：1920 年代初頭の朝鮮村落調査から　77

2 章　在地士族の拠点形成と地域社会

：南原の士族と Y マウルの三姓　…………………91

2-1　朝鮮後期南原府の在地士族と三姓　92

2-1-1　名門五姓とＹマウル三姓の移住　*92*
2-1-2　朝鮮後期の地方行政と在地士族　*97*
2-1-3　在地士族としての三姓　*100*

2-2　士族共同体の再編成　*107*

2-2-1　南原郷校の沿革　*110*
2-2-2　郷校儒林の構成　*111*
2-2-3　植民地期の儒林の活動　*114*

3章　植民地期の農村社会
：南原地域とＹマウル……………………………　*119*

3-1　農村地域の人口変動：1930年朝鮮国勢調査から　*119*

3-1-1　農村人口の流動性　*122*
3-1-2　南原郡出生地別人口の分析　*124*

3-2　1920～30年代の農業経営と農家の流動性　*129*

3-2-1　1920～30年代の農業経営　*129*
3-2-2　農民の窮乏と移動　*132*

3-3　植民地支配と村落コミュニティの再生産
：Ｙマウル洞契文書の分析　*138*

3-3-1　Ｙマウル洞契の概略　*139*
3-3-2　Ⅰ期の収支細目　*144*
3-3-3　Ⅲ期の収支細目　*149*
3-3-4　構成戸数と加入・脱退　*153*
3-3-5　コミュニティ的関係性と村落結社　*156*

4章　農村住民の近代／植民地経験
：移動と教育を中心に…………………………　*161*

4-1　植民地期の人の移動
：日本内地への出稼ぎ・移住を中心に　*162*

4-2　植民地期の新式教育と事務・専門職への進出　*168*

4-2-1　植民地支配下の教育　*168*
4-2-2　教育と職業選択　*174*

4-3　左右対立と朝鮮戦争　*179*

Ⅱ部　農村社会における家族の再生産と産業化

5章　農村社会における家族の再生産
：対照民族誌的考察 ……………………………… *191*

5-1　家族の再生産戦略と実践的論理　*192*
5-1-1　長男残留の条件　*193*
5-1-2　再生産戦略のスペクトラム　*198*
5-1-3　小農的居住＝経営単位の再生産に関する補足説明　*201*
5-2　家族の再生産の諸相：Y マウル住民のライフヒストリー　*204*
5-2-1　富農の再生産戦略　*204*
5-2-2　マージナルな生計維持の諸方策　*211*
5-2-3　家父長制的関係性からの遊離
：息子のいない寡婦／父の早すぎる死　*219*
5-2-4　富農の生計の危機　*224*
5-3　結婚と分家　*229*
5-3-1　結婚と女性の移住　*229*
5-3-2　分家　*233*
5-4　農家世帯の形成　*236*
5-5　均衡／増進／回復に向けられた再生産戦略と長男残留規範　*240*

6章　産業化と再生産条件の変化 ……………………………… *247*

6-1　都市の吸引力　*248*
6-2　農業経営の変化　*256*
6-2-1　農業経営の全国的動向　*256*
6-2-2　南原地域の農業経営　*262*
6-3　産業化過程での人口変動　*266*
6-3-1　1960 年代後半の男女・出生コーホート別人口変動　*268*
6-3-2　1970 ～ 80 年代の出生コーホート別人口変動　*272*
6-3-3　世代別人口構成の変化　*288*

7章　家族の再生産戦略の再編成 ……………………………… *295*

7-1　向都離村と還流的再移住　*296*
7-2　結婚と農家世帯の形成経緯　*305*

7-3　世帯編成と農家経済　*309*

7-3-1　産業化後の世帯編成　*310*
7-3-2　1980年代末の農業経営　*312*

7-4　家内祭祀の継承と実践　*319*

7-4-1　家内祭祀の継承　*322*
7-4-2　家内祭祀の実践　*326*

7-5　再生産戦略の変化と持続性　*328*

Ⅲ部　産業化と農村社会

8章　産業化と村落コミュニティの再生産
：対照民族誌的考察 ………………………………　*337*

8-1　実践としてのコミュニティの対照民族誌的考察　*339*

8-2　産業化後の農業経営と互助・協同　*347*

8-2-1　農事暦　*349*
8-2-2　世帯外労働力の調達と機械化　*350*
8-2-3　女性の仕事の変化　*360*

8-3　互助・協同と村落コミュニティ　*365*

8-3-1　村落の共同的活動と洞契　*367*
8-3-2　喪扶契の再編成と村落の象徴的再構築　*374*

8-4　産業化と村落コミュニティの再生産　*378*

9章　孝実践の諸様相
：門中とサンイル ………………………………　*383*

9-1　門中組織と孝実践の再生産　*384*

9-1-1　地域門中の内部分化　*385*
9-1-2　墓祀と門中の諸活動　*394*

9-2　墓の整備作業と孝実践　*401*

9-2-1　墓とサンイル　*401*
9-2-2　サンイルの形式と内容　*405*
9-2-3　サンイルに現れる孝実践の諸様相　*417*

9-3　家族の再生産と孝実践　*424*

結論 ………………………………………………………………… *429*

結 -1　本論の論点と意義　*429*

結 -1-1　小農社会の動態的均衡性　*430*

結 -1-2　家族の再生産戦略の社会経済的スペクトラムと二重性の媒介　*433*

結 -1-3　産業化過程での再生産戦略の再編成　*434*

結 -1-4　平等的コミュニティの再生産　*440*

結 -1-5　孝実践の多義性と家父長制の揺らぎ　*443*

結 -2　方法論的／民族誌的展望　*445*

あとがき ………………………………………………………………… *447*

参照文献　*453*

索引　*465*

人名索引　*481*

写真・図表一覧　*482*

装丁：オーバードライブ・伏見瑠美菜

凡例

⑴ 韓国語のローマ字転写はマッキューン＝ライシャワー方式（The McCune-Reischauer romanization system）に従う。

⑵ 本文中での補足説明には基本的に（　）を用いるが，直接引用文（「　」括り）と事例記述においては，引用文の執筆者や事例の当事者自身による補足説明に（　）を用い，筆者自身による説明は〔　〕で示すものとする。

⑶ 地名・人名は原則として該当時期の現地での表記に従うが，「朝鮮半島」（韓国での公式名称は「韓半島 Han-pando」）と「朝鮮戦争」（韓国での公式呼称は「韓国戦争 Hanguk-chŏnjaeng」）のみは，本書の主たる購読者である日本語話者の便宜をはかり，日本語で一般的に用いられる名称・呼称を用いることにする。

⑷ 写真は特に断りのない限り，筆者がＹマウルでの滞在調査，あるいは1991年までの補充調査の際に撮影したものである。

韓国農村社会の歴史民族誌
産業化過程でのフィールドワーク再考

序論

本論の目的は，筆者が1980年代末の韓国のある農村で体験した「そこにいたこと」(I-was-there) としての民族誌的現在 (ethnographic present as the ethnographer's presence during fieldwork) と，その体験を通じて再構成を試みた「表現様式」としての民族誌的現在 (ethnographic present as a mode of presenting ethnography) の二重の意味での民族誌的現在を，その歴史的厚みを斟酌しつつ記述分析しなおすことにある[1]。ここでいう歴史民族誌とは，人類学者がフィールドワークを通じて収集し再構成した民族誌資料を，その基盤をなす歴史的蓄積をも対象化しつつ記述分析する手法を指すものとする。

このような記述分析の方向性と視角は，筆者が1980年代末の韓国農村社会でフィールドワークを行い，その成果を民族誌として記述することにおいて体験したいくつかの困難から生まれたものである。次節で述べるように，筆者の調査した農村は，当時，大きな社会経済的変化の進行する過程にあった。それゆえに筆者が見聞きすることがら，体験し観察することがらのいずれが持続的 (durable) でいずれが消滅あるいは変化しつつあるのか，またいずれが変化の過程で生まれつつあることなのかを見極めるのが至極難しい状況にあった。このフィールドワークで筆者が行っていたことは，ある意味で，歴史的厚みを持つ今，現在としての民族誌的現在の表層を引っ掻くことに過ぎなかったのだといえるかもしれない。

いまひとつの困難は，1960～70年代の韓国の農村（村落）社会を仮構的な現在時制で記述した民族誌の豊かな蓄積[2]が，筆者が1980年代末の農村で遭遇した

1　「表現形式」としての民族誌的現在とは，一義的には仮構的な現在時制で民族誌を叙述することを意味するが，より本質的には時制の問題に留まるものではなく，むしろ現在時制を用いることによって民族誌記述の時代的背景に拘束されない一般性が強調され，ある種の構造，あるいは持続性が仮構されることを意味する［cf. Fabian 1983, pp.80-87; Sanjek 1991］。

2　それはマクナイト McKnight の議論を援用してサンジェク Sanjek が述べているように，

現実を捕捉することにおいて必ずしも直接的な指針とはなりがたかったことである。より特定的にいえば，筆者がフィールドワークを開始した1980年代後半においてさえも表現様式としての民族誌的現在を用いて記述されていた農村の民族誌を，しばしば「圧縮された近代」(compressed modernity)［Chang 1999］と表現されるような，1960年代半ば以降の急速な産業化過程での変化と持続性を記述分析するための対照事例として，そのままの形で用いることに困難を覚えたのである。

このような二重の困難を克服するために，本論では，①仮構的現在時制で記述された民族誌（筆者自身によるものも含めて[3]）を，持続性を基調としつつも必ずしも変化に向けて閉じられているわけではない農村（村落）社会の再生産過程として読み直しつつ（民族誌的現在の「現在」化＝歴史化），②筆者の体験した表層としての民族誌的現在の下に潜む歴史的な厚みを顕わにする方法を試みたい。そこで議論のひとつの焦点となるのが，家族の再生産戦略の持続性とその再編成である。少なくとも筆者が調査した農村の住民にとって，産業化という一大プロジェクトの意義は，急激な社会経済的変化を資源として利用しつつ，家族が協力・依存しあって生計維持と社会的生存の諸戦略・諸方策を編み出すことに見いだされていた。この再生産戦略が，どのような面で産業化以前の農村社会からの持続性を示し，またどのような面で新たな資源を活用しつつ再編成に向けられるものであったのかを究明することに軸足のひとつを置いて，本論での議論を進めてゆきたい。

家族の再生産をひとつの軸としつつも，そこに様々な行為主体や制度・慣行，集団，社会ネットワークが絡み合っていたのが，筆者の調査当時の農村社会であった。家族の再生産戦略と相互浸透的な関係にあるものとしては個人の生活史・生活経験があり，農村での生活の必要性をある面で充足し，同時に規制するものとしてコミュニティ的な関係性があった。また，調査村を地域的拠点とする父系親族集団に属する者たちは，父祖に対する孝の実践にも比較的熱心に取り組んでいた。このような農村社会の「現在」の諸様相に関して，本論では，フィールドワークを通して手探りで集めた様々な資料の諸断片——それには

「現在のある側面が無視されうる一方で，別の側面が「伝統的」生活を表象するものとして取り上げられる」［Sanjek 1991, p.612］といったやり方に従うものであった。1980年代までの日本の人類学における韓国社会の民族誌的研究の蓄積については，拙稿［2015b］を参照のこと。

3　拙稿［1993］，同［1994］，同［1995］，同［1998］等。

フィールドワーク期間中の今，「現在」を観察記録し，インタビューした資料を始めとして，生活史の聞き取り，各種の記録文書，統計資料，その他の文献資料が含まれる――の許す限りで，歴史民族誌的考察を試みる。そして，家族の再生産や隣人同士の共同性の再生産の基調にあった長期持続的様相と急激な社会経済的変化とのあいだにどのように折り合いが付けられていたのかという問いに対する展望として，動態的均衡性，すなわち変化に開かれた持続性という観点を提示したい。

序論の以下の部分では，大きく分けて3つの作業を行う。まず1節では，筆者が韓国の農村社会で行ったフィールドワークとそこで遭遇した「現在」(そこにいたこととしての民族誌的現在）であるところの調査村Yマウル（仮称）の当時の概況について記す。次に2節では，仮構的現在時制で記述された民族誌的先行研究を，社会過程や（慣習的行為としての）実践の記録として読み直すことにより，村落と家族の再生産過程や実践を記述分析するための仮設的な枠組みを再提示する。最後に3節では，本論部分にあたる3部9章の構成と主題・論点を示す。

序-1　1980年代末のYマウル：表層としての民族誌的現在

1989年7月，筆者が滞在調査を行うために転居した農村は，いわゆる「両班*yangban*[4]」(朝鮮王朝時代の上位身分とその子孫）の各姓村落（複数の父系親族集団が拠点を構える村落）であった。この農村，仮称Yマウルで最初に出会った人たち――当時の里長，若手指導者のひとりであったSクッ保存委員会委員長，下宿先のご主人等々は，いずれもこの村を親族集団の拠点とする「両班」の家系の出身であった。一方，村落の景観に目を転ずれば，家々の大半は，屋根を葺く素材に違いがあることをのぞけば大同小異の在来式家屋で，突出して立派なものは見られなかった。それでも決してみすぼらしいわけではなく，古色を帯びた木材で建てられた棟や大小不ぞろいの石を巧みにくみ上げた石垣がそこかしこに見られ，落ち着いた雰囲気を醸しだしていた。最も規模の大きい建物は，この村の「両班」家系のひとつである彦陽金氏大宗中の祭閣と呼ばれる施設であった。農業は畑作よりも稲作のほうが盛んで，集落の周りにはまだ耕地整理が進んでいない水田が広がっていた。筆者にとってのYマウルの第一印象は，朝鮮半島（韓国での公式名称は「韓半島 Han-pando」）中・南部の両班の伝統と小農的伝統

4　以下，韓国語語彙のローマ字転写はマッキューン＝ライシャワー方式に従う。

写真1　トゥイッコル

写真2　カウンデッコルとクンシアムコル

が色濃く残る村といったものであった。まず，筆者がこの村を調査地と定めるまでの経緯を記すことにしよう。

筆者は博士課程に進学した1988年の8月から，文部省（当時）アジア諸国等派遣留学生制度により，韓国ソウル大学校社会科学大学院人類学科に留学した。その主たる目的は，韓国の農村地域で長期のフィールドワークを実施することにあった。当初はソウルに滞在し，調査研究言語である韓国語の習熟につとめるとともに，調査地域の選定と予備的情報の収集にあたった。そして年明けの1989年1月からいくつかの地域を回り，最終的に全羅北道南原郡（当時）で調査村を選ぶことにした。

ここで地域名の表記について断っておきたい。筆者が本論で「南原地域」と呼ぶのは，調査当時の行政区画に従えば，全羅北道南原郡（ただし，後述する旧雲峰郡の4面を除く）と同道南原市を合わせた地理的範囲を指す。調査当時の南原郡は主として農村地域をなしていたが，南原市は，朝鮮王朝時代の南原都護府（以下，旧南原府あるいは南原府と表記）の官衙所在地（邑内 *ŭmnae*）を基盤として都市化した市街地と，これに隣接する諸農村によって構成されていた。南原市郡の両者からなる南原地域は朝鮮半島南西部の内陸山間地帯に位置し，歴史的に見れば，旧南原府を母体とするある種の地理的・社会的まとまりをなしていた。旧南原府は，朝鮮時代末，統監府期の1906年に周縁部を近隣の郡県に割譲し，行政区域を縮小する形で南原郡に改編されたが（以下，旧南原郡），1914年，日本による植民地支配下での地方行政区域の統廃合に伴い，東に隣接する雲峰郡を合併した（以下，新南原郡）。合併当時の新南原郡は，旧南原邑内を母体とする南原面を含む19面によって構成されていた。その後市街地開発が進み人口が増加した南原面が，1931年に邑に昇格した。さらに50年余りが経過した1981年に，南原邑が市に昇格して南原郡から分離され，両者は同等の地方行政区域をなすようになった。

筆者は1989年5月にソウルから南原市の旧邑内市街地に移り，近隣の職場に通う若い未婚者が居住者の大半を占める下宿に一旦，居を定めた。そこを拠点に約2ヶ月をかけて調査村を選定し，同年7月にYマウルに転居した。そして農家の簡素な離れの一部屋に賄い付きで暮らしながら，1年余りにわたって現地調査を行った。

調査地としてこの村を選んだ主たる理由は，当時の南原地域の農村としては人口が中程度の規模であったこと，朝鮮時代後期の在地士族（両班）家系が門中（*munjung*：父系親族団体）の拠点を置く村落，いわゆる「班村*panch'on*」で，複数の士族家系の末裔が調査当時でも集居していたこと（いわゆる「各姓村*kaksŏng-baji*」），そして全国大会で大賞を受賞した民俗芸能が伝承されていたことにあった。もちろん，村の世話役・指導者の方々が筆者の研究の意図を好意的に受け止めてくださったことも，滞在調査の実現可能性を高める要因となった。これらの条件のうち，人口規模は，筆者のみによる単独の調査で，全体的，包括的な把握が可能な大きさとして想定したものである。在地士族の拠点村落という条件は，当時の日本の社会人類学で，韓国の父系親族組織と身分伝統についての新しい研究成果が少なからず発表され［cf. 伊藤 1987; 嶋 1987; 末成 1987］，また，東アジア諸社会の比較を視野に入れた研究も進められつつあったことを考慮したものである［cf. 末成 1990］。加えて当時の韓国社会は，近代化と産業化が進む一方で，儒教的な文化伝統も根強く維持されている社会と捉えられており，地方社会における儒教伝統の再生産を考える際に，その主要な担い手である在地士族の末裔に着目することの重要性が高いとの判断もあった。一方，民俗芸能の伝承の考察を通じて，この儒教伝統と農村の民俗文化との関係にも光を当てることができるのではないかと考えた［cf. 秋葉 1954; Brandt 1971］。しかし今となって振り返れば，ここにあげた諸々の理由の大半は瑣末的であったといえる。本論で取り上げるような主題を論ずるにあたっては，それぞれの村のそれぞれの今「現在」が得がたい資料となり，体験となりえたのだと思う。

次に，調査当時のYマウルの概況を記す。Yマウルは行政区画上，南原郡P面K里（P面，K里ともに仮称）に属する3つの行政里のひとつをなしていた。ここで「面」(*myŏn*）とは郡の下位行政区分，「里（法定里）」([*pŏpchŏng-*]*ri*）は面の下位行政区分をさす。このうち法定里は，1914年の地方行政区域の統廃合によって再編成された洞里（新洞里）を継承する行政区分で，戸籍・住民登録・地籍等，行政による住民と土地の管理において最末端の区分をなしていた。P面は南原地

図0-1-a　Yマウル周辺図

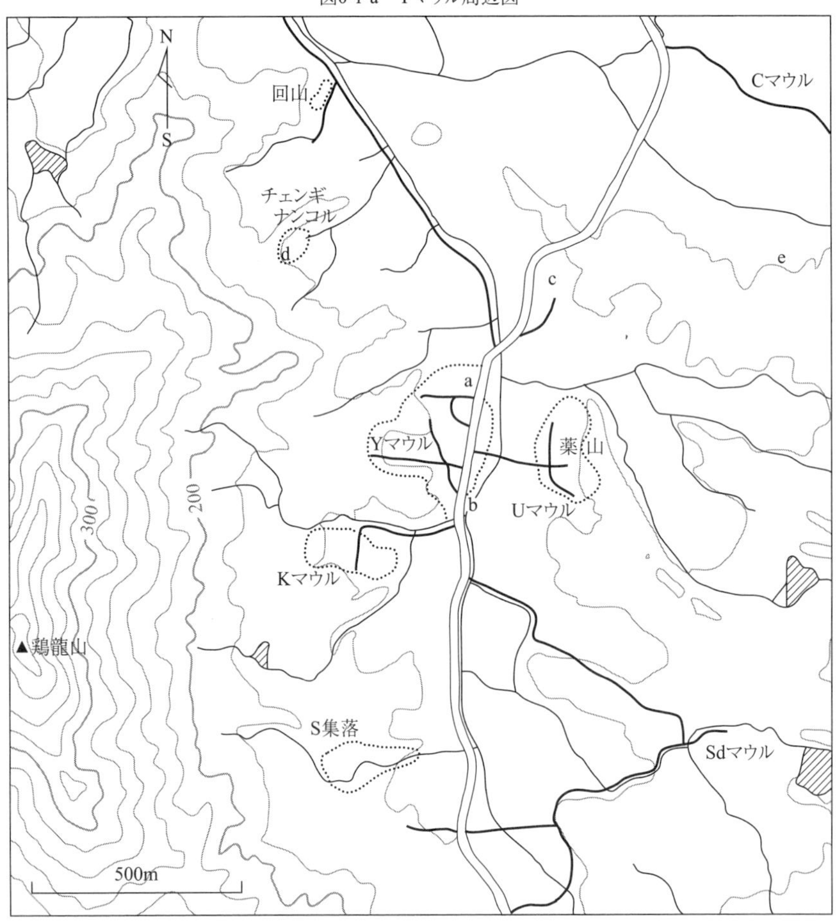

凡例
══:新作路　━━:その他の道路　a:Yマウル会館　b:堂山木・精米所　c:国民学校
d:彦陽金氏大宗中祭閣　e:恩津宋氏大宗中祭閣

域の北部に位置する通称「北部3面」のひとつで，K里を含む10個の法定里によって構成されていた。この法定里に対して，行政里は村落住民の社会的なまとまりにより近接した単位をなしていた。「里長」(*ijang*) という世話役も行政里ごとに置かれ，村内の様々な事柄の調整にあたるだけでなく，面から一定の報酬を受け取り，面行政との連絡役もつとめていた。

図0-1-b　Yマウル中心部

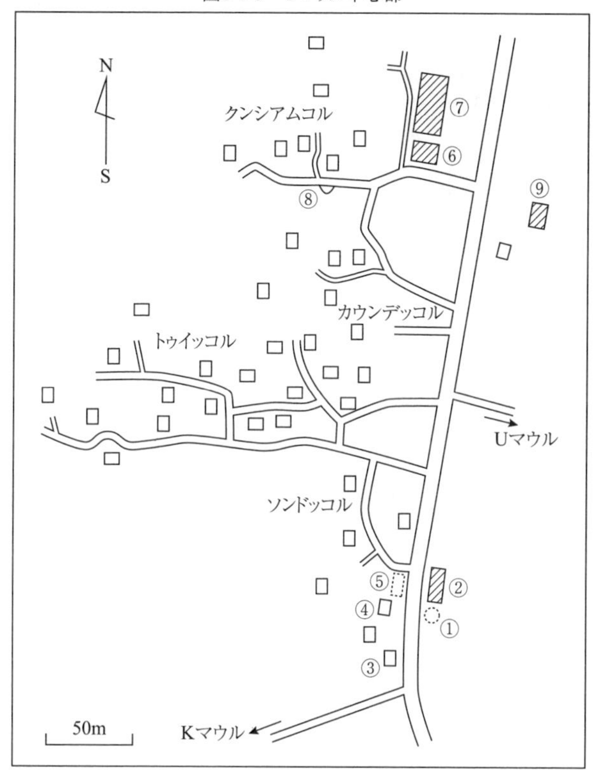

凡例
□:民家　①:堂山木　②:精米所　③・④:小売店舗　⑤:石碑群
⑥:Yマウル会館　⑦:農協倉庫　⑧:クンシアム　⑨:プロテスタント教会

Yマウルは邑内の市街地から北に約10km，1日に往復10本程度運行する郡内バスで20分程度の距離にあった。邑内から郡内バスで舗装道路（「新作路 *sinjangno*」）を行くと，まず集落の入口右手に大きな槐（エンジュ）の木が見える[5]。これは村の守護神が宿るとされる堂山木（*tangsan-namu*）で，根元に平たい卓状の石が置かれ，木陰に縁台も置かれている。ここで年1回，堂山祭という村落の安寧と繁栄を祈る儀礼が執り行われるが，普段はバスを待つ人や仕事の合間に

5　フィールドワーク当時の情景や参与観察の記述にあたっては，このような仮構的現在時制を用いた描写が以下の叙述でも登場するかもしれない。文脈から時制を明確に読み取れる場合に限った叙述を簡略化するための便法として理解いただきたい。

写真3　Yマウル中心集落入口の石碑群。一番手前が広州安氏に嫁いだ烈女を記念して旧坊名がつけられたことを示す碑(2006年8月撮影)

写真4　Yマウル会館。裏手は農協倉庫

写真5　クンシアム（1994年8月撮影）

写真6　彦陽金氏大宗中入郷祖の祭閣（チェンギナンコル）

休息をとる人がたたずむ場所となっている。堂山木の後方には精米所がある。一方，入口左手には小売雑貨・食料品店が2軒あり，奥の方の店のななめ前に石碑が4基，立てられている。うち2つはこの地域の旧名である高節坊の由来と関わりの深い烈女を記念する碑で，2つは別の烈女を讃える碑である。いずれもこの村落を門中の拠点とする士族家系に嫁いだ女性である。数軒を除き，Yマウルの諸世帯は主に新作路の左，西側に住居を構えている。この中心集落は，鶏龍山の東の裾に広がり，南からたどれば，ソンドッコル（トゥイッコル），カウンデッコル，クンシアムコルと呼ばれる3つの地区からなる。朝日が昇るとこの集落は光に包まれ，夕方に新作路東の薬山に日差しが遮られるまでは日当たりのよい場所となる。Yマウルの農家が耕す水田は，鶏龍山の東側の平地，中心集落から見て北・東・南側に広がっている。畑は主に集落の裏手，鶏龍山の傾斜した裾野に設けられている。新作路を北に行き，クンシアムコルに通ずる路地を入ると，右手，北側にマウル会館，すなわち村落の集会所が見える。

さらに路地を奥に入ると，左手に石造りの井戸が設けられているのが見える。これが地区名の由来となっているクンシアム（「大きな泉」の意）で，旱魃が酷く大半の井戸が涸れても，この井戸だけはなみなみと水をたたえていたと伝えられている。クンシアムコルへの入り口に引き返し，さらに新作路を北に行くと，中心集落の切れ目あたりから左手，北に，非舗装道路が延びている。これを進んで鶏龍山の北東の裾野に回り込むと，チェンギナンコルとフェサン（回山）の2つの小集落が見えてくる。チェンギナンコルには，Yマウルで最も戸数の多い在地士族家系である彦陽金氏南原大宗中の先山（墓所）と祭閣が設けられている。この他にも彦陽金氏を含む在地士族家系の墓所が近隣の山の斜面や丘にいくつか設けられている。再び中心集落に戻ると，新作路を挟んだYマウルの東方，薬山の裾野には，K里を構成する3行政里のひとつであるUマウルが見える。もうひとつの行政里であるKマウルは，中心集落の南西にほぼ隣接している（図0-1-a・b参照）。

調査当時の韓国の多くの農村と同様に，Yマウルでも産業化を契機とする人口流出と老齢化が進んでいた。1970年代初頭には85戸に達していたという世帯数は，調査当時，45戸にまで減少していた。1989年8月末時点での筆者による調査によれば，常住人口は155名（男65名，女90名）で，図0-2から読みとれるように，大きく分けて3つの群をなしていた。以下，各群の特徴を概観しておこう。

まず第一の群は0歳から24歳までの幼少年・青年層（便宜上，0～14歳を幼少年，15～24歳を青年とする）で，おおむね未婚者に相当する。ここでは5～9歳層と10～14歳層に人口のピークが見られる。0～4歳層の少なさは人口流出（社会減）よりも出生者数の減少（自然増の減少）によるところが大きく，その直接的な要因として，壮年既婚者の減少と出生率の低下を指摘できる。これとは異なり，15～19歳層が少なく，20～24歳層が全く欠落しているのは，住民の子供のほとんどが遅くとも高卒直後までに進学・就職等を目的として転出していたためである。

第二の群は，男性が25歳から49歳まで，女性が25歳から44歳までで，おおむね壮年既婚者（男性の一部は中年層）に相当する（25～44歳を壮年，45～64歳を中年とする）。この群に属する者の数は，上下の2つの群と比べると相当に少ない。この群は，産業化の過程で最も大きな人口流出に見舞われ，農村に残った者でも，向都離村と残留という2つの戦略のあいだでの選択に直面させられていた。

第三の群は，男性50歳以上，女性45歳以上で，おおむね中高年層に相当し，

図 0-2　Y マウル年齢層別人口（1989 年）

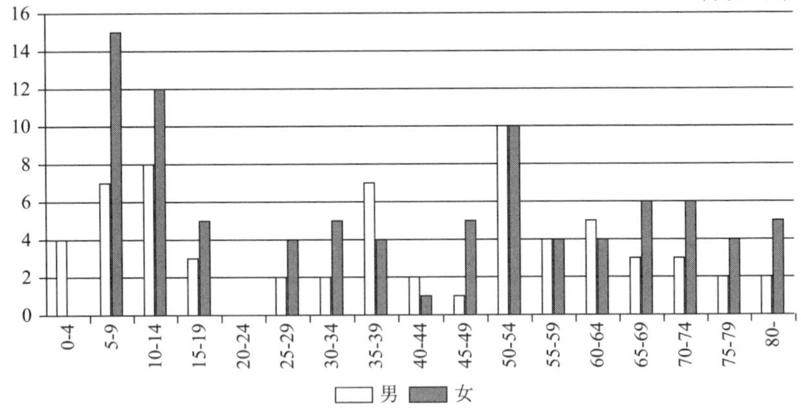

既婚者としては最大の群をなす。男女ともにピークは 50 ～ 54 歳層である。これより上の年齢層では，男性はおおむね年長になるほど人口が少なくなっていたが，女性の場合は 65 歳以上の高年者も相当数存在していた点が特徴的であった。

Y マウルには，旧南原府で在地士族（両班）の列に連なっていた 3 つの氏族[6]・家系の拠点が築かれ，調査当時でもその子孫が相当数暮らしていた。調査当時の戸数に従えば，彦陽金氏（彦陽が本貫，金が姓）が最も多く，以下，広州安氏（広州が本貫，安が姓），恩津宋氏（恩津が本貫，宋が姓）の順になっている。本論では便宜上，この 3 つの家系を総称して「三姓」と呼ぶことにする。いずれも南原地域，あるいは Y マウル周辺に最初に移住したと伝えられる祖先（「入郷祖」）を起点として，その父系直系子孫を構成員とする門中を組織していた。この地域では，このような入郷祖を中心とする門中のことを一般に「（南原）大宗中」と呼ぶ。三姓の入郷祖と調査当時の居住戸数，ならびに入郷祖を起点とした既婚者の世代深度を以下に示す[7]。

・彦陽金氏：入郷祖は 18 世金千秋。24 戸（ただし，うち 2 戸は傍系）。入郷祖から

6　韓国人の姓は，男系に従って，すなわち父から子へと継承され，原則として一生を通じて変わることはない。父系親族の最大の単位である氏族はこの姓を共有するが，その呼称としては，同姓の異族と区別するために，姓に「本貫」（*pongwan*）という古地名を付した呼び方が用いられる。

7　既婚者が夫に先立たれた寡婦のみの世帯は，現地での慣行に従って，亡夫の所属する氏族・家系に含めるものとする。

表 0-1　Y マウル世帯の氏族構成

姓氏	戸数	内訳
彦陽金	24 戸	1- 金 HY・SY, 3- 金 SO（女）, 5- 金 PR, 8- 金 KY, 9- 金 SB, 10- 金 PJ, 11- 金 SM, 12- 金 IS, 18- 金 SY, 20- 金 KY, 21- 金 KS, 22- 金 TY, 23- 金 PI・TY, 24- 金 CY, 25- 金 PH, 27- 李 PS（女）, 34- 金 CY, 35- 金 PJ, 37- 金 KY, 39- 邢 SR（女）, 40- 金 PR, 42- 金 PY, 43- 黄 PC（女）, 45- 朴 PS（女）
広州安	7 戸	14- 安 MS, 19- 安 KS, 26- 安 CR, 28- 安 CG, 30- 安 CM, 32- 安 YS, 33- 安 CS
恩津宋	4 戸	4- 安 SN（女）, 6- 金 OC（女）, 16- 宋 PH, 38- 宋 CH・PH
その他	10 戸	2- 姜 SR・UG, 7- 揚 PG, 13- 朴 CG, 15- 崔 PU, 17- 安 KJ, 29- 姜 HT, 31- 宋 CG, 36- 李 TS（女）, 41- 全 SG, 44- 崔 CS

14 ～ 16 世。

・広州安氏：入郷祖は 24 世安克忠。7 戸。入郷祖から 12 ～ 13 世。

・恩津宋氏：入郷祖は 18 世宋光朝。4 戸。入郷祖から 8 ～ 9 世。

この「三姓」のうち，彦陽金氏南原大宗中の所属世帯は K 里 U マウルにも数戸居住し，広州安氏は K 里 K マウル KY 集落にも 10 数戸居住していた。また彦陽金氏は, K 里の北に隣接する C 里 C マウルにも相当数の子孫が暮らしていた。

これに対し，三姓以外の世帯は合計 10 戸で，晋州姜氏の 2 戸を除き，いずれも異なる氏族に属していた。晋州姜氏 2 戸も父系親族としての付き合いはなく，互いに無関係に Y マウルに転居してきた世帯であった。本論ではこれら,「三姓」以外の世帯を，便宜上「他姓」と呼ぶことにする。三姓と他姓を構成する世帯は，表 0-1 の通りである [8]。

住民の生計手段についても概観しておこう。老齢者のみの世帯や世帯主が農業以外の職業に従事する一部の世帯を除けば，調査当時の Y マウルの諸世帯の主たる生計手段は農業で，特に稲作が主要な現金収入源となっていた。南原地域の農村では，耕地に水田の占める比率が全般的に高かった。うち南部では，苺などの商品作物の栽培も行われるようになっていたが，P 面を含む北部の農地は収益性の高い商品作物の栽培に適しておらず，畑作は自家消費用作物を栽培

8　個別世帯の表記法を述べれば，まず，冒頭の算用数字は，住民登録簿に記載されている番地順に付した世帯番号である。それに続く漢字 1 文字は男性世帯主の姓，アルファベット 2 文字は世帯内の男性既婚者の仮称（複数の場合は，世代順に列挙）である。ただし既婚者が夫に先立たれた寡婦のみの世帯の場合は，寡婦の姓と仮称を用いて表記し，括弧内に世帯内既婚者の性別を付した。以下，調査当時の Y マウルの世帯と既婚者の表記法は，これに従うものとする。

表 0-2　Y マウル世帯の稲作・畑作従事状況，水田耕作規模と農地所有形態

		水田耕作規模（坪）			合計（戸）
		0 以上 2,000 未満	2,000 以上 4,000 未満	4,000 以上	
稲作農家	自作	6 （5- 金 PR，21- 金 KS，25- 金 PH，28- 安 CG，**43- 黄 PC**，**45- 朴 PS**）	5 （8- 金 KY，10- 金 PJ，18- 金 SY，19- 安 KS，40- 金 PR）	3 （24- 金 CY，33- 安 CS，35- 金 PJ）	14
	自小作	1 （20- 金 KY）	2 （**4- 安 SN**，7- 楊 PG）	4 （15- 崔 PU，26- 安 CR，38- 宋 PH，42- 金 PY）	7
	小自作	2 （17- 安 KJ，44- 崔 CS）	4 （16- 宋 PH，22- 金 TY，23- 金 TY，41- 全 SG）	4 （1- 金 HY・SY，11- 金 SM，32- 安 YS，34- 金 CY）	10
	小作	2 （14- 安 MS，**36- 李 TS**）	0	1 （*2- 姜 SR・UG*）	3
	不明	0	1 （*9- 金 SB*）	3 （*12- 金 IS*，*13- 朴 CG*，*31- 宋 CG*）	4
	小計	11	12	15	38
畑作のみ		4 （**3- 金 SO**，**6- 金 OC**，30- 安 CM，**39- 邢 SR**）			4
非農家		3 （**27- 李 PS**，29- 姜 HT，37- 金 KY）			3
合計					45

出典：1989 年 7 ～ 9 月に実施した Y マウルの世帯調査による。
凡例：(　) 内は内訳，は女性世帯主，*斜字体*は世帯調査への協力が得られず，他の村人の推算に従って分類したもの。

する程度に留まっていた。表 0-2 は，Y マウル 45 世帯の農業への従事状況を整理したものであるが，農業をまったく行っていない世帯は 3 世帯のみで，これを除く 42 世帯が，何らかの形で農業に従事していた。さらにそのうち畑作しか行っていなかった世帯は 4 世帯で，残りの 38 世帯では，耕作規模と水田の所有形態に相当の違いが見られたものの，いずれも稲作を行っていた。しかし当時はまだ大規模に稲作を行う農家がなく，稲作農家の水田耕作規模は最大でも 6,000 坪程度で，平均すれば 3,000 坪（約 1ha）弱であった。

農業以外の生計手段を見ると，まず非農家 3 世帯のうち，27- 李 PS は夫に先立たれた高齢女性の独居世帯で，生計は同じ村落内に別の世帯を構える養子（42- 金 PY）に依存していた。29- 姜 HT は Y マウルに唯一設けられていた開拓教会の牧師であった。37- 金 KY は精米所を営んでいた。また，畑作のみを行う 4 世帯のうち，3- 金 SO，6- 金 OC，39- 邢 SR はいずれも夫に先立たれた高齢女性で，6- 金 OC 以外はひとり暮らし，6- 金 OC も夫の母とふたり暮らしで世帯内に男性労

働力がいなかった。いずれも生計は離村した息子からの仕送りや生活保護に頼っていた。これに対し，30- 安 CM は高齢夫婦のふたり暮らしであったが，相当規模の水田を近隣農家に賃貸しており，その賃借料と息子たちからの仕送りで生計を立てていた。

水田耕作を行う世帯のなかにも，農業の主たる担い手である既婚男性が農業以外の仕事で現金収入を得ているケースを相当数見てとることができた。多くは工事現場等での日雇い労働によるものであったが，なかには石材加工の技術者である 41- 全 SG や砂防工事監督の経験が長い 24- 金 CY のように，熟練技術や長年の現場経験を生かして比較的安定した収入を確保している者も見られた。男性のみならず，既婚女性が現場労働に従事するケースもあった。

また，36- 李 TS（女）と 40- 金 PR は，村落内で小規模小売雑貨・食料品店を営んでいた。他に不定期的に商取引に従事する者として，農家の主婦のなかに，自家消費用に栽培した畑作物の一部や自家生産した加工食品（乾燥させたサツマイモやサトイモの蔓，近隣の山で採取した山菜を乾燥させたもの，大豆を原料とする発酵食品等）を，家事や農作業の合間に市街地まで売りに出て小銭を稼ぐ者も見られた。

主食である米と副食物の原料となる畑作物を自家栽培し，一部には食用の鶏や豚を飼育するという点で（さらには犬も食用に供される），農村で農業を営む世帯の生計が，大都市居住者や地方社会で他の生業を営む者のそれに比べて，自給の程度の比較的高いものであったのは事実である。しかし食料に限っても，魚・肉・各種調味料・酒，その他の嗜好品は，農業を営む世帯でも現金を支払って購入していた。さらに生活必需品全般に対象を広げれば，衣服，履，道具，器物等，基本的なものに限っても，現金によって購入されるものが大半を占めていた。農業を営む上でも，種・苗を始めとし，肥料，農薬，ビニールシート等の農業資材，耕耘機・田植え機・脱穀機や噴霧器等の農業機械，動力機械の燃料，貯蔵・出荷用の容器・袋等の購入に，現金収入は不可欠であった。それは，自給自足を基本として自家生産では賄いきれないものを現金で購入するという近代以前の農民（peasant）とは明らかに性格を異にするもので［cf. 須川 2009］，生活必需品の調達と農業経営，すなわち生計と生業の両面において，当時の韓国の農村に資本主義経済（あるいは商品経済）が深く浸透していたことを示すものであった。裏返せば，農家経済における自給的な領域は，部分的に残される程度であったといえる。

小規模自営農を主体とする農業生産の様式，ならびに在地士族の拠点形成とその「両班」的文化伝統が，近代以前にまで遡りうる長期持続的様相を示して

写真 7　Y マウルのある農家（当時の里長宅）

写真 8　農家の納屋

写真 9　農家での豚の飼育

写真 10　仔牛の出産

写真 11　チャンドクテ

写真 12　下宿先の農家での日常的な食事。ご飯，汁物，キムチ（白菜・大根等）と野菜の和え物数種類にくわえ，必ず肉・魚料理か目玉焼きを出してくださった。この日は太刀魚の煮つけ

いたのに対し，賃労働への参入や自給的領域の縮小などの農家経済に見られる自給的農業と市場経済の混合は，より新しい変化を示唆するものであった。これに加え，調査当時の Y マウルで人口構成のある種の歪みとして顕在化していた産業化過程での急激な変化が，農村社会の長期持続的様相や近代の社会経済

的変化とのあいだに複雑な相互浸透を見せていた。いずれが持続的で，いずれが消滅あるいは変化しつつあるのか，またいずれが変化の過程で生まれつつあることなのかを見極めるのが難しい状況とは，ある面では近代以前からの長期持続的様相とその近代的変容を基調としつつ，急激な社会経済的変動に直面した人びとが，変化をも資源として活用した再生産の実践の諸断面であり，またその累積がある時点で示していた再生産過程の一様相であったといえる。

迂遠な方法であるかもしれないが，本論ではYマウル住民の生活経験と生活の営みを，朝鮮半島農村社会の17世紀以来の長期持続的様相と近代／植民地期の社会経済的諸変化とが交錯する状況のなかに置き戻して捉えなおすことで，生活実践の持続性とともにその流動的，創発的な側面に光をあてたい。

序-2　韓国の農村社会を捉える視角：民族誌的現在の現在化

> 認識の進歩は，社会科学の場合，認識条件の認識の面での進歩を前提にしている。これが同じ対象に繰り返し立ち返ることを要求する理由である［ブルデュ 1988, p.1］。

本節では，韓国の農村（村落）社会に関する民族誌的先行研究をたたき台として，村落的コミュニティ・共同性と家族の再生産過程を記述分析するための仮設的な枠組みを再提示する。まず手始めに，韓国の農村社会における在来の村落，歴史的にいえば朝鮮時代後期から産業化過程に至るまでの村落とはどのような実体であり，また社会文化的構築物であったのかについて，地理的・物理的空間構成と社会的範疇の両面から迫ってみよう。

在来の農村の地理的・物理的空間構成は，典型的には，a）物理的に境界付けられ，概ね近接して設けられた住居・宅地（家・屋敷）を構成単位とし，その集合体として形成された集落，b）宅地の近隣と集落の周辺に拓かれた田畑と河川・水利施設，ならびに，c）薪・焚き付けや山菜・茸の採集地で死者の埋葬場所でもある山林の3つの要素からなるものとして捉えられる。集落に隣り合って暮らし，近隣に散在する諸資源を利用して生業を営み，地域社会への依存度の高い生計経済を維持するというのが，少なくとも小規模自営農にとっての一般的な生活のあり方であったと考えられる。

これに対し，社会的範疇としての村落，より正確にいえば，地方行政上の末端単位をなしていた「洞」や「里」は，「戸」・「戸口」と呼ばれる社会単位（家族・

近親と従属者からなる居住単位）の集合体を意味し，少なくとも朝鮮王朝時代の行政用語としてはそこに農地や山林は含められていなかった。人と戸は洞里を基本単位として「戸口帳籍」とよばれる戸籍簿に記録されていたのに対し，土地は「量案」と呼ばれる台帳に，洞里の上位区分である面・坊を単位として記録されていた。農地や山林は小地名・記号・番号によって位置の特定が可能になっていたものの，特定の洞・里に帰属せしめられるものではなかった。

朝鮮時代の洞里（旧洞里）はひとつの大集落・中心集落と近隣の群小諸集落，あるいは複数の中小集落によって構成されていたとみられる［cf. 宮嶋 1990; 金 1996, pp.14-40］。しかし，植民地期初頭の1914年に地方行政区域の統廃合が実施された際に洞里も再編成され，おおむね複数の旧洞里（あるいはその一部）がひとつの洞里（新洞里）に統合された[9]。その際に，耕地を含む土地も新洞里に従って境界付けられた。この新洞里がその後の地方行政において（これも統合・再編された）面の下位行政区分として位置づけられ，筆者の調査当時には「法定里 *pŏpchŏng-ri*」と呼ばれる末端行政単位をなしていた。これに対し，マウル（*maŭl*）やトンネ（*tongne*）と呼ばれるコミュニティ的な地域集団の境界付けやそれへの帰属意識は，洞里統廃合後も新洞里ではなく旧洞里，あるいは集落を基盤とするものとなっていた[10]。そして，天然の障壁（海や尾根）によって隣接する同様の社会単位と物理的に隔てられていない限り，マウル・トンネを構成する集落間に広がる田畑・山林の物理的境界（いいかえれば，どこまでがマウル・トンネの地理的範囲か）は必ずしも明確なものとはなり難かった[11]。

解放・独立後の韓国で日本の人類学者が民族誌的研究を再開したのは1970年

9　金翼漢の試算によれば，旧洞里の規模が比較的小さい忠清道と全羅道（30～40戸）の場合は3～4個の旧洞里が合同して1つの新洞里を形成し，他の地域では50～70戸で構成されていた旧洞里1～2個が合同して1つの新洞里を形成した［金 1996, p.15］。

10　1930年代に推進された農村振興運動においても，単純に行政洞里である新洞里を実施単位として設定していたわけではなく，「部落」等の，新洞里よりも規模の小さいより実質的な社会結合を単位とすることもあった［金 1996, pp.216-221］。また，1940年代前半に朝鮮半島の農村を調査した鈴木榮太郎［1943a］は，旧洞里の社会的独立性に着目して，これを朝鮮の「自然村」と捉えている。自然村の概念については後述部分を参照のこと。

11　例えば，筆者が調査したYマウルは，近隣のUマウル，KマウルKY集落，同S集落とともに，K里という法定里を構成していた。K里の住民は，このいずれかのマウル・集落に対する帰属意識をおおむね有していたが，集落間に広がる農地にはマウル・集落に従った地理的境界が引かれていたわけではなかった。

代初頭の農村においてであったが［拙稿 2015b］，韓国の農村（村落）社会を対象とした現地調査は，韓米の人類学者や韓国の社会学者・民俗学者などによって，それ以前から試みられていた[12]。いずれの研究においても，民俗語彙で「マウル」（*maŭl*）や「トンネ」（*tongne*）と呼ばれ，分析・記述概念としての「自然村（村落）」，「自然部落」，「自然マウル」に相当するような，地理的／社会的まとまりを基本的な調査研究の単位としていた。本節では，農村社会におけるこのようなまとまり——あらためてこれを「村落」と呼ぶことにしよう——を直接の対象として，あるいはそのなかで調査が実施されるような範囲として設定して集約的（intensive）な現地調査（フィールドワーク）を実施した民族誌的研究について，村落自体と家族の対象化ならびにその分析方法を中心に再検討し，それぞれの再生産過程を記述・分析するための仮設的な視角を提示する。

まず前半部分では村落について，調査研究の単位としての同定とそのコミュニティ的性格への着目を中心に検討する。

序 -2-1　研究単位としての村落と共同性

朝鮮半島の農村社会にコミュニティ・共同体概念を適用し，調査研究の基本的単位を同定した先駆的な例としては，日本農村社会学の創始者のひとりである鈴木榮太郎による 1940 年代前半の植民地朝鮮農村の調査研究をあげることができる。鈴木は朝鮮時代の末端行政区分であった洞・里（旧洞里）を範域とするような社会結合を，彼のいう「自然村」としてとらえた。この「自然村」とは，もともと日本の農村の実態に即して定義された一種のコミュニティ・共同体概念で，筆者なりに整理しなおせば，a）居住の近接による地縁的結合，b）様々な社会的紐帯と社会集団の累積，c）村人たちに共有され，世代を越えて受け継がれる特有の社会意識の一体系，すなわち「時代時代の個人達を縦にも横にも」貫き，「生活のあらゆる方面に亘る体系的な行動原理」をなす「村の精神」による統制の 3 つを構成要件とする［鈴木 1940, pp.35-39, 79-85; cf. 拙稿 2007a］。この自然村概念を朝鮮農村に適用しうることの根拠として鈴木が挙げているのは，洞祭を営む祭祀団体の組織，自治的機関としての洞中契（洞契）の組織，共同奉仕事業や洞宴の存在，共同労働組織としてのトゥレの組織，ならびに共有財産の存在である［鈴木 1943a］。朝鮮農村への自然村概念の適用においては，その 3 つの構成要件のうちで特に b）に重点が置かれていたことをうかがいみるこ

12　代表的なものを挙げれば，金宅圭［1964］，Brandt［1971］，崔在錫［1975］。

とができる。一方，a）の地縁的結合は社会集団や社会関係の累積の前提として捉えられている。よってここで注目すべきは，c）の社会意識体系（村の精神）による拘束・統制について明示的な言及がなされていなかった点である。

これと関連して，鈴木が日本と朝鮮の「自然村」の違いを印象論的に描写した記述を見てみたい。自身が「私の朝鮮農村社会学の体系的論構の半分以上の業を完成した様に思った」と自己評価する「朝鮮の農村社会集団に就いて」という論考の結びで，鈴木は，「朝鮮の自然村は集団組織に於いては内地〔日本〕の自然村よりも整備して居る様に思はれる」と述べる一方で，「然し自然村の人々の感情的融和や一体感の意識も矢張り朝鮮の方が内地よりも強いとは考へ難い様である」と述べている［鈴木 1943b,（其三）p.15: 旧字体のみ新字体に直す］。いいかえれば，日本の農村に見出しうるような心理的一体性や社会意識体系（すなわち「村の精神」）の共有を，朝鮮の農村には必ずしも明確に見出すことができないとするものであった。そして「自然村の全一性」を明らかにするには，共同関心圏の問題と社会分化の問題をさらに立ち入って考察せねばならないと付け加えている[13]［鈴木 1943b,（其三）p.15］。朝鮮の農村社会への自然村概念の適用において，心理的・社会的一体性（社会人類学的な用語でいいかえればコーポレート性 corporateness[14] ということになろう）についての検証が不十分であった点を，鈴木自身が認めていたのだといえよう。

このように植民地朝鮮の農村社会への実体的な（より厳密にいえば，コーポレートな実体としての）コミュニティ・共同体概念の適用の妥当性については検証の余地が残されていたが，それでも鈴木による朝鮮の自然村の「発見」は，調査研究の基本単位を同定・対象化し，論ずべき問題系を明示したという点で，韓

13 鈴木はこの 2 つの問題について，結論だけを述べればと前置きした上で，a）定期市，通婚圏や文化圏としての旧郡の範域がいずれも朝鮮の自然村の開放性を促している，b）同族集団，社会階層，性別，ならびに長幼による分化が顕著に存するため，生活協同体としての全一性においては少なくとも「内地」（日本）の自然村よりも低い，と記している。

14 ここでいうコーポレート性（corporateness），あるいはコーポレート・グループ（corporate group）とは，エヴァンズ=プリチャードやフォーテスらによって再定義された英国構造機能主義における用法に従うものである。すなわち，固有の名称，一体感，特定の居住領域などを具えた政治単位をなすこと［Evans-Pritchard 1940, pp.140-147］，あるいは個人がその成員であることによって法的・政治的権利・義務を有するような法人・政治単位で，成員の補充，構造的持続，権利・義務・職掌・社会的債務の永続的行使によってその永続性が保証されるような集団［Fortes 1953］を意味するものとする。

国朝鮮農村社会の研究において重要な画期をなすものであった［cf. 拙稿 2007a］。実際，1960 年代に本格化する韓国の社会学者による農村社会研究でも，鈴木の自然村概念をたたき台としてコミュニティ・共同体概念の再定義がなされている。その代表例ともいえる崔在錫の「自然部落」概念では，「社会生活のひとつの独立体をなしている」地域であることがその構成要件として強調される。崔は，「韓国農村の社会生活においては，明確な独立性をもち，農村の人びとのほとんど全部の日常生活がそのなかで成り立つ一定の地域が存在」すると捉える。そして，「この地域の社会生活もまた，ひとつの独自の慣習と伝統を有し，それ自体が全体としてひとつの統一体を保存している」と述べている［崔在錫 1975, pp.54-56］。ただし，鈴木の自然村概念に込められていた心理的・社会意識的一体性と社会的イデオロギーによる拘束・統制が，崔在錫の自然部落概念では，社会生活の多分に自然発生的な一独立体・統一体によって育まれた独自の慣習と伝統として読みかえられている点にも注意しておきたい。

このような読みかえがなされた背景として，鈴木が「自然村」という分析概念を用いることで日本の農村社会との類似性を踏まえつつ朝鮮農村の特徴を示そうとしたのに対し，崔在錫の場合，日韓農村の違いこそが概念的な区別を要請するものと捉えていた点を挙げられる。また，少なくとも朝鮮の「自然村」については社会集団と社会組織を偏重する鈴木の論考とは対照的に，崔在錫の韓国農村社会研究の場合，社会生活全般に対する幅広い関心を読みとることができる。例えば，崔在錫が韓国の「自然部落」を同定するための 3 つの指標として挙げているもののなかに，鈴木も指摘している「洞祭を共同で行う範域」に加え，「洞里殴打（*tongni-mae*）ないし洞里追放がなされる範囲」と「凶事のときの哀悼の範域」が含められたことは［崔在錫 1975, p.62］，崔がハードな集団・組織を必ずしも伴わないような社会生活上の一体性（あるいはまとまり）にも着目していたことを示唆するものといえる。

一方，1960 ～ 70 年代の韓国の農村・村落社会を対象とした調査研究では，特定の一村落に焦点を絞った集約的（intensive）かつ包括的（holistic）な方法も試みられている。長期にわたって村に住み込む形での本格的なフィールドワークが日米の人類学者によって実施されるようになったのもこの時期のことであった。遡れば，1920 年代初頭の植民地朝鮮の村落調査の段階で，氏族構成，身分構成，経済的階層構造，文化伝統，ならびに指導者の権威と政治構造に見られる多様性，そして互助・協同の強弱や消長など，村落の構成と社会統合の多元・複合性と動態性はすでに指摘されていた［朝鮮総督府 1923］。これに対し 1960 年代以降の一村民族誌的な研究は，村落の構成と社会統合の多次元的スペクトラムを視野に入れつつも，個別の村落に焦点を合わせた緻密な観察・記述を行うことによって，韓国の村落社会に対するより深い洞察をもたらすとともに，より厳密な対照研究を可能にするものとなった。その代表例として，金宅圭による慶尚北道安東地域の河回1洞の民族誌［金宅圭 1964］（ただし本格的な調査期間は1964年2月4～15日の10日間余りで，調査員2名，助手2名，現地協力者2名との共同調査といいうるものであった），ブラント Vincent S. R. Brandt による忠清南道瑞山地域の半農半漁村ソクポの民族誌［Brandt 1971］，ならびに伊藤亜人による全羅南道珍島の上萬里の民族誌［伊藤 1977; 同 1983; 同 2013 等］を挙げることができる。このような一村民族誌的研究は，北米文化人類学の農民研究（peasant studies）やコミュニティ研究（community studies）を参照しつつも［cf. Brandt 1971, pp.19-36; 伊藤 2013, pp.24-34］，コミュニティ・共同体概念の洗練や適用よりはむしろ社会人類学的な分析手法を活用した緻密な観察・記述により重点を置いたものとなっていた。

長期滞在型フィールドワークの手法を用いた韓国農村・村落社会の民族誌的研究は1980年代以降も続けられたが，コミュニティ・共同体概念の洗練と適用，ならびにその適用の妥当性に関する論議は，人類学的な民族誌研究よりはむしろ朝鮮時代後期の農村社会を対象とする社会経済史的研究において活発に展開された。その代表例をあげると，まず，朝鮮後期の村落を一体性の強い共同体と捉える李海濬は，下層民の社会組織を「郷村結契」や「村契」と名付け，それを具体的な事案を通じて結束した生活共同体として概念化し，互酬的で対等的な関係に基づくものとして性格付けた［李海濬 1996; 同 2005］。これに対し李榮薫は，慶尚北道醴泉郡大渚里の朴氏家門に残される数多くの文書を整理分析し，治安・水利・共同労働・営林・教育といった公共的・公益的諸活動（彼の用語に従えば「公共業務」）が目的・成員と地理的な範囲を異にする多種多様な結社（李榮薫の用語に従えば「結社体」）によって別途に（「分散的」に）担われていたこと，そして19世紀のこの村落特有の現象として，朴氏の個人と村落内外の様々な身分・生業の人たちとのあいだに1対1の契約的な関係（これを彼は「二人契」と呼んでいる）が結ばれていたことを明らかにしている。その上で，歴史的に見て朝鮮後期の洞里（旧洞里）が共同体をなしていたのかという問いに対し，相対的に平等な資格を持つ成員が強い帰属意識を共有する対象としてひとつの人格に昇華された共同体（すなわち平等主義的でコーポレートなコミュニティ）

をそこに見出すことはできないと結論付けている[15][李榮薫 2001]。

朝鮮後期の村落は共同体であったのか，あるいはそこに共同体といいうるようなコーポレートな社会結合を見出しうるのかについて，両者は対極的な議論を行っている。その論理構成を整理しなおせば，李海濬が村契やトゥレを共同体的組織として，いいかえれば共同体と不可分の実体として捉え，これと任意参加的な結社（association）とのあいだに概念上の明確な区別を設けていないのに対し，李榮薫は結社（体）と共同体を概念的に区別した上で，様々な任意結社によって分散的に遂行される公共的・公益的な活動を全的に掌握するようなコーポレートな共同体は存立していなかったとする。李榮薫のほうが個別の事例に即した実証的かつより緻密な議論をしているのは確かであろうが，その一方で，李榮薫の議論には，村落の構成と社会統合に見られる多次元的スペクトラムを考慮に入れずに，個別村落の事例研究から得られた知見を一般化するきらいがある。それ以上に，李海濬が観念的にではあるが共同体として対象化した緊密で集合的な関係性（あるいは共同性）を，李榮薫は斟酌しきっていないように考えられる。すなわち，「線」（二人契）の関係網と「円」の結社体（諸般の公共業務を分散的に遂行する諸契）を取り除けば，大渚里という末端行政単位に残されるのは住民の住居地とそれを取り囲んでいる耕地と山林の平面的な配置のみであると彼が述べる際［李榮薫 2001, p.282］，そこからは「線」や「円」が埋め込まれている社会性，いいかえれば，制度化された1対1の社会関係や諸結社を生成する基盤であり，またこのような制度や社会組織を通じて再生産される集合的（あるいは稠密的）な関係性や共同性が捨象されているように思う。

両者のあいだで争点となっていた村落次元でのコミュニティ（あるいは隣人間に立ち上がるローカルな共同性）の再生産に対するコーポレートなコミュニティ（共同体）概念の適用の難しさ，契方式を用いた村落自治的結社の機能と統制力の限定性，その他流動性と柔軟性の高い互助・協同組織の形成といった論点は，鈴木の議論の批判的検討からも明らかなように，朝鮮時代後期の村落社会論に留

15　ある団体を「共同体」として規定するための最低限の条件として，李榮薫は，a）構成員相互間に権利・義務の一定の差別はあっても，一方が他方の人身を身分的に支配することは排除されること，b）生得的に強い帰属意識を感じる対象であること，c）その限りで，個別構成員から一定の分離された独自の権威ないし人格として成立すること，d）共同財産の所有のうえに追求される共同の経済的利害が構成員の社会的・経済的再生産において緊要の役割を遂行していることの4つを挙げている［李榮薫 2001, p.249］。

まらない重要性を持ち，また近年少なからず議論の蓄積を見せている［cf. 嶋 1990; 拙稿 2007a; 安勝澤 2014］。なかでも安勝澤は，1970 年代末から 90 年代前半にかけて執筆された農村住民の日記（『任実昌平日記』）を資料として，契方式をとる農村の互助・協同組織について，財源の造成と利殖（「存本取利」，あるいは「存本取息」）によって持続的な運営が可能とされていた一方で，財産の清算も簡単明瞭であり，組織を容易く解体できるという特徴も有していたと指摘している［安勝澤 2014, pp.13-19］。

本論では，村落の社会集団としての法人的一体性を自明の前提として論を進めるのではなく，マウルやトンネと呼ばれるような地理的／社会的まとまりをなして隣り合って暮らす人たちによる生活の諸資源の緩やかな共有を踏まえたうえで，a）互助・共同の対面的相互行為の累積と，b）相互主観的な認識に基づく社会的・象徴的境界付けや帰属意識の構築の両面を区別し，実践において両者がどのように架橋されているのかを探るアプローチをとる。いいかえれば，生業活動や日常生活における互助・協同とマウル・トンネの象徴的構築とのあいだの連関，あるいは相互性に着目しようとするものである。このようなアプローチは，ひとつに，相互行為としてのコミュニティと象徴として構築されるコミュニティの両者を結びつける実践としてコミュニティ概念を構想しなおそうとする平井京之介の議論を敷衍するものである［平井 2012］。またこれを韓国（朝鮮）農村（村落）社会の民族誌的・社会経済史的研究によりひきつけて捉えなおせば，韓国の農村社会に実体的なコミュニティ（あるいは共同体）概念を適用することの妥当性をめぐる議論に，より柔軟な視点を導入することを目論むものといえる。さらにより限定的な問題として，コミュニティ（共同体）によって担われるものと捉えられがちな様々な公共的，あるいは公益的な活動が，実態としてはどのような社会組織によって担われてきたのか，そして公共・公益的社会組織と（しばしばコミュニティ・共同体として捉えられる）相互依存的で相互規制的な集合的関係性・共同性（communality）の消長とのあいだにどのような連関や相互性を見出すことができるのかを問い直すものともなる。

序 -2-2　家族の理想型と再生産過程

韓国の農村社会を対象とする民族誌的研究では，居住と日常的な生計をともにする単位（世帯 household），あるいは生計・生業基盤を共有する家族・近親からなる集団（ここでは家内集団 domestic group と呼ぶことにする）を，日常生活と生業活動において基本的な単位をなすとともに，村落の構成単位をなすものと見なしてきた。現地語彙でチプ（*chip*）と呼ばれるこのような集団についても，少なからず研究成果が蓄積されている［Brandt 1971, pp.37-87, 108-143; 崔在錫 1975, pp.104-195; 李光奎 1975; 嶋 1980; 伊藤 2013, pp.101-258 等］。このような集団は，ある種の集合的行為者として生計維持と社会的生存の諸戦略を展開するが，この再生産戦略[16]においては，世帯や家内集団の編成と再編成自体に戦略的選択が介在することもあり［cf. 嶋 1980; 伊藤 2013, pp.124-141］，また，ある種の再生産実践において，家族・近親者同士がこのような集団の枠にとらわれない緊密な協力／依存関係を見せることもある［cf. 嶋 1976］。本論では，韓国農村社会における小農的生産様式（小規模自営農を主体とする農業生産の様式）の長期持続的様相と関連付けながら，家族への参与を通じた生計維持と社会的生存の諸戦略，すなわち家族の再生産戦略を論ずるが，これに先立って 1960 ～ 70 年代の農村を対象とした民族誌的研究から得られた知見をたたき台として，世帯や家内集団の編成を分析的に捉える視角を提示しておきたい。

韓国の農村社会，すなわち小規模自営農を営む（あるいは農業を主要な生計手段のひとつとする）者たちが他の生業に従事する者たちとともに近接的に居住し，生活・生業空間を緩やかに共有して互酬的な互助・協同と相互規制を基調とする共同性を営む社会において，営農の基本単位となっていたのが，主として家族・近親者が居住と日常的な生計をともにする世帯であった。家族で農業を営む世帯，すなわち農家（peasant household）は，一部に雇用労働者を含みこみつつも，主に家族労働力によって小規模の自営農業を営んでいた。上に挙げたような 1960 ～ 70 年代の民族誌によれば，このような居住＝生計＝営農単位の多くは，1 組の夫婦，あるいは親夫婦と 1 組の息子夫婦を核として，そこに未婚の子供を加えた構成をとっていた。また後者の形態で，未婚の息子が結婚し，独立するまでのあいだ一時的に親世帯に留まると，息子世代に 2 組以上の夫婦が含まれる形態が過渡的に現出することもあった。これを加えれば，世帯の共時的構成の主たる類型として，夫婦家族（conjugal family）と直系家族（stem family）[17]，ならびに

16　この再生産戦略の概念は，ブルデューによる概念化と家族研究を踏まえたものである。詳しくは，ブルデュー［2012=1989, pp.494-505］，ブルデュー［2007=2002］，Bourdieu［2008=2002］，ならびに小松田［2008］を参照のこと。

17　ここで「直系家族」というのは，あくまでも世帯の共時的な（その展開過程におけるある時点での）構成の一類型として用いるもので，後述する家族の理想型としての直系家族（あるいは継承家族）とは概念上区別せねばならない点をあらためて強調しておきたい。

過渡的形態としての拡大家族（extended family）を設定することができる。1960～70年代の調査結果によれば，この3類型をおおむねどの農村でも確認できた。

農家世帯が直系家族的構成に従って編成される際，息子がひとりしかいない場合は原則この息子（独子）夫婦が親元に残る以外の選択肢は想定しづらいが，息子が複数いる場合には，そのうちの誰が親夫婦と同居するのかが問題となる。これについては，長男夫婦が親元に残って老後の親を扶養し，親の死後には生家の生計＝営農基盤を継承することが望ましいと捉えられていた。すなわち，直系家族的構成における長男の親世帯への残留が，一種の社会規範として共有されていた点を確認できる。

もう一点重要であるのは，父母やその他の父系祖先の祭祀を兄弟で分担する慣習のある一部の地域（後述する珍島等）を除き，父祖の祭祀を遂行する権利／義務（祭祀権）が原則として長男のみに委譲されていた点である。いいかえれば，祭祀権は長男によって単独相続されていた。父祖の祭祀は儒教的な孝観念を構成する主要な要件のひとつであったが，韓国の農村社会では，これを主宰する責任（ならびにこの責任に伴う権利）を長男が排他的に担うことが祭祀相続の原理原則をなしていた。この長男単独祭祀相続の原則は，公式的で，かつ個別の社会経済的脈絡に左右されない論理（ここでは後述する実践的論理と区別して，これを「形式的論理」と呼ぶことにする）を体現するものであった。そして，この祭祀相続の形式的論理は，世帯編成の規範としての長男残留を正当化し，合理化する論理としてもしばしば援用されていた。

ここで，世帯編成における長男残留規範と祭祀相続の形式的論理を踏まえ，家族の再生産過程についてどのような分析枠組みを設定することができるのかを考えてみたい。家族構造の通文化的な比較研究を試みた中根千枝によれば，「いかなる社会においても，人々が“家族[18]”というときには一つのイメージとい

18　中根千枝は，家族の比較研究における単位設定の難しさを述べたうえで，その指標として，①「寝食を共にする」単位（共食を一応の指標とする「生活共同体」）が最小の第一義的な単位として存在していること，②血縁（親子，きょうだい関係），食事（台所，かまど），住居（家屋，部屋，屋敷），経済（消費，生産，経営，財産）の諸要素の統合，あるいは2つまたはそれ以上が他の要素と交錯し重なりあって存在する集団（ただし，いずれの場合も血縁の要素が構成員決定に基盤となっている）というものが「家族」とよばれるものであること，③この institution（集団）が，社会によって構成，構造，要素の統合，分裂のあり方が異なるにもかかわらず，必ず一定の概念用語を持っていること（これが普通「家族」と翻訳される）の3つを挙げている［中根 1970, pp.14-15］。

うか理想型が設定されているのが常で」あり，「その人々がもっている家族のイメージ，理想型というものは，一定の構造に支えられたものである」という［中根 1970, p.21］。そして中根は，それぞれの社会における家族の理想型（ideal model）と現実（reality）との関係に焦点を合わせた比較と分析を行っている［中根 1970］。1960 ～ 70 年代の韓国農村社会を対象とした民族誌的研究でもこれに類似した家族の理想型が想定されており，その代表例として李光奎による家系継承のモデルを挙げることができる。李光奎に従えば，韓国の家族の理想型では，家族を外部に対して代表する「代表権」，家族員を指揮監督する「家督権」[19]，家産を管理する「財産権」，ならびに祖先の祭祀を受けつぐ「祭祀権」が一括して父－長男の縦のラインに従って継承される。そしてこの家系継承，あるいは家長権の継承において，祭祀権が最も重要な骨子をなすという［李光奎 1975, pp.129-135, 238-246］。

李光奎が示した韓国の家族の理想型は，祭祀相続の形式的論理によって差別化される父－長男のラインに沿って，居住＝生計単位としての親世帯の継承，親の財産の相続，そして家族を代表し，指揮監督する家長的権限の継承がなされる（べき）ものとして読みかえることができる。また，韓国の農村社会における家族の理想的なイメージ，エミックなモデルも，おおむねこれに類したものであったとみられる。このようなモデル化に従えば，世帯あるいは家内集団の構成は，長男が残留する直系家族の形態を志向するものとして捉えられる。論者によってはこの理想型を「長男残留（型）直系家族」と呼ぶ者もいる。これを家族の再生産に対する構造的規制として捉える視角は，エミックな（相互主観的な）モデルであるところの理念的構築物を，客観的な分析モデルとして読み替えようとするものであったといえる。

先述の中根が比較分析に用いている類型に従えば，韓国の家族のこのようなモデルは，一見，「C ＝父－息子の継承線を基盤とする家族」，すなわち「継承家族」(stem family）と符合するようにみえる［中根 1970, pp.33-38］。この継承家族の代表として，中根は，日本の「いわゆる直系家族」(イエ）だけでなく，これと構成は異なるが共通した要素をもつチベットの家族，さらに様相を異にする沖縄の門中制をもつ家族やインド・アッサムのガロ Garo 族・カシ Khasi 族の例などを挙げている。ただし,「B ＝兄弟（姉妹）の連帯による大家族」の場合のように,「社

19　ただし，日本と韓国の「同族」について比較検討を試みた服部民夫は，金斗憲の議論を引用して，家産の分割相続を原則とする朝鮮では，戸主相続を家督相続とみなすことはできないとしている［服部 1975, p.69］。

会・文化的背景が異なるにもかかわらず〔共有されるような〕内部構造ならびに機能の基本的共通性というものが必ずしも抽出できない」がゆえに，継承家族の比較分析は相当複雑な問題を扱うことになるとも述べている［中根 1970, p.101］。

その詳細は中根の論考［中根 1970, pp.101-140］を参照されたいが，韓国の家族を仮に継承家族の一例として論ずるにしても，それは中根の挙げている多様な諸事例のいずれとも性格を異にすることに留意せねばならない。以下，継承家族の諸事例との相異を列挙する。

・別々の「生活共同体」(寝食を共にする第一義的単位）に分散している個々人を結ぶ血縁関係の機能が，日本の直系家族のように弱体化しやすいわけではない。例えば，親は同居していない既婚の息子を頼ることもできる。よって，世帯・家内集団の独立性には一定の限界がある［cf. 中根 1970, p.102］。
・家（建物・屋敷）は売買の対象になるし，また生家から独立する息子に農地を分与するだけでなく，家・屋敷を購入して与えることもある。その意味では，家・屋敷も分与しうるといえる[20]。よって，家・屋敷は継承線の所在を具体的に表現するものとしての象徴的な意味を必ずしも強く持つわけではない［cf. 中根 1970, p.103］。
・生家を離れる息子にも，条件が整えば財産を分与する。すなわち，一子相続ではなく，財産が兄弟間で（必ずしも均等にではないが）分割される。その点に限れば，兄弟の連帯による大家族とも類似した特徴を持つ［cf. 中根 1970, pp.108-109］。
・日本農村社会のイエのように，独立した農業経営体としての永続性が求められるわけではない（日本の農村の本百姓株のような，永続性が高く権利義務が世代を越えて継承される村落成員権の特異なあり方を見てとることができない）［cf. 中根 1970, p.114］。
・息子がいない場合に養子をとり，養子は原則として父系血縁者からとられるが，必ずしも実子と変わらない権利や身分を与えられるわけではない。養子をとることの第一義的目的は祭祀権の継承におかれており，養父母を扶養することや養父の家内集団・営農基盤を継承することは二義的である［cf. 中根 1970, pp.120-123］。
・ガロ族やカシ族，あるいは沖縄では，日本のイエに似た生活共同体を単位とす

20　韓国の家族で，継承子が親の家・屋敷を相続するのは，それが継承線の所在を象徴的に表現するからではなく，むしろ家屋の構造上，物理的に分割が難しく，独立する息子への財産分割にあたって，親と継承子が古い家に残るほうがより手間がかからないという半ば自然の結果によるものとみるべきかもしれない。

る明確な「家族」集団の概念があり，それが単系血縁集団と共存しているが，韓国では父系血縁集団と家族（世帯・家内集団）とを明確に分離することが難しい。チプ *chip* という用語は，確かにある文脈では居住・生計をともにする生活共同体を意味する。また，生家から独立した息子の世帯・家内集団をチャグン・チプ（小さなチプ）と呼び，チャグン・チプから見た生家をクン・チプ（大きなチプ）と呼びもする。しかし他方で，李光奎もいうように，チプという用語がより遠い父系親族（集団）にまで範囲を拡大して用いられることもある［李光奎 1975, pp.290-301; cf. 中根 1970, pp.123-124］。

・日本のイエ的な制度が形成，維持されるのは，①「家族」とよばれる集団の単位の独立性が高く，その単位自体の存続性が強く望まれている場合，また，②その単位に常に包括されている特定のステータス（家・屋敷の象徴性，家名，家格，屋号，家印等）の継承が重要なプリンシプルになっている場合と考えられる。これに対し韓国の家族は，名門士族の宗家のような特殊な例を除けば，①，②のいずれにも当てはまりにくい［cf. 中根 1970, p.136］。

韓国の家族を生活共同体として捉えれば，共同体的単位，すなわち世帯・家内集団の独立性が強く，その単位の存続性が強く望まれるような継承家族をなすものとは言いがたい。むしろ世代交代に際して息子の数に従って分割され，兄弟がそれぞれ独立した世帯・家内集団を形成するような形態と捉えるべきであろう。事実，財産相続においても，一子相伝の不可分な「家産」が設定されているわけでなく，ほとんどの財産が（長男が優待されるものの）息子のあいだで分割される。親元に長男が残って直系家族的構成をとる局面のみに着目すれば，長男残留直系家族のエミックなモデルが，一見，構造的規制を及ぼす理想型のように見えるかもしれないが，財産分割と世帯・家内集団の編成に焦点を合わせれば，むしろより重要な契機は親の死である。長男以外の息子に対しては，生家から独立する際に財産が分与されるが，長男が自分の取り分を手にし，財産分割のプロセスが終了するのは，究極的にはこの親の死による。すなわち，財産分割と世帯・家内集団編成のプロセスに着目すれば，結婚した長男が親元に残留する直系家族が最終形態なのではなく，兄弟のすべてが独立した世帯・家内集団を構える時点を世代交代の完結とみなすべきで，その意味では，長男残留直系家族はむしろ過渡的な構成ともいえる[21]。

21　あるいは父の死によって，財産分割と祭祀相続の２つのプロセスが明確に分離するとこれに対し祭祀権の継承は，確かに父―息子（長男）のラインに従い，後述するように，息子のあいだで分割される財産とは別途に祭祀費用を拠出するための財産が設定される場合もある。だがこれのみでは集団を構成するプリンシプルとなり難い。また，日本の直系家族や他の社会の継承家族では，養子・婿養子の選択以外でも，例えば複数の息子のなかからひとりを選ぶというように，継承子に選択の余地がある場合も決して珍しくはないのに対し，韓国の祭祀継承では，息子がおらず養子をとる場合を除けば，長男単独相続の形式的論理が徹底される。すなわち，継承子の選択において戦略的判断が介在しうる余地がほとんどない点でもほかの社会の継承家族と明白に異なる。韓国の家族の再生産で戦略的判断が介在しうるのは，むしろ財産分割においてであろう。

このように見ると，韓国の家族の再生産は，長男単独相続という形式的論理に従う祭祀相続と，個別具体的な状況に従って柔軟に組みかえうる脈絡依存的な実践的論理[22]に従って兄弟のあいだで財産が分割される財産相続の，2種類の異なる相続プロセスが結合した形態と捉えることができる。祭祀相続の形式的論理が財産分割における長男優待を裏付けるように（李光奎が家系継承において祭祀権を重要な骨子とみなしていたことを思い出してほしい），この2つのプロセスを明確に分離しがたい局面も確かに存在する。しかし次に述べる理想型からの「逸脱」に現れるように，この2つのプロセスの結合は決して本質的，構造的でも自明でもない。

嶋陸奥彦の整理によれば，李光奎が祭祀権の委譲を骨子とする家長権の継承として概念化した韓国の家族の理念型においては，祭祀継承関係によって規定される単位（嶋の用語では「儀礼的家」），財産所有を主体とする単位（「社会的家」），および同居単位（「世帯」）が互いに一致するものと仮定されている。しかし現実にはこの3つの単位が一致しないことがある点に嶋は着目し，1974年に調査し

いうべきか。ここに述べたように，財産分割は父の死によって息子のそれぞれが家長として独立した世帯・家内集団を構える形で終結する。これに対し，父は死と葬喪の完結を契機に，父系の系譜関係に従って正統的な子孫により祀られる祖先となる。すなわち，父系の血統を永遠につなぐ者として聖別される。

22 「実践的論理」とは，石井美保［2007］を踏まえた用語である。石井はこれを「具体的な行為と活用を通してのみ形づくられ，その「知的一貫性」が認識されるような論理」［石井 2007, p.285］とする。また，狭義においては，ガーナ南部開拓移民社会の土地問題を敷衍して，「それぞれの社会集団において形成されてきた土地相続や利益配分のしくみと，それらのしくみを実現し更新する具体的な相続実践の中で，農民たちによって活用されるロジックのことを指す」としている［石井 2007, p.21］。

た全羅南道C村（別の論考では青山洞という仮称を使用）の6例を取り上げている［嶋1980］。嶋が描くこの3つの単位の複雑な重なり合いとズレは，当事者（C村の人たち）が果たして同様の思考や判断を行っていたのかについて疑問を抱かせる。また，財産の共有や同居はよいとして，祭祀継承がそれ自体で明確に境界付けられた集団編成の原理たりえるとする点も素直には肯きがたい[23]。とはいえ，人びとが日々の生活を営み，そのための諸条件を確保するための組織（村社会の構成単位）で，そのなかで世代交代が行われてゆく組織である「社会的家」と，親族組織の最小単位である祖先志向的な「儀礼的家」とを分析的に峻別すべきであるとする指摘は重要である［嶋1980, p.50］。一例を挙げれば，嶋の事例3では，長男が祖父の兄の養子（父の実弟で伯父の養子となったが息子を残さずに死んだ）の養子になったにもかかわらず生家に留まり，実父の死後にその「社会的家」を継承する一方で，実父の「儀礼的家」を継承した次男は生家（父一長男の「社会的家」）から分家している（長男が継承した「儀礼的家」は「社会的家」としての実質を具えていなかった）［嶋1980, pp.45-46］。嶋によれば，このように理想型では重複する2つのプロセス（祭祀相続と「社会的家」の継承）が円滑に進行しえない（つまりズレを生ずる）状況下では，どちらか一方を他方に従属させるのではなく両者を分離してそれぞれの論理を貫いているという［嶋1980, pp.50-51］。

筆者なりにもう少し分かりやすく整理しなおせば，日々の生活を共に営む単位（嶋のいう「世帯」や中根のいう「生活共同体」）や住居・農地等の財産・生産手段を共有し，共に生業を営む単位（本論でいう家内集団）の編成は，時には祭祀相続の形式的論理（事例3でいえば，養子となった長男は養父である叔父から祭祀権を委譲され，その生家の祭祀は次男が継承する）とは異なる実践的論理（叔父が継ぐべき財産を残さなかったため長男が生家に残り，次男は財産分与を受けて分家する）に従う。裏返せば，祭祀継承の形式的論理と世帯・家内集団の編成や財産分割における実践的論理とのあいだに齟齬が生じた場合でも，「社会的家」の継承者に祭祀権も委譲するというようなすり寄せ（上の場合でいえば，長男が父から「社会的家」だけでなく祭祀権をも継承するとともに，養父の祭祀も継承するといったこと）が，少なくとも嶋の提示している事例においては行われていなかったということになろう。

この嶋の議論を敷衍して先に提示した相続の二重プロセスを読み直せば，長男を生家に残し，次三男の分家後に生家に残された財産（住居，農地，その他の生

23　むしろ筆者の観点に従えば，祭祀の継承・委譲は，それ自体では集団編成の原理とはなりえず，父と長男の同居や両者による財産の共有，嶋のいい方を借りれば社会的家や世帯編成のある実態と重なり合うことで，はじめて集団として現出するといえる。

計・営農基盤）を継承させる一連のプロセスにおいて作動する実践的論理は，次三男を含む息子たちへの財産の分割についての個別の諸条件を考慮した戦略的判断を論理付けるものといえるが，その構成要件として父ー長男の継承線を含み，かつ長男が養子に出されないという点において，祭祀継承の形式的論理と相互浸透しうる。しかし，両者にずれや齟齬が生じた場合，祭祀継承の形式的論理に付与される正統性と（個別具体的な脈絡を超越する）体系性が，祭祀の継承と実践を世帯・家内集団の（柔軟な）編成へとすり寄せることを難しくさせる。

他方で，嶋は彼のいう「儀礼的家」を，父ー長男（あるいは養子）の継承線を基盤とする直系家族的構成（中根の用語に従えば継承家族的構成）をとるものとして概念化しているが，その形式的論理の基盤にある儒教的孝観念が父（父系祖先）と長男（長孫・継承子）以外の息子（父系子孫）との関係をも包括する点において，祖先志向的な親族組織は，むしろ父と長男以外の息子との関係や兄弟同士の関係をすべて含む父系拡大家族的な構成をとるとも考えられる。実際，祖先祭祀の実践においても，継承子の弟たち，さらにはその下の世代の父系子孫たちが，世帯や家内集団の区分に関係なく（特定の世帯や家内集団の代表としてではなく），祀られる者の子孫として参加する。すなわち，儀礼的「家」という用語をあえて用いるのであれば，実践上，このような父系拡大家族的，「大家族」的構成を明確に具え，より関係の遠い父系親族へと範囲を広げていく「家」(*chip*) といった意味で用いるほうが，エミックな家族・親族認識との近さにおいても，また分析道具としての切れ味においても，妥当性がより高いと考える[24]。よって論ずべきは，嶋のいう意味での「儀礼的家」と「社会的家」のズレではなく，個別具体的な状況に応じた世帯／家内集団の柔軟で可変的な編成を含む家族の再生産の実践に対し，正統的，体系的な形式的論理に従って構築される父系親族の関係性（ブルデューの用語を借りれば，公式的親族[25]）がどのような関係を切り結んでい

---

24 実は祭祀継承を目的とした養子も，多くの場合このような父系拡大家族的範囲内で求められる。いいかえれば，養子の設定による祭祀継承は，祭祀の対象となる祖先の直系子孫の共通の関心事たりうるものである。

25 ブルデューは，父方平行イトコ婚の事例を再分析するにあたって，親族関係の機能を，公式的なものと実践（実用）的なものに分けて捉えなおしている。公式的親族関係（official kinship）と実践（実用）的親族関係（practical kinship）の対立は，公式的であること（the official）と公式でないこと（the non-official），集団（the collective）と個人（the individual），公（the public）と私（the private），集合的儀礼や主体なき実践と戦略との対立として言い換えられている［Bourdieu 1977, pp.33-38］。公式的親族とは，フォーマルで公的な脈絡で演じられる親族といいかえることもできよう。これに対し，実践（実

るのかという問題となろう。しかも，静態的，構造論的にではなく，動態的，過程論的にである。

世帯・家内集団の編成と祭祀継承とを分析上峻別すべきであるとすることのもうひとつの証左として，伊藤亜人が調査した全羅南道珍島の事例を取り上げたい。この事例では，2つのプロセスが陸地農村の一般的な例とは別の形で接合されている。伊藤によれば，「結婚後，両親と同居してその老後の奉養を受け持つのは長男であるという原則」，いいかえれば長男残留の規範は珍島の農村でも強く意識されているが，必ずしも原則どおりには実現されていないという。その詳細については5章で改めて取り上げることとし概要のみ述べれば，伊藤の調査した上萬里94世帯から非農業者，単身居住，妻方居住，転入者を除く86世帯（すなわち，既婚の世帯主男性の父親の代ですでに上萬里に居住していた世帯）のうち，長男が村内にチャグン・チプとして独立した例が4例，長男以外の弟が両親と同居してクン・チプを継いでいる例が11例に達していた［伊藤 2013, pp.128-129］。すなわち，世帯（家内集団）の編成において，状況によっては長男が生家から独立するような柔軟な再生産戦略を見て取ることができるが，ここで注目したいのは，祭祀権が長男等によって単独で継承されるという形式的論理が，珍島では必ずしも徹底されていなかったことである。

伊藤によれば，珍島では長男だけが忌祭祀（父祖の忌日に子孫の家庭で行う儒礼祭祀）を独占的に主宰するものではなく，弟が分家として独立している場合には，原則として父の祭祀を長男が，母の祭祀を次男が受け持つというように，この忌祭祀を兄弟間で分担するのが一般的な慣習であった。忌祭祀の分配は，分家の家計にゆとりができてから，本家（クン・チプ）の家計の状況や忌祭祀の総回数を配慮しながら，多くの場合分家から願い出る。三男の分家でも余裕があれば父母以外の祭祀を受け持つ例が少なくないという。この慣習に対して伊藤は，①祭祀の負担が兄弟間で分散化されると同時に，兄弟間相互の往来と協力が促される，②祭祀の翌朝に行われる飲福の宴で門中以外にも多くの客を接待する機会を持つことが，村の社会生活において重要な意味を有する，といった社会的意義を見出すことができるとしている［伊藤 1983, pp.419-425］。すなわち，珍島の事例では，生家の分割によって生じた兄弟の諸世帯同士が対等かつ持続的な関係を志向し，また，生家から独立した次三男（時には長男）の分家といえども，

用）的関係とは，生存のための日常的な必要性に動員しうる関係を意味する［Bourdieu 1990, p.168; ブルデュ 1990, p.42］。

村落の構成単位（「社会的家」！）として生家（クン・チプ）と同等の地位を志向する，そしてこのような志向性が祭祀の分担によって促進されていたのだといえよう。この例では，財産相続（家内集団の編成）の実践的論理にすり寄せられる形で祭祀継承の実践的論理が構築されている。

本論では，家族の再生産過程を，a）長男単独相続という，個別具体的な諸条件に左右されにくい形式的論理に従う祭祀相続（あるいは公式的親族の構築）と，b）個別具体的な状況に従って柔軟に組み換えうる脈絡依存的な実践的論理に従って，兄弟のあいだで財産が分割され，世帯・家内集団が編成される財産相続（あるいは実践＝実用的諸関係の編成）の，2種類の異なる論理とプロセスが結合したものと捉え，これを家族の再生産過程の二重性（あるいは相続の二重システム）と捉える。この二重システムは，ブルデューの親族理論を援用すれば，公式的親族と実践＝実用的親族との接合のされかたの，韓国農村社会特有の形態を示すものといえよう。この二重システムを社会過程，実践のなかで解明することに本論の主眼のひとつがある。

序 -3　本書の構成

冒頭で述べたように，本論の目的は，筆者が1980年代末の韓国南西内陸部南原地域のある農村，仮称Yマウルで体験した「そこにいたこと」としての民族誌的現在と，その体験を通じて再構成を試みた「表現様式」（仮構的現在時制）としての民族誌的現在の二重の意味での民族誌的現在を，その歴史的厚みを斟酌しつつ記述分析しなおすことにある。その方法として，①仮構的現在時制で記述された民族誌を，持続性を基調としつつも必ずしも変化に向けて閉じられているわけではない農村（村落）社会の再生産過程として読み直しつつ，②筆者の体験した表層としての民族誌的現在の下に潜む歴史的な厚みを顕わにするという歴史民族誌的手法をとる。また前節で述べたように，本論で主たる考察の対象とする農村社会の長期持続的様相と家族の再生産過程を分析する基本的視角は次の通りである。①村落の社会集団としての法人的一体性を自明の前提として論を進めるのではなく，マウルやトンネと呼ばれるような地理的／社会的まとまりをなしてともに暮らす人たちによる生活の諸資源の緩やかな共有を踏まえたうえで，a）互助・協同の対面的相互行為の累積と，b）相互主観的な認識に基づく社会的・象徴的境界付けや帰属意識の構築の両面を区別し，実践において両者がどのように架橋されているのかを探る（「実践としての」コミュニティ論）。②

家族の再生産過程を，a）長男単独相続という個別具体的な諸条件に左右されにくい形式的論理に従う祭祀相続（あるいは公式的親族の構築）と，b）個別具体的な状況に従って柔軟に組み換えうる脈絡依存的な実践的論理に従って，兄弟のあいだで財産が分割され，世帯・家内集団が編成される財産相続（あるいは実践＝実用的諸関係の編成）の，2種類の異なる論理・プロセスが結合したものと捉える（相続の二重システム，家族の再生産過程の二重性）。以下，論の構成に従って，本論で用いる資料と主題・論点を概観しつつ，記述分析の方法をより具体的に示しておこう。

本書は9つの章の前後に序論と結論を付した構成をとる。本論部分に相当する9つの章は，調査村であるYマウル住民の互助・協同のコミュニティ的実践とライフヒストリーを，朝鮮半島農村社会の長期持続的様相と近代／植民地期の社会経済的再編成との交錯のなかに置き戻して論ずるⅠ部（1～4章），Yマウル住民による家族の再生産戦略と産業化過程でのその再編成を他の農村・村落の民族誌と対照しつつ論ずるⅡ部（5～7章），そして調査時点での今，現在を互助・協同の実践と孝の諸実践に焦点を合わせて論ずるⅢ部（8・9章）の3つの部分に分かれる。

Ⅰ部では，まず朝鮮半島中・南部農村社会における17世紀を転機とする小農的生産様式の拡大と儒教・朱子学的な理念・行動様式の浸透のなかで，小農的居住＝経営単位である戸・農家世帯と互酬的な関係性が立ち上がる場としての村落がどのように形成され再生産されてきたのかを再構成する。その上で，筆者がYマウルでの現地調査を通じて収集した村落文書と住民のライフヒストリーを，このような長期持続的な社会経済的様相が近代・植民地期の諸変化と相互浸透しあう脈絡に落とし込んで分析する。

1章では，朝鮮時代後期の農村社会に関する歴史人類学的，ならびに社会経済史的研究成果を踏まえ，居住・生計と生産の基本単位である戸と互助・協同の諸関係が立ち上がる場としての村落が，小規模自営農を主体とする小農的生産様式の形成・拡大と儒教・朱子学的な理念・行動様式の浸透という17世紀以来の農村社会の長期持続的様相のなかで，身分構造，経済階層，ならびに父系親族の集団化・組織化と相互に関連しあいながらどのように生成し再生産されてきたのかについて検討する。

2章では，1章で部分的に言及した在地士族の地域的拠点の形成についての補論とYマウルの民族誌への導入を兼ねて，朝鮮時代後期の在地士族層における父系親族の組織化と地域社会での卓越したステータスの構築，ならびに開化期・

朝鮮末以降のその再生産について，Yマウルの三姓と南原地域の事例に即して論ずる。

3章では，農村社会の長期持続的諸様相と近代・植民地的諸変化が植民地期南原地域の農村社会とYマウル住民の生活にどのように織り込まれていたのかについて，植民地期の行政資料とYマウルの村落文書を用いて，人口変動，農業経営と農家の流動性，ならびに村落コミュニティの再生産を中心に論ずる。

4章では，Yマウル住民のライフヒストリーを資料として用い，農村住民による近代と植民地支配の経験を，日本への出稼ぎ・移住（帝国内移動と農業外就労）と近代教育の履修を通じた事務・専門職への進出（近代メリトクラシー志向），ならびに解放直後の左右対立と朝鮮戦争期の窮状を中心に論ずる。

次にII部では，産業化以前の農村社会における家族の再生産戦略と産業化過程でのその再編成に焦点をあわせて，他の農村・村落の諸資料と対照しつつYマウルの民族誌の現在化＝歴史化を試みる。

5章では，産業化以前の農村社会における家族の再生産過程について，エミックなモデルに則った理想型や構造的拘束に還元せずに，実践や戦略に焦点をあわせて，その実践的論理にも目を配りながら記述分析を試みる。ここでは，Yマウル住民のライフヒストリーを1960～70年代の民族誌資料や植民地期農村についての口述史資料と相互対照しつつ再生産戦略の社会経済的スペクトラムを同定し，まずその両極に位置する諸事例について，再生産戦略の実践的論理と相続の2つのプロセス（あるいは家族の再生産過程の二重性）の接合のされ方を考察する。次にこの対極的諸事例と対照しつつ，中間的な位置を占める小規模自営農（あるいは小農的居住＝経営単位）の暫定的均衡に向けられた再生産戦略を再構成し，そこでの長男残留規範の意味を探る。

6章では，1960年代半ばに本格化する産業化の過程で，農村社会における家族の再生産の諸条件にどのような変化が生じたのかについて，長期持続的な社会経済的諸条件と関連付けながら，量的拡大と質的変容の2つの側面に分けて論ずる。量的拡大としては，都市・工業化地域に偏った産業蓄積を背景とする農村からの低学歴青年・壮年層の就労目的の離農・離村の増加，ならびに高学歴化と小規模自営農の営農基盤の安定化によるメリトクラシー戦略の拡大に着目する。これに対し質的変容としては，都市中産層志向の高まりと都市中産層的階級地平の内面化を指摘する。

これを踏まえ7章では，調査当時のYマウルの民族誌資料に再び立ち戻って，このような再生産条件の変化・変動と大規模な向都離村の進行の過程で，Yマウルに暮らす人たちが家族の再生産戦略をどのように再編成していったのかを考える。課題として，①子女の向都離村を基調とする家族の再生産戦略との関係で農村世帯と農業経営がどのように再編成されていったのか，②そこでは再生産戦略の二重性，すなわち公式的＝家父長制的関係性の再生産と実践＝実用的諸集団・諸関係の（再）編成とがどのように（再）接合されていたのかの2つを設定する。そしてこの課題と関連付けながら，向都離村と還流的再移住の事例に見られる再生産戦略の特徴，結婚・縁組の変化と農家世帯の編成・再編成の実践的論理，家内労働力の再生産と経営規模の調節，ならびに家内祭祀の継承と実践について検討する。

最後にⅢ部では，産業化過程での家族の再生産戦略の再編成を踏まえつつ,「そこにいたこと」としての民族誌的現在，すなわち調査時点での今，「現在」を，互助・協同のコミュニティ的実践と孝の諸実践に焦点をあわせて論ずる。

8章では, 1960～70年代の民族誌を「実践としての」コミュニティ論的アプローチに従って相互対照的に考察することを通じて，平等的コミュニティ，すなわち比較的対等な者同士の互酬的な共同性が生成・再生産される諸条件について検討したうえで，この平等的コミュニティと対照しながら，調査当時のYマウル住民の互助・協同の諸実践を微視的に分析する。具体的には農業生産における互助・協同と村落の共同的活動，ならびに新旧の村落結社の事例を取り上げ，モラル・エコノミーと経済的合理性との折り合いの付けかた，互助・協同の共同性の不定形性・可塑性（あるいは創発性）と制度的枠付け，ならびに村落の共同的活動や村落結社をめぐる相互行為としてのコミュニティと象徴的構築としてのコミュニティとの架橋のしかたについて検討する。

そして9章では，父系血統の再生産に向けられた家族の再生産の諸実践・諸戦略と密接なかかわりを持つ孝の諸実践の記述分析を通じて，公式的＝家父長制的関係性の再生産の試みと，これに還元しきれないような孝実践の諸様相に光をあてる。事例としては，墓での祖先祭祀の遂行を主要な目的とする父系親族団体（門中）の組織と諸活動，ならびに祖先・死者の墓の整備作業（サンイル）の2つを取り上げ，調査時の参与観察に基づいてその記述分析を行うとともに，孝実践の諸様相に現れつつあった変化の徴候について，家族の再生産戦略の再編成と関連付けて考察を加える。

結論では，まず，本論の論点を整理しなおしつつ，民族誌研究としての意義付けを探る。特に，本論で試みた韓国農村（村落）社会に関する民族誌的知識の蓄積の再評価を踏まえ，韓国の急速な産業化を可能にしたひとつの要因として，家族と村落コミュニティの動態的均衡性，すなわち変化に開かれた持続性に改めて注意を喚起する。そして本論で，1980年代末のある農村の今，「現在」の歴史民族誌的記述分析を通して展開したような視角と方法が，産業化後の農村社会，さらには韓国社会の今現在の理解にいかなる展望を開くのかについて，私見を提示する。

2節冒頭に引用したエピグラフを敷衍すれば，歴史民族誌的手法を用いて「民族誌的現在」という認識条件を問い直しつつ，1980年代末の民族誌に立ち返って民族誌資料に寄り添った読解を試みることが，本論での記述分析の基本的な姿勢となる。

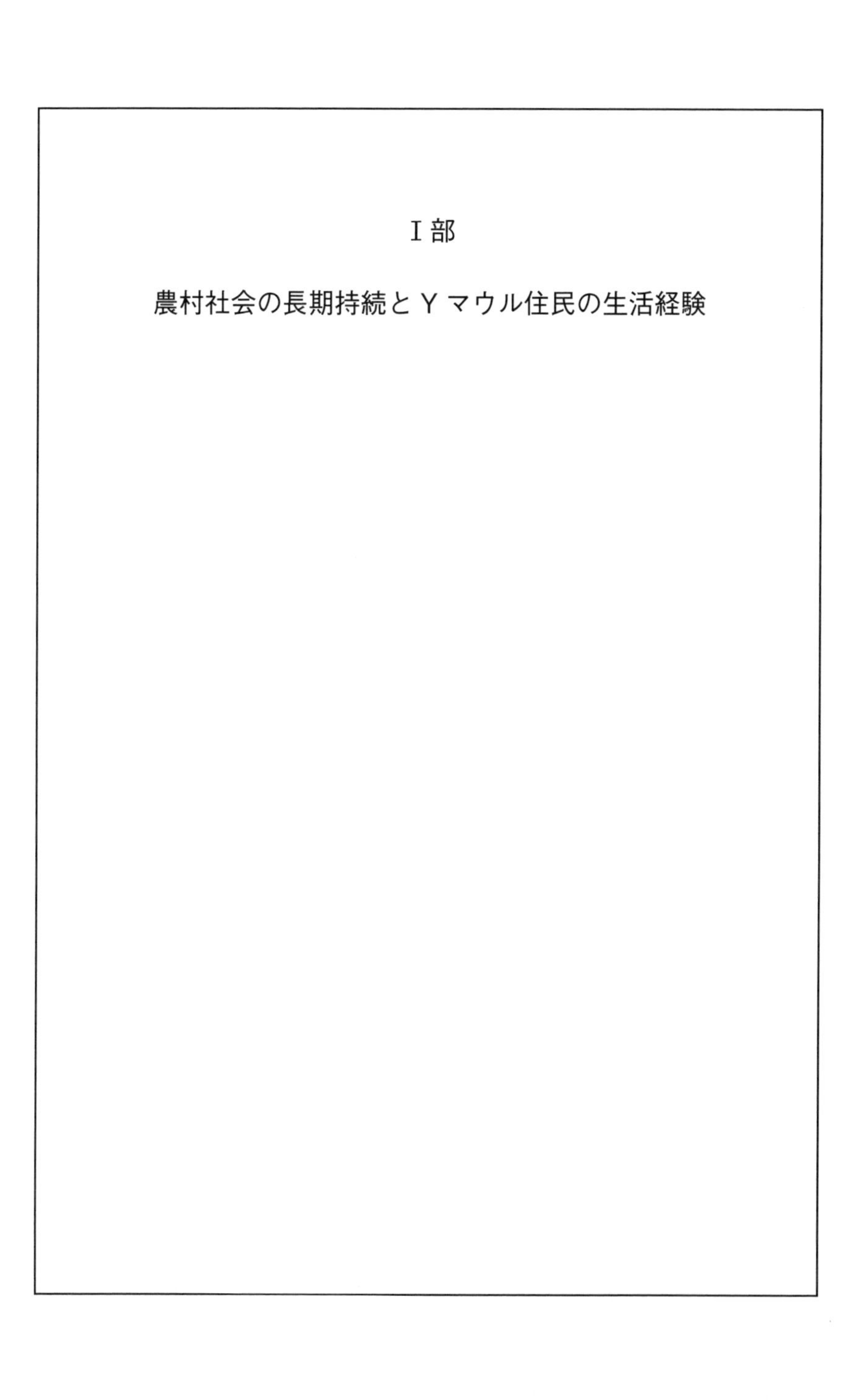

Ⅰ部

農村社会の長期持続とＹマウル住民の生活経験

1章　小農社会の社会単位としての戸と村落

朝鮮半島（韓国での公式名称は「韓半島 Han-pando」）の稲作農業地帯で，小規模自営農（peasant）を主体とする生産様式はいつどのような形で成立し，いかなる形で普及していったのか。その基本的な生産単位をなすものとして想定される家族的な社会集団，すなわち農家（peasant family farm）は，どのような構成をとっていたのか。農家の特定村落・地域への定着や社会集団としての再生産を可能にする条件は何であったのか。そして生産単位としての農家の存立と再生産は，一方で諸々の社会関係網とのあいだにいかなる関係を切り結び，他方で儒教伝統や社会的身分のような社会的規範・枠組みとどのように関係しあっていたのか。韓国農村社会の長期持続的な様相を同定する試みとして，本章では，小規模自営的家族農を主体とする小農的生産様式が朝鮮半島の農村社会に普及・定着してゆく過程において，基本的な生産単位であったと推定される戸と戸の集合体としての村落がいかなる社会的実体として立ち上がっていたのか，そして戸と村落の再生産に，経済的階層構造，身分構造，父系親族の集団・組織化，ならびに儒教・朱子学の受容がどのように関係付けられていたのかについて考えてみたい。

小農的な生産様式がその他の社会経済的諸側面といかに絡み合って韓国農村社会の長期持続的な様相をなしてきたのかを紐解くための手がかりとして，まず，社会経済史的な観点から東アジア諸社会の儒教化を論じた宮嶋博史の議論を取り上げてみたい。宮嶋は，宋代以降の中国で，士大夫層の特異な社会的存在様態[1]が朱子学的な世界観・社会観や政治・経済・社会思想の形成の前提となっていた点を踏まえ，朝鮮や日本で朱子学を深く受容しえた要因として，小農社

1　中国宋代の士大夫層の特徴として，宮嶋は，儒教的経典の教養を保持する知的エリートであるとともに科挙によって官僚となることを理想としていた点，そして経済的基盤から見ると地主であることが多かったが，佃戸（小作人）との身分的な支配・隷属関係を伴う領主的側面は部分的に指摘できるに留まり，独自の支配機構を具えて領域的支配を行っていたとは実証しがたい点を挙げている［宮嶋 1994b, pp.68-69］。

会の形成という社会構造面での共通性に着目している［宮嶋 1994b, pp.67-72］。ここでいう「小農社会」とは，「農業社会において，自ら土地を所有するか他人の土地を借り入れるかを問わず，基本的には自己および家族労働力のみをもって独立した農業経営を行なう小農が，支配的な存在であるような社会」をいう。そしてこの小農的農業生産においては，「自己および家族員以外の労働力を用いることはあっても，それはあくまで副次的な役割を果たすにとどまる」［宮嶋 1994b, pp.70-71］[2]。すなわち，家族以外の従属的な労働力（朝鮮の場合，後述する奴婢など）や短期・長期の契約労働に依存した生産・経営の形態をとるものではないということである。宮嶋が取り上げている東アジア諸地域の小農社会は，人口の急速な増加と農業技術の変革を条件として，中国では明代前期に，朝鮮と日本では17世紀頃に成立したとされる［宮嶋 1994b, pp.72-82］。

朱子学的な政治思想・世界観と小農的生産様式・社会構造との整合性について，宮嶋は2つの論点を提示している。その第一は，小農社会の成立による政治支配と土地所有の遊離，いいかえれば支配層による特定地域に対する領域的な支配権の喪失が，支配層の知識階級化（儒教的・朱子学的な教養の修得による「士大夫」化）と（朱子学の政治思想の中核をなす）中央集権的な官僚制的支配への転換を促したというものである。そして第二に，農村における小規模自営農民の普遍的な存在が民衆の均質化において決定的な役割を果たし，朱子学の統治理念である一君万民体制が，このような民衆の均質化を前提とするとともにそれを生み出していくものであったと捉えている［宮嶋 1994b, pp.82-86］。

朱子学的世界観と小農的生産様式の理念的な関係に重点を置いた宮嶋のここでの立論は，朱子学的教養を内面化していった支配層，朝鮮での呼び方に従えば士族 *sajok*（あるいは両班 *yangban*）の視点に従うものであったといえよう。一方，宮嶋［1995］では，「均質化」したとする民衆，なかでもその主体をなす常民の動向について，もう少し具体的な言及がなされている。ここでは3点に分けてその要点を示しておこう。まず18～19世紀の動向として，戸籍の記録上，「幼学」という士族に付与されていた肩書きを持つ者が顕著に増えたこと，同じく士族の証とされていた族譜の編纂が盛んになったこと，そして「幼学」の肩書きを持つに至った者の戸のなかで奴婢を所有する戸数が増加したことなど，常民の

2　家族労働力に依存した小規模自営農という宮嶋の用いる意味での「小農」概念は，ヨーロッパ・ロシアや中南米の農民研究で用いられてきた「農民」（peasant）概念を踏襲したものとみられる［cf. Redfield 1956; Wolf 1966; Shanin ed. 1971］。以下，特に断りのない限り，peasantの和訳としては「農民」という用語を用いる。

あいだに両班（士族）志向の高まりと両班の生活理念の影響を確認できる点である。次に18世紀以降の両班層の農地経営において，奴婢を用いた直営地経営が次第に縮小し，実際の農業経営の責任を両班地主から土地を借り入れる小作農（佃戸）が担うようになっていったことである。その過程で常民・奴婢だけでなく下層両班が佃戸となることもあり，身分を問わず農村住民の多くが小農として次第に均質的存在になっていったという。最後に，18～19世紀には1人家族の比率が減少し，常民・賤民（奴婢）のあいだでも結婚が一般的になっていったこと，そしてもとの常民・賤民の戸でも直系家族の比率が上昇したと推測できることなど，小農層のあいだにも両班的な家族観念の成立を確認できるとする点である［宮嶋 1995, pp.196-209］。宮嶋の論に従えば，朝鮮の場合，小農的生産様式を基盤として，その主たる担い手であった民衆のあいだにも，支配層の生活理念や価値観，ならびに家族観念が浸透していったのだといえる。

本章では，支配層（士族層）を含む農村住民の居住単位であり，また小農的生産様式においては基本的な生産単位ともなっていたと考えられる戸と，小規模自営農の日常的な生活の場であった村落について，主に宮嶋以降の社会経済史・歴史人類学的研究成果を援用しつつ検討をおこなう。特に，小農的生産単位としての戸とその集合体である村落がどのように形成され，再生産されてきたのかに焦点を合わせ，小農的生産様式と経済階層，身分構造，父系親族集団，ならびに儒教化との長期持続的な相互連関について考えてみたい[3]。議論の手順としては，まず朝鮮時代後期の身分構造を経済的階層化と関連付けつつ概観した上で（1節），戸の定着／流動性と社会単位としての再生産の実態，ならびに再生産の諸条件について考察を加える（2節）。次に村落の地理的連続性を確認した上で，村落の社会的構成とそのヴァリエーションを可能な範囲で概観する（3節）。以上の作業を通して，儒教化の進む小農社会の長期持続という脈絡で家族と村落を捉える視角を仮設的に提示したい。

3　「長期持続」とは，ブローデル［1989=1958］を踏まえたもので，ロハスによれば「人間の歴史の〈内部において〉，歴史が発達するプロセスに沿って〈現在の本質的なファクターとして決定的な作用を及ぼし〉続けてきた構造的・現実的な諸原型の総体」，「歴史が大きな曲線を描いて動くなかで，現実すなわち関与的な諸要素として持続的に有効な機能を果たしてきた，より深い層の座標全体」，「緩慢に形成，変形，消滅する事実の構造あるいは組み合わせ」として定義される［ロハス 2003, pp.16-30］。

1-1　朝鮮時代後期の身分構造と経済階層

朝鮮時代後期の地域社会では，法的に規定された身分（良賤の別）を基盤として，地域に暮らす人たちの相互認識に基づくより細分化されかつ位階的に序列化された諸身分集団が形成されていた。本節ではまずこの社会的身分について，近年の近世社会史の成果に即して概観する。

朝鮮時代後期の身分構造を実証的に論ずるには，まず身分をいかなる社会的実体，あるいは範疇と捉えるのかを示した上で，そのような実体・範疇にあたるものとして当時の地方社会で何を見出すことができるのかを析出してゆかねばならない。歴史社会学者の金弼東によれば，身分という概念を通じて観念される内容には，次の3つの要素が共通して含まれるという［金弼東 1991, p.456］。

①身分は社会的序列関係のひとつの表現である（すなわち，社会階層体系のひとつである）。
②身分はしばしば法的に社会的特権と差別を規定する。
③身分は世襲され，それによって帰属的な地位としての意味を持つ。

これを踏まえて朝鮮時代後期の地域社会における身分を考える際，位階的に関係付けられ，社会的特権と差別に結びつき，おおむね世襲されるような集団や範疇への帰属が，必ずしも法制によって全的に規定されるものではなかった点が重要となる。金弼東に限らず，近年の身分制度史研究者のなかには，何らかの社会的相互認識に基づくような身分的な集団・範疇を，法制によって規定される「法的身分」からは概念的に区別して，「社会的身分」と呼ぶ者も見られる［金弼東 1991; 池承鐘 1991; 吉田 1998］。金弼東は朝鮮時代の身分制を説明するための理論構想の方向性を4つに分けて整理しているが［金弼東 1991, pp.454-456］，ここではそのうちの③「各々の身分範疇はそれぞれ異なる成立背景を持つため，各々に適用される身分決定の要因もまた，それぞれ次元を異にする」という点と，④「身分制が機能する「生活の場」を具体的に区別して把握する必要がある」という点に着目し，法的身分と社会的身分の区別を踏まえつつ，朝鮮時代後期の身分構造の素描を試みたい。

まず，国家の法によって規定された人民の区分のなかで最も包括的なものは，良役（納税・貢納・軍役・徭役等の国家に対する義務）の負担者で科挙受験資格を付与される「良民」と，良役を負担せず科挙受験を許されない「賎民」の区別である[4]。このうち「賎民」は，官衙に所有される公奴婢と私人に所有される私奴婢とに分けられる［吉田 1998, pp.216-219］。一方，良役の負担者として法的に規定された良民のうち，官位官職を保有する者や「幼学」という資格を付与された者は良役を免除される。「幼学」とは本来，儒教教育の最高学府である成均館で科挙文科の最終試験である大科の受験準備を行う学生を指していた［吉田 1998, p.220］。

これに対し，社会的身分にはより細かな区別が見られた。その最上位を占める身分が「士族 *sajok*」（両班 *yangban*）であったが，「士族」とは，元々「士大夫」の族，すなわち官位官職を持つ者の一族を意味していた。ところが朝鮮時代半ば以降，官僚になる者が事実上士族の子孫に限られるようになり，士族が国家官僚を輩出する血統として，ひとつの社会的身分と化していった［吉田 1998, p.218］。これに伴い，「良役」を免除される「幼学」という称号が，官位官職を保持していない士族に対する名誉称号としても用いられるようになった［吉田 1998, p.220］。

朝鮮前期の士族は王都漢陽とその近隣に拠点を定め官途に出仕していたが，16 ～ 17 世紀にかけて，このような士族のなかから地方に移住・定着して勢力を築く者が現れ始め，それが次第にひとつの分厚い階層をなすようになった［cf. 宮嶋 1995］。これがいわゆる「在地士族」で，2 章で述べるように Y マウル三姓の祖先もこれにあたる。地方への移住・定着後の早い時期にはこの在地士族の家系からも科挙に合格して官職を得る者が輩出されていたが，時代が下るにつれて中央の官界に進出する者の数は減っていった。むしろ彼らは，郡県を単位として在地士族の名簿である郷案を作成し，一種の自治機構である郷射堂と郷約を組織運営することを通じて，儒教規範の模範的な実践者である有徳の士として他の階層に対する優位を保持しようとした（2 章 1 節参照）。ある地域に移住・定着した士族の子孫は特定の集落や地域に代々集まり住んで「集姓村」を形成し，また後述するように「族契」・「門中契」と呼ばれるような親族結社や父系の系譜を記した族譜の編纂を通じて，父系親族の組織化を進めていった。その過程で，郡県における在地士族の序列も徐々に固定化していった。朝鮮の場合，

4　科挙とは中国起源の官吏登用試験で，朝鮮では高麗時代初頭の 10 世紀半ばに導入された。朝鮮時代には，高級文官を登用する文科，王朝の最高教育機関である成均館への進学資格と文科受験資格を与えられる生員・進士試（生員は経学能力，進士は文学能力を試験），武官を登用する武科，訳官・医官・陰陽師等の技術専門官僚を登用する雑科に分かれていた［韓永愚 2003, pp.255-256］。

宮嶋のいう小農社会の形成と併行して，在地士族の拠点形成と父系親族の組織化も進行したのが特徴的であった[5]。

法的身分としては士族も良民に属するものであったが，良民の多数を占めていたのは良役として軍役を負担する「常漢」・「庶人」・「良」などと呼ばれる人々であった。これがいわゆる「常民」（あるいは「平民」）である。また，地方官衙における行政実務を良役として負担していた人びとも，数としては在地士族や常民より圧倒的に少なかったが，地方行政において重要な役割を果たしていた。これが「郷吏（胥吏）」である。

朝鮮後期における郷吏の職は，①郡県の郷吏の長である「戸長」（ならびに時代が下るにつれ，それと拮抗する高い地位を占めるようになった「吏房」），②それぞれ異なる業務を担当する6つの部署（六房）の長（これも「六房」と呼ばれる），③下位実務担当者である「各任」・「諸色」の3つの階層にランク分けすることができる。このうち，最上位を占める戸長・吏房（あわせて「首吏」ともいわれる）は（郡県によっては六房も），郡県毎に異なる特定の家系からほぼ排他的に輩出されていた。よってこの郷吏の家系も他から区別される社会的身分を構成していたとみなすことができる。これを本論では「吏族」と呼ぶことにする。そのなかには，慶尚道慶州・安東で首吏を輩出していた諸家系のように，高麗時代に土豪として戸長や「上詔文」（後の吏房）を世襲的に輩出し，朝鮮時代前期にそこから士族家系が分かれていったような，地域での長い歴史をもつ家系も見られた。反面，南原の吏族のように，首吏家系でも16世紀以前の来歴がよく分からないような例もあった［cf. 李勛相 1990; 拙稿 2004; 同 2006b; Honda 2008］。

士族と常民の中間に位置する身分集団としては，この郷吏・吏族の他に，士族の庶出子の子孫である「庶族」，首都漢陽に住み，科挙雑科を通じて訳官・医師・陰陽師等を輩出した「雑科中人」の家系，漢陽の官衙で行政実務を担当した「胥吏」等があり，このような中間的な諸身分集団を包括して「中人」と呼ぶ研究者もいる。これについては，それぞれの身分集団がそれぞれ異なる存立基盤を持っていた点にも留意すべきであろう。また18世紀以降は，士族ではない良民が重い良役から逃れるために無官の士族の名誉称号であった「幼学」を称する（戸籍等の官文書にそのように記載される）例も多く見られるようになった［吉田 1998, p.220］。地域社会において彼らが士族と同等の待遇を受けるようになった

5　在地士族によって農地開発が活発に進められたこれに先立つ時期を，宮嶋は小農社会の前段階，あるいは萌芽期と捉えているようである。

とは考えにくいが，その称号を公的に許されるようになった背景には，先述の宮嶋も述べているように，彼らが何らかの形で経済的，あるいは政治的な地位の上昇を達成した可能性を考えうる。

本論では詳述しないが，朝鮮時代後期の身分構造を考察する上では，この他に，賎民である「奴婢」(先述のように，所有主体である「上典」が諸官衙であるか私人であるかによって「公奴婢」と「私奴婢」に分かれる)，必ずしも賎民とはみなされないが，被差別待遇を受けていた巫・芸能者の家系や僧侶・工人等，さまざまな身分集団を考慮に入れる必要があり，それぞれが異なる存立基盤を有していたとみられる。良民が良役から逃れるために奴婢になる例もあったようで，幼学冒称者の事例と合わせて考えれば，法的身分の変化と社会的身分の変化が，必ずしも連動していたわけではなかったといえよう。

次に，社会的身分と経済的階層との関係についても簡単に触れておこう。宮嶋の小農＝儒教社会論によれば，朝鮮の小農社会化の前段階として，農地開発と土地の集積が在地士族層によって進められた。16 ～ 17 世紀の在地士族の経済的基盤は農地と奴婢にあったが，18 世紀前半以降，奴婢の逃亡や常民身分の獲得により奴婢人口の減少が進むにつれて農地の重要性が高まっていった［宮嶋 1994b］。朝鮮時代後期の在地士族の主体が経済階層としては地主層に属していたことにおおむね異論はないようであるが，ここでは本章の後述部で戸と村落の事例として取り上げる慶尚道大丘府祖岩坊，ならびに慶尚道醴泉郡渚谷面を例に，社会的身分による経済的階層分化の違いを概観しておきたい。

まず祖岩（租岩）坊については，金容燮［1993］と金炫榮［1999］が，18 世紀前半の量案（土地台帳）と戸籍台帳を資料として，身分毎の農地所有状況と経済的階層分化についての論考をそれぞれ別途に試みている。ここでは無所有の者を含めたすべての戸主を対象として所有分化の分析を行っている金炫榮の論考を参照する。金炫榮は，1714 年祖岩坊戸籍台帳に収録された 186 戸について，職役の記載に従って身分を同定したうえで，1720 年租岩坊量案と対照して身分毎の土地所有分化の再構成を試みている[6]。身分同定の基準は金容燮による先行研究

6　これに対し金容燮［1993］では，租岩面（坊）量案に「起主」（農地所有主）として記載されている者に限り，戸籍との対照によって同定した住所と身分別の農地所有状況を集計している。金容燮によれば，租岩面量案に起主として記載されている者は，「無主」，「僧侶」，「公公機関」（公共機関の誤記か？）を除外すれば 795 名で，このうち租岩面民と確認されたのは 271 名であった。金容燮は，職役の記載に従ってこれを両班 A（幼学が中心の上位集団），両班 B（業武・軍官が中心となる下位集団），平民層 A（通

表1-1　1714年租岩坊戸籍台帳戸主の身分別平均農地所有

身分	両班	中人	平民上層	平民下層	賎人	その他	計
戸数（戸）＝A	11	73	84	10	7	1	186
うち無所有（戸）＝B	6	12	30	5	4	1	58
B/A	0.55	0.16	0.36	0.50	0.57	1.00	0.31
平均結負数(結-負-束)	0-39-8	0-83-7	0-33-3	0-19-6	0-13-7	0-0-0	0-51-8

出典：金炫榮［1999, pp.386-387］。

表1-2　1714年租岩坊戸籍台帳戸主の身分別農地所有分化　（単位：戸）

	両班	中人	平民上層	平民下層	賎人	その他	計
2結以上	1	4	0	0	0	0	5
1～2結	1	23	7	0	0	0	31
75負～1結	0	8	6	1	0	0	15
50～75負	1	5	10	1	1	0	18
25～50負	1	10	14	1	1	0	27
25負未満	1	11	17	2	1	0	32
無所有	6	12	30	5	4	1	58
計	11	73	84	10	7	1	186

出典：金炫榮［1999, pp.386-387］。

［1993］とおおむね同様であったが，金容燮が幼学中心の上位集団とした「両班A」のみを金炫榮は「両班」とし，業武・軍官が中心の下位集団（金容燮のいい方では「両班B」）には，別途「中人」という範疇を当てている。ただしこれは前述の中間的諸身分集団を包括する範疇としての「中人」を意味するものではなく，また，個別の事例では父系近親者のなかに金炫榮のいう「両班」身分の者と「中人」身分の者が入り混じっているものもあり，下位の両班（士族）と言い換えても差し支えないように考えられる。よってここでは金容燮の分類に従って，金炫榮のいう「両班」と「中人」をあわせて両班（士族）と捉えることにする。

まず身分毎の平均土地所有規模（表1-1）を見ると，「両班」・「中人」と「平民」とのあいだに，土地所有規模において相当の開きがあったことを確認できる。なかでも「中人」は，「平民上層」と比較しても平均で2倍以上の農地を所有していた。また，「中人」の場合は無所有の比率（B/A）も相当に低かった[7]。

常の軍役を担う上位集団），平民層B（賎役や特殊な職役を担う下位集団），奴婢層の5つの身分階層に分け，それぞれの農地所有状況を集計している。

7　以下，結・負・束で示される結負数は田畑への課税の単位（1結＝100負＝1,000束）を示すが，田畑の等級（等第）によって，同じ1結の土地の広さには違いがあった［宮嶋1991, pp.56-60］。今日の単位に換算すれば，1等で1結＝約0.9ha, 6等で1結＝約3.7haに相当した［宮嶋1995, p.69］。

表 1-3　1720 年渚谷面の身分別農地所有

	両班	良人	賎人	計
人数（名）	399	144	346	889
総結負数（結 - 負 - 束）	205-49-3	40-66-6	74-13-4	320-29-0
平均（結 - 負 - 束）	0-51-5	0-28-2	0-21-4	0-36-0

出典：李榮薫［2001, p.252］。

次に，身分毎の所有分化の傾向を見てみよう（表 1-2）。まず所有規模の大きい者を見ると，2 結以上の者はいずれも「両班」か「中人」，1 結以上 2 結未満の者でも 8 割弱はこのいずれかとなっていた。これとは対照的に所有規模の小さい者の場合, 25 ～ 50 負の 6 割, 25 負未満の 6 割強，無所有の 7 割近くは「平民」か「賎民」であった。ただし「両班」で半数以上，中人でも 1 ～ 2 割が無所有であった。金炫榮によれば，これは「異居同財」，すなわち戸籍上は独立戸として現れるが財産は他の戸と共有している形態を示すもので，平民・賎人の無所有とは性格を異にしていたという。この説明に従えば，農地所有の面での零細性は一部の平民・賎人に固有の特徴であったといえる。さらに平民上層でも 7 割以上が 50 負未満（無所有も含む），半数以上が 25 負未満（無所有も含む）の農地を所有するに留まっていた点にも注意を喚起しておきたい[8]。

在地士族（両班）と常民（平民）の経済的格差は，慶尚道醴泉郡渚谷面の例からも確認できる。表 1-3 は，1720 年の渚谷面量案に記載されている 889 名を資料として，身分毎の総結負数と平均値を求めたものであるが，無所有者を除いても，両班と良人（常民）のあいだには所有規模に顕著な違いが見られたことがわ

8　ただし，在地士族の地主が農業経営から全的に遊離していたわけではなかった点を，この地域の事例からも確認できる。慶尚道大丘府の戸籍を分析した崔承熙［1989］によれば，月背面の代表的な班村（在地士族が集居する村落）である上仁里の丹陽禹氏は，17 世紀末から 19 世紀初頭にかけてすべての戸が奴婢を所有していた。また，丹陽禹氏家門に伝わる文書を整理した金炫榮によれば，在地士族の戸といえども，少なくとも 18 世紀の時点では奴婢を使って直接，稲作や畑作，その他の生産活動にも従事し，また家内の婦女が紡績の仕事にも携わっていた。他方で，科挙文科に合格した近親が近隣に地方官として赴任すれば，凶年に官穀（官から穀物を借りること）を受けやすくなるといったことも記されており，農業経営や生計維持において，一種の身分的特権も享受されていたとみられる［金炫榮 1999, pp.390-393］。他地域の事例としては，慶尚道醴泉郡の在地士族家門である咸陽朴氏の文書を分析した須川英徳［2009］が，在地の地主であった 18 ～ 19 世紀の朴氏が地主経営と併行して農地の直営も行っていたことを指摘している。

かる。租岩坊の例と同様，士族の農地所有規模の大きさとともに，身分階層と経済階層との緩やかな対応関係を指摘できよう。

1-2　戸の定着／流動性と再生産

本節では，歴史人類学的な観点から朝鮮後期農村社会を論じた嶋陸奥彦による慶尚北道大丘府月背地域の戸籍の分析を援用して，17 ～ 19 世紀の朝鮮時代後期における戸の定着／流動性と社会単位としての再生産の実態，ならびに再生産の諸条件について考察を加える。

1-2-1　戸の定着／流動性

朝鮮時代の「戸籍」とは，基本的な居住・財産単位である戸の諸属性と戸首をはじめとする構成員の諸属性を記録した官文書を指す。朝鮮王朝の基本法典である『経国大典』では，戸籍について，原則としてすべての郡県（朝鮮時代の地方行政区画で「道」の下位区分にあたる「牧」･「府」･「郡」･「県」等の総称）で 3 年毎の「式年」に作成することを定めていた。しかし今日まで残されているのは一部の郡県のもののみで，かつ特定の式年に限られる。欠落も少なくない。嶋陸奥彦は，保存状態が比較的良好で先行研究も豊富な慶尚道大丘府の戸籍台帳（大丘帳籍）を用い，朝鮮時代後期の農村社会における戸の構成と動態を論じている［嶋 2010, pp.101-214］。彼のとった方法は，大丘府の祖岩坊と月背坊（あわせて月背地域とされる）の戸籍を 4 つの時期を選んでデータベース化し，その構成と異同を質的ならびに計量的に分析するというものであった。嶋が用いた戸籍の式年と時期毎の戸の総数を表 1-4 に示す[9]。

本項では，嶋の集計結果のうち，まず戸の通世代的な定着性と流動性を中心に見てゆきたい［嶋 2010, pp.202-205］。嶋は，戸籍の筆頭者である（男性）戸首個人が父系の祖先と同じ地域に住んでいるか，ならびに同じ地域に父系男子子孫を残しているかの 2 点に着目して，前者については「有祖先率」，すなわち前の時期の同地域の戸籍に父系祖先を確認できる戸の比率を算出し，後者について

9　時期の設定は，同じく大丘帳籍を用いて朝鮮時代後期の身分変動を論じた四方博［1938］に従ったものである。隣接する時期間の間隔にばらつきがあることについて，嶋は，「記録の残り方が最も良好だというのが理由だった」と推測している。また，II 期に 3 つの式年が含められているのは，いずれの年にも記録が欠如している里があったためである［嶋 2010, p.102］。

表1-4　大丘帳籍月背地域の時期別戸数

時期		Ⅰ	Ⅱ	Ⅲ	Ⅳ
式年		1690年	1720・29・32年	1783年	1858年
戸数（戸）		463	479	484	432
直前期との間隔			30～42年	51～63年	75年
有祖先率（%）			56.2	51.4	47.2
有子孫率（%）	全体	37.4	25.3	19.4	
	X	62.0	44.1	32.6	
	Y	21.9	12.6	9.4	

出典：嶋［2010, pp.184, 204, 206］。
凡例：X＝6戸以上の親族集団。Y＝5戸以下の親族集団。

は「有子孫率」，すなわち次の時期の同地域の戸籍に父系男子子孫を確認できる戸の比率を算出している。月背地域全体の有祖先率を見ると，表1-4の通り，いずれの時期でも半数前後の戸については前の時期にも同地域に父系祖先が暮らしていたことを確認できる。これに対し，全戸から有祖先戸と祖先不明戸（戸首が女性であるか，または戸籍原本の破損により戸首名が判読不能で，父系祖先の有無を同定できなかった戸）を除くと，前の時期以降に地域外から転入した戸の比率が，Ⅱ期で31.7%，Ⅲ期で38.2%，Ⅳ期で49.8%となる（嶋の集計値から筆者が算出）。すなわち，戸籍への収録漏れを考慮に入れなければ，少なくとも3～4割は前の時期以降の30～75年，1～3世代程度の間に他地域から転入した戸であったと推測される。

同じく月背地域の全戸について有子孫率を見ると，表1-4の通り，次の時期まで同じ地域内に父系男子子孫が残っていた戸の比率は2～4割程度と低い比率に留まっていたことがわかる。同じ期間の有祖先率と比較して（例えばⅠ期の有子孫率をⅡ期の有祖先率と比較して）かなり低い値を示しているのは，次の時期に複数の子孫戸を残した戸が相当数含まれていたためである。これに対し，全戸から有子孫戸と子孫不明戸を除き，次の時期に父系男子子孫を残せなかった戸の比率を見ると，Ⅰ期が59.4%，Ⅱ期が62.8%，Ⅲ期が70.9%となり[10]，これも戸籍への収録漏れを考慮に入れなければ実に6～7割の戸が次の時期までに父系男子子孫が途絶えたか，あるいはすべて他地域に転出したことになる。

嶋が指摘したような戸の流動性は，前節で示した身分・経済階層によっても異なる様相を示していたと推測される。嶋自身は，戸の有祖先率や有子孫率を身分構成や経済階層と関係づけた分析を行っていないが，かわりに彼が親族集

10　嶋［2010, p.206］の表3-2に記載されている集計値から筆者が算出。

団の規模別に算出した有祖先率と有子孫率を手がかりに，戸の定着と流動の社会経済的要因について考えてみたい。

嶋は親族集団の規模を，月背地域の戸籍に収録されている父系親族戸（戸主同士が父系親族である戸）の数に従って，A（31戸以上），B（21～30戸），C（11～20戸），D（6～10戸），E（2～5戸），ならびに単独戸（同地域内に父系親族の戸が確認できない戸）の6つに区分し，それぞれについて有祖先率と有子孫率を算出している。これによれば，どの時期についても，親族集団の規模が大きいほど，おおむね有祖先率・有子孫率ともに高い値を示す。このような集計結果について嶋は，「集団化することは地域社会に定着する（居残る）うえで重要な要因になっていた」と述べる［嶋 2010, pp.202-207］。ただし，D程度の規模でも，嶋のいう集団化を果たすには少なくとも1～2世代は要したと考えられるため，規模の大きい親族集団の有祖先率が高いこと（古くからこの地域に暮らしてきたこと）は集団化を果たす上での必要条件であったとみるべきであろう。また同じ理由で，有祖先率を規模の大きい集団の定着性を判断する指標として用いるのは適当ではない［cf. 拙稿 2011］。後者については，むしろ有子孫率に着目すべきであろう。

規模の大きい集団の有祖先率についてもう1点補足すれば，A～Dの規模の親族集団に属する戸でも，同地域の前時期の戸籍に父系祖先の戸を確認できないものが相当数見られる（例えば，Ⅰ期に24戸，Ⅱ期に31戸の規模であった丹陽禹氏の場合，Ⅱ期の有祖先率が87.1%で，不明1戸を除く3戸は，Ⅰ期に祖先の戸を確認できなかった）。これは，この地域を一旦離れた者の子孫が再びこの地域に戻ってきたことを示すものであろう。

戸の定着性を高める要因として，嶋が父系親族の集団化を偏重するきらいがある点に対しては留保が必要であるが，定着性（居残り度）が集団規模の大小と相関する点を明確に指摘している点は注目に値する。このような傾向性をよりはっきりと示すために，嶋の設定した6区分を6戸以上（A～D）のXと5戸以下（Eと単独戸）のYの2区分にくくり直して有子孫率を再集計してみると，表1-4に示したように，いずれの時期でも大きな開きがあったことを確認できる[11]。しかしそれと同時に，規模の大きい父系集団に属する戸であっても，相当の比率で子孫を残しえなかったものが含まれていたことにも注意を喚起しておきたい。嶋のいい方に従えば，「集団化することは居残りに有利ではあっても，それ

11　嶋［2010, p.206］の表3-2に示されているA～Dの集計値から筆者が算出。ちなみにXの構成比は，Ⅰ期で39.7%，Ⅱ期で44.1%，Ⅲ期で46.9%，Ⅳ期で46.5%となっており，いずれの時期でも4割前後の値を示していた。

を保証するものではなかった」[嶋 2010, p.206]。加えて，ある時期にXに属していた親族集団でも後に数を減らしたり，姿を消した例のあることが示されており，親族集団の消長の激しさをうかがうこともできる［嶋 2010, pp.190-202]。

嶋の説明によれば，いずれの時期にも相当の規模を保ち，有子孫率に現れる居残り度も比較的高かった親族集団は，地域社会でトバギ（*t'ŏbagi*：地付きの親族集団）と呼ばれてきた集団であった。前節での説明を敷衍すれば，このトバギ集団の典型は，経済的にも上層に属する在地士族であったとみられる。嶋が代表的なトバギの1つとして取り上げる上仁洞の丹陽禹氏は，Ⅰ期24戸（B），Ⅱ期31戸（A），Ⅲ期が53戸（A），Ⅳ期が59戸（A）で，いずれの時期でも最大規模の集団をなしていた［嶋 2010, pp.190-202]。この丹陽禹氏集団を事例のひとつとして取り上げている先述の金炫榮の論考では，18世紀前半までの家系図の一部を示し，そこに個人（男性）の職役と量案上の土地所有規模（水田と畑の合計）を附記しているが，これによれば，職役の記載のある17名のうち，「幼学」など「両班」(金容燮［1993］のいう「両班A」）に分類される者が11名,「出身」など「中人」(「両班B」）に分類される者が6名となっていた。また，所有農地についての記載がある4名のうち2名は，その所有結負数が1結以上であった［金炫榮 1999, p.383]。事例数が少ないので確言はできないが，丹陽禹氏のような後にトバギと呼ばれるようになった家系は，地域内での経済力を背景として規模の大きい親族集団を維持し，また有子孫率の高さ（Ⅱ期丹陽禹氏で67.7%）に現れるような子孫の定着性の高さを見せていたのではないかと考えられる。裏返せば，経済力，集団規模と定着性の高さ（そしておそらくは社会的身分の高さ）ゆえに,「トバギ」と称されるようになったのであろう。

これに対し，地域内に存在する父系親族戸の数が少ないYの場合，有子孫率が低い値を示すばかりでなく，有祖先率も低かった。その値は，Ⅱ期で32.3%，Ⅲ期で22.1%，Ⅳ期で14.2%となっていた[12]。すなわち，Yの大半は1～2世代のうちに他地域から移住してきた流動性の高い戸で，さらにそのうちで子孫を地域内に残しえた戸も少数に限られていたのだといえる。地理的な流動性の高さは「単独戸」で特に顕著で，その有祖先率は5～11%，有子孫率は4～6%と極めて低い水準に留まっていた。さらに注目すべきは，いずれの時期をとっても，地域内に親族集団による後ろだてを持たないこのような戸が，全体の4分の1

12　以上，嶋［2010, p.206］の表3-2に示されているEと単独戸の集計値から筆者が算出。

程度を占めていたことである[13]。

単独戸の流動性の高さは，宮嶋の論に従って彼らを小規模自営農と捉えたとしても，主要な生産手段である農地への安定したアクセスが欠如していたことを反映するものと考えられる。いいかえれば，農地の所有規模が零細であったか，あるいは地主とのあいだに小作権や生活上の保護を保証されるような持続的な関係を築きにくかったか[14]，あるいはその両方であったと推測できる。また，単独戸に全的に含まれる事例ではないが，嶋による月背地域の奴婢についての分析では，下位身分の者の流動性の高さも示唆されている。18世紀前期までは，戸籍に奴婢等の身分（配偶者や親の一方が奴婢である者や奴婢身分を免除された者を含む）として記載されている個人が全収録者の40～45%を占め，そのなかには「外居」（所有者である「上典」の屋敷内には居住せず，上典が他所に所有する農地を耕作するか，あるいは上典以外の他者の農地を小作し，それによって上典に対して「身貢」と呼ばれる一定の税を支払う義務を負う者）や逃亡により，地域内に住んでいなかった者も少なからず含まれていた。現住者に限れば，奴婢等の身分の者の比率は30%前後まで下がる。丹陽禹氏の宗家では，逃亡奴婢が全体の半数近くに及んでいたという［嶋2010, pp.149-173］。逃亡の原因を一概に経済的基盤の不安定さに帰することはできないであろうが，貧農層や下位身分の者の流動性の高さはここからもうかがうことができよう。

他地域の事例を補足すれば，慶尚道醴泉郡渚谷面大渚里の事例から，まず在

13　嶋［2010, p.204］の表3-1と，同［2010, p.206］の表3-2に示されている集計値から算出すると，単独戸の構成比は，Ⅰ期が27.0%，Ⅱ期が25.5%，Ⅲ期が26.7%，Ⅳ期が26.6%となる。

14　大渚里朴氏の文書を分析した李榮薫［2001］によれば，19世紀の日記に2名の構成員によって組織される特殊な形態の契が多数見られる。これを李は「二人契」と名付けている。構成員の一方は在地士族の朴氏であるが，その相手は，奴，洞里内の常民，洞里内の両班（士族）と親族，他の洞里の者，邑内の商人と胥吏等，多岐にわたっている。特に下層民との二人契について李は，朴氏が有形無形の様々な便宜の提供を受けるものであったことを斟酌するに難くはないとしている。例えば奴と契を結び，共有財産を提供することで，奴の小農民としての安定性を高める効果が大きく，逃亡を未然に防ぐことができただけでなく，忠直な奉仕を継続して受けることができるようにする利点があったとする［李榮薫2001, pp.277-281］。このような契の形態がどれほど一般的であったのかは確認できないが（朴氏の場合でも1850～70年の間に集中して見られる），その背景に，従属性の高い奴婢といえども，上典とのあいだに決して安定的な協力関係，あるいは支配－従属関係を築いていたわけではなかったことをうかがえるであろう。

地士族の盛衰を確認できる。1707年から1880年にかけて作成された『洞案』に収録されている両班（士族）の姓の構成を見ると，嶋のいうトバギ的な性格を有する（安東）権氏と（咸陽）朴氏があわせて全収録者数の7割を占め，かつ18世紀前半から19世紀後半に至るすべての時期に収録者を輩出している。これに対し，18世紀後半に初めて登場する金・呂・李の3つの姓は，19世紀前半の段階ですでに収録者が皆無となるか，あるいは大きく数を減らしており，19世紀後半にはほとんど収録されなくなった。1915年に作成された民籍簿でも両班戸の大多数は朴氏か権氏であったので，18世紀後半の洞案に収録されていた他の両班戸の大半は，19世紀後半までに他地域に移住するか，あるいは子孫を残せなかったものと考えられる［李榮薰 2001, pp.255-258］。

これに対し，「下民」（常民）で1888年の所志（官への告訴文書）に初めて現れる姓については，a) ある期間，暮らしていたがのちに転出した者，ならびにb) 朴氏に従属する婢（女性の奴婢）と結婚して転入した者が確認される。李榮薫は特に後者について，新しい姓（それまでは見られなかった姓）の良人（常民）がこの村に流入・土着する際の主要経路のひとつをなしていたのではないかと推測している[15]。他方で，1820年の量案に見られる良人姓の大部分が1888年まで続いており，むしろ両班集団の存続よりも安定的であるという感想も記している［李榮薫 2001, pp.259-261］。ただしその立論が土地所有者を記載する量案と両班の朴氏が中心となって作成されたとみられる所志を主たる資料としていることを考慮すれば，土地を所有しない者や朴氏との紐帯が弱い者については，逆に流動性が高かった可能性も想定しえよう。

以上の事例から，朝鮮時代後期の地方社会について，トバギ士族の地主を一方の極とし，「単独戸」や出入りの多い常民戸を他方の極とするような，戸の定着性と流動性のスペクトラムを指摘することができる。このスペクトラムにおいて，生産手段である農地の所有，あるいは地主とのインフォーマルな紐帯を含む農地へのアクセス，父系親族の集団化と組織化[16]，ならびに身分的威信が，

15　加えて，1720年の量案から確認できる良人姓から朴氏の婢の夫が輩出されている点を踏まえて，李榮薫は，良人が婢夫となることが，必ずも社会的・経済的没落のみを意味するものではない時代に入り始めていたことを示唆するとともに（この点については吉田［1998］も参照のこと），むしろ婢の夫となることが，この婢を所有する有力両班家と強い紐帯を結ぶこととなり，経済的安定と土着に有利な条件として作用していた可能性を指摘している［李榮薫 2001, p.261］。

16　「族契」と総称される親族結社の淵源と変遷を考察した鄭求福によれば，同じ祖先の子

嶋のいう地域への居残りに有利な条件として作用していたのではないかと考えられる。他方で，士族といえども地域内で相当規模の親族集団として残りえたのはその一部で，さらに拠点形成に成功したトバギ家系の成員であっても，すべてが地域内に子孫を残しえたわけではなかった。これは士族の戸であろうと常民の戸であろうと，特定の地域（面）や村落に居残ることによってのみ確保できるような社会経済的資源（別のいい方をすれば経済資本や象徴資本）の蓄積がそれほど大きくはなかったことを意味するのではないか。在地士族としての社会的威信の享受は，父系親族の拠点に居残ることよりは，むしろ士族の血統への帰属を認証され，士族に相応しい生活・行動様式を維持することによって保証さ

孫を構成員とし子孫としての親睦を目的とするような結社の嚆矢は，14 世紀前半にまで遡ることができるが，16 世紀までは記録が散見されるのみで，盛行するには至らなかったとみられる。鄭の研究では 3 つの親族結社の具体例が取り上げられているが，そのうちで最も古い 16 世紀後半の慶尚道安東の真城李氏の「族契」は，親睦と吉凶時の相互扶助を目的とするもので，構成員には「外孫」，すなわち男系子孫ではない李氏の娘の子孫も含まれていた。祖先の祭祀が目的に含められるのは 1686 年に組織された全羅道霊巌の南平文氏の「門契」からで，さらにこの門契では構成員も南平文氏，すなわち男系子孫のみに限られていた。3 つ目の事例はここでも取り上げた慶尚道大丘の丹陽禹氏の「姓契」で，文氏の門契とほぼ同時期の 1689 年に組織されたものである。構成員は外孫 1 名を除く 13 名のすべてが禹氏の「内孫」（男系子孫）で，かつ同世代の者であった。文氏と禹氏の族契の大きな違いとして，前者が祖先祭祀だけではなく父系子孫同士の相互扶助の機能も有していたのに対し，後者は祖先祭祀に重点が置かれ，相互扶助に対する配慮は極めて少なかった点が挙げられている［鄭求福 2002, pp.181-204］。鄭求福の論考では外孫を含む形態とそれを排除する形態の間に挟まれる 17 世紀前半の事例が挙げられていないが，同時期の祖先祭祀に対する取り決めとしては，例えば文氏門契の設立年の 37 年前にあたる 1649 年に作成された全羅道海南の海南尹氏の「墓位畓」（祖先の墓の管理と墓祭の費用を拠出するための水田）に関する文書で，内孫だけではなく外孫も対等の拠出を行うことが定められていた［鄭勝謨 2010, pp.112-115］。すなわち，17 世紀前半のこの文書では，まだ祖先祭祀に対する外孫の関与を確認できる。南平文氏の門契や丹陽禹氏の姓契などのように，外孫を排除した男系子孫（父系親族）の組織化が進むのは，これ以降，いいかえれば 17 世紀後半以降のことといえるかもしれない。ちなみにこの前後には，族譜の記載形式にも外孫より内孫を優先する傾向が現れ始めている。すなわち，17 世紀前半までの族譜には，男系子孫だけではなく娘の子孫も含められ，兄弟姉妹の配列も男女の別を問わず年齢順になされていたが，17 世紀後半以降は，男系子孫のみが収録され，兄弟姉妹の配列も男子を先に記載し，女子は男子のあとに一括して記載する方式に変わっていった［宋俊浩 1987, pp.16-58; 宮嶋 1995, pp.170-179］。

れていた［cf. 須川 2009］。また，このような威信から遠ざけられていた常民にとっても，村落や後述する各種の契のような地域コミュニティや地域結社が専有する農地・生産手段，その他の経済的資源や利権は必ずしも大きなものではなく，コミュニティや結社への帰属がもたらす経済的な利益はむしろ限られたものであった［cf. 李榮薫 2001］。在地士族の地域的拠点の形成については次章で，村落コミュニティについては次節で改めて取り上げる。その前に朝鮮後期の戸が生業経営の単位，あるいは社会単位としてどのように編成され，さらにいかなる次元で再生産が可能になっていたのかについて検討しておきたい。

1-2-2　相続慣行と戸の構成の変化

序論で指摘したとおり，1960 ～ 70 年代の農村社会に関する民族誌的研究で世帯・家内的経済集団のエミックなモデルとして抽出された長男残留直系家族は，長男による祭祀の単独相続（長男のみへの祭祀権の委譲）と生計・生業経営の基盤をなす財産（主として生産手段としての農地と家屋敷）の分割相続という，異なる原理に従う2種類の相続プロセスが接合されたものであった。後述するように，このような相続システムの二重化は，遅くとも 17 世紀半ば以降の在地士族層の相続慣行にまで遡ることができる。これに対し，生産・社会単位としての戸の編成には，17 世紀後半でも既婚の息子がすべて独立する形態を含む多様な類型が見られた。さらに統計的にみて戸の直系家族化と長男残留傾向が強まりはじめた 18 世紀前半以降でも，既婚の息子のうちの誰を親世帯に残留させるのかについては戦略的な判断の余地が残されていた。ここでは在地士族層における相続システムの二重化を踏まえつつ嶋による大丘帳籍の分析を読み直すことで，朝鮮後期農村社会における戸の再生産について検討したい。

まず，朝鮮近世史研究者である山内民博の整理に従って，17 ～ 18 世紀の在地士族層における相続慣行の変化を概観しておこう。

1460 ～ 69 年に編纂され 1470 年に頒布・施行された朝鮮王朝の基本法典である『経国大典』（但し最終的な改修は 1495 年）の規定によれば，財産相続は男女均分（嫡子については息子にも娘にも均等に分与）を原則とするが，祭祀権継承者である嫡長男子（「承重子」）には，嫡子ひとり頭の相続分の5分の1を祭祀財産（「奉祀条」・「承重条」）として加給することとしていた［『経国大典』「礼典」奉祀，「刑典」私賤］。士族層では 17 世紀半ば頃まで，ほぼこの規定に沿った相続がなされていたが，18 世紀にかけて次第に女子分が減少し，さらに男子のなかでも長男優待，あるいは長男に伝えられる祭祀財産の増加傾向が強まっていった［山内 1990, p.55; 宮嶋

1994a]。全羅道扶安郡の在地士族である扶安金氏の相続文書の分析を通じてこのような相続慣行の変化と在地士族の財産所有や家族・親族のあり方との関係を論じた山内の論考［山内 1990］によれば，17 世紀末から 18 世紀にかけて祭祀財産の増大傾向が見られ[17]，実質的に長男優待の傾向が強まったが，分割相続自体は，（併行して農地を活発に購入することによって）不均等な形ではあれ 18 世紀末まで一貫して継続していた。また 17 世紀以降，居住郡県に所有地が集中する（さらに女子には居住洞里の土地を分与しない）傾向も見られた。これについて山内は，農民の小経営の成長（小農化）や奴婢の自立化傾向のなかで，地主層にとって，管理の容易な居住地周辺の土地の有利性が高まったことを示唆している。

ここでまず注目したいのは，山内が，財産相続における宗家（長男の系統）の重視への変化を，宗家を軸とした父系親族の結合と拡大，ならびに儒教・朱子学的規範の受容による父系の永続性の重視と関連付けて理解しようとしている点である。すなわち，山内の見解に従えば，在地士族層にとっての 17 世紀半ば以降の相続慣行の変化，なかでも祭祀財産の増大を，拡大する父系親族の結束の強化と長男・宗家を中軸とする父系血統の永続的な継承を目論んだ再生産戦略の再編成と捉えることが可能になる。

それとともに，嫡長男子が継承する祭祀財産の増加にもかかわらず，長男以外の息子（ならびに娘）にも奴婢・農地等の財産が分与されていた点に注意を喚起しておきたい。朝鮮総督府の旧慣調査資料を分析した金斗憲［1969=1949, pp.235-240］も，朝鮮時代後期の財産相続が分割相続を原則としていた点をいち早く指摘している［cf. 山内 1990, p.62; 服部 1975, p.64］。

在地士族層の相続慣行において 17 世紀後半以降にこのような二重化が進行していったのに対し，単独戸を典型とする流動性の高い戸を含む生産・社会単位としての戸の編成については，既婚の長男の残留傾向が強まりつつも，他方で，長男残留には限定されない選択も行われていたことを確認できる。表 1-5[18] に示したように，先述の嶋による 17 ～ 19 世紀月背地域の戸籍台帳の分析結果[19] によれば，17 世紀末のⅠ期の段階では，既婚の息子の存在が確認できる戸のうち，

17　山内によれば，祭祀財産は各代の祖先毎に新たに設定され，分割が禁止されていたので，原則として宗家にそのまま集積・永伝されてゆくことになっていたという［山内 1990, pp.57, 61］。

18　嶋［2010, p.132］の表 3 の集計値をもとに筆者が作成。嶋の表では，先述のⅡ期が，1720 年（表のⅡ a）と 1729・32 年（表のⅡ b）の 2 つに分けて集計されている。

19　Ⅰ～Ⅳ期の戸の構成についての分析は，嶋［2010, pp.130-135］を参照。

表 1-5　大丘帳籍月背地域の既婚の息子の居住　（単位：戸（%））

時期	既婚の子1名が両親と同居					既婚の子は独立	その他	合計	総戸数
年	独子	長男	末子	他の子	小計				
I 1690	57 (35.1)	17 (10.5)	30 (18.5)	16 (9.9)	**120** **(74.1)**	**41** **(25.3)**	**1** **(0.6)**	**162** **(100.0)**	463
II a 1720	43 (37.4)	27 (23.5)	14 (12.2)	14 (12.2)	**98** **(85.2)**	**16** **(13.9)**	**1** **(0.9)**	**115** **(100.0)**	283
II b 1729/32	84 (47.5)	38 (21.7)	23 (13.0)	18 (10.2)	**163** **(92.1)**	**14** **(7.9)**	**0** **(0.0)**	**177** **(100.0)**	366
III 1783	100 (43.9)	69 (30.3)	26 (11.4)	21 (9.2)	**216** **(94.7)**	**11** **(4.8)**	**1** **(0.4)**	**228** **(100.0)**	484
IV 1858	105 (54.4)	67 (34.7)	10 (5.2)	9 (4.7)	**191** **(99.0)**	**2** **(1.0)**	**0** **(0.0)**	**193** **(100.0)**	432

出典：嶋［2010, pp.123, 132］。

そのすべてが親の戸から独立していた例が4分の1に達していた。また，息子が複数いて（つまり独子の例を除いて）既婚の息子1名が親と同居している場合，長男よりもむしろ末子と同居する例が多く，長男の同居は長男・末子以外の息子の同居とほぼ同数であった。既婚の末子との同居については，長男を含む他の息子が結婚・独立した後に唯一残った末子が結婚後も親世帯に残留したものと推測され，既婚の息子がすべて独立している戸の比率が比較的高いことによっても，それが部分的に裏付けられる。しかしそれとともに，親から見て既婚の息子を手許に残す場合にも複数の選択肢がありえたこと，また（老後以前の時期に限ったことかもしれないが）既婚の息子とは同居しないという選択もありえたことをこの資料は物語っている。すなわち，戸の生計・経営との関係で既婚の息子をどのように処遇するのかについて，戦略的判断の余地が相当に広く残されていたことを意味するものと読める。

これに対し，18世紀前半のII a・II b期では，このような選択肢の幅が徐々に狭まり始めた様相を見て取れる。既婚の息子がすべて独立している例が減る一方で，長男残留が末子残留を上回るようになった。その理由として，既婚の息子をすべて独立させることが難しくなるとともに，親の戸に年長の息子を残すことに再生産戦略における何らかの優位性が見いだされたのではないかと考えられる。既婚の息子を親元に1人残す傾向と長男残留傾向は18世紀後半のIII期，19世紀半ばのIV期と時代が下るにつれさらに強まってゆく。その点で18世紀前半のII期はある種の過渡期的な様相を見せていたといえるかもしれない。嶋は戸籍に含まれる親族の範囲についても集計しているが，その結果を見てもII a・II b期のみ，同居する親族の範囲が戸首からみて傍系最大7親等にまで拡大しており，さらに父方の方向だけではなく婚出する女性側親族（異姓甥，異姓甥子，異姓姪女，異姓従孫，異姓従弟，異姓6～7寸，異姓族孫など）も含まれていた［嶋2010, pp.123-129］。この点については後に論ずる。

18世紀後半のⅢ期からは同世代の者を複数含むような構成，すなわち拡大家族（extended family）的な構成をとる戸も徐々に見られるようになる。これは結婚後，親世帯から独立するまでの期間が長期化して既婚の兄が独立する前に弟が結婚する，あるいは既婚の残留子が存在する戸で他の息子が結婚後すぐには独立しない例が生じつつあったことを示すものであろう[20]［嶋2010, pp.129-130］。一方，既婚の息子がすべて独立する例は19世紀半ばのⅣ期までにほとんど見られなくなる。またⅣ期には，既婚の息子の存在が確認される戸の9割近くで独子を含む長男の同居を確認できる。その背景のひとつに，先述の宮嶋の指摘のように，在地士族的な相続慣行が常民・賎民層にも広がっていった可能性を考えうる。とはいえ，それでも残りの1割では長男以外の息子が同居しており，戸の再生産戦略においては，既婚の長男を独立させ，他の息子を残すことに優位性を見いだしうる局面も，決して少なくはない比率で存在していたのだといえよう。

ここで，17世紀半ば以降の在地士族の相続慣行の変化と18世紀前半の戸の編成に見られる過渡期的様相がいかなる要因によるものであったのかについても考えておきたい。慶尚北道奈城県酉谷の安東権氏家門の相続文書を分析した先述の宮嶋は，在地士族の経済的基盤について，①農地開発の余地が大きく残されていて農地よりも労働力としての奴婢が財産として重視された15世紀までの段階，②農地開発が急速に進みはじめて農地が財産として重視されるようになる16～17世紀の段階への移行，③開発余地が縮小してくる18世紀（あるいは17世紀後半）以降の経済的成長の停滞，という3つの段階を提示している。そして，在地士族の相続慣行の変化の背景に，農地開発の限界による経済的成長の終焉があったとする［宮嶋1994a, p.160; 宮嶋1995］。また宮嶋は，朝鮮時代の人口の推移についても述べている。そこでは2種類の推計値に共通する傾向として，①16世紀末の日本の侵略による人口の急減，②17世紀以後の回復とさらなる人口増加，③18世紀中葉以降の停滞ないしは若干の減少という3つの局面を区分して

20　嶋［2010, p.129］の表2のサブタイプBがこれにあたる。既婚者を含む世代数に従って設定されたタイプⅠ・Ⅱ・Ⅲのそれぞれに含まれるサブタイプBの数を合計し，構成比を求めると，Ⅰ期0戸（0.0%），Ⅱa期3戸（1.1%），Ⅱb期7戸（1.9%）で，18世紀前半までは例外的な水準に留まっていたのに対し，Ⅲ期は40戸（8.3%），Ⅳ期は48戸（11.1%）と数と比率を大きく増やしている。

いる［宮嶋 1994b, pp.74-75］。宮嶋の立論に従えば，17 世紀後半から 18 世紀前半にかけては，農地開発が停滞しただけでなく，人口圧も高まっていたといえる。18 世紀前半の戸の編成の変化について論じた嶋も，基本的に宮嶋の立論に従いつつ,「長男を優先する世帯継承形態は 18 世紀に成立した朝鮮特有の規範[21] で，それは直系家族という世帯の構成原理と経済的条件の変化の相互作用の中から生まれたものである」と述べている［嶋 2010, p.145］。

在地士族の相続慣行の変化を論じた先述の山内の議論を踏まえれば，在地士族層にとっての長男残留傾向の強まりは，嫡長男子に財産を集中させることによって，拡大する父系親族の宗家を軸とした結合をはかることと脈を一にするものであったと理解できよう。同時期に見られた外孫（非父系子孫）を排除する親族結社の組織や［鄭求福 2002, pp.181-124］，同じく族譜からの外孫の排除［宋俊浩 1987, pp.16-58; 宮嶋 1995, pp.170-179］とあわせて考えれば，父系の永続性の重視とそれを裏付ける儒教・朱子学的規範の本格的な受容をそこに見いだすこともできる。他方で，同様の実践的論理を，農地の所有規模が小さい常民の小規模自営農や，嶋のいう意味で地域内での集団化が必ずしも進んでいないような父系親族に属する戸にも適用することが果たして妥当であるのかという疑問も生ずる。さらにいえば，仮に農地を所有しない小作・零細農や（この点について確認可能な資料を嶋は提示していないが）流動性の高い「単独戸」においても長男残留傾向の強まりを確認できるのだとすれば，相続財産の細分化を防ぐために生家に長男を残す傾向が強まったとする立論自体が成り立ちにくくなるのではないか。それでも長男残留傾向を示すのだとすれば，既婚の長男を親元に残すことによってもたらされるそのほかの実質的な利益・効用にも目を向ける必要があろう。また，月背地域のそれぞれの時期の総戸数には，表 1-5 の既婚の息子の居住についての嶋の分析から除かれている事例，すなわち，既婚の息子の存在が確認できない戸で，かつ，この表で拾われている戸との親子関係も確認できない戸が相当数含まれているとみられる。そのなかには既婚の息子がすべて他地域に移住し，親子関係も切れかけているような例も含まれうるのではないか。だとすれば，18 世紀前半以降の直系家族化傾向の強まり自体を割り引いて評価する必要もある。

21　嶋が長男優先の規範化の根拠として提示しているのは，筆者の理解した限りで，戸籍の分析結果と宮嶋による在地士族の相続文書の分析結果のみである。これを読む限りで，嶋は統計的な主流化傾向と規範化とを同一視しているように思えるが，規範化については統計的な頻度とは別途に論証すべき事象と考える。

これと関連して先述の宮嶋［1995］は，崔在錫による年代の異なる3つの地域の戸籍資料の分析を引用して，身分毎の戸の構成の違いを指摘している。18世紀半ば以降に直系家族化傾向が強まる点を指摘しているのは嶋と同様であるが，嶋にはない重要な指摘として，この直系家族化傾向が「幼学」の称号を取得した常民戸を含む見かけ上の「両班戸」に限定的に現れるもので，「幼学」を除くその他の常民戸（「常民戸」）と賤民戸には同様の傾向を見て取れないことに注目したい。特に1807年の慶尚道月城郡良佐洞の戸籍草案（収録戸数254戸）では，（見かけ上の「両班戸」に含められる戸を除く）「常民戸」のほとんど（96.8%）と賤民戸のすべてが，夫婦家族の構成をとっていた［宮嶋 1995, pp.206-208］。つまり常民層においては，「幼学」の称号を取得しうるくらいの経済力を持つ自営農の直系家族化傾向が強まる一方で，少なくとも崔在錫と宮嶋が取り上げている事例に限れば，農地所有規模が零細で，おそらく流動性も高い（嶋のいう「単独戸」を典型とするような）常民戸の場合，親夫婦がたとえ老齢でも既婚の息子を手許に残すことが稀であったのだといえよう。

以上の議論を総合して17世紀後半以降の戸の再生産戦略の類型化を仮設的に試みれば，少なくとも，①トバギ士族地主（分割相続の原則に従いつつも祭祀財産を増やすことによって，宗家を中心軸とする父系親族の結合と拡大をはかる），②農地を相当規模で所有する，あるいは農地への比較的に安定的なアクセスを有する小規模自営農（両班的な長男優待の慣行を採り入れつつ年長労働力である既婚の長男を親の戸に残留させることで，営農基盤の細分化を防ぐとともに農業経営の労働集約化をはかる），③零細・無所有の小作農・貧農（一家離散的な既婚の息子の独立など，マージナルな生計維持を試みる）の3類型を想定できよう。ただし，②と③は，そのあいだに必ずしも明確な境界を引きうるものでなく，農地開発の限界と新しい技術の導入による農業の労働集約化の進行を考慮に入れれば，年長男性労働力を親元に残すことは，②の小規模自営農のみならず③の零細・無所有小作農・貧農にとっても，時には経済的効用を求めうるものであったと考えられる。

ここで改めて強調しておきたいのは，家族や戸の再生産における特定の戦略的判断の妥当性，あるいは優位性を，個々の家族や戸の再生産を条件付ける社会経済的諸要因——前項で提示した流動／定着性のスペクトラムもそのひとつである——に照らし合わせて評価すべき点である。その意味で，家族・戸の再生産戦略を検討する場合，理念型の抽出や一般化は必ずしも生産的な議論を導き出すものではない［cf. Bourdieu 1990, pp.162-199］。また，相続の二重システムとの関連でいえば，ある時点における戸の編成は，祭祀単独継承からの干渉を受けつつも，それとは異なる次元，すなわち，財産分割と同様に（またある局面ではその一部をなすものとして），自身と子供たちの居住・生計単位と生産単位をいかに編成するのか，それによってどのような物質的／象徴的利益を見込むのかについての戦略的判断に基づくものといえる。長男残留直系家族をその理念型として想定することは，財産分割の戦略性を見えにくくするのみならず，このような戦略的判断が介在する余地を締め出してしまう。長男残留傾向の強まりが見られたとしても，それをある種の理念型の形成・普及と捉えるのではなく，それが個別の再生産戦略においてどのように意味付けられるのかを問うべきであろう。

1-3　村落の構成と諸機能

前節での議論を踏まえれば，朝鮮時代後期農村社会の村落は，社会的身分の配置においても経済的階層化においても複合的な構成をとっていたといえる。また，トバギ士族を典型とするような集団化の進んだ父系親族が拠点を築いた村落も他方で流動性の高い戸を抱え，ある時期に存在していた父系親族集団が後に消散する例も見られた[22]。嶋が指摘したような人口の流動性を含みこみつつも物理的な空間としての集落を集合的に構成する戸のあいだにはどのような関係が形成され，維持・再編成されてきたのか。いいかえれば，戸の集合体である社会単位としての村落はどのような構成をとり，また，戸の定着／流動性や社会経済的再生産とどのような関係を切り結んでいたのか。本節ではまず，朝鮮時代後期を対象とした社会経済史的研究の成果を援用しつつ，村落のコミュニティ的機能によって補完されていた生活の諸領域を概観する。ついで時期は下るが，1920年代初頭の村落・集落調査をたたき台として，社会経済的に階層化した戸の多様な関係性を含みこむ小農村落がどのように形成され，いかなるヴァリエーションを示すようになったのかについて検討する。

1-3-1　朝鮮時代後期の村落

朝鮮時代後期の農村社会における小規模自営農同士の関係性は，集落・田畑・河川・山林等によって構成される地理的・物理的生活空間とローカルな諸生活

22　ただし，嶋が取り上げた月背地域では，集落の立地に，少なくとも17世紀から20世紀後半に至るまでほとんど変化が見られなかった［嶋 2010, pp.178-190］。このように，集落の立地の連続性は決して低くなかったとみられる。

資源の緩やかな共有・共用を基盤とし，相互扶助・協同と連帯責任の諸関係の累積，すなわちある種のコミュニティをなすものとして論じられる傾向が強かった。ここでは序論2節で言及した李海濬と李榮薫の農村社会論を改めて取り上げ，両者の争点を具体的に確認するとともに，両者が共通して指摘する2種類の社会経済的関係性，すなわち比較的対等な互助・協同と相互規制の共同性（平等的コミュニティ）と，これと交差する位階的関係性について検討する。

まず，李海濬の整理に従って，朝鮮時代の村落コミュニティの変遷を概観することにしよう。李海濬［1996］によれば，朝鮮時代前期の「自然村」（自生的な集落）には規模の大小に差があり，住民の移動によって衰退し廃村となるものもあれば，逆に新たに形成される場合も多かったという。行政による地方行政区域を再編成する試みも村落社会の末端にまでは浸透しておらず，このような自生的集落は，半独立的な形で自生的なコミュニティ（村落）を形成していたとみられる。これに対し，16世紀以後，堤防や貯水池等，水利施設の整備が本格的に進められ，農地が台地から山間平野や海沿いの低地帯に拡大するのと併行して，耕地開発を主導する在地士族の地位が強化された。これを背景として，いくつかの自生的な村落が，優勢な中心村落，すなわち士族村落に付随する形で連結され，成長する趨勢が見られるようになった。これと併行して集村化も進んでいったという［李海濬 1996, pp.18-20, 45-54］。在地士族による16～17世紀の農地開発については，先述の宮嶋の論でも言及されていた通りである。

16世紀後半から17世紀には，自生的な村落が数村または10余村集まり，「洞契」，あるいは「洞約」とよばれる村落連合的な自治組織を結成する例も見られるようになった。この洞契・洞約とは，在地士族が中心となって，呂氏郷約[23]やそれを朝鮮に合わせて改定した退渓郷約・栗谷郷約等を参考にして，徳業相勧・礼俗相交・過失相規・患難相恤等の規約を定めたものである。そこに下層民の村落組織も下部単位（「下契」）として組み込まれ（いわゆる「上下合契」），士族の「上契」に対して従属的な地位に置かれた。しかし18世紀以後は，（先述の宮嶋の議論にもあったように）在地士族の経済力の停滞・低下によって下層民に対する支配力が弛緩する一方で，官による村落の直接統制が推進されるようになり，上契・士族主導の官役や賦税の分担，あるいは高利貸的な運営に反発した下契・下層民が，洞契・洞約から離脱していった。その結果として，士族中心の洞契組織

23　「郷約」とは，元来は中国の郷村社会で道徳の実践と相互扶助をはかるために設けられた規約・団体を意味していた。北宋末に呂大鈞・大臨の兄弟が郷里の藍田（陝西）で初めて施行した郷約を，「呂氏郷約」（あるいは「藍田郷約」）と呼ぶ［矢沢 1986］。

は税の共同納付単位としてしか機能しなくなったという［李海濬 1996, pp.200-226］。

郷約の下部単位として想定された下層民の自生的な互助・協同組織は「郷村結契」とも呼ばれ，高麗末以来の香徒[24]と系統を同じくしていたと李海濬は述べている。構成員は常民や賤民で，少なくは7～9人から10人，多くは40～50戸程度と，規模の大小の差が大きかった。共同の活動としては，共同労役や村落の雑役，巫俗的な村落祭祀，冠婚葬祭の共同と扶助等が主となっていた。また，宮嶋のいう農業技術の革新，具体的には移秧法（田植え）や新しい農具の導入と同時期に発生したといわれるトゥレ（*ture*）という作業団も，地主の参与・干渉を排除した自作・小作農の組織で，このような自生的な共同体組織を基盤とするものであった。李海濬はこれを「村契」と総称し，この村契が，上下合契の洞契に下部単位として組み込まれたのちも，相互扶助や共同作業等の共同体的な機能を担っていたとする［李海濬 1996, pp.54-58］。すなわち村契を，「生活共同体として，村落の生業や日常儀礼，共同行事，作業と関連した具体的な事案を通じて結束した組織」であり，「村落構成員であれば誰でも参与することができる開放的な組織で，必ずしも成文化されていたわけではないが，村落内で自ら定めた規律により，互恵的で均等な関係を維持しながら運営されていた」と捉えている［李海濬 1996, pp.212-218］。そして在地士族主導の洞契・洞約からの離脱後は，今日見られるような「洞会」（洞祭や堂祭のような共同体的信仰を背景にしつつ，共同労役の形態としてトゥレや娯楽，農楽を包含した組織）や各種の目的契を自主的に結成運営し，自治力と結束力を高めていったとする［李海濬 1996, pp.218-226］。

上下合契的な洞契・洞約の組織と分契・分洞については，朝鮮後期の地域社会構造を論じた鄭勝謨も「民村」（下層民の生活共同体）の動向として論じているが，鄭勝謨の場合，喪葬礼時の相互扶助に重点を置いた議論となっている。また，一種の上下契だが分契・分洞の兆候を示していなかったある洞契の例では，19世紀後半の合議で戸布税等の共同納付の方法を定めていた点にも言及している［鄭勝謨 2010, pp.248-272］。

李海濬が，士族主導の洞契・洞約の機能と捉えた郷約に基づく儒教的な教化と，下層民（常民・賤民）の村契の機能と捉えた生活と生業における相互扶助や共同は，必ずしも相互排他的なものではなく，実際は同一の結社組織によって両方の機能が担われるケースもしばしば見られたという［井上 2006, p.350］。小規

---

24 「香徒」とは，元来は高麗時代の仏教信仰結社を意味するものであったが，李海濬はこれを後述する村契類組織の先行形態，あるいはその併行形態をなす，洞隣契的生活共同体の性格が強かったものとして捉えなおしている［李海濬 1996, pp.81-82］。

模自営農主体のローカルな共同体的組織と儒教化との関係を見る際には，むしろこの2つの側面が生活の営為とコミュニティ的関係性の形成においてどのような相互作用を見せていたのかを捉える必要があろう。

これに対し，慶尚道醴泉郡龍門面に定着した在地士族家系である大渚里朴氏に残される数多くの文書を整理分析した李榮薫〔2001〕は，下層民の村落共同体として「村契」概念を提示した李海濬の議論とは対照的に，範囲と機能を異にする様々な契＝結社が同心円状に重なった「多層異心」の連帯において，「ひとつの人格として昇華された共同体」を見出すことは難しいと述べている。李榮薫によれば，彼の研究対象である大渚里という地域は，17～19世紀の朝鮮農村社会の他の洞里と同様に，地方行政の末端単位であるとともに住民の日常生活の大部分を包括するひとつの自律的な秩序空間をなしていた。すなわち,「治安・水利・共同労働・営林・教育などのような住民の日常生活に不可欠な公共業務が,〔中略〕住民の自治として遂行，ないし生産されていた」のだという〔李榮薫 2001, p.245〕。具体的に見ると，まず，両班と下層民を統合する洞契（洞約とも呼ばれる）を通じて，洞祭，書堂の運営，税の共同納，トゥレとみられる共同労働，喪葬礼時の扶助，治安・風紀の維持などがなされていた。財源としては水田を共同所有し（洞畓），役員によって収支の記録が残され，洞会という総会でその報告がなされた。また，1830年代以降の朴氏大・小家の日記で確認できるその他の契も160種あまりに達していた。主なものに限っても，①洞契以外で地域を単位とするものとして，面契，郷契，邑契，②書堂運営のための多数の学契，③門中を運営するための宗契，④水利を担う川防契と営林を担う松契，等を挙げられる〔李榮薫 2001, pp.269-277〕。

しかし，このような「公共業務」を担う諸結社の多くは，成員の参加範囲が洞里の境界と必ずしも一致していなかった。また，李榮薫が「二人契」と名付けた，朴氏の諸家系の主人と下位身分の者との間に結ばれた1対1の契約関係も，しばしば大渚里の境界を越えて展開されていた〔李榮薫 2001, pp.277-283〕。結論として，李榮薫は次のように述べる。「この線のネットワークと円の結社体を取り払うとすれば，最も下の大渚里という末端行政単位に何が残されるであろうか。住民の住居地とそれを取り囲んでいる耕地と山林が，平面に配置されているだけである。相対的に平等な資格の成員たちが強い帰属意識を共有する対象としての，ひとつの人格として昇華された共同体をそこに発見することはできない」〔李榮薫 2001, p.282〕。

以上の議論から，朝鮮後期の農村社会に対するコーポレートなコミュニティ概念の適用の難しさを確認できると同時に，個別の戸には担いきれない様々な生活の必要性が，契の方式を用いた流動性と柔軟性の高い互助・協同組織によって充当されていたことを確認できる。李海濬のいう村契が開放性の高い組織で，生活の具体的な必要に応じて互助・協同をなすものとして捉えられていたことは，例えば流動性の高い単独戸的な戸にとっても，このような互助・協同の関係網への参与が可能であったことを示唆するものである。また，李榮薫が整理した大渚里の事例からは，トバギ士族主導の村落結社といえども村落構成員同士の互助・協同全般を統制するものではなく，彼のいう二人契を含め，時には村落の境界をまたがる多様な互助・協同の関係が契という結社の一形態を借りて枠付けされていたことを読み取れる。この両者の対照的な論を総合すれば，村落への排他的な成員権（仮にそのようなものがあったとしても）の獲得自体によってもたらされる利益は限定的で，隣人間の互助・協同の再生産もまさにそのような実践自体に参与することによって支えられるものであり，また，特定の（経済的／象徴的利益をもたらす）資源へのアクセスは，資源を占有・統制する個人的／集合的行為主体との個別的な関係に多分に依存するものであったといえよう。

ここで，上下合契式の洞契・洞約や，大渚里朴氏と下層民とのあいだに結ばれた契約的2者関係としての二人契など，位階的な社会経済的関係が比較的対等な共同性と交差していた点にも注意を喚起しておきたい。特に二人契は19世紀に集中的に見られた契約関係で，上位身分の者と下位身分の者とのあいだの保護・利益提供と奉仕の関係が，決して安定的ではなかったことを示唆している。生活の必要性の充足に対し，比較的対等な共同性と位階的な関係の双方が柔軟に動員され，その両方に契の方式を用いた組織化を確認できることは，農村社会におけるコミュニティ的関係性の複合性・可塑性と柔軟性の高さを示すものといえよう。

1-3-2　村落の多次元的複合性と統合：1920年代初頭の朝鮮村落調査から

前項で示唆したように，朝鮮時代後期の農村社会において，集落という物理的な空間にある時点で暮らす戸の集合体としての村落が，税の共同納や村契・洞契の活動，あるいは喪葬時の互助協同に際してある種の社会単位をなしていたとしても，それを無限定的にコーポレートな統合体をなすものと捉えるのは必ずしも適当とはいえない。また，前項で言及した事例だけからでも，社会的身分と経済階層，ならびに親族集団の有無と持続性において，朝鮮後期の村落が複合的かつ動態的な構成をとっていたことがわかる。本項では少し時代は下るが

1920年代初頭に実施された村落調査を手がかりとして，朝鮮後期以来の村落の構成と統合の多様性と動態性について，限定的ではあるが仮設的な分析枠を示しておきたい。

表1-6は，朝鮮総督府の嘱託を受けた地理学者の小田内通敏が，1920年から21年にかけて朝鮮各道で実施した村落調査の概要を示したものである。朝鮮総督府は，日韓併合以前の韓国統監府期に開始された旧慣・風俗の調査事業の一環として，1921年3月に「部落調査」事業を開始した。これは，「部落の沿革及び変遷を調査し，住民の経済状態並に社会状態を悉知し，以て施政の参考に資する」ことを目的としたもので，早稲田大学教授の小田内通敏を主任として1924年末まで実施された［朝鮮総督府中枢院 1938, pp.133-134。原文からの引用は漢字のみ旧字体を新字体に直す。以下同様］。小田内自身は，1920年8月の1ヶ月間[25]と1921年10～12月の3ヶ月間にわたり，当時の朝鮮13道のうち咸鏡北道を除く12道に足を踏み入れ，16の村落を調査した（1920年8月に京畿道利川郡長洞里・道立里，咸鏡南道咸興郡宮西里の3村落を調査。他の13村落は1921年10～12月に調査）。これは，専門の研究者による体系的な村落調査として植民地朝鮮で事実上初めての試みであり，近世以来の朝鮮農村の社会経済的多様性をうかがいうる貴重な資料ともなっている[26]。

調査計画の立案にあたっていくつかの指標が設定されたが［朝鮮総督府 1923, pp.3-4］，予察段階での調査地の選定は日程の都合に左右され，実際に調査した村落としては，市街地（邑内）から近い村落や模範村落，あるいは道評議員の出身村落が大半を占めていた。また，望湖里，竹林浦の2村落は農業を主生業とはせず，夫南里は宗教者の移住村落であった（表1-6参照）。しかし調査報告を読むと，比較的歴史の長い農業村落に限っても，小田内自身の表現を借りれば，「経済生活上・社会生活上夫々特色」が見られることがわかる［朝鮮総督府 1923, p.41］。

25　1938年2月に朝鮮総督府中枢院によって刊行された『朝鮮旧慣制度調査事業概要』では，上記の通り1921年3月に調査事業を開始したと記しているが，小田内の記述によれば，前年8月に嘱託を受け，「東京より往復1ヶ月の日程を以て，先づ風土・産業及生活の異れる北鮮と南鮮とを比較し得べき部落を選んで調査した」とあり［朝鮮総督府 1923, p.2］，実際の調査着手時期は上記より半年程度早かったことがわかる。一方，1921年3月には「部落調査立案の為に京城に赴き，部落を左の如く類別し，経費の充足と共に漸次其の調査を遂行する事を企てた」［朝鮮総督府 1923, p.3］とある。中枢院刊行の事業概要では，これをもって部落調査の開始と見なしたものと考えられる。

26　ただし小田内は，京畿道麗陵里に4日を費やしたことを除けば，村落毎の踏査日数は1～2日に過ぎなかったとも記している［朝鮮総督府 1923, 序言 p.1］。

表1-6　朝鮮部落調査の概要

洞里名	道郡	戸数	氏族構成	経済（含，農地所有）	村落全般
長洞*	京畿利川	37	呉（海州）11	山村。自作・自小作・小作数がほぼ同数。地主1（水田5町，畑3町）。自作農李氏（1町5反歩）。畜牛2戸に1頭。冬の副業（枯れ草・薪炭売出）	10数代前に呉氏が卜居。その直系は漢学の素養もあり里民に尊ばれる。文化の程度甚だ低い。漢学に通ずる者少ない。新聞・雑誌購読なし。日本語を解する者7。数年前まで行われた冠婚葬祭の契も廃れ，農旗・農楽もない
道立	京畿利川	32	厳（寧越）17	山村。畑64町8反，水田74町6反。自小作・小作が多数。貧困者が少ない。地主3（厳基応18町8反，村落の宅地は概ね所有）。果樹・漢薬材料の栽培	中央に書堂と厳氏の住家。南塘厳用順（14代前）が卜居。六槐亭。厳氏他の有志の挙止優雅，接待懇切。厳基応，最も勢力あり。その父厳理燮は漢学の素養あり人格も高く，公立普通学校・駐在所建築に最高の寄付。里として婚儀・葬儀の契。長い教化，深い漢学の素養，新聞・雑誌購読。世に出ている人として，李王職事務官，銀行，郡衙等に奉職する者。農旗・農楽
錦山*	江原春川	67		山村。畑10町，水田9町，山林55町歩（私有45町歩，村落共有10町歩＝契の所有）。牛飼育40。自小作30，小作32，地主5，自作0。中農は水田4反，畑1町2反，山林1町歩を経営。中農以下は収穫後直ちに米を市場に売出	春川邑内対岸。里中契，禁松契（元金が最も多い），喪布契，婚用契
宮西	咸南咸興	74		併合後国有地に編入。74戸の半ばは国有地の小作人。富の程度は面で中以下	元は李太祖本宮に隷属した宮吏・使令・轎軍等が住み，賦役のかわりに免租と河海漁業権の特許。一般農民に比べると生活は安易。当時は150戸近く。風紀宜しからず
富民*	咸南咸興	112	任	水稲栽培・藁細工の成績が良く道の模範里。田畑半々と広大な山林。旧富民里22戸，水田23町歩，畑22町歩，山林120町歩。農家1戸当平均水田1町・畑1町・山林5町余を経営。自作4，自小作8，小作10。富は面で1位	平野に面す。約500年前，黄海道から任氏が移住。貯金契，禁酒会。教化程度は普通。旧富民里22戸中，男で漢文の手紙を書ける者14名。新聞雑誌購読なし。日本語解する者なし
仁豆*	平北宣川	33	金（安東）25	地主2，自作4，自小作3，小作24	宣川邑内から北西約4里。単純な農村。金氏は安東から10数代前に移住

雲鶴 *（小部落）	平南安州			地主李乙夏150町歩。2，3の同族を除き，ほとんど小作人（14戸）。李寅彰（李乙夏の叔父。早稲田大学卒。道評議員。水田約15町歩，畑約15町歩，林野約2町歩）。標準農家経営状態水田2町歩（乾田小作），畑3町畝（2町歩小作，1町歩自作）	安州邑内から西1里許。元安州邑内在住の李乙夏4代祖が最も古い宅地。住家は築300余年を購入
蓮根 *（亀石洞）	黄海海州	19	呉10	地主・道評議員呉国東一族とその小作人。地主5，自小作1，小作13。畑6町6反，水田2町。農家1戸当経営面積畑2町歩，水田中農9反余・小農4反5畝程度。山林10町歩，小作人に柴売の副業。日常の生計に困難を感ずる者少ない。全く自給自足の農村	海州邑内から北西3里許。尚牛契，勤倹貯蓄契，農契。労力は平時は互助的交換，農繁期は臨時雇。呉国東の祖父がト居。一家孝悌の風敦く，光武年間に孝子の旌門を賜る
麗陵 **（太祖陵洞）	京畿開城	37	王35。鄭・張各1が近年入村	貧村。自作3，自小作19，小作15。労力は概ね自足，農繁期に相互労力の交換。付近に国有林野が多く薪炭の仲買をする者も。人参栽培約20。生活程度概して低い	開城邑内から西約1里。高麗太祖の後裔と称される王基祚とその一族の村。婦人同士が親しい。宗契（祖宗祭祀と一族救護。基本金400圓），葬契3組，婚契
上新 **	全北金堤	約200	張70，李・金・朴・崔など30近い姓	富力でも全北類少ない。小作料も他村より1割乃至低減し契約。学務委員張氏の兄の豊かな地方富農の生活	全州から南西約4里，井邑に赴く1等道路沿いで交通極めて便利。張氏の古い方は約200年前に慶北仁同から上下里へ，新しい方は100年後れて下下里へ移住。新旧張氏団結し祖先祭祀・長幼の序次・同族間親睦等古来の美風を保持。同族間で為親契，門中契，共同作業で得た労銀の利子で娯楽をなす契。小作人の貧困者の不幸の際には張氏が一切費用を負担。張氏以外は女婿か下人。一族の中心は張榮國。数年前まで村を左右。10年前まで書堂8。2，3年来青壮年有志者が新教育に非常な理解，普通学校増築工事費寄付金のほぼ全額を拠出
維鳩	忠南公州	106	李32，金31，朴11，韓5，呉5	最大の地主は呉智泳（籾3,000石の年収と多くの林野）。地主20，自作15，自小作20，小作51。水田10町歩，畑10町歩以内で耕地の大部分は村外に求める（村内で経営する者は自作3，自小作15，小作15）。自小作の経営状態は所有水田1町歩・畑5反歩・山林3反歩，他に水田2反歩・	平地。多姓族の割拠。両班は李姓最も多く，次いで韓・呉。由緒ある姓が多いから一致してゆくことが中々困難。契も戸税契のみ。呉智泳の意見は必ずしも行われない。李・金・趙姓等が京城・平壌から移住。京城に往復している人数も著しい。教化程度高く，漢文男25人・女2人，諺文男70人・

				最畑１反歩を小作。3 位の地主韓彰洙（畑 6 町歩，水田 12 町歩，山林 2 反歩を自営）	女 30 人，日本語男 30 人・女 1 人。新教育も喜ぶ
河回 **	慶北安東	136	柳 100（兄雲龍子孫 38，弟成龍子孫 62）	地主 75（趙 1 戸以外は柳。うち柳時一所有畑 80 町・水田 50 町，柳承佑所有畑 81 町・水田 50 町，柳準榮所有畑 50 町・水田 30 町，柳承佑所有畑 40 町・水田 30 町，柳東屋所有畑 30 町・水田 25 町），自作農 4，下人 31	「河回の柳氏」として全鮮に名高い両班柳氏が占拠。花山で毎年陰 1 月 15 日に洞神を祭る。遠志精舎と謙庵精舎を二大宗家（弟西崖成龍・領議政，兄謙庵雲龍・通政牧使）が築く。子孫一族で判書・郡守になった者が多い。多くの下人を使役，今日でも実際の境遇はあまり変わらない。中心思想としての儒教。明治 44[1911] 年私立学校創設。柳氏の契は門中契（共有地田畑 200 斗落，小作料を戸税と老齢者への給付に充てる），敦義契（63 名が葬祭の互助），誠意契（貧困者救済）。漢文男 350 人，諺文男 500 人・女 150 人，日本語を解する者も他村に比べ多い。新聞雑誌購読 20 戸近く
樓岩 **	忠北忠州	25	往時に鄭氏約 50 戸	地主 2，自小作 2，他は小作（5 戸は 3 ～ 4 反歩を小作し主に雇傭で生活）。水田 15 町歩・畑 4 町歩。1 戸平均水田約 5 反歩，畑約 6 反歩。大正 2[1913] 年から煙草栽培。鄭尚源（一族の一人者。年収籾 300 石。実父は判書，仲兄は観察使。付近に小作 3，4 戸）	約 200 年前の領議政鄭浩が隠棲（居宅・敷地は国王から下賜される）。子孫も高位官職に多くのぼる。往時は鄭氏約 50 戸と下人 20 戸。しかし 30 年来，村落崩壊。忠州市まで 1 里半。漢文・諺文で手紙を書きうる者相当数。風紀は比較的宜しい
望湖	全南霊巌	120	李（80 戸の大部分）	約 80 戸は櫛製造（250 年前から伝来。専業 60，兼業 20。自作農の生産高が最も多く，耕作は概ね小作人に委ねる）	雲巌邑内から北西数町。李姓祖先は碩儒李柱南で約 300 年前に京畿道から移住し，呂氏郷約によって村の規約を作る。同姓族の村落。門中契，洞契，近年に書堂契，喪賻契，婚姻契
竹林浦	慶南統営	42		漁業専業者 15，同従業者 27	巨済島の漁村。40 年前には 40 戸あったが病死・餓死で半減，その後付近から移住。文化の程度低い
夫南	忠南論山	100		59 戸は黄海道出身。小農（黄海道から移住した小作農），中農（黄海道から移住した自作農，水田 6 反 5 畝・畑 2 反 5 畝）	侍天教徒移住者の新移住部落

出典：朝鮮総督府［1923, pp.43-81］。
凡例：* は「純農村」，** は「同姓族の集団してゐる部落」［朝鮮総督府 1923, p.41］。

なかでも注目すべきは，氏族構成と経済的階層構成に相当の幅を見て取れる点である。

まず氏族構成の面では，嶋による大丘帳籍の分析でも示されていた同じ父系親族集団に属する戸が群居する村落（今日のいい方では集姓村），複数の父系親族集団が割拠する村落（各姓村），そして雑多な姓が交じり合って暮らす村落（雑姓村）等のヴァリエーションを見て取れる。このうちで，小田内は特に「同姓族の集団してゐる部落」(あるいは「同姓族部落」）として，麗陵里，上新里，河回洞，樓岩里の4村落を挙げている［朝鮮総督府 1923, p.41］。同じ父系親族集団に属する諸世帯がひとつの村落，あるいは隣接する数ヶ村に群居する現象は，先述の通り朝鮮時代後期以来の農村社会に見られた特徴のひとつで，小田内以降に植民地朝鮮の農村を調査した善生永助や鈴木榮太郎もこれに対し強い関心を示した。特に善生はこれを「同族部落」と名付け，大部の報告書と研究書を残している［朝鮮総督府 1935b; 善生 1943］。小田内の挙げた4村落のうち，麗陵里では王氏35戸，上新里では張氏70戸，河回洞では柳氏100戸，樓岩里では往時に鄭氏約50戸がそれぞれ居住していた。また，この4村落以外にも，長洞里の海州呉氏11戸，道立里の寧越厳氏17戸，仁豆里の安東金氏25戸，蓮根里の呉氏10戸，維鳩里の李氏32戸，望湖里の李氏（80戸の大部分）等，相当規模の親族集団が単一の村落に居住する例が見られた。農業を主生業とする村落に限れば，小田内の調査事例では父系親族の群居が見られない雑姓村の方がむしろ少数派であったといえる（表1-6参照）。

このような親族集団のなかには，嶋と金炫榮が取り上げた大丘府月背地域の丹陽禹氏や，李榮薫が論じた大渚里の密陽朴氏のように，トバギの在地士族，あるいはそれに類する歴史の長い文人の家系として，儒教伝統を担ってきた例も確認できる。「十数代前に此処に居をトし」「其の直系は〔中略〕漢学の素養もあり里民に尊ばれ」た長洞里の海州呉氏［朝鮮総督府 1923, p.43］，朝鮮時代の儒学者である南塘先生厳用順が14代前に居を定めた道立里の寧越厳氏［朝鮮総督府 1923, p.45］，「一家孝悌の風敦きは光武年間に賜はつた孝子の旌門で知らる」るという蓮根里の呉氏［朝鮮総督府 1923, p.59］，「祖宗の祭祀と一族の救護を目的」とする宗契がよく整備されているという麗陵里の王氏［朝鮮総督府 1923, p.60］，「〔新旧の〕一族よく団結し，祖先の祭祀・長幼の序次・同族間の親睦等今猶古来の美風を保持」するという上新里の張氏［朝鮮総督府 1923, p.63］，「「河回の柳氏」として全鮮に名高い両班」であった河回洞の柳氏［朝鮮総督府 1923, p.68］，「今から約200年前時の領議政鄭浩が老年職を辞し，此処の風光を賞して隠棲し」，その子孫で顕官に上った者も 16 名を数え，「今は衰へたけれど〔中略〕鄭氏の盛んな時に規律的訓練を受けてゐるから，風紀は比較的宜しい」という楼岩里の鄭氏［朝鮮総督府 1923, pp.74-75］，「其の祖先碩儒李柱南は約 300 年前京畿道から此の地に来り自ら望湖亭を建てゝ子弟を教育し，藍田呂氏の郷約によつて部落の規約をつくり，以て望湖里の基礎を築いたと伝へられてゐる」望湖里の李氏［朝鮮総督府 1923, p.76］等がこれにあたる。また維鳩里は，李氏以外にも韓氏・呉氏など「李朝〔朝鮮〕時代に両班として用られた」「由緒ある姓が多」く，漢文の読み書き等「教化の程度」も高かったという［朝鮮総督府 1923, pp.66-67］。在地士族・文人の子孫が群居する村落では，漢学の素養や儒教伝統が深く浸透していたことを改めて確認できる。

次に，櫛製造を主生業とする望湖里と漁村の竹林浦，ならびに侍天教徒の新移住村落である夫南里を除き，農業を主生業とし，かつ歴史が古い 13 村落を対象として，経済的階層分化の様相を整理しておこう。村落住民の構成を，（所有農地の一部，あるいは全部を小作させている）地主／（農地を所有し，自ら農業を営む）自作・自小作農／（農地を所有せず，小作地だけで農業を営む）小作農の 3 階層に分け，そのうちのいずれの階層が含まれているのかに従って分類すると，① 3 階層をすべて含む村落（長洞里，道立里，錦山里，仁豆里，維鳩里，樓岩里＝以下，類型 A），②地主はおらず自作・自小作農と小作農が暮らす村落（旧富民里，麗陵里＝以下，類型 B），③自作・自小作農は存在してもごく少数で，地主と小作農・下人に両極分解している村落（雲鶴里，蓮根里，河回洞＝以下，類型 C）に大きく分けることができる。宮西里は 74 戸の半ばが国有地の小作人と記されているので，B の類型に相当していたのかもしれない。上新里については富農と小作人の存在が記されるのみである（A あるいは B）。また，長洞里と維鳩里を除き，自作農はいても少数で，中間的な階層を占める小規模自営農であっても，所有農地だけでは生計維持に不足していたものとみられる（表 1-6 参照）。

地主と小作農・下人への両極分解を見せていた類型 C のうち，雲鶴里と河回洞には農地所有規模が突出して大きい地主の存在を確認できる（150 町歩を所有する雲鶴里の李乙夏，55 ～ 131 町歩の農地を所有する河回洞の柳氏 5 名）。これに対し蓮根里では，所有規模は明記されていないが，道評議員の呉国東の一族（地主 5 戸）が村落の 8 町余りの農地の大半を分け合っていたようで，地主でも所有規模は比較的小さかったものとみられる[27]。地主の所有規模に相当の違いが見られるの

27　但し，蓮根里の農地の面積については，小田内の記述に若干の齟齬が含まれている可

は類型Aでも同様で，道立里の厳基応（所有農地18町余り），維鳩里最大の地主呉智泳（年収籾3,000石と多くの所有林野），樓岩里の鄭尚源（年収籾300石）[28]等，比較的大きな規模の農地を所有する地主の存在を確認できる村落もあれば，長洞里，錦山里のように，地主の農地所有規模が数町程度であったとみられる村落もあった（表1-6参照）。雲鶴里の李乙夏以外の大地主は，士族あるいは儒教伝統を信奉する文人の家系の出身であることが明記されており，出身家系が当該村落に定着した年代もおおむね古かった。すなわち，最下層の住民に経済的な支配力を及ぼしていただけでなく，身分的・社会的地位の高い地域名望家的な側面をも兼ね備えていたと考えられる[29]。

村落によって異なる氏族構成と経済的な階層構成を踏まえて同じ村落に居住する戸同士の関係を考える際，氏族構成との関連では親族集団の統合と他の親族集団や雑姓的住民との関係が，経済階層分化の面では両極分解を見せる類型Cや一部に大地主を含む類型Aにおける地主と小作農・下人との関係がひとつの手がかりとなるであろう。また，地域名望家的な道徳的・政治的指導者の有無も，村落住民のまとまりに少なからず影響を及ぼしていたと考えられる。小田内の記述からうかがいうる範囲で，これらの点についても確認しておこう。

まず，親族集団の内外いずれでも紐帯が緊密で，かつ強い影響力を持つ指導者を擁していた村落として，上新里（集姓村A or B）を挙げられる。村落約200戸のうち張氏が70戸で，他は30近い姓があったが，いずれも張氏の娘婿か下人であった。張氏には移住時期の違いで新旧2つの系統があったが，新旧の区別

能性もある。自小作と小作を合わせて14戸の農家の1戸あたりの経営面積は，畑2町歩，水田4反5畝（小農）～9反（中農）とあるが，この記述が正しければ，畑は28町歩，水田は少なくとも7町程度なければならない。しかし小田内が「本洞」の面積として記しているのは21町歩で，さらにそのうちで畑は6町6反，水田は2町のみであり，この2種類の集計値のあいだには大きな開きが見られる［朝鮮総督府1923, p.58］。小田内の誤記，聞き間違いか，あるいは他洞の農地を相当の規模で所有あるいは小作していたかのいずれかと考えられる。

28　水田200坪あたりの小作料を籾1石内外と仮定すれば，小作収入3,000石の場合の水田所有規模は200町程度，300石の場合は20町程度と推算できる。

29　「地域名望家（層）」とは金翼漢の用語に従うもので，「経済的には概ね中小地主にあたるだろうが，歴史的に李朝〔朝鮮〕後期・韓末以来，在地両班〔士族〕を継ぐ社会階層として，おもに邑治〔邑内〕地域でなく洞里地域に居住し，尊位・解事人などと呼ばれながら，洞里の自治的運営を指導・担当する位置にあり，学問的な素養を有し，地域社会から相当の信望の対象となってきた階層」［金翼漢1996, p.2, n.3］を指すものである。

なく一族でよく団結し，為親契，門中契，娯楽のための契も備わっていた。分家も村内に留まるのでその勢力が分散することがなかった。道内有数の富力を背景として，貧しい小作人の不幸の際には張氏が費用一切を負担し，他の村落から借金をする者もなく，小作料も他の村落より1割程度低かった。さらに張氏の中心人物である張桀国が，小田内の調査の数年前まで村落内で絶対的な影響力を誇示していた［朝鮮総督府 1923, pp.63-64］。上新里では村落の中核をなす張氏が確固とした社会経済的基盤を有し，一体性が高く，かつ親族内外に強い影響力を及ぼす道徳的指導者を擁しており，また他姓も張氏と姻戚関係を結ぶ者か張氏の下人で，後者に対しても張氏から経済的支援がなされていたことがわかる。

高麗太祖の後裔と称され，麗陵里太祖陵洞（集姓村B）の戸数のほとんどを占める王氏も，婦人同士の関係が親密で，祭祀と一族の救護を目的とする宗契も貧村にしては財産がよく備わっており，親族集団の一体性が高かったとみられる［朝鮮総督府 1923, p.60］。また，朝鮮時代の儒学者の子孫である厳氏が中核をなす道立里（集姓村A）は，書堂教育を通じて古くから教化が進み，漢学の素養も近隣の村落と比べ高かった。最大の地主厳基応は，村落の婚儀と葬儀に関する契とは別途に個人で儀服を補い，村人にも提供していた。その父は漢学の素養と高い人格を兼ね備えた人物で，公的施設の建築に最高額の寄付をし，小作人からも信頼を得ていた。小田内によれば，「かく厳氏は経済上教化上勢力があるから部落は統一せられ，農旗・農楽も共に備わつて」いたという［朝鮮総督府 1923, pp.45-47］。中核をなす親族集団の教化水準の高さと，この親族集団の出身で，財力を兼ね備えた道徳的指導者の存在によって，高い統合度を見せていたことをうかがえる。また，村落の統一を象徴的に示す事物として，小田内が農旗（村落の旗）と農楽（トゥレの際や名節に演奏される打楽器を用いた音楽）に着目している点も示唆的である。

蓮根里（集姓村C）は地主・道評議員の呉国東の一族とその小作人に分化した村落であったが，農業以外の副業や副収入源にも助けられて生計困難な者が少なく，互助的な契もいくつか運営されていて，村落のまとまりが比較的よかったとみられる［朝鮮総督府 1923, pp.58-59］。小田内の調査当時には櫛製造が活発であった望湖里（集姓村B?）も，もともとは著名な儒学者が移住し，子弟を教育し，呂氏郷約を実施した村落で，その子孫である李氏の門中契と不幸・災難の救済を目的とする洞契の歴史も古かった。さらに近年では書堂契・喪賻契・婚姻契も組織されたといい，これも比較的まとまりがよかったのではないかと思われる［朝鮮総督府 1923, pp.76-78］。この他，3層構造をなす錦山里（A）では互助的な契が4つ運営されており，村落生活と密接な交渉がある山林の相当比率も村落共有あるいは契所有であった［朝鮮総督府 1923, pp.48-49］。地主のいない旧富民里（B）でも，互助的な契が運営され，また農業技術の改良の実績で道の模範里に指定されていた点に，協同的な活動の活発さをうかがえる［朝鮮総督府 1923, pp.52-53］。

これに対し，複数の士族を含む多くの姓氏が割拠する維鳩里（各姓村A）では，「由緒ある姓が多いから，それが一致してゆく事は中々困難」で，契も戸別税（戸税）と橋梁費に充てるための戸税契があるのみであり，最大の地主呉智泳の影響力も絶対的ではなかった。士族の子孫が中心をなす村落で，漢文・諺文・日本語の読み書き等，教化の程度が高かったにもかかわらず，それが村落の統合に寄与していたわけではなかったようである［朝鮮総督府 1923, pp.66-67］。一方，全朝鮮に名高い士族，柳氏が占拠する村落で，小田内も他の村落と比べ突出して多くの記述を残している河回洞（集姓村C）では，儒教教育と近代教育の両方に熱心で教化の程度も高く，柳氏一族の契も3つあって，親族集団の一体性は強かったとみられる。しかし河回洞の場合，地主のほとんどが柳氏で，かつては「多くの下人を使役して代々労役に服せしめ，此の苦役より脱れんと逃亡を企つるものがあると，直ちに各地の監司（観察使）や郡守に照会して之を取押へて引戻」し，下人は「子々孫々其の苦しい境涯を免るゝ事」ができなかったという。日韓併合後も待遇に大きな違いはなく，下人として使用される者が31戸の多数にのぼり，「極端な二つの社会階級の対立を鮮かに示してゐる」と小田内は述べている［朝鮮総督府 1923, pp.68-73］。同じ集姓村C類型の蓮根里とは異なり，河回洞の場合は村落の規模が大きく，柳氏と他の村人とのあいだに身分と経済力の両面において大きな開きがあった。それに加え，他姓の大半を占める下人が柳氏の地主に半ば隷属するような状態であったため，両者のあいだに極端な隔絶が生じていたのだと考えられる。

また，急激に人口を減らしたり，あるいは互助・協同の関係性が短期間で廃れるなど，共同性が解体・弛緩しつつあった村落も見られた。楼岩里は朝鮮後期の高官の子孫である鄭氏が往時には約50戸に上り，他の村人20戸は鄭氏に隷属する下人で，もともとは河回洞に類似したC類型の階層分化を示していたとみられる。小田内の調査当時でも風紀は比較的良好であった。一方でその30年前（1890年代初頭）から，鄭氏たちは唯一の生活の途であった官職とその副収入を失い，28年前の「義兵の乱」(1896年2月の柳麟錫の率いる義兵による忠州占領か？

表 1-7　朝鮮部落調査の調査村の構成と統合度（歴史の古い農村＋望湖里）

	長洞	道立	錦山	宮西	富民	仁豆	雲鶴	蓮根	麗陵	上新	維鳩	河回	樓岩	望湖
氏族構成	集姓	集姓	?	雑姓？	雑姓？	集姓	雑姓？	集姓	集姓	集姓	各姓	集姓	集姓	集姓
経済階層	A	A	A	B?	B	A	C	C	B	A or B	A	C	A	(B?)
社会統合	−	+	+	?	+	?	?	+	+	+	+−	+−	−	+

凡例：社会統合の「＋」は村落の一体性が高いもの，「＋－」は親族集団の一体性は見られるかもしれないが，村落としての一体性は弱いもの，「－」は村落統合が弛緩・解体しつつあるものを示す。

[30]）では日本兵に（集落を？）焼き払われた。有産者は慣れぬ商業に手を出して失敗し，隷属者もその手綱から離れ家屋土地を転売するなどの理由で，村落は崩壊し，戸数を大幅に減らしたという［朝鮮総督府 1923, pp.74-75］。長洞里（集姓村 A）は，十数代にわたって呉氏が暮らし，その直系（宗孫か？）も裕福ではないが漢学の素養を具え，村人に尊ばれていた。しかし理由は明記されていないが，調査時点の数年前まで行われていた冠婚葬祭の契が廃れ，農旗・農楽もなく，先述の道立里とは対照的に村落の共同性が弛緩しつつあった状況を見て取れる［朝鮮総督府 1923, pp.43-44］。

以上，小田内の調査資料を整理・検討した概要を簡略に示せば，表 1-7 の通りである。氏族構成で集姓村に偏りが見られるのは先述の調査日程上の都合によるものと考えられるが，他方で 1894 年に始まる甲午改革で班常と良賎の身分的区分が法的に撤廃されてから四半世紀が経過した 1920 年代初頭においても，在地士族の集姓村がその地方を代表する村落とみなされ，そのような村落から地方の有力者の相当数も輩出されていたことを確認できるかと思う。また，このように偏りのある事例群だけからでも，経済的階層分化の諸類型，社会統合の多様性と統合度の違い，ならびに共同性の消長を確認できたことは，朝鮮後期以来の農村が，その社会経済的構成と統合において，多次元的な複合性と動態性を示していたことを示唆するものといえよう。

本章では，小農的生産様式の形成と儒教・朱子学的な理念・行動様式の浸透という朝鮮後期以来の農村社会の長期持続的様相のなかで，身分構造，経済階層，ならびに父系親族の集団化・組織化と相互に関連しあいながら，居住・生計と生産の基本単位である戸と，互助・協同の諸関係が立ち上がる場としての村落が，どのように生成し再生産されてきたのかについて検討した。まず，戸

30　日本公使が企てた王妃閔妃殺害と断髪令に憤激した反日反開化・衛正斥邪派の在地士族の指導下に，1896 年 1 月に江原・京畿・忠清・慶尚 4 道の各地で義兵が蜂起した［糟谷 2000, pp.248-249］。

の再生産に見られる特徴として，戸の定着／流動性に社会経済的スペクトラムを看取できる点，そして17世紀後半～18世紀後半の戸の再生産戦略の再編成に，少なくとも3つの類型を識別できる点を挙げられる。このうち，戸の定着／流動性については，生産手段（農地）の確保（所有／小作），父系親族の集団化・組織化，ならびに身分的威信の獲得が居残りに有利な条件をなしていたと推測できる一方で，社会経済的資源の地域的蓄積（特定の村落・地域に留まることによってしか使用できない希少な資源の蓄積）がそれほど大きくはなく，定着性の比較的高い集団でも移動性が決して低いわけではなかったことを確認できた。また，戸の再生産戦略としては，少なくとも，①トバギ士族地主，②小規模自営農，③零細・無所有の小作農・貧農の3類型を想定することができた。相続の二重システム，すなわち祭祀の単独継承と財産分割の結合・相互浸透という観点から捉えれば，戸の編成は，祭祀単独継承からの干渉を受けつつも，それとは異なる次元での戦略的判断に基づくものであったと推測できる。特定の村落・地域への残留，あるいは別の村落・地域への移住の選択を含めた戸の再生産戦略は，その点で，個別の社会経済的諸条件に照らし合わせて評価されねばならない。

村落の再生産の特徴としては，まず前提として，構成員のあいだに2種類の社会経済的関係性，すなわち比較的対等な互助・協同と相互規制の共同性（平等的コミュニティ）と，これと交差する位階的諸関係を確認できることが重要であった。この2種類の関係性が交錯する状況において，村落を基盤とする互助・協同は，個別の戸だけでは担いきれない様々な生活の必要性を充当するものであったが，それには隣人同士の自然発生的なものから結社の形態をとるものまで，また対等性の高いものから社会経済的な位階関係に基づくものまで，相当の幅が見られた。加えて，村落への排他的な成員権（仮にそのようなものがあったとしても）の獲得自体によってもたらされる利益が限定的で，隣人間の互助・協同の再生産もまさにそのような実践に参与することによって支えられるものであり，また，特定の（物質的／象徴的利益をもたらす）資源へのアクセスも，資源を占有・統制する個人的／集合的行為主体との個別的な関係に依存するものであったと推測できた。さらに1920年代初頭の調査報告の分析からは，氏族構成，経済階層，社会統合と共同性の消長において，農村村落が多次元的な複合性と動態性を示していた点が明らかとなった。

次なる課題は，ここで示したような戸の再生産戦略の諸類型と村落を分析する枠組みを援用して，産業化以前の南原地域とＹマウルの事例を分析することであるが，その前に1章の補論とＹマウルの民族誌への導入をかねて，在地士族の形成と両班としてのステータスの再生産について，南原地域の事例を中心に2章で検討したい。

2章　在地士族の拠点形成と地域社会
：南原の士族とYマウルの三姓

筆者が1989年から90年にかけて滞在調査を行った韓国内陸部中山間地域の農村Yマウルには，序論1節で述べたように，朝鮮後期の南原府で在地士族の列に連なっていた3つの家系の子孫が暮らしていた。本論で便宜上「三姓」と呼ぶことにしたこの3つの家系は，1章2節での嶋のいい方に従えば地域での居残りに成功したトバギの士族家系で，1章3節で取り上げたような意味で，特定の村落・地域に群居し，村落コミュニティの中核をなす父系親族集団を構成していた。いいかえれば，この三姓各家系の拠点，あるいは拠点のひとつがYマウルであった。本章では，1章で部分的に言及した在地士族の地域的拠点（地域化された核 localized core）の形成についての補論とYマウルの民族誌への導入を兼ねて，朝鮮時代後期の南原地域（南原都護府）における在地士族層の形成とYマウル三姓の拠点形成，ならびに開化期以降の士族共同体の再編成について検討する。

少なくとも滞在調査時点でのYマウル住民，なかでも三姓の子孫たちにとって，朝鮮後期の南原地域で在地士族の列に連なっていた大宗中（地域門中）への帰属は，記憶・伝承のみならず系譜記録による裏づけをも伴うもので，大宗中の地域的拠点に暮らし，その活動に参加することによって強化されるものとなっていた。そして，子孫各自が士族の末裔に相応しい両班的な振る舞いをしていたかどうかにかかわらず，士族の門中への帰属（成員権）は生得的で，かつ一生を通じて（さらには死後も）失われず，またそれ自体が社会的威信の源となりうるものであった。それ故に，転出入によって容易に変更され，また互助・協同への継続的な参与によって再生産されるような特定の村落への帰属と比べて，より強い帰属意識とアイデンティティの源となっていた。

以下，議論の手順として，まず旧南原府の名門士族の例と対照しつつ，Yマウル三姓の移住・定着の経緯を跡付けるとともに，在地士族層の形成・展開期にあたる朝鮮後期の地方行政における在地士族の地位と役割について論じ，そのうえで南原の士族共同体におけるYマウル三姓の位置づけを探る（1節）。次に，19世紀末の甲午改革を契機とする身分制度の撤廃と行政機構の近代化，さらには日韓併合後，地方社会にも植民地支配が浸透してゆく過程で，南原の在地士族の子孫たちがその卓越したステータスをどのように再生産し，また両班としての威信を共有する士族共同体をどのように再編成していったのかを論ずる（2節）。以上の議論を通じて，朝鮮後期の在地士族の地域的拠点がどのように形成されたのかを南原府とＹマウルの事例に即して明らかにするとともに，両班の卓越した威信が近代以降も再生産され，それが調査当時のＹマウル住民の生活にも影響を及ぼす長期持続的な様相のひとつをなしていたことを確認する。

2-1　朝鮮後期南原府の在地士族と三姓

1章1節で述べたように，朝鮮時代後期の在地士族の多くは，16～17世紀に都・中央から地方に移住し，近世郷村社会において特権的な地位を築いた者たちであった［宋俊浩 1987; 宮嶋 1995; 金炫榮 1999］。この点は旧南原府の士族についても同様である。まず，旧南原府の名門士族とＹマウル三姓の移住・定着の経緯を跡付けてみよう。

2-1-1　名門五姓とＹマウル三姓の移住

(1) 名門五姓の入郷

朝鮮時代の在地士族の存在様態を論じた宋俊浩の先駆的な研究によれば，旧南原府の「両班」（在地士族）のうち，圧倒的多数は他の地域から移住して来た者たちであった。そして，入郷祖，すなわちある地域に移住・定着した祖先のほとんどが官員として活躍した者かその近い子孫で，妻家（妻の生家），あるいは外家（母の生家）を頼って南原に移住した者たちであった。その代表的なものが，「崔盧李安」（朔寧崔氏，豊川盧氏，全州李氏，順興安氏）の4姓に慶州金氏を加えた5姓であった［宋俊浩 1987, pp.286-305］。以下，これを「名門五姓」と呼び，その移住・定着の経緯を見ることにしよう。

まず，旧南原都護府の北西に位置する旧屯徳坊（朝鮮時代末に任実郡に編入）に拠点を構えた朔寧崔氏と全州李氏の例を見よう。屯徳崔氏，すなわち旧屯徳坊の朔寧崔氏は，朝鮮世宗～世祖代の名臣，崔恒（1409～74年）の子孫で，崔恒の孫の崔秀雄（1464～92年）が，妻家である晋州河氏に従って都からこの地に移住した。その約1世代後に，屯徳（全州）李氏の入郷祖で，孝寧大君（朝鮮3代王太宗の次男）の曾孫である春城正聃孫（1490年～？）が，妻家である順天金氏に従って同じくここに移住した。この春城正の妻順天金氏の祖父は，崔秀雄の妻家である晋州河氏の外孫にあたる［宋俊浩 1987, pp.298-299］。

次に慶州金氏であるが，旧阿山坊（朝鮮時代末に任実郡に編入）の慶州金氏は，朝鮮王朝の開国功臣のひとり，鶏林君金稛の子孫であった。金稛の玄孫，金璣（1464 ～ 1527 年）が，阿山坊後川の霊光周氏の娘と結婚したことが縁でここに寓居し，ふたりの息子（いずれも南原の士族の娘と結婚）の代に定着したとみられる［宋俊浩 1987, pp.301-302］。

最後に，豊川盧氏と順興安氏の例を見る。旧源川坊（現朱川面）の豊川盧氏は，朝鮮明宗・宣祖代の文臣，玉渓盧禛（1518 ～ 78 年）の子孫で，盧禛自身，一時期南原に寓居した。盧禛とその父は，いずれも旧金岸坊（現，南原市二白面）内基里の順興安氏の娘と結婚した（盧禛の母方祖父が次に述べる安璣で，その息子＝母方おじにあたる安處順の娘を娶った）。旧金岸坊（現金池面）の順興安氏は，高麗時代の名臣，文成公安珦（1243 ～ 1306 年）の子孫である。安珦の 8 世孫安璣（1451 ～ 97 年）は，朝鮮世宗 14 年（1432 年）に科挙文科に合格し全州府尹をつとめた安知歸の息子であったが，45 歳で文科及第し，成均館典籍在任中に死亡した。それで妻兆陽林氏が実家のある金岸坊に子供を連れて移住した。ちなみに，安璣の父，安知歸の外祖（母の父）は，旧杜洞坊の慶州金氏であった［宋俊浩 1987, pp.302-303］。

ここに挙げた名門五姓の旧南原府への移住時期は，早いもので 15 世紀後半，遅くとも 16 世紀半ばまでの間に収まっている。宋俊浩が述べるように，いずれも妻家や外家を頼って移住したものとみられるが，これには，当時の財産相続の形態も関係していたと考えられる。1 章 2 節で示したように，17 世紀半ばまでの士族層の財産相続は男女均分を原則とし，祭祀財産を除けば，息子だけでなく娘・娘婿にも同等の財産（農地や奴婢）が分与されていた。すなわち，妻方・母方からの相続財産によって移住後の経済基盤があらかじめ確保されていたため，移住が比較的容易になっていたのだと考えられる。

⑵ 彦陽金氏と広州安氏の入郷

Y マウルの三姓も，名門五姓と同様に他地域から移住してきた士族の子孫であった。その来歴に関する資料としては，族譜や祭閣等に保管される少数の門中文書と，旧南原府の在地士族の名簿である「龍城郷案」や役員の名簿である「直月案」が残される程度であるが，可能な範囲内で彼らの移住・定着経緯も概観しておきたい。

三姓のなかで最も多くの子孫が Y マウルに暮らす彦陽金氏南原大宗中の入郷

祖は，始祖から17代下，始祖を1世とする慣例に従えば18世の金千秋（1462～80?年）であった。彦陽金氏の始祖は，新羅56代敬順王の第7王子である彦陽君金鐥と伝えられており，その子孫は，朝鮮時代よりはむしろ高麗時代に権勢を振るった。『彦陽金氏族譜』(1981年）によれば，金千秋の直系祖先には，高麗時代後期の事実上の最高官職であった門下侍中に就いた者が3名を数える。反面，朝鮮時代に入ってからは直系祖先のなかに目立った官職に就いた者を確認できない。比較的近い傍系親族としては，金千秋の父17世金克鍊の弟金克鏘の直系子孫である22世金浚（1582～1627年）が科挙武科に及第し，1627年の丁卯胡乱で安州牧使として抗戦・焚死し，王から壮武公という諡号を賜っている。金克鏘の直系子孫からなる彦陽金氏井邑大宗中が拠点を構える全羅北道井邑市所声面には，金浚の不祧廟[1]も設けられている。

彦陽金氏の転入の詳しい経緯については記録が残されていないが，彦陽金氏南原大宗中の墓所に千秋の妻安東権氏の父母の墓が設けられており，少なくとも調査当時は，大宗中墓所で時祭を執り行う際に安東権氏の父母に対しても祭祀が行われていた（詳しくは9章1節参照)。このことから，名門五姓の朔寧崔氏や豊川盧氏等と同様に，彦陽金氏の移住以前から，入郷祖の妻家がこの地域に暮らしていたのではないかと考えられる。ちなみに彦陽金氏の族譜によれば，金千秋の父克鍊の夫人は全州李氏の出身で，その父は宝城君容，祖父は孝寧大君補であった。孝寧大君は先述の通り屯徳李氏入郷祖の春城正聃孫の曽祖父にあたる。ただし，金千秋の方が春城正聃孫よりも世代と年齢が上であるので，南原への移住は彦陽金氏の方が早かったのではないかと考えられる。

彦陽金氏南原大宗中の長老のひとりである金HT（Yマウルで出生。調査当時，C里Cマウル在住，74歳[2]）の証言によれば，金千秋は独子で，19歳で亡くなったが，そのとき夫人安東権氏は子を宿しており，この「遺腹子」が19世敦慶であったという。夫に早く死なれた安東権氏が幼い息子を連れて（あるいは妊娠中に）生家に戻ったのが，彦陽金氏のこの地域への定着の契機となったのかもしれない。金千秋の生前に移住してきたか，あるいはその死亡直後に妻が遺子を連れて生家に戻ったのだとすれば，彦陽金氏の入郷時期は15世紀後半とみることができよう。

彦陽金氏に次いで世帯数の多い広州安氏の入郷祖は，24世安克忠（1564～1624

1　不祧廟とは，生前の功績を讃えて王朝が子孫宅の祠堂で永代祀ることを許可した「不遷之位」を安置する祠堂のこと。

2　調査開始時点（1989年）での数え年齢。特に断りのない限り，以下同様。

年）とされる。『廣州安氏大同譜』(1983年）でも，安克忠の項目には，「始居于南原立石坊」(南原立石坊に始居す）と記されている。先述の通り，Yマウルの中心集落の1地区がソンドッコル Sŏndok-kol（直訳すれば立石集落）と呼ばれており，その入り口に，後述する安克忠妻の烈女碑を含む4つの石碑が立てられている。族譜記載の「立石坊」とは，このソンドッコル地区，あるいはYマウル自体を指すものと読める。上記の族譜によれば，安克忠の直系祖先のなかには，科挙を通じて仕官した者も確認できる。まず5代祖の19世安省（14世紀後半～1421年）は科挙文科に及第し，朝鮮3代王の太宗代に議政府左参賛や江原道観察使といった高位官職を歴任した。安省は，南原の湖岩書院と長水の龍岩書院にも祀られている。安克忠の曽祖父にあたる21世安彭命（1447～92年）も科挙文科に及第し，官職に就いた。安克忠自身も科挙進士に合格し，義禁府都事，司憲府監察，刑曹佐郎，漣川県監等を歴任した。

安克忠の名は，1601年以前に編纂された「龍城郷案」旧籍［国史編纂委員会編 1990］に収録されているので，彼自身が16世紀末までに南原に居を移したのは確かかと思われる。また，彼の妻は彦陽金氏の出身で，後述するように烈女として死後，王朝から褒賞を受けた。ただしこれはYマウルの彦陽金氏の入郷祖金千秋の直系子孫ではなかった。

安克忠との関連で注目すべきは，姉妹が尹舜凱という人物に嫁ぎ，その娘である坡平尹氏が彦陽金氏の入郷祖金千秋の玄孫にあたる22世金彧（1569～1636年）に嫁いだことである。金彧は1607年に彦陽金氏南原大宗中の子孫としては初めて「龍城郷案」に収録され，金氏南原大宗中でも入郷祖金千秋と別途に祭閣を設け，手厚く祀っている。その息子，孫，曾孫の相当数も「龍城郷案」に収録されている。すなわち，彦陽金氏南原大宗中の中興祖と見なしうる人物で，妻の母方（外家）のおじにあたる安克忠がその後見役を果たしていた可能性も考えられる。

⑶ 恩津宋氏の入郷

恩津宋氏の入郷祖は18世宋光朝（1665～1730年）で，11世秋坡公宋麒寿（1507～81年）を派始祖とする秋坡公派に属する。『恩津宋氏秋披公派世譜』(1983年）を見ると，派始祖以下の直系祖先には，科挙合格者や官職経験者が散見される。まず宋麒寿自身が科挙文科に及第した。その次男である12世應洞（1539～92年）も兄とともに科挙文科に及第し，黄州牧使に至った。14世宋錫範（1570～1647年）も科挙文科に及第して礼曹参判に就いた。15世宋之渾（1591～1674年）は科挙司馬（生員・進士）試合格に留まったが，砥平県監をつとめた。すなわち曽祖父までは，科業（科挙の受験）と仕官をなりわいとする家系であったことがわかる。

恩津宋氏南原大宗中の祭閣に保管されている戸口単子によれば，宋光朝の父である宋耆英を戸首とする戸が，康熙35（1696）年10月の時点で漢城府南部会賢坊，すなわち王都に暮らしていたことを確認できる。同じ戸口に宋光朝（当時32歳）も妻子とともに記載されている。一方，54年後の乾隆15（1750）年に成籍された宋光朝の長男聚東（1689～1755年・当時62歳）を戸首とする戸口単子では，戸の所在地が南原府高節坊，すなわち今日のP面南部となっている。この間の戸口単子は残されていないが，1696年から1750年までの間に，宋光朝，あるいはその長男聚東が，漢城府南部会賢坊から南原府高節坊に移居したとみられる。

しかしこの家系と南原地域との関係は，もう少し上の世代にまで遡ることができる。入郷祖18世宋光朝の曽祖父にあたる15世宋之渾は，広州安氏入郷祖安克忠の娘を娶り，後述するように彦陽金氏22世金彧の長男金若水とともに1640年旧南原府郷会の直月有司に就任している。また，恩津宋氏大宗中の子孫である16-宋PH（58歳）によれば，15世宋之渾の長男（16世）宋仁植の次男であった17世宋耆昌が，息子の18世宋緯朝とともに，息子の妻の父でK里に住んでいた朔寧崔氏を頼って南原に移住し，その際に緯朝と6寸兄弟の関係にあった宋光朝も一緒に移住したのだという。ちなみにここに名前を挙げた宋仁植，宋耆昌，宋緯朝と，宋仁植の長男の息子経朝は，いずれも「龍城郷案」に収録されている。すなわちこの家系は，15～18世の4代で王都漢城と南原府の両方に足跡を残しており，中央に拠点を残しつつ南原に移住する過程にあったとみることができるかもしれない。

Yマウル三姓の移住経緯をまとめれば，彦陽金氏は15世紀後半に18世金千秋，あるいはその妻子が妻家を頼って南原に移住したと推測される。広州安氏は24世安克忠が16世紀末に南原立石坊に移住したが，妻家や外家の存在は確認できない。恩津宋氏は18世宋光朝か長男聚東が他の2姓よりは遅く17世紀末か18世紀前半に移住したとみられるが，その家系は宋光朝の曽祖父宋之渾の代から南原に足跡を残していた。宋之渾の妻家はYマウルの広州安氏，その孫の宋耆昌の嫁朔寧崔氏はK里の出身で，外家や妻家の存在も確認できる。すなわち，彦陽金氏と広州安氏は名門五姓とおおむね同時期に移住し，恩津宋氏も17世紀前半には南原との縁故が生じつつあった。彦陽金氏と恩津宋氏の移住には，これも名門五姓と同様に妻家や外家の介在をうかがえる。三姓いずれも科挙に合格し官職に就いた直系・傍系祖先を有し，広州安氏と恩津宋氏は入郷祖自身か近い直系祖先が科挙を通じて仕官している。彦陽金氏も傍系祖先が武科に及第し守令（安州牧使）に就いている。このようにYマウル三姓についても，おおむね名門五姓と類似した出自と移住経緯を確認できた。

2-1-2　朝鮮後期の地方行政と在地士族

16～17世紀にかけて中央から地方に移住した士族は，一部に中央との関係を維持しつつも移住先の郡県の行政に関与するようになり，またそのなかから，1章2節で取り上げた慶尚道大丘府月背地域の丹陽禹氏のように，経済力を蓄積し子孫の数を増す家系も現われた。ここでは在地士族の形成・展開期に相当する17～19世紀の地方行政における在地士族の地位と役割について，旧南原府の事例に即して概観する。

朝鮮時代後期の地方行政は，中央から派遣された外官職（地方官）によって管轄された。邑レベル，すなわち朝鮮8道の下位行政区分である牧・府（大都護府・都護府・府）・郡・県のレベルでは，「守令」と総称される地方官1名が吏・戸・礼・兵・刑・工の6部門に分かれる行政の諸業務を管掌した。守令を含む外官職も，中央の京官職と同様，原則は科挙及第者か，あるいは蔭職として補任された者が任に就いた。

朝鮮時代後期の南原都護府の場合，南原都護府使（以下，南原府使と略記）が守令の任にあたっていたが，平均在任期間は任期3年の半分にも満たず，さらに罷免・辞職・死亡等を除く正常な理由で交替した者はその3割にも満たなかった[3]。ただし，守令の在任期間の短さは南原府に限った現象ではなかった。

中央から派遣される守令と郷村社会に定着した在地士族の関係は，一面では相互依存的であった。南原府を例にとれば，在地士族が自治的な機構である郷会を整備する際に府使の認准を受け，また府使の支援なしには郷吏や下民を統制する力を持つこともできなかった。他方で南原府使も，赴任初期には諸般の弊害や凶年時の救荒策について重要士族の諮問を求めており，士族の側もこれに積極的に応じていた［金炫榮 1999, p.51］。

3　金炫榮の集計によれば，任期を確認できる1573年から1788年までの南原府使149名の平均在任期間は1.45年で，時期別に集計すれば時代が下るほど長かった（18世紀後半で1.77年）。また交替理由のうち，瓜満（任期満了）・移拜（他邑の守令職に転任）・承召（中央官に就任）といった正常な理由で交替した者は25.5%に留まった［金炫榮 1999, pp.54-56］。

金炫榮によれば，朝鮮時代後期の地方行政に対する在地士族の関与を捉える際，16 世紀末の壬辰倭乱（豊臣秀吉の朝鮮侵攻）後の京在所の廃止を重要な画期とみなすことができる。王都に置かれた京在所は,「士大夫」，すなわち「留郷品官」（在地の官職経験者）を構成員とする各邑の留郷所を管轄し，邑の風俗を検察し，作奸者や頑悪な郷吏を司憲府に報告して処罰させる役割を担っていた。しかし諸々の弊害が指摘されるようになり，1603 年には廃止された。これは各邑の留郷所に対する中央官僚の統制力の喪失を意味するとともに，留郷所自体の権力の源泉の喪失をも意味した。各邑の留郷所は，郷村社会の風俗の糺正とともに，郷約の実施を担う機構としても認められていたが，京在所の廃止を契機としてそれまで郷吏が遂行していた政令の伝達と執行に関与するようになり，守令も，戸籍業務から軍籍，還穀等，邑の業務全般を留郷所に任せるようになった［金炫榮 1999, pp.65-67］。

これに対し，留郷品官を中心とする在地士族は，留郷所に対して矛盾した態度を取らざるを得なかった。すなわち，留郷所を通じて邑における指導力を掌握するには，いかなる形であれ留郷所に参与せねばならなかったが，他方で，守令から任される苦役は回避しようとした。その結果として，在地士族内で「儒郷分岐」と呼ばれるような階層分化が生じた。南原の場合，後述する郷案を母体として郷案組織を掌握し風俗の教化に力を注ぐ（狭義の）士族と，邑の諸業務を担当する郷任（座首・別監）を輩出し邑の指導力により接近する郷族とに分化し，結果として在地士族の二元的な支配構造が形成されたという［金炫榮 1999, p.67］。

これを踏まえ金炫榮［1993; 1999］は，朝鮮後期南原の士族支配構造を次の 3 つの時期に分けて整理している。まず，郷案組織が支配していた 17 世紀，次に郷案作成が困難になるとともに，狭義の士族が直月案を作成し，士族と郷族の二元化が進んだ18世紀，そして士族支配構造が形骸化し動揺した19世紀である[4]［金

4　朝鮮時代後期の旌表請願，すなわち忠臣・孝子・烈女表彰の候補者を王朝に推薦する運動について，南原府をひとつの事例として論じた山内民博の論考によれば，19 世紀に入ると，旌表請願が，被推薦者の居住する邑を中心としつつも，書院・郷校間のネットワークを背景に，ほぼ道を範囲に他の邑の士族の力まで借りた長期間にわたる大規模な事業として展開されるようになった。山内の見解に従えば，社会変動のなか，在地士族が旌表請願を通して道徳的秩序の担い手としての自らの地位・権威の保持を図ろうとしていたともいえる［山内 1995］。この時期に邑の範囲を越えた道レベルのネットワークが在地士族のあいだに形成されつつあった点にここでは注目しておきたい。

炫榮 1999, p.72]。ここでは 17 世紀の郷案体制と 18 世紀の直月案体制に限定して，南原の在地士族の動向を概観するにとどめたい。

(1) 17 世紀の郷案体制

郷案とは郷所（留郷所）の構成員である在地士族の名簿である。郷案への収録において重要な基準となっていたのは，一般に，学徳や官爵よりも「三郷」，すなわち父，母（「外祖」あるいは「外三寸」＝母の兄弟），妻（妻の父）が庶子や郷吏でないか，また当該邑の郷案に収録されているかどうかであった［金炫榮 1999, p.70]。南原府の場合，1639 年の「完議」と「約束条目」で，役員である「主論之員」の構成と選出方法とともに，郷案への収録方法等が定められた。その概略を述べれば，まず主論之員は，「郷老」，「郷長」，「郷有司」によって構成され，郷老は 70 歳以上，郷長は 60 歳以上の構成員が年齢順に就任する。これに対し郷有司は「公論」に従って選出する。郷案への収録方法としては「直書」と「圏點」の 2 つを定め，知らぬ者のない士族は「直書」し，そうでない士族は主論之員の同意のうえに「圏點」(投票）して収録するかどうかを決めることにした。投票には主論之員の他に，「前朝官」(官職経験者）と 70 歳以上の「父老」が参与するというものであった。ここで「郷任」，すなわち守令から邑の業務を任される座首と別監も圏點によって選出されることになったが，主論之員は郷任に就くことができず，郷任に就任した場合には除名されて主論之員になることができないとされた。その他の主要な権限も主論之員に集中された。これが 1640 年の「庚辰条約」で改正され，長老のうちで地位と名望のある者を「郷憲」とし，若い世代で識見のある者を「有司」とすること，郷会（大会）の構成員を，①郷老のうちで 60 歳以上の者，②実職，③前朝官，④前座首，⑤時任座首・別監，⑥生員・進士，⑦風憲（郷先生・郷憲・副憲・有司）のみとすることを定めた。また，郷任（座首・別監）の選出には風憲以外の者も関与するものとした［金炫榮 1999, pp.75-77]。

これに対し 4 年後の 1644 年の「甲申立議」では，郷案の改修と郷任の推薦をめぐる有司の横暴が糾弾され，郷案収録については「三郷」と（母方おじを含む)「二郷」を直書，それ以外を圏點とする，役員を掌議 2 人（郷老から選出）と有司 4 人（郷員から選出）とする，郷会（大会）にはすべての郷員が出席し，郷任は有司と 50 歳以上の郷老が推薦するなどの修正がなされた。それ以前の郷規と比較すると，論難の対照であった風憲有司を廃し，かわりに掌議と有司を置いたこと，郷会の役員が恣意的に権力を行使しうる余地を制限し，郷員全般の参与を保証したこと，そして郷案への収録基準を厳格に定めたことを特徴として挙げられる［金炫榮 1999, pp.83-85］。

郷案は17世紀前半まで科挙受験有資格者の名簿としても活用されたが，実際に郷案収録者に占める官職保有者の比率は17世紀を通じて大きく減少した（1601～03年で7割前後，1607～39年で5割前後，1655～1700年は2～3割）。また郷案は軍役免除者の名簿としても活用され，17世紀後半には郷案の作成をめぐる論難が再度提起された。さらに郷案に収録されなかった者の反発，中央の党争の地方への波及，有司への批判等も重なり，郷案作成が難しくなっていった。その結果，1700年の庚辰籍を最後に，南原府では新しく郷案を作成することが行われなくなった［金炫榮 1999, pp.117-122, 131-132］。

(2) 18世紀の直月案体制

17世紀前半までは狭義の士族と郷族（郷任の家系）がともに郷案に収録されていたが，17世紀後半になると郷族に対して収録制限が課されるようになった。さらに1700年の庚辰籍を最後に，南原府では郷案が廃止された。そして18世紀には直月案を中心とする新しい体制に移行した。

直月案の作成は1678年に始まる。「直月」とは17世紀前半の郷会有司の役割を引き継ぐもので，当初は郷案収録者のなかから各士族家系を代表する者を選出し，郷案に付票して任務を遂行させる方式をとった。1707年の完議でも，才能と門地がともに衆論によって認められた者を直月の任にあたらせることが取りきめられている。しかしその後，郷案収録者の大半が死亡し，郷案に付票する方式で直月を選出することが難しくなったため，1726年に別途の冊子を作り，各直月が退任する際にその後任者を推挙する方式を新たに取り決めた。直月の後任者としては，必ず「地望才行倶全之人」（門地，徳望，才能，行いがすべて優れた人）を選ぶものとした。18世紀の南原府ではこの直月案が，狭義の士族の名簿として郷案を代替するものとなった。直月の任務の詳細は不明であるが，郷任の推薦と糾察にあたるとともに，郷任と協力して邑の財政の管掌にあたっていたとみられる［以上，金炫榮 1999, pp.135-140］。

2-1-3　在地士族としての三姓

朝鮮時代後期南原府の在地士族のなかでＹマウルの三姓はどのような位置を占めていたのか。また，在地士族としての威勢を保持するために，三姓の子孫はどのような努力を行って来たのか。まず手始めに，金炫榮のいう郷案体制において三姓が占めていた位置について，「龍城郷案」を手がかりに考えてみたい。

表 2-1 「龍城郷案」収録者数

作成年	1601 以前	1602?	1603?	1607 丁未	1623 癸亥	1639 己卯	1655 乙未	1679 己未	1700 庚辰	1721 辛丑	合計
総数	41	43	43	53	145	106	219	437	620	19	1,707
名門五姓 （%）	6 （14.6）	10 （23.3）	7 （16.3）	8 （15.1）	23 （15.9）	24 （22.6）	38 （17.4）	79 （18.1）	102 （16.5）	0 （0.0）	298 （17.5）

出典：金炫榮［1993, pp.99-100］。

表 2-1 は「龍城郷案」の作成年度毎の収録者数と名門五姓の内数を集計したものである。ちなみに前項で述べたとおり，南原府の郷案は 1700 年の庚辰籍を最後に新たに作成されることはなく，1721 年の 19 名は庚辰籍に追記として収録されている。この表によれば，17 世紀初頭（あるいは 16 世紀末）以降 9 回にわたって改修された郷案に合計 1,707 名の人名が収録され，姓氏の数は少なくとも 57 姓に達した。全収録者に名門五姓が占める比率は 17.5% で，作成年度により多い時には 23%，少なくとも 15% 程度の比率を示していた。

一方，郷案に収録された Y マウル三姓の出身者は，傍系子孫を含め，確認しえた限りで 15 名にすぎない。郷案収録者数から見れば，三姓は南原府の在地士族のなかで周縁的な地位に留まっていたといえる。表 2-2 は三姓の収録者を列挙したものであるが，最も早い収録例は 1601 年以前の年代未詳の旧籍，なかでも最も古い時期のものに収録された広州安氏入郷祖の安克忠である。先述のとおり，彼は中央で官職をつとめた後，南原府に移住したものとみられる。彦陽金氏の入郷祖である 18 世金千秋の玄孫，22 世金彧は，1607 年の丁未籍に収録された。先述のとおり，彼は安克忠の姪を娶った。このように，三姓のうちで移住年代が比較的早い広州安氏と彦陽金氏は，ともに比較的早い時期に郷案への収録者を輩出している。

しかしその後の収録状況には，両姓のあいだで大きな違いが見られる。安氏は安克忠の傍系孫とみられる 25 世安璨が己未籍に収録されたのみで，入郷祖の直系子孫の収録を確認できない。対照的に金氏は，金彧の息子 2 名，孫 1 名，曾孫 5 名が収録されており，4 世代にわたって三姓のなかでは突出して多くの収録者を輩出している。先述のように，入郷祖と近親の科挙・官職への進出状況では広州安氏が彦陽金氏を凌駕していたが，移住先の郷案への収録者数では彦陽金氏が優り，入郷後の金氏の躍進をうかがい見ることができる。

この 2 姓と比較すると恩津宋氏の入郷はかなり遅れるが，入郷以前に傍系の祖先が南原府に居を定めていた点はすでに指摘した通りである。恩津宋氏の郷案への収録者 4 名は，いずれもこの傍系に属する。17 世紀末以降に入郷した宋

表2-2 「龍城郷案」三姓収録者

作成年	三姓収録者	備考
1601以前	安克忠	広州安24世
1602?	なし	
1603?	なし	
1607丁未	金彧	彦陽金22世
1623癸亥	なし	
1639己卯	金若水	彦陽金23世。金彧長男
	金若氷	彦陽金23世。金彧三男
1655乙未	宋仁植	恩津宋16世。宋光朝祖父の兄
1679己未	金瑜	彦陽金24世。金若氷長男
	宋耆昌	恩津宋17世。宋仁植次男
	宋経朝	恩津宋18世。宋仁植長男の息子
	宋緯朝	恩津宋18世。宋耆昌息子
	安璨	広州安25世。安省6世孫
1700庚辰	金漢老	彦陽金25世。金若水長男の長男
	金泰老	彦陽金25世。金瑜長男
	金綺老	彦陽金25世。金若水長男の次男
	金載老	彦陽金25世。金若氷次男の長男
	金成老	彦陽金25世。金若水三男の次男
1721辛丑	なし	
合計	広州安2，彦陽金9，恩津宋4	

出典：南原郷校誌編纂委員会［1995, pp.371-416］。

光朝の移住以前に，傍系祖先，具体的には祖父の兄の系統の父系近親がすでに郷案に収録され，南原の在地士族への参入を認められていたことがわかる。

次に「直月案」を見てみよう。表2-3に時期別の収録者数とそれに占める名門五姓の数を内数で示したが[5]，郷案と比較して，名門五姓の占める比率が格段に高かったことがわかる。収録者全体の44.1%が名門五姓で，時期別にみると17世紀は5割近く，18世紀は実に6割近くが名門五姓から輩出された。「直月案」では姓氏の数も38姓氏程度で，郷案よりも狭い範囲から収録者が輩出されていたことを確認できる。

表2-4は同じ時期区分に従って，Yマウル三姓の収録者を列挙したものである[6]。恩津宋氏の入郷祖宋光朝の曽祖父宋之渾と，彦陽金氏22世金彧の長男で先述のとおり郷案にも収録されている金若水が同年に直月に就いた点が目を引く。宋之渾は広州安氏入郷祖安克忠の娘を娶っており，金若水は妻の父方従姉妹の

5　ただし，1678年直月案作成以前の郷会有司を含む。

6　表2-3と同様に，1678年直月案作成以前の郷会有司を含む。

表 2-3　南原府郷憲・直月

収録年	1640-99	1700-57	1761-95	1801-49	1850-95	合計
総数	178	118	42	143	277	758
名門五姓（%）	86（48.3）	70（59.3）	25（59.5）	59（41.3）	94（33.9）	334（44.1）

出典：金炫榮［1993, 附録 1］。

表 2-4　「直月案」三姓収録者

収録年代	三姓収録者	収録年・役職	備考
1640-99	宋之渾	1640 直月	恩津宋 15 世。宋光朝曽祖父
	金若水	1640 直月	彦陽金 23 世。金彧長男
	安璨	1698 直月	広州安
1700-57	なし		
1761-95	なし		
1801-49	宋鍵	1818 or 19 直月	恩津宋 21 世。宋光朝曾孫
	宋益濂	1826 直月	恩津宋 22 世。宋光朝玄孫
	宋益濂	1838 副憲	同上
1850-95	宋翼和	1857 直月	恩津宋 23 世。宋鍵弟の孫
	宋斗和	1864 直月	恩津宋 23 世。宋鍵孫
	宋秉和	1875 直月	恩津宋 23 世。宋鍵孫
	宋熙心	1878 直月	恩津宋 24 世。宋翼和長男
	宋熙睦	1883 直月	恩津宋 24 世。宋秉和弟の養子
合計	恩津宋 9，彦陽金 1，広州安 1		

出典：国史編纂委員会編［1990, pp.273-363］；南原郷校誌編纂委員会［1995, pp.639-662］。

息子にあたる。

ただし彦陽金氏の収録者はこの金若水のみで，広州安氏も，入郷祖安克忠の傍系孫と見られ，郷案にも収録されている先述の安璨が，17 世紀末に収録されたのみであった。これとは対照的に，直月案に比較的多くの子孫を収録させたのが恩津宋氏である。19 世紀を通じて，入郷祖宋光朝の曾孫 1 名，玄孫 1 名（直月 1 回・副憲 1 回），6 世孫 3 名，7 世孫 2 名の計 7 名（のべ 8 名）が収録されており，入郷時期が早い他の 2 姓を凌駕していた。

恩津宋氏の「直月案」への収録者数は名門五姓に比べれば決して多いものではなかったが，それでも旧南原府の士族家門全体で 17 番目に多く，少なくとも 19 世紀には中堅的な士族として位置づけられていたとみることができる。これに対し広州安氏と彦陽金氏は，金炫榮のいう直月案体制への移行後，まったく収録者を出していない。それにもかかわらずこの 2 姓が南原の「両班」としての身分（status）と威信（prestige）を保持しえたのは何故であったのか。この問いに全的に答えうるほどの資料は残っていないが，以下，資料の許す範囲内で考えうる要因を指摘しておきたい。

まず，広州安氏については2つの理由が考えられる。第一は，入郷祖安克忠の5代上の直系祖先である安省の顕彰である。先述のように，安省は科挙文科に合格し高位の官職を歴任したが，旧南原府迪果坊（現徳果面）所在の湖岩祠宇に六賢のひとりとして祀られた。六賢の内訳は，洪州李氏2位，晋州蘇氏2位，豊山沈氏1位，広州安氏1位で，この祠宇の管理は，筆者のYマウル調査当時，この4つの家門の子孫によって担われていた。毎年陰暦3月6日に執り行われる享祀には，南原郷校の典校を始めとする旧南原府の儒林の有志も参加していた。刊行された資料に登場するのは1923年刊行の『龍城続誌』巻之四「祠宇」新増が確認しうる限りの初出だが，そこに設立年代の記載はなく，「高宗戊辰」（1868年）に取り壊されて（位牌を）埋封したとだけある。1986年に刊行された『湖巌書院誌　全』によれば，「粛宗初」に「本府士林の建議」によって設立されたという。朝鮮19代王粛宗の治世は1674年から1720年までであったので，この記録が正しければ，17世紀後半の創建といえる。当初は旧南原府真田坊（現長水郡山西面）に設置され，「城山祠」と名付けられたが，正祖13年己酉（1789年）に現在の場所に移され，「湖巌書院」に改名されたという。

第二の理由として挙げられるのは，入郷祖安克忠の妻である彦陽金氏が烈女として褒賞され，P面南部の旧名である「高節（坊）」の由来となったことである。烈女彦陽金氏を讃える石碑は，今日でもYマウルの入口に残されている。関連する記事は1702年に刊行された旧南原府の私撰邑誌である『龍城誌』巻之六「烈女」新増にすでに収録されており，これによれば，火賊が家に乱入し，安克忠を刀で斬りつけようとしたとき，我が身を挺して夫を守り，自らは死に至った。この行いが「烈」，すなわち妻としての貞節の模範として高く評価され，天啓4年（1624年）に王朝から旌閭を賜ったという。

次に彦陽金氏について見ておこう。詳しくは後述するように，南原への定着後，金氏は数を増し，Yマウルのみならず近隣の村落にも相当数の子孫が暮らすようになった。おそらくはこのような数的な拡大をひとつの背景として，彦陽金氏は早い段階から祖先の顕彰に力を注いできた。まず1678年に，入郷祖として位置づけられる18世金千秋を記念する祭閣「世敬斎」が，25世金漢老（「龍城郷案」庚辰籍収録）によって建立された。祠廟とは異なり，祭閣には位牌を奉安する施設は設けられないが，おおむね墓所の近隣に建てられ，祭祀や門中の会議がここで行われる。また，遠方から泊まりがけで来訪する子孫の宿泊所としても用いられる。この世敬斎は，旧南原府に現存する祭閣のなかで創建年代が

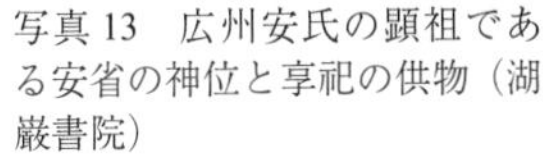
写真13　広州安氏の顕祖である安省の神位と享祀の供物（湖巌書院）

写真14　彦陽金氏大宗中中興祖の祭閣と墓所

最も古いものとされている。金漢老はさらに1690年に，中興祖として位置づけられる22世金彧の祭閣「追敬斎」を建立した［『南原誌　全』「斎閣」］。父系族譜の編纂や内孫のみの族契・門契の結成等，朝鮮で父系親族の組織化が進むのは17世紀前半以降のことであったが（1章2節参照），彦陽金氏はそれに若干遅れる程度の早い時期から父系親族の組織化を図ってきたとみられる。

ここで補足しておきたいのは，Yマウルの彦陽金氏が，族譜の記載に従えば入郷祖とされる18世金千秋の長孫の系統ではなかった点である。先述のように，金千秋の長男19世金敦慶は独子であったが，彼には2人の息子（20世）がいた。このうち，長男金筠の系統は後に途絶えた。次男金节にはふたりの息子（21世）がおり，そのうちの弟金重興のひとり息子が22世金彧で，Yマウルに定着した彦陽金氏はその直系子孫であった。これに対し，兄金復興の系統は京畿道坡州に移住・定着した。本来ならばこの坡州の系統が宗孫の役割を果たすべきであるはずだが，金千秋の祭閣を建てた25世金漢老は金彧の子孫で，宗孫の役割もこの系統が担っている。すなわちこれは，宗孫を担うべき系統が別にあったにもかかわらず，南原に残った系統の子孫が，金千秋の祭閣を建て，祭祀を執り行うようになったことを意味する。金千秋自身は高位官職につかず早逝したが，入郷祖の顕彰を南原の子孫が主体となって担うことによって，血統的正統性を強化しようとしたのではないかと推測される。

その後の組織化の進行について記すと，22世金彧は6人の息子を儲けたが，そのうち長男金若水，三男金若氷，四男金若湖の子孫がＹマウル近隣に残った。また先述のように，長男と三男の系統が24・25世の代で「龍城郷案」の収録者をあわせて6名輩出した。ちなみに金千秋と金彧の祭閣を建立した金漢老は長男金若水の系統に属し，金彧の宗孫にあたる。調査当時で彦陽金氏南原大宗中は4つの小宗中に分かれていたが，宗孫の系統である伏山峙宗中は23世金若水（「龍城郷案」に収録された25世金漢老・綺老はその孫）を，「小宗中」(これが固有名称としても用いられている）は24世金瑲（23世金若氷の長男。長男金泰老とともに「龍城郷案」収録）を，虎谷宗中は24世珪（23世金若氷の次男。「龍城郷案」収録の25世金載老はその長男）を，深洞宗中は23世金若湖を起点としている。このうち，深洞宗中のみ結成年代が明らかで，祭閣に残されている文書によれば，1787年に26・27世，すなわち曽孫・玄孫の代の子孫によって結成された。また，1815年には祭閣「慕敬斎」が建てられた。これ以外の3つの小宗中の結成年代は不明であるが，17世紀後半に大宗中の祭閣が建立され，18世紀後半に小宗中の少なくともひとつが結成されたことは，子孫の増加に応じて父系親族の組織化が進むとともに，下位分節の分化も進んだことを示すものであろう。

金彧の四男の系統である深洞宗中は，4つの小宗中のうちで唯一「龍城郷案」への収録者を輩出しなかったが，30世で科挙進士試合格者を1名（1888年），31世で科挙生員試合格者を1名輩出しており，「科業」，すなわち科挙受験のための教育に力を注いでいた系統であったことがわかる。他の3つの小宗中からは進士・生員を含め科挙合格者が一切輩出されておらず，深洞宗中の子孫にとって，進士・生員の存在が威信の源となっていた。

朝鮮時代後期のＹマウル三姓の在地士族としての身分と威信に焦点を絞って本節での議論を整理しておこう。壬辰倭乱以後，名門五姓の官職経験者（留郷品官）を中心に守令の諮問的役割を担う集団として再編成された在地士族のなかで，彦陽金氏と広州安氏は，名門五姓とほぼ同時期の15世紀後半から16世紀末に，おそらくはほぼ類似した経緯で旧南原府に移住したとみられる。しかし彼らとは異なり，この地の士族コミュニティのなかで主導的な役割を果たすには至らなかった。17世紀後半には郷案収録者に占める官職経験者の比率が大きく減少したが，この2姓はこの時期に官職経験者も，さらには科挙合格者さえも輩出しなかった。18世紀の直月案体制のもとでも直月案収録者を輩出しておらず，依然として旧南原府の士族の主流から大きく隔たった家門であったことがわかる。しかしそれでも郷族ではなく狭義の士族の末端には連なっていたようで，それを可能にしたのが，広州安氏の場合は顕祖の顕彰と王朝から褒賞された数少ない烈女の存在，そして彦陽金氏の場合は子孫の増加と父系親族の組織化，ならびに祖先の顕彰への努力であったとみられる。このような数少ない威信の源を活用し，名門士族との交際を維持することで，旧南原府の士族の列に留まっていたのではないかと考えられる。

これに対し恩津宋氏は，この2姓よりは遅い17世紀前半に中央に拠点を残しつつ南原への移住を開始し，そのうちYマウルに定着した系統は17世紀末か18世紀前半に移住したとみられる。しかし17世紀後半に傍系ではあるが郷案収録者を輩出しており，また19世紀には「直月案」収録者を相当数輩出した。金・安の両姓に対し，数的には劣勢であったものの，少なくとも19世紀にはより高い地位を占めていたと考えられる。

朝鮮後期の在地士族に関する社会史的研究や人類学・民俗学の両班・班村研究では，地方の士族（両班）のなかでも，特に各郡県で主導的な地位を占める名門家系を対象とした論考が主流を占めてきた[7]。しかし，朝鮮時代の士族の身分が法のみによって規定されるものではなく，地域社会における相互認証に大きく依存するものであった点を鑑みれば（1章1節参照），Yマウル三姓のような真の意味での中小在地士族に光をあてることによって，このような身分と威信の理解が初めて可能になるのではないか。資料の制約上，本論では充分に論ずることができなかったが，嶋が「幸福な少数者 happy minority」と性格づけたような中小在地士族について［嶋 2010, p.209］，その生き残りかたをある程度うかがい見ることはできたかと思う。三姓の士族としての威信は，確かに不安定な基盤に基づいた子孫たちの努力の蓄積の賜物といえようが，このような卓越した威信が朝鮮末以降も再生産され，筆者の調査当時のYマウル住民の生活にもいくつかの局面で影響を及ぼすものとなっていた。

2-2　士族共同体の再編成

19世紀末，朝鮮王朝が近代的な政治・社会制度を導入する過程で，従来の身分制度の撤廃も図られた。1894年7月に成立した金弘集政権下で，甲午改革と総称される広範囲にわたる内政改革が実施されたが，その一環として，官僚任用制度としての科挙の廃止，門閥班常（両班・士族と常民）の等級や文武尊卑の差

7　金宅圭［1964］，江守・崔［1982］，末成［1987］，岡田［2001］等を参照のこと。

別の撤廃，奴婢制度の廃止，ならびに賎民の解放など，身分制の撤廃に関する一連の改革が断行された［『官報（旧韓国）』草記，甲午6月28日；朝鮮史研究会 1995, pp.229-230; 糟谷 2000, pp.245-247］。これによって士族の身分的特権を法的に支えていた科挙制度や良賎の法的区分が廃止されたことになるが，その後，地方社会における在地士族の特権的な社会的身分，ならびに在地士族の存在様態はどのように変化したのであろうか。

甲午改革以降，日韓併合までの期間の両班（士族）の動向を論じた歴史学者池承鍾［2000］によれば，身分制の廃止と身分構造の解体，いいかえれば，一方で甲午改革による法的身分と身分的特権の法的基盤の廃止，他方で士族の特権的な社会的身分を含む身分構造の解体とのあいだには，一定の距離があった。後者のうち社会的身分としての両班身分は，班常制が公式的に廃止された以降も，相当の期間，慣習上の身分維持の次元で存続した。例えば，光武戸籍や1910年5月の「民籍統計表」にも両班身分が記され，また科挙制の廃止による官僚集団の変化も，班常の区別に決定的な打撃を与えることはなかったという［池承鍾 2000, pp.28-37］。

同じ論考で池承鍾は，両班身分の完全な解体・消滅は，両班身分を形成・維持した諸般の要素の消滅・解体・離脱等によってはじめて可能となるものと捉え，そのような要素として，①官職保有または権力的地位，②家系の威信または身分血統，③土地・奴婢等の身分財，④身分を裏打ちし，身分に依拠して分配される身分的職業，⑤生活様式または身分文化，⑥身分意識を挙げている［池承鍾 2000, pp.36-37］。このうち①，③，④は甲午改革以降，植民地期にかけて消滅・解体していったが，威信・血統，士族的な生活様式・文化，ならびに身分意識は，その後も再生産された。例えば，1940年代前半に朝鮮中・南部の農村社会を踏査した社会学者鈴木榮太郎によれば，奴者（奴婢）は過去30年あまりのあいだに主人から転業転地の自由を与えられ，その多くが他地域に移住して常民に紛れ込んでしまったが，「両班」（在地士族の子孫）と「常民」の間には通婚圏，移住者に対する待遇，ならびに婚姻慣習において違いが見られた［鈴木 1944, pp.33-44, 50-51, 94-95］。このような両班と常民の区別は，同じ父系氏族内の分派と対応する形でも維持されていた［鈴木 1944, pp.62, 222］。また，慶尚南道丹城の在地士族家門である安東権氏を事例として甲午改革以降の社会変動に士族家門がどのような対応を見せたのかを論じた池承鍾と金享俊の論考［2000］では，家門の顕彰と符合する派譜の刊行，先代の文集を始めとする各種文籍の収集・刊行，新安精舎の再建と名士・学者の講会の開催，斎室・精舎・書堂・書斎等の各種建築物の建立，墓碑の建立と墓地の整備，家学としての儒学の継承，儒林活動への参与等を通じて，安東権氏家門が両班としての身分・地位（status）と威信の維持に力を注いできたことを明らかにしている。

朝鮮時代末の南原府の場合，科挙制度が廃止された甲午改革の翌年にあたる1895年に，在地士族の権威のより所のひとつであった「直月案」が廃止された。旧南原府の郷会の集会所である帯方郷約所も，南原邑城内の近民堂（守令の執務所）の東に隣接する郷射堂から，1903年に邑城外萬福寺址に位置する養士斎（後述する士の育成機関）に移された。先述の通り，17世紀後半以降，在地士族にとっての科挙を通じた仕官の途が狭まっていったが，それでも儒学を修め，科業（科挙の受験勉強）に従事することは，在地士族の威信のより所になっていた［須川2009］。その意味で科挙の廃止は，池承鍾のいう両班（士族）身分を形成・維持していた諸要素のひとつである「身分的職業」の体系の解体を意味したと考えられる。また南原の士族にとって，直月案の廃止と郷約所の移転は，郷村社会で在地士族が果たしてきた行政的役割の消滅，あるいは弱化を示すものであったと考えられる。

本節では，旧南原府の在地士族集団が，朝鮮時代末以降，卓越した身分集団としての地位（status）と威信を保持しえたのかについて，旧南原府の儒林の諸団体と諸活動の検討を通じて考えてみたい。ここで「儒林」とは，儒学と儒教的道徳を信奉・実践する者，概括的に言い換えれば儒者の集団を意味し，その字義自体は地縁的な社会結合や身分的な背景を含みこんだものではない。しかし，朝鮮・韓国において儒林という場合，朝鮮時代の邑（郡県）を範囲として結集し，当該邑の在地士族の長老や指導者を中核的な構成員とする儒者集団を指すことが一般的である。1943年3月に江原道・忠清北道・慶尚北道の4つの郡の農村と邑内を調査した鈴木榮太郎は，その記録として刊行した『朝鮮農村社会踏査記』［鈴木1944］の1章を割いて，文廟（郷校に付設された孔子廟）と儒林について論じている。彼が調査先の儒林の長老や両班門中の指導者から得た証言をまとめれば，儒林とは，書院や郷校といった私設・官設の教育機関で漢文・儒学の教育を受け，儒教道徳を実践し，科挙合格者や科挙経験者であるか，あるいはその子孫である者を指し，かつては両班（士族）の子孫であることもその条件に含まれていた。しかし地域によっては鈴木の調査時点までに必ずしも両班の子孫でなくても儒林に加われるようになっており，儒林の範囲が曖昧になっていたという［鈴木1944, pp.14-26］。それでは朝鮮末以降の南原地域ではどうであったのか。儒林の構成に変化が見られたのか。また儒林の活動と両班としての地位・

威信とのあいだにはどのような関係が見られたのか。南原郷校に集う儒林の構成と活動の検討を通じて部分的にではあるがこの問いへの答えを模索したい[8]。

2-2-1　南原郷校の沿革

郷校とは，高麗・朝鮮時代に儒学教育を目的として各郡県に設立された官設教育機関を指す。地方における官設教育機関の設置の例は，930 年西京（平壌）への学院の設置にまで遡られ，1003 年までには 3 京 10 牧に郷学が設置された。これを郷校とみなすか否かについては諸説分かれるが，通説では，1127 年に仁宗が諸州に学校を設立するように詔書をくだし，各郡県に学校が設置され始めた頃の時期を，郷校の成立期とする［姜大敏 1992, pp.15-23］。

南原郷校の設立は，高麗時代末期，1359 年以前にまで遡ることができる［姜大敏 1992, p.21］。創建時には，邑城の西方 4 里（約 1.6km）の大谷（現南原市大山面）に位置していたが，享祀のたびに虎の害にあったため，邑城の東方 3 里（約 1.2km），徳蔭峰の麓に移築された。しかしここも蓼川の氾濫で交通が途絶することがあったため，さらに邑城北方 5 里（約 2km），王峰山麓の現位置（現南原市郷校洞）に移された［『龍城誌』巻之三「学校」新増］。

1392 年に高麗から政権を引き継いだ朝鮮王朝では，建国当初から郷校教育を奨励し，3 代太宗以降，州・府に文科出身の官人を儒学教授官として派遣するようになった。『経国大典』では，州・府に 6 品以上の教授を，郡・県に 7 品以下の訓導を派遣することを定めた。この規定に従えば，都護府である南原には従 6 品の教授が置かれたことになる。校生（学生）の定員も同じく郡県の序列に従って定められ，都護府である南原は 70 名とされた。しかし，1744 年に成立した『続大典』で外官（地方）職の教授・訓導がすべて廃され，その後は地方の士林のなかから「師長之人」を「校任」（郷校の職任）に任命し，講学を担当させるようになった［姜大敏 1992, pp.31-41］。校任の種類・名称は郷校によって異なるが，南原郷校の場合，校長 3 名，掌議 2 名等が置かれた［『龍城誌』巻之三「学校」新増］。

「廟学同宮」の施設である郷校には，講学の場である明倫堂と学生の学舎・寄宿舎である東斎・西斎に加え，儒学の諸聖・諸賢を祀る文廟が設けられた。『龍城誌』によれば，南原郷校の文廟は，孔子（大成至聖文宣王）を中心に，顔子・曾子・子思・孟子を配享し，孔門十哲を従享する「大成殿」と，宋朝の周敦頤・程顥・

8　以下，本節の記述の一部は，拙稿［1999a, pp.152-155, 164-165, 172-173］を加筆修正のうえ再録したものである。

程頤・朱熹，ならびに朝鮮の11賢を祀る「東廡」・「西廡」によって構成されていた[9]。文廟では，年2回春秋の釈奠と毎月朔望の焚香が執り行われた。

朝鮮時代の初期には国家から農地と奴婢が支給され郷校の維持・運営費に充てられていたが，後期になると，国家政策としてではなく地方官個人の意向に従って，官から銭穀・徭役の補助が与えられるようになった。この他，重建・移建時には，儒銭（儒林に割り当てられた拠出金）や地方の有志による寄付によって，費用が補われることもあった［姜大敏 1992, pp.105-138］。1699～1702年に編纂され，1752年に「新増」が追記された『龍城誌』には，郷校財産として沓（水田）8石5斗落（165斗落），田（畑）2石2斗落（42斗落），聖殿代田3結45負，沓12結41負8束，田2結52負1束が計上されている[10]。朝鮮末には，郷校財産として田沓あわせて360余斗落（沓1斗落＝200坪）が設けられていたという。また，1597年に丁酉再乱の戦火で焼失して以降，数次にわたる重建・重修が府使や地方の有志，ならびに儒林の「主管」・「協助」によって実現された。1599年には進士柳仁沃が私財を投じて大成殿を再建し，1609年には全羅監司（観察使）尹安性，南原府使成安義，都有司朴大虎の尽力で明倫堂が再建された。このとき柳仁沃は家僮10名を提供し校奴の不足分を充当したという。その後も歴代の府使や在地士族によって付属施設の再建・補修や備品の補充がなされた。1892年に火災により明倫堂が全焼した際にも，府使呉達善が郷中72儒林家の協力を得てこれを再建している［『龍城誌』巻之三「学校」新増；『南原誌　全』pp.16-18; 趙成教編 1972, pp.289-292; 南原郷校誌編纂委員会 1995, pp.203-208, 287-290］。

2-2-2　郷校儒林の構成

次に，朝鮮時代末から植民地期にかけて，南原郷校がいかなる出自・社会的背景を持つ人々によって運営されていたのかを見ておこう。1876年から1949年までの「南原郷校典校経任案」によれば，この間に郷校の校長である典校（校長，直員）を最も多く輩出した姓氏は全州李氏（14名）で，ついで慶州金氏（13名），南原梁氏（12名），興徳張氏（8名），晋州姜氏（6名），晋州蘇氏（5名），朔寧崔氏（5名），豊川盧氏（5名），南原尹氏（5名）の順となっていた（以下略）。また，1875年から1949年までの「南原郷校掌議経任案」によれば，この間に役員である掌

9　後に中国宋朝の2賢と朝鮮の7賢が追享され，あわせて宋朝6賢，東方（朝鮮）18賢が祀られるようになった。

10　先述の通り，1結＝約0.9ha（1等）～約3.7ha（6等）であったので［宮嶋 1995, p.69］，斗落表記以外の田沓をあわせると，250～1,000斗落に達していたことになる。

表 2-5　南原郷校典校・掌議の出身家門

典校				掌議			
時期	1876-1907	1908-1945	1949-1994	1875-1910	1917-1918	1920-1945	1946-1994
名称	校長	直員	典校	掌議	色掌	掌議	掌議
総数	140	18	23	204	10	155	640
名門五姓（%）	29（20.7）	8（44.4）	8（34.8）	60（29.4）	3（30.0）	38（24.5）	117（18.3）

出典：南原郷校誌編纂委員会［1995, pp.479-516］。

議を最も多く輩出したのは慶州金氏（33名）で，ついで朔寧崔氏（28名），全州李氏（23名），南原尹氏（23名），広州李氏（22名），長水黄氏（20名），南原梁氏（15名），南陽房氏（13名），順興安氏（12名），陽川許氏（12名），豊川盧氏（11名），海州呉氏（11名），竹山朴氏（11名），晋州蘇氏（11名）の順になっていた（以下略）。これら典校・掌議歴任者数で上位を占める姓氏は，1姓を除いてすべて「龍城郷案」にも登場する。すなわち，郷校の役職を歴任するような儒林の指導者の大多数は，20世紀前半の時点でも，17世紀の龍城郷案以来の在地士族から輩出されていたのだといえる。ここでも名門五姓が上位を占めていたが，「直月案」と対照すると，南原梁氏と晋州蘇氏の躍進が顕著であった。また全州李氏も，「直月案」では春城正の子孫が大半を占めていたのに対し，郷校典校・掌議については詩山君派が多数を占めた。また，この2つの名簿に収録されている姓氏のなかには，「龍城郷案」には登場しない者も相当数確認できる。南原郷校の長老の言によれば，解放前後までは両班門中の成員以外の郷校への出入りは禁じられていたそうであるが，これが事実であったとすれば，郷案あるいは直月案に未収録の家系でも，朝鮮末・植民地期には「両班」と認められていた例があったことになる。参考までに表2-5に，朝鮮末以後の役員数と名門五姓出身者の内数を時期別に整理した。

植民地期の儒林の構成をうかがいうるいまひとつの資料として，「養士斎重修時各門義捐録」も見ておきたい。「養士斎」とは郷校の関連施設で，これが1928年に重修された際に旧南原府の諸門中から義捐金が集められた。そのときの記録である「養士斎重修時各門義捐録」によれば，80姓氏の「125門」（門中）が合計で845圓の義捐金を拠出した［南原郷校誌編纂委員会 1995, pp.826-830］。このうち24門の所在地は，1906年に南原郡から近隣諸郡に割譲された長水郡山西面（7門），任実郡只沙面（3門）・屯南面（5門）・三渓面（7門），ならびに淳昌郡東渓面（2門）であった。一方，重修の時点で南原郡に編入されていた19面のうち，南原面（邑内）と旧雲峰郡の4つの面には義捐金を拠出した門中が見られなかった。記載住所が旧南原郡内のいずれかの面であった101門について『南原氏族定着史』[南原氏族定着史編纂委員会編 1993] に掲載されている門中と対照したところ，一致するものが76門にのぼった。また，「養士斎重修時各門義捐録」には，同じ姓氏で住所の異なる門中が別件として記載されている例が59門（19姓）あり，これについても『南原氏族定着史』と対照したところ，その大半は姓氏が同じでも入郷祖と系統を異にする門中であることがわかった。住所が異なる門中数が最も多いのは全州李氏の6門で，ついで慶州金氏の5門，全州崔氏の5門，密陽朴氏の5門，慶州李氏の4門，南原梁氏の4門であった。このうち全州李氏は，1門が孝寧大君系漆山君派（王峙面広石里），1門が詩山君派（巳梅面梅岸里），1門が巴陵君派（豆洞面巽洞里）で，残り2門（任実郡屯南面新基・大井）は春城正派の異なる2門中であったとみられる。加えて，全80姓氏のうち51姓氏が「龍城郷案」以来の士族であったことを確認できたが，残りの29姓氏は郷案に未収録で，その後の移住者であった可能性も否定できない。

実際，「養士斎重修時各門義捐録」収録の125門のなかには，南原への定着年度がかなり新しいと推定できるものも含まれている。1949年に刊行された『南原誌』には，当時の南原郡で同一村落に20戸以上居住している姓氏が全部で92例あげられている。そのうち「養士斎重修時各門義捐録」に収められている門中と一致するものを45例確認できた。それぞれの定着年代を見ると，15世紀が7例，16世紀が1例，17世紀が15例，18世紀が19例，19世紀が3例となっている［南原郡内各国民学校長 1949, pp.45-50]。これに従えば，少なくとも22門は18世紀，郷案廃止以降に南原に移住してきた門中であったといえる。このことから，植民地期の旧南原府の儒林には，17世紀龍城郷案以来の士族家門だけでなく，18世紀以降に移住して後に南原の士族としての待遇を受けるようになった新入・新参の家門も相当数含まれていたとみられる。

整理すれば，旧南原府の在地士族の子孫たちは，朝鮮末以降，「龍城郷案」や「直月案」に収録されていない比較的定着年度の新しい門中をも取り込んで，旧南原府を範囲とする儒林を再編成したのだと考えられる。これを先述の朝鮮末から解放直後にかけての南原郷校の典校・掌議の姓氏別構成と対照すると，朝鮮後期以来の名門五姓出身者の比率が依然として高かったものの，郷案以来の姓氏のうちにも勢力を増した門中があり，さらに新参の門中からも役員が輩出されていたことを確認できた。

「南原郷校典校経任案」・同「掌議経任案」と「養士斎重修時各門義捐録」への収録状況から判断する限りでは，Yマウルの三姓も朝鮮末以降の儒林の再編成に一定の関与を示していたといえる。まず南原郷校の役員のうち，典校には1907 年以前に彦陽金氏 1 名が就任したのみであったが（金相彦・1859 年生），掌議には彦陽金氏 14 名，恩津宋氏 15 名，広州安氏 5 名が就任している。ただし，このうちで 1910 年以前にも掌議を輩出していたのは恩津宋氏のみで（7 名），先述の「直月案」への収録状況と合わせて考えれば，19 世紀の郡県レベルでは，三姓のなかで恩津宋氏が頭ひとつ抜け出た地位を占めていたものと推測される。また，植民地期の 1917 年から 1945 年までのあいだには彦陽金氏 2 名，広州安氏 1 名，恩津宋氏 1 名が掌議に就任している（1911 ～ 16 年は掌議に相当する役員が置かれなかった）。一方，1928 年重修時の「養士斎重修時各門義捐録」には三姓がすべて加わり，概ね同等の寄与をなしていた[11]。

2-2-3　植民地期の儒林の活動

植民地期の旧南原府の儒林の活動として，ここでは郷校・文廟の維持・運営費の拠出を目的として結成された尊聖契の事例と，前項でも触れた養士斎の移転・重修の事例を取り上げる。

朝鮮時代末までの校任の推薦は地方の儒林に任されており，それに対して当該邑の守令が異議を差し挟むことはなかったという。しかし，統監府期に実施された郷校職制の改編により，校任が廃されて官の任命による直員が置かれ，郷校財産も郡守の直接の管理下に置かれることになった。これにより，郷校財産からの収入の相当部分が公立普通学校の運営費に回されるようになり，郷校の財政は逼迫するようになった［南原郷校誌編纂委員会 1995, p.698］。1912 年度の全羅北道の統計によれば，郷校財産歳入は道全体で 15,440 圓（うち，財産収入 12,966 圓），これに対し歳出の内訳は，学校経費 8,255 圓（53.5%），享祀費 378 圓（2.4%），修理費 684 圓（4.4%），雑給雑費 946 圓（6.1%），財産管理費 1,077 圓（7.0%），公課 1,742 圓（11.3%），予備費 399 圓（2.6%），その他 1,960 圓（12.7%）となっていた［朝鮮総督府 1914, p.277］。「学校経費」とは公立学校の運営経費で，歳入の半分以上がこれに充てられる一方で，享祀費，修理費，雑給雑費，財産管理費等，郷校の維持・運営経費に充当された額は 2 割程度に留まっていたことを確認できる。

郡による郷校財産の収用と転用によって引き起こされた財政の逼迫に対応するために，各地の儒林は別途の財源を設ける動きを見せたが，旧南原府の儒林

11　P 面 Y マウルの恩津宋氏 5 圓，同彦陽金氏 6 圓，P 面 K マウルの広州安氏 5 圓。

の場合，1919年に尊聖契という団体を設立し，契員（構成員）2,078名[12]から合計1,700圓の寄付金を集めた。そしてその利子を春秋釈奠の費用と講演などの教化事業の費用に充てるようになった［南原郷校誌編纂委員会 1995, pp.698-707］。尊聖契構成員の居住地にも養士斎重修時各門義捐録収録門中の所在地と同様の地域的偏りが見られ，南原邑内を除く旧南原府の者が多数を占めていた。ただし1906年に南原郡から近隣諸郡に割譲された諸面の居住者は，相対的に少数に留まっていた[13]。

尊聖契の活動について，その規約である「条例」に依拠して整理しておくと，まず，契銭元額の1,700圓は，各姓氏の門中に預けて，年利2割5分で利殖するものと定められた。ただしこのうちの100圓は関王廟享需銭[14]に移されたので，残りの1,600圓を元金として，年間400圓の利子収入を得る計算になる。この収入は主として春秋の釈奠の経費に充てるものとされたが，その他，直員・校任の焚香旅費，儒生2名・首僕1名・首奴1名への春秋例下（慰労金），有事会議費用，下隷4名への例下もここから拠出するものとされた。1924年に改められた新しい規約では，契の目的を「南原文廟の維持，及び享祀費その他事業費の財源涵養，及び経費不足を支弁すること」と定め，具体的には，郷校財産から支払われる享祀費・教化事業費の不足額を補助すること，教化に関する公演他，会同に必要なことを援助しその費用の一部を補うこと，斎任・小使に慰労金を支払うこと，その他，文廟に関するところの事業に援助することを活動内容とした。役員は，契長1名（南原郡守を推戴），総務1名（南原文廟直員），評議員若干名（儒

12　高節坊（P面南部）の契員81名中，彦陽金氏が18名，恩津宋氏が3名，広州安氏が10名を占めていた。

13　1995年に刊行された『南原郷校誌』には，朝鮮時代の郡県の下位行政区分である坊別の契員数が収録されているが［南原郷校誌編纂委員会 1995, pp.706-707］，その地理的分布に見られる第一の特徴として，朝鮮時代の旧南原府に所属していた坊のみが含められていた点を挙げられる。旧雲峰県に属する者は収録されておらず，逆に，1905年に南原郡から近隣諸郡に割譲された坊に属する者が含まれていた。ただし後者に該当するのは6坊40名のみで，1坊当たり平均6.7名に留まっており，全38坊の平均54.7名と比べはるかに少なかった。第二の特徴として，南原邑内の居住者の数が，これも少数に留まっていた点を指摘できる。通漢・棲鳳・萬徳・長興の4坊に属する者は合計39名で，1坊当たりの平均は10名弱であった。この4つの坊は，いずれも狭義の邑内，すなわち旧官衙集落だけでなく，邑城外の農村も管轄領域に含んでおり，おそらく邑城内居住者は，農村地域からの移住者を除き，この団体にほとんど加入しなかったのではないかと考えられる。

14　南原関王廟祭享の基本財源。詳細は拙稿［2004］，同［2006b］を参照のこと。

林中から推薦し郡守の承認を得る），書記１名（儒林中から契長が委嘱）を置くことと定めており，南原郷校と郷校財産の管理主体である南原郡の承認を受けるものであったが，実際の運営には旧南原府の儒林があたっていたことが読み取れる［『南原誌　全』pp.16-18; 南原郷校誌編纂委員会 1995, pp.698-705］。

養士斎の重修については郷校儒林の構成と関連してすでに言及したが，この施設は，もともと1642年に，郷校と「表裏を相為」す「養士」（士の育成）のための機関として邑西の萬福寺址に設けられた。当初の活動内容は不明であるが，1854年に重建されたときの記録によれば，「郷士春夏習公車秋冬課詩禮」（郷の士，春夏に「公車」〔詩文の総称〕を習い，秋冬に詩禮を課す）といった活動が行われていた［『帯方郷約　全』「養士斎記」］。1893年には，当時の南原府使閔種烈の周旋で儒林が義捐金を拠出し養士斎東に麟山影堂を建て，ここに呂大鈞（呂氏郷約の原作者）と朱熹の影幀を奉安して春秋釈菜を行うようになった。先述のように，1903年には郷約所もここに移されている［南原郷校誌編纂委員会 1995, pp.761-762］。1928年に儒林125門から845圓を集め，重修が行われたのも先述の通りである［南原郷校誌編纂委員会 1995, pp.826-830］。

この他，旧南原府の儒林が主体となって運営されていた施設に忠烈祠があるが，資料の制約上ここでは取りあげない。また，Ｙマウル広州安氏の顕祖を祀った湖岩祠宇の例にも見られたように，旧南原府内の書院・祠宇も，郷校ならびにその関連施設とともに，儒林活動の重要な拠点をなしていたと考えられる。ただし，慶尚道北部に見られるような規模の大きい書院が南原地域に設けられたことはなく，管見の限りでは，いずれも祀られている諸賢の子孫が主体となり，一部の儒林の関与を得て，比較的小規模に運営されていた。よって植民地期南原で，旧南原府を範囲として儒林を大規模に動員しえた活動は，郷校関連のものに限られていたといえる。

朝鮮時代末から植民地期にかけての南原郷校の儒林の再編成と活動内容から判断する限り，南原の儒林は郷案，直月案以来の旧南原府の士族諸家系を中核とし，新参の士族家系を一部に取り込みつつ，文廟儀礼の維持や儒教の振興を通じて儒教の正統な担い手＝儒林としての威信を再生産していたといえる。Ｙマウルの三姓の子孫がこの儒林の活動に一定の参与を示していたことも確認できた。他方で，本論では省略したが，南原邑内の門中や居住者が儒林の活動からおおむね排除されていたことからもうかがえるように，下位身分，特に邑内を拠点とする吏族とのあいだの身分的境界は，この時期にも明確に維持されていた［拙稿 1999a; 同 2004; 同 2006b; Honda 2008 参照］。

写真15　教化機関としての郷校。釈奠儀礼後，典校が青年たちに郷校と儀礼について説明をしている様子（南原郷校大成殿）

本章では，朝鮮時代後期の在地士族層における父系親族の組織化と地域社会での卓越したステータスの構築，ならびに開化期・朝鮮末以降のその再生産について，Yマウル三姓と南原地域の事例に即して論じた。まず1節では，旧南原府の名門士族の例と対照しつつYマウル三姓の移住・定着の経緯を跡付け，次いで朝鮮時代後期の地方行政における在地士族の地位・役割と旧南原府の在地士族のなかでのYマウル三姓の位置づけを探った。壬辰倭乱以後，名門五姓の官職経験者（留郷品官）を中心に守令の諮問的役割を担う集団として再編成された南原の在地士族のなかで，彦陽金氏と広州安氏は，彼らとほぼ同時期の15世紀後半から16世紀末に，おそらくはほぼ類似した経緯で旧南原府に移住したが，主導的な役割を担うには至らなかった。しかしそれでも士族の末端には連なっていた。それを可能にしたのは，広州安氏の場合，顕祖の顕彰と王朝から褒賞された数少ない烈女の存在，そして彦陽金氏の場合，子孫の増加と父系親族の組織化，ならびに祖先の顕彰への努力であったと考えられる。これに対し恩津宋氏は，この2つの家門よりは遅い17世紀前半に，中央に拠点を残しつつ南原への移住を開始した。そのうちYマウルに定着した系統は17世紀末か18世紀前半に移住・定着したとみられる。17世紀後半には傍系ではあるが郷案収録者も輩出しており，また19世紀には「直月案」収録者を相当数輩出した。彦陽金氏と広州安氏に対し，数的には劣勢であったが，19世紀南原府の在地士族のなかでより高い地位を占めていたとみられる。

次に2節では，19世紀末の身分制度の撤廃以降，行政機構の近代化と植民地化の過程で在地士族としてのステータスや両班的威信がどのように再生産されたのかについて旧南原府の儒林の活動を中心に検討し，さらにＹマウル三姓出身者が南原の儒林の活動にいかなる関与を見せていたのかを跡付けた。朝鮮時代末から植民地期にかけての儒林集団の再編成と活動内容から判断する限り，南原の儒林は郷案・直月案体制以来の旧南原府の士族諸家系を中核として，新参の士族家系を一部に取り込みつつ，文廟儀礼の維持や儒教の振興を通じて儒教伝統の正統な担い手としての威信を再生産していた。Ｙマウルの三姓の子孫がこの儒林の活動に一定の参与を示していた点も確認できた。

1章での議論も踏まえて近代初頭のＹマウルを性格づければ，その住民の中核をなす三姓は旧南原府の儒林の活動への参与を通じて両班としての威信を維持する一方で，経済的には下層両班＝自営農というべきで，一部に小地主が見られたものの，主体を占めていたのは自作・小作の小規模自営農であったと推測できる。以下に続く3章では，1章で示した長期持続的様相が植民地期の農村社会にどのように織り込まれていたのかを人口の流動性と農家の再生産戦略を中心に検討したうえで，植民地支配が農村社会の末端にまで浸透してゆく過程で，Ｙマウルの村落コミュニティがどのように再生産されていたのかを見てゆくことにしたい。

3章　植民地期の農村社会
：南原地域とYマウル

本章では，植民地期の行政資料と村落文書を用いて，1章で示した韓国農村社会の長期持続的諸側面が近代と植民地期の社会経済的変化とあいまって，植民地期南原地域の農村社会とYマウル住民の生活にどのように織り込まれていたのかについて検討する。まず1節では，1930年に実施された朝鮮国勢調査の報告書を用いて，朝鮮時代末から植民地期中葉までの南原地域の人口変動の諸要因について考察を加える。次に2節では，各種の行政資料と農村経済についての先行研究を参照しつつ，1920～30年代を中心に，植民地期の農業経営と農家の流動性の実態を概観する。最後に3節では，Yマウル洞契の会計文書を取り上げ，洞契を基盤として行われていた村落の互助・協同的活動の詳細と植民地行政との関係，ならびに構成員の出入りについて検討する。以上の議論を通じて，人口の流動性と農家／村落の再生産に見られた17世紀以来の長期持続的様相が，植民地期の農村社会でいかなる持続性と変化を見せていたのかを，南原地域とYマウルの事例に即して明らかにする。

3-1　農村地域の人口変動：1930年朝鮮国勢調査から

本節では，1930年に実施された国勢調査（センサス）の報告書を資料として，出生地からの移住状況と職業構成を中心に，当時の南原郡19面の人口構成を，生態環境と人文地理的環境との関連を視野に入れつつ分析する。

この国勢調査，公式名称に従えば昭和5年朝鮮国勢調査は，当時の日本帝国の版図全域を対象とする国勢調査の一環として実施されたものである[1]。植民地期朝鮮における国勢調査としては1925年に実施された簡易国勢調査に次いで二度

1　1930年の日本帝国版図内での国勢調査は，1929年12月の勅令第396号「昭和5年国勢調査施行令」に準拠するもので，朝鮮国勢調査の実施方式は，1930年2月に公布された朝鮮総督府令第8号「昭和5年朝鮮国勢調査施行規則」と同第9号「昭和5年朝鮮国勢調査特別地域調査規則」に従うものであった［朝鮮総督府 1935a, p.4］。

目のものであったが，本格的な国勢調査としては初めてのものとなった。この調査では，1930年10月1日午前0時の時点で朝鮮の領域内に存在する全ての人口を対象として，氏名または姓名，世帯における地位，男女の別，出生の年月日，配偶の関係，職業，出生地，民籍または国籍，ならびに読み書きの程度の9項目を調査した。その報告書は全鮮編と道編に分けて刊行されたが，植民地期に実施公刊された国勢調査報告書のなかではその内容が最も充実したものとなっている［朝鮮総督府 1935a, pp.1-17］。ここでは道編第4巻全羅北道［朝鮮総督府 1933］に収録されている統計資料を用いて，当時の南原郡の人口学的特徴を明らかにしたい。

統計資料の分析に入る前に報告書の概要を述べておこう。道編には22種類の統計表が収録されている。うち1～5は性別・年齢層別・配偶関係別等の人口である。この他で特に注目したいのが，出生地（6～8），読み書きの程度（12・13），ならびに職業（14～19）に関する統計表である。いずれも，植民地期朝鮮の国勢調査の報告書のうちでは，1930年調査の報告書でのみ集計結果が提示されている。読み書きの程度については近代教育の普及との関連で後述するとして，ここでは出生地と職業について説明を補足しておきたい。まず出生地について，府面毎の集計値を記載した統計表6では,「道内生」(現住道で出生した者),「他道生」(朝鮮出生者のうち，現住道以外で出生した者),「朝鮮外生」(朝鮮以外で出生した者)の3つに分類し，さらに「道内生」については,「自府面生」(現住府・面で出生した者)と「他府面生」(現住府・面以外の府・面で出生した者）に分け，それぞれについて総数と男女別の集計値を記載している。府郡毎の集計値を記載した統計表7では,「他道（生）」が道毎に,「朝鮮外生」が日本帝国内の諸地域ならびに「外国」に，さらに細かく分けて集計されている。統計表8は，全羅北道全体と群山府についてのみ，5歳幅年齢層別人口と出生地別人口をクロス集計したものである。一方，職業については，統計表14で府面別の集計値が10項目の大分類[2]に従って男女別に記載され，統計表15では府郡毎の男女別の集計値が41項目の中分類，377項目の小分類，さらに小分類の一部については下位分類に従って記載されている。統計表16は道全体と群山府についてのみ，職業（中分類）と年齢17区分とをクロス集計したもの，17は同じく道全体と群山府について民籍・国籍と職業（小分類）をクロス集計したもの,18は道全体についてのみ，職業のうち本業（中

2　職業（大分類）は,「農業」,「水産業」,「鉱業」,「工業」,「商業」,「交通業」,「公務自由業」,「家事使用人」,「其ノ他ノ有業者」,「無業」の10項目からなる。

分類）と副業（中分類）をクロス集計したものとなっている。統計表19は副業（中分類）を府郡毎に集計したものである。

1930年朝鮮国勢調査当時，南原郡は全羅北道の1府14郡のひとつで，19面により構成されていた。人口は113,069名（男57,483名，女55,586名），世帯数は23,335戸で，全羅北道14郡のなかで人口規模が6番目に大きかった。出生地からの移住状況を概観すると，全羅北道出生者が男性で85.4%，女性で65.3%を占めていた。道全体では，男性の90.0%，女性の89.4%が道内生であったので，南原郡の場合，男性で5%程度，女性で24%程度低い値を示していたことになる。これは南原郡が全羅南道と慶尚南道に境界を接し，他道の隣接郡等からの移住者が道外生としてカウントされたためであると考えられる。女性の方が差が大きいのは，後述するように結婚に伴って夫方に移住するのが一般的であったためであろう。一方，自府面生の比率は，南原郡男性が79.5%，南原郡女性が57.7%で，全羅北道男性69.5%，全羅北道女性54.4%と比べ，むしろ高い値を示していた。

次に職業（本業）構成を見ると，南原郡では農業を本業とする者の比率が男性で53.4%（無業を除いた対有業者比では86.4%），女性で17.4%（対有業者比53.9%）となっていた。男性有業者の本業を世帯の主生業と見なせば，8割以上は農家であったといえる。ただし女性の場合は工業本業者が10.2%（対有業者比31.7%）を占めており，主婦が副業的に家内工業（主に綿・絹織物業）に従事する世帯も相当の比率に達していたとみられる。全羅北道全体では，農業本業者が男性で50.0%（対有業者比83.0%），女性で26.8%（対有業者比76.5%）を占めており，男性に関しては南原郡が多少高めの値を示していた[3]。

3　女性の場合，本業として農業に従事する者の比率が，対有業者比では男性より若干低い値に留まっているものの，対人口比では半分程度の値しか示してないことを，農家の主婦が農作業にあまり従事していなかったことの証左として捉えるのには留保が必要である。その理由として，第一に，農家の主婦による農業生産への従事が自家消費用の蔬菜等の栽培を中心とするもので，職業，特に本業としては捉えにくい性格を帯びていたことを挙げられる。第二に，全女性人口に占める女性有業者の比率が府・郡・面によって大きなばらつきを示しており（南原郡を例にとれば，最も高い山東面で62.9%，最も低い周生面で12.4%），女性の自給的生産活動を職業とみなすかどうかの基準自体が，少なくとも調査の現場においては統一されていなかった可能性を指摘できる。さらに，農業従事者数の対有業者比にも面によって大きな差があり，農業に従事する場合にそれを職業とみなすのかどうか，また織物等の農業以外の生産活動にも従事していた場合にどちらを本業とみなすのかについて，その場その場で異なる判

3-1-1　農村人口の流動性

まず，1章2節で嶋による大丘帳籍の分析を援用して示した戸の定着／流動性を，1930年の国勢調査資料からどの程度読み取ることができるのかについて検討したい。

人口の流動性をうかがいうる資料として，ここでは出生地別に集計した統計表6と8を取り上げる。このうち，府面別に集計がなされている統計表6の方が地域的な傾向の違いをより細かく分析するのに適しているが，移住経験が相対的に少ない幼少年を含めた全人口を母集団とした集計であるため，農家の再生産戦略の主たる担い手である成人・既婚者に限った移住傾向を読み取るのには必ずしも適していない。そこで全羅北道全体について5歳幅年齢層別人口とのクロス集計が行われている統計表8を用いて，年齢層あるいは世代ごとの定住／移住傾向を把握し，それとの比較で南原郡の集計値を評価したい。

図3-1は全羅北道の男女について，それぞれ5歳幅年齢層毎の出生地の構成を示したグラフである。最初に，各年齢層ごとの自府面出生者率を男女で比較すると，0-4歳層と5-9歳層では大きな違いが見られないが，それより上の年齢層から女性がより低い値を示すようになる。45-49歳層で比較すると，男性は53.5%，女性は30.1%で20%以上の開きが見られる。これは，女性が結婚に伴い出生府面から他府面へ移動する頻度が男性よりも相当程度高かったことを反映した値であろう。男女の自府面出生者率に違いが現われ始めるのは10-14歳層で，その差は，15-19歳層と20-24歳層で特に顕著であるが，この2つの年齢層は当時の女性の結婚適齢期にあたり，実際，既婚率は10-14歳層で8.1%，15-19歳層で72.2%，20-24歳層で98.4%に達していた[4]。逆に，女性でほとんどが既婚者によって占められる20-24歳層以上の年齢層では，隣接する上の年齢層との自府面出生者率の差が小幅に留まっていた。

一方，男性の場合，0-4歳層から40-44歳層までの隣接年齢層間に，自府面出生者率のはっきりとした違いを確認できるが，幼少年期においては主に両親に伴われた移住，青年・壮年期では単身，あるいは妻子を伴っての移住によるものと考えられる。男性の場合，40代前半までは府面の境界を越えた移住をする者がある程度存在していたとみることができるかもしれない。ただしこのグラ

断がなされていた可能性も考えられる。

4　年齢別に見れば，13歳で10%，16歳で50%，19歳で90%を上回っていた。

図 3-1　全羅北道年齢・出生地別人口（1930 年）

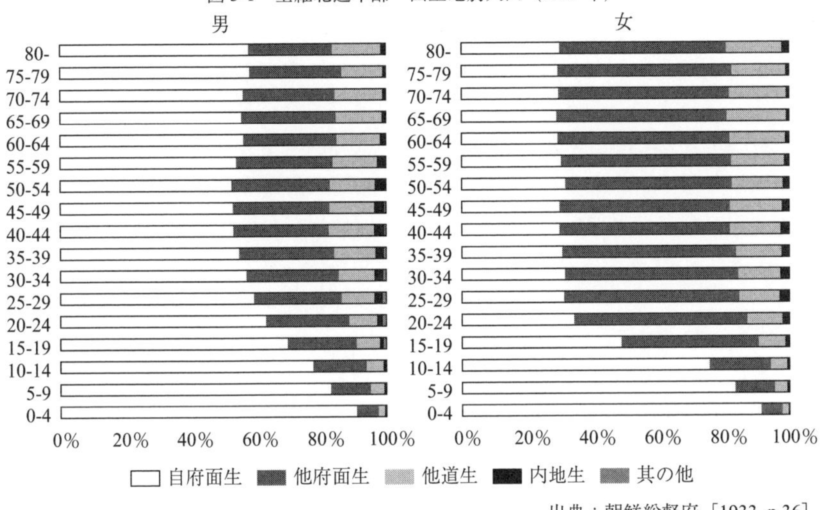

出典：朝鮮総督府［1933, p.36］。

フは，特定の出生コーホート（同一の時期に出生した者の集団）の経年的な変化を追ったものではないので，出生年代によって移住傾向に違いが見られた可能性も否定できない。実際，55-59 歳層より上（1875 年以前の出生者）では 50-54 歳層（1875 ～ 80 年の出生者）よりも自府面出生者率がむしろ高くなっており，50 代後半以上の年配者の方が府面の境界を越えた移住の頻度が低かったことがうかがえる。逆にこれよりも年下の者にとっては，出生から 1920 年代後半までのある時期に，府面の境界を越えた移住を促進するような何らかの要因が作用していたといえる。その時期を正確に特定するのは難しいが，働き盛りで移動性も高いと考えられる 40 代後半が府面外からの移住者率のピークと重なることから判断すれば，比較的新しい時期，おそらく 1920 年代に，人口の流動性を高める何らかの要因が新たに生じていた可能性を指摘できる。

男性の 20-24 歳層から 45-49 歳層までの 6 つの年齢層，ならびに女性の 20-24 歳層から 35-39 歳層の 4 つの年齢層では，「内地生」，すなわち日本で出生した者が 1,000 名以上の値を示していた。当時の全羅北道の人口には日本生まれの朝鮮人も少数（男 70 名，女 62 名）ではあるが含まれてもいたが，それ以外の日本生まれの大半は「内地人」，すなわち在朝日本人であった[5]。ただし，この内地生他を

5　1930 年朝鮮国勢調査により全羅北道在住の内地人の出生地で 1,000 名を越える道府県

除き，朝鮮出生者を母数として自府面出生者率を計算しなおしても，40 ～ 50 代男性で 55%，同じく女性が 31% と同程度の値を示す。

ここで全羅北道の年齢層別の集計値に準拠して南原郡の成人男女の移住傾向を同定してみたい。統計表 8 の集計値を用いて，全羅北道 40 ～ 50 代の自府面出生者率を計算すると，男性で 53.6%，女性で 30.6% となる。また，南原郡の自府面出生者率は，男性で全羅北道全体の 1.14 倍，女性で 1.06 倍である。前者に後者を掛け合わせて南原郡 40 ～ 50 代の自府面出生者率を推算すると，男性で 61%，女性で 32% となる。女性の場合は結婚に伴う転入を差し引いて考えねばならないが，この世代の男性を基準に考えれば，低めに見積もっても 3 割程度は面外から転入した人口であったと考えられる。

3-1-2　南原郡出生地別人口の分析

次に，統計表 6 と 14 を用いて，出生地からの移住状況と職業構成の特徴をより細かく検討してみたい。図 3-2 は，出生地別人口構成を男女それぞれについて面毎に棒グラフで示したものである。一見して，性別，ならびに面の別によって構成にかなりの違いを読み取れるが，これを生態的ならびに人文地理的環境の違いに従って 4 つのグループに分けると，ある程度の傾向性が見えてくる。まず自然・生態環境により，（1914 年の行政区域統廃合以前の）旧南原郡中山間農村地帯に属する 15 面（グループⅠ）と，旧雲峰郡の高地・山村地帯に属する 4 面（グループⅡ）の 2 つに大きく分ける。さらに旧南原郡 15 面のうち，新旧南原郡の郡庁所在地で植民地期に市街地化が進んだ南原面と，それに隣接し農業以外の職業に従事する者も相当数居住するようになっていた王峙面（Ⅰb）を，他の中山間農村地帯 13 面（Ⅰa）から区別する。旧雲峰郡 4 面についても，旧郡庁所在地で他の 3 面と異なり一部に市街地が形成されていた雲峰面（Ⅱb）を他の 3 面（Ⅱb）から区別する。この 2 つの上位区分と 4 つの下位区分を整理すれば，以下の通りである。

グループⅠ（旧南原郡 15 面）

サブグループⅠa（旧南原郡中山間農村 13 面）：二白・朱川・黒松・周生・大山・帯江・巳梅・徳果・宝節・金池・山東・水旨・豆洞

を挙げると，山口県 2,282 名，熊本県 2,226 名，福岡県 1,611 名，長崎県 1,426 名，広島県 1,273 名，佐賀県 1,130 名，大分県 1,102 名で，九州地方北・中西部と中国地方南西部に偏りが見られた［朝鮮総督府 1933, pp.48-51］。

図 3-2　南原郡出生地別人口（1930 年）

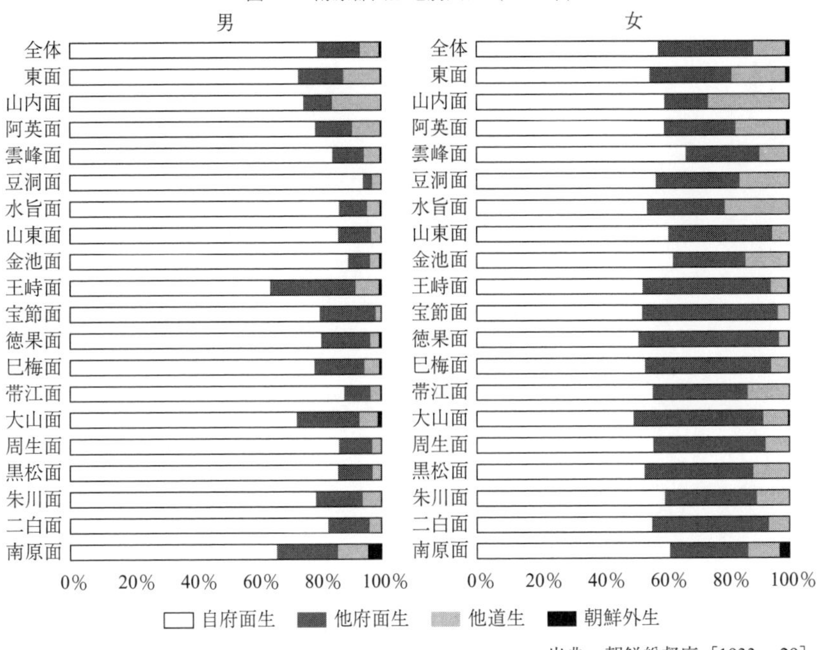

出典：朝鮮総督府［1933, p.29］。

サブグループⅠｂ（旧南原郡市街地 2 面）：南原・王峙

グループⅡ（旧雲峰郡 4 面）

サブグループⅡａ（旧雲峰郡高地・山村 3 面）：阿英・山内・東

サブグループⅡｂ（旧雲峰郡市街地 1 面）：雲峰

最初に，区分間の移住傾向の違いを男女別に見てみよう。まず男性について，Ⅰａ とⅡａを比較すると，同じく農村地帯ではあるが，自府面出生者の比率はⅠａの方がおおむね高く，逆に他道出生者の比率はⅡａの方が高くなっている。また，Ⅰについては市街地を含むⅠｂで，同じグループの農村地域であるⅠａよりも自府面出生者率が低く，逆に他道出生者率が高かったことがわかる。さらにⅠｂの南原面では朝鮮外出生者率も他に比べて突出して高かった。対照的に，Ⅱではむしろ農村地域のⅡａのほうが市街地を含むⅡｂよりも自府面出生者率が低く，他道出生者率が高い。このようにサブグループ毎に異なる傾向性を見て取ることができるが，その要因については後で検討する。

図3-3　南原郡の下位行政区域と人口

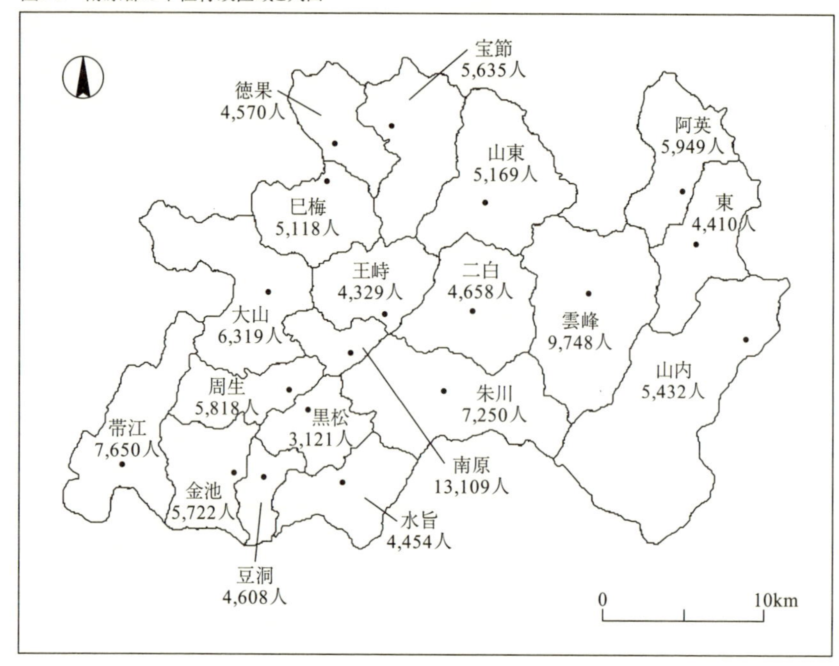

これに対し女性の場合，Ⅱａで他道出生者率がおおむね高めになっていることを除けば，上記のグループ間に明確な傾向性の違いを見て取ることができない。他道出生者率については，Ⅰａの一部（帯江・金池・水旨・豆洞）でも高めの値を示しており，特に水旨面ではⅡａの阿英・東面よりも若干値が高くなっている。これは女性の結婚に伴う移動と関連するものと考えられる。他道出生者率が高めの値をとるⅡａの３面とⅠａの帯江・金池・水旨・豆洞の４面はいずれも道の境界に接し，他道隣接面との間に陸路も通じていた。隣接面等の比較的近い場所に住む者とのあいだに縁組の成立する頻度が高かったと仮定すれば，道境に接する諸面で他道出生者率が高かったことも肯ける。

このほか，Ⅰｂの南原面で男性の自府面出生者率が相対的に低かったのに対し，女性のそれは高めの値を示していたことも目を引く。同じサブグループの王峙面と比較するとこの特異性はさらに顕著となる。これも結婚に伴う女性の移動と関係するものであろう。南原面は南原郡19面のなかで突出して人口規模が大きかったため（図3-3参照。女性に限れば，南原面6,153名，雲峰面4,756名，他は約

表 3-1　南原郡人口変化率，農業本業者率，自府面出生者率（1930 年・男性）
（単位：人口は人，人口以外は %）

サブグループ	Ⅰa						
面	金池	豆洞	黒松	帯江	宝節	二白	山東
人口変化率	-5.87	-5.74	-2.10	-1.46	-1.34	-0.84	-0.08
農業本業者率	93.6	95.3	93.5	96.7	93.7	96.0	93.4
自府面出生者率	89.3	94.0	86.0	87.9	80.1	82.7	86.0
人口	2,838	2,200	1,540	3,723	2,795	2,353	2,602
サブグループ	Ⅰa						
面	水旨	徳果	周生	朱川	巳梅	大山	
人口変化率	1.57	2.17	3.30	8.40	11.28	11.76	
農業本業者率	97.5	87.7	92.4	90.2	82.6	83.0	
自府面出生者率	86.4	80.5	86.3	78.9	78.4	72.7	
人口	2,194	2,308	2,946	3,665	2,704	3,289	
サブグループ	Ⅰb		Ⅱa			Ⅱb	
面	南原	王峙	東	阿英	山内	雲峰	
人口変化率	18.58	29.47	-4.78	-3.84	1.75	-3.52	
農業本業者率	53.9	79.1	90.4	93.6	91.2	90.8	
自府面出生者率	66.2	64.2	73.3	78.7	75.0	84.2	
人口	6,956	2,381	2,253	2,953	2,791	4,992	

出典：朝鮮総督府［1926b, p.14］；同［1933, pp.3, 29, 66-67］。

1,600 ～ 3,600 名），他の面と比べ，同一面内で縁組が成立する頻度が高かったのだと考えられる。Ⅱbの雲峰面が全 19 面のうちで最も高い自府面出生率を示していた理由のひとつも，同じく人口規模の大きさによるものであろう。

次に，男性の出生地別人口構成に見られた区分毎の傾向性の違いをよりはっきりさせるために，人口変化率，ならびに職業別人口構成との対照を試みたい。表 3-1 は，1925・30 年の国勢調査集計値を用いて算出した 1925 ～ 30 年の人口変化率と 1930 年国勢調査報告書の統計表 14 から算出した有業者に占める農業本業者率を，自府面出生者率と対照させてサブグループごとに示したものである。なお，同じサブグループ内では人口変化率の低い順に並べなおしてある。

この表を見ると，まず旧南原郡農村地域のⅠaでは，人口変化率と自府面出生者率とのあいだに緩やかな逆相関が見られる。これは，人口の流入（社会増）が多いほど人口変化率が高く，逆に自府面出生者率が低くなるという傾向を示すものであろう。ただし宝節面と周生面のみ若干の逸脱を示している。また，徳果・巳梅・大山の 3 面を除けば，人口変化率や自府面出生者率とは関係なく農業本業者率が 9 割以上の高い値を示しており，農業人口の流入を示唆している。これに対し巳梅・大山の 2 面は，農業本業者率と自府面出生者率がともに比較的低い値を示しており，農業以外の本業に従事する人口の流入を示唆するものとなっている。実際，巳梅・大山面ではともに工業本業者数が200名前後の値を示していた。

旧雲峰郡農村地域のⅡaでも農業本業者率はすべて9割を越えていたが，Ｉaで人口変化率が同水準のものと比較すると，自府面出生者率がかなり低い値を示していたことがわかる。すなわち，農業人口の流出入の程度がＩaの諸面よりも高かったと考えられる。さらにいいかえれば，流動性の高い農業従事者の比率がより高かったのだといえよう。

旧南原郡市街地を含むＩaでは，人口増加率が高く，逆に農業本業者率と自府面出生者率は低い値を示している。これは，南原面の中心部をなす邑内地域の市街地化が進む過程で，南原面と隣接する王峙面に非農業人口が流入した結果によるものと考えられる。特に王峙面では1925～30年の5年間で男性人口が約3割増加しており，その間の南原邑内の急速な都市化をうかがわせる値となっている。職業分布を見ても，この2面は農業を本業としない者の比率が他面よりも高い。南原面では工業本業者と商業本業者がともに600名を越えており，公務自由業本業者も200名を越えていた。いずれも当時の南原郡19面のなかで突出して大きい値を示していた。王峙面でも工業本業者が200名を，商業本業者が80名を越えており，これも19面のなかでは多いほうであった。

一方，旧雲峰郡市街地を含む雲峰面は人口が減少し，農業本業者率と自府面出生者率のいずれも人口変動率が同水準のＩaの諸面と比べて大差なかった。むしろ近隣のⅡbよりも流動人口の比率が低い農村地域であったとみるべきかもしれない。ただし公務自由業はＩaの諸面よりも若干高い値を示しており，旧郡庁所在地としての特徴が見られないわけではなかった。

Ｉaと比べ，Ⅱaで農業に従事する流動人口の比率がより高かったとすれば，その理由として考えられるのは，経営基盤の安定度の違いである。旧雲峰郡の農村は高冷地，あるいは渓谷沿いの山村で，前者の場合は水田耕作に必ずしも適しておらず，また後者の場合は水田を拓くことのできる土地自体が限られていた。当時の農地面積や農業生産性に関する資料は残されていないが，1911年に刊行された『朝鮮誌』から，旧南原郡と旧雲峰郡の経済水準の違いをうかがうことができる。旧南原郡については，「住民は多く農耕に従ひ副業として養鶏，養豚，養蚕等を為すもの少からす」，「木細工，金物細工，組紐，機織等の手工業を営むものあり」，「他郡に比し民度稍々高く生計困難なるもの少し」と記されており，住民の生計水準が決して低くはなかったことがうかがわれる。これに対し，旧雲峰郡については，「住民は専ら農を業とし〔中略〕生計困難なるもの少からす」,「〔産物は〕穀類の外麻布，乾柿，紙，漆器，木炭等なるも多くは土地の需用を充すに止まれり」と困難な生計を営む者が少なからず存在したことが示されている。ただし，雲峰面（吉田の記載では雲峰邑）についてのみ，「邑民は農を業とし生活状態裕ならさるも窮貧者罕なり」と記されており，他の3面よりは生活状態が良かったことがうかがえる［吉田 1911, pp.392-393, 430-431］。

以上，1930年朝鮮国勢調査報告書の分析から，南原郡の人口動態についていくつかの特徴を読みとることができた。まず，17～19世紀の大丘帳籍に見て取れたような戸の定着／流動性のスペクトラムとの関連では，40～50代男性について低めに見積もっても3割程度の面外からの転入人口を推算できた。次に，農家の再生産戦略との関連では，南原郡の場合，人口増加率が高い一部の面を除き，有業男性の農業本業率がおおむね9割を越える高い値を示していたが，旧南原郡諸面と旧雲峰郡諸面とを比較すると，営農基盤が脆弱なほど農業に従事する流動人口の比率が高かったことを推測できた。朝鮮後期農村社会との対照でいえば，単独戸的，あるいは零細・無所有小作農・貧農的な再生産戦略を取らざるをえない農家が，面によって比率は異なるものの，相当数存在していたことは確かだといえよう。

次節では，植民地期南原地域での農業経営の実態と農家の流動性について，特に生計経済（subsistence economy）の実態と窮乏農民の生存戦略に焦点を合わせ，各種行政資料と当時の農村経済についての先行研究を参照しながらより詳しく見てゆくことにする。資料の制約上，1920～30年代の状況が中心となるが，本節で参照した国勢調査が実施された1930年をあいだに挟んだ期間で，この調査報告から導き出した仮説的見解を検証する助けにもなるであろう。

3-2　1920～30年代の農業経営と農家の流動性

3-2-1　1920～30年代の農業経営

農業経済学者の松本武祝による整理に従えば，植民地期朝鮮における農業の1920年代から30年代前半にかけての基本的な特徴として，第一に，水稲生産量の増加と農民の窮乏化が楯の両面のように同時進行した点，第二に，地主的土地所有と農民層分解が相互規定的に展開した点を挙げることができる［松本 1998, p.95］。ここでは，全羅北道の事例を取り上げた松本の論考［松本 1998, pp.95-129］で示されている資料を抜粋する形で，1920～30年代の全羅北道と南原郡における農業生産構造の特徴を概観しておきたい。

全羅北道は，自然・人文地理的特徴に従って，大きく平野部と山間部に分けることができる。このうち南原郡は山間部に属する。1920 ～ 30 年代の資料によれば，南原郡の属する山間部は平野部に比べて天水畓（水田）の比率が高く，また灌漑施設の内容も，水利組合中心の平野部とは異なり，共同・個人灌漑が中心をなしていた。山間部では耕地に占める水田の比率が平野部に比べ概して低く，それを補うように裏作麦作付水田の比率が一部の郡を除いて高かった[6]。しかし南原郡に限っては，水田の比率が 76.9%（1935 年）で平野部並みに高い値を示し，かつ裏作麦作付水田の比率も高い値を示していた［松本 1998, pp.96-98］。すなわち，農業経営と生計経済の（裏作を含めた）水田耕作への依存度が全羅北道のなかで相当に高いほうに属していたといえる。

次に水稲品種の分布と肥料の使用を見ると，この 2 点においては南原郡はおおむね山間部の特徴を有していた。作付け面積 1 位の水稲品種は，資料が残されている 1923 年と 1935 年に限れば，「穀良都」という稲熱病にやや弱く，多肥栽培に適さない品種であった[7]。自給肥料の消費量も他の山間部諸郡と同様に比較的多いほうであった（1935 年 318.5 貫／反）。加えて，山間部一般の特徴として，耕種法に見られる労働集約の度合いが平野部よりも低い，すなわち耕起や除草の回数が少なかった点も指摘されている［松本 1998, pp.97, 100-101］。

耕地の所有形態については，まず全羅北道全体の傾向として，1920 年代から 30 年代にかけて自作農と自小作農の構成比が減少し，小作農の構成比が増加した点を指摘できる。自作農は構成比自体が低かったので（5 ～ 7% 程度），小作を併用する自小作農と合算して自作・自小作：小作の比率の変化を見ると，1920 年が 37.8：62.2，1930 年が 28.9：71.1，1940 年が 24.8：75.2 となる。実数レベルでも，1930 年代半ばまでは自作・自小作農の減少傾向と小作農の増加傾向を確認できる。ただし 1930 年代後半は，小作農数と農家戸数がともに減少傾向に転じており，離農も進行したものとみられる［松本 1998, pp.102-103］。

1935年については耕地の所有形態を対象とした府郡別の統計も残されている。それによれば，南原郡の自作：自小作：小作の構成比は，9.9：26.1：64.0 であった。道全体と比べると，自作率と自小作率がともに高く，小作率は低かった。これ

6　ただし平野部でも，全州府のみは裏作麦作付水田比率が高く，山間部をも上回るほどであった。

7　作付面積は 1923 年で 35.5%，1935 年で 61.2%。穀良都が続けて 1 位を占めていた府郡のなかでは，この間の作付面積比率の増加幅が最も大きかった。

は山間部の諸郡におおむね共通する特徴であった。また経営面積の分布（1938年）では，南原郡の場合，0.3町未満が25.2%，0.3～1.0町が63.3%，1.0～3.0町が11.3%，3.0町以上が0.2%となっており（1町＝3,000坪），道全体との比較で0.3町未満が若干低く，0.3～1.0町が相当に高く，逆に1.0町以上が相当に低い値を示していた。南原郡は山間部の他郡と比較しても0.3町未満の零細経営の比率が低い方であったが，1町以上の中・大規模経営の比率は他の山間部諸郡とおおむね同程度であった［松本1998, p.104］。すなわち，南原郡の場合，山間部のなかでは零細経営の比率が低めの値を示し，経営面積がやや上方への偏りを見せていたが，それ以外の点ではおおむね他の山間部諸郡と類似した小規模経営の比重の高さを示していたといえる。

松本の論考では，当時の農家の大半を占めていた自小作農と小作農の経営基盤の安定性を計る上で参考となる資料として，小作権の移動頻度も挙げられている。1930年の小作権移動件数を小作関係農家数で割った比率を見ると，全羅道全体で11.0%であったのに対し，南原郡では14.4%に達していた。この値については平野部と山間部とのあいだに明確な違いが見られないが，松本はさらにこの値と原因別離村農家戸数構成比を対照し，平野部では地主・債権者の意向による小作権の移動が相対的に多く，対照的に山間部では農業経営の破綻の結果によるものが相対的に多かったのではないかと述べている［松本1998, pp.116-120］。

結論として松本は，平野部では労働集約的で多肥的な稲作技術の普及と経営規模の拡大，ならびに朝鮮人地主の「動態的地主[8]」化が進んだのに対し，山間部では家族労働力による自給的零細経営が支配的であったとする。1930年の朝鮮国勢調査で南原郡の自府面出生者率が全羅北道全体のそれを上回っていたことの一因は，山間部で自給的性格の強い小規模自営農の比重が高かったことにあるといえよう。特に南原郡の場合，山間部諸郡のなかでも水稲耕作に依存する度合いが高く，かつ経営面積0.3～1.0町の中程度の自営農の比率が若干高めであるのが特徴的であった。すなわち，自給的小規模自営農が主流をなす山間部諸地域のなかでも，中程度の経営規模の自営農の安定度が比較的高かったのではないかと考えられる。

8　「動態的地主」とは，生産手段や営農資金を小作農に前貸し，小作農経営の周到な管理を通じて水稲増産と小作料増徴を実現した日本人と一部朝鮮人地主を意味する。

3-2-2　農民の窮乏と移動

ここでは，1920～30年代の全羅北道における農家の窮乏と移住・転業の実態について，入手しうる限りの資料で確認しておきたい。

表3-2は，大正14（1925）年9月に朝鮮総督府内務局社会課が発表した「農家経済に関する調査」のうち，「農家等級別表」と「農家収支表」の全羅北道関係の集計値を抜粋し，それを朝鮮全体の集計値と対照したものである［朝鮮総督府 1929, pp.33, 35-38］。ちなみにこの調査では過去1年間の地主，自作農，自作兼小作（自小作農），小作農，窮農の数，各階級の収支，ならびに農家転業状況が，道別に集計されている［朝鮮総督府 1929, pp.31-32］。

等級毎の構成比を朝鮮全体と比較すると，全羅北道では，地主・自作農・自小作農の構成比が比較的低く，逆に小作農と窮民の構成比が相当に高かったことがわかる。すなわち，耕作地の全部，あるいは一部を所有する農家の比率が相対的に低く，逆に農地を全く所有しない農家，あるいは小作を含め農業を自営せず他の農家の労役等に従事する者の比率が相対的に高かったといえる。

農家収支の等級・小区分ごとの比較では，まず地主の場合，どの小区分でも収入規模が朝鮮全体の平均値を上回り，収支差引も大地主を除けば同様の傾向を示していたことがわかる。一方，自作農では朝鮮全体とほぼ同様の傾向を示している。これに対し自小作農と小作農では，どの小区分においても収支差引が朝鮮全体の平均値よりも低く，特に小作農ではどの小区分でも40圓以上の赤字を示していた。すなわち，全羅北道では，自営農の大半を占める自小作農と小作農（あわせて全農家の約8割）の生計基盤が相対的に不安定であったといえる。前項での松本の議論を敷衍すれば，平野部における朝鮮人地主の「動態的地主化」の進行と購入肥料の積極的な導入による営農資金の増大，いいかえれば資本主義化の進行が反映された結果とも読むことができる。だとすれば，これをそのまま南原郡を含む山間部にも共通する傾向として捉えるのには慎重であらねばなるまい。

次に，同じ調査資料に掲載されている「農家の転業状況」を見てみよう［朝鮮総督府 1929, pp.40-41］。その一部を転載した表3-3によれば，全羅北道全体で1925年9月までの最近1年間に8,287名（単位が戸ではない点に注意）が離農した。この値を，表3-2に示した1925年9月時点での農家戸数で割ると，1戸当たり平均0.039名，すなわち約25戸に1名の割合で離農していた計算になる。これは朝鮮全体

表 3-2　農家等級・農家収支（1925 年 9 月，最近 1 年間）
（単位：戸数は戸，構成比は %，収入・支出・差引は圓）

等級	小区分	全羅北道				朝鮮全体			
		戸数	収入	支出	差引	戸数	収入	支出	差引
地主	大	359	11,878	7,118	4,760	6,866	10,712	5,130	5,882
	中	589	4,507	2,981	1,526	22,994	2,236	1,532	704
	小	1,132	2,374	1,444	930	39,455	954	714	240
	細	1,093	1,368	791	577	52,670	467	420	47
	小計（構成比）	3,173（1.5）				121,985（4.5）			
自作農	大	530	1,431	1,110	321	94,453	1,237	1,004	233
	中	2,766	808	745	63	179,016	732	635	97
	小	5,178	579	565	14	172,390	441	401	40
	細	5,738	357	333	24	107,819	314	297	17
	小計（構成比）	14,212（6.7）				553,678（20.3）			
自作兼小作	大	1,794	1,117	1,034	83	98,628	1,015	924	91
	中	11,512	668	645	23	263,747	595	551	44
	小	25,411	443	438	5	329,431	381	374	7
	細	20,056	263	288	-25	225,605	241	242	-1
	小計（構成比）	58,773（27.8）				917,311（33.6）			
小作農	大	2,645	796	859	-63	88,226	824	808	16
	中	15,939	466	556	-90	233,029	591	596	-5
	小	48,105	266	359	-93	354,399	333	353	-20
	細	45,076	155	200	-45	298,084	215	227	-12
	小計	111,765（52.9）				973,738（35.7）			
窮民（構成比）		23,317（11.0）	104	114	-10	162,209（5.9）	102	106	-4
合計		211,240				2,728,921			

出典：朝鮮総督府［1929, pp.33, 35-38］。
凡例：等級のうち，「地主」は所有地の一部を自作する者も含む。小区分の分け方は，「地主」は所有面積，「自作農」は所有＝耕作面積，他は耕作面積に従う。「地主」の「大」は 20 町歩以上，「中」は 5 ～ 20 町歩，「小」は 1 ～ 5 町歩，「細」は 1 町歩未満を示す。「自作農」・「自作兼小作」・「小作農」では，「大」が 3 町歩以上，「中」が 1 ～ 3 町歩，「小」が 3 反歩（0.3 町歩）～ 1 町歩，「細」が 3 反歩未満を示す。

での平均 0.055 名／戸よりはかなり低い値となっている[9]。転業先としては，全羅北道の場合，商業，工業・雑業，ならびに労働・傭人への集中が見られ，逆に内地・満州・シベリア等への出稼ぎの比率は低かった。ちなみに内地への出

9　ただし，1 戸当たりの転業者数は，慶尚北道と慶尚南道で突出して高い値を示し，咸陽南道でも比較的高い値を示していた（慶尚北道で 0.171 名，慶尚南道で 0.110 名，咸陽南道で 0.072 名）。

表 3-3　農家の転業状況（1925 年 9 月，最近 1 年間）　（単位：人（%））

転業先	商業		工業・雑業		労働・傭人		内地出稼		満州出稼	
理由	自己便宜	農業失敗	自己便宜	農業失敗	自己便宜	農業失敗	自己便宜	農業失敗	自己便宜	農業失敗
全羅北道	859	797	840	952	2,037	161	191	425	6	10
	1,656 (20.0)		1,792 (21.6)		2,198 (26.5)		616 (7.4)		16 (0.2)	
朝鮮全体	16,110	7,618	10,542	6,337	39,990	29,654	15,884	9,424	1,584	1,549
	23,728 (15.8)		16,879 (11.2)		69,644 (46.4)		25,308 (16.9)		3,133 (2.1)	

転業先	シベリア出稼		一家離散	その他	合計				
理由	自己便宜	農業失敗			自己便宜	農業失敗	一家離散	その他	総計
全羅北道	0	0	664	1,345	3,933 (47.5)	2,345 (28.3)	664 (8.0)	1,345 (16.2)	8,287 (100.0)
	0 (0.0)		664 (8.0)	1,345 (16.2)					
朝鮮全体	835	256	6,835	3,497	84,945 (56.6)	54,838 (36.5)	6,835 (4.6)	3,497 (2.3)	150,115* (100.0)
	1,091 (0.7)		6,835 (4.6)	3,497 (2.3)					

出典：朝鮮総督府［1929, pp.40-41］。
註：* は，元の統計表では 150,112 名となっているが，これは平安北道の合計を 3,372 名とすべきところを 3,369 名と誤って集計したためだと考えられる。

稼ぎ者が多かったのは慶尚南・北道で，さらに慶尚北道の場合，満州への出稼ぎ者や商業への転業者，工業・雑業への転業者，労働・傭人になった者も突出して多かった。慶尚北道も全羅北道と同様に農業本業者の比率が高かったが [10]，それにもかかわらず転業状況にこのような大きな違いが見られた一因として，慶尚北道が日本内地から満州へ通ずる主要交通路沿いに位置していた点を挙げることができるかもしれない。逆に全羅北道の場合，松本のいうように山間部から平野部への中距離農村間移住は相当頻度で見られたのかもしれないが，離農・転業する場合でも遠距離の移動を伴いにくかったようである。

1930 年代前半の農家の窮乏化についても資料を示しておこう。昭和恐慌の影響で朝鮮でも 1930 年以後，米価と地価が暴落した。全羅北道の場合，1924 年の大旱害，1928・29 年の旱害・凶作，ならびに 1930・31 年の大水害によって，それ以前の 1920 年代後半からすでに農家の窮乏化が進行していたので［全羅北道警察部 1932］，昭和恐慌による打撃はより一層深刻であったと考えられる。1932 年 6 月に全羅北道警察部がまとめたマル秘扱いの調査資料によれば，「本年〔1932 年〕3 月末日春窮期ニ於ケル管内細民階級ニ属スル者 11 万 5 千余戸 51 万余人戸数ニ

10　1 節で取り上げた 1930 年の朝鮮国勢調査の結果によれば，男性有業者に占める農業本業者の比率を見ても，朝鮮全体で 78.3% であったのに対し，全羅北道では 83.0%，慶尚北道では 85.7% と比較的高い値を示していた［朝鮮総督府 1934, pp.124-133］。

表 3-4　昭和 7 年自 1 月至 4 月離村農民調査表

（単位：戸数は戸，人口は人（%））

		転出先	郡外転出		郡内移住		行方不明		合計	
			戸数	人口	戸数	人口	戸数	人口	戸数	人口
南原郡	転出理由	債務ノ返済ニ窮シ	30	137	11	59	36	144	77 （12.7）	340 （14.2）
		小作権ヲ取上ラレ	13	46	18	82	6	31	37 （6.1）	159 （6.6）
		労働ノ目的	108	372	63	225	36	154	207 （34.1）	751 （31.3）
		生活ニ窮シ	130	511	101	400	55	236	286 （47.1）	1,147 （47.9）
		合計	281 （46.2）	1,066	193 （31.8）	766	133 （21.9）	565	607 （100.0）	2,397 （100.0）
	前年同期		156	621	120	444	75	317	351	1,382
	前年同期比較増減		+125	+445	+73	+322	+58	+248	+256	+1,015
	前年同期比増加率 (%)		80.1	71.7	60.8	72.5	77.3	78.2	72.9	73.4
全羅北道	転出理由	債務ノ返済ニ窮シ	587	2,573	409	1,679	588	2,642	1,584 （20.0）	6,894 （20.1）
		小作権ヲ取上ラレ	323	1,488	208	907	122	442	653 （8.2）	2,837 （8.6）
		労働ノ目的	1,251	4,947	770	2,816	377	1,546	2,398 （30.3）	9,309 （28.2）
		生活ニ窮シ	1,288	5,217	998	4,397	996	4,405	3,282 （41.5）	14,019 （42.4）
		合計	3,449 （43.6）	14,225	2,385 （30.1）	9,799	2,083 （26.3）	9,035	7,917 （100.0）	33,059 （100.0）
	前年同期		2,330	10,050	1,770	7,319	1,485	6,552	5,585	23,921
	前年同期比較増減		+1,119	+4,175	+615	+2,480	+598	+2,483	+2,332	+9,138
	前年同期比増加率（%）		48.0	41.5	34.7	33.9	40.3	37.9	41.8	38.2

出典：全羅北道警察部［1932］。

於テ道全体ノ 4 割 1 分強人口ニ於テ 3 割 5 分強ニ達シ」たとあり，戸の 41% 以上，人口の 35% 以上が，貯蔵穀物が枯渇する春先に貧窮状態に陥っていたという。また，「乞食」や「浮浪者」も激増し，「暫定的乞食 1 万 692 戸 4 万 7 千 932 人ニ達シ浮浪者又 3 千 15 人ヲ算スル状態」で，あわせて全人口の 3% 強に達していた。特に貧村の窮民は，「職ヲ求メテ各地ニ流浪スル者又ハ子弟ヲ稼ニ出ス等一家離散スルモノ続出」したといい，流浪，出稼ぎ，さらには一家離散も珍しくなかったことがわかる［全羅北道警察部 1932。ただし，漢字旧字体を新字体，漢数字を算用数字に改める］。

表 3-4 は，1932 年 1 ～ 4 月の 4 ヶ月間に離村した農家の転出・移住先と離村理由を集計した統計表から，南原郡と全羅北道に関する項目を抜粋したものである［全羅北道警察部 1932］。離村の理由として挙げられている 4 つの項目は，大

まかに生業維持の困難（「債務ノ返済ニ窮シ」・「小作権ヲ取上ゲラレ」），生計・生活の困窮（「生活ニ窮シ」），ならびに就労目的（「労働ノ目的」）に分けられるが，「債務ノ返済ニ窮シ」は生計維持の困難にもつながるものであろうし，また負債や小作権の喪失が生計・生活の困窮を招き，就労目的の移住を促すというように，実際は複合的に転出を促進する要因ともなりうる。とはいえ，生計・生活の困窮を包括的な貧困と捉え，他を貧困の度合いが相対的に低いものと捉えれば，南原郡の場合，生活難による移住がより目立っていたといえる。他方で，生業維持の困難による移住の比率が全羅北道全体の値を下回っていたことは，平野部の諸府郡と比べ，農業の資本主義化の度合いが低かったことを示すものかもしれない。

転出・移住先については，南原郡と全羅北道全体との間に大きな傾向の違いを見てとれず，ともに郡外転出が4割台中盤，郡内移住が3割程度の値を示している。一方，離村理由との関係では若干の傾向の違いも見られる。南原郡では，負債の返済に窮した場合で，郡内移住の比率は相対的に低く，郡外転出か行方不明となった比率が高めであった。労働目的でも郡内移住の割合は低く，郡外転出の割合が高かった。これに対し，小作権を取上げられた場合は，郡内移住の割合が比較的高くなっている。小作権を取上げられて離村を迫られたケースは件数自体が少ないが，仮にその理由で離村をする場合でも，比較的近いところで小作地を確保できたということであろうか。逆に農業以外に就労先を求める場合は郡外転出を迫られる傾向がより強かったといえよう。

より顕著な違いとしては，南原郡の離村戸・離村者の前年度比増加率が，全羅北道全体のそれを大きく上回っていた点を挙げられる。米価暴落や水害の影響をより強く受けていたということになろうか。

本節の締めくくりとして，ここで取り上げた資料を中心に，1920～30年代の南原郡における農業経営と人口の流動性について整理しなおしておこう。

まず農業経営の全般的な特徴としては，水稲耕作の比重が高く，一部に稲・麦の二毛作を伴うような自給的農業が主体で，耕作規模が0.3～1.0町歩程度の小規模自営農が多数を占めていた点を挙げられる。この自給的自営農においては，購入肥料の消費量が少なく，また離村理由でも負債によるものの比率が相対的に低かったように，全羅北道平野部よりは農業の資本主義化の度合いが低かったとみられる。農地の所有形態を見ると，自作農の比率が全羅北道のなかでは相対的に高めではあったが，それでも大半は自小作農か小作農で，小作地の賃借なしには（自給的）農業経営＝生計の維持が難しかったといえる。ここで

表 3-5　朝鮮国勢調査南原郡人口変化率・世帯規模・性比

下位区分	人口変化率（%）		世帯規模（人／戸）		性比（男／女）	
	1925-30	1930-35	1930	1935	1930	1935
Ⅰ a	2.48	2.03	4.81	4.84	1.01	1.01
Ⅰ b	18.07	12.59	5.14	4.97	1.15	1.06
Ⅱ a	-0.05	3.52	4.69	4.92	1.03	1.05
Ⅱ b	-1.68	2.75	4.86	4.96	1.05	1.05
南原郡	3.85	4.01	4.85	4.88	1.03	1.02

出典：朝鮮総督府［1933, p.3］；同［1937, p.3］。

地主との関係はおそらく在来的で，近代的な小作契約と生産手段・営農資金の賃借を伴う動態化（資本主義化）が平野部ほどは進んでいなかったとみられる。1932 年離村農民調査において，離村理由として小作権の取り上げの占める比率が全羅北道のなかでは低めであったことも，これによるものかもしれない。

人口の流動性については，本章 1 節での 1930 年朝鮮国勢調査報告書の分析で指摘したように，定常的な人口の流出入（流動人口の存在）を基調としつつも，1920 年代に特に流動性を高める要因が介在していた可能性を想定しえた。この点について，本節で提示した資料から判断すれば，1920 年代半ばから 1930 年代初頭までの相次ぐ天災と昭和恐慌の影響による米価と地価の暴落が農家の窮乏化を促進し，貧農・貧困層の流動性をさらに高めた可能性を考えられる。南原郡では 1932 年の離村農民数の増加が特に顕著であったが，これは自給的な農業経営が主体の小規模自営農にとっても，米価暴落の影響が大きかったことを示すものかもしれない。

移住の形態を見ると，少なくとも 1920 年代半ばの時点では，日本内地や満州等への遠距離の出稼ぎが全羅北道全体で少数に留まっていた。一方，1932 年の離村調査で郡外転出の比率が労働目的で比較的高めの値を示していたように，南原郡の場合，農業以外の働き先を比較的遠方に求める傾向が強く，逆に移住先でも農業を行う場合には，比較的近いところに移住先を求めたのではないかと考えられる。

表 3-5 は，朝鮮国勢調査の集計値を元に，1920 年代半ばから 1930 年代半ばまでの人口変化率，ならびに 1930 年と 1935 年の世帯規模と性比を，1 節で設定した下位区分に従って集計しなおしたものである。これによれば，1930 年代前半の人口は，旧南原郡農村（Ⅰ a）と旧雲峰郡農村（Ⅱ a）・旧邑内（Ⅱ b）のいずれでも小幅の増加を示していた。一方，平均世帯構成員数（世帯規模）は若干の増加，性比はいずれの年度でも男性の数が女性のそれを若干上回る程度であった。

この集計値を見る限り，農家の窮乏化が招いたのは，農村人口の減少ではなく人口の流動性，特に貧農・貧困層のそれの上昇であり，また，少なくとも南原郡に限っては世帯構成員の一部，特に未婚男性の労働移住をより強く促進するものではなかったと考えられる。

表3-5について説明を補足しておこう。上の考察から除外したⅠb，すなわち旧南原郡市街地が1920年代後半から1930年代前半にかけて高い人口増加率を見せていたのは，先述の通り，非農業人口の流入と市街地化・都市化の進行を示すものといえるが，1930年代前半の平均世帯構成員数の減少と男女同数に近接する形での性比の減少は，単身・未婚男性労働者の減少を示すものと読める。これは市街地化・都市化が進行する過程で当初は未婚男性労働者が単身で流入し，既存世帯に（下宿等の形で）編入されたが，次第に結婚して独立世帯を構えていったことを意味するものであろう。

3-3　植民地支配と村落コミュニティの再生産
：Ｙマウル洞契文書の分析

本節ではＹマウルの洞契文書の分析を通じて，植民地期の村落コミュニティがどのように再生産されていたのかについて考察を加える。

1章3節で取り上げた李海濬［1996, pp.198-226］の用法では，「洞契」という用語を，士族と下層民（常民・奴婢）のあいだの位階的関係を伴う村落連合的な自治組織を指すものとして，下層民の自生的な共同体組織である「村契」と区別し，対立的に用いていた。これに対し民俗語彙としては，いいかえれば農村社会に暮らす人たちにとっては，後者を含めた村落結社を総称する言葉として「洞契」という用語が用いられてきた。滞在調査当時のＹマウルでも，主に現金と米穀からなる村落の共有財産を「洞契 *tongye*」とよばれる結社（アソシエーション association）によって管理し，詳しくは後述するが（8章3節参照），その収益で村落主催の酒宴や会議の諸費用，村落の集会所の維持経費，その他の親睦活動の経費を賄っていた。男性世帯主のなかから前年度末の村落総会（トンネガリ *tongne-gari*）で選出される村の有司（トンネ・ユサ *tongne-yusa*）が財産と当該年度の収支の管理にあたり，収支の細目は，当該年度末の村落総会の場で，原則として村落全世帯の世帯主の立会いの下に会計文書に記録していた。

Ｙマウルに残されていた洞契文書の最も古い記載は1910年代のもので，その後，一部に欠落・散逸は見られるが，植民地期・解放を経て調査時点まで書き

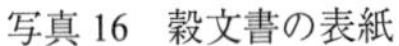
写真 16　穀文書の表紙

写真 17　穀文書所収の条約冒頭部

継がれてきた。本節では 1915 年から 1942 年までの収支の記録（ただし 1924 年の一部と 1925 ～ 28 年分は散逸）の分析を通じて，植民地支配下で Y マウルの洞契がいかなる役割を担い，どのように運営されてきたのかを明らかにする。その上で，対面状況での互酬的な関係性としての村落コミュニティ（あるいはローカルな共同性）と公共的役割を担う契・結社とのあいだにどのような関係が見られたのかについて，この事例に即して考察を加えたい。

3-3-1　Y マウル洞契の概略

植民地期の Y マウルの洞契に関する記録としては，滞在調査当時，2 種類の冊子が残されていた。ひとつは，「乙卯十二月　日　穀文書　洞契冊　○○里」（「○○里」は Y マウルの旧名）と表紙に記された冊子である。最初の 2 面に洞契の規約である「条約」が記され，続いて結成時の構成員と米穀の拠出額を記した「案」が記載されている。そしてこの「案」を書き継ぐ形で，丙辰（1916 年[11]）以降の米穀の収支が記録されている。以下これを「穀文書」と呼ぶことにする。もう一冊は表紙に「丙戌年正月　日　乞粒記」と記されており，最初の数面は丙戌（1946）年 12 月に村落の各戸から米穀と金銭の拠出を受けた際の記録となっている。しかしその後ろには，規格の異なる用紙に記された癸丑年（1913 年）以降の金銭の収支記録が綴じられている。ここでは丙戌年の記録を「乞粒記」，癸丑年以降の金銭収支の記録を「銭文書」と呼ぶことにする。

11　陰暦（干支）と西暦とでは 1 年の長さや年始・年末の日取りにズレが生ずるが，ここでは煩雑さを避けるため，陰暦年に西暦を併記する際にはこのズレを捨象し，同一の陰暦年については重なり合う期間が最も長い西暦年によって一括表記する。よって，例えば後述のように癸丑（1913 年）12 月と表記されていても，西暦では 1914 年（1 月）に相当する場合もある。

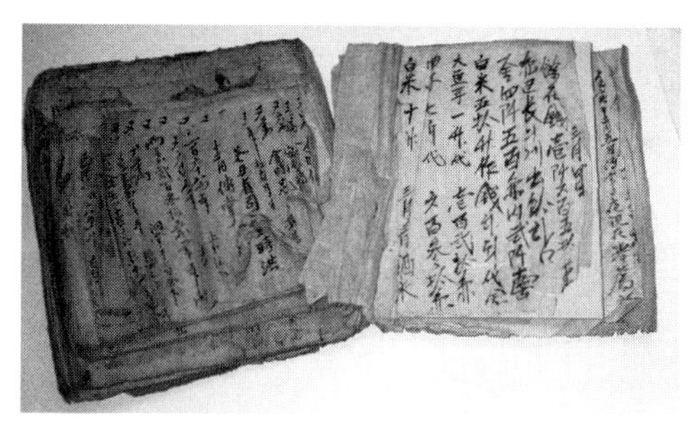

写真18　右が乞粒記末尾，左が銭文書冒頭

以下，このＹマウル洞契の再組織の経緯を再構成しえた範囲で記し，ついで「銭文書」に記録された毎年の収支の概要を示すことにする。

⑴ 洞契の再組織

「穀文書」の冒頭に記されている条約によれば,「洞中」(村落) の古い「文記」(文書記録) が遺失してしまったので，乙卯 (1915年) 冬から新しい文記を修立することにした。また昔からの「洞財」(村落の共有財産) が流用されて失われてしまったので，話し合いの結果，戸ごとに「租」(籾) を1斗ずつ集めることにした。以前の洞契の記録と共有財産が失われたため，改めて規約を定め，基本財産を集め直したことがわかる。

「条約」に続く「案」には，この基本財産を拠出した戸 (実際に記録されているのは戸の代表者の姓名) と籾の拠出量が記されている。このとき，30名 (戸) から1斗ずつ，5名 (戸) から5升ずつ (1斗＝10升)，合計1石12斗5升 (1石＝20斗) が集められた。「案」に続く収支の記録によれば，このうちの4斗を現金化した4両4戔 (1両＝10戔) を「銭文書」に繰り入れ，残りの1石8斗5升を「平斗」(1斗枡すり切り) で測りなおしたら1石11斗になった。これに銭文書から繰り入れた14斗をあわせて2石5斗の基本財産が作られた。これを貸し出す時に測り直したら実際は2石6斗になり，翌丙辰 (1916) 年末の「伝掌」，すなわち年度末決算と引継ぎの際には，その運用利子が18斗4升 (年利4割) にのぼった。

一方,「銭文書」の記録によると，癸丑 (1913年) 12月の伝掌で収入235両2戔5分 (分給銭168両5分，利子67両2戔，年利4割)，支出61両4戔3分 (うち20両は洞掌手当)，差引173両8戔2分 (1両＝10戔＝100分) が翌年に繰り越された。甲寅 (1914年) にはこれを19名に分給し，乙卯 (1915年) 4月の「修契」時に，その利子69両4戔8分 (利率4割) を合わせた収入が243両3戔，支出が166両1

戔（うち20両は洞掌手当）となった。差引77両2戔が繰り越された。「分給」とは洞契の金銭を構成員に貸し付け，次の伝掌時に利子と一緒に返済させたもので，基本財産の利殖手段として用いられていた。また「洞掌」とは村落の世話役のことで，後の「区長」，あるいは「里長」にあたる役職者とみられる。この記録で，癸丑（1913年）12月伝掌時の次の決算が甲寅（1914年）年末ではなく乙卯（1915年）4月に行われていること，しかもその日付の下に他の年の記録には見られない「修契」という文言が記されていることから判断すると，「穀文書」所収の「条約」からその存在がうかがわれる元々の洞契が一旦乙卯4月に解散され，同年12月に再結成されたものとみられる。ただし「銭文書」の繰越77両2戔は，「修契」後に10名に分給され，同年12月伝掌時に利子とともに返済されており，旧契の解散後も繰越金の利殖は続けられていたことがわかる。

ここで，乙卯（1915年）12月の洞契再結成時の租拠出者を見ておこう。姓と拠出額に従って整理すれば，以下のようになる。

・租1斗（30名）：宋3，金19，安4，孫1，鄭1，李（女性）1，姜（女性）1[12]
・租5升（5名）：宋1，金3，姜1

行列字から判断すると，「金」姓のうち，1斗を拠出した3名を除く少なくとも19名は彦陽金氏，「宋」姓はいずれも恩津宋氏，「安」姓はいずれも広州安氏であったとみられる。よって35名中，少なくとも27名は三姓に属する者であった。女性の姓が記載されているのは夫に先立たれた既婚女性の戸で，亡夫の姓を知る手がかりは記されていない。よって他姓は，仮に行列字が一致しない金姓3名と寡婦2名を加えても8名に留まっており，この洞契が三姓を主体とするものであったことは明らかである。

⑵ 時期区分と各時期の収支額

以下，毎年の収支細目を手がかりに，洞契を基盤とした互助と協同の諸活動について検討するが，「穀文書」の記載は特定の細目にほぼ限られ，かつ額も小さかったので，ここでは「銭文書」を中心に整理し，必要に応じて「穀文書」の記載を参照することにしたい。

12　李と姜はいずれも名のかわりに「召史」と記されている。「召史」とは良民の妻，あるいは寡婦という意で，ここでは夫に先立たれた既婚女性を指すとみられる。

図 3-4 は，洞契再組織以降の「銭文書」の毎年の収支額を示したものである。ただし文書の一部が遺失しているため，1919 年は支出細目が不明，1924 年は収入のみしか分からず，1925 ～ 28 年はすべての記録が欠落し，1929 年は収支総額は分かるが細目が不明である。また貨幣単位として，1933 年までは両・戔・分（1 両＝ 10 戔＝ 100 分）が用いられていたが，1934 年からは円（圓）・戔（1 円＝ 100 戔）に切り替えられた[13]。両・円間の換算率は，1 両＝ 0.2 円であった。グラフでは円を両に換算して表示している。なお，庚辰（1940 年）には 12 月だけでなく正月にも支出が計上されたが，グラフでは一括して 1940 年に繰り入れた。ここでは支出規模に着目し，次の 3 つの時期に分けて検討を加えたい。

Ⅰ期：1915 ～ 23 年
Ⅱ期：1929 ～ 35 年
Ⅲ期：1936 ～ 42 年

まず，それぞれの時期の収支の概要を見ておこう。Ⅰ期（1915 ～ 23 年）は 1919 年を除けば，支出が 120 両から 290 両の間に収まっている。1919 年のみ 604 両余りの多額の支出が見られるが，約 400 両分の支出細目の記録が抜け落ちており，詳細は不明である。しかしそれ以外の年でも様々な用途での支出が記録されている。詳細は後述するが，なかでも戸口調査，土地調査，ならびに種痘等の植民地行政の諸事業と関連した支出や，同じく植民地行政による動員に応じた際の経費が目を引く。収入を見ると，1920 年まではおおむね支出額に応じた経費が確保されている。例えば 1919 年の多額の支出に対しては，「碑石運役」（碑石を運搬する作業）を二度請け負うことで，300 両余りの経費を工面している。1921 年以降は収入が支出を大きく上回るようになったが，これは後述するトゥレの収益や分給銭の利子といった経常的な収入に加え，年度によって「防川」・「防築」工事の請負料等が繰り込まれたためである。

次にⅡ期（1929 ～ 35 年）は，Ⅰ期よりもおおむね支出が減り，70 両（14 円）から 140 両（28 円）の間に収まっている。1931 年の支出が前後の年に比べると若干多めであるが，うち 30 両は「植本金」，すなわち分給銭の元金を増やした分の支出，14 両は楽器の購入代金であった。これを差し引けばそれほど突出した額

13　嶋が分析した全羅南道羅州郡青山洞の洞契文書では，Ｙマウルの洞契よりも 3 年早い 1931 年から円・戔に切り替えられている［嶋 1996, p.98］。

図 3-4　Y マウル洞契銭文書収支（1915 ～ 42 年）

（単位：両）

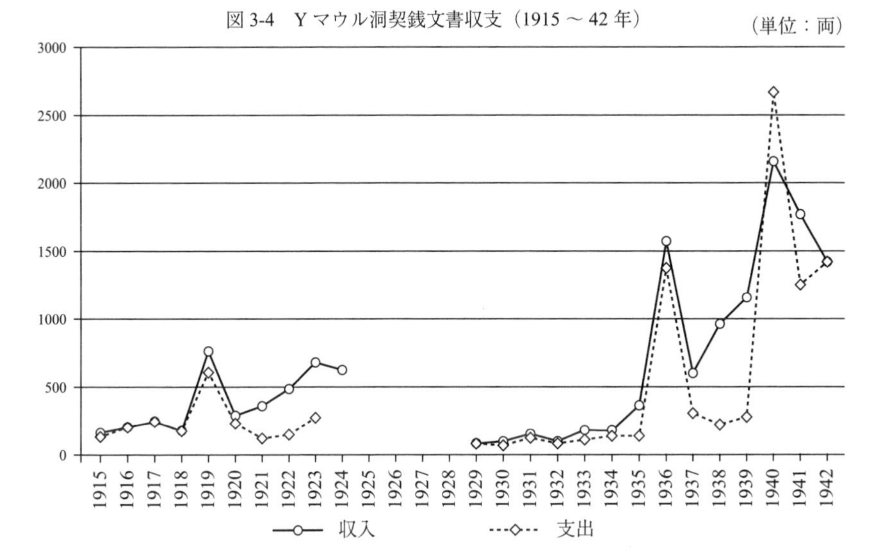

にはなっていない。内訳を見てもⅠ期に目立った行政関連の支出は種痘を除けばほとんど影をひそめ，他は橋梁や道路整備関連の拠出と「伝掌時」の酒食費が大半を占めている。収入もトゥレの収入と分給銭の利子といった経常的なものが中心であった。

これとは対照的に，Ⅲ期（1936 ～ 42 年）では支出額が大きく増加する。臨時の事業で多額の経費が拠出された年を除いても，経常的に 200 ～ 300 両余りの支出が計上されており，物価の変動を考慮に入れなければⅠ期と比べてもおおむね支出額が多くなっている。細目を比較しても，Ⅰ期よりも多様な経費が支出されている。この時期の特徴として，農村振興運動ならびに戦時体制と関連した支出が多岐にわたる点を挙げられる。さらに臨時事業として，1936 年には倉庫の建設，1940・41 年には新しい会館の購入もなされている。収入もそれに合わせて増加している。トゥレや分給銭といった経常的な収入源に加え，支出の多い年には，各戸からの経費徴収，共同作業，共有財産である水田の売却等で経費が工面されている。ただし 1940 年には支出増に収入が追い付かず，Ⅰ～Ⅲ期を通じて唯一，赤字が計上されている。

それでは次に，支出額が多く，また支出項目も多岐にわたるⅠ期とⅢ期に限って，収入と支出の細目をもう少し詳しく追うことにする。

3-3-2　I期の収支細目

(1) 収入

収入の内訳をみると，まず繰越金とその利子が経常的な収入をなしていたことがわかる。繰越金の年利はおおむね4割であった。加えて,「芸草」あるいは「耘草」という細目の収入がおおむね毎年35～130両程度計上されている。これはトゥレ（*ture*）を指し，村落単位で作業団を組織し，水田の草取り作業等を請け負って，その収益を洞契の予算に組み込んだものとみられる。トゥレには収支を作業に加わった者のあいだで清算する方式もあったが，当時のYマウルの場合，少なくともその収益の一部は洞契の財源に組み込まれていたことがわかる［cf. 鈴木1944, pp.85-86］。他の経常収入としては，1920年以降，分給銭（洞銭）の利子を毎年45両ずつ計上している。元金額の記載はないが，II期には繰越金の年利よりも低い3割分を利子として毎年徴収しており，I期にも同様の利率を適用していたとすれば，元金は150両となる。

他に，毎年経常的に収入として計上されていたわけではないが，トゥレに匹敵する，あるいは年によってはこれを大きく上回る収入源として，様々な労役の占める比重も決して小さくはなかった。1916年には運石19両，1919年には椽木（たるき）運役19両5戔と碑石運役2回分301両4戔5分，1921年には防川工価220両，1923年には同じく防川工価60両，1924年には防築工価55両の収入を計上している[14]。支出の増加の相当部分は，このような労役収入によって充当していた。また，1919～21年には,「蓋草」(藁束を縄で長くつないだもの。建物の屋根を葺く材料として使われる）を面役場に売却した代金3～8両程度を計上している。材料の藁は稲作農村で豊富に入手できるので，代金がほぼ純益となったと考えられる。トゥレを含め，洞契の収入の相当部分を村人（あるいは村の各戸から提供された働き手）の共同労働による収益が占めていたことは，洞契が村人（村の

---

14 『朝鮮総督府統計年報』に収録されている主要都市の「土方」（朝鮮人）の日当額を見ると，1916年は全州0.35円，(全朝鮮）平均0.48円，1919年は全州1.63円，平均1.27円，1921年は全州1.12円，平均1.37円，1923年は全州1.20円，平均1.28円，1924年は全州1.05円，平均1.20円となっている［朝鮮総督府1917, pp.279-280; 同1920, pp.268-269; 同1922, pp.124-125; 同1925, pp.88-89; 同1926a, pp.68-69］。全州の日当額を基準にとれば，1916年の運石19両は10.9日・人，1919年の3回の労役収入は合計39.4日・人，1921年の防川工価220両は39.3日・人，1923年の防川工価60両は10日・人，1924年の防築工価55両は10.5日・人の労働量に相当する。後述するように，当時の洞契成員数を40戸前後とすれば，この全戸から男手を1人ずつ供出すれば短くて半日，長くても1～2日程度の仕事量であったと推測できる。

各戸）の対等な関与と金銭的な見返りのない奉仕によって支えられていたことを意味するものであろう。

不足する資金を充当する方法としては，「戸斂」といって，各戸から臨時に経費を徴収する方法も採っていた。I期では1916年に「洞戸斂」17両と51両6戔，1917年に「当日収斂価入来」36両5戔，1918年に「当日収入」58両を計上している。また用途を特定した寄付金を集めることもあり，例えば1919年には農旗造成時寄付金として151両5戔を計上している。同年の支出にはこれを若干上回る「農旗造成時各項用」他の関連支出を合計154両3戔5分計上しているので，徴収した寄付金はすべて名目どおり支出したようである[15]。

⑵ 支出

この時期の支出の特徴として，先述のように支出細目が多岐にわたっていた点を挙げられる。そのなかには，植民地支配下の朝鮮特有の支出も見られる。洞契が再組織された1915年を例に，支出細目を列挙してみよう。

・共進会（内容不明）寄付金：7戔2分
・駆狼時釜洞所長食費三次：4戔2分（隣接する山東面の釜洞に置かれていた警察駐在所の巡査が狼退治に来た時に，所長に食事を3回ふるまったということであろう）
・広錚改易時功銭（農楽用打楽器の修理代金か）：3両2戔5分
・秋布□（□は判読不能。戸口税）：26両2戔5分
・納税貯金□□面書記出張時費：1戔3分（□は判読不能。面書記出張時の食費か）
・測量費倶月利報役：23両9戔（同年の収入として「測量費戸斂入来」20両2戔5分が計上されており，この名目で徴収された割当金が主に充てられたとみられる）
・芸草時酒価：4戔（上記トゥレの際の酒代）
・秋季種痘時食費：5戔5分（種痘接種担当者の食費か）
・量路時酒価：9戔5分（道路測量時に拠出された酒代か）
・面庁演説時両次午饒：4戔（面役場での演説時の昼食2回分）
・治道橋梁時酒価：2両3戔（道路と橋の補修工事を共同労働として行った際の酒代か）
・戸口調査時午饒：1両9戔（警察巡査あるいは面役場吏員による各戸の戸籍調査の際に担当者に食事を振舞ったものとみられる。駆狼時釜洞所長食費に準じて，ひとり1食1戔

15　1章3節で取り上げた小田内通敏による1920年代初頭の村落調査の報告書では，京畿道利川郡の長洞里と道立里との比較で，農旗と農楽の有無を村落の統一のひとつの現われとしている［朝鮮総督府 1923, pp.44, 47］。

程度の費用がかかったとすれば，このときは約20人分の食費が拠出されたことになる）
・記念桑圃時酒価：2両（額から考えると，共同労働で桑畑を造成した際の酒代とみられる）
・稲扱器価戸歛条：1両2分（脱穀機を各戸に費用を割り当てて購入したものか）
・面庁各項戸歛：5両9戔5分（用途は不明であるが，「戸歛」は先述の通り，村の各戸からの経費の拠出）
・朔紙価開陽里長：1両5分（隣接する開陽里の里長から何らかの用途の紙を購入したものか）
・駆狼時酒価：1両（上記狼退治の時の酒代）
・伝掌時（年末の決算と引継ぎの際の酒食費）：15両6戔2分
・長鼓改工価□：1両（□は判読不能。楽器を修理した時の手間賃）
・白紙五丈価□：1戔（□は判読不能）

このうち戸口税の共同納付は，1章3節でも述べたように朝鮮時代後期の洞契や大同契でも行われていた［cf. 鄭勝謨 2010, pp.248-272］。また同じく1章3節で取り上げた小田内通敏による1920年代初頭の村落調査の報告書には，忠清南道公州郡維鳩里で「戸別税及橋梁費に充つる為の戸税契」が組織運営されていたことや［朝鮮総督府 1923, p.66］，慶尚北道安東郡河回洞で柳氏一族の門中契から毎年戸税を充用していたことの記載があり［朝鮮総督府 1923, p.72］，村落結社やその他の結社を通じて戸口税を共同納付することが，当時，決して珍しくはなかったことがわかる。他方で，これに留まらない行政関連の支出が多岐にわたっていた点も目を引く。なかでも土地調査（測量），戸口調査や衛生事業（種痘）に関連する支出は，朝鮮時代末から植民地期初頭にかけて，農村の土地と人が近代的行政機構によって朝鮮後期よりも網羅的かつ体系的に把握・管理されていった様子をうかがわせるものである。ここでは特に1910年代半ばの段階で植民地行政による人と資源の動員・徴発が農村社会レベルにまで及んでいたことに注意を喚起しておきたい。具体的に見ると，面役場での演説への代表の派遣経費や「共進会」への寄付金を洞契の会計から拠出していたことは，当時のＹマウルの場合，行政による動員に対して村落単位で対応していたことを示している。他方で，種痘事業や駐在所による狼退治など，植民地行政が地方住民の福利厚生にある程度の寄与を見せていたこともうかがわれる。

行政の諸事業と関連する経費が，主に酒食費として拠出されていたことも興味深い。当時は駐在所の所長・巡査や面役場の吏員，各種事業の担当者らが村に公務・準公務で出張するときに，村側が食事を準備することが慣行となっていたのかもしれない。逆に村から面庁演説等の公的な行事に代表を派遣するときにも，食費程度は洞契の会計から補填していたようである。また，各種の共同労働の際には，洞契の負担で酒を用意している。

洞契の経費で行われていた共同活動のなかには，植民地期以前からの持続性をうかがいうるものが戸口税共同納付のほかにも見られる。トゥレや道路・橋梁の補修等がこれにあたる。このような村落全体の福利厚生にかかわる作業を共同で行う際に酒代を村の経費から拠出する慣習も，おそらくは植民地期以前からのものであろう［cf. 李海濬 1996, pp.198-226; 鄭勝謨 2010, pp.248-272］。「伝掌時」に多額の酒食費が拠出されていたのも同様である。これは筆者の滞在調査当時のトンネガリを髣髴とさせるものでもある。

以下，主要な項目に分けて，1916年以降の支出についても概略を記しておこう。

a）戸口税

「秋布」あるいは「春布」という項目で，1916年秋35両3戔5分，1917年春39両2戔・秋47両8戔5分，1918年秋113両4戔5分を計上した。いずれの年度においても支出の相当部分を占めており，特に1918年には支出の6割以上をこれに充てた。この時期には戸口税（戸税）として1戸当たり年0.3円相当（1両5戔）が徴収されていたが[16]，Yマウルの「銭文書」に記された納税額には年度や季節によってかなりの変動が見られる。面役場や郡庁によってそのたびごとに納税額が恣意的に割り当てられていた可能性も考えられる。

b）戸口調査

行政の諸事業に関連する支出としては，まず戸口調査関連で，1916年（郡守出張演説戸数調査時2両3戔6分，釜洞所長戸口調査時5戔8分），1917年（戸口調査時1両5戔），1918年（戸口調査時酒1両3戔），1920年（春季種痘・戸口調査時3両5戔[17]，秋季清潔・種痘・戸口調査時10両5戔），1921年（戸口調査時昼食7戔6分，面有山植苗代・戸口調査時30両6戔，益山農林学校寄付金・李道知事記念代・民籍改正18両），1922年（春季種痘・衛生演説時・戸口調査時費ほか26両9戔5分，橋梁木・秋季清潔・秋季種痘・戸口調査11両1戔8分），1923年（官舎寄付金・去年12月戸口調査ほか26両6戔，一斉戸口調査因習調査時11月17日5両7戔5分等）に支出を計上している。支出細目の大部分につ

16　朝鮮総督府［1917, p.826］記載の賦課戸数・税額より算出。

17　以下の記述も含め，個別の細目ごとの支出額が記録されていない場合には，「銭文書」での記録形式に従って，このように複数の細目の合計支出額を記すものとする。

いての記録が欠落している1919年を除き，Ⅰ期では関連費用をほぼ毎年計上していたことを確認できる。

c）土地調査

土地調査関連の経費としては，1915年に加え，1916年にも土地検査時費3両7戔4分と測量費等4両9戔2分を支出したが，その後は関連支出が見られなくなる。1910年に開設された土地調査局が1918年11月に閉局され，本格的な土地調査が終結したためと考えられる。

d）衛生事業

衛生事業としては，種痘関連の経費を，1916年春（6戔），1917年春（1両8戔）・秋（1両5戔7分），1918年春（2両4戔3分），1920年春・秋，1921年春2回，1922年春・秋，1923年春2回・秋2回，1924年春に拠出しており，細目が不明である1919年以外は毎年，しかもおおむね複数回の支出を計上していたことを確認できる。加えて，1917年には井戸汲水時（井戸の水を汲みだして掃除をしたものであろう）1戔，1918年以降は一般に井戸掃除等を意味する「清潔」の費用として1918年春（1両6戔8分）・秋（1両5分），1920年春・秋，1921年春，1922年春・秋，1923年秋に支出がみられる。おそらく年2回，春と秋に共同労働で井戸等の掃除を行い，その際の酒代等を洞契から拠出したと考えられる。

e）演説会・寄付金

地方官吏の「演説」と関連した支出として，1915年には面庁演説時昼食の1件のみが見られたが，1916年には道長官（全羅北道知事）演説2件を含む6件に増え，1917年に4件，1918年に2件を計上した。しかし，1919年以後は関連支出を計上しなくなった。3・1運動後の強圧的な統制の緩和を反映するものかもしれない。

寄付金としては，1915年の共進会寄付金以後，ほぼ毎年，様々な機関・団体・事業を対象とするものを計上している。1916年には釜洞出張所寄付金として9両1戔，面倉庫に寄付した蓋草2丈の代金6戔を支出し，1917年には協賛会に5両3戔2分，品評会に1両9戔の寄付を支出した。その後も1920年に親和会への献金として面庁に7両2戔5分を納め，1921年には益山農林学校（全羅北道益山郡に開設された中等学校）に相当額の寄付をおこなった。1922年には苗代調査への寄付を，1923年には南原畜産品評会と乾繭室への寄付金を合わせて38両支出した。金額が特定できるものに限れば，寄付金の額は多くても1件5～10両程度であったが，すでに1910年代後半の時点で行政・官辺事業への経済的な協力が村落レベルでも求められるようになっていたことに注意を喚起しておきたい。さらに1918年の須藤所長（釜洞出張所長か？）送別費1両5戔，1921年の道知事記念代等，道知事や農村住民の生活と密接に関連する業務を担当する公的機関の長の交代時にも何らかの拠出を求められていたものとみられる。

写真19　旗歳拝。Yマウルの農旗がU・Kマウルの農旗と拝礼を交わす様子

f）その他行政関連の事業

植民地行政による産業振興との関連では，他に養蚕振興（1916～23年。1916年には33両5戔6分で桑畑を購入，また面役場から桑の苗を6両8戔で購入。しかし翌年には桑畑を53両2戔8分で売却），棉作改良（1918年，1924年），面有林の植林（1920～22年）等にかかわる支出も見られる。

g）村落住民の福利厚生

一方，村落住民の福利厚生にかかわる支出としては，まず，1915年にも見られた道路・橋梁整備関連の支出が，1916年，1917年，1921～23年にもなされている。うち，橋梁木の購入費用としては年5戔～2両を支出している。「伝掌時」の飲食・酒食費も毎年計上していた。その支出額は，1916年18両5分，1917年24両3戔，1918年30両1戔2分，1920年24両1戔，1921年24両1戔，1922年13両6戔，1923年54両8戔3分で，1923年を除けばおおむね15～30両程度の範囲内に収まっていた。また前述のように，1919年には農旗製作のための費用として約155両を拠出した。

3-3-3　Ⅲ期の収支細目

(1) 収入

まず収入の細目を見ると，植本金（分給銭）の利子（1936年11円40戔，1937～39年11円70戔，1940・41年11円40戔）と「芸草」・「耘草」の収入（1936年15円30戔，1937年13円22戔，1938年15円80戔，1940年37円）が経常的な収入源となっていたことはⅠ・Ⅱ期と同様であった。ただし分給銭については，1941年に利子だけでなく元金38円も収入に組み込んでおり，これ以降は利子収入を計上しなくなった。先述の1940年の赤字を補填するために元金を切り崩したのだと考えられる。

一方，増加した支出を経常的な収入と前年度からの繰越金・利子だけで充当するのは難しく，他の様々な収入が繰り入れられていたのもこの時期の特徴であった。額の大きい収入項目，ならびに少額でもこの時期特有の収入項目を年度毎に挙げると，まず1936年には洞中畓（村落共同所有の水田）2斗落の売却代金170円，倉庫補助金30円，共同出役の収入22円36戔等の収入が見られる。倉庫補助金とは，後述する農村振興運動の過程で，郡行政が簡易倉庫建設のために拠出した補助金を指すものと考えられる。P面ではこの補助金を受けて1940年までに24の簡易倉庫が建設された[18]［大野 1941, pp.143-144］。Yマウル洞契に記録されている「倉庫補助金」も，時期的に見てこの際のものと考えられる。

1937年には「報国日□□」11円15戔（□は判読不能），毎戸当23戔式□歛10円35戔（各戸から23戔ずつ徴収。45戸分に相当），堆肥3等賞5円，毎戸当30戔式□歛17円60戔（58.7戸分に相当し，端数が生ずる上に前記の戸数とも大幅なズレがあるので，30戔よりも多く拠出した戸があったのであろう）等の収入が見られる。「報国日□□」については，同年の支出に「報国日慰問金」として4円20戔が計上されているので，（産業）報国運動関係の行事の際に寄付金が集められたものかもしれない。各戸への割り当て金（戸歛）は，Ⅰ期には先述の通り4回徴収し（1916年17両・51両6戔，1917年36両5戔，1918年58両），Ⅱ期にも1回，徴収している（1935年，年中戸歛条20円70戔）。堆肥3等賞とは，同年の支出に堆肥競進費6円30戔，郡堆肥審査費用2円57戔，郡職員堆肥指導三次価2円12戔等を計上しているので，南原郡の堆肥競進会に出品して獲得した賞金と思われる。

継いで1938年には，戊寅（1938年）正月乞粒66円29戔（「乞粒」とは農楽を演奏して厄を払うことで，その際に受け取った謝礼ではないかと考えられる）を計上している。1939年には正月青年遊戯の収入3円40戔（これも農楽の類か），洞中砂防出役収入20円50戔（砂防工事の労賃），新村田収税代金5円40戔（近隣の新村にある村落共有の畑からの小作料収入）等を計上している。大幅な赤字を計上した1940年には，会館売却代金167円77戔を収入に繰り入れている。1941年には田税租4斗

18　当時のP面の「部落」（村落）数は23であったので，各村落におおむね1棟ずつ建設されたと考えられる。

代4円（村有の畑の小作料として籾4斗分），畓税租2斗代2円（村有水田の小作料として籾2斗分），旧会館売買代金170円（2年に分けて代金の支払いを受けたようである），振興会文書中入来89円91戔等を計上している。最後の「振興会文書」とは，農村振興運動の際に部落毎に設けられた振興会（もともと南原郡独自の計画として，振興会を設置しない部落にも一括して農友会を組織させたが，1938年には農友会もすべて振興会に改組した［大野 1941, p.133］）の会計文書からの移入であろう。この年を境に，支出に振興会関連の項目が登場しはじめることから判断すれば，以前は別会計で行っていた振興会の活動を，財政上，洞契に吸収統合したものと考えられる。1942年には振興会籾2叺21円46戔，嵩草掃塵代1円，材木運賃費16円，毎戸1円式収倹条51円（1円ずつ計51戸から徴収）等を計上している。

⑵ 支出

次に支出の内訳を見よう。Ⅰ・Ⅱ期を通じておおむね経常的に計上していた年1～2回の清潔・種痘，道路・橋梁整備，ならびに伝掌時の飲食・酒食費は，Ⅲ期にもほぼ継続的に支出されていた。支出額は，伝掌時の飲食費（6～18円程度）のみⅠ・Ⅱ期よりも相当の高額となっているが，他は若干上昇した程度である。他方で，1938年の松田巡査慰問金2円，森林実績調査1円10戔，1939年の「愛林契創立総会以降，年中侍官費用（駐在所巡査宿舎夫役代金）」29円37戔，1941年の穀食調査費用1円6戔等，Ⅱ期には拠出されていなかった行政関連の支出が再び登場する。しかしそれ以上に，農村振興運動や戦時体制下での人員や資源の動員・徴発等と関連する，いわゆる時局を反映した多額の支出を多岐にわたって計上していたのが，Ⅲ期の支出内訳の最大の特徴となっている。

a）農村振興運動

農村振興運動関連では，先述の倉庫建設関連の諸経費を1935年に少額ではあるが計上しはじめ（倉庫敷地買収が決まったときの諸経費ほかを4円67戔拠出），1936年には諸経費を合わせて約220円支出した。後者の内訳は，倉庫敷地の代金，建設費，材料費，その他工事の費用と人件費等であった。このほか，1935年には儀礼準則聴講人（1934年に発布され翌年から施行された「儀礼準則」の説明会への参加者であろう）の昼食代，1936年には振興会例会時の食事代と国旗木価（日章旗掲揚用の柱の代金）も計上している。1937年には振興会総会時費，振興会田植時人夫代，ならびに先述の堆肥競進会関連の支出が見られる。1938年には振興会長慰労金，陰陽歴対照表等，1939年には振興会入口標木購入費，1940年には稲熱病予防器購入費を拠出している。

1940年と翌年の両年にわたる事業で1940年の赤字の一因となったのが，新会館の購入である。「会館」とは村落の集会所のことで，何らかの理由で旧会館を売却し，新会館として既存の建物を新たに購入したものとみられる。この経費として，1940年に150円と167円77戔，1941年に120円，計437円77戔を計上している。先述のように，旧会館売却代金として1940年に167円77戔，1941年に170円の収入があったが，それを差し引いても100円程度が不足していたことになる。

このほか，1941年には肥料8叺，託児所看板，振興会費用を，1942年には振興会籾叺代等を拠出しており，村落住民が一体となって農村振興運動に関与していた様子をうかがいみることができる。

b）戦時体制

この時期には，戦時体制下での人力・資源の動員と関連した支出も目立った。1936年には観板価（15戔。回覧板か）を，1937年には報国日慰問金（4円20戔）と出征軍人家族慰問金（9円）を拠出した。1938年には7月時局講話時（80戔），書堂（近隣村落のひとつ）出征軍人見送時（32戔），ならびに7月軍用馬草南原邑迄運搬費（90戔。軍用馬の飼葉を供出する際の運搬費か），1939年には軍用馬草運搬賃金（74戔）と軍用馬麦運搬費（3円50戔），1940年には軍用馬麦13叺駄賃（10円40戔），右馬草駄費（3円），ならびに全州神社寄付金（10円25戔）を支出している。なかでも軍用馬用の飼葉と麦の供出に関する経費は連年計上されており，軍需への充当を直接的な目的とする資源供出が村落レベルでも経常的に求められるようになっていたことを確認できる。続く1941年にも正月遥拝時用下（宮城遥拝であろう），馬草運賃，総力新聞代，聯盟旗代（国民精神総動員朝鮮聯盟の旗か）といった総動員体制関連の支出がなされた。まとめれば，出征軍人家族の慰問金や全州神社への寄付金等の金銭の供出，出征軍人の見送りへの動員，さらには軍用馬の飼料の供出等，戦時体制下では様々な物資とサービスの供出を求められていた。これに対しYマウルでは村落住民が洞契を活用して共同で対処していた様相を，ここから読み取ることができる。

c）その他

他に，「備荒貯穀」回収時の酒代を1936年（65戔），1938年（1円25戔），1940年（4円48戔）に計上している。当時は，飢饉凶作に備えた穀物備蓄を部落振興会単

写真20　農楽の演奏

位で実施しており［大野1941, p.141］，各戸から穀物を回収する際に酒が振舞われたものとみられる。また，防犯組合や夜警団も組織されていたようで，1937～39・40・42年に関連支出を計上している。

先述の農楽・農旗との関連で注目されるのは，1937年に7月15日酒8升代2円を，1941年に同じく7月15日酒5升代1円75銭を計上していることである。7月15日は百中という名節（在来の休日）で，この日には古くからK里3村落合同で祝祭行事を行ってきたと伝えられている［拙稿1994］。植民地期の百中行事がどの程度の規模であったのかは定かでないが，Yマウル住民の証言によれば，富農や作柄のよい農家から酒食の供出を受けて酒宴を開き，農楽も演奏したという。この両年は，供出された酒食だけでは足りず，洞契の経費で酒を買い足したのかもしれない。また，農楽関連の費用を確認できる限り列挙すれば，I期の1915年には広錚（チン）と長鼓（チャンゴ）の修理費用として計4両あまりを，1919年には農旗製作費用154両あまりを拠出し，II期の1930年には喇叭価9両2戔，1931年には小鼓2ケ14両，1935年には長鼓運費代20戔（1両）と長鼓修繕代70戔（3両5戔）を拠出している。農楽関連活動の活発さもうかがい見ることができる。

3-3-4　構成戸数と加入・脱退

植民地期のYマウル洞契の構成戸数と加入・脱退についても，資料の許す範囲で整理しておこう。

まず構成戸数についてみると，前述のように乙卯（1915年）12月の再結成の際には，35名（戸）が米穀を拠出した。その後，II期の終わりまで構成員の規模をうかがいうる記載は見られないが，丁丑（1937年）の戸斂で，1戸当たり23戔ずつ，合計10円35戔が徴収されており，割り当て金を拠出する戸数が45戸となっていたことがわかる。さらに1942年には，1戸当たり1円ずつ合計51円が徴収されたので，このときは構成戸が51戸に達していた。丙戌（1946年）正月の日付がある「乞粒記」でも米穀あるいは金銭を寄付した者は51名に及び，解放前後には50戸程度がこの洞契に加入していたとみられる。

これを一旦，洞契の構成戸数とみなせば，1915年再結成時の35戸から，1937年には45戸に，そして解放前には51戸に達していたことになる。村落に暮らすすべての戸が洞契に加入していたとは必ずしも断定できないが，洞契の活動が村落全体の福利厚生に寄与するもので，また経費を確保するためにトゥレや共同労働を行っていたことを考慮すれば，Ｙマウルの洞契の場合，朝鮮後期の村契的な開放性を具え，一時的に滞留する戸や極貧層を除けばおおむね加入が求められていたのではないかと推測される。

次に新規加入戸を見てみよう。「穀文書」の「条約」では，「洞中新入」，すなわち村落に新規に転入した戸（あるいは洞契への新規加入戸）からは，前例によって「当年」，すなわち転入年度（あるいは洞契への加入年度）に租2斗を収入することとされていた[19]。「新入」に際して納められる米穀・金銭は,「新入（々）来」,「新入条」，あるいは「新入租」として，米穀（籾）の場合は「穀文書」に，現金の場合は「銭文書」に記録された。上記「銭文書」の時期区分に従えば，時期ごとの新入戸数（姓名で表記）と新入条の額（米穀に換算）は以下の通りである。

Ⅰ期（1915～23年）：4名[20]（すべて1斗）
Ⅰ・Ⅱ中間期（1924～28年）：6名（1斗5名，2斗1名[21]）
Ⅱ期（1929～35年）：15名（1斗8名，2斗7名[22]）
Ⅲ期（1936～42年）：10名（1斗3名，2斗7名）
合計：35名（1斗20名，2斗15名）

Ⅰ期とⅡ期の間の時期については「銭文書」の記録が散逸しているため実際

19　あるいは，洞契がすなわち洞そのものである，いいかえれば洞とは洞契を構成する戸の集合体であるという認識が介在していたのかもしれない。8章3節も参照のこと。
20　ただしこれ以外に，1915年に1斗を納めた他姓（鄭氏）が1916年に「新入来」として1斗をさらに納め，また1915年に5刀（0.5斗）を納めた他姓（姜氏）が,「新入来」・「新入々来」として，1917年と1918年にさらに1斗ずつ納入している。
21　他姓（崔氏）で1926年と1927年に1斗ずつ納入している。
22　うち金氏（行列字から判断しておそらく他姓）1名は，1929年と1934年に1斗ずつ納入。

の新入戸の数はこれよりも多かった可能性があるが，Ⅰ期と1929年の「銭文書」の収入記録に新入条の記載が見られないので，中間期の新入条もおおむね「穀文書」に記録されていたのではないかと推測される。

これに従えば，1915年から1942年までの28年間の新入者は35名（戸）であるが，先述の構成戸数の概算に従ってこの間の増加分を16戸とみなせば，差引き19戸は転出，あるいは消滅した計算になる。また，中間期までの14年間の新規加入は10戸のみで，残りの25戸はすべて後半14年間の新規加入となっている。すなわち後半期は前半の2倍以上の新入戸が記録されている。

前半と後半の違いとして納入額の違いも挙げることができる。新入条の額は「条約」で租2斗と定められていたが，前半期にこの全額を納めたのは10戸中1戸のみで，1915年の「案」に収録されていた2戸が後に追加納入した分を合わせても3戸に過ぎなかった。これに対し後半期には，25戸中14戸が2斗相当を納入している。前半期で2斗かそれ以上を納入した3戸はいずれも他姓であったが，後半期には三姓の子孫で2斗を納入した者も見られる。新入条として1斗のみを納めた者は，1915年「案」収録者とその後の新規加入分について三姓の族譜と対照し同定しえた限りで，いずれも1915年「案」の収録者の次三男であった[23]。すなわち，1斗を納めたのは，洞契に加入済みの世帯からの分家であったと考えられる。これに対し父・祖父の代で未加入の者は，次三男はもちろんのこと長男であっても2斗相当を納めていた[24]。他の事例も同様であったとすれば，前半期の新規加入戸は村内分家が主体であったのに対し，逆に後半期では転入戸が分家を上回っていたといえる。

とはいえ，転入戸の相当数が三姓の子孫によって占められていたのも確かである。1915年「案」と1946年「乞粒記」の姓の構成を比較すると，以下のように，他姓は姜氏を除けばすべて入れ替わっているが，金・安・宋の三姓が大半を占める点は同様であった。

1915年「案」(35名)：金22，安4，宋4，他5（女性2，孫・鄭・姜1名ずつ）

23　1926年に新入条1斗を納めた金昞甲は1915年「案」収録の金昌錫の次男，1934年に新入条1斗を納めた金漢武は1915年「案」収録の金在錫の三男，1938年に新入条0.77円（籾1斗分）を納めた金漢亀は，1915年「案」収録の同じく金在錫の次男であった。

24　1942年に新入条を納めた金昞七は，長男であったが父・祖父が1915年「案」に収録されておらず，2斗を納入している。また，1934年に新入条を納めた安鍾来（次男），1941年に新入条を納めた安鍾得（次男）と安載遠（次男）も2斗相当を納入している。

1946 年「乞粒記」(51 名)：金 31，安 10，宋 5，他 5（姜・魯・趙・邢・呉 1 名ずつ）

金氏の場合，彦陽金氏以外の氏族の者も少数含まれていたとみられるが，これを考慮に入れても他姓の流動性は高かった。これに対し三姓の場合，族譜で同定できた 1915 年「案」収録者のほとんどが子孫のいずれかを Y マウルに残していたが，一部の息子は転出し，逆に父系親族の転入者も相当数見られた。三姓の子孫は，Y マウルだけでなく近隣の U マウル（主に彦陽金氏・恩津宋氏）と K マウル KY 集落（主に広州安氏），ならびに C 里 C マウル（彦陽金氏）にも相当数居住しており，後述する Y マウル住民のライフヒストリーからもうかがえるように，このような近隣村落からの転入が多数を占めていたと考えられる。特に U マウルや K マウルからの転入の場合，転居に際して自作あるいは小作する農地を手放す必要がなく，洞契と村落への帰属が変わることを除けば，日常生活と生業面でさほど大きな違いはなかったのではないかと考えられる。

3-3-5　コミュニティ的関係性と村落結社

本節の締めくくりとして，洞契等の個別村落を範囲として組織される結社・アソシエーションが，村落コミュニティの再生産，より限定的にいえば，生活空間としての村落を場として展開される互助・協同と相互規制としてのコミュニティ的関係性とどのような連関を示していたのかを，ここで挙げた事例に即して考えておきたい。

前項で見たとおり，植民地期 Y マウルの洞契の構成は，三姓の子孫が多数を占め，それに流動性の高い他姓が加わる形をとっていた。ただし三姓にも構成戸の出入りがあり，村内分家や転入によって洞契に新規加入した戸もあれば，逆に転出・消滅した戸もあったとみられる。また，朝鮮後期南原府の在地士族の子孫である三姓が主体となってはいたが，同じく在地士族が呂氏郷約の理念を踏まえて組織した狭義の洞契・洞約が士族による下層民の支配・統制の装置として活用され，なかには下層民を排除する構成をとるものもあったのとは異なり[25]，Y マウルの洞契の場合，他姓を含めた住民の対等な関与を見て取ることができた。

収支細目に即してその活動内容を見ると，戸口税の共同納付（ただし I 期のみ），

25　例えば，旧南原府の名門士族のひとつである全州（屯徳）李氏の集姓村であった屯徳里の三渓契では，植民地期に入ってからも李氏をはじめとする士族の子孫以外の住民の加入は認められていなかった［金健泰 2008］。

道路・橋梁の整備，井戸掃除，種痘の実施，酒宴の主催等，住民の福利厚生に関わるものが全時期を通じて基調をなしていたことをまず確認できる。特に生活・生業環境の整備は住民自身の労働奉仕によって実施されており，その点で洞契は村落住民の共同性，あるいはコミュニティ的関係性の再生産に部分的に寄与していたのだといえる。他方で経常的な活動の財源が共有財産の利子とトゥレ等の共同労働による収入によって充当されていたように，村落住民の共同性やコミュニティ的関係性が洞契の運営の重要な基盤をなしていたのも確かである。すなわち，洞契の運営とコミュニティ的関係性の再生産とのあいだには，相互依存的な関係が成り立っていたのだといえよう。

一方，植民地期特有の現象として，Ⅰ期に見られた戸口調査・土地調査・衛生事業，官主催の演説会への動員，ならびに寄付金の徴収，そしてⅢ期の農村振興運動や戦時協力といった植民地権力による動員・徴発に対して，少なくともＹマウルでは洞契を基盤として共同的な対応がなされていた点が目を引く。これは洞契が外部社会と村落住民とを緩衝するインターフェースとしての機能をも果たしていたことを示している。

さらに，Ⅰ期とⅢ期に見られた臨時の支出への対応，特にⅢ期に顕著であった支出の急増と収支の不均衡への対応は，洞契と村落コミュニティの間に，単純な（定常的な）相互依存と相互の再生産への寄与に留まらない，より動態的な関係が成り立っていたことを示唆するものといえる。Ⅰ期では行政的動員による突発的な支出に対して，一回的な共同労働の労賃収入や各戸からの拠出金（戸斂）によって経費を充当し，Ⅲ期ではこれに加え共有不動産の処分や共同資金の切り崩し等がなされていた。特にⅢ期の倉庫建設と新会館購入に際しては，可能な手段を総動員したという印象さえ受ける。これは，外部社会との相互作用，この場合は植民地権力の主導する諸事業への動員・徴発の過程で，洞契の経常的な活動を通じては対応しきれないような支出に対しても，柔軟性の高い臨機応変の対処が可能となっていたことを示すものである。田辺繁治の用語を借りれば，諸々の行為主体が相互に触発しあうことで集合的力能を高める「情動のコミュニティ」が，外部からの介入を契機として盛り上がりを見せたのだといえるかもしれない[26]。集合的に力能が高められたコミュニティ的関係性と洞契と

26　田辺繁治は，人びとが偶然に出会い，互いに触発し合いながら実践が繰り広げられる集合的で動態的な領域としてコミュニティを捉えなおし，「出会いを通して自分と他者が変様し「盛り上がる」ことによって共同性の地平が広がる」と述べている。そして，彼が事例として取り上げる北タイのHIV感染者・エイズ患者の自助グループのような

の関係は，コミュニティ的関係性の盛り上がりが洞契の機能を強化するとともに，洞契がこのような盛り上がりの現勢化を促進する装置として機能していた点で，単なる相互依存に留まらない相互触発的な性格を見せていたといえよう。

1章3節で示したように，コミュニティ的関係性の構成と統合の度合いには村落によって違いがあり，また特定の村落に焦点を合わせても盛り上がる局面もあれば，減衰・瓦解する局面もみられる[27]。さらにここで注意を喚起しておきたいのは，洞契という装置によって集合的力能の高まりが無条件に可能となっていたわけではなかったという点である。例えば，旧南原府の名門士族のひとつである屯徳洞の全州李氏（2章1節参照）を主体とする三渓契の場合，植民地期以降，村落を基盤とした契の性格に大きな変化が生じた。まず1930年代には契の基金が底を突き，共有水田からの若干の地代収入で年度末の講信会（Yマウル洞契の「伝掌」・トンネガリに相当）を維持するのがせいぜいとなった。よって特別の事由が生じ，支出が増えた場合には，赤字を免れえなかった[28]［金健泰 2008, pp.315-316］。それとは対照的に，伊藤亜人が調査した全羅南道珍島上萬里の事例では，洞契によって村落における共同生活に必要な様々の「村ごと」(トンネイル *tongne-il*) が運営されていただけでなく，植民地期中盤の1928年にはかつて面長をつとめた村の指導層の一人の呼びかけで振興会が設立され，潤沢な資金を造成し，村落全体の振興事業の推進母体となった。上萬里ではこの他に水利契，婦人会，

「情動のコミュニティ」は，「しばしば共同的で触発＝情動的な関係を基盤として形成されるが，他者の生への配慮，あるいは他者性を相互に触発し受容する関係性を形作ることによって，それはある種の力能を獲得する」という。さらにこのような「情動のコミュニティ」は，「情動と共同の高まりを通して力能を蓄えることで外的な世界につながっていく可能性をもつのである」としている［田辺 2012］。

27　全羅南道内陸部の一農村，青山洞の村落結社について論じた嶋陸奥彦は，「青山洞の人はみんな入っている」と表現される3つの「ムラの契」，すなわち村落住民の互助・公益的な結社が，同じ村落の人間であるというアイデンティティ表明の媒体となっている一方で，それが「あくまでも対等な仲間であるという相互認知を持つ人々が，たがいに協力するために形成する組織」で，「対等でありえない場合や協力の意志が低下した場合には〔中略〕成立しないことになる」と述べている［嶋 1990, pp.89-90］。

28　1933年の収支を例に挙げれば，収入が現金15円10戔と米10斗，支出が14円38戔で，収支の規模は同時期のYマウル洞契と大差ないが，収入は共有する道具の賃貸料と小作料によるものであった。一方，支出の内訳は，前年度不足分の補填3円68戔，講信行事費用8円58戔，孝道表彰92戔，三渓長・工事長両有司歳饌1円20戔で，Yマウル洞契のように経常的な収入源が充分には確保されておらず，予定外の支出が生じると赤字を計上することもあったことがわかる。

新青年会も組織され，これら諸結社によって公益的な活動が活発に展開された［伊藤 2013, pp.374-408］。この場合は，コミュニティ的関係性の力能の高まりに応じて，公益的な活動を担う様々な契が組織されたのだといえよう。

本章で検討した植民地期農村社会の事例では，1920 年代の農村人口の定着性と流動性（1 節），1920 ～ 30 年代の自給的農業経営の再生産と農民の窮乏・流浪（2 節），1910 年代後半～ 40 年代前半の村落結社を通じた平等的コミュニティの再生産と外部社会の介入／農家の転出入（3 節）といったように，持続性と変化・流動性とのあいだにどのような均衡がとられていたのかがひとつの主題をなしていた。この動態的均衡性――あえてそのように名付ければ――は，4 章で取り上げる Y マウル住民のライフヒストリーにも通底する主題であり，Ⅱ部（5 ～ 7 章）で産業化過程での家族の再生産戦略の再編成を記述分析するうえでも重要な参照軸となる。また，3 節での Y マウル洞契の事例から導き出した平等的コミュニティと村落結社との相互性（相互依存性／触発性）については，8 章での 1960 ～ 70 年代の民族誌と 1980 年代末調査当時の Y マウルとの対照的考察において，改めて言及することにする。

4章　農村住民の近代／植民地経験
：移動と教育を中心に

本章では，Yマウル住民のライフヒストリーを資料として用い，農村住民による近代と植民地支配の経験について，日本への出稼ぎ・移住と近代教育の履修を通じた事務・専門職への進出を中心に論ずる。

調査当時のYマウルに暮らしていた人たちのなかで，最高齢者は1908年生まれ，数えで82歳の27-李PSと28-李KN，いずれも女性であった。また，男性の最高齢者は28-李KNの夫である28-安CGで，1909年生まれ，調査当時数えで81歳であった。27-李PSは1922年に数え15歳で隣接するT面からYマウルの彦陽金氏に嫁いだ。28-李KNは1924年に数え17歳で同じく隣接するS面からYマウルの広州安氏に嫁いだ。夫の28-安CGは当時数え16歳であった。1920年代前半から植民地支配からの解放までの20年余りの間，彼らは青年・壮年既婚者としてYマウルに暮らし，農業を営みながら子供を産み育てた。

一方，彼らと同世代や下の世代の者のなかには，4-安SNの亡夫4-宋HD（1910年生，1987年死亡）のように，植民地期に日本内地に働きに出ていた者もいた。そのうち，4-安SN（女・1920年生），1-金HY（男・1919年生），22-金TY（男・1919年生）は，結婚後，戦時下での渡日経験を，問わず語りに話してくださった。本章の1節では，彼らの体験談を中心に，日本への出稼ぎ・移住と家族の再生産過程との関係について検討する。

1920年代前半には朝鮮人向けの初等教育機関である公立普通学校が相次いで増設され，調査当時のYマウル住民やその他Yマウル出身者のなかにも，普通学校に通い近代的な初等教育を受ける者が見られるようになった。28-安CGの弟である30-安CM（男・1912年生）やYマウル出身の金HT（男・1916年生）がその早い例で，4-安SNも女性としては早い時期に普通学校に通った。普通学校を卒業した男性のなかには，近代教育の経験と日本語の識字能力を生かして，事務・専門職に進出する者も見られた。2節では金HTの事例に南原邑内の吏族家系出身者の事例を補い，近代教育の履修を通じた事務・専門職への進出について論ずる。

植民地期に近代教育を受けた者のなかには，解放後から朝鮮戦争期にかけての政治的葛藤に直接的に巻き込まれ，過酷な体験をした者もいる。3節では，近代的な文物・思想の受容に関する補論として，解放後の左右対立に巻き込まれた人たちの体験談を紹介する。

4-1　植民地期の人の移動：日本内地への出稼ぎ・移住を中心に

3章1節でも触れたように，植民地期の朝鮮には内地，すなわち日本からの移住者が相当数暮らしていた。南原郡では，1925年に内地人が全人口の0.5%(543人)に達し，1930年には0.8%（873人），1935年には0.9%（1,029人）にまで数を増やした[1]。京城（現ソウル特別市旧市内）・釜山といった政治・物流の拠点地域や，内地人入植者の多かった全羅北道平野部と比べれば決して高い比率ではなかったが，それでも日本による植民地支配が進行する過程で内地人の数は増加していった。南原地域の行政・流通の拠点であった邑内を含む南原面（1931年10月に南原邑に昇格）に限れば，その割合は5%前後にまで達した。

日本内地から朝鮮への人の流れだけではなく，逆の朝鮮から日本への人の移動も増えていった。3章2節で見たように，日本への主要交通路から隔てられた全羅北道の場合，日本への出稼ぎ・移住者は1920年代半ばの時点では決して多いほうではなかったが，時期が下るにつれその数を増していった[2]。

4-安SNによれば，亡き夫，4-宋HD（1910年生）は3人兄弟の次男で，22，3歳のとき（1931～2年）に日本に渡り，結婚当時は下関のカフェで働いていたという。4-宋HDは4-安SNとの結婚後も日本に暮らし続けたが，4-安SNは当初は夫の生家で暮らした。

《事例4-1-1》4-安SNの結婚，渡日，帰郷

4-安SN(71歳[3])は1920年にK里Kマウルで生まれた。生家〔広州安氏〕[4]が富者で，K里所在のP国民学校〔正しくは公立普通学校〕に4年間通って卒業し，当時は日

1　『朝鮮国勢調査報告』各年度版による。

2　外村大の集計によれば，1940年の在日全羅北道出身者数は77,718人で，当時の全羅北道人口に比して4.73%に達していた［外村2004, p.58］。

3　以下，Yマウル住民とその家族・近親の年齢は，特に断りのない限り調査を開始した1989年時点での数え年齢で示す。

4　〔　〕内は筆者による補注。以下同じ。

本語が話せた。4年の課程を卒業したのは女性では本人だけであった。結婚したのは，本人17歳，夫4-宋HDが26歳のとき〔1935年〕だった。結婚後はK里Uマウル所在の夫の生家で夫の兄夫婦と5年間暮らし，その後，夫が暮らす日本に渡った〔1940年頃〕。

夫は美男で，カフェで働いていて人気があった。菊人形祭のときに客の接待であちこちに連れてゆかれるなど，よく旅行をしていた。一方，4-安SNは，手袋作りの内職（毛糸をほどいて編み直したもの），服屋（23歳のとき〔1941年〕から），下関駅前での荷物保管（鉄道客が市街地に出るときに本人の家の前を通るので，1個につき20銭で預かった）等，日本でいろいろな仕事をした。

22歳のとき〔1940年〕に長女を，24歳のとき〔1942年〕に長男を産んだ。長男が生まれたときは戦時中だったが，舅・姑にとって初めての男の孫であったので，長男を夫の生家に避難させるために一旦婚家に帰った。しかし戦争が激しくなって日本に戻れなくなった。その1年前の25歳当時〔1943年〕に，夫の父母と兄夫婦はUマウルからYマウルのクンシアムコルに転居していた。日本から戻った後は，婚家が所有する3軒の家のうちの1軒に暮らした。夫の弟はソウルで6ヶ月訓練を受けて志願兵として日本に渡ったが，その後消息不明である。夫は解放後に帰郷した。

4-宋HDが1930年代前半に日本に渡った経緯は不明であるが，生家（4-安SNの婚家）が解放前後に住居を3棟所有するなど，当時のY・Uマウルでは富裕な方で，また渡日後の職業から判断しても，生計維持目的の出稼ぎというよりは遊学的な意味合いが強かったのではないかと考えられる。また，生家を継承する長男ではなかったため，行動の自由度も比較的高かったのだと考えられる。4-安SNの語りからうかがいうる限りでは，一種の遊民・閑良[5]的な気質の強い人物であったようである。

4-安SNは結婚当初，夫と一緒に日本に渡らず，婚家に留まって5年間，夫と離れ離れに暮らした。生家を継承しない息子夫婦も，住居と農地を分与されて独立した所帯を構える「分家*punga*」までは夫の生家に暮らすのが通例であり，また後述する事例にも見られるが，夫が出稼ぎ等の理由で単身で生家を離れる場合でも，妻は夫の生家に残るのが一般的であった。既婚女性は妻としての役

5　「閑良*hallyang*」とは，元来は官職を持たない閑人を指し，後に武芸を嗜み科挙武科に応試する者を指す用語としても用いられたが，ここでは比較的裕福で一定の職業を持たずに趣味を楽しむ風流人を指す語として用いている。

割だけではなく，夫の生家の嫁としての役割も担わされていた。4- 安 SN の場合，結婚 5 年後に下関で夫と一緒に暮らすようになったが，これは夫の日本滞在が長期化して，故郷でなく一旦は日本で独立した所帯を構えることになったものとみられる。

下関での暮らしは，長女と長男を産み育てる一方で，内職や小商売等の様々なインフォーマルな経済活動に従事しつつ生計維持を図るもので，4- 安 SN にとって負担の大きいものであった。しかしこの時期の経験を語る彼女の語り口は当時を懐かしむようで，帰郷後に見舞われた不幸や苦労との対比で，当時の体験が郷愁的に回顧されているとの印象も受けた。

4 年余りの日本暮らしは，太平洋戦争が激しくなり，「代 *tae*」を継ぐ可能性のある初めての男の孫（夫の兄にはまだ息子が産まれていなかった）を手元に呼び戻したいとの舅姑の意向で，下関に夫と長女を残し，長男とともに帰郷することで終わりを告げた。後述するように，生家の父系親族の女性で当時 Y マウルに暮らしていた未婚の 40- 安 CR が，彼女のかわりに長女の面倒をみるために日本に渡った。太平洋戦争期末期のこの時期は，夫の弟（3 兄弟の三男）が志願兵として日本に渡るなど，戦争の影響による婚家の家族の異動が目立った。

帰郷後に夫の生家ではなく，（隣接してはいるが）別の住居に暮らすようになったことは，日本での夫との夫婦生活を起点とする分家の進行過程の中間段階とみることができる。終戦・解放までの短い間，夫婦は再び離れ離れに暮らしたが，解放後に夫が帰郷して再合流し，おそらく夫の生家から農地も分与され，分家が完結して独立した農業経営を営むようになった。

次の 2 つの事例では，いずれも既婚男性が単身で日本に出稼ぎに出ているが，分家前か分家後かによって，残された妻の居住・生計と帰郷後の生活に違いが見られる。

《事例 4-1-2》1- 金 HY の分家後の日本への徴用・出稼ぎ

a）世帯訪問調査時のはなし（1989 年 7 月 22 日）

1- 金 HY（男・1919 年生・71 歳）は結婚 5 年目で U マウル居住の父〔彦陽金氏〕から分家した。分家のときにはクン・チプが住む家を建ててくれただけでなく，水田も 5 マジギ〔1,000 坪〕分けてくれた。24 ～ 26 歳〔1942 ～ 44 年頃〕のとき，水田と家を日本人に売って，妻を U マウルに残したまま日本に渡った。帰郷後は彦陽金氏大宗中の水田を耕し，大宗中の墓所と祭閣がある Y マウルのチェンギナンコルに住んだ。

b）その後，別の機会でのはなし（1991年3月24日）

25歳〔1943年〕のときに分家し，水田5マジギを分けてもらった。解放前には日本や満州を行き来した。日本には2回行った。1回目は徴用で北海道札幌の炭鉱で働いた。炭坑内は危険だったので，賃金は少ないが主に炭鉱の外で仕事をした。水田はクン・チプに手伝ってもらって妻が耕した。2年期限で一旦戻ってまた日本に出た。2回目は「自由に」〔徴用としてではなく自発的に〕下関に行って，1年くらいで戻ってきた。9-金SBの父が福岡で工事の請け負い仕事をしており，その下で働いた。事務室が大きかった〔手広く事業をしていた〕。9-金SBの父は頭がよく，憲兵もぺこぺこしていた。日帝時代〔日本による植民地支配の時代〕にも農地が不足していた。日本人はここ〔朝鮮〕に金儲けに来て，朝鮮の人たちは日本に金を稼ぎに行った。

二度のインタビューで語っていただいた内容に若干の齟齬があり，また分家時期を1943年としてその後日本に計3年滞在したとすると，少なくとも1946年までは日本に滞在したことになるなどの矛盾も見られるが，結婚・分家後に2回日本に渡航したこと，一度目は故郷の農地を妻が耕し，本人は札幌の炭鉱で働いたこと，二度目は農地と住居を日本人に売り払って渡航し，父系親族を頼って福岡の工事現場で働いたことは確かなようである。

1-金HYは小規模自営農の2人兄弟の次男として生まれた。分家当時，生家が所有する水田は8マジギだけであったが，その半分以上の5マジギを分与された。生家から独立する息子たちに農地を分与する場合，詳しくは後述するように，最終的に生家に残される分を独立する息子1人への分与分の2～3倍程度確保するのが一般的とされていたが，この事例で生家に留め置く分のほうがむしろ少なかった理由は，1-金HY自身の言によれば，生家では父と兄が小作地を耕すことで生計を立てることができたためとのことであった。日本への二度の渡航は分家後のことであったが，いずれも場合も単身での徴用あるいは出稼ぎで，妻は夫の生家のあるUマウルに残った。その間，妻は生業・生計面で夫の生家（クン・チプ）に依存した暮らしを営んでおり，特に水田と家を日本人に売る前の一度目の渡航の際は，クン・チプに助けてもらって農業を営んでいた。

しかし二回ともに帰郷後クン・チプに再合流することはなく，二度目の帰郷後は彦陽金氏大宗中墓所の管理人として生計を立てるようになった。渡航前にすでに生業・生計面で生家から独立していた，すなわち分家済みであったことがひとつの理由として挙げられようが，生家の暮らしも決して豊かではなく，夫婦で厄介になることが事実上難しかったものとみられる。

《事例 4-1-3》22- 金 TY の渡日

22- 金 TY（男・1919 年生・71 歳）は彦陽金氏の出身で，3 男 1 女の次男である。長兄は同じくＹマウルに暮らす 21- 金 KS である。25 歳〔1943 年〕で結婚し，その後，北海道の炭鉱で働きながら，10 ヶ月ほど日本で暮らした。解放の際に帰郷した。35 歳のとき〔1953 年〕に長兄から分家した。長兄 21- 金 KS は植民地期に満州に行き，解放後に戻ってきた。調査当時，水田 3,000 坪（うち自家所有 1,000 坪。小作地は宗中のものと村人の個人所有のもの），畑 350 坪（自家所有 50 坪）を耕作。長兄 21- 金 KS は水田 1,000 坪（自家所有 1,400 坪），畑 600 坪（すべて自家所有）を耕作。

1- 金 HY と同様に，この事例の 22- 金 TY も次男で，結婚後に単身で日本に働きに出た。しかし前者とは異なる分家前の出稼ぎであった。22- 金 TY の場合，帰郷後は生家に暮らし 8 年余り経ってから分家した。分家時期の遅れは，後述するように解放後の政情不安と朝鮮戦争時の混乱によるものとみられる。

4- 宋 HD，1- 金 HY，ならびに 22- 金 TY の共通点として，いずれも次男で生家を継承する息子ではなかったこと，少なくとも一時期は妻を故郷に残して単身で日本に滞在していたこと，そのときの年齢がおおむね 20 代半ばから後半までであったことを挙げられる。すなわち，分家前か分家後かには違いがあったが，いずれの場合も継承子ではなく，かつ日本に暮らしていた時期が結婚直後の生計基盤を築きつつある年配にあたっていた。ただし，22- 金 TY の場合，長兄 21- 金 KS も同時期に満州に出稼ぎに出ていて解放後に戻った[6]。このように生家を継承する長男でも結婚前，あるいは結婚後まだ若い時期に遠方に出稼ぎに出る例がなかったわけではない。しかしそれでも移動については次三男の方が自由度が高く，また生計維持の面でも（4- 宋 HD については必ずしもあてはまらないが），生家を継承する長男とは異なり分家後の生計基盤の安定性が保証されているわけではない次三男にとって，他郷への出稼ぎの必要性はより高かったのではないかと考えられる。

生活の基盤が確立されていない移住先での生活において，しかも故郷から遠く離れたところに暮らす場合でも，故郷に残る家族が移住・出稼ぎ者にとって妻・子供の委託先や緊急避難先として機能していた点についても留意しておき

6　このほか，37- 金 KY の長兄（1924 年生）等も日本に出稼ぎに行ったことがあるという。

たい。一時的な徴用・出稼ぎで日本に滞在し，いずれは帰郷する予定であった1-金HYや22-金TYの場合には，（特に分家前であった後者の場合には，）帰郷後の協力・依存関係を見込んだものでもあったと考えられるが，一旦は下関に所帯を構えた4-宋HD・安SN夫婦の場合でも，帰郷後に住む家が夫の生家によってあらかじめ準備されており，また夫の両親が，当時唯一の男児の孫であった夫婦の長男を手元に呼び戻すといったことがなされていた。これは生計維持や父系血統の継承のための諸戦略が，分家後のクン・チプとチャグン・チプ，あるいは居住・生計を異にする親子・兄弟の間で，時には共同的に取り組まれるものであったことを示している。家族を親子兄弟や近親の関係性の場で立ち上がる一種の共同性（communality）として捉えた場合，少なくとも移住初期においては，空間的な距離を越えて家族の親密な，あるいは相互依存的な関係性が維持されていたことを示唆するものといえよう。事例4-1-2で言及された9-金SB父の例でも，戦時中に福岡で建設下請業を手広く営み大きな事務所を構えるまでになり，戦後・解放後も故郷には戻らずに日本で建設・貿易業を営んだが，次男の9-金SBは母とともに故郷に残り，父からの仕送りで大学まで通った。

最後に，結婚前に日本や朝鮮北部で働いた経験を持つ男女各1名の事例も示しておこう。

《事例4-1-4》5-金PRの朝鮮北部への出稼ぎ

5-金PR（男・1927年生・63歳）は彦陽金氏の出身で，Yマウルに4兄弟の次男として生まれた。1940年代末に徳果面出身の豊壌趙氏（1928年生）と結婚したが，結婚前に現在の北朝鮮に出稼ぎをしたことがある。理髪等の仕事をしていた。妻は日本の「高等学校」〔高等女学校か？〕を卒業した。兄が「人共」の時〔朝鮮戦争中に北朝鮮人民軍が侵攻・占領し，人民委員会が組織されていた時期〕に家を出た。その後すぐには分家せずに両親・兄嫁と暮らしたが，「兄がいつでも戻ってこられるように」するため，結婚後11年目（1950年代末）に分家し現在の家に移った。

《事例4-1-5》40-安CRの渡日

40-安CR（女・1930年生・60歳）はYマウルの広州安氏の出身で，3姉妹の三女として生まれた。結婚前，15歳の頃〔1944年〕から日本で暮していたことがある。〔事例4-1-1の〕4-安SNの家に暮らし，子供を育てた。

5-金PRと40-安CRは，いずれもP国民学校を卒業したのが最終学歴で，結婚前の10代後半の頃に遠方に働きに出た。男性の場合，10代後半でも未婚単身での移住が行われていた可能性は3章1節でも指摘したが，同年輩の女性の場合，結婚に伴う移住が主で，40-安CRのように単身で遠方に働きに行くのは珍しかったと考えられる[7]。しかも彼女の場合，生家が比較的裕福であったので，生計維持目的での出稼ぎというよりは，同じ家系の出身で幼い娘を夫の元に残して帰郷した4-安SNの代わりに，後者の嫁ぎ先に一時的に手伝いに出るという性格が強かったと考えられる。

日本・満州・朝鮮北部等，故郷から遠く隔たった地への徴用・出稼ぎ・移住の例は，1930年代前半に日本に渡った4-宋HDの例を除けば，いずれも戦時下でのものであった。その点，日本等，朝鮮外への出稼ぎ・徴用は，少なくともYマウル住民にとっては植民地支配下でもかなり遅い時期に顕著となった現象であり，さらに，必ずしも多くの住民に共有された体験とはいえない。とはいえ，単身での移動における結婚前の男（女）や既婚の次三男の相対的な自由度の高さと故郷に残る家族との協力・依存関係（いいかえれば，空間的距離を越えた家族の共同性の再生産）は，解放後・産業化以前の移動の事例や，産業化過程での向都離村過程での家族の空間的拡散を検討する際にも考慮すべき点となる。これについては後に改めて取り上げることとする。

4-2　植民地期の新式教育と事務・専門職への進出

次に，1920年代以降に本格的に普及した近代的な公教育の履修経験と，農業以外の職業，特に事務・専門職への進出状況を見てみよう。

4-2-1　植民地支配下の教育

ライフヒストリーの分析に先立ち，植民地期の地方社会における教育の実態を概観しておきたい。

朝鮮末までの主たる初等教育機関は漢文の読み書き等を教える私塾の形態をとるもので，一般に「書堂 *sŏdang*」と呼ばれていた。主として在地士族が集居する農村に設けられており，篤志家や士族門中，あるいは書堂契によって運営された。植民地期に入ってからも1920年代初頭までは，この書堂が初等教育の

7　ただし貧農の場合，娘でも結婚前に働きに出る例がみられた。後述（5章1節）のテドン里の事例を参照のこと。

なかで大きな比重を占めていた。なかには漢文以外に諺文（ハングル）や算術なども教えるいわゆる改良書堂も見られたが，近代的な初等教育機関である公立普通学校が各地で開設されるようになると，書堂の施設数と児童数は減少に向かった［板垣 2008, pp.263-265; 伊藤 2013, pp.421-432］。

表4-1に示したように，南原・雲峰地域で最初に設立された近代的初等教育機関は，1907年に南原邑内で開校した龍城学校であった。次いで1912年に雲峰郡（当時）の邑内（1914年に南原郡に合併される）に雲峰公立普通学校が設立された。1910年代末までの（新）南原郡に設けられていた普通学校はこの2校のみであったが[8]，1920年代初頭以降，邑内以外の農村部にも普通学校が設立されるようになった。1920年代には11の公立普通学校が新設開校され，1930年代半ばまでには徳果面と王峙面を除くすべての邑・面に1校以上の普通学校が開設された（その間，豆洞面と黒松面は合併して松洞面になった）。P面では1922年に私立普通学校が設立され，翌年にP公立普通学校として設立認可を受け，開校した。ただし1935年に6年制に延長されるまでは4年制で，5学年に進学するには邑内の南原（龍城）公立普通学校に編入せねばならなかった。また1938年には，南原郡最初の実業学校で，植民地期唯一の中等教育機関であった南原公立農業学校が開設された。

表4-1に示したように，1920年代後半の普通学校の生徒数は，当時の新聞記事に記載された9校に限れば，1校当たり80～240名程度，平均135名で，これに1920年代末までに開校されていた普通学校数13校をかければ，約1,800名となる。4年制が主体であったとすれば1学年当たり400名強の在学生がいた計算になる。また，1930年朝鮮国勢調査時の南原郡の6～13歳人口が，男10,635名（同年齢人口の平均1,519.3名），女9,957名（同1,422.4名）であったことと対照すれば，学齢児童の1割以上は普通学校に通っていたのではないかと推測できる。ただし性別・面別・年齢別の構成を含め，これ以上詳しい状況が分かるような統計資料は残されていないので，ここでは1930年朝鮮国勢調査時の仮名・諺文の読み書きに関する統計（3章1節参照）を手がかりに，当時の教育履修の実態について考えてみたい。

まず，南原郡全般の識字状況として，仮名のみを読み書きできる者が南原面に突出して多く，ついで大山・王峙・徳果・巳梅面で比較的多く見られた点を押さえておきたい。3章1節で示したように，南原・王峙両面は市街地を形成し

8　初等教育機関としてはこの他に，内地人向けの南原尋常高等小学校が設けられていた。

表 4-1　植民地期南原郡公立教育機関

学校名	所在地	設立年度[1)]	創立時生徒数[2)]	現生徒数[2)]	教職員数[3)]
南原（龍城）普通学校	南原面	1906年6月龍城学校設立 1907年4月設立認可			訓導15，教員嘱託1[a)]
雲峰普通学校	雲峰面	1907年8月私立萬成学校設立，1911年8月私立普通学校認可，1912年5月公立普通学校認可			訓導7，講師嘱託1[a)]
南原尋常高等小学校	南原面	1912年頃			訓導3，教員嘱託1[a)]
金池普通学校	金池面	1920年6月設立認可 1921年7月開校	120	239	訓導5[a)]
巳梅普通学校	巳梅面	1920年6月設立認可 1921年7月開校	70	209	訓導4[a)]
阿英普通学校	阿英面	1921年9月設立認可 1922年6月開校	80	77	訓導2[a)]
宝節普通学校	宝節面	1922年5月私立普通学校設立，1923年6月公立普通学校設立認可，同年9月開校	60	108	訓導2[a)]
水旨普通学校	水旨面	1922年7月設立認可 1923年5月開校	70	134	訓導3[a)]
山東普通学校	山東面	1923年9月認可	80	148	訓導3[a)]
山内普通学校	山内面	1922年9月私立学校認可 1924年11月公立普通学校認可 1925年4月開校	60	94	訓導2，教員嘱託1[a)]
引月普通学校	東面	1924年10月設立認可 1925年4月開校	50	86	訓導2[a)]
帯江普通学校	帯江面	1924年10月設立認可 1925年5月開校	80	122	訓導2[a)]
雲橋普通学校	大山面	1928年4月設立認可 同年6月開校			訓導3[1930年]（学校長は南原普通学校長が兼任）
周生普通学校	周生面	1929年6月設立認可・開校			訓導3[1931年]（学校長は金池普通学校長が兼任）
朱村普通学校	朱川面	1932年4月設立認可 1932年5月開校			訓導3[1933年]（学校長は水旨普通学校長が兼任）
松洞普通学校	松洞面	1933年6月設立認可			訓導3[1934年]（学校長は金池普通学校長が兼任）
二白普通学校	二白面	1933年6月設立認可・開校			訓導2[1934年]
山内普通学校附設徳洞簡易学校	山内面	1934年3月設立認可			訓導1[1934年]

雲峰普通学校附設高基簡易学校	雲峰面	1934年4月設立認可・開校[a)]			訓導2［1934年］(1名は雲峰普通学校訓導が兼任)
巳梅普通学校附設高亭簡易学校	徳果面	1935年[b)]			訓導1［1935年］
南原農業専修学校	南原邑	1936年4月開校（3年制）			教諭2，書記1，嘱託教員1，講師2［1936年］
南原普通学校附設龍程簡易学校	南原邑	1936年[c)]			訓導1［1936年］[4)]
藍鶏簡易学校	二白面	1937年5月設立認可・開校（1944年5月蓼川国民学校）			訓導1［1937年］
南原農業学校	南原邑	1938年4月認可・開校（乙種3年制）[5)]	52[6)]		教諭7，講師1［1938年］(同校設立に伴い，南原農業専修学校は廃校)
帯江尋常小学校附設水鴻簡易学校[7)]	帯江面	1940年4月設立認可・開校			訓導1［1940年］
徳果尋常小学校	徳果面	1921年7月開校			訓導2［1940年］(高亭里簡易学校で開校)
王峙尋常小学校	王峙面	1940年4月設立認可・5月開校			訓導2［1940年］

註：1) 設立年度は趙成教編［1972, pp.323-355, 361-362］による。但し，a) は1943年を1934年に訂正。b)，c) は『朝鮮総督府及所属官署職員録』による。2)「創立時生徒数」と「現生徒数」は，「十年一覧　顕著に発達した燦然たる地方文化　各郡別詳細調査」(1928年12月15日現在。『東亜日報』1929年1月13日掲載）による。3) a) は『朝鮮総督府及所属官署職員録』(昭和3［1928］年4月1日現在）を出典とする。他は『朝鮮総督府及所属官署職員録』各年度版のうち，開校年度に最も近いものに従い，［　］内に該当年度を記した。4)『朝鮮総督府及所属官署職員録』(昭和11［1936］年7月1日現在）から簡易学校訓導名も本校の項目に含められるようになった。5) 出典は『東亜日報』1938年4月5日・9日・17日。6) ただし初年度合格者のみ［『東亜日報』1938年4月9日］。7) 1940年度に普通学校が尋常小学校に，さらに翌年度から国民学校に改称された。

ていたため内地人が比較的多く，大山・徳果・巳梅の3面も農村地帯ではあったが他の農村諸面と比べれば内地人数が多い方であった［朝鮮総督府1933, pp.40-41］。逆にそれ以外の内地人数が少ない諸面では，仮名のみ識字可能な者の数も極端に少なかった。

これを踏まえた上で，南原郡全体とP面のみの集計値を比較すると，まず，仮名あるいは諺文を読み書きすることができた者の比率は，南原郡全体で男性28.8%，女性6.7%，これに対しP面では男性29.8%，女性8.3%であった。いずれも内地人他の非朝鮮籍の居住者を含む値であったが，朝鮮人の占める比率が南原郡全体で男性99.0%，女性99.3%，P面で男性99.9%，女性100.0%であったので［朝鮮総督府1933, pp.40-41］，朝鮮人のみの識字率もほぼ同程度であったと考えて差し支えない。男女いずれについてもP面のみの比率は郡全体の比率を若干上回る程度で，ほぼ同水準の値を示している。ただし当時の南原郡19面のうち，邑内市街地を含む南原面が突出して高い識字率を示しており（男42.5%，女14.3%），これを除く農山村地域の諸面のなかでは，P面は比較的高い値を示していた。

仮名と諺文に分けて，同じく読み書きできる者の比率も示しておこう。仮名については，南原郡全体で男性8.1%，女性1.3%，P面で男性6.7%，女性0.3%が識字可能であった。P面の仮名識字率は男女ともに南原郡全体のそれを下回っていたが，南原面（男性20.7%，女性7.8%）を除く農村部のなかでは決して低い方でなかった。一方，諺文識字率は，南原郡全体で男性28.2%，女性6.2%，南原面で男性39.2%，女性10.2%，そしてP面で男性29.8%，女性8.3%となっていた。諺文識字率についても南原面が突出して高い値を示していたが，P面も農村地域では比較的高い方であった［以上，朝鮮総督府1933, p.57］。

ここで仮名についても諺文についても，識字率に男女で大きな開きが見られる点に注意しておきたい。諺文では南原郡全体で比率にして男性が女性の4.5倍, P面では3.6倍となっており，男性のほうが女性よりも格段に識字率が高かった。その傾向は仮名識字でより顕著に現われており，女性で仮名の読み書きできる者に至っては，P面の場合，乳幼児も含めた女性の全人口2,840名中，わずか8名に過ぎなかった。事例4-1-1の語り手である1920年生まれの4-安SN（1930年当時，数え12歳）が，4年制のP国民学校に通った同級生のなかで女性としては唯一4年課程を卒業し，日本語が使えたというのも，決して誇張ではなかったことがわかる。

仮名と諺文で識字率を比較すると，南原郡全体とP面のいずれについても，男女ともに諺文識字率の方が圧倒的に高かった。逆にいえば仮名の読み書きは，より限られた人びとのみが身につけた能力であった。一方，年齢別の分布には，仮名か諺文かだけでなく男女によっても異なった傾向を見てとれる。1930年朝鮮国勢調査の報告書では年齢別識字率の統計（統計表13）が郡・面単位では示されていないため，全羅北道の統計値を用いて傾向を読み取ると，識字率が最も高い年齢層は，仮名の場合男女ともに10～14歳であったのに対し，諺文では男性が20～24歳，女性が15～19歳となっていた（図4-1参照）。仮名の識字率のピークが10代前半にあったのは，普通学校の増設などの公教育の本格的な普及が1920年代前半以降に展開した事実を反映するものであろう。これに対し諺文の識字率のピークがこれよりも上の年齢層に見られたことは，諺文教育がそ

図 4-1　1930 年朝鮮国勢調査年齢層別仮名・諺文読み書きの程度（全羅北道・朝鮮人）

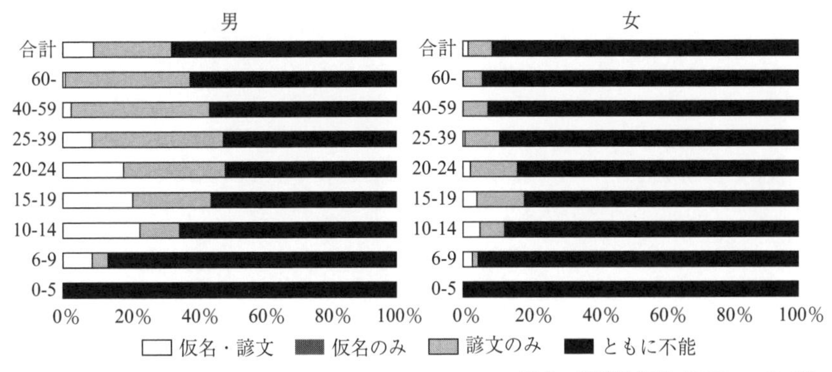

出典：朝鮮総督府［1933, pp.60-61]。

図 4-2　1930 年朝鮮国勢調査年齢別未婚率（全羅北道）

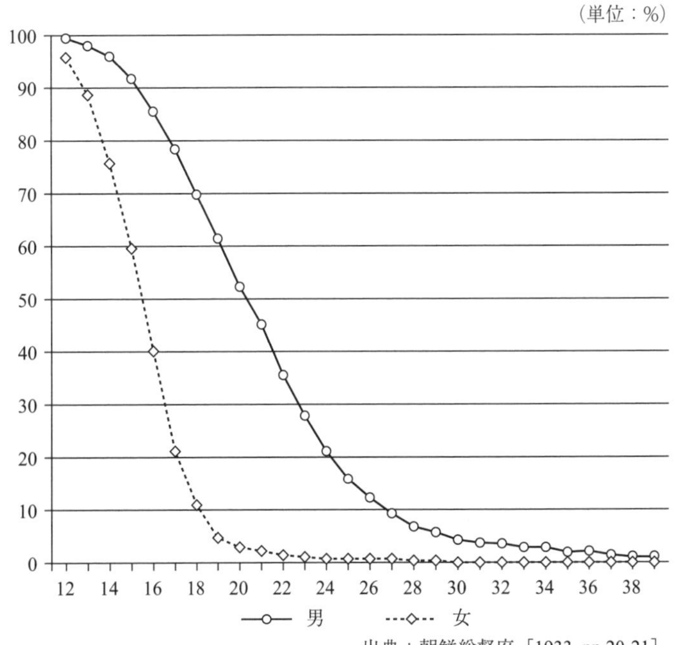

出典：朝鮮総督府［1933, pp.20-21]。

れ以前からより幅広い年齢層を対象として公立普通学校以外の場でも実施されていたことをうかがわせる。また，男女のピークがいずれも結婚適齢期と一致していることから判断すれば（3章1節と図4-2を参照），概ね結婚前に教育が終えられていたと考えられる。教育の場としては，書堂・私塾や家庭を想定しえよう。さらに男性の場合は60歳以上でも4割弱で諺文識字が可能であったように，植民地期以前のかなり早い時期から諺文教育の普及が試みられていたことが分かる。これに対し女性の場合は諺文識字教育自体の普及度が低かったばかりでなく，普及し始める時期も遅かったとみられる。

4-2-2　教育と職業選択

植民地支配下の地方社会において，宗主国の言語である日本語の習得は，農業以外の就業機会の拡大を意味していた。例えば，次節で取り上げる南原邑内吏族家系出身の梁KSは，1924年に南原邑内の竹巷洞に生まれ，数え9歳の1932年に龍城（南原）公立普通学校18期に入学し，ここに6年間通って1938年に卒業した。卒業後は邑内繁華街にある内地人経営の商店で店員をしたり，南原邑事務所の嘱託や邑書記をつとめたりした。このように，日本語を習得することによって，郡・邑・面役場やその他公的機関の事務員，あるいは内地人の経営する店舗の雇員として就業する機会が開けた。

次の金HT（調査当時はP面C里Cマウル居住）はYマウルの出身で，6年制公立普通学校卒業後，さらに1年課程の農業訓練所と4ヶ月課程の地方吏員養成所で教育を受け，その学歴を生かして面書記や砂防事務所の事務員をつとめた。

《事例4-2-1》金HTの学歴と職歴（1992年7月29日・8月19日調査）

金HT（男・1916年生）はYマウルの彦陽金氏の出身で，一人っ子であった。生家は貧しく，しかも父が9歳のときに亡くなって，母は本人に教育を受けさせようと大変な苦労をした。教育をしようにも食糧がなかった。〔任実郡〕獒樹に母の生家があり，暮らし向きがよかったので，〔4年制のP公立普通学校修了後〕母の生家に住まわせてもらい，〔獒樹〕公立普通学校の5・6学年に通った。数え15歳頃〔1930年頃〕であった。卒業後は生家に戻って農業をした。

獒樹学校に通っていた時も，土曜日の午後には家に戻って母を手伝って農作業をし，〔月曜日には〕また学校に行った。雨が降ってもしかたなく帰ったが，ある時，S里〔P面役場所在地〕で雨に降られて川が増水し，橋もなかったので，〔川を渡れずに〕川辺で野宿したこともあった。翌日家に帰ると母に驚かれた。

結婚には，必ずしも仲媒〔仲介者〕を立てなければならないわけではなかったが，本人が結婚したときは，〔普通学校〕5年生のときの担任だった鄭TK先生が仲媒をしてくださった。先生の奥さんの生家が獒樹にあり，富者として暮らしていた。先生はそこに下宿していて，妻の父から，次女（妻の妹）の結婚相手を生徒のなかから仲媒してくれるようにと頼まれた。金HTは結婚の条件として，普通学校卒業後，全州農学校に進学することを承諾してもらった。学費も結婚相手の生家に出してもらう約束だった。しかし妻の生家の暮らしが傾いて水田を売り払ってしまったので，農学校には通えなかった。

全州師範学校が，生徒が多すぎて2年間閉校〔学生募集を中断〕していた間，全羅北道が農業訓練所を設けた。1年課程で約60名が寄宿舎に暮らして学んだ。本人は2期生として1年間通った。昭和10年〔1935年〕のことだった。そこで農業学校の3年課程分をほとんど学んだ。蔬菜原理については本人がよく知っている。水稲耕作も学んだ。漢文，社会もたくさん学んだ。

その後，地方吏員養成所という面書記〔面役場の事務員〕を養成する学校で4ヶ月間勉強した。そこで知識を得た。日帝時代に4年間〔1942～45年〕，さらに解放後に1年間〔1947～48年〕，計5年間面書記として働いた。その間，農業は作男を置いてやらせた。暮らし向きもよくなった。水田も10マジギくらい耕作した。当時，作男を置いていた者はあまりいなかった。1年の労賃が米で5カマニであった。〔作男の〕妻は〔夫と〕別に暮らし，夫だけがひとりで〔働き先に〕住み込んでいた。

面書記を辞めたあとは南原砂防事業所に職を得て，内務を担当した。面書記になる前にも3年ほどこの仕事をした〔農業訓練所後修了後，地方吏員養成所に入る前の1930年代後半～40年代初頭か？〕。再開してからは〔1960年代半ばまで〕20年間この仕事をした。事務仕事で，正式な公務員ではなかった。〔砂防工事の〕労働者に賃金を与える仕事などをした。砂防事業は国の事業で，南原砂防事業所は，淳昌・南原・任実・長水の4郡を担当していた。当時は山に木がなかった。石油・練炭・ガス等の燃料がなかったので，林産燃料のみ燃やしていた。それで山の木が切りつくされてしまった。山から砂が流出して高くなった川底を掘り下げる工事もした。これを治山治水事業という。Yマウル裏手の鶏龍山でも解放後に砂防工事を何度も行った。解放後10年くらいして行わなくなった。自然と木が生えてきたので，事業をする必要がなくなったからだ。それで南原砂防事業所も廃止された。この仕事は季節的に行ったもので，夏の暑い盛りや冬には仕事がなかった。仕事のないときには家で農業もしていた。作男を置いていたときもあれば，そうでないときもあった。食糧も乏しく，解放後には作男を置けなかった。かわりに日雇い労働者を雇うことが多かった。

金HTは生家が貧しく父にも早く死なれ，母が苦労をしながら農業で生計を維持していたが，4年制のP公立普通学校修了後，母の生家に寄留することで6年制の公立普通学校を卒業することができた。金HTは聡明な子供であったようで，担任教師に見込まれて妻の妹を紹介され，全州農学校に通わせてもらうという条件で結婚した。このように，貧しい農家の出身で父を早くに亡くしても，母の親元から学校に通ったり，さらに成績優秀であれば裕福な家庭の娘と結婚して妻の生家からの援助を受けて進学するなど，公教育の履修を続ける方法があったようである。

しかし結婚後，妻家の家計が傾いたため，全州農学校への進学は結局かなわなかった。それでも彼は自力で農業訓練所を修了し，南原砂防事業所に職を得た。さらに地方吏員養成所を修了した後は，面書記として植民地期に4年間，解放後に1年間，勤務した。詳しくは次節で取り上げるように，左翼運動家による郡守宅襲撃事件への関与を疑われて面書記を解任されたが，南原砂防事務所に復帰し，50歳前後まで内務職を勤めた。

彼の場合，自給的な農業を営みつつ，近在の南原市街地等で，断続的に専従，あるいは季節的な事務職に従事していた点も特徴的である。職に就いていない期間は農業で生計を維持する一方で，事務職で得た収入で農地を購入し，往時には水田10マジギを所有・耕作するに至った。また労働力は年雇用（作男）や日雇いの労働者で賄うなど，自給的な農業経営と賃労働（自身の就業と賃労働者の雇用）を組み合わせた営農を試みていた。それを可能にしたのが，普通学校と農業訓練所，ならびに地方吏員養成所での教育履修であった。調査当時には果樹園を営んでいたが，それも彼が公教育で得た知識・技術に裏打ちされたものであった。

調査当時のYマウル住民かその近親で植民地期に公教育を経て事務職に就いた例は，金HT以外に後述の30-安CMの例しか確認できなかったが，南原邑内に代々暮らしてきた吏族家系（1章1節参照）の出身者のなかには，植民地期に官職や専門職に就いた者が相当数見られた。なかでも次にあげる李KUの事例は，父が1920年代後半に全羅北道の判任官（下級官吏）に任ぜられ，彼自身は中学校を卒業して植民地期末に教職に就くというように，早い時期から親子2代にわたり公教育を通じて事務・専門職に就いた例として注目される。

《事例4-2-2》李KUの学歴と職歴

李KU（男・1926年1月［陰12月］生）は，南原邑内に代々暮らす寧川李氏の一家系の出身である。彼の家系を含む寧川李氏のいくつかの家系は，朝鮮時代後期の南原府で，守令（南原府使）の指揮下で行政実務を担当する郷吏を輩出していたが，そのうち彼の属する「派」〔家系〕は，主に南原邑内の双橋洞と錦洞に暮らしていた。

李KUの父は長男で，植民地期に公務員になった。はじめは全羅北道庁で知事官房主事をつとめていたが，達筆を認められて早くに判任官〔高等官＝親任官・勅任官・奏任官＝の下のランクに位置づけられる下級官吏〕に任用された。李KUは父の赴任先の全州で生まれた。李KUが数え8歳〔1932年〕で初等学校に入学した時，父は任実郡庁で学部主任をつとめており，その翌年に錦山郡庁に面行政主任として赴任した。当時は錦山郡も全羅北道に編入されていた〔現在は忠清南道〕[9]。李KUが初等学校3年生のとき〔1934～35年〕，父が郡守に就任することが内定した。しかし祝いの席で酒を飲みすぎて，脳溢血で急死してしまった。享年33歳であった。

父の死後，李KUは祖父を頼って南原に転居した。祖父は朱川面銀松里に住む地主で，田畑合わせて2万坪程度を所有し，作男を3名置いて農業を営んでいた。祖父の住む村から邑内の学校に通うのは大変だったので，双橋里に家を買ってもらい，母と3男妹〔2男1女〕がそこに暮らした[10]。途中肋膜炎を患い，8年かけて龍城初等学校〔南原公立普通学校〕を卒業した[11]。書堂には通わず，4年生まで初等学校で朝鮮語を学んだ。漢文は解放後に独学で習得した。

李KUは満15歳（1941年）で全州北中学校に進学した[12]。今の全州高等学校の前身で，当時，〔朝鮮人向けのものとしては〕全羅北道で唯一の中学校であった。中学時代には小泉八雲や西田幾多郎の著作に親しんだ。卒業後は，徴用を避けるため，南原郡帯江面の初等学校で教師をつとめた。解放後も，公民学校，高等

9　『朝鮮総督府及所属官署職員録』各年度版によれば，1929～32年任実郡属，33年錦山郡属。

10　『新増版南原誌』収録の李KUの履歴によれば，彼の母は32歳で夫を失い，1958年に南原郷校から孝婦賞を授けられた［趙成教編 1976, p.988］。

11　『新増版南原誌』に収録されている李KUの履歴によれば，1940年卒業［趙成教編 1976, p.988］。

12　前出の『新増版南原誌』によれば，1945年3月卒業。

公民学校の教師をつとめ，1951年に辞職し，税務署に職を得た[13]。

朝鮮時代の官衙所在地で，朝鮮末以降も行政・流通の拠点として近代的な文物がいち早く入った邑内を生活と社会活動の拠点としてきた吏族家系出身者の場合，農村地域の住民よりも比較的早い時期から近代的な公教育の履修や官途への進出が見られた［李勛相 1994; 拙稿 1999a; 同 2006b］。旧南原府の吏族主導家系[14]の出身であった李KUの父は，その典型例といえよう。また，中小吏族家系のひとつである江華魯氏出身の魯SJの父は，戦前に早稲田大学商学部を卒業し，帰郷後，事務職や教職についた。魯SJの祖父も邑内近隣に暮らす地主で，次男である魯SJの父だけでなく，長男である伯父も日本の大学に留学させた。

李KUは金HTと同様に早くに父を亡くしたが，後者とは異なり祖父が裕福な地主であったため，経済的な困難を免れることができた。一家は祖父の援助で南原邑内に家を買って暮らし，彼自身は6年制の龍城公立普通学校を卒業後，全羅北道唯一の朝鮮人中学校であった全州北中学校に進学した。金HTの事例では，祖父等の父方親族の介入を見てとることができなかったが，息子，特に長男に先立たれた祖父からすれば，その息子である孫，なかでも李KUのような長孫は，父系の血統の貴重な継承者であり，むしろその人生に対して積極的な介入を示すべき対象となる。父系の系統を継ぐ男系の男子子孫に対して父方の祖父母が強い関心を示した例は，事例4-1-1で4-安SNの舅・姑が，戦時下で初めて授かった男の孫を日本から自分の許に避難させたことにも見て取れる。一方，夫に先立たれた妻にとって，夫が死んだからといって婚家との関係が切れるわけではなく，逆に夫の死によって，息子に先立たれた夫の父母を孝養し，夫の遺児を育てる嫁としての役割がより強く期待されるものとなる。李KUの母は1958年に南原郷校から「孝婦賞」を授与されたが，これは既婚女性にとっての「孝」，すなわち夫の父母に対する嫁としての役割を全うしたことを讃えるものであった。

再び李KUの履歴に戻ると，全州北中学校を卒業した後に教職を経て税務署

13　前出の『新増版南原誌』によれば，1952年から南原税務署勤務。

14　吏族主導家系とは，郡県の郷吏の首職であった戸長・吏房や道官衙の営吏を寡占的に輩出していた家系のことをいう。李KUの家系では17世紀後半から18世紀前半にかけて5世代にわたり，全羅監営の営吏5名と戸長・吏房経験者数名を輩出した。彼の9代祖は営吏を勤めるとともに中央の官界にも進出し，五衛将をつとめた。吏族については1章1節も参照のこと。

に勤務したことは，地主・富農の子弟が高い学歴を背景に専門的な職業に進出した例としても捉えることができる。さらにこの事例からは，植民地支配下で近代的な中等教育を受けた朝鮮人エリートの教養のありようをもうかがい見ることができる。李KUは，筆者との会話でも日本語を流暢に操り，日本の旧制高校出身者を髣髴とさせるような専門にとらわれない幅広い人文学的教養を，言葉の端々に表していた。『新増版南原誌』に収録されている履歴によれば，1947年に南原国民学校に転任した後は主筆として校誌の刊行に毎月たずさわるなど，詩文にも長けていたことが分かる［趙成教編 1976, p.988］。また解放後に独学で学んだものではあるが，漢文の素養も具えていた。

Yマウル住民の事例のうち，解放以前に普通学校（初等教育）を経て上級学校に進学した例は，把握しえた限りで金HTのみであったが，解放後には（新制）高等学校や大学に進学する例も見られるようになる。李KUの事例と同様に，ほとんどが富農の子弟であったが，これについては次章で改めて取り上げることにする。

4-3　左右対立と朝鮮戦争

1・2節では，日本への出稼ぎ・移住と近代教育の履修を通じた事務・専門職への進出を中心に，植民地支配と近代の経験が農村社会での生活の営みにどのように織り込まれていたのかを検討したが，植民地期に近代教育を受けた者が解放後の政治的葛藤にいかなる関与を示したのかについても事例を補足しておきたい。ここでは2節で取り上げた金HTと南原邑内吏族家系出身の梁KSの事例を中心に，地方の知識人・実務家が，解放直後から朝鮮戦争期に至るまでの左翼運動にどのように巻き込まれていったのかを見てみよう。

1945年8月15日の太平洋戦争の終結と日本の無条件降伏により，朝鮮は日本の植民地支配から解放された。その結果として，在朝内地人，すなわち朝鮮半島（韓国での公式名称は「韓半島Han-pando」）に暮らしていた日本人が日本に引き揚げる一方で，事例4-1-1の4-安SNの夫や事例4-1-3の22-金TYと兄・伯父，さらには事例4-1-5の40-安CRのように，旧日本帝国領域内の諸地域に居住していた朝鮮半島出身者の相当数が故郷に帰還した。南原地域のなかでも，特に地域の政治経済の拠点であった南原邑には，農村出身者を含め多くの帰還者が暮らすようになり，1940年には3,188世帯，15,315人であった人口が，1949年には4,664世帯，24,496人（但し，朝鮮人のみ）にまで増え，9年間で実に6割余りの人口増を示した［南原郡内各国民学校長 1949, p.41］。

解放後，北緯38度線以南の朝鮮半島南半部は，アメリカ合衆国の軍政下に置かれ，南原郡にも解放2ヶ月後の10月24日に第64軍政庁が設置された。解放直後は，在地士族家系や吏族家系の出身者を含む左右両派の指導者に率いられた諸青年団体が群立し，一部は武装して主導権争いを展開した。このうち米軍政の支持を得た右派勢力が次第に主導権を掌握していった［呂運模 1988］。

第2次世界大戦後の国際政治における資本主義と共産主義のイデオロギー対立と冷戦体制は，朝鮮半島の国政レベルでは1948年の南北分断，すなわち半島南半部を実質的な統治下に置く大韓民国と北半部を統治する朝鮮民主主義人民共和国の分立に至るが，左右勢力の対立と主導権争いは，国政レベルに留まらず地方社会にも波及し，地域によっては解放以前に遡る在地勢力間の派閥抗争と結びつき熾烈な対立を見せた例もあった［cf. 伊藤 2013, pp.43-44］。さらに1950年6月25日に勃発した朝鮮戦争（韓国での公称は「韓国戦争 Hanguk-chŏnjaeng」）下では，南下した北朝鮮人民軍が左派勢力を後押しすることによって，両者の抗争が激化する例も見られた[15]。

Yマウルの元住民や，筆者がライフヒストリーをうかがった南原邑内住民のなかにも，地方社会での左右勢力の対立と葛藤に巻き込まれて，様々な苦労を強いられた者がいた。事例4-2-1で取り上げた金HT（男・1916年生）は米軍政下で面書記をつとめていたが，左派による放火事件への関与を疑われ面書記を罷免された。

《事例4-3-1》金HTの共産主義者との交流

解放後4年間，共産主義者と付き合いがあった。思想的に共鳴したというよりは，〔共産主義者のなかに〕親友がいたからだ。そのため朝鮮戦争前に全州刑務所で監獄生活を60日間経験した。〔共産主義について〕知識がなくても，〔共産主義者の〕友達がいて，少しだが話を聞いていたので，「赤色だ」とされてしまった。解放後，知識がなくても赤色というレッテルを貼られた人は多かった。

P面SCマウルの蘇CYの母が，自分の四寸姉〔父方従姉〕だった。彼の父〔四寸姉の夫〕蘇CNが共産主義に少し共鳴していた。蘇CNは気のいい人で，自分

15　解放後から朝鮮戦争期における左右イデオロギーの対立と結びついた地方住民の派閥抗争については，近年，オーラルヒストリーの手法を活用した民族誌的研究が韓国の人類学でも試みられるようになっている。代表的なものとしては，윤택림［1997; 2003］，윤형숙［2002］等が挙げられる。

と同い年で，少しも悪いことをせず，とても親切だった。漢文や文章がうまく，知識が多かった。彼は自分に「共産主義が正しい」と語った。「ひと月後に民共選挙を行うから，自分を支持しろ」といった。しかし米軍政下で面書記を勤めていたため〔1947～48年〕彼を支持することは難しく，「自分はできない」といって断った。蘇CNの家は共産主義者の本部のようになった。彼が1948年2月6日，南原邑内の道通里にある鄭郡守の家に放火し，燃やしてしまった。これを2・6事件という。自分は知らなかったが，2月7日の夜中に家で寝ていた時，警察署の刑事たちが突然来て逮捕され，そのまま〔警察の〕面支所に連れて行かれた。刑務所にいるときに面書記を免職された。60日間監獄生活を送った。裁判を受け，無罪で釈放された。

彼の語りのうち，「民共選挙」が何を意味するのかは確認できなかったが，統一政府の樹立を求める左派勢力が，南朝鮮のみの「単独選挙」の実施と政権樹立に反対し，1948年2月から単独選挙反対闘争を各地で展開していた［橋谷 2000a, pp.335-337］。時期からして，蘇CNの発言は単独選挙反対への支持を求めるもので，金HTのいう「2・6事件」は反対闘争のひとつであったとみられる。

彼の体験談からうかがえるのは，左派の政治活動に直接関与していなくても，親しい者が活動家であれば「赤色」，すなわち共産・社会主義者とみなされ，監視・取締りの対象とされていたことである。また植民地期から解放後にかけての左派運動では，近代教育を受けた知識人が指導的な役割を果たす例も相当数見られた。蘇CNの場合は近代教育を履修したかどうかまでは分からないものの，在地の知識人であったことは確認できる。

一方，南原邑内の吏族主導家系の出身である梁KSの場合，一族の左派指導者の影響で一時期運動の手伝いをし，警察に拘束された経歴を持つ。

《事例4-3-2》梁KSの社会主義運動への関与[16]

梁KS（1924年生）は南原梁氏吏族家系出身で，南原邑内の竹巷洞に生まれた。竹巷洞は南原梁氏の「集姓村」で，当時は南原梁氏が30～40世帯住んでいた。祖父は南原面書記を勤め，1928年に死亡した。父の職業は農業で，「トンネ *tongne*」（上・下竹巷洞）の里長（区長）を7～8年つとめたこともあった。

16　この事例と事例4-3-4に記す梁KSのライフヒストリーは，拙稿［2007b］ですでに取り上げたことがある。

梁KSは普通学校に入学する以前の7～8歳のとき〔1930年頃〕から2年間，南原邑内の「北書堂」，すなわち旧官書堂[17]に通い，「千字文」からはじめて「四字小学」と「推句」まで〔漢文を〕学んだ。しかし父親に無理やり通わされていたので身につかなかった。9歳の時〔1932年〕に龍城普通学校18期に入学し，15歳で〔1938年〕卒業した。そして植民地期末期（17～8歳の頃）から解放直後まで，南原邑事務所の嘱託・邑書記（内務課）をつとめた。

解放直後の南原の社会主義運動の指導者に，梁判権[18]（吏族家系出身），梁鴻柱[19]（非吏族で祖父の代に全羅道鎮安より南原に転居。解放後，全北人民委員長），梁琪鳳（吏族家系出身）の3名の「梁家」（梁氏の人びと）がいた。梁家の青年のなかには彼らに従う者が多かった。梁KSも解放後，民主青年同盟のメンバーになった。ポスター貼りを手伝ったり，幹部の雑用などをしたりしたが，警察に捕まりそうになったのでソウルに逃げた。結局捕まって，数ヶ月間，南原警察署の留置場に入れられた。

梁KSは長男で家計も苦しかったので，家族が「工作をして」南原農業学校に庶務書記の職を得た。母の六寸兄弟（父系の第2イトコ）が農業学校の庶務課長を勤めていた〔その紹介で職を得た〕。その後2年間は職場に忠実に勤め，左翼活動

17　朝鮮時代の官立の初等教育機関。南原邑内には1830年に創立されたと伝えられる北書堂と19世紀末に創設された南書堂の2つの官書堂があり，植民地期に入ってからもここで漢文等が教授されていた。

18　前出の呂運模の整理によれば，梁判権は，1930年に全州農林学校の同盟休学を主導し投獄され，解放後は建国準備委員会に参与するとともに，人民委員会の中心メンバー（「人民委3大メンバー」）のひとりとして左派勢力を主導した。1945年11月に彼を含む5名の左派指導者が全州から派遣された武装警察に逮捕されたことが，「南原事件」の発端となった。南原事件とは，米軍政・警察による人民委員会等の左派組織の指導者の逮捕に対し，釈放を求める南原の民主青年同盟員約100名が全羅北道警察局長らを襲い，一方，米軍は農民の抗議デモを発砲鎮圧するなど，左派勢力と米軍政が始めて直接的に衝突した一連の出来事を指す［呂運模 1988, pp.19, 23, 46-62］。

19　関係者の証言や各種資料をもとに，植民地期南原地域の独立・抗日運動の歴史をまとめた『南原抗日運動史』の記述によれば，梁鴻柱は1913年に南原邑双橋里に生まれ，1927年に南原公立普通学校を卒業し，家事を手伝っていた。1929年に南原少年同盟に加入し，副委員長になった。新幹会・南原青年同盟の幹部の指導を受けて，農民運動（労働夜学会・農民組合・雇傭契）を組織し，読書会「同窓親睦会」を設立した。1932年8月に仲間とともに《団結せよ》という演劇を上演し，南原警察署に逮捕された（南原読書会事件）。1934年に全州地方法院（裁判所）で懲役1年6ヶ月を求刑された［윤영근・최원식 1999, pp.511-515］。

もやめ，安定した生活を送った。

梁KSの場合，いわば兄のような存在であった一族の青年のなかに社会主義指導者がおり，その影響で運動団体に加わったものである。金HTと同様に，彼の場合も社会・共産主義について深い知識があったわけではなく，もっぱら雑用をやらされていた。しかしそれでも警察の取り締まりの対象となり，数ヶ月間の監獄生活を余儀なくされた。金HTと同様に結局罪には問われなかった。釈放後は母方の親族の仲介で南原農業学校に事務職を得て，左翼活動からは身を引いた。

金HTも梁KSも，無罪放免された後は左翼運動への関わりを断ったが，1950年6月25日に朝鮮戦争が勃発し，北朝鮮人民軍が南下して南原地域を支配下に置くと，ともに実務家としての能力を買われて人民委員会や武装共産主義勢力に動員された。まず金HTの朝鮮戦争体験から見てみよう。

《事例4-3-3》金HTの朝鮮戦争体験

朝鮮戦争のときにまた〔今度は共産主義者に〕捕まった。大韓民国の時代になって，U・Y・KY・Sの4マウルをあわせた〔K里の〕里長を勤めていたが，〔1950年6月25日に〕朝鮮戦争が勃発した。初めは大丈夫だったが，9月ごろ共産主義者に捕まり，山に連れて行かれた。〔P面の〕天皇峰で10月からひと月暮らした。当時，昼間は大韓民国，夜は共産主義〔の支配下〕であった。P面は他と違い「未収復地」であったが，面事務所もあった。「収復」とは〔北朝鮮人民軍の支配下から〕完全に解放されたことをいう。11月に武装したパルチザン〔共産主義活動家〕が「我軍」〔大韓民国軍〕に追われて智異山に逃げ込んだ。本人も〔全羅北道〕長水〔郡。南原郡の北に接し，P面と隣接〕の桐花里〔P面の北隣，長水郡山西面の役場所在地〕まで連れて行かれた。ある夜，寝ていたらパルチザンがどこかに行ってしまった。そこでP面から来た4人と逃げることにした。ちょうど夜が明けたとき，徳果面晩島里にたどり着き，他の人たちと別れ，本人だけK里に帰った。村人が見れば不審者が歩いていると思われ，民軍〔大韓民国軍〕の軍人に捕まっていただろうが，その時奇跡がおこった。晩島里の集落の前を通り過ぎる時に雪がたくさん降り，50センチ先にいる人も見えなくなった。足跡も消えた。それで晩島里の村人に気付かれないうちに家に帰ることができた。

その時P面からは30人くらいがパルチザンに連行された。食糧を略奪するときに担いで運搬させられた。自分は面書記だったので，山に残されて各部落〔村落〕に食糧供出を割り当てる仕事をさせられた。

朝鮮戦争の前にも智異山にパルチザンがいた。1948年秋に麗水・順天反乱事件で負けて智異山に立てこもった。彼らが完全に討伐される前に朝鮮戦争が勃発した。

朝鮮戦争勃発後，北朝鮮軍は6月28日にソウル市街に突入し，その後も攻勢を維持して，7月初めには忠清道付近まで南下し，7月20日には臨時首都の大田を占領した。8月1日には戦線が洛東江まで後退した。8月18日には臨時首都が釜山に移された［佐々木・森松監修・国書刊行会編 1978］。金HTが「パルチザン」，すなわち武装した共産主義活動家に連行されたのは北朝鮮人民軍が南原を通過した後で，当時は南原でも人民委員会が組織されていた。しかし9月15日の仁川上陸を契機に，国連軍と大韓民国軍が攻勢に転じ，9月28日にはソウルを奪還し，10月上旬には北緯38度線を突破した。金HTが天皇峰に籠っていた時期は，大韓民国軍がパルチザンを制圧し「収復」を試みていた時期で，11月にパルチザンが山伝いに智異山に移動するまで，P面では，「昼間は大韓民国，夜は共産主義」という国軍とパルチザンの対峙が続いていた。

先述のように，金HTは1948年の2・6事件に連座して逮捕されるまで面書記を勤めていたため，P面の村落事情に明るかった。それゆえに山岳地を本拠にして夜間に村落に降りて食料物資を調達するパルチザンの許に留め置かれ，村落毎に供出させる食糧の割り当てを担当させられた。パルチザンが国軍に追われ智異山に逃げ込んだ後も解放されず，彼の言によれば4ヶ月近く，パルチザンと行動を共にしていた。

一方，梁KTは，朝鮮戦争勃発とともに左翼活動の経歴を問われて警察署に拘留され，釈放後，北朝鮮軍が南原に侵攻し人民委員会が組織されると，今度は書記長に就任させられた。

《事例4-3-4》梁KSの朝鮮戦争経験と避難

梁KSは，朝鮮戦争勃発とともに左翼運動の経歴を問われて，南原警察署の留置場に「予備拘束」された。しかし人民軍が南原に入る2，3日前に，姨従四寸〔母方の従兄弟〕の妻男〔妻の兄弟〕であった刑事班長が留置場から出してくれた。同じ吏族家系の出身で，右派の大韓青年団長であった梁YSが保証人になってくれた〔梁YSはその翌年の1951年4月から1955年12月まで南原郡守をつとめる〕。人民軍が入ってくる直前に，予備拘束をされた人の多くが殺された。

人民軍が入ってくると社会主義者の天下になった。爆撃が激しくなったので自分は村に避難していたが，姨叔兄〔母方の従兄〕が訪ねて来て南原郡の人民委員会に出るようにいわれ，しかたなく書記長をつとめた。行政での経験が買われたものだった。人民委員会の委員長には梁琪鳳〔事例4-3-2参照〕が就任し，副委員長は「以北」〔北朝鮮〕から来た人がつとめた。人民委員会のメンバーの大半は郡職員だった。

人民委員会講習会に参加するために徒歩でソウルまで行く途中に，国連軍が仁川に上陸し〔1950年9月15日〕，人民軍が退却したという噂を聞いた。〔京畿道〕安城川を越えたところで右翼に捕まり，〔京畿道〕龍仁警察署に連れてゆかれ，数日後に〔京畿道〕水原警察署に送られ，さらに〔京畿道〕永登浦収容所に収容された。ここで同行の人が「人民軍には少し協力しただけで，学ぶ機会がなかったことが悔やまれて教育を受けに来た」とうまく話をしてくれて，1ヵ月で釈放された。かつて南原で命を救ってあげたことのあった外三寸〔母の兄弟〕が永登浦警察署の査察係で刑事を勤めていたので，彼を訪ねてそのままその家に身を隠した。

「1・4後退」〔中国軍の参戦によって国連軍が退却し，1951年1月4日にソウルを再び明け渡した事件〕の際に釜山に逃げ，さらに引率者が逃げたので米を1，2升かついで〔慶尚南道〕金海に行き，そこで物乞いをしながら1ヵ月ほど過ごした。当時，姨母〔母の姉妹〕が，以前に南原の理髪所で働いていた再婚相手と〔全羅南道〕光陽沖の泰仁島で理髪所を営んでおり，たまたま金海で会った南原出身の人が連れて行ってくれるといったので，彼を頼りに泰仁島に渡り姨母と再会した。ここに3年ほど住んだ。

親友が共産主義者であったが自身は運動に携わっていなかった金HTとは異なり，末端構成員ではあったが民主青年同盟での活動歴がある梁KSは，朝鮮戦争勃発とともに警察署に拘留された。そのまま収監されていたら北朝鮮軍が南原に侵攻する直前に右翼勢力によって殺されていたかもしれないとのことであったが，警察署の刑事班長であった母方の従兄弟の妻の兄弟と，右派政治指導者であった父系親族のおかげで，侵攻数日前に釈放され，窮地を脱した。しかし南原郡人民委員会が組織されると，別の母方の従兄の頼みで委員会に加わらざるを得なくなり，実務能力とおそらくは左翼活動の経歴を買われて，書記長に就任した。

国連軍の仁川上陸後，パルチザンとともに山に籠った金HTとは異なり，梁KSはソウルへの移動中に右翼に捕まって収容所に送られたが，ここでは同行者の機転に助けられ，釈放後は母方オジの許に身を隠した。しかし中国からの援軍が加わった北朝鮮軍が攻勢に転じて再び南下を始めると，今度は北朝鮮軍から逃れるために釜山，金海へと移り，さらにたまたま知り合った故郷南原の人を頼って母方オバの暮らす泰仁島に避難した。当時まだ20代後半であったが，故郷の左右両勢力のどちらとも距離を置く必要に迫られ，婚約者を故郷に残したまま行方を把握されにくい島に避難したものであった。

左右の政治対立や朝鮮戦争の直接の影響かどうかは不明であるが，事例4-1-4の5-金PRの兄は朝鮮戦争時に北朝鮮に行き行方不明となった。後述する32-安YSの父の異母弟は平壌に移住し，南北分断と朝鮮戦争の勃発によって故郷に戻れなくなった。同じく後述する7-楊PGの父は，早くに朝鮮半島北部に移住したが，南北分断と朝鮮戦争により行方が分からなくなった。5-金PRの場合，兄の不在が分家の遅れを招き，32-安YSの場合は父の異母弟が北朝鮮から戻れなくなったことがＹマウルに暮らす継祖母との同居の契機となった。7-楊PGは幼くして父が行方不明となり，長らく不安定な生計を営まざるを得なかった。左右の政治的対立や戦乱は，その直接の影響を受けて移動や避難を余儀なくされた者だけではなく，そのような者を家族に持つ者にとっても，生計・生活の再編成の契機となっていた。

本章では，Ｙマウル住民のライフヒストリーの分析を中心に，限られた資料からではあるが，農村住民による近代と植民地支配の経験について論じた。1節で取り上げた日本への出稼ぎ・移住の事例は，植民地支配下での日本帝国内での移動，なかでも戦時体制下での出稼ぎ・徴用等の移動に関するもので，時代的な特異性を濃厚に帯びた人の動きであった。しかしその分析から指摘した分家等の家族の再生産過程との連関や未婚者と既婚の次三男の移動における自由度の高さは，解放後の人の移動と再生産戦略との関係を考える上でも考慮すべき点となる。また，2節で検討した近代教育の履修と事務・専門職への進出は，次章で論ずる解放後の家族の再生産戦略において，特に富農にとっての社会経済的地位の維持・上昇の重要な戦略的選択肢のひとつをなすようになる。そして産業化と農村から都市への大規模な人口流出の過程では，この戦略が農村社会に暮らす多くの人びとに広く共有されるようになり，都市中産層志向と階級的地平の拡大へと展開してゆく。これに対し3節で取り上げた左右の政治的対立への関与や朝鮮戦争体験は，その後の地域社会における潜在的な対立・葛藤のひとつの原因となり，むしろあからさまに語ることが忌避されるようになる。

農村社会に暮らす人びとは，当時の葛藤の記憶を封じ込めることで，コミュニティ的な生活の営みを維持・回復していった。

以上の叙述を通じて，3 章末尾で示唆した論点，すなわち朝鮮・韓国の農村社会において持続性と変化・流動性とのあいだにどのような均衡がとられていたのかについても，Y マウルと南原地域の住民の植民地支配と近代の経験から接近することができたかと思う。次章では，3・4 章で検討した植民地期から朝鮮戦争期に至る農村生活と生活経験を背景として家族の再生産戦略がどのように展開されていったのかを，Y マウル住民の個別事例に即して検討する。

Ⅱ部

農村社会における家族の再生産と産業化

5章　農村社会における家族の再生産
：対照民族誌的考察

本章では，Yマウル住民のライフヒストリーを資料として用い，1960～70年代の民族誌資料や植民地期の農村についての口述史資料と対照しつつ，産業化による大規模な向都離村が引き起こされる以前の農村社会における家族の再生産戦略とその実践的論理について検討する。民族誌資料の検討に先立って，まず家族の再生産と関連するここまでの議論を振り返っておきたい。

序論では，長男残留直系家族というエミックな理想型を世帯・家内集団の編成を分析する枠組みとして用いることの限界を指摘するとともに，嶋の提示した儀礼的家と社会的家の重複と分離という分析視角を敷衍して，韓国の家族の再生産過程を，祭祀権の長男への委譲（祭祀の単独相続と父―長男のラインを軸とする公式的親族の構築）と兄弟間での財産分割（家内集団の分裂）という，論理的にも実践的にも異なる2つのプロセスの接合として捉える視角を示した。そしてこの相続の二重システムを踏まえて家族の再生産戦略を分析する際の重要な論点として，まず，財産の分割をひとつの契機とする世帯・家内集団の編成と親子・兄弟等の近親間の協力・依存関係の編成（実践的諸集団・諸関係の編成）にどのような状況依存的な論理，すなわち実践的論理を読み取ることができるのか，そしてこの実践的論理が，祭祀継承の形式的論理や公式的親族の編成とのあいだにどのような関係を切り結んでいるのかの2点を導き出した。

朝鮮時代後期の農村社会における戸の再生産を論じた1章2節では，戸を居住と小農的農業経営の基本単位とみなしたうえで，17世紀後半から18世紀後半にかけての戸の再生産戦略の再編成において，①分割相続の原則に従いながらも祭祀財産を増やすことによって宗家を中心軸とする父系親族の結合と拡大をはかるトバギ士族地主，②両班的な長男優待の慣行を取り入れつつ年長労働力である既婚の長男を親の戸に残留させることで，営農基盤の細分化を防ぐとともに農業経営の労働集約化をはかる小規模自営農，③一家離散的な既婚の息子の独立などマージナルな生計維持を試みる無所有の零細小作農・貧農という，少なくとも3つの類型を区分しうる点を示唆した。また，夫婦家族的構成をとる戸の比率の高さと単独戸の有子孫率の低さを考慮に入れれば，離散あるいは消滅し，通世代的に再生産されない戸も相当数に達していたと推測できることを示した。

農村住民にとっての近代と植民地支配の経験を論じた3・4章の叙述からは，農民の窮乏と離農（3章1・2節），洞契の収入補填を目的とした共同労役としての賃労働への従事（3章3節），日本内地等への出稼ぎ（4章1節），あるいは新教育の履修を通じた事務・専門職への進出（4章2節）など，友部謙一が日本の近世・近代の農家経済について指摘した二重就業構造（自給的な農業と家計補充的な副業の併存）[友部 1990; 浮葉 1992] と，小規模自営農の自給的農業が資本主義的な市場経済に部分的に接合されてゆく様相をうかがいみることができた。他郷での農業外就労にあたっては，4章1節で示唆したように，親子・兄弟の互助・依存関係の重要性も決して低くはなかった。

以下，まず1節では，1960～70年代の農村社会の民族誌と植民地期農村についての口述史資料をたたき台として，家族の再生産戦略の社会経済的スペクトラムを見究めつつ，長男残留規範が小農的居住＝経営単位の再生産に強い拘束を及ぼすような局面，すなわち（後述する）中間的自営農の暫定的均衡状態を同定する。2～4節ではこの仮設的展望を踏まえYマウルの民族誌の検討を行うが，まず2節では，上述のスペクトラムの対極に位置づけられる富農と貧農の事例を取り上げ，中間的自営農との対照を通じて，それぞれの再生産戦略の実践的論理と長男残留規範の意味づけを探る。さらに家父長制的関係性からの遊離や富農の生計の危機など，家族の再生産過程に齟齬が生じた事例を補足的に取り上げる。次に3節では，家族の再生産過程の重要な契機をなす結婚と分家について，再生産戦略と切り結ぶ関係に留意しつつ記述分析する。4節では，産業化以前のYマウルの農家世帯の形成経緯を取り上げ，長男残留の規範の規制を一義的に受けるような再生産戦略の存立要件を探る。最後に5節では，長男残留による小農的居住＝経営単位の再生産という暫定的均衡に向けられた小規模自営農の再生産戦略を中間値とする再生産戦略のスペクトラムにおいて，相続のふたつのプロセス，あるいは家族の再生産過程の二重性がいかに媒介されていたのかを中心に，本章での議論を整理する。

5-1　家族の再生産戦略と実践的論理

本節では，家族の再生産戦略と実践的論理をめぐって，まず，1960～70年代の農村社会の民族誌と植民地期農村についての口述史資料を用い，先行研究において構造的規制と捉えられていた長男の生家への残留が実現されるための諸条件と，社会経済的諸要因によって条件付けられる家族の再生産戦略のヴァリエーションについて検討する。そしてこれを踏まえ，長男残留規範が再生産戦略とその実践的論理のなかにどのように組み込まれていたのかを考えてみたい。

5-1-1　長男残留の条件

序論で述べたように，1960～70年代の農村社会での現地調査に基づく人類学的あるいは農村社会学的研究では，生家への既婚の長男の残留と長男による親世帯の継承を，韓国の家族の理想型（ideal model）あるいは規範（norm）と捉える傾向が強かった［Brandt 1971, pp.108-143; 李光奎 1975; 金宅圭 1979, pp.107-116; 嶋 1980; 伊藤 2013, pp.101-142 等］。その一方で，様々な事情により，親夫婦が既婚の長男と別居したり，あるいは長男以外の既婚の息子と同居する事例も相当数報告されていた［Brandt 1971, pp.113-114, 202; 嶋 1980; 伊藤 2013, pp.128-134］。いずれの事例でも，長男の生家への残留と次三男の独立が規範として認識・共有されていたにもかかわらず，この規範には合致しない世帯編成がとられていた。ここではまず，規範からの「逸脱」として捉えられてきた諸事例で，このような世帯や家内的集団の編成を促していた諸条件と実践的論理を検討することを通じて，その裏返しとして長男残留の条件を再構成したい。

1966年に忠清南道泰安半島の臨海村落，ソクポ（Sŏkp'o）を調査したブラントによれば，この村では親が長男以外の最も気心の合う息子と暮らすこともありえたし，また，親と長男の間にたえまなく葛藤が続いたため，長男が村内の別の地区か村外に転居し，かわりに次男か三男が親と暮らす例も見られたという［Brandt 1971, pp.113-114, 202］。すなわち，どの息子と一緒に暮らすのかを決定する際に，息子たちの出生順位とは無関係に，親子の折り合いの良し悪しが優先的に考慮されることもあったことが分かる。

一方，伊藤亜人が1972年以降現地調査を進めてきた全羅南道島嶼部珍島の一農村，上萬里の事例は，長男の独立や生家に残る息子の選択において，親子の情緒的紐帯以外にも様々な条件が考慮されていたことを如実に示すものとなっている。伊藤の調査開始当時の上萬里94世帯のうち，非農家，他氏族の婿を迎えた者，ならびに他村からの移住者を除く86世帯について世帯の継承・独立の経緯を見ると，まず，独子（男兄弟のいない息子）として世帯を継いだものが23例，兄弟のうち長男が両親と同居して世帯を継いでいるものが26例，そして次男以下の弟がチャグン・チプとして村内に独立しているものが22例にのぼった。しかしそれ以外に，長男がチャグン・チプとして独立したものが4例，長男以外の弟が両親と同居してクン・チプを継いでいるものが11例見られた［伊藤2013, pp.128-129］。

上萬里で「クン・チプ *k'ŭn-chip*」とは，両親とその継承者が暮らす世帯（独立した息子から見れば生家）を意味し，これに対し「チャグン・チプ *chagŭn-chip*」は，生家から独立した息子世帯のうち，生家の援助を受けて村内，あるいは近隣村落に農家として独立（分家）し，クン・チプと日常的な協力関係を維持する世帯を指す。よってこの86世帯は，a) 遅くとも親世代から上萬里に居住して農業を営み（クン・チプが親世代から暮らし），b) 生家（クン・チプ）を継承したものか，あるいは生家の援助を受けて村内に農家として独立した世帯（チャグン・チプ）のいずれかであったことがわかる（ただし伊藤がチャグン・チプとして分類した世帯のなかには，生家の援助を受けずに村内に農家として独立した例も含まれる）。上記86世帯から独子23例を除いた63例のうち，長男残留と次三男独立という長男残留規範に合致する例が48例と大半を占めていたのは確かであるが，同時に，この規範に合致しない例が15例に達していた点にも注目したい。

この15例のうち長男以外の弟が両親と同居してクン・チプを継いでいる11例を見ると（長男が村内にチャグン・チプとして独立した4例は，このいずれかのクン・チプから独立したものである），うち4例は，生家に家計の余裕がなかったために長男が他村の女性と結婚して妻の実家を頼って転出したもので，次男夫婦，あるいは三男夫婦が生家に残り両親と同居していた。それ以外の7例については，それぞれ異なる事情が具体的に示されている［伊藤2013, pp.129-134］。ここでその概要をたどりつつ，長男が生家から独立し長男以外の息子が生家に残留した背景を整理してみよう。

長男が生家から独立するパターンのひとつは，生家に多少の経済的余裕があり，男兄弟の年齢差が離れている場合で，長男に財産を分与してチャグン・チプとして独立させたものが2例（例1・3），長男に高等教育を受けさせて教師としてソウルに転出させたものが1例（例2）となっている。例4については生家の経済的状況や兄弟の年齢差が明示されていないが，息子が4人おり，長男と次男は結婚を機に財産分与を受けて村内にチャグン・チプとして独立しているので，生家に少なからず経済的余裕があったと見られ，これも上の3例に準ずる例といえる。

もうひとつのパターンは逆に生家が貧しい場合で（例5・6），長男を含め，結婚・独立した息子たちは生家から充分な財産分与を得られなかった。このうち例５では，長男が結婚当時，妻の実家の近くの村に住んで妻の両親から援助を受けていた（その後，上萬里に戻る）。例６では，長男がソウルに出て職を得ていた。先に述べた妻の実家を頼って転出した４例も，生家が貧しくその援助を受けられなかったという点ではこれに準ずる例といえる。また，貧富の２つのパターンのいずれにも該当しないが，例７では，５人兄弟の長男が「自分なりに住みたい」といって財産分与を受けずに村内に独立した（「作手成家 *chaksusŏngga*」[1]）。

次にそれぞれの事例について誰が生家に残ったのかを見ておくと，例１では５人の息子のうちの五男（末子。次男は商売を志し済州島に転出，三男は村内にチャグン・チプとして独立，四男は珍島邑内で飲食店を経営），例２では５人息子のうちの四男（次男は釜山で漢医学の専門教育を受けた後邑内で漢方医に，三男はチャグン・チプとして村内に独立，五男はソウルで公務員生活），例３では３人息子の次男（三男は都会への転出準備中），例４では４人息子の四男（末子。次男は村内にチャグン・チプとして独立，三男は釜山に職を得て転出）となっていた。経済的に余裕がある農家では，残留子として特にどの息子が優先されるといったことはなかったようである。他方で，村内にチャグン・チプとして独立させている息子は１名ないし２名で，他は上級学校に進学させて事務・専門職に従事させるか，あるいは若干の援助をする以外，ほぼ自力で村外に職を得させていたのではないかとみられる。

これに対し生家が貧しかった例では，例５で三男（長男はその後隣村に住居を与えてチャグン・チプとして分家させ，次男は結婚後妻の実家のある村に転出），例６で五男（次男はチャグン・チプとして独立するには至っていないが，村内に留まり他の世帯の離れに借家住まいし，老夫婦の耕作をすべて請け負う，三男と四男はソウルに転出），いずれも末子（末息子）が親元に残った。生家の生計維持自体が困難であったがゆえに，末子以外の息子は結婚順に生家を離れざるを得なかったのだと考えられる。一方，長男が生家の援助を受けずに村内に独立した例７では，次男が生家に残り，四

1　珍島上萬里では，生家を離れた息子夫婦が，親から充分な援助を得られず，他の世帯の小作やモスム暮らし（別の農家に年雇用されて住み込みで働くこと。モスムとは作男の意）に近い請負耕作をしながら自力で生計の基盤を築いてゆくことを，「作手成家」と呼んでいた（但し，一般には「自手成家」）。その場合でも，後に親の世帯に余裕が生じればこれを頼るのが当然視されていた。「作手成家」の場合は，父親が子供に苦労させたことを負い目に感じるため，一般のクン・チプとチャグン・チプの関係よりも親密な関係になるといわれる。村人もこれをむしろ高く評価しており，ここであげたように，長男でありながら「作手成家」を目指す例すらあった［伊藤 2013, p.128］。

男は村内にチャグン・チプとして独立，三男と五男はソウルに転出している。

貧富のスペクトラムの対極にある農家でともに長男残留の規範と合致しない例が現出していた点が注目されるが，裏返せば，このふたつのパターンのいずれでもない場合には，長男が生家に残ることが選択されたということになる。これをより細かく腑分けすれば次のようになるであろう――息子が複数いるが，すべての息子に安定的な生計基盤を分与して独立させることはむずかしい。よってそのうちのひとりは生家に残さねばならない。また，生家の居住条件（住居の規模と構造）や生産手段（農地）の制約により，最終的に残留させることができる息子はひとりだけである。さらに，生家の経営基盤の持続性を確保しようとするのであれば，独立する他の息子に対し必ずしも充分な財産（特に生産手段としての農地）を分与できるわけではない。その際に，ある条件のもとでは，いち早く一人前の働き手となる年長男子，すなわち長男を生家に残すことに，労働集約的な小規模自営農業の経営，ならびに日常生活の営為の両面での合理性が見いだされる。その条件を具体的に挙げれば，生家が極端に裕福でも貧しくもないこと（労働集約的な営農は可能だが，仮に長男が居住＝経営単位を分けたとしても充分な財産を分与できない），息子の数が多くても3名程度で，かつ年齢差もさほど大きくないこと（長男夫婦とその未婚の子供の存在が生家の日常生活の大きな妨げとはならない，また営農面でも父と長男の役割分担が成り立つ），息子たちを都市の上級学校に進学させることは難しいが，1人を生家に残し，他の息子のうちの少なくとも1人には財産分与をして村内か近隣に分家させても生家の生計維持が可能であるくらいの経営を営んでいること（一家離散的，あるいは長男搾取的な生存戦略をとるまでの必要はない）などとなろう。このような条件のもとで長男残留規範と整合的な世帯あるいは家内集団の編成をとる再生産戦略を，ここでは仮設的に中間的自営農の再生産戦略と呼ぶことにしたい。

1章2節で提示した朝鮮時代後期の農村社会における戸の再生産戦略についての議論をここで思い返してほしい。そこでの論点のひとつとなっていたのが，18世紀を通じた戸の構成に見られる直系家族化傾向と長男残留傾向の強まりをどのように解釈するのかという問題であった。これについて，まず中間的な類型②として，比較的に安定的な営農基盤（農地の所有や小作）を確保しえた小規模自営農が，両班的な長男優待の慣行を採り入れつつ年長労働力である既婚の長男を親の戸に残留させることで，営農基盤の細分化を防ぐとともに農業経営の労働集約化をはかった可能性を仮設的に提示した。一方，類型③として，親の戸の再生産を志向しない（息子たちが離散的に独立する）営農基盤が脆弱な「幼学」

以外の常民戸を想定したが，このふたつの類型の境界は閉じられたものでなく双方向的に越境が可能であったと推測される。すなわち，安定的な営農基盤を確保していた小規模自営農が，不作や地主との関係の断絶によって自作・小作地を失ったり，あるいは多くの息子に農地を分割したりして（または息子が親から農地の分与を受けずに独立して），その営農基盤が脆弱になることもあれば，逆に貧しい農家が自作・小作地の拡大に成功して，営農基盤の安定化を果たすこともあったと考えられる[2]。類型②における親の農家世帯（小規模自営農の居住＝経営単位）への長男の残留は，このようにある種の危うい均衡の上に存立するものであったと捉えるべきであろう。

小規模自営農の営農・生計基盤が暫定的な均衡の上に成り立っていたことは，日本による植民地支配下での収奪と解放後の農地改革を経た1960～70年代の農村社会でも同様であった。植民地期の1920～30年代を通じて進行した小作地の増加と自作農の減少（3章2節）は，解放後の農地改革の実施によって一旦は自作農の増加に転じたが，小規模自営農の営農基盤の強化にはつながらず，1960年代には再び小作・自小作農の比率が上昇していった（詳しくは6章2節を参照）。1960～70年代の小規模自営農も，生産手段としての農地の確保，農家として独立する息子への分与規模の調整，一部の息子の「作手成家」や都市での就労など，必ずしも安定的とはいいがたい営農・生計基盤を維持するために不確実性を伴う戦略的な判断と選択を迫られており，このような暫定的均衡に働きかけるものとして，「中間的」自営農の再生産戦略が展開されていたのだといえよう。

一方，1章2節では長男残留規範の形成を未解決の問題として先送りにしたが，ここで取り上げた珍島上萬里の事例などの1960～70年代農村社会の民族誌では，長男残留が規範として，いいかえれば望ましき家族のあり方として観念化されていた点を確認できた。上述のように中間的自営農の再生産戦略が暫定的

2　朝鮮時代後期の個人量案を分析した金容燮によれば，小作地の借耕期間は一定ではなく，地主側の農業経営上の必要や佃戸（小作）側の事情に従って随時契約と解約が可能であったが，大概の場合は地主権が強く，小作人が小作料をきちんと納付しないとか，税穀を備納しないとか，または怠惰で生産高を十分に上げられないといったときには，地主側でいつでも小作権を回収することができた［金容燮 1970, pp.283-284］。また，朝鮮後期には小作地と小作・自小作農の比率が増加し階層分化が進むとともに，小作農のなかに両班身分の者も含まれるようになった［金容燮 1970, pp.289-290; cf. 趙璣濬 1991, p.48］。

な均衡に働きかけるものであったとすれば，長男残留規範とは，このような均衡状態において一義的に強い拘束力を発揮するとともに，このような均衡状態に向けたある種の主体的な働きかけを促すような実践的論理の中核をなすものであったと捉えることができるのではないか。少なくとも珍島の事例を見る限り，経済的余裕がある農家では長男の生家への残留に固執する必然性が必ずしも強くはなかった。逆に貧農の場合は，長男を独立させてでも生計維持と未婚の子供の扶養を優先させる必要があった。また石浦の事例では，経済外的理由においても長男が生家を離れうることを確認できた。長男残留規範は，理念型への志向性，あるいは構造的拘束として捉えるよりも，ある特定の条件下で象徴的のみならず物質的利益の増進をも促進するイデオロギー的装置として捉えるべきかと考える。

5-1-2　再生産戦略のスペクトラム

個別具体的な状況に応じて組み上げられる家族の再生産戦略と実践的論理にどのようなヴァリエーションを想定することができるのか，そして個別の再生産戦略において長男残留規範はどのような意味づけをされていたのか。Yマウル民族誌を記述分析するためのもうひとつの対照事例として，次にユン・ヒョンスク等の調査による忠清南道瑞山地域浮石面の農村，テドン里（Taedong-ri）の事例を取り上げることにする。

ユン・ヒョンスク［윤형숙 2004］は，在地士族の集姓村，テドン里での口述史調査に基づき，植民地期の農村における家族の再生産戦略を，①農地を多く所有する地主，②小規模所有の自作・自小作農（小規模自営農），③零細小作農・貧農の3つの階層に区分して論じている。そして，地主層では社会経済的地位の維持と上昇（いいかえれば物質的ならびに象徴的利益の増進）が，小規模自営農では生計維持と子供の初等教育が，零細小作農・貧農では生存ぎりぎりの生計の維持が，家族の再生産戦略として重視，あるいは優先されていたとする。

まずユンが地主の典型例として挙げる植民地期テドン里最大の地主李チャンヨンの家族の事例を，その祖父李チュンウの代にまで遡って見てみよう。1878年に農場を設立した祖父チュンウは，4人の息子の適性に応じて，次男と三男には農業を手伝わせ，長男と四男は教育を受けさせて社会的活動に従事させた。特に三男はチュンウの農場経営をよく補佐したが，チュンウが農場の後継者に目したのは長孫（長男の長男）のチャンヨンであった［윤형숙 2004, pp.262-263; 함한희 2004, pp.93-96, 106 も参照］。ユンは再生産実践に協同的に参与するこの家族的集団を

「チバン *chiban*」[3]と呼んでいるが，このチバンは，卓越した富と威信（経済・社会・文化・象徴資本）を活用して，経済的ならびに象徴的利益を増進する諸戦略を一体的に展開していたといえよう。一方，息子たちへの財産分与にあたっては，所有農地 4,500 石（地代収入の総計か？[4]）のうち，長男以外の 3 人の息子に 500 石ずつ分与し，残りの 3,000 石をすべて長男に遺した［윤형숙 2004, p.269; 함한희 2004, p.106 も参照］。長男を優待した息子たちへの財産分割は，一見，17 世紀半ば以降の在地士族層の相続慣行に従ったもののように見えるが，農場経営の観点から捉えなおせば，後継者である長孫チャンヨンの属する系統に圧倒的に多くの財産を相続させることによって経営規模の細分化を防ぎ経営基盤の安定化を図るという，経営的合理性を追求したものとも読める[5]。実際，李氏の農場は長孫チャンヨンの代に最盛期を迎えた。しかし，1950 年代初頭に実施された農地改革以降は衰退し，さらに長孫チャンヨンの系統と四男（チャンヨンの叔父）の系統とのあいだに墓所をめぐる紛争が発生してからは，同じチバンとしての意識も弱まっていったという［윤형숙 2004, pp.274-276］。

次に「それなりに食べてゆけるくらいの水田 1 石落（20 斗落（マジギ））程度を耕作する」自作農や自小作農の場合，生計維持だけではなく子供の教育も重視し，息子たちを近隣の書堂や国民学校に通わせたが，経済的な事情から勉強に専念させることは難しく，特に自小作農の場合は，学校に通わせながらも農作業を手伝わせていたという。分家の時期と分与する財産は家長である父や祖

3　韓国の農村社会において「チバン」とは，一般に，クン・チプとチャグン・チプの関係にある諸世帯を含め，日常生活，生業活動，ならびに儀礼活動において密接な協力関係（実践的関係）にある父系近親の諸世帯を意味する。父系 4 代祖である高祖を同じくする直系男子子孫の範囲（「同高祖八寸」）がひとつの目安とされるが，村内・近隣に暮らす父系近親が多い場合にはこれよりも狭い範囲に限定されることもあり，逆に父系近親が少ない場合にはこれよりも広く設定されることもある。この事例でのユンの用語はこの一般的な用法とは異なり，再生産実践において，より直接的かつ共同的に協力・依存しあう父系近親の範囲を指すものと読める。

4　ちなみに，李チャンヨンの所有地は浮石面全体に均しく分布し，そのうちテドン里所在のものは 1 万 7712 坪（5.9 町。1 マジギ＝ 200 坪として換算すれば 88.6 マジギ）であった［함한희 2004, p.104］。

5　この事例では長孫が農場の経営権を継承したが，ユン・ヒョンスクによれば，地主の場合，長男に財産を増やす能力が足りないとみなされれば，他の子孫にチバンの経営が任されることもあったという［윤형숙 2004, pp.262-263］。ただしこのような例で，財産分割においても後継者に長男よりも多くの財産が遺されたのか，あるいは（チバンを代表する）長男が何らかの形で優待されたのかについての言及はない。

父が決定し，まず家長が住居を準備して次三男の居住を分け，数年後に農地を分与するのが一般的であった。分家した次三男の家族は，居住を分けてもしばらくの間はクン・チプで一緒に農作業や食事をした。その間農業以外の所得を含め，チャグン・チプの家族が経済活動を通じて得た所得は，すべてクン・チプの年長者（父・祖父）が管理した。長男が相続する財産と次三男に分与されるそれとのあいだに地主の場合ほど大きな開きはなかったが，少なくとも独立した農業経営を営めるようになるまでは，チャグン・チプはクン・チプと生計を共有し，クン・チプの家長と年長者の統制を強く受けていたという［윤형숙 2004, pp.263, 267-270］[6]。

農村家族の社会経済的スペクトラムにおいて，この類型は，前項で仮設的に提示した中間的自営農に相当する位置を占めていた。就学中の息子でさえ時には家内労働力として活用せざるをえなかったことや，分家した次三男が独り立ちするまでは父 — 長男のクン・チプとのあいだに相互依存的関係が見られたことなど，この事例からも経営・生計基盤の暫定的均衡に向けた中間的自営農の再生産実践を読み取ることができる。また，生計維持の必要性によって，クン・チプが自作あるいは小作する（チャグン・チプと比べれば）比較的規模の大きい農地に集約的に労働力を投下することが求められる中間的自営農では，生家に残留する長男は年長労働力としても有用性が高かったと考えられる。それ故に，父と長男がひとつの家内集団，すなわち生産手段としての農地を含む財産共有の単位をなすだけでなく，居住と経営の単位である農家世帯を共にする必要性も高かったのだと推測できる。このように長男残留規範が，親の農家世帯への長男の残留と財産分割における長男の優待，いいかえれば小農的居住＝経営単位として経済的にチャグン・チプに優越するクン・チプの長男による継承を一義的に意味するような状況が，まさに中間的自営農の均衡状態であったといえよう。

これに対し，小作地さえも充分に確保できないような零細小作農や貧農の場合は，子供も早くから働かねばならず，男子は日雇いやモスム（作男＝住み込みの年雇労働者），女子は「食母」（住み込みの家政婦）等の仕事に就き，男子の場合，遠く唐津や合徳（ともに現在は瑞山市に隣接する唐津郡に属する）に働きに出ることも

6　伊藤［2013, pp.140-141］も参照のこと。また，ソクポの事例では，長男と弟たちのあいだの不均等な土地の分割による経済的地位や生活水準の違いが緊張関係をはらむものとみなされ，兄弟間の葛藤の原因も，しばしば不公平な土地分割に帰されていた［Brandt 1971, pp.187, 202］。

あった。生家のマージナルな生計維持のために長男が長期間にわたり他人の家でモスム暮らしをせねばならなかった例では,「長男がチプ（家）を相続するのでなく，チプが長男を相続する」のだと説明する者もいた。一方，チャグン・チプとの関係では，分家時に分与しうる財産がなかった場合でも，クン・チプの求めに応じてチャグン・チプが労働力を供出するなどの形でクン・チプの権威と権利が認められてはいた。しかしそれも物的な基盤を欠いていたため，例えば，次三男が働き口を求めて他地域に移住しそこで結婚し暮らすようになった場合などには，クン・チプのチャグン・チプに対する統制力が強いものにはなり難かったという［윤형숙 2004, pp.263-264, 269-270］。脆弱な営農基盤ゆえに労働集約的な農業経営が困難な農家で，（たいした財産相続を望めない）長男の労働力の囲い込みが生計維持戦略の限られた選択肢のひとつとなっていたこと，そして次三男が生家からの財産分与を望みがたく，生家への経済的依存も期待しがたい状況で，次三男に対する生家の統制力にも限界が生じていたことなど，マージナルな生計において父と長男，クン・チプとチャグン・チプの関係が時に搾取－被搾取的様相をも帯びえたことをうかがえる。このように長男優待どころか財産分割自体に困難が伴い，長男残留の効用が農家世帯の再生産よりも当面の生計維持においてより強く見いだされていた状況では，（相続における）長男残留規範の適用可能性自体が狭められていたのだといえる。

5-1-3　小農的居住＝経営単位の再生産に関する補足説明

1970 年代前半の珍島上萬里と植民地期のテドン里の事例の検討から，長男残留規範が長男の親世帯への残留と財産分割における長男の優待，ならびにそれを通じた小農的居住＝経営単位としてのクン・チプの再生産を一義的に意味するような状況を，長男残留の条件，すなわち，中間的自営農の社会経済的均衡状態に見いだすことができた。このような状況においては，相続のふたつのプロセス，すなわち個別具体的状況に左右されない形式的論理に従う祭祀相続［cf. 윤형숙 2004, pp.267-270］と個別の状況に応じて組み上げられる実践的論理による財産分割・世帯編成が順接合され，長男残留の規範がこの接合を媒介する装置としても機能していたと推測できる。ここで小農的経営単位としてのクン・チプの再生産との関連で，財産分割と世帯編成の重なり合いとずれ，ならびに家長的な地位・役割や権威を伴う関係性について補足説明を加えておこう。

まず，居住と営農の基本単位である小農的農家世帯（小規模自営農の世帯）が，それ自体では明確に境界付けられ通世代的に再生産されるコーポレートな単位を必ずしもなすものではなかったことに触れておきたい。上萬里の事例を分析した伊藤は，「両親が初めのうち長男夫婦と同居していたところ，嫁とうまく行かない場合にも，長男が他の家の離れなどの部屋を借りて別居して，その結果，次男夫婦が父母と同居して老後の面倒を見てクンチプを継ぐ場合があり，父母の死後に財産を分割して長男と次男とが再び入れ替わって，長男がクンチプに戻ることもありうる」と述べている［伊藤 2013, pp.134-135］[7]。また，息子夫婦の生家の援助を受けない形での村内・近隣への農家としての独立や未婚の息子の他地域での就労・結婚と所帯としての自立，息子夫婦の妻家暮らし[8]や妻の生家を頼った生計維持，あるいは息子夫婦の他の農家への寄留など，（生家から財産分与を受けない）生家の社会経済的資源に対する請求権をある程度残したままでの居住の分離と経営・就労では，財産分与を伴う分家の場合とは異なり，父の世帯と独立した息子世帯，あるいは兄が残る生家と生家を離れた弟の世帯とのあいだに，財産単位（家内集団）としての明確な境界線を引きづらくなる。さらに，テドン里の零細小作農や貧農の例では，生家に分与しうるほどの財産がなく，生家を出た息子はその経済的援助を受けずに生計手段を確保するしかなかった。以上のような，別居した息子の生家からの分離が不明確な諸例と対照すると，財産分与を伴う分家は，クン・チプとチャグン・チプのあいだに居住・経営単位としてだけでなく財産単位としても境界付けを施し，両者の社会経済的分離を際立たせるものであったといえる[9]。

7　伊藤はこのような事例が韓国社会の一般的な理念からは隔たりがあるとしているが，生家への残留が親の死後の生家の継承を保証するのか否かについて実践的論理に立ち戻った考察が必要であることを，この事例は示唆するものでもある。

8　伊藤は，男子のいない家庭で，妻方の意向によって同居する主要な働き手として婿をとることを「テリルサゥイ *teril-sawi*」といい，通常の婚姻によって新しい世帯を持った者が，しばらくしてから妻方を頼って同居する「妻家暮らし *ch'ŏga-sari*」とは区別されるとしている［伊藤 2013, p.127］。後述するように，Y マウルでは，通常の婚姻をした三男夫婦が，夫の生家から分家せず，息子のいない妻の生家に一時期同居すること（その後妻家の援助を受けて独立）をテリルサウィと呼ぶ事例もあった。本論では伊藤にならい，このように明確にテリルサウィとみなしがたいような妻家への同居は妻家暮らしに含めて考察する。

9　一方，仮に長男を後継者として生家に残す場合でも，生家の財産の処分権を含む農業経営と生計営為上の諸権限やクン・チプの扶養家族とチャグン・チプに対する統制権などからなる家長の地位と役割を長男に委譲する時期は，家長である父の意向に従って決められるもので，父が家長の役割をなかなか譲らない場合には生家に残った長男が長期間にわたって父＝家長の統制下に置かれることもあった［cf. Brandt 2014, pp.110-

一方，上萬里やテドン里の事例に見られた家長的な地位・役割や権威を伴う関係性は，近年の社会学・人類学におけるジェンダー論で家父長制（patriarchy）と呼ばれるシステムに相当する。日本のジェンダー社会学の草分けである上野千鶴子によれば，フェミニスト的意味での家父長制とは，「規範と権威を性と世代によって不均等に配分した権力関係」を指す［上野 1986a, pp.149-150］。さらにいえば，「性と年齢（世代）に応じて，役割と権威が不均等に配分され」る制度としての家族のうちで，「年長の男性が権威を握っているような制度的あり方」を家父長制と呼ぶ［上野 1986b, pp.118-119］。一方，上野の定義を踏まえつつも，権力から切り離して役割配分の問題性を対象化した瀬地山角は，これを「性と世代に基づいて，権力が不均等に，そして役割が固定的に配分されるような規範と関係の総体」［瀬地山 1996, pp.9-49］と再定義し，最大公約数的な分析概念としての活用を試みている。いずれにおいても，家父長制とは歴史上の（あるいは前近代，伝統社会における）ある特定の社会文化システム（例えば，メインのいう古代ローマの家父長制家族）を記述する概念に留まるものではなく，性と世代の非対称性を（ひとつの）規準とする権力関係や役割関係を広く対象化しうるような分析概念として構想されている。

韓国の農村社会における家族の再生産過程にも，家長の権威や役割に留まらない性差と世代差（ならびに年齢差）に基づく権力関係や役割関係を容易に見いだすことができる。既婚男女間の明確な役割区分（性差），息子に対する父，ならびに嫁に対する姑の権威（世代差），兄弟姉妹間の序列関係（性差と年齢差）などの家父長制的関係性が，一体となって再生産戦略に参与する者たちの関係を規制していたことは，ここまでの叙述からも明らかであろう。韓国の都市アッパー・ミドルの家族を論じた人類学者キム・ミョンへも，儒教的な倫理道徳体系と接合した韓国の家父長制，すなわち「儒教家父長制」（Confucian patriarchy）を，「男性による女性の支配」と「年長者による年少者の支配」の２組の規準によって構成されるものとして捉え，都市化過程でのその変容を論じている［Kim 1993, p.71］。在来の韓国社会では，このような「家父長制」的関係性が，「男女有別」（性差に従った役割と生活空間の区分），「長幼之序」（年齢差に従う秩序・位階的関係），あるいは「孝」規範や「父子有親」が含意する厳格な世代区分などの儒教的な倫理道徳によっ

114］。このように，長男の生家への残留においても，社会経済的境界性が立ち上がる明確な契機（例えば，家長が残留子を後継者として指名し，生前に財産分与を済ませるなど，他の息子の世帯からの分離を明確に境界付けることなど）は時に生まれにくかったといえよう。

て正統化，あるいは裏支えされていた。

序論2節で言及したブルデューは，親族関係の機能を公式的なもの（official）と実践＝実用的なもの（practical）のふたつに区分しているが，上野や瀬地山のいう意味での家父長制は，このいずれの機能にも介在しうる。これに対し本論では，祭祀相続の形式的論理によって律せられるような（父―長男のラインを主軸とする）公式性の高い家父長制的関係性，キム・ミョンへの言い方に従えば「儒教家父長制」を，親族の実践＝実用的機能において立ち現れる諸関係を含めた家父長制的関係性全般から区別し，その正統性や公式的な局面における表象的性格に着目する。よって，以下特に断りのない限り，本論での「家父長制」とは，家族・親族の公式的な機能・局面に表れる関係性を意味するものとする。

5-2　家族の再生産の諸相：Y マウル住民のライフヒストリー

1節で示した長男残留の条件としての中間的自営農の暫定的均衡と家族の再生産戦略の社会経済的スペクトラムと対照しつつ，本節からはYマウル住民の再生産戦略とその実践的論理を，1940年以前に出生した既婚男性と1945年以前に出生した既婚女性のライフヒストリーに即して記述分析する。まず2節では，上述のスペクトラムの対極に位置づけられる富農と貧農の事例を取り上げ，中間的自営農の仮設的な再生産戦略と対照しつつ，それぞれの再生産戦略の実践的論理と長男残留規範の意味づけを探る。さらに家父長制的関係性からの遊離や富農の生計の危機など，家族の再生産過程に齟齬が生じた事例を補足的に取り上げる。

5-2-1　富農の再生産戦略

Yマウルで生まれ育ち，後に隣村に転居した先述の彦陽金氏の金HT（男・1916年生）によれば，農地改革以前にはYマウルにも裕福な地主がいたという。まず，彼の「一家 *ilga*」(同じ父系親族）である彦陽金氏には，小作料として白米1,000カマニ（500石[10]）の収入を得ていた地主がいた。また，16-宋PHの生家はかつて「宋富者」と呼ばれる裕福な地主で，小作料収入が200カマニ（100石）程度にのぼった。しかし前者は植民地期に没落し，後者も解放前から財を減らしていったという。

10　1章3節での推算法に従えば，水田33町（33ha）前後を小作に出していたと推測できる。

図5-1　1950年代半ばの28-安CG家族の世帯編成（事例5-2-1-a）

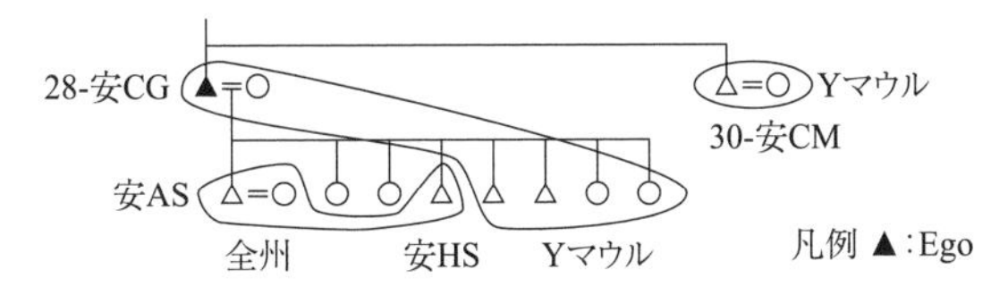

これに対し，「宋富者」ほど裕福ではなかったが，それでも往時には 30 ～ 40 マジギ（6,000 ～ 8,000 坪）程度の水田を所有・自営していた「安富者」の 28- 安 CG・30- 安 CM 兄弟は，息子たちをすべて都市の上級学校に進学させ，その大半を教育系の専門職に就かせた。富農が一種の資本転化（経済資本の文化・象徴資本への転化）に成功した典型例といえる。ここでは兄 28- 安 CG とその息子たちを中心に富農の家族の再生産実践を見ることにする。

《事例 5-2-1-a》28- 安 CG の農業経営と子女教育（図 5-1 参照）

28- 安 CG（男・1909 年生・81 歳）は広州安氏の出身で，9 代宗孫〔9 代祖の長孫〕である。祖父が財をなした。父も「勤勉誠実な」人物で，自ら農業に従事しながら南原地域の儒林活動〔2 章 2 節参照〕にもたずさわり，「儒教思想」に従って身を処した「両班」であった（次男安 HS・2013 年 8 月）[11]。

28- 安 CG は 2 人兄弟の長男であった。学歴は村内の書堂で漢籍を学んだくらいで，公教育〔近代的初等教育〕は履修しなかった。弟 30- 安 CM（1912 年生・78 歳）は書堂で 2 年間学んだ後，〔P 面役場所在地にある〕P 公立普通学校〔1923 年 9 月開校の初等学校。当時は 4 年制〕に通った（安 HS の証言によれば，1921 年 7 月に開校した隣面の S 公立普通学校に入学）。兄 28- 安 CG は父とともに農業に従事したが，弟 30- 安 CM は P 面事務所〔役場〕に勤務し，一時期は面長も勤めた。父・兄の家では農業労働力としてモスム（*mŏsŭm*）〔年契約の作男〕を 2 名置き，忙しい時にはさらに臨時にタルモスム（*talmŏsŭm*）〔短期契約の作男〕を 1 名雇うこともあった。田植えの時には雲峰から男女 10 名程度を連れてきて，泊まりがけで作業にあたらせるこ

11　以下の事例の記述は，特に断りのない限り，1989 年 7 月から 1990 年 8 月までの Y マウルでの滞在調査，あるいはそれ以降 1991 年 4 月までの数次にわたる短期補充調査で当事者から聞き取った内容を，筆者が翻訳，再構成したものである。ただし，上記以外の調査時の聞き取り，あるいは当事者以外からの聞き取りについては，当該部分の最後に調査年月，あるいは語り手の仮称を記した。また，事例記述の（　）内は当事者自身による補足，〔　〕内は筆者による補足を意味する。

ともあった（28- 安 CG，30- 安 CM，安 HS・2013 年 8 月）。

28- 安 CG は 4 人の息子のうち，まず長男安 AS（1927 年生）を南原農業学校〔1938 年開校，4 年制〕に進学させた。解放前のことであった。自宅から通学するには遠かったので，市街地に下宿させた。農業学校卒業後，長男安 AS は国民学校〔6 年制初等学校〕の教員となり，結婚後しばらくして全州〔全羅北道の道都〕に勤務することになった。10 歳年下の次男安 HS（1937 年生）は兄を頼って，南原ではなく全州の中学校に進学した。当初は下宿をしていたが，高校生の時〔1950 年代半ば〕に 28- 安 CG が長男安 AS に家を買い与えてからは，安 HS も長兄の家から通学するようになった。安 HS は 1956 年に全北大学校法政大学〔1952 年 6 月開校〕に進学した。当時はまだ大学進学が一般化しておらず，同じ P 面の出身者は 2，3 名しか在学していなかった。全州に住む長兄安 AS が，中学から高校，大学まで面倒を見てくれた（以上，安 HS・2013 年 8 月）。

28- 安 CG には娘も 4 人いた。植民地期に教育を受けた長女（1931 年生）は国民学校卒，次女（1933 年生）も同じく国卒であった。当時，娘には高い教育を受けさせなかった。しかし長男安 AS が全州に家を買ってもらってからは，三男（1939 年生）が全州の高校に進み，四男（1944 年生）が全北大学校に進学しただけでなく，三女（1947 年生）と四女（1950 年生）も全州の女子高校に進学した。みな長男安 AS の許から学校に通った。安 HS によれば，「兄は父母のかわりに弟・妹たちの世話してくれた」。28- 安 CG の息子・娘たちだけではなく，弟 30- 安 CM の 2 男 2 女〔安 AS から見れば従弟妹〕も，みな安 AS の家から全州の学校に通った（28- 安 CM，その妻 28- 李 KN，安 HS・2013 年 8 月）。

この事例を 1 節で仮設的に提示した中間的自営農の再生産戦略と対照すると，2 つの点で際立った特徴を見いだすことができる。まず，①長男の専門職への進出の結果として，父と長男が居住と日常的な生計を別々にするようになりはしたが（すなわち地理的な拡散を伴う形で 2 つの世帯に分離しつつも），両者が家内集団としての一体性を維持していたこと，そして，②未婚の子供（長男にとっては未婚の弟・妹たち），なかでも都市の上級学校に進学した者の扶養と教育において，父が農業に従事し生計・教育費を稼ぎ，長男が日常的な養育と訓育にあたるというように，両者のあいだで家長的役割が分担されていたことである。

もう少し詳しく見ていくと，28- 安 CG は，父とともに農業経営に従事する一方で，4 人の息子たちをすべて上級学校に進学させた。30 マジギ以上の水田を自営していたが，息子たちの労働力には頼らず，年契約，あるいは短期・日雇契約の労働者を用いた農業経営を行った。これに対し，弟 30- 安 CM は 1920 年代に公立普通学校で学んで後に公職に就いており，4 章 2 節で取り上げた金 HT の事例との類似を見せている。さらに兄弟の息子の世代ではほとんどが農業経営に従事せずに，中等・高等教育を通じて専門職に就いた[12]。

このように，産業化以前の比較的早い時期から，家族の生計の基盤を農業経営からホワイトカラー専門職的な職業に移す，一種の「先見之明」(安 HS の言による）が見られたが，長男以外の息子と年下の娘，さらに甥・姪は，全州に住む長男安 AS の（28- 安 CG が買い与えた）家から高校・大学に通い，その間は安 AS 夫婦が保護者的な役割を果たしていた。父と長男が Y マウル（農村）と全州（都市）に別々の居住・生計単位を構えて暮らしながらも，家族の再生産の実践においてはいわばクン・チプとして一体的に振る舞い，そこでは両者のあいだで農業経営（生計維持と教育費の拠出）と年少者の養育・監督という家長的役割が分担されていた。のみならず，30- 安 CM のチャグン・チプが子供を上級学校に進学させるために 28- 安 CG と長男安 AS のクン・チプから助力を得ていたように，クン・チプとチャグン・チプとのあいだに不均等な援助－依存関係も見て取れた。

クン・チプの家内集団としての一体性を裏付ける証左のひとつとして，中学

12　米軍政下に置かれた朝鮮半島南半部（南朝鮮）では，1945 年 8 月 15 日の解放とともに中断した各級学校が時を置かず再開されるとともに（1945 年 9 月 24 日に国民学校を開校），アメリカ式の単線型 6・3・3・4 制の導入が図られた。1946 年 11 月制定の「国民学校規定」で新制の国民学校の修学年限を 6 年と定め，1947 年 5 月 9 日制定の「中学校規定」で新制中学校の修業年限を 6 年と定めた。しかし 6 年の中等教育については，6 年制中学校制と 3 年制初級中学校・3 年制高級中学校区分制が併存し，さらに一般中学校と実業系中学校の区別もあり，単線型への組み込みが試みられはしたが複雑な様相を示していた［鄭泰秀 1995, pp.156-164, 307-320; 佐野 2006, pp.316-324］。大韓民国建国後の 1950 年 6 月 1 日には初等教育の義務教育化が公告され，1951 年 3 月に国会で可決された教育法改正案によって現行の 6・3・3・4 制（国民学校／中学校／高等学校／大学校・大学）が確立された。この時期の南原郡所在の中等教育機関としては，1946 年に南原初級中学校が開校（1955 年に南原高等学校設立認可），1951 年に龍城中学校と雲峰中学校（ともに 3 年制）が開校，1952 年に金池中学校が開校，1952 年に帯江高等公民学校（1955 年から帯江中学校）が設立，1952 年に引月公立技術学校が認可（1960 年から引月中学校），1952 年に全羅工業技術学校が開校（1966 年から山内中学校），1955 年に南原女子中高等学校が設立認可された。また，南原農業学校は解放前の 1944 年に南原公立農業高等学校（4 年制）に昇格し，1946 年 9 月に南原公立農業中学校（6 年制）に再編された。さらに 1951 年 9 月の学制変更によって中学校（3 年制）を分離し，南原農業高等学校（3 年制）に改編された［趙成教編 1972, pp.355-64］。

から大学まで長男安ASに「世話してもらった」次男安HSが，全州の家（住居）について，父が（独立した）兄に買い与えたというよりは，父が自分の家をもうひとつ買ったようなものであったと語っていたことをあげられる。すなわちこの事例では，父と長男が農村と都市に分かれて住んでいても（さらには長男が農村に戻って父の営農を継承する可能性が事実上なくなっていたとしても），長男は父の財産と家族内での役割の継承者とみなされ，両者はひとつの財産・経営体，すなわち家内集団をなすものと捉えられていたのである。いい方をかえれば，卓越した財力を背景として，家内集団の複世帯化と家長の役割の垂直的分担が可能になっていた。この事例では，富と威信の増進に方向付けられた家族の再生産戦略において，実践＝実用的な役割関係が公式的親族の家父長制的関係性に重なり合うような形で編成されていたのだといえる。

この事例では，父母の家内集団の長男による継承の裏返しとして，結婚した長男以外の息子に対しては，村内・近隣に農家として分家させる場合と類似した財産分与がなされてもいる。

《事例5-2-1-b》28-安CGの息子への財産分与

28-安CGの妻28-李KN（女・1908年生・82歳）によれば，三男が精米所経営に失敗して不渡りを出してしまい〔後述する28-李KNの手記によれば1970年12月のこと〕，借金を返すために水田25マジギを売り払ったが，それ以前は水田を30マジギ程度所有していた。次男には〔分家の際に〕水田5マジギを与え，他人から畑も買って与えた。次男はこれをKマウルの農家に貸して，小作料を受け取っている。三男には5マジギを買い与えたが，不渡りを出して売り払ってしまった。四男には，不渡りを出した後だったので何も与えられなかった。残っている財産は全部長男のものになる。すでに長男に名義を変えてしまった。水田12マジギと畑，山林で，このうちの水田3マジギは，夫の父母の「位土」〔祭祀の費用を拠出するための土地〕である（28-李KN）。

次男安HSは大卒後，大田で義務兵役に就いていたときに結婚した。1962，3年頃のことであった。知らない間に親同士の話し合いで相手が決められており，安HSは週末に「外出」して全州の兄夫婦宅を訪れたときに，兄嫁から「トリョンニム〔夫の未婚の弟に対する敬称〕，四星を送りました」〔「四星」とは陰暦の生年月日時でこれを交換することは婚約を意味した〕と知らされた。除隊後，群山の高校で教職に就くまでの1年間は，両親の家で暮らした。夫婦で群山に移る際，両親は家を建ててくれた。またそれ以外にも，「伝統式」で水田6マジギ，畑，山林，宅地（Yマウルの生家の敷地に隣接）を買い与えてくれた（安HS・2013年8月調査）。

28-安CGの儒教家父長制的な公式的親族（家族のある者はこれを「大家族 *taegajok*」と呼んだ）を再生産しようとする強い意思は，結婚・独立した次男に対して「伝統式」の村内分家をモデルとした財産分与を行うことによって，父・長男の家内集団（クン・チプ）と独立した次男の家内集団（チャグン・チプ）との社会経済的分離を際立たせようとしたことにも見て取れる。事実，安HSはこの際の財産分与を「伝統分家」と捉え，田畑等は「〔父母が〕儀礼的にくださった」ものだと語っていた。確かに都市で教職に就く彼にとって，農地や山林など，群山の住居以外の財産は生計に不可欠なものではなく，その意味では「儀礼的」な財産分与となろう。さらにいえば，分家後の生計基盤との関係では，むしろ全州の中学校に進学してから大学を卒業し教職に就くまでのあいだ生活費と学費を出してもらったことのほうが，より実質的な財産分与といいうるものであった。ただし，農地だけでなく生家の近くの宅地も買い与えられており，万が一故郷に戻った場合でも独立した生計を営めるような配慮がなされていたのも確かである。いずれにしろ，父・長男と他の息子たちとの実践＝実用的諸関係の編成を裏支えしていた家父長制的関係性は，（これも裕福な富農であったゆえに可能となった）次男の「伝統分家」によってさらに強化されたといえる。

まとめれば，この事例では，長男を含む息子たちの上級学校への進学と都市での専門職への従事というメリトクラシー志向的向都離村戦略が，長男残留の規範と整合的な家内集団の編成と家父長制的関係性に沿った役割の配分を再生産する形で実践されていた点が特徴的であった。そして，それを可能にしていたのが，比較的規模の大きい農業経営によって担保される安定した経済的基盤であった。

植民地期までYマウル第二の資産家であった「宋富者」の次男16-宋PHも，上級学校に進学し，一時期は国民学校の教員を勤めたが，「安富者」の子孫である安ASや安HSとは異なり，都市に定着できず故郷に戻った。

《事例5-2-2》16-宋PH

16-宋PH（男・1932年生・58歳）はYマウルの恩津宋氏の出身で，3男3女の次男である。18歳〔1949年〕で全州工業高等学校に進学し，卒業後も故郷に戻らずに30歳〔1961年〕頃までソウルに暮らしたり，〔全羅北道〕完州郡で国民学校の代用教員をつとめたりした。20歳のとき〔1951年〕に同じYマウル出身の彦陽金氏の娘と結婚したが，30歳頃に故郷に戻って分家するまで妻と一緒に暮らすことはなかった。その間，妻は夫の生家に暮らした（16-宋PH。調査当時の生計状況は，水田3,000坪，畑1,500坪を自家耕作。うち自家所有は水田700～800坪，畑1,500坪）。

妻の言によれば，結婚当時は「宋富者」と呼ばれるほどの富農で，「自由党時代」〔1960年までの李承晩政権期〕には兄弟3人がお金を払って兵役を免除してもらった。夫はそのせいで就職できず，30歳くらいまでソウルの姉の家に暮らしながら遊んでいた。次男以下は結婚後4, 5ヵ月で新居を構えるのが普通であったが，本人の場合は夫と離れ離れで婚家に9年間暮らした（16-宋PH妻）。

「宋富者」は，かつては前の事例の「安富者」を凌駕する地主・富農であったが，この事例からは，物質的／象徴的利益の増進を目論む強い戦略的意図（「先見之明」）を読み取りづらい。この3兄弟の場合，長男が親元に残って農業経営を継承し，次男と三男は上級学校に進学した。三男はその後教職に就いたが，この事例に挙げた次男は，（妻の言によれば）兵役免除のため定職には就けず，結局故郷に戻り農家として分家した。ここで，結婚後分家までの9年間，夫と離れて妻が夫の生家に暮らしていたことは，4章1節でも指摘したように，分家前の次男夫婦と親・長男夫婦の家内集団としての一体性によるものであった。

16-宋PHの兄はYマウルで農業を営んでいたが1980年に死亡，弟は調査当時，全州で高校教師を勤めていた。調査当時も母（88歳）が存命で，兄の妻である6-金OC（67歳）とともに隣家に暮らしていた。兄のひとり息子（40歳）は南原の高校を卒業後，全州で電気工事の技術を学び，調査当時は電気工事店を自営していた。クン・チプである6-金OC宅では畑300坪のみ耕作していたが，農地所有面積も水田4マジギ（800坪），畑300坪で，往時の「宋富者」時代には到底及ばなかった。

安富者兄弟の息子たち以外で1960年代以前に大学に進学した例としては，9-金SBと15-崔PUを挙げることができる。1937年生まれの安HSの8歳年下である9-金SB（次男・1945年生・45歳）は，植民地期に日本の福岡に渡った父が建設業（トンネル工事等）や貿易業を手広く営み，解放後も日本に残って仕送りをしてくれたので，全北大学校法科大学に進学することができた。15-崔PU（長男・1947年生・43歳）は父が富農で，同じく全北大学校法科大学を卒業した。9-金SBは大卒後，家庭の事情で都市で就業せずに故郷に戻り農業を営むようになった。15-崔PUは後述するように，一時期都市で個人事業を営んでいた。

5-2-2　マージナルな生計維持の諸方策

一方，Y マウルを大宗中の拠点とする三姓の子孫のなかにも，一時期，営農基盤が不安定であった者が見られた。まず 4 章 1 節で植民地期の日本内地への渡航者の例として取り上げた 1- 金 HY の場合，分家時に住居と決して少なくない水田を分与されながらも，それを売り払って単身で日本に出稼ぎに行き，帰郷後は大宗中の墓所と祭閣の管理人となることで生計を立てるようになった。

《事例 5-2-3》1- 金 HY（事例 4-1-2 参照）

1- 金 HY（男・1919 年生・71 歳）は U マウルで彦陽金氏の次男として生まれ，21 歳のとき（1939 年）に結婚し，5 年目〔25 歳・1943 年〕に分家した。父は家を建ててくれただけでなく，所有する水田 8 マジギのうち 5 マジギ（1,000 坪）も分けてくれた。クン・チプは小作等で生計を立てることができた。解放前は徴用・出稼ぎで日本や満州に行き来した。日本には 2 回行ったが，1 回目は北海道札幌の炭鉱に徴用された。水田はクン・チプに手伝ってもらって妻が耕した。2 回目は「自由に」下関に行き，福岡で工事を請け負っていた 9- 金 SB の父の下で働いた。家と水田は日本人に売って，妻は U マウルに残したまま日本に渡った。1 年くらいで戻ってきた。帰郷後は彦陽金氏大宗中の墓所と祭閣の管理人となり，管理人用の家に住み，大宗中の水田を耕すようになった。管理人の仕事をしながらお金をためて，1988 年に Y マウルの中心集落に家を新築して転居した。帰郷後に 4 男 1 女を儲けたが，調査当時は長男（1950 年生・40 歳）夫婦と離婚経験のある次男（1953 年生・37 歳）とともに，水田約 4,000 坪と畑 600 坪を耕作していた。そのうち自家所有は水田 1,000 坪のみであった。

大宗中の管理人の仕事は，墓所や祭閣を管理し，時祭やその他，大宗中の行事の際に供物・食事を準備することで，その見返りとして大宗中が所有する田畑を比較的安い小作料で借りることができた。それ故に小作農にとっての数少ない蓄財手段のひとつと見なされていた。1- 金 HY の場合，1940 年代後半に長女を得るまで，結婚後長らく子供を儲けることができなかったが，大宗中の管理人になってからはさらに 4 人の息子を儲け，40 年余りの歳月をかけて持ち家と水田 1,000 坪の財産を持つまでに至った。中間的自営農的な社会経済的均衡状態の達成に向けた再生産実践を，この事例からも読み取ることができる。

次の 32- 安 YS は広州安氏南原大宗中の宗孫であったが，長男である父自身が一時期故郷を離れて面内の別の村に暮らしていた。

図5-2　32-安YS家族の世帯編成(事例5-2-4)

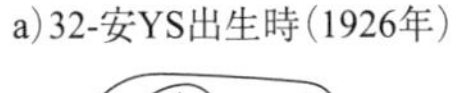

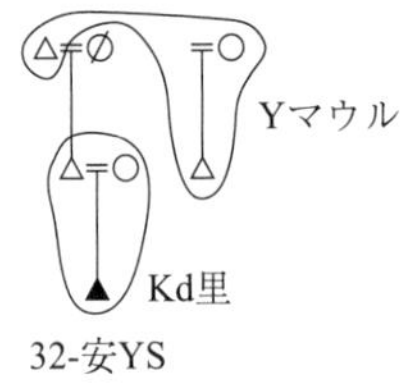

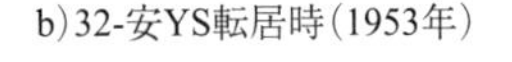

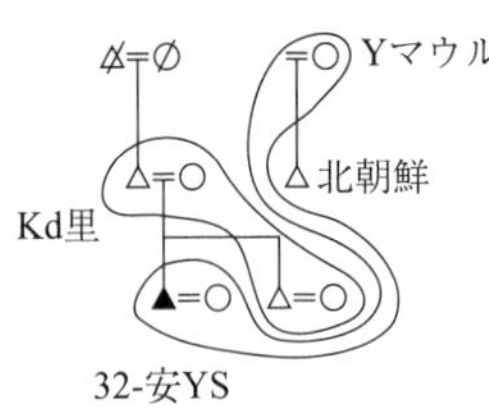

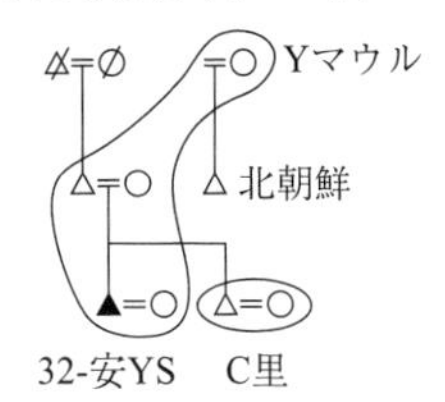

凡例 ▲:Ego

《事例 5-2-4》32- 安 YS（図 5-2 参照）

32- 安 YS（1926 年生・64 歳）は 6 男 1 女の長男で，広州安氏南原大宗中の宗孫[13]でもある。祖父〔族譜によれば 1872 年生，1938 年没〕は Y マウルに居住していたが，長男である父〔族譜によれば 1902 年生，1959 年没〕は生家に残らずに P 面 Kd 里に転居した。32- 安 YS はここで生まれ育ち，1946 年に P 面 C 里出身の彦陽金氏と結婚した。一方，祖父は後妻と暮らし息子〔父の腹違いの弟〕をひとり儲けた。祖父の死後もこの母子は Y マウルに暮らした。しかしあるとき息子が平壌に移住し，その後北朝鮮との分断によって故郷に戻って来られなくなった。そこで，36 年前〔1953 年・28 歳〕に 32- 安 YS が妻子とともに Y マウルに移り，祖父の後妻を養うようになった。両親は次弟夫婦と未婚の弟たちとともに Kd 里に残った。弟でなく本人が祖父の後妻を養うことにした理由は，「〔長孫である自分が〕先代の故郷に戻って定着し，そこに何代も住むのがよいことである」，それが儒教に則った振る舞いで，両班として相応しい行為であったからだという。32- 安 YS の両親はその後，次男夫婦を連れて P 面 C 里に転居したが，1958 年に次男夫婦を C 里に残して 32- 安 YS の世帯に転居した。父はその翌年，母は 4 年後に亡くなった。調査当時の営農規模は，水田約 4,000 坪（所有 100 坪），畑約 1,000 坪（すべて自家所有）であった。

この事例を中間的自営農の再生産戦略と対照すると，父系近親の範囲内で地理的集散（拡散と再合流）と居住・営農単位の再編成が幾度も繰り返されていた点を第一の特徴として挙げられる。32- 安 YS の父が長男であるにもかかわらず生

13　祖父は次男であったが，兄（長男）に息子がいなかったため，族譜上は 32- 安 YS の父が祖父の兄の「系子」（系統を継ぐための養子）となり，大宗中の宗孫となった。

家を離れ，同じ面内ではあるが日常的な行き来には遠い農村に移住したことは，継母（32- 安 YS から見れば祖父の後妻）が血のつながらない長男よりも実子との同居を望んだことによるものと推測できるが，その背景にいかなる経済的な理由が介在していたのかは不明である。これに対し，32- 安 YS による父の生家への合流が生計維持をひとつの目的とするものであったことは明らかであろう。32- 安 YS は兄弟が多く，生家が貧しかった。すなわち 1 節で取り上げた珍島上萬里の貧農の事例と同様に，長男を含め，可能な者から親に頼らずに独立することが求められていたのだといえる。

この事例の第二の特徴は，32- 安 YS の父が生家を離れて遠方の農村に転居することにより，居住・営農単位としては事実上分裂したクン・チプ（理念的には父と長男によって構成される家内集団）が，長男 32- 安 YS の父の生家への合流によって，（祖父はすでに死亡し，また依然父を欠く形ではあったが）一体性を回復した点である。父の生家に転居した理由として 32- 安 YS が語ったことは，このクン・チプの復旧が公式的＝家父長制的関係性に相即的であったことを強調するものといえよう。

また，32- 安 YS が父の生家に戻った後，両親が次男夫婦を連れて別の村に転居し，さらにそこに次男夫婦を残して 32- 安 YS の世帯に合流したことは，地理的な移動による生計維持戦略と，父と複数の息子のあいだの柔軟かつ臨機応変に活用され再編成される相互依存関係を示唆するものとなっている。ここで父が死ぬ直前に生家に戻ったことは，世帯・家内集団の編成と家父長制的関係性のずれが解消されたことを意味していただけでなく，大宗中の宗孫がその地域的拠点に戻ってきたことをも意味する。32- 安 YS の説明にあった「先代の故郷」，「何代も住むこと」とは，次代の宗孫としての自身に期待される役割を意識する語りでもあった。

次の事例では，貧農の 3 兄弟のうち，長男を含む 2 名が一時期，妻の生家，あるいは妻の故郷の村に暮らした。

《事例 5-2-5》43- 黄 PC（長男の妻），45- 朴 PS（次男の妻），40- 安 CR（三男の妻）（図 5-3 参照）

43- 黄 PC（女・1918 年生・72 歳）は P 面に隣接する S 面に生まれ，1934 年に 17 歳で Y マウルの金 KS（長男）に嫁いだ。夫は約 16 年前〔1973 年頃〕に死亡した。調査当時の営農規模は水田 800 坪，畑 400 坪で，いずれも自家所有であった。

45- 朴 PS（女・1930 年生・60 歳）は K マウルに生まれ，1946 年に 17 歳で Y マウ

図5-3　1949年頃の金氏3兄弟の世帯編成（事例5-2-5）

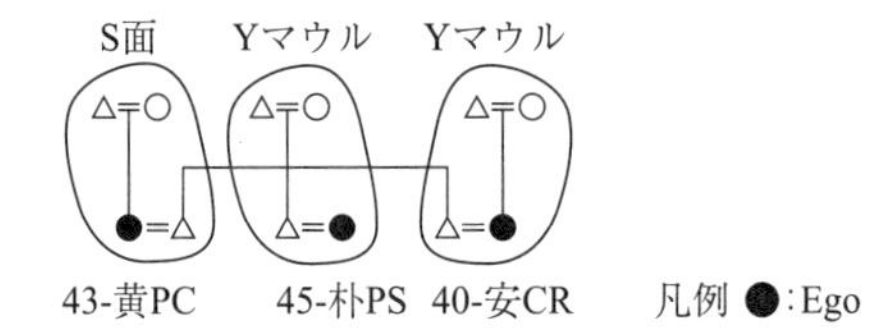

ルの金 TS（次男）に嫁いだ。夫は 10 歳年上の 1920 年生まれで，生家が貧しかったため，国民学校 5 年の時に日本に渡り，金を稼いで父母を養った。帰郷した夫と結婚した後，夫の兄，金 KS は妻 43- 黄 PC の故郷の村〔S 面 O 里〕に移り，妻の父母を養うようになった。夫は次男であったが，〔分家せずに〕生家に残って父母を養った。夫の父母は 1950 年頃に亡くなった。父母の死後，夫はクン・チプ〔夫の長兄の世帯〕で祭祀を行えるように，長兄に自分の農地から 1 マジギを分け与えた。夫は 1978 年に死亡した。調査当時の営農規模は水田 1,600 坪，畑 300 坪で，いずれも自家所有であった。

40- 安 CR（女・1930 年生・60 歳）は Y マウルの出身で，1948 年に 19 歳で同じ Y マウルの金 WS(三男)に嫁いだ。生家と婚家は隣同士だった。結婚後，夫の長兄・次兄夫婦と 1 年間一緒に暮らしたが，生家に男兄弟がいなかったため，夫と一緒に生家に戻って父母と 5 年間一緒に暮らした。しかし父が死ぬ直前に従弟の息子を養子にして生家に住まわせることにしたので，夫婦は妻の生家を出た。この 40- 安 CR の生家は裕福で，転居先の家を建ててくれた。夫は 1979 年に死亡した。調査当時の営農規模は水田 3,000 坪で，すべて自家所有であった。

この 3 兄弟の事例は，32- 安 YS とはまた異なる意味で複雑であり，かつ中間的自営農の再生産戦略との際立った違いを見せている。

まず，長男と三男がいずれも妻の生家あるいはその近くに一時期暮らしていたことは，珍島上萬里の事例にも見られたように，貧農の生計維持戦略のひとつと捉えることができる。一方，次男が結婚前からに日本に出稼ぎをして貧しい生家の家計を支え，結婚後も独立せずに生家に残って父母を養ったことは，長男の代わりに家長的な（あるいは家長の後継者としての）役割を代行したものとみることができる。しかしそれよりも興味深いのは，このような実際の役割関係と（長男を父の家長的役割の継承者とする）公式的関係性とのズレが，父母の死後，次男の努力によって，祭祀相続の形式的論理にすり寄せる形で解消されていた点である。すなわち，32- 安 YS の事例とはまた異なる形で，実践＝実用的関係と公式的親族関係との折り合い付けがなされていたのだといえよう（前節で取り上げた珍島上萬里の事例で，長男が生家に戻った例も参照のこと）。

一方，三男夫婦は夫の生家の隣家ではあるが息子のいない妻の生家に暮らし，結局夫の生家に戻ることなしに妻の生家の援助で独立している。調査当時のデータではあるが，三男の家の水田所有規模が長男，次男の家のそれと比べて突出して大きかったのは，おそらく妻の生家の援助によるところが大きいと考えられる。この三男夫婦の例では，妻の生家が父系近親を養子にとり，さらに三男夫婦が独立した後にこの養子が養母と同居するようになって，妻の生家においても形式的論理に従った正統的な祭祀相続が実現されるとともに，公式的親族関係と重なりあう世帯・家内集団の編成が実現されている。

以上のように，限られた事例だけからでも，出稼ぎ，宗中管理人，祖父の後妻の世帯（父の生家）への合流，妻家暮らし等，マージナルな（生存ぎりぎりの）生計維持の諸方策を見て取ることができる。そこでは生計手段を確保するために，長男が生家を離れ，長男以外の息子が生家に残ることも時には避けられなかった。さらに，生計の必要に応じて，転居や居住・営農単位の再編成も繰り返されていた。富農の事例でも，子供の教育や息子の都市部での就業に伴って，実践＝実用的関係にある父系近親の範囲内で居住単位が再編成されていたが，社会経済的ステータスの追求によって動機付けられていたその父系近親（ユンの表現を借りれば「チバン」）の共同性とは異なり，生計維持に向けて強く方向付けられる貧農の家族の再生産では，生計の必要に応じて，その時々で協力・依存することが可能な近親との間に暫定的な実践＝実用的関係が形成されていた。実践的関係を結ぶ相手として，時には妻の父母等，非父系の近親が含まれていたのも特徴的であった。

この貧農家族の生計維持に向けられた再生産では，実践＝実用的関係性の再編成が，時には家父長制的関係性の再生産とのあいだに齟齬をきたす局面も見られた。しかしそれとともに，状況と折り合いがつけば，32-安YSの父の生家への合流や45-朴PS夫の父母の祭祀遂行のための長兄への経済的援助，さらには40-安CRと夫の妻の生家からの独立と妻の生家による養子の獲得のように，生計基盤の再生産との折り合いをつけなおしつつ公式的関係性へのすり寄せが図られることもあった。

他姓のYマウルへの転入者のうち，Yマウルや近隣村落以外の出身者（以下，新規転入者と表記する）についても，マージナルな生計の維持を目的として転居した者が目立つ。村内，あるいは隣村間の転居であれば（Yマウルを例にとれば，隣接するU・Kマウルとの間の転出入であれば)，農地等の営農基盤を保持したまま居住のみを移すことも可能であったが，そうではない中・遠距離の農村間の転居・移住の場合，移住先で営農・生計基盤を確保しなおす必要があった。その際，以下に挙げる諸事例のように，移住先に暮らす近親を頼る例が多く見られた[14]。

《事例 5-2-6》7- 楊 PG

7- 楊 PG（1927 年生・63 歳）は淳昌郡の農村に，2 人兄弟の次男として生まれた。9 歳の時〔1935 年〕に父は消息を絶ったが，北朝鮮の黄海道にいるはずだという。26 歳〔1952 年〕で結婚したが，兄が住所の定まらない生活をしていたため，結婚後も分家せずに母と一緒に暮らした。結婚当時は任実郡に住んでいた。その後，妻の故郷である〔南原郡〕S 面に移り，さらに〔南原郡〕T 面に移住した〔S 面，T 面ともに P 面に隣接〕。ここでは農業の他に水車を利用した精米所も営んでいた。しかし精米施設が壊れてしまったので，妻の姉夫婦（妻の姉の夫が U マウル在住の彦陽金氏，金 PG）を頼って 1965 年〔39 歳〕に Y マウルに転居した。調査当時，水田 2,600 坪（自家所有 2,000 坪），畑 300 坪（すべて自家所有）を耕作していた。

《事例 5-2-7》41- 全 SG（図 5-4 参照）

41- 全 SG（1938 年生・52 歳）は南原邑内に 2 男 3 女の次男として生まれた。兄が「客地〔故郷や本来の住みかではない場所〕を移り住んでいた」ため，結婚後も両親と同居した。父の死後は，父に対する祭祀と，長孫である父が担当していた祖父母と曾祖父母の祭祀も 41- 全 SG が行うようになった。1968 年〔31 歳〕に K マウルに転入した。姉の嫁ぎ先が K マウルの S 集落に代々暮らしてきた Y 氏で，この婚家が全州に転居した後に，その住居と田畑を借りて移住した。その後さらに Y マウルに転居した〔転居時期は不明。ただし 1984 年に Y マウルに住民登録を移転〕。兄は〔調査時点の〕数年前に死亡したが，その祭祀はソウルの兄嫁の家で行っている。調査当時，水田 2,400 坪（自家所有 800 坪），畑 300 坪（自家所有 150 坪）を耕作していた。また南原邑内での居住時から石材加工にも従事していた。

この 2 つの事例はともに，貧農が移住によって新たな生計の資源を確保し，生計維持を試みていたという点で共通する。また，移住先の選定や移住後の資

14　ここでは産業化以前に結婚した 1940 年代以前の出生者の事例を挙げる。よって移住時期が，産業化が本格化した 1960 年代半ば以降となっている例も含まれている。

図5-4　41-全SG家族の世帯編成（事例5-2-7）

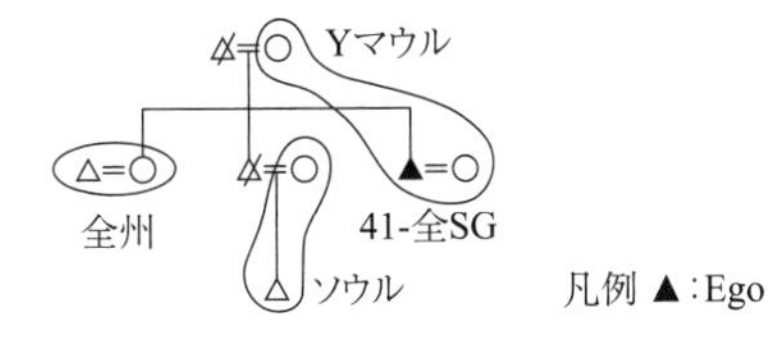

図5-5　17-安KJと44-崔CSの近親（事例5-2-8・5-2-9）

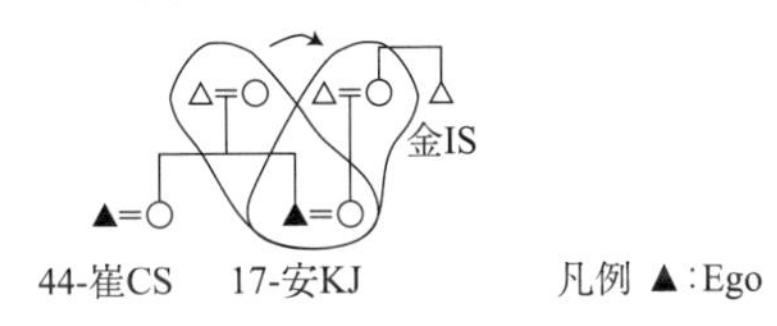

源確保において，姻戚（7-楊PGの場合，妻家と妻の姉夫婦，41-全SGの場合，姉の嫁ぎ先）が仲介者的役割を果たしていたのも類似している。さらに，いずれも流浪する長男にかわって次男が生家に留まり親を養っていた。ただし前者では，兄が流浪するだけでなく父も幼い頃に行方不明になり，さらに自身も故郷を離れることによって父方親族による統制からも離れることになり，家父長制的な関係性自体への志向性が弱まっていた。これに対し後者では，次男が長男の代行として生家に残って父母を養い，父の葬式を主宰し，曾祖父母までの祭祀を執り行うなど，家父長制的関係性への志向性が強くみられた。

《事例5-2-8》17-安KJ（図5-5参照）

17-安KJ（1926年生・64歳）はP面Tマウルで順興安氏の長男として生まれた。Uマウル出身の金海金氏の女性と結婚し，結婚後も父母とともに暮らしていたが，父母の死後，1969年前後〔40代半ば〕に，息子がいない妻の両親の面倒を見るためにUマウルに転居した。妻の両親の死後は水田600坪を相続し，祭祀を行うようになった。またYマウルから南原市内に転居した妻の母の弟金IS（彦陽金氏）が所有する住居と水田を借りて，1986年にYマウルに転居した。調査当時，水田1,800坪（妻の両親から相続した600坪と金ISから賃借する1,200坪），畑300坪（すべて自家所有）を耕作していた。

この事例では，父母が死ぬまでのあいだは長男として生家に残留し父母を養うという長男残留規範と合致した再生産過程を見せていたが，その後は妻家暮らしのパターンに移行し，妻家，ならびに妻の母方オジに依存することで営農基盤を確保するようになった。それだけでなく，妻の両親の死後は幾許かの農地を相続するかわりにその祭祀を遂行するというイレギュラーなパターンをも見せていた。妻の生家が祭祀のための養子もとれないくらいに貧しかったことによる苦肉の策であったのかもしれない。

《事例 5-2-9》44- 崔 CS（図 5-5 参照）

44- 崔 CS（1936 年生・54 歳）は長水郡長水邑に 2 男 1 女の末っ子として生まれた。1957 年に P 面 T マウル出身の順興安氏（17- 安 KJ の実妹）と結婚し，2 年後に分家した。1979 年〔44 歳〕に K 里 Y マウルの農家に一時間借りし，その後 U マウルに転居した。さらに 1989 年には Y マウルに転居した。調査当時，水田 1,700 坪（自家所有 600 坪），畑 300 坪（すべて小作）を耕作していた。

マージナルな生計を営む三姓の事例と比べ，他姓転入者の場合，移住と転居をくり返すことによって新たな生活の諸資源を確保し，生計維持を図る戦略がより目立っていた。また，その際に仲介者の役割を果たしていた者も，妻の生家に限られるものではなかった。彼らは，妻家暮らし（17- 安 KJ）や妻の故郷への転居（7- 楊 PG）に加え，妻の姉夫婦（7- 楊 PG），姉の嫁ぎ先（41- 全 SG），妻の母方叔父（17- 安 KJ），妻の兄（44- 崔 CS）など，様々な非父系の近親・姻戚世帯を頼った転居を行っていた。しかも 41- 全 SG や 17- 安 KJ の事例では，近親が都市に移住した後にその住居や農地を借りるなど，おおむね暫定的に利害が一致する場合に限って，このような近親とのあいだに協力・依存の実践的関係が成立していた。いずれも Y マウルへの移住後は主に稲作農業を営んでいたが，移住前の小規模な精米所経営（7- 楊 PG）や石材加工（41- 全 SG）など，農業と副業を組み合わせた複合的な生計手段を試みた経験も一部に見られた。事例の記述には含めなかったが，17- 安 KJ の妻も一時期，絹織物の行商に従事していたことがある。44- 崔 CS が故郷の長水郡から K 里に移住した理由のひとつも，こちらの方が日雇い労働の機会が多かったためである。また，7- 楊 PG も 41- 全 SG も長兄が生家を離れて不安定な職業に従事していたが，先述の上萬里の貧農の事例と対照すれば，生家の零細な農業経営との連関をそこに見て取ることもできよう。

実践＝実用的諸関係の編成と家父長制的関係性の再生産との連関という観点

から見ると，41-全SGの例では，次男の彼が流浪する兄＝長男のかわりに両親の扶養と父系血統の継承の両面で家長的役割を代行する形で，両者のあいだに折り合いがつけられていた。これに対し17-安KJの事例では，一方で自身の生家の父系血統の連続性を担保しつつも，他方で父母の死後，一緒に暮らすようになった妻の父母の家で父系血統が断絶したため，残された少しの水田を祭祀財産として相続する代わりに妻の父母の祭祀も行うようになった。すなわち，実践＝実用的関係と家父長制的関係性のあいだの齟齬を，前者に摺り寄せる形で，ある意味齟齬を残したままに引き受ける形をとっていた。44-崔CSの事例では，生家との経済的な依存関係がほとんど失われていたが，兄の家で行われる父母の祭祀には参加しているといい，儀礼的な関係は保たれていたとみられる。これに対し7-楊PGの事例では，幼い頃に父が行方不明となり，その家長的役割の継承者たるべき長兄も流浪の生活を送っていた。結果的にもうひとりの息子である彼が母を養うことになったが，長兄の家長的役割を代行する41-全SGとは異なり，母の死後，儒教式の祭祀は行わず，忌日には妻の通うプロテスタント教会式の追悼儀礼を行うなど，父系血統の再生産にはあまり熱意を示していなかった。家父長制的関係性が一時的に棚上げされた，あるいは破綻した様相は，次に示す夫が息子を残さずに死亡した寡婦の諸事例により顕著に見て取れる。

5-2-3　家父長制的関係性からの遊離：息子のいない寡婦／父の早すぎる死

7-楊PG以外にも，家族の再生産戦略のある種の齟齬によって，家父長制的関係性から遊離した者が見られた。まず息子がいないまま夫に先立たれた既婚女性の事例を3例取り上げる。

《事例5-2-10》3-金SO

3-金SO（女・1916年生・74歳）は南原郡周生面に生まれ，本人18歳，夫19歳のとき〔1933年〕に結婚した。夫は彦陽金氏で，K里に嫁いだ姑母〔父の姉妹〕の仲媒で結婚した。夫とのあいだに息子はなく，娘が4人いる。夫は1958年に死亡した。娘たちはいずれも国民学校卒業で，本人が嫁に送った。長女（54歳）は徳果面に嫁ぎ，次女（48歳）は金池面に嫁いだ。三女（44歳）と四女（年齢不明）はソウルに住んでいる。夫は曽祖父の長孫で，夫，夫の父母，祖父母，曾祖父母の祭祀は本人の家で行うが，夫の弟金PG〔9章2節参照〕がUマウルに暮らしていて，日程を教えてくれる。このチャグン・チプから人が来て祭祀を行う。

3- 金 SO の場合，農業は小規模の畑作を行うのみで，所有する水田 800 坪は U マウルに住む夫の甥に貸していた。畑作と水田の賃借料で一応の自活した生計を営んでいたが，働けなくなったときには嫁いだ娘を頼るしかなかった。

《事例 5-2-11》4- 安 SN（71 歳・1920 年〔陰暦 12 月 12 日。陽暦では 1 月〕生）（事例 4-1-1 参照）

夫 4- 宋 HD は解放直後に日本から戻った。当時夫の父は Y マウルに転居した後で，3 軒の住居を所有していた。夫婦はそのうちの 1 軒に住み，他の 1 軒には夫の父母と兄夫婦，その子供たちが暮らし，残りの 1 軒は夫の父が客の応対に使った。夫の兄が 44 歳のとき〔1946 年〕に次男を産んだが，その子が数え 9 歳の年〔1954 年〕の 6 月に，夫の兄が死んだ〔当時，4- 安 SN は 36 歳，夫は 45 歳〕。夫の兄夫婦には当時，9 歳と 7 歳の息子，5 歳と 3 歳の娘がおり，さらに兄嫁は妊娠 4 ヶ月（娘）であった。夫の父は 4- 宋 SD・安 SN 夫婦の住む家を売り払って，夫婦は夫の父が客の応対に使っていた今の家に移った。身重で 4 人の子供を抱えた夫の兄嫁を助けるためであった。

1949 年に次女，1952 年に三女，1955 年に四女，1961 年に五女を産んだ。長女は中卒後，22 歳〔1961 年〕で長水郡に嫁ぎ，今はソウルにいる。次女は全州女子高校を卒業した。勉強が一番できて，K 国民学校〔K 里所在〕からは女子として初めて全州の学校に進学した。全州で職場勤めをして，26 歳〔1974 年〕で大田に嫁いだ。今も大田に住んでいる。三女は次女の暮らす全州で中学校を卒業したが，4- 安 SN が病気になったので生家に戻り，29 歳〔1980 年〕で任実郡に嫁いだ。今はソウルにいる。四女も全州で高校に通い，卒業後はソウルで働き，24 歳〔1978 年〕で結婚した。今もソウルに住んでいる[15]。

長男〔1942 年生〕は中学校在学中に死亡し，4- 安 SN はその時病気をして苦労した。次男も結婚前に死んだ。夫の父は，夫の兄の子供 5 人と本人の娘 4 人を結婚させてから，72 歳で亡くなった。

五女（29 歳）は南原で女子高を卒業した後，ソウルで美術会社に勤めていた。しかし会社が倒産し，さらに 4- 宋 HD も一昨年〔1987 年〕に死亡して，それを機に生家に戻った。今は本人とふたりで暮らしている。クン・テク〔クン・チプ。夫の兄の長男〕はソウルにいるが，そこで行う夫の父母，祖父母，曾祖父母の祭祀には行かない。夫の死後，クン・チプの甥の弟のほう〔夫の兄の次男〕を養子にし

15　産業化過程にしばしば見られた連鎖的移住で，詳しくは 7 章 1 節を参照。

たが早死にしてしまい，その妻が10歳と9歳の息子と一緒に暮らしている。夫の祭祀は本来彼らが行わなければならないが，事情が許さないので本人の家で行い，婿や娘が献盃をする。

4-安SNの語りを総合すれば，夫の日本からの帰郷後，夫の父が所有する家に，夫婦と長女・長男の4人で所帯を構えたが，夫の兄が死んだ後は，夫の父が舎廊として使っていた棟に移り，夫の父母と暮らす兄嫁を支えるようになった。夫の父の家長としての統制の下に，夫の父母，兄嫁と5人の子供，そして本人夫婦と当時5人の子供が，事実上ひとつの生計単位をなして暮らすようになった。しかし調査当時は，夫の父母と夫がすでに亡くなっており，ソウルに移住したクン・チプ（夫の兄の長男）との行き来も減り，さらに養子に迎えた夫の兄の次男が死んで，その妻と子供たちも近くには暮らしていなかった。すなわち，家長的な役割を果たすべき男性がすべて死んでしまい，むしろ嫁いだ4人の娘夫婦と未婚の五女との関係の方が密になっていた。夫の父母の祭祀には行かず，夫の祭祀は娘と婿が行うという点にも，娘たちとの紐帯の再強化をうかがえる。

《事例5-2-12-a》27-李PS

27-李PS（女・1908年生・82歳）はT面に生まれ，1922年，数え15歳のときに6歳年上のYマウルの彦陽金氏と結婚した。夫とのあいだに2男3女を儲けたが，息子はいずれも成人前に死んでしまった。夫は本人が47歳のとき（1954年）〔あるいは1956年〕に死亡した。長女（1935年生・55歳）は1951年2月に17歳で長水郡に嫁いだ。本人は19歳くらいで結婚させたかったが，夫が相手の男を見に行って，酒を飲んで帰ってきて，相手方が「四柱単子」〔男女の生年月日時の干支を記した紙で，これを交わすと縁組が成立する〕を持ってきたので断れなくなった。6・25〔朝鮮戦争〕のさなかで，当時は北朝鮮軍の支配下にあった。次女（1947年生・43歳）は夫の死後，1965年に王峙面に嫁がせた。このときは本人が夫の末弟と一緒に相手を見に行って，ふたりで相談して決めた。三女（1950年生・40歳）は1966年に17歳で巳梅面に嫁がせたが，この時も本人が夫の末弟（当時は全州に居住）と一緒に見に行って決めた。ただし三女も相手に会った。

娘をすべて嫁がせた後は，一時期，ソウルに暮らす弟たちの家に身を寄せてもいたが，1972年頃にYマウルに戻った。そして夫の死後に養子にとった42-金PY〔夫の上の弟の長男で，1963年にYマウルに転入。当時，Yマウル回山集落に住む〕と数日だけ一緒に暮らしたが，43-黄PC〔1973年頃に夫が死亡。事例5-2-5参照〕に誘われて，彼女の家のひと部屋を借りて暮らすようになった。43- 黄 PC の姑と本人の父は再従男妹間〔父方のハトコ〕の関係にあった。

27- 李 PS は 2 人の息子を失い，夫にも早くに先立たれ，娘たちをすべて嫁がせた後は婚家の拘束から解放された。夫には弟が 2 人いたが，上の弟（42- 金 PY の父）は妻の生家のある村に転居したうえに兄よりも早死にし（後述参照），下の弟も婚家の近親として次女と三女の縁組には関与したが，途中，全州に転居した。その結果，娘たちの結婚後，婚家の近親で Y マウルに残り，彼女に家長的な統制を及ぼす者はいなくなっていた。養子にとった 42- 金 PY は当時すでに Y マウルに移り住んでいたが，ひとり息子で実母と一緒に暮らしていたので 27- 李 PS と同居することはなく，彼女は婚家の統制から解放されてソウルの弟たちの家に暮らすようになった。

1972 年頃に Y マウルに戻った経緯についてははっきりと語られなかったが，後述するように 1971 年に 42- 金 PY の母が亡くなったので，それを契機に養子である 42- 金 PY と一旦は一緒に暮らすことにしたものと思われる。しかしそれも長くは続かず，同じ頃に夫に先立たれた 43- 黄 PC の家に間借りして暮らすようになった（27- 李 PS と 43- 黄 PC の記憶は共に曖昧であったが，ふたりの同居の開始は，おそらく 43- 黄 PC の夫の死後と推測される）。すなわち，高齢であったが，家長の役割の継承者である養子とは同居せず，調査当時に至るまで，同じく夫と息子に先立たれた高齢女性と助け合って暮らしていた。

一方，養子に入った 42- 金 PY は，幼いときに両親と母の生家の近隣に転居し，結婚後に故郷 Y マウルに還流的に再転居した。

《事例 5-2-12-b》42- 金 PY の還流的再移住

42- 金 PY（男・1937 年生・53 歳）は彦陽金氏の出身で，Y マウルの回山集落でひとり息子として生まれた。7 歳のとき〔1943 年〕に父母とともに母の実家の隣りに移住した〔場所は不明〕。1947 年に父が死亡した。42- 金 PY は 20 歳〔1956 年〕で結婚し，27 歳のとき〔1963 年〕に回山集落に再移住した〔母はその後 1971 年に死亡〕。それと前後して父の長兄であった 27- 李 PS の亡夫（1954 年，あるいは 1956 年に死亡）の養子となったが，調査当時は養母李 PS とは一緒に暮らしていなかった。42- 金 PY は 1980 年に新作路脇に家を建てて回山集落から転居した。調査当時，水田 4,400 坪（うち自家所有 2,200 坪），畑 1,000 坪（すべて自家所有）を耕作。

42- 金 PY の父は，先述の貧農の息子のマージナルな生計維持の例と同様に，結婚後，故郷を離れて妻の生家の近くに移住し，「妻家暮らし」に近い居住・生計の形態を採るようになった。さらに父も早くになくなり，42- 金 PY 自身にとって家長的な権威を及ぼす者がいなくなってしまった。結婚前後に父の兄が息子を残さずに死に，42- 金 PY はひとり息子ではあったがクン・チプに養子に入った。おそらくこれを契機として Y マウルに再移住した。そしてクン・チプが所有する耕作者のいない農地を耕すようになったものとみられる。

ここで養子の慣行について補足説明をしておこう。事例 5-2-5 の 40- 安 CR の生家の例にも見られたように，韓国の農村社会では，既婚男性が息子を残さず死んだ場合，あるいは生前に息子を残しうる可能性が小さい場合には，祖先祭祀の継承を主たる目的として父系近親のひとつ下の世代の男子を養子にとる慣行があった。特に士族家系の子孫のあいだに広く見られた慣行で，Y マウル三姓の族譜を見ても，このような養子の例をたやすく発見できる。32- 安 YS の父や 42- 金 PY の例のように，長男に息子がいない場合にはおおむね次男の長男を養子として取った。42- 金 PY の例のように次男に息子がひとりしかいなくても，クン・チプの祭祀の継承者を確保することが優先されていた[16]。

養子を迎えることの主要な目的は死後の祭祀の遂行にあったため，養子が養父母と同居し，その居住・生計と生業の単位を継承することが必須とされていたわけではなかった（序論 2 節参照）。ただし，事例 5-2-5 の 40- 安 CR の生家で父が死ぬ直前に養子となった 26- 安 CR が，養父の死後の 6 〜 7 年間，養母である 40- 安 CR の母と同居していたように，なかには養子が養父母と同居する例もあった。これに対し 42- 金 PY の場合，当初はひとり息子で実母を養わねばならず，また実母の死後に養母 27- 李 PS との同居を試みた際にも 27- 李 PS の方が不都合を感じたようで，調査当時は同じ村に住みながらも別の家に暮らしていた。それでも村人の間で非難めいた話は特に聞かれなかった[17]。ただしこの事例では，

16　42- 金 PY の実父母の祭祀は，一人息子である 42- 金 PY が実父の長兄の養子となったため，族譜の記載上は 42- 金 PY の長男が「侍養孫」となり，その責任を負うようになった。しかし調査当時，42- 金 PY の長男は未婚であったため，実際の祭祀は 42- 金 PY の家で行っていた。ちなみに，息子のいない長兄にひとり息子を養子として出した弟が，さらに年下の弟の息子を養子として迎える例も見られたが，この事例の場合，42- 金 PY の父に弟はいたものの，このような対応が取られていなかった。父の弟にも息子がひとりしかいなかったことを理由のひとつとして考えられる。

17　むしろある例では，養子が養親の老後の面倒をよく見たことが珍しい例として称賛されており，養親と養子が別居するほうがむしろ一般的であったのかもしれない。

43- 黄 PC の死後に 42- 金 PY がその住居を購入し，改築して高齢の養母 27- 李 PS と一緒に暮らすようになった。

本章 1 節で取り上げたテドン里の事例を敷衍すれば，既婚女性にとっての息子を残さないままの夫の死（3- 金 SO，4- 安 SN，27- 李 PS）は，既婚男性にとっての妻家暮らし（43- 黄 PC 夫，40- 安 CR 夫，17- 安 KJ，42- 金 PY 父）や未婚の息子にとっての父の早世・失踪と父系親族の不在（7- 楊 PG，42- 金 PY）と同様に，儒教規範によってその権威を裏付けられる家長とその他の公式的親族による統制の喪失，いいかえれば家父長制的関係性からの遊離をもたらしうるものであったといえる。それは 3- 金 SO の例のように生計基盤と老後の生活の不安定さの原因ともなれば，27- 李 PS の事例のように既婚女性の自由度の高まりを含意することもあった。さらに 27- 李 PS や 4 章 2 節で取り上げた金 HT の母の事例に見られたように，婚家の統制からの遊離が生家の親族への依存の契機となることもあった。40- 安 SN の事例では，これが娘たちとの関係の再強化につながっていた。既婚女性にとっての息子を残さない夫の死は，近隣に暮らす婚家の父系近親等の媒介者がいない限り，夫方の公式的親族からの疎外をもたらしうるものであった一方で，これが婚出した娘・婿たちなど，別の近親との実践＝実用的関係の生起をもたらしえた可能性にも注意を喚起しておきたい。

5-2-4　富農の生計の危機

卓越した経済力を基盤として社会経済的ステータスの追求に方向付けられ，家父長制的関係性の再生産によって実践＝実用的諸関係が統制されていた富農の事例でも，親夫婦の生計の危機を契機として，共同性としての家族の揺らぎや農村に残る親世帯の村落住民との関係の揺らぎが生ずることもあった。事例 5-2-1 で取り上げた 28- 安 CG と妻 28- 李 KN は，夫が購入・整備し，三男に経営を任せていた精米所が不渡りを出したことで多額の債務を負い，生計の危機に陥った。ここでは妻 28- 李 KN の手記に依拠して，その経緯と負債を返済する過程を見てみよう。

28- 安 CG（1909 年生）は Y マウル所在の精米所を 1964 年に入手，1967 年に改築し，三男（1939 年生）と一緒に経営にあたっていたが，1970 年 12 月に不渡りを出し，多額の負債を抱えた。彼の妻 28- 李 KN は，当時の日記をもとに，その経緯をまとめた手稿を 1984 年に作成した。「李 KN 伝」(但し，「李 KN」は筆者の付けた仮名で，実際は彼女の実名が記されている）と題されたこの手稿は，市販のノート（縦 26cm，横 19cm 程度）に縦書きで 50 頁にわたりハングルのみによって記されている。当時の公定的な正書法に従うものではなく，全羅道方言の音声に近い文字で表記する形をとっている。題名のつけ方からもうかがえるように，近代以前からハングル筆写本として民間に広く流布していた古典小説の形式を真似て，物語調で書かれている。彼女自身，若い頃からハングルの読み書きに習熟しており，このような小説を愛読し，また知人から借りた筆写本を自分で書き写したりもしていた。以下，彼女の手記を抜粋・整理し説明を補う形で，精米所の不渡りの経緯とその後の生活の変化を見ることにしよう。

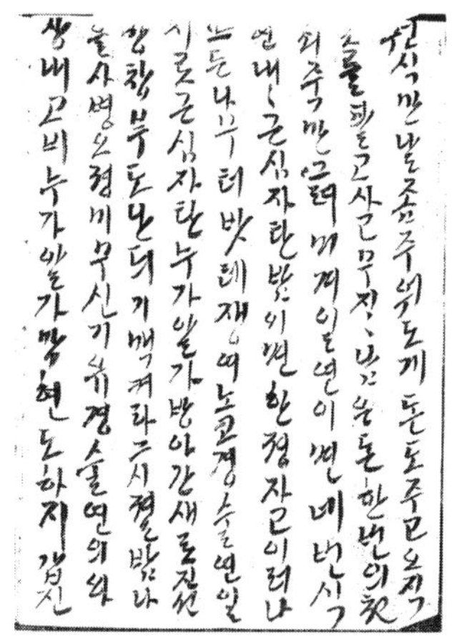

写真21　李 KN の手記の一節（手稿の複写）

(1) 精米所の入手と改築

1964 年，28- 李 KN が数え 57 歳のときに，夫 28- 安 CG（当時 56 歳）が三男（当時 26 歳）と一緒に老朽化した玄米精米所を米 131 カマニで購入した。当時の玄米 1 カマニは，小枡 10 斗（100 升）分にあたり，メートル法で換算すれば $0.1m^3$ 程度，重量では約 90kg ほどになった。28- 李 KN も自ら甕器店に行って蒸籠と酒甕を買い，最初の 3 年間は，陰暦 5・6 月の暑い時や 11・12 月の寒い時に（以下，月日は陰暦で表記）手ずから餅を搗き，酒を醸して人びとに振る舞い，精米所の経営を盛り立てようとした。しかし当時は凶作続きで精米しても屑米にしかならず，精米代金として 1 カマニ当たり 1 升（精米後の玄米の 100 分の 1）を受け取っていたが，もっと多く取っているのではないかと腹を探られることもあった。

4 年目の 1967 年に精米所の建物を建てなおし，精米機械も新たに購入しなおした。まず 1967 年 3 月に全羅北道裡里から「首大木」（熟練大工）3 名を呼んで，5 月まで 3 ヶ月間にわたって新築工事を行った。大工と雑役夫の酒代だけで米 2 カマニになった。新しい精米機械は，慶尚南道馬山から運んで来た。一緒に来た技術者に，間食としてパンやこわ飯を振る舞ったりもした。購入経費には牛を売った代金を充てたというが，どの程度の規模で畜産を営んでいたのかは不明である。

(2) 経営難と不渡り，避難

しかし新築後も精米所の経営難は続き，28- 李 KN も，夜は「一更」（一夜を 5 分割した時間の単位）だけ寝て夜明け前に起き，「牛粥」(藁と飼料を炊いた牛に与える餌）を炊いて牛に食べさせるなど，少しでも経営を支えようと努力したが，とうとう1970年12月に莫大な額の不渡りを出してしまった。精米所を310カマニで売却し，カジャンモレンイ（Kajangmoraeng-i：Yマウル近在の地名）の水田を110カマニで売って[18]，合計420カマニを調達したが，それでも負債額の半分にもならなかった。三男が所有する水田5マジギ（1,000坪）は，小宗中（9章1節参照）にムルトジ（*mul-toji*：借金を返せば取り戻せる方式）で売ったが，代金は急ぎの支払いで全部使ってしまった。コチシル（Kŏch'isil：地名）の水田4マジギ（800坪）を19カマニで売り，S書房（次女の夫。「書房」はここでは婿の意）とC書房（夫の弟30-安CMの長女の夫か？）のふたりから契米119カマニの提供を受け，加えて手持ちの現金30万ウォン，張校長（K国民学校長）の7カマニ，宋CJ（Yマウルの村人か？）の60カマニ，トンネ（洞契か？）の米3カマニ，喪扶契の米2カマニ，私宗中の米20カマニ等（いずれも借用したものか？）を返済に充てた。生計の危機に際しての近親・親族の援助で，少なくともこの事例では父系親族（宗中）よりも娘や姪の夫，すなわち姻族への依存度が高かった点は，富農の場合でも危機的状況においては非父系近親を含めたその時点で頼りうる実践＝実用的諸関係を総動員して対処せざるをえなかったことを示すものである。

この記載に従えば，コチシルの水田の売却価格は1マジギ当たり4.75カマニであった。カジャンモレンイの水田の面積は記されていないが，コチシルの水田よりも若干高い価格で売ったとしても，20マジギ程度にはなる。事例5-2-1-bで参照した28-李KNの証言によれば，所有する水田25マジギをすべて売り払ったとのことであったので，妥当な概算かと思う。

債務を返済するために当座準備した資金を合計すれば，三男の水田の売却代金を除き，米650カマニと現金30万ウォンになる。手記には当時，米1カマニが6,600ウォンであったと記されているので，すべてを現金に換算すれば460万ウォン弱に達していたとみられる。

当時全州に暮らし，国民学校で教鞭をとっていた長男安AS（1927年生，当時44歳）が，不渡りの知らせを聞いて南原に両親を連れに来て，12月14日，夫婦は全州の長男の家に避難した。そして全州の家で，翌年の5月まで6ヶ月間暮らした。

18　手記には，夫の祖父母の代から受け継いできた水田を全部売り払ってしまい，死んで「黄泉」（あの世）で夫の父母に再会したときに，どのように報告すればよいか悩んだという記述もある。

不渡りを出した当時は，精米所に3名，自宅に1名の「モスム」を置いていたが，夫婦が全州に逃げていた間，自宅のモスムが倉庫一杯に詰められていた薪を全部焚き尽してしまった。手記には，これを全部売れば米数カマニにはなり，借金を少しでも返せたであろうとの後悔の念も記されている。

⑶ 帰還と借金の返済

夫婦は全州の長男宅に6ヶ月間留まった後，1971年5月にYマウルに戻った。無一文でかき集めた所持金が6,700ウォンで，車代（バス料金か？）を差し引いて手もとに残された額は6,600ウォンだけであった。当時，28-李KNは数えで64歳，一歳年下の夫28-安CGは63歳で，そのまま長男のもとに留まれば安楽な暮らしも可能であったかもしれない。にもかかわらず多額の負債が残るYマウルに戻ることを選び，彼女が「峠 *kobi*」と表現する人生の一大危機を，長い年月をかけて乗り越えることになった。

彼女の手記に列挙されている借財先と額を整理すれば，Yマウルの住民17名（戸）と隣接するUマウルの2名（戸），他4名（戸），合わせて23名（戸）（ただし手記の記載に従えば「22名」[19]）からの借財が総計で米62カマニ2マル（斗）に達していた。1984年に最後の負債を返し終わるまでに，不渡りを出してから15年を要した。Yマウルの17名（そのうち11名は筆者の調査当時も在住）については，借財の最低額が1カマニ，最高額が6カマニで，特定の世帯から極端に多額の借財をした例はなかった。Uマウル2名とその他の4名についても，最低で1カマニ，最高で2カマニ4マルで，Yマウル住民からの借財の分布範囲内に収まっていた。また，Yマウルに限り，借財先の姓氏構成を見ると，確認しえた限りで，広州安氏5戸，彦陽金・恩津宋氏等その他が8戸で，夫・婚家の父系親族世帯からだけではなく，非親族の世帯からも相当の件数，借財をしていたことがわかる。すなわち，少数の富裕な世帯から多額の援助を，あるいは父系親族のみから援助を受けるのではなく，近隣の比較的対等な関係にある多くの世帯から少しずつ援助を受け，かつ支払いに関しても（結果的にではあるかもしれないが）猶予が許されていた。

南原に戻って来てからは，末娘（1950年生）と一緒に薪を集めて牛粥を炊く，

19　手記には繰り返し「22名」と書かれているが，件数を数えればのべ23件である。単純な数え間違いかもしれないが，YマウルとUマウルの両方に同じ宅号を持つNJ宅が登場し（YマウルのリストではNJ宅2カマニ4マル，UマウルのリストではNJ宅1カマニ），これが同一人物を指すものとすれば，確かに22名になる。

あるいは夜明け前にYマウルもUマウルも村中が寝静まっているなか，「新作路」（序論1節参照）をひとり歩いてKマウルS集落の畑に行って畝の間を掘り起こし，夜が明けると一度家に戻って食事の準備をし，また昼間に畑に行って作業をするといったような，生まれて初めての苦労も味わった。モスムを置いていた頃はモスムにやらせたり，あるいは人を雇って行っていた畑作業も，自分で行わなければならなかった。

借金を返済する際，「22名」のうち19名からは，利子を付けずに元本のみを返しても何も言われなかった。YN宅（40-安CR）とUマウルのSB宅（宋氏）は，むしろ菓子を持ってきて申し訳ないといったそうである。それに対し，3名（手記には実名も記載されているがここでは特定を避ける）からは利子が付いていないと文句を言われて，心が傷つけられたと記している。村落内の金融でも，先述のように，洞契や門中からの借財には高率の利子を付けるのが慣行であったことを考慮に入れれば，村人や隣人からの借財に対する返済が，なかには10年以上も支払い猶予を受け，かつおおむね利子を払わずに済ませられたことは，ここにあげた借財が，長年の隣人としての付き合いに基づく相互扶助としての性格を持っていたこと，いいかえればコミュニティ的関係性（あるいはブラントのいうコミュニティ感覚［Brandt 1971, pp.156-157］。詳しくは8章1節を参照）を基盤とするものであったことを如実に物語るものであろう。他方で，利子を要求する村人も一部に見られたことは，このような個別具体的な状況において立ち上がる相互扶助が，皆に共有され，変わることのない制度・規範・慣習によって拘束されるものではなかったことを示している。

このように少しずつ米を融通してくれた村人のなかでも，特に生家の従兄の孫娘でYマウルの彦陽金氏に嫁いでいたMS宅（35-金PJ妻。李PSと同じく全州李氏の出身）は，事情をよく察して，気を遣ってくれたという。手記の最後は，「本当に助けてくれたのはMS宅以上，他にない」という謝辞で締めくくられている。

富農の親夫婦が直面したこの生計の危機的状況において，社会経済的ステータスの追求に方向付けられた家族の再生産戦略で実践＝実用的諸関係を裏支えするものとして再生産されていた家父長制的関係性は，少なくともこの事例に限れば，息子たち世帯の個別の事情によりセーフティ・ネットとしての機能を果たしえていなかった[20]。28-安CG夫婦は，一時期長男のもとに避難はしたもの

20　ただし，次男安HSによれば，破産した三男の就職先は，彼が知り合いに頼んで斡旋

の，負債の返済にあたっては息子たちには頼らずに，一方で非父系近親を含めたその時点で頼りうる実践＝実用的諸関係を総動員し，他方で村落コミュニティの対等性の高い互酬的関係性にも依存しつつ，危機的状況からの脱出を試みた。家族外の諸関係に依存し，その責任を親夫婦のみで引き受けることによって，家族の再生産への否定的な影響を回避したものと捉えることも可能かもしれない。またこの一連の出来事は，富農でさえも，その経営・生計基盤がある種の危うい均衡の上に存立していたことを示唆する事例ともなっている。

5-3　結婚と分家

本節では，家族の再生産過程の重要な契機をなす結婚と分家について，再生産戦略と切り結ぶ関係に留意しつつ記述分析する。

5-3-1　結婚と女性の移住

序論２節と３章１節でも言及した通り，産業化以前の韓国の農村社会では，結婚に伴い，新婦が新郎の生家に転居し，そこで新婚生活を始める形態が一般的であり，かつ広く規範として共有されていた。妻に生家を継承する兄弟がおらず，夫の生家の生計基盤が脆弱であるような場合には，新婚夫婦が妻の生家に暮らす「テリルサゥイ」(率婿) という形態が取られることもあったが，少なくともＹマウルの三姓を見る限り，それも在地士族の家系では稀であったようである。結婚後，主に経済的な理由で妻の生家に暮らす妻家暮らしや，同居はしないが妻の生家に依存して生計を維持していたその他の事例でも，結婚当初は夫の生家に暮らしており，また妻の生家への依存も一時的なもので，妻の生家を継承するに至った事例は確認できなかった。

ここでは結婚に伴う女性の移住・転居の実態をうかがいうる資料として，調査当時にＹマウルに居住していた既婚女性の出身地を出生年別に示し，これをさらに三姓と他姓に分けて考察する。既婚女性のうちの最年少者は当時の数え年で29歳，最高齢者は90歳であった。表5-1はそのうち1925年以前に生まれ (数え年65歳以上)，おおむね解放以前に結婚した老年層と，1926～45年のあいだに生まれ (数え年45～64歳)，おおむね解放以後産業化以前に結婚した中年層に限

してもらったという。子育てのため経済的な援助は難しかったが，社会資本を動員した支援は行われていたといえる。

表 5-1　Y マウル既婚女性の出身地（1945 年以前の出生者のみ）

出生年	夫姓氏	妻出身地						合計
		K 里	P 面	南原	全北	他道	不明	
1925 年以前	三姓	3	0	12	2	0	0	17
	他姓	0	0	2	1	0	1	4
	小計	**3**	**0**	**14**	**3**	**0**	**1**	**21**
1926 ～ 45 年	三姓	3	4	7	3	0	1	18
	他姓	1	1	4	0	0	0	6
	小計	**4**	**5**	**11**	**3**	**0**	**1**	**24**
合計		**7**	**5**	**25**	**6**	**0**	**2**	**45**

凡例：「妻出身地」のうち，「P 面」は K 里以外の P 面諸法定里の出身者，「南原」は P 面を除く旧南原郡諸面・邑の出身者，「全北」は旧南原郡を除く全羅北道諸郡・市の出身者を意味する。

り，出身地別に集計したものである。まず 1925 年以前に生まれた者のうちで三姓に嫁いだ者を見ると，17 名中 15 名が旧南原郡の出身で，K 里と P 面以外の出身者 12 名についても 7 名は P 面とともに北部 3 面を構成する巳梅面か徳果面の出身，1 名は P 面に隣接する山東面の出身であった。すなわち隣接面の出身者が全体の半数近くを占めていたことになる。また，全羅北道出身者 2 名は，旧南原郡北部 3 面に隣接する任実郡と長水郡の出身であった。この世代で三姓に嫁いだ者の夫が，いずれも結婚当時，Y マウルを含む K 里 3 村落のいずれかに暮らしていた点も共通している。これに対し他姓に嫁いだ 4 名のうち，2 名は結婚後夫とともに新規転入した者，1 名は夫に先立たれた娘と同居する老母で，いずれも夫は K 里出身ではなかった。

次に，1926 ～ 45 年の出生者を見てみよう。この世代の既婚女性は，おおむね解放後産業化以前に結婚した者であったが，まず三姓に嫁いだ 18 名のうち，14 名は旧南原郡の出身で，うち 7 名が K 里を含む P 面の出身であった。老年層と比べると P 面出身者の比率が高く，かつ，老年層には見られなかった K 里以外の村落の出身者がその半数程度を占めていた。また，P 面以外の出身者 7 名のうち 5 名は北部 3 面の出身で，旧南原郡以外の全羅北道出身者 3 名はいずれも隣接する任実郡の出身であった。すなわち，北部 3 面と隣接郡の出身者が大半を占めていた点では老年層と同様であったが，中年層の場合，より近い P 面の諸村落の出身者も含まれるようになっていたことがわかる（解放後 1960 年代初頭までの人口増をひとつの理由とするものか？）。一方，この世代には，三姓に嫁いだ者でも夫が他地域に暮らしていた期間に結婚した者が 4 名含まれていたが，幼時に両親に連れられて全州に転出した 12- 金 IS を除けば，事例 5-2-4 の 32- 安 YS が P 面 Kd 里に住んでいたときに P 面 C 里出身者と結婚し，37- 金 KY が南原邑内居住時に巳梅面出身の女性と結婚するなど，近隣地域の出身者との縁組が大半を占めるという傾向から逸脱した例は見られなかった。

これに対し，他姓と結婚した者の場合，結婚当時，夫がYマウルを含むK里3村落のいずれかに暮らしていた者は6名中2名のみで，他4名は結婚後に比較的近い農村から夫とともに新規転入した者であった。ちなみに，後者の出身地はP面，巳梅面，あるいは南原邑内で，三姓出身男性に嫁いだ女性の出身地が密集する範囲内におおむね収まっていた。うち事例5-2-8の17-安KJの妻はUマウルの出身で，夫の父母の死後，実の父母を扶養するためにUマウルに戻ってきたことは先述の通りである。

老年層と中年層に共通する特徴としてK里出身者の比率が低いのは，他の民族誌的事例でも指摘されている村落外婚の傾向，すなわち夫側から見て，居住村落の外に妻を求める傾向が強かったことによるものであろう［cf. Brandt 1971, pp.121-124］。さらに老年層の場合には，中年層と比べ，より遠方から妻を求める傾向が見られた。他方で，妻の出身地がおおむね北部3面か近隣諸郡の範囲内に収まっていたことは，当時の縁組の大半が知人や近親の仲介によってなされていたことによるものであろう。知人はおおむね日常的に接触しうる範囲内に居住し，また近親の居住地の分布範囲も広がりにくい傾向にあったため，遠隔地に暮らす者同士の縁組が成り立ちにくかったのだと考えられる。

縁組の経緯についての網羅的な調査は実施できなかったが，Yマウルの既婚男女6名を対象とした自身と子供の結婚についての聞き取り調査から，産業化以前の縁組事例として23件が得られた。この事例から読み取りうる限りで，産業化以前は「仲媒 *chungmae*」による縁組，すなわち仲介者の紹介による縁組が主流で，しかも当事者である未婚男女同士が直接会い，消極的な形ではあれ意志の表示を行う「マッソン *matsŏn*」の手順は踏まれていなかった。この形態の縁組では，「仲媒」から紹介された相手の元に知人を送るか，あるいは父母や祖父母自身が行って相手を確認し，当事者である息子や孫の意向を聞かずに可否を決めていた。

ここで解放前の縁組の例をいくつか見ると，まず6-孔PG（女・1902年生・88歳）の場合，南原郡山東面の出身で，1916年に本人15歳，夫11歳で結婚したが，夫（恩津宋氏）の母の実兄がK里と南原市街地を結ぶ道の途中にあるエキジェに住んでいて仲媒をつとめた。薬剤商であった本人の祖父がエキジェに薬を売りに行ったときに，この夫の母方オジから夫を紹介されたのだという。縁組の手順としては，まず，夫の母の知り合いの女性が2名，本人を見に来て，昼ご飯を食べて帰って行った。次いで，本人の方からも村の知人を差し向けた。祖父が縁談を決めて父母もそれに従い，本人は口をさしはさむことができなかったという。また，10- 金 PJ（男・1917 年生・73 歳）は，1936 年に本人 20 歳，妻 17 歳で結婚したが，妻は徳果面の出身であった。10- 金 PJ の姉の夫が自分のチバンガン（父系近親）の女性を紹介したもので，この例でも当事者同士は会わず，双方の父母が相手を見に行った。本人の側は父が決定し，本人は反対しなかった。その頃は，父母の言葉に反対するのは息子として許されることでなかったのだという。

ただし解放前でも，近代教育を受けた男性のなかには自分の目で直接相手を確認して結婚を決めようとする者もいた。6- 孔 PG の長女（1927 年生）は，17 歳のとき（1943 年）に山東面出身, 22 歳の扶安金氏男性と結婚した。妻家（妻の生家）が相手の出身村落に暮らす K 里在住の他姓の男性が仲媒をつとめた。相手方から来た話で，まず相手方が雇った女性が仲媒の男性に連れられて長女を見に来たが，そのあと相手の男性も来て，長女と直接会って話をした。夫には内緒で，知れたら大変なことになっていたという。相手の男性は当時，「学校」(何らかの中等教育機関と思われる）に通っていて，この男性から結婚を持ちかけられ，夫が決定し，娘はそれに従った。

解放後も 1960 年代前半までは仲媒による縁組が主流で，解放前と同様に，原則として結婚する当事者同士は顔を合わせないままに縁組が決められていた。ただし，先述の 6- 孔 PG の三男（1935 年生）は，全州の学校に進学し，卒業後教師をしていたが，K 里から全州に移住した他姓の人の娘にトンネ（近所）に暮らす女性を紹介され，直接相手に会って結婚を決めた。夫は何もいわずに許したという。この三男が結婚したのは 25 歳頃（1959 年頃）で，相手は 4 歳年下であった。長女の結婚時とは異なり夫がマッソンを了解し，かつ結婚に異議を唱えておらず，仲媒であればマッソンも許容されつつあったことをうかがえる。また，事例 5-2-12 の 27- 李 PS（女・1908 年生・82 歳）は，先述のようにふたりの息子がいずれも夭折し，1956 年には夫にも先立たれ，その時点で 3 人の娘のうち長女しか結婚していなかった。長女の結婚のときは夫だけが相手の男性に会って，27- 李 PS には相談せずに決めてしまった。これに対し，次女と三女の結婚は，いずれも 27- 李 PS 自身が夫の末弟と相談して決めた。1965 年に 19 歳で結婚した次女はマッソンを行わず，27- 李 PS が夫の末弟と一緒に相手の男性を見に行って決めたが，翌年の 1966 年に 17 歳で結婚した三女はマッソンを行った。しかし三女自身は自分の考えを口に出さず，母と叔父の決定に従ったという。

縁組の仲媒をつとめた者は，筆者が集めた事例を見る限りで，当事者の父母の近親，他村落から嫁いできた女性やその他の転入者，あるいは他地域に転出した者で，男女両方の家の事情をある程度把握している者，あるいは一方の家をよく知り，他方については別の知人を介して情報を得た者が大半を占めていた。すなわち，ローカルな対面的ネットワークを介して縁組が成立していたのだといえる。1945年以前に出生した既婚女性の出身地が北部3面と近隣諸郡を合わせた範囲内におおむね収まっていたのは，対面的ネットワークを介して結婚した男女が移住先や出身地の男女を仲媒することによって，このネットワークが再生産されていたことによるものであろう。いわゆる婚姻圏がこのように近隣郡程度の範囲内に収まっていたことは，出身村落を離れる女性にとって，方言や生活習慣の違いが比較的小さく，その意味では移住先での適応の困難を多少なりとも低減させる効果があったと考えられる。

家族の再生産戦略における含意としては，村落外婚の傾向性によって妻の生家・近親との日常的な協力関係を形成しにくい反面，前節で示した事例からも読み取れるように，生計維持目的で移住する際には，移住先の情報や生計の諸資源へのアクセスを媒介しうるものとして妻方の近親の有用性も高かったとみられる。特に三姓のように父系親族の拠点に暮らす者の場合，この拠点を離れた移住において頼りうるのは，父系近親世帯よりはむしろそれ以外（非父系）の近親であったのではないかと考えられる。他方で，妻の生家が村内，あるいは隣村に暮らす者や，妻方等の姻戚を頼って移住した者が，近隣に暮らす妻方等の非父系近親世帯とのあいだにチバンガン（一般にはチバン），すなわち父系近親世帯との実践＝実用的関係に準ずる協力関係を結ぶこともあった。非父系近親世帯にとっても，近隣に暮らす父系近親世帯が少ない場合には，このような協力・依存関係が特に密接なものとなりえた。滞在調査当時のYマウルの場合，事例5-2-6の28-楊PGの世帯とUマウルに暮らす妻の姉夫婦（金PG夫婦）の世帯，事例5-2-8の17-安KJの世帯とその妹夫婦である事例5-2-9の44-崔CSの世帯，ならびに31-宋CGの世帯とUマウルに暮らす妻の生家（金PG）が，このような密接なケースに該当した。

5-3-2　分家

ここでは，1940年以前に出生した既婚男性，ならびに1945年以前に出生し夫に先立たれた既婚女性のうち，結婚後，村内・近隣に農家として独立した者の事例を取り上げる。いずれも産業化が本格化する1960年代半ば以前に結婚・分家した例となっている。以下，表5-2に従って，村内分家の事例から読み取れる

表 5-2　Y マウル居住者の村内分家

姓名	出生順位	兄弟の数	居住地	結婚時期（数え年）	妻結婚時年齢	分家時期（数え年）	分家先	分家までの年数	備考（分家以前の子供の出生）
30- 安 CM	次男	2	Y	1931 年（20）	20	1936 年（25）	Y	5 年	（34 年長男）
4- 安 SN 夫（4- 宋 HD）	次男	3	U	1935 年（26）	17	1940 ～ 45 年頃（31 ～ 36 頃）	Y	5 ～ 10 年	夫は日本居住。妻は結婚後婚家に暮らし，1940 年頃に日本に渡る。1944 年に妻・長男が帰郷。解放後夫が帰郷。夫の弟は消息不明（40 年長女，42 年長男）
10- 金 PJ	次男	2	Y	1937 年（21）	17	1937 年（21）	Y	0 年	（なし）
1- 金 HY	次男	2	U	1939 年（21）	19	1943 年（25）	U	4 年	分家後日本内地に徴用･出稼ぎ（なし）
38- 宋 CH	三男	4	U	不明	不明	不明	U	不明	（不明）
39- 邢 SR 夫	五男	6	Y	1939 年（18）	17	1945 年（24）	Y	6 年	夫の兄弟のうち，長男は父の長兄の養子に入り養母と暮らし，次男が生家に残る。生家から財産をもらえずに分家（36 年長女，45 年長男）
22- 金 TY	次男	3	Y	1943 年（25）	17	1953 年（35）	Y	10 年	終戦前内地出稼ぎ
19- 安 KS	次男	2	K→Y	1948 年（23）	20	1953 ～ 56 年（28 ～ 31）	Y	5 ～ 8 年	1953 年～完州郡面事務所勤務，56 年帰郷。（53 年長男）
5- 金 PR	次男	3	Y	1940 年代末（23 頃）	22 頃	1950 年代末（33 頃）	Y	10 年	朝鮮戦争時に兄が消息不明に（51 年長女，56 年次女，57 年三女）
16- 宋 PH	次男	3	Y	1951 年（20）	17	1961 年（30）	Y	10 年	結婚前から分家時まで他出。妻は夫の生家に居住（なし）
8- 金 KY	次男	3	Y	1956 年（22）	18	1960 年（26）頃	Y	約 4 年	分家前に長兄は子供の教育のため釜山に転出。生家は弟が継承，後に全州に転出（なし）
44- 崔 CS	次男	2[1)]	他	1957 年（22）	21	1959 年（24）	他	2 年	（なし）
33- 安 CS	三男	5	K	1959 年（25）頃	21 頃	1959 年（25）頃	Y	0 年	父が家を買ってくれた（なし）

18- 金 SY	次男	4	Y	1963 年 (27)	23	1964 年 (28)	Y	1 年	(63 年長男)

凡例:「居住地」は出生時から分家までの居住村落,「分家先」は分家時の居住村落を示す。Y･U･K は，それぞれ Y マウル，U マウル，K マウルを，他はその他の村落を示す。→ は村落間の転居を示す。
註：1) 44- 崔 CS には他に兄が 2 人いたが結婚前に死亡。

実践的論理について検討する。

生家を継承しない息子にとって，本章 1 節で論じたような村内分家が，生家から独立した居住と生計の単位を編成する方法のひとつをなしていたことは，Y マウルの場合も同様であった。表 5-2 に挙げた 14 例では，3 人兄弟の 8- 金 KY の事例で長男夫婦が釜山に転出し三男が生家を継承したことと，6 人兄弟の 39- 邢 SR 夫の事例で長男が養子に出て次男が生家を継いだことを除けば，いずれの事例でも長男が生家を継承している。珍島上萬里のように長男が村内分家した例はない。

長男以外の息子の村内分家によらない独立例としては，3 人兄弟の 16- 宋 PH と 5- 金 PR の事例で，弟が早くから都市に移住し農業以外の職に就いていた。また，6 人兄弟の 39- 邢 SR の夫の事例では，長男が，息子を残さずに死んだ父の長兄の養子となり養母と一緒に暮らすことにしたため生家には次男が残留したが，それでも貧しく兄弟が多かったため，五男であった 39- 邢 SR の夫は財産分与を受けられず自力で独立した。珍島上萬里の事例を敷衍すれば，39- 邢 SR の夫の独立は，兄弟の多い貧農の息子が「作手成家」したものとみなすことができる。

結婚前から日本に単身で暮らしていた 4- 宋 HD（事例 4-1-1 参照）と，この表の事例のなかでは最も若い 18- 金 SY を除き，結婚時の夫の年齢は 20 代前半かそれより下であった。妻の年齢は 17 ～ 23 歳で，10 代後半で結婚した者が半数程度を占めていた。結婚後夫の生家に留まる期間は一定していないが，分家までに 10 年程度を要した 4 例を除けば，夫の年齢を基準としていずれも 20 代後半までには分家を済ませていた。子供の有無との相関性は明確には見て取れないが，分家前に複数の子供を儲けていた例は少なかった。

結婚後分家までに 10 年程度を要した事例では，いずれも生家での居住期間を長期化させる，あるいは分家の完了を遅らせる要因の介在を見て取れた。まず 4- 宋 HD の場合は，4 章 1 節で論じたように，日本滞在の長期化により夫婦の同居自体が遅れ，さらに当初は日本で所帯を構えたため分家の完結までに多くの年月を要した。同じく 4 章 1 節で取り上げた 22- 金 TY の場合は，結婚直後からの日本内地への出稼ぎや解放から朝鮮戦争にかけての社会的混乱が，分家の遅れをもたらしたと考えられる。5- 金 PR の場合は，事例 4-1-4 でも触れたように，結婚後 1，2 年で勃発した朝鮮戦争の際に，兄が生家に妻子を残したまま北朝鮮に連れてゆかれて消息不明となった。この兄の留守を守るために分家が遅れた。本章 2 節でも取り上げた 16- 宋 PH は結婚前から他郷で暮らし，結婚後も妻を生家に残して 10 年余り定職に就かない他郷暮らしを続けたため，分家が帰郷時まで先延ばしにされる結果となった。

分家時の財産分与については未調査であるが，1- 金 HY の説明に従えば，一般的な分家の慣行としては，次三男が結婚すると，祖父や父に住居を準備してもらい，余裕があれば水田も分与されるが，余裕がなければ他人から水田を賃借して耕した。次三男に分与する水田の面積は生家に残す分の 3 分の 1 前後であったが，生家の経済状況や兄弟の数によって分与面積には違いが生じたという（1991 年 3 月調査）。先述のように彼の場合は生家の所有する水田が 8 マジギ程度しかなかったが，生家は小作等でも生計維持が可能であったため，生家に残す分を上回る 5 マジギを分与された。彼の場合は分家後の生計維持に父から相当の配慮を受けたといえよう。33- 安 CS のように，隣接村落に家を準備してもらって分家した者もいる。

5-4　農家世帯の形成

Y マウル住民の世帯形成の経緯について，2 節では富農と貧農の事例を取り上げ，3 節では村内分家を取り上げた。これらの事例も含め，本節では 1940 年以前に生まれた既婚男性の農家世帯形成経緯を整理し，長男残留規範との整合性を志向する再生産戦略がいかなる条件のもとで存立しえたのかについて考えてみたい。

表 5-3 は，1940 年以前に出生した（調査開始時点で数え年 50 歳以上の）営農経験のある既婚男性 34 名（夫に先立たれた既婚女性の死亡した夫 9 名も含む）について，営農基盤形成の経緯を整理したものである。ただし営農基盤の形成には，父母等から農家世帯を継承した場合と，父母等の世帯から独立して新たに農家世帯を構えた場合の両方を含めている。

まず，長男の残留と次三男の独立という規範に合致した例としては，長男で親世帯に残留した者が 13 名（うち独子 3 名），次三男で親世帯から独立し，近隣

表 5-3　1940 年以前出生の既婚男性の農家世帯形成経緯

世帯形成の経緯	事例数	内訳（出生年順）
親世帯への残留（長男）	13（4）	**27- 李 PS 夫**（88 歳），28- 安 CG（81 歳），*21- 金 KS*（78 歳），**3- 金 SO 夫**（75 歳），14- 安 MS（69 歳），23- 金 PI（69 歳・独子），**6- 金 OC 夫**（67 歳），17- 安 KJ（64 歳・独子），26- 安 CR（60 歳），24- 金 CY（53 歳），42- 金 PY（53 歳・独子），**36- 李 TS 夫**，35- 金 PJ（52 歳）
親世帯からの独立（次三男）	14（2）	*30- 安 CM*（78 歳・次男），10- 金 PJ（73 歳・次男），*1- 金 HY*（71 歳・次男），*22- 金 TY*（71 歳・次男），38- 宋 CH（70 歳・三男），***4- 安 SN 夫***（次男・70 歳・結婚前に渡日，一時期夫婦で日本に暮らす），**39- 邢 SR 夫**（69 歳・五男・財産分与なし），*19- 安 KS*（64 歳・次男・独立直前 3 年間は役場勤務で他出），5- 金 PR（63 歳・次男），*16- 宋 PH*（58 歳・次男），8- 金 KY（55 歳・次男），33- 安 CS（55 歳・三男），44- 崔 CS（54 歳・次男），18- 金 SY（53 歳・次男）
親世帯への残留（次三男）	3（1）	**45- 朴 PS 夫**（70 歳・次男），7- 楊 PG（63 歳・次男），41- 全 SG（52 歳・次男）
近親世帯の継承	2［1］	32- 安 YS（64 歳・長男），［17- 安 KJ（64 歳・長男で両親の死後，妻家暮らし）］，20- 金 KY（54 歳・長男。幼い頃に父母が死に，その後，本人結婚 3 年後まで叔父夫婦が同居）
近親世帯からの独立	2（2）	**43- 黄 PC 夫**（76 歳・長男・妻家暮らし後，帰郷して親と別居），**40- 安 CR 夫**（66 歳・三男・妻家暮らし後，妻家の援助で独立）
合計	34（9）	

凡例：「事例数」の（　）内は，夫に先立たれた女性の夫の事例（内数），［　］内は親世帯に残留した長男が親の死後に近親世帯を継承した事例（外数）。「内訳」の*斜字体*は結婚後に農業以外の職業に従事した経験のある者，下線は結婚後 Y マウル・近隣に移住した者。太字は夫に先立たれた既婚女性で，夫の年齢は，死亡時のものではなく，死亡後，調査時点でのもの。また男兄弟がいない長男は，年齢の後に「独子」と追記した。

に農家世帯を構えた者が 14 名で，合わせて全体の約 8 割を占めていた[21]。このうち親世帯に残留した長男は，先述の 17- 安 KJ と 42- 金 PY を除き，該当者自身が Y マウルか近隣村落に生まれ育ち，親の営農基盤を継承することで生計維持が可能となった小規模自営農であった[22]。

これに対し親世帯から独立した次三男には，植民地期末に日本等での出稼ぎ・

21　独子を除いて計算しても 8 割弱で，規範との不整合を示す事例が 2 割程度と珍島上萬里の事例と比べ低い比率に留まっていたことは，内陸部の在地士族の各姓村ゆえの長男残留規範に対する志向性の強さや，3 章 2 節で述べた稲作農村としての相対的な豊かさによるものといえるかもしれない。ただし，この資料が大規模な人口流出を経た後の農村残留者のみを対象とした調査結果であった点も考慮に入れねばなるまい。産業化過程での人口移動では，小規模自営農のなかでも，営農基盤が不安定な農家ほど向都離村・離農する傾向が強かったと考えられる。すなわちこの資料では，規範志向的な継承・分家形態の統計上の主流傾向が，産業化以前の実態よりもより強く現われている可能性も排除できない。

22　ただし，21- 金 KS は植民地期末に満州に出稼ぎした経験を持つ（事例 4-1-3 参照）。

就労経験を持つ者（先述の1-金HY，22-金TY，4-安SN夫），村内に独立する前に一時期農業以外の職業に従事していた者（19-安KS，先述の16-宋PH），新規転入者（先述の44-崔CS），生家の近隣に独立したが，兄弟が多かったために財産分与は受けられず自力で営農基盤を築いた者（先述の39-邢SR夫）等も含まれる。4-安SN夫と16-宋PHの場合は富農の子弟の遊学的な他郷暮らしといえるかもしれないが，その他では，39-邢SR夫，44-崔CSや分家前に面役場に3年勤務した19-安KSなどのように，生家から財産分与を受けられなかった者，あるいは分家であっても財産分与が充分でなかった可能性がある者も相当数含まれていた。

親世帯から独立した次三男で，結婚後に農業以外の職業に従事した経験のある者や生家から財産分与を受けられなかった者，ならびに流動性の高い新規転入者が目立っていた点は，4章1節でも述べたように，一面では親世帯を継承しない次三男の自由度の高さを示すものであろうが，他方で，貧農よりは生計に若干の余裕がある小規模自営農であっても，生家の生計基盤の安定が優先され，次三男は多かれ少なかれ自力で生活基盤を築いてゆかねばならなかったことを示すものであろう。これも中間的自営農の営農・生計基盤の暫定的均衡を維持・再生産するためのひとつの戦略として位置づけられる。息子の一部の自力独立は39-邢SRの夫のように兄弟の数が多い例に限られていたわけでなく，兄弟の数が比較的少ない場合にも，例えば長男以外の息子が農業以外の生計手段を自力で確保する例などが見られた。長男が親世帯に残留した24-金CYの事例では，3兄弟の次男（1939年生）が国卒後16歳（1954年）のとき南原に移住，さらにその後ソウルに移住し，洋服店を経営するまでになった。これに対し三男（1947年生）は全州の工業高校に進学し，調査当時はソウルで会社勤務をしていた。

次三男の親世帯への残留，近親世帯の継承，ならびに近親世帯からの独立など，長男残留や次三男分家の規範に合致しない例については，20-金KYを除き，既に述べた通りである。20-金KYの場合は，幼い頃に両親が死亡し，彼の面倒をみるために妻子とともに移り住んだ父の弟が，彼の結婚3年後まで同居していた。叔父夫婦の同居を一時的に父母の代行をしたものと捉えれば，これは長男（独子）の親世帯への残留事例に含めることができる。

社会経済的スペクトラムの両極のあいだに広く分布する小規模自営農の場合，長男による農家世帯の継承と次三男の村内分家・不均等相続，すなわち長男残留規範に向けられた再生産戦略が，農村社会での生計維持戦略の実効性をより高める選択をなしていたと考えられる。まず経済的合理性の観点から見ると，独立した息子への分与分を上回る財産をクン・チプに留め置くことによって，クン・チプの生計基盤の安定化を図ることが可能になる。これに対し，村内分家した次三男のチャグン・チプは自力での生計基盤の確立を求められるが，クン・チプの近隣に暮らすことによって，子供をクン・チプに預けたり食事をさせてもらうなどの生計の負担の軽減や農具の借用などの営農面でのクン・チプへの部分的依存が可能となる。このような位階的な協力・依存関係が長男残留規範によって合理化されることによって，生計維持戦略のコストが低減される効果を生んでいたのだと考えられる。のみならず祖先が移住定着した大宗中の拠点に暮らす三姓の子孫の場合は，儒教的孝観念と結合した長男残留の規範に沿った再生産戦略を実践し規範を内面化することが，大宗中によって担われる両班としての威信を他の子孫とともに享受し，またその再生産に主体的に参与する契機をもなしていた[23]。

しかし生家の農業経営基盤が不安定な場合や息子の数が多い場合などには，次三男のすべてに財産を分与して村内分家をさせることが難しく，24-金CYの事例のように次男を都市で就業させたり，39-邢SRの夫の事例のように一部の息子に対しては財産を分与せず，「作手成家」を期待せざるをえなかった。生家の生計基盤の安定化を図る一方で，息子の一部の自力での独立に期待をかけつつ，共倒れを防ぐ（均衡の揺らぎを先延ばしにする）生計維持戦略が採られていたのだといえる。この場合，長男（あるいは祭祀継承子の）残留の規範は，一部の息子に苦労を強いることで生家の生計基盤の安定化を図る戦略を正当化するものとして援用されていた。他方で，8-金KYの事例では，長男が子供の教育のために釜山に移住し，生家の農業経営は三男が継承しており，長男による社会経済的ステータスの追求と三男の生計基盤への配慮によって祭祀継承のラインと（農業経営単位としての）生家の継承のラインとのあいだにずれが生ずるとともに，チャグン・チプを成した兄（次男である8-金KY）にとって，（日常生活と生業において依存する）クン・チプの生計・営農基盤を弟（三男）が継承するという長幼の序との齟齬も生じていた。すなわち，公式的／実践的親族間の折り合い付けが先延ばしにされた事例といえる。しかしこの事例でも，生家から独立し釜山に移住した長男が，調査時点までには父母と祖父母の祭祀を行うようになっていた。両親の死によって，父―長男（祭祀継承子）を中心軸とする公式的＝家父長制的親族関係が確立されたのだといえよう。

23　富農の事例で，28-安CGの次男安HSが祖父の両班としての威信を強調していたのも，このような脈絡においてであった。

5-5　均衡／増進／回復に向けられた再生産戦略と長男残留規範

本章では，Yマウル住民の事例を中心に，産業化以前の農村社会における家族の再生産戦略と実践的論理について，その社会経済的スペクトラムを対照民族誌的に記述分析しつつ，中間的自営農の社会経済的基盤に見られる暫定的均衡状態と小農的居住＝経営単位の再生産としての長男残留にひとつの焦点をあわせて論じた。前章までの議論と関連付けながら，本章での議論を改めて整理しておこう。

1章2節で朝鮮後期農村社会における戸の再生産戦略として仮設的に提示した3類型（①トバギ士族地主，②小規模自営農，③無所有・零細小作農・貧農）と対照すると，Yマウルの場合，トバギ士族である三姓の子孫が多数を占めていたものの，三姓は旧南原府の在地士族のなかでステータスが決して高いほうではなく，その宗家の中心性も突出するものではなかった。事実，名門士族の宗家（旧南原府で例を挙げれば屯徳李氏）のように広壮な屋敷も設けられておらず，宗孫たちの移動性も決して低くはなかった[24]。また，小作収入が白米数百石に達した比較的規模の大きい地主も解放前には存在していたというが，地主の政治的中心性は必ずしも高くはなかったとみられる。すなわち政治経済的な位階関係による拘束は必ずしも強くはなく，3章3節で指摘したように，平等的な共同性が生起する領域も決して狭くはなかった。2・3章で述べたように，三姓は16世紀末から18世紀前半にかけてYマウルと近隣に定着し，遅くとも20世紀前半までにはYマウルの構成世帯の大半を占めるようになっていたが，一部の地主・富農を除き，大半は自作，あるいは自小作の小規模自営農で，1章で言及した宮嶋のいい方を借りれば，社会経済的には下層両班をなしていたと推測できる。整理すれば，三姓農家の大半は，在地士族の子孫としての身分伝統や儒教伝統への志向性を見せつつも，経済階層としては自給的小規模自営農を主体としていたのだといえる。

一方，3・4章で見たように，植民地期の南原地域の農村社会とYマウルでは，自給的小農経営の再生産と市場経済的賃労働への参入の二重就業構造が強まり

24　彦陽金氏大宗中の宗孫12-金IS（男・1933年生）は，7歳のとき（1939年）に全州に移住し，再び故郷に戻ったのが1981年であった。先代の宗孫である父も，一時期日本に暮らしていたという。広州安氏大宗中の宗孫32-安YSも，事例5-2-4に示した通り，父の代から大宗中の拠点を離れていた。

つつあった。また，公教育の履修を通じた事務・専門職への進出の道も開かれつつあった。この小農的二重就業戦略と近代メリトクラシーへの参与は，本章で取り上げた諸事例からも読み取ることができた。

本章での叙述の基本的な姿勢は，産業化以前の農村社会における家族の再生産過程を，エミックなモデルに則った理想型や構造的拘束に還元することなしに，実践や戦略に焦点をあわせて（その実践的論理を中心に）記述分析することにあった。そこでの課題のひとつは，長男残留の規範を個別具体的な社会経済的脈絡に落とし込んで意味づけることにあったが，Y マウルの民族誌資料を 1960 ～ 70 年代の農村の民族誌や植民地期農村の口述史と相互対照的に分析した結果として，まず，保有する社会経済的資源（経済・文化・社会・象徴資本，あるいは所有・小作農地と社会経済的地位）の多寡に応じて，具体的にいえば富農・地主／小規模自営農／零細農・貧農のあいだで，採りうる家族の再生産戦略──家族への参与を通じた生計維持と社会的生存の諸戦略──に顕著な違いがあった点を示すことができた。

このうち富農・地主においては，規模の大きい農業経営によって担保される経済的基盤の安定性によって，より高い水準での物質的・象徴的利益の増進戦略が可能となっていた。そのひとつの例が 28- 安 CG の家族で，息子たちを上級学校に進学させて専門職に従事させるメリトクラシー志向を産業化以前の早い段階から追求し，ある種の資本転化をなし遂げた。この他にも，富農や農業外の事業経営を行う農家で，息子を大学に進学させた例が見られた。一方，かつてはこの安富者を凌駕する経済力を誇っていた宋富者の事例では，次男，三男を上級学校に進学させ，うち三男は教職に就かせたものの，安富者の事例ほどはメリトクラシー志向が徹底されず，資本転化が未達成のままに多くの財産を失った。また，一旦は資本転化に成功した安富者も，一時期は精米所経営が破綻して多くの債務を抱えたように，富農でさえもその経営・生計基盤がある種の危うい均衡の上に存立していたことがうかがい見えた。

富農・地主の場合，その卓越した社会経済的基盤を背景として，例えば長男の都市での就業や息子・孫の教育のために 28- 安 CG（本章 2 節参照）や李 KU の祖父（4 章 2 節参照）が都市・市街地に別宅を設けたように，父―長男のラインを主軸とする家内集団（財産単位）が居住（と経営・職業）を別にする複世帯的構成をとることもあったが，それでも共同的な再生産実践が可能となっていた。このような類型における長男残留規範の意味は，長男が（父）親と同居し農業経営にともに参与することを要請するものでは必ずしもなく，状況に応じては両者が世帯を異にしつつも，ひとつの家内集団の家長とその後継者として富と威信の増進に向けられた再生産実践にともに取り組むことをも含んでいた。この高水準の再生産戦略において，長男が親と同居し農業を継承することの必然性は必ずしも高くはなかったのだといえる。

一方，社会経済的スペクトラムにおいてその対極にある零細農・貧農の場合，まず財産単位自体の存立基盤が脆弱で（つまり所有し，分与しうる農地・不動産が少なく），長男の労働力の囲い込み（長男の小作労働や賃労働への家計の依存）から長男の流浪・一家離散まで，時には父―長男を軸とする家父長制的＝公式的親族の再生産を犠牲にしても，その時々で採りうるマージナルな生計維持の諸方策を優先せざるをえなかった。生家を離れた長男やその他の既婚の息子の妻家暮らし，長男の流浪・他郷暮らしと次三男の生家への残留，非父系近親・姻戚世帯を頼った移住など，マージナルな生計維持の諸方策は多様性と柔軟性に富み，かつ暫定的な性格を強く帯びていた。珍島上萬里の例でも示唆されていたが，妻の生家に息子がおらず，妻の父母が老齢に達した場合，マージナルな生計を営む夫婦にとって妻家暮らしが生計維持のための主要な選択肢のひとつをなしていた点にも改めて注意を喚起しておきたい[25]。またYマウルの事例では，生計資源の確保のための移住の結果としての地理的流動性の高さや妻家以外の非父系近親・姻戚世帯への依存が，三姓よりも他姓においてより顕著に現れていたが，同時にYマウルを大宗中の拠点とする三姓の場合も決して定着性が高いわけでも，また父系親族への依存度が高いわけでもなかった点も確認できた。

ここで長男残留の規範は，長男の労働力の囲い込みや老後の生活の長男への依存を正当化すること程度の意味しか持ちえなかったが，その一方で，マージナルな生計維持戦略の公式的規範による正当化や公式的＝家父長的関係性の回復，あるいは実践＝実用的関係のそれへのすり寄せがはかられる局面も一部に見て取れた。事例5-2-5の彦陽金氏3兄弟の例や8-金KYの生家の事例に見られたように，父母の生前は別居していても，その死後に形式的論理に従って長男が祭祀を相続する形で，父―長男（あるいは祭祀継承子）を中心軸とする公式的親

25　末成が1979年から80年にかけて調査した東海岸の漁村，東浦の事例では，婚姻事例156例中，広・狭義の「妻家暮し」（他洞の男子が来住して東浦の女子と結婚し，洞内に居を構えたものと結婚後妻家にいったん同居するもの）に，女子が一旦洞外に嫁出したが何らかの事情で生家のある東浦に家族ごと転入してきたものを合わせた「妻方居住婚」が19例と，Yマウルの事例と比べて相当に高い比率を示していた［末成1982, pp.162-164］。

族関係が回復されていたのがその典型といえる。また，事例5-2-7の41-全SGの事例では，父の死後に次男が祭祀を継承したことを長男の役割の代行と説明し，再生産戦略の実践的論理と祭祀相続の形式的論理との齟齬を正当化する言説を提示していた。相続の二重システムでは，序論で言及した嶋の論のように，2つのプロセスにズレが生じる場合には両者を分離してそれぞれの論理が貫かれるが，それとともに，状況が変化すれば再び接合がはかられる可能性を包含してもいたのだといえよう。

このスペクトラムの両極と対照することによって見えてくるように，長男残留の規範が長男の（父）親との同居と財産分割における長男の優待を通じた小農的居住＝経営単位の再生産を一義的に意味したのは，まさに中間的自営農においてであった。中間的自営農では，零細農・貧農と比べれば，財産単位としての家内集団の経済的基盤が比較的しっかりしていた。そして子供世代の年長労働力（すなわち長男）を親の農家世帯に留め置くことによって労働集約的な農業生産が促進され，未婚の子供たちや（分家した次三男の）チャグン・チプへの統制力の行使と経済的支援も可能になっていた。

他方で，地主・富農のように家内集団の複世帯化や農業経営の再生産に留まらない複合的な再生産戦略の実践が可能なほどの社会経済的基盤は欠いており，また，その再生産過程の様々の局面に，均衡状態を維持／回復するための戦略的判断と選択の介在を確認できた。本章で提示した事例から確認できるものだけを挙げても，次三男の妻を生家に置いた分家前の出稼ぎ，その他分家以前の農業外就労，結婚後分家までの期間の調整，分家時の財産分与の多寡，分家後の出稼ぎ，分家後の親子・兄弟世帯の協力・依存関係，一部の息子・兄弟の財産分与を受けない農家としての独立あるいは都市での就労と独立，新たな営農資源を求めた移住など，限られた生計・営農資源を基盤とし，中・遠距離移動，地理的拡散と農業外就労をも選択肢に織り込んだ，多様な戦略的判断がなされていた。言い換えれば，社会経済的基盤の暫定的均衡を維持，再生産することを通じて，初めて長男残留規範に整合的な小農的居住＝経営単位の再生産が可能となっていた。ここで長男残留規範は，このような均衡状態に向けた再生産実践への主体的参与を促すものであったといえよう。

整理すれば，長男残留規範が家族の再生産実践に及ぼす拘束の質は，社会経済的諸要因によって条件付けられる相続の二重システム，あるいは家族の再生産過程の二重性の接合状態に依存する。まず，中間的自営農の場合，この規範が祭祀継承の形式的論理に裏打ちされる形で，小農的居住＝経営単位の長男による継承を促進する。加えて，長男以外の息子には（少なくともその一部に対しては）財産を分与し独立させることによって，クン・チプの社会経済的境界も際立たせられる。とはいえ，分家する次三男への分与額は必ずしも充分なものとはなりえず，また息子が多い場合には，一部に「作手成家」的な独立を求めることも避けがたかった。これに対し富農・地主のケースでは，長男残留規範が居住＝経営単位の再生産に及ぼす拘束が，概して中間的自営農ほど強くはない。28-安CGの事例では，長男は必ずしも生家の居住＝経営単位の継承を促されておらず，卓越した経済的基盤を背景として農業と専門職，農村と都市にまたがる複世帯的構成をとる家内集団が父―長男の継承軸を中心に形成されていた。また，長男と同じく都市で専門職に就いた次男に対しては，「儀礼的」・「伝統的」分家の手続きが踏襲されることによって，複世帯的家内集団としてのクン・チプの社会経済的独立性が強化されていた。ここで長男残留規範による拘束は，居住＝経営単位自体の再生産に対するものではなく，もっぱら複世帯的な家内集団の一体性に対して及ぼされるものとなっていた[26]。一方，時には長男による居住＝経営単位の継承を犠牲にしてもマージナルな生計維持を図らざるを得ない零細農・貧農の場合，長男の流浪や非父系近親世帯への暫定的な依存など，公式的親族と実践＝実用的諸関係の乖離が生ずることもある。また長男残留規範が援用されたとしても，生家による長男の労働力の囲い込みを正当化するような類のものともなりえる。ただし前者においては，次男による生家の継承を長男の役割の代行とみなしたり，両親の死後は長男が祭祀を継承するなど，形式的論理を読み換えることによる現状の追認や，形式的論理へのすりよせも試みられていた。まとめれば，長男残留規範は，財産分割や実践＝実用的親族の編成に作用する実践的論理（あるいは実践感覚）に祭祀継承の形式的論理を融合させたエミックな行為モデルであり，相続の二重システム，あるいは家族の再生産過程の二重性を，実践レベルで媒介する装置として機能するような性質を具えて

26　テドン里の李チャンヨンの家族の事例は，卓越した社会経済的基盤を背景とした物質的・象徴的利益の増進戦略において，4人の息子の適性に応じた役割配分と長男・息子にこだわらない農場後継者の設定，ならびに農場経営の細分化を極力回避するための後継者の系統への相続財産の集中など，経営的合理性の追求の結果として一見長男残留（優待）的な相続が実現されていたように読める。これに対し，珍島の裕福な農家で長男が分家あるいは独立している事例では，親の死後に祭祀継承の形式的論理へのすり寄せがなされることもあれば，実践＝実用的親族編成に従って祭祀継承の実践的論理が組み換えられることもあったように読める（序論2節参照）。

いたといえる。

長男残留規範に向けられた小農的居住＝経営単位の再生産を可能にする社会経済的均衡状態のある種の危うさについては，息子を残さずに夫が死亡したり養子に早く死なれたりすることで，主に寡婦が家父長制的関係性から遊離する例も確認できた。また，故郷から離れ，かつ幼くして父が死亡した 42- 金 PY や，幼い頃に父が行方不明となり，兄も流浪の生活を送り，母を連れて転々とした 7- 楊 PG も，家父長制的関係性による拘束が弱まった例といえる。このうち 3- 金 SO の例では長男である夫が責任を担っていた祭祀は近隣に暮らす甥が継承したが，彼女自身，老後の生活は娘に頼らざるを得ない状況にあった。4- 安 SN の事例では祭祀も娘・婿たちと行うようになっていた。27- 李 PS と 42- 金 PY は居住を分けつつも家内集団としての一体性を回復しつつあったが，7- 楊 PG が儒教式の祭祀は行わなくなるなど，それ以外の事例では家父長制的関係性と生計維持の齟齬が解消しがたい状況になりつつあった。

最後に，本章で取り上げた 1945 年以前に出生した既婚女性の例に限れば，結婚は近親やローカルな人脈による仲媒婚が主流で，その結果として，ローカルな近親・姻戚・知人関係の再生産を促進するものとなっていた。しかし夫婦が妻の父母を頼る妻家暮らし，あるいはマージナルな生計維持の例を除き，結婚によって形成され再生産されるローカルな諸関係が生計維持や生計の危機の回避に果たしていた役割は，必ずしも高くはなかったのではないかと考えられる。

6章　産業化と再生産条件の変化

序論1節で述べたように，筆者の調査当時のYマウルでは，青・壮年層の歯止めのきかない人口流出が進むとともに，子供を少なくとも高校までは送って事務・専門職につかせようとする高学歴・ホワイトカラー志向が主流をなすようになっていた。それと密接に関連する形で，農村社会の人口構成にも大きな変化が生じた。産業化への離陸以降，たかだか20年余りで「圧縮的に」このような変化がもたらされた直接の原因は農村家族の再生産戦略の再編成に求めることができるが，本章では，そのような戦略を支える社会経済的諸条件，すなわち再生産条件の変化を，量的拡大と質的変容の2つの側面に分けて考えたい。

ここで「量的拡大」とは，産業化以前の農村社会における社会経済的持続性，具体的にいえば，家族の再生産戦略の社会経済的スペクトラムと中間的自営農の暫定的均衡に向けられた再生産戦略を基調とし，その戦略的選択肢のあるものの実現可能性を高め，量的な拡大をもたらすような再生産条件の変化を指す。議論を先取りすれば，一方で，1920年代以降の地主・富農の再生産戦略の特徴のひとつをなしていた子弟の上級学校への進学と事務・専門職への進出の汎階層的な拡大，他方で，小規模自営農や貧農の息子の生家の財産に依存しない独立形態としての都市での（ブルーカラー・自営業的）就労の拡大をもたらしたような社会経済的諸条件の変化がこれにあたる。これに対し「質的変容」とは，一方で再生産戦略の長期持続性を戦略策定上の資源として活用しつつも，他方で戦略の目標自体と長期持続的な諸条件に不可逆的な変化をももたらすような，社会経済的諸条件の変化を意味する。具体的には，都市生活への憧憬と都市中産層志向が，農村住民のあいだにも広く共有されるようになっていったことを指す。

再生産戦略の再編成を促した量的拡大と質的変容の両面にわたる社会経済的諸条件の変化について，本章では以下の手順に従って検討する。まず1節では，朝鮮戦争（韓国での公式名称は「韓国戦争 Hanguk-chŏnjaeng」）後の政治経済的状況を略述した上で，1960年代半ば以降の急速な工業化とそれに併行する社会経済変動が農村社会に暮らす人たちによってどのように経験されたのかについて，人口学的な変化と都市中産層志向の形成・拡大を中心に概観する。ついで2節では，産業化過程での農業経営の変化について，全国的な動向を概観した上で，南原地域に対象を絞り，植民地期の農業調査とも対照しつつより詳細な動向を把握する。最後に3節では，産業化過程での南原地域とP面の人口変動について，人口センサスの集計値を用いて出生コーホート毎の経年的変化の特徴を抽出し，さらに出生時期によって転出，学歴，結婚にどのような傾向が見られたのかについて考察を加える。

6-1　都市の吸引力

本節では，1950年に勃発し1953年に休戦した朝鮮戦争後の政治経済的状況を略述した上で，1960年代半ば以降の急速な工業化とそれに併行する社会経済変動が農村社会に暮らす人たちによってどのように経験されたのかについて，人口学的な変化と都市中産層的な生活への憧憬を中心に概観する。

まず，1950年代前半から1960年代前半までの政治経済的状況を確認しておこう。1955年9月1日に実施された簡易総人口調査によれば，当時の韓国の人口は2153万人で，大韓民国樹立の翌年で朝鮮戦争勃発の前年にあたる1949年5月1日実施の総人口調査時の2019万人から，6年間で134万人，6.6%の小幅の増加に留まっていた。これに対し朝鮮戦争休戦後の1950年代半ばから1960年代前半までは出生者数が高い水準を維持し，総人口が1960年12月1日実施の人口住宅国勢調査時には2499万人（5年間で346万人，16.1%の増加），さらに1966年10月1日実施の人口センサス時には2919万人（6年間で420万人，16.8%の増加）にまで増加した［経済企画院調査統計局 1971, p.37］。11年間で実に800万人近い増加を示したことになる。

大幅な人口増加によって食料需要も増え，それに応じて農業生産力も上昇したが，図6-1に示したように[1]，食糧穀物の生産量は消費量を常に下回っていた。なかでも米の生産量は，1956～60年で年平均294万M/T，1961～65年で年平均345万M/Tで，小幅の上昇に留まった。製造業も国内市場向け（輸入代替型）の小規模な生産が主体で，産業としては農林漁業の比重が大きく，1965年の時

1　糧穀年度は前年度11月1日から当該年度10月31日まで。よって11月1日以降の収穫分は翌年度生産量に算入されている。

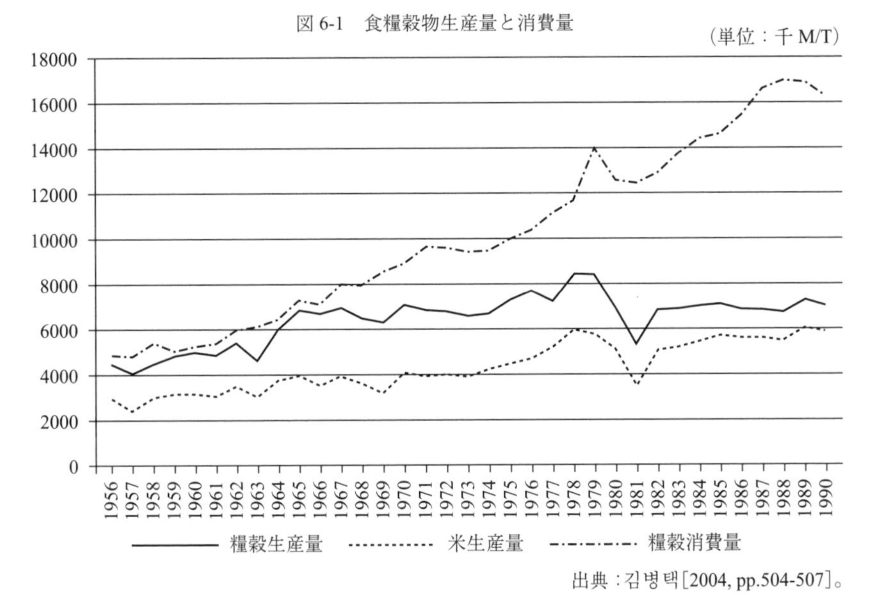

図 6-1　食糧穀物生産量と消費量

出典：김병택[2004, pp.504-507]。

註：糧穀年度は前年度 11 月 1 日から当該年度 10 月 31 日まで。よって 11 月 1 日以降の収穫分は翌年度生産量に算入されている。

点でも国民総生産に占める比率が 42.9%（製造業 11.1%），産業別就業者数に占める比率が 58.6%（製造業 9.4%）と高い値を示していた［宋 1983, pp.27, 29］。国際連合社会局がまとめた *World Economic Survey 1961* でも，韓国は，低開発国 98 ヶ国中，一人当たり GDP が最も低い $125 未満のグループ 19 ヶ国に含められていた［Department of Economic and Social Affairs, United Nations 1962］。すなわち，マクロ経済の課題として，人口の急激な増加に見合う食糧の増産，あるいは不足する食料を輸入するための経済規模の拡大が求められていたといえる。しかし，国土の広い範囲が戦場となった朝鮮戦争後の復興は農産物を含めたアメリカの経済援助に大きく依存するものとなり，1960 年の 4 月革命で退陣に追い込まれた李承晩政権下では経済的自立に至らなかった［橋谷 2000a, pp.343-355］。

4 月革命後は民主化が図られ，革新勢力の拡大が進んだが，脆弱な政治基盤と経済悪化による混乱，そして軍の腐敗に不満を募らせた一部の若手将校が，1961 年 5 月にクーデタを決行するに至った。その最高指揮官をつとめた朴正熙が，同年 7 月に国家再建最高会議議長に就任し，政権を掌握した（1962 年 12 月憲法改正・第 3 共和制の成立を経て，1963 年 10 月に大韓民国第 5 代大統領に当選）。朴政権は翌年の

図 6-2　韓国産業別就業者数（構成比）

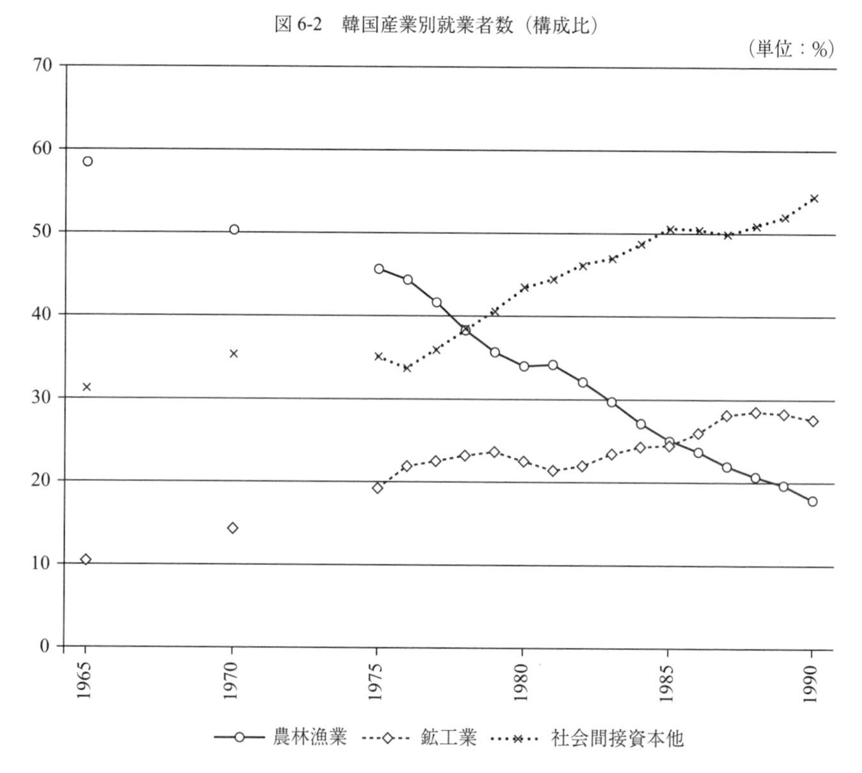

出典：『韓国의 社会指標』1991・2003 年版。

1962 年に経済発展第 1 次 5 ヶ年計画を開始した［橋谷 2000b, pp.355, 362-375］。

第 1 次 5 ヶ年計画の当初計画は輸入代替型工業化を志向するものであった。開始翌年度の 1963 年には国民総生産（GNP）の成長率が 9.1% を記録し，1964 年にも 9.8% を記録したが，国内外からの資本調達が進まず，3 年目から目標の下方修正を余儀なくされた。この計画修正の過程で，輸入代替型から輸出志向型への転換が図られた［橋谷 2000b, pp.362-375; 朴・渡辺編 1983, p.18］。1965 年 6 月の日韓基本条約の締結と無償経済協力・借款，ならびに同年からのベトナム派兵によって大規模な外資導入も実現し，1966 年には国民総生産（GNP）成長率が建国後初めて 10% を越えた。1965 ～ 73 年のベトナム参戦期間の実質成長率は年平均 9.8% で世界的に見ても最高水準を記録し，このような高度経済成長を支えた輸出成長率も，同期間年平均 49.8% の高い水準を示した［朴 1993, pp.3-4］。

1960年代半ば以降の目覚しい工業化は，産業構造の産出／雇用の両面での変化を伴うものであった。産出構造の変化としては，国民総生産に占める農林漁業の比率の減少（1965年42.9%，1970年30.4%，1975年24.9%，1980年15.8%）と製造業の比率の増加（1965年11.1%，1970年17.9%，1975年26.5%，1980年34.2%）が顕著で，雇用構造についても同様に，産業別就業者数に占める農林漁業の比率の減少（1965年58.6%，1970年50.4%，1975年45.9%，1980年34.0%）と製造業の比率の増加（1965年9.4%，1970年13.2%，1975年18.6%，1980年21.7%）が顕著であった［宋1983, pp.27, 29］。図6-2に示したように，産業別就業者数に占める農林漁業と鉱工業（そのほとんどが製造業）の比率は，1980年代半ばに逆転した。

次に人口学的変化を見ると，朝鮮戦争後のベビーブームで人口が急増した1950年代後半から1960年代前半までの時点で，都市人口はすでに農村人口を上回る伸び幅を示していた。1955年から1966年までの11年間で，農村地域を主体とする郡部人口の増加は314万人，増加率19.3%に留まっていたのに対し，大小都市・市街地を含む市部人口の増加は452万人，増加率85.6%に達した（図6-3参照）。前章で見たように，農村での生計維持が困難であった貧農や小規模自営農の次三男が，高度経済成長以前から相当の規模で都市部に流出していたものとみられる。そして農村人口は，韓国が産業化への離陸（take-off）を果たした1960年代半ばを境に減少傾向に転じた。これに対し，都市人口は増加の一途をたどり，1970年代後半には市部人口が減少を続ける郡部人口をはじめて上回った。その増加幅は，1966年から1975年までの9年間で699万人，増加率71.3%，1975年から1985年までの10年間で966万人，増加率57.5%と著しいものであった。なかでも行政区域の拡大を続けた首都ソウル特別市の人口増は顕著で，1966年から1975年までの9年間で309万人，81.1%の増加，1975年から1985年までの10年間で276万人，40.0%の増加を見せた。1975年には市部人口の41.0%，総人口の19.8%がソウルに暮らし，1985年には総人口の23.8%をソウル人口が占めるようになった。1980年代後半には総人口の4分の1弱がソウルに暮らしていた。

このような急激な人口都市化の背後で，1960年代半ば以降の農村社会は，多くの家族，親族，隣人の離村と都市への移住，そしてその結果としての大規模な人口減少を経験した。その要因のひとつとして，国家主導で，政府の強いリーダーシップのもとに展開された経済発展政策が，大都市や一部の工業化拠点に資源と資本を集中的に投下するものであった点を挙げられる。産業化以前の地方の小都市や農村地域における製造業は，地域内消費向けの消費財の小規模生

図 6-3　韓国センサス人口

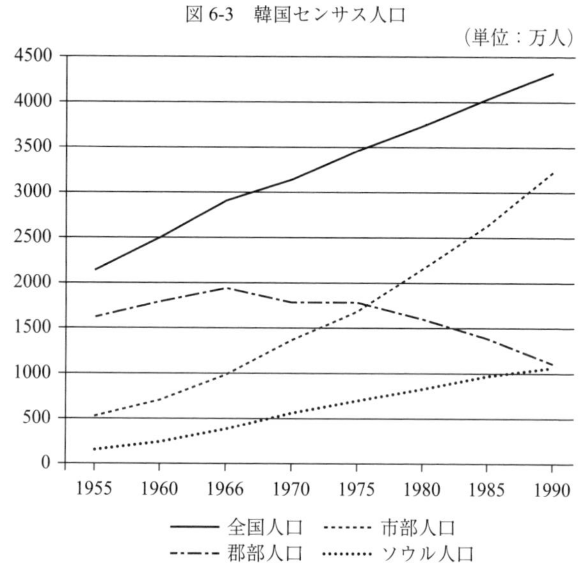

出典：人口センサス報告書各年度版。

産や家内工業程度に留まるもので，日本の地場産業に見られるような産業拠点の形成はもとより進んでいなかった［cf. 拙稿 2006a; 同 2007c］。そして産業化過程での大都市・工業化拠点偏重の経済発展政策の推進によって，大都市・工業地域と地方小都市・農村地域の工業化の格差はさらに広がり，農村地域では，余剰労働力を吸収しうるような産業の形成も進まなかった。実際，1980 年代までの農村では，専業農家が多くを占めていた（1989 年時点でも専業農家率は 75.1%）［経済企画院調査統計局 1990, p.97］。多少極端な言い方をすれば，農業で生計維持が困難な者は，都市に移住するしか術がなかったのだといえる。

産業化過程での大規模な向都離村のいまひとつの要因として，都市生活への憧憬と都市中産層志向の醸成についても見ておこう。

1966 年に西海岸の半農半漁村ソクポを調査した先述のブラントは，当時，大都市地域での経済発展によって都市に惹き付けられる若者が増えており，また，近代化という新しいイデオロギーの村落生活への浸透も始まりつつあったと記している。ソクポの若者の野心と態度には，比較的急な革命が興り始めており，その理由の大きな部分はソウルからのラジオ放送と交通手段の発達に求めえたという［Brandt 1971, p.16］。ブラントの調査時点でも，ソウルの工場や小店舗での低賃金労働の機会は増えていた。都市の若者のなかには無業者も多かったものの，地方の若い男女は，先に移住した友達や親戚のネットワークを通じて，普通は何らかの仕事を見つけることができた。さらにその3年後，1969年の夏にソクポを再訪したときには，若い男女の都市への移住によって深刻な労働力不足が訴えられるようになっていた。ブラントの観察によれば，都市の魅力は，若い未婚の男女に最も強く作用したが，他の村人たちにも同様に影響を及ぼしていた。この魅力は，おそらくは村で状況を改善しうる可能性を見出せない貧しい家の息子にとって最も切実なものであったが，中程度の農民の子女の多くと生計基盤が安定した一部の地主の子女も村を離れることを切望していた。幼い子供がいる家長にとって，都市への移住はより大きなリスクを伴うものであったが，それにもかかわらず，村で抑圧された生活を送っていると感じ，近代社会で何か新しく素晴らしい体験を見つけられると思う人たちがさらに増え，落ち着かなさが増していたという［Brandt 1971, p.223］。

1972年に珍島上萬里で現地調査を開始した先述の伊藤によれば，調査開始の直前に始まったセマウル運動の過程で，農民を開発の主体として位置づけ，その自発性と啓発を主要目標として農村の意識改革と生活改善（「新しい村づくり」）を図ろうとした政策的意図とは裏腹に，都市生活を選択して村から出てゆく者が増えていった。伊藤によれば，この運動を通じて都市・外部の生活像として提示された「良い暮らし」を手に入れるには，協同によって新しい村（セマウル）を実現するよりは個人の判断で都市に転出するほうが，手早く合理的な判断であったという［伊藤 2013, pp.447-488］。

ブラントによれば若者の移住により強く影響を及ぼしていたという都市生活への憧れから，伊藤のいう都市生活をモデルとする「良い暮らし」志向への展開は，後述する高学歴化の進行や大卒ホワイトカラー家族の都市的なライフスタイルの形成[2]とあいまって，都市中産層志向へと収斂していったとみられる。1990年代初頭にソウルとその近郊でフィールドワークを実施したレットは，向都離村者の目標となった韓国の中産層を，次のように捉えている。

「例えば韓国人自身が，生活水準，ライフスタイル，職業などの規準に

2　なかでも，1970年代以降，ソウル江南地区に建設が進んだ大規模な高層アパート団地に大卒・ホワイトカラーの家族が大挙して入居するなど，高層アパートに暮らすことが都市中産層にとってのステータス・シンボルとなった［cf. Lett 1998, ch.4; 줄레조 2007］。

基づき，中産層とアッパー・ミドルを区別している。さらに，この区別（distinction）は，常にそういうわけではないが，しばしば中産層のステータスが主に教育のような文化資本の所有を通じて主張されるのか，それとも主に財産のような経済資本の所有を通じて主張されるのかとも関係付けられている。もちろんこの両者が相互排他的であるわけではない。中産層のステータスが主張されるのは，職業，家族，ライフスタイル，教育，そして結婚と関連する諸特徴の布置を通じてである」[Lett 1998, p.11]。

レットは韓国の都市中産層が上流階級的な特徴（「上流」と表象されるライフスタイルの追求）を誇示する点に着目し，ブルデューの階級理論を援用して，都市中産層の階級構築＝自己差別化（ディスタンクシオン）を，文化・経済・社会諸資本の増殖と誇示を通じた卓越したステータスの追求（象徴資本の増殖）として捉えなおしている［cf. 拙稿 2013］。また，ソウルに住む中年女性の階級と社会移動をめぐる語りを論じたエイベルマンは，彼女たちの階級アイデンティティと階級地平（class horizon）を，ジェンダーによって方向付けられ，世代を越えて展開される社会移動の観点から論じている。エイベルマンも，移動によって越えられる境界と人々の境界感覚を社会階級の区別（階級アイデンティティ）の中心をなすものと捉え，個々の人（女性）によって抱かれる自分自身，ならびに子供の社会移動への欲望（階級地平）に注意を喚起している［Abelmann 1997］。家族の再生産の脈絡で捉えなおせば，産業化の過程で農村社会に暮らす人たちが内面化した都市中産層志向は，一方でレットのいうステータス・ゲームに自らも参与しようとするものであったが，他方で自分自身の社会移動が困難であっても，次世代での実現への欲望（階級地平）を醸成するものであったといえる。

都市ホワイトカラー職を上位に据えた画一的な職業序列の階級を越えた共有，ならびにそれと呼応する農村住民自身による自営農に対する評価の下落は，社会階層意識についての計量的な分析結果によっても裏付けられる。1962 年と 1990 年の職業評価についての調査結果を比較検討した有田伸の整理に従えば，調査対象者（評価者）による代表的な職業（1962 年は 32 種類，1990 年は 30 種類）の点数評価（有田は調査結果を最高点 100 点，最低点 0 点に換算）から導き出された職業威信序列において，ホワイトカラー職が上位を占めるという点では，2 つの調査年のあいだで大きな違いは見られなかった。しかし，職業間の賃金・所得格差が産業化の進展とともにかなりの程度縮小されたにもかかわらず，職業威信の格差はそのまま維持され続けているか，むしろ拡大していた［有田 2006, pp.64-

73]。ホワイトカラー職の威信得点の高さ（職業としての評価の高さ）とホワイトカラー／非ホワイトカラー間の威信格差の拡大は，上述の都市中産層志向と密接に関連するものといえる。

また，特筆すべき変化として，「自作農」(1962年)・「自営農」(1990年）の相対的な位置の低下を挙げることができる。1962年の調査では「自作農」が平均得点52点, 10位で，上位12位までの高威信職業群（85～51点)に属し,「官庁の課長」(57点),「会社の課長」(55点),「牧師・神父」(54点),「小学校教師」(51点),「新聞記者」(51点）とほぼ同水準で,「社員」,「小売商主人」,「警官」やブルーカラー諸職等からなる下位グループとのあいだには大きな得点の開きがあった。これに対し1990年の調査では,「自営農」が平均得点35.9点，17位まで下落し[3]，1962年調査でほぼ同水準にあった「新聞記者」(67.7点，7位)，「中小企業課長」(59.8点，11位）との差が大きく広がり,「スーパー主人」(44.9点，12位）や「交通警察官」(39.4点，15位）とのあいだには順位の逆転さえ見られた［有田2006, pp.66, 68, 71]。すなわち，産業化以前にはホワイトカラー中間管理職や専門職と同水準であった自作・自営農の社会的評価が，産業化の過程でブルーカラー労働者と同水準にまで下がってしまったということである。

1990年の調査については標準偏差も示されているが，上位，下位を問わず，職業間で大きなばらつきは見られなかった（すなわち，評価の散らばりが同程度であった）にもかかわらず,「自営農」(標準偏差25.6）と「軍将校」(標準偏差23.9）のみはやや大きい値を示していた。このうち「自営農」で標準偏差が大きかったことの理由は，有田の説明によれば，農業従事者自身は「自営農」の地位を非常に低く評価したのに対し，農業以外の職業従事者がこれをそれなりに高く評価したためであった［有田2006, pp.68-69]。有田はこれを非農業従事者の「田園生活に対する憧憬」によるものではないかと推測しているが，産業化過程で農家の子弟が大規模に都市に移住し農業以外の職業に従事するようになったことを考慮に入れれば，向都離村を後押ししてくれた親に対する恩義の念から，親の職業である「自営農」に高い評価を与えたのではないかとも考えられる。

有田は1990年の調査を用い，評価者の性別，年齢，教育段階，職業の違いな

3　「自営農」は厳密には自作農だけでなく自小作農や小作農をも含む範疇で，上述のように産業化以前は自作農と小作農のあいだに大きなステータスの違いが見られた。しかし，調査時点である1990年までには，農業と都市ホワイトカラー専門職のステータスの違いに比べれば，自作農と小作農の違いがあまり重要ではなくなっていたものとみられる。

どの属性変数が職業威信評価に及ぼす影響を，下位カテゴリーの職業威信得点の積率相関係数を属性変数ごとに算出する方法で判定しているが，その結果によれば影響はほとんど見出せなかった。これは，画一的な職業威信序列が性別，年齢，教育水準，職業の違いを越えて広く共有されていたことを意味するもので，例えば，多くの非ホワイトカラー職従事者は，自らの就いている職業に対して非常に否定的な評価を下していたことになる［有田 2006, pp.72-73］。

本節では，朝鮮戦争後の政治経済的状況を踏まえ，1960 年代半ば以降の急速な工業化とそれに併行する社会経済変動が農村社会に暮らす人たちによってどのように経験されたのかについて考察した。産業構造と人口構造の変化，ならびに都市生活への憧憬を中心に論じたが，なかでも農村人口の都市への大規模な流出と人口の急激な減少，そして都市への憧憬から「良い暮らし」志向，さらには都市中産層志向への展開を顕著な特徴として指摘できた。韓国の農村社会に暮らす人たちにとっての産業化経験とは，生計維持に留まらない，エイベルマンの言い方を借りれば，世代をまたがる社会移動への欲望（階級地平）によって動機付けられた大規模な向都離村，その結果としての農村の人口減少，ならびに都市ホワイトカラー職（さらにいえば都市の職業）の威信の高まりと呼応する農業の威信の低下を意味するものであった。それは家族の再生産実践の結果であり，また再生産戦略の再編成を促進する諸条件の変化をも意味していた。次節では，この再生産条件の変化に，農業経営の面から接近を試みたい。

6-2　農業経営の変化

本節では，産業化過程での農業経営の変化について，まず全国的な動向を概観した上で，南原地域に対象を絞って，植民地期の農業調査とも対照しつつより詳細な動向を把握する。

6-2-1　農業経営の全国的動向

まず，農地の所有状況の変化について，全国的な動向を見ておきたい。解放後の南朝鮮では，小作農への農地の分配によって自作農の育成を図るための土地改革が早くから論議されていた。小作農地の面積は，解放直後の 1945 年末で 144.7 万町歩に達しており，これは総農地面積 222.6 万町歩の 65.0% に相当するものであった［金聖昊他 1989, p.1029］。しかし米軍政下では，帰属農地，すなわち旧東洋拓殖会社所有農地と旧日本人個人・法人所有農地の売却がなされるに留まり，本格的な土地改革の実施は 1948 年 8 月の大韓民国政府樹立以降に持ち越された。説明を補足すれば，解放後の帰属農地は，一部の除外農地（旧日本陸海軍所有，米軍駐屯地，国有農地）を除き，1946 年 2 月の軍政法令第 52 号によって国策会社として設置された新韓公社によって管理されるようになったが［金聖昊他 1989, pp.231, 260］，その相当部分が，1948 年 3 月の軍政法令第 173 号「帰属農地売却令」・第 174 号「新韓公社解散令」により，軍政庁の直属機関として発足した中央土地行政処によって小作農民に売却された［金聖昊他 1989, pp.300, 354-355］。このとき売却された農地は 199,029 町歩で，帰属農地 324,063 町歩の 61.4% に相当した。農地の未売却は，訴訟中，価格未定，団体所有，あるいは非農地であることによるものであった［金聖昊他 1989, p.383］。

大韓民国政府樹立直後から農地改革法案についての国会審議が始められたが，政府案と国会案が繰り返し提出し直され，一度は国会で可決された法案が国務会議によって消滅を通告され，さらにこの通告を国会が違法措置とするなどの混迷が続いた。結局，不備を残したままに 1949 年 6 月，農地改革法が一旦公布された［金聖昊他 1989, pp.537-550］。そして 1950 年 3 月公布の農地改革法改正法でその不備が補われた［金聖昊他 1989, p.602］。

この法による農地の分配は 1951 年に実施されたが，1969 年の総決算結果によれば，農家 1,671,270 戸に対し，買収農地 342,365 町歩，帰属農地 262,502 町歩，計 604,867 町歩が分配された。農地改革に先立って韓国政府農林部が実施した 1949 年 6 月の農家実態調査によれば，要買収対象農地が 601,049 町歩，帰属農地が 232,832 町歩，計 833,881 町歩であったことと対照すると，帰属農地の大半は分配されたが，要買収農地のうちで実際に買収・分配されたのは 6 割に満たなかったことがわかる。後者の比率の低さは，地主による自主的な売却，あるいは隠蔽によるものであったとみられる。また，小作農地総面積が 1945 年末で 144.7 万町歩，1947 年末時点で 132.5 万町歩であったことから分かるように，農地改革実施直前の 1949 年の時点で，50 ～ 60 万町歩程度の小作地はすでに売却済みであったと推算できる［金聖昊他 1989, pp.659-661, 1029］。

農地改革法により，農家でない地主の農地や自耕しない者の農地が原則として買収され，農家の所有についても，自耕・自営する 3 町歩以内に制限が加えられた。金聖昊他の推算によれば，分配された買収・帰属農地と地主の任意処分を除く残存小作地は，1951 年末で総農地面積の 8.1%，15.9 万町歩に留まった［金聖昊他 1989, p.1030］。図 6-4 に示した所有形態別の農家数からも，農地改革の施行によって小作農が大きく減少し，自作農が大幅に増加したことを確認できる。

図 6-4　韓国所有形態別農家数

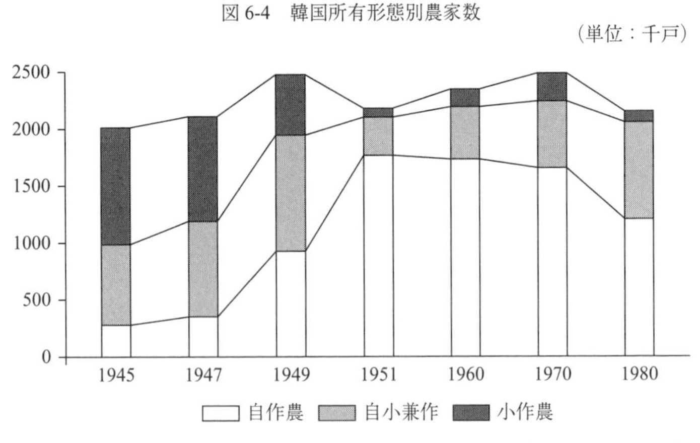

出典：金聖昊他［1989, p.1034］。

しかし，経営規模の面では，農地改革後も依然として零細な農家が相当の比率を占めていた。農地改革直後の 1951 年の経営規模別農家比率を見ると，0.5 町未満が 42.7% で，これに 0.5 ～ 1 町を合わせた 1 町未満が 78.6% を占めていた。当時の平均農家の食糧自給可能面積が 1 町歩とされていた点を考慮に入れれば，相当に多くの農家が適正規模に達していなかったことがわかる。これは，農地の分配（売却）において，既に耕作している農地の分配しか受けられなかった農家が 9 割以上を占め，「過小農」，すなわち耕作能力に比して耕作する農地が過小であると評価された農家や，営農能力を持つ被雇用農家として認定された者がごく少数に留まっていたためである。1945 年時点での経営規模別農家比率と比較しても，1.0 町以上の農家比率は減少し，0.5 町未満の農家の比率がむしろ顕著な増加を示していた（1945 年 33.7%，1947 年 41.2%，1951 年 42.7%）［金聖昊他 1989, pp.1035-1042］。図 6-5 には 1951 年以降の経営規模別農家比率を示したが，その後も 1950 年代後半までは「適正規模」の半分にも満たない農家が依然として 4 割以上を占めていたことがわかる。農地改革によって確かに自作農の比率は上昇したが，少なくとも 1950 年代後半までは，経営基盤が不安定な零細農が高い比率を占める状況に大きな変化は見られなかった。すなわち，農地の再分配による零細農の経営規模の拡大は課題として残されていたのだといえる。

次に産業化過程での農業経営の変化を跡付けておこう。図 6-4 から読み取れるように，1960 年代には小作農戸数と自小作農戸数がともに増加したが，1970 年代には小作農戸数が減少に転じ，それとは対照的に自小作農の戸数が大きく増

図 6-5　韓国経営規模別農家比率

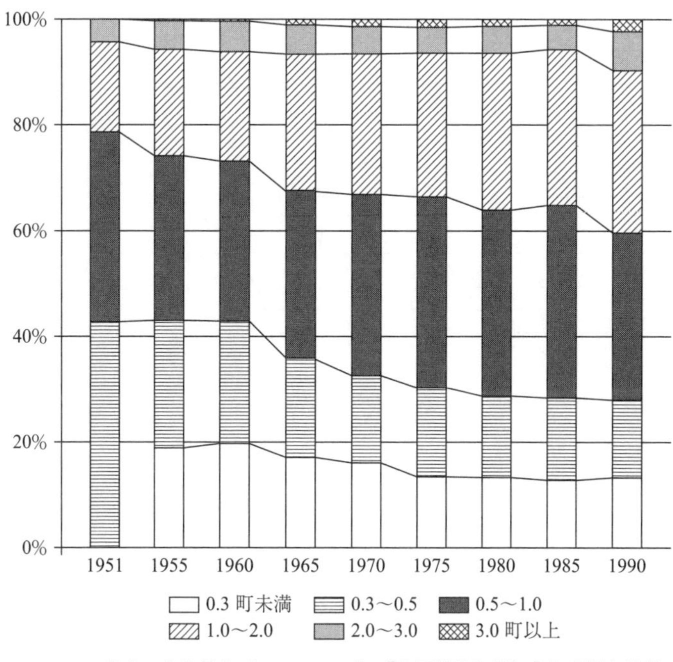

出典：金聖昊他［1989, p.1090］;『韓国統計年鑑』各年度版を補足。

註：「0.3 ～ 0.5 町」は，1951 年のみ 0.3 町未満を含めた値を示す。

加した。1960 年代の小作農の増加は，自作・自小作農による所有農地の売却と，（農家の次三男が生家から独立する場合など）小作農としての新規就農によるものであったと考えられるが，いずれにしろ農地改革の理念であった自作農の創出に逆行する現象であったといえる。これに対し，自小作農の増加は，自作農による所有農地の一部売却，あるいは零細経営の自作農による経営規模拡大のための農地の賃借によるものではないかと推測できる。このうち，後者の可能性を示唆する事実として，1950 年代後半までは 4 割を越えていた経営農地 0.5 町未満の農家の比率が，1960 年代には目に見えて減少したことを図 6-5 から確認できる。またこの時期には，経営農地 1.0 町以上の農家の比率も高まっており，全般的に経営規模の拡大傾向を読み取ることができる。小作農の増加とあわせて考えれば，1960 年代の農業経営には，自作・自小作農の小作農化と経営規模の拡大という，必ずしも方向性を一にするわけではない 2 つの傾向性が併行して作用し

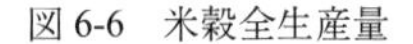
図 6-6　米穀全生産量

出典：『韓国経済年鑑』各年度版。

ていたことを読み取れる。

これに対し，1970 年代の小作農の減少は，前節でも示したように，離農者の増加により農地購入が以前よりも容易になったことを意味するものであろう。また，自小作農の大きな増加は，経営規模 0.5 町以下の零細経営の比率の減少と 1.0 町以上の比較的規模の大きい経営の比率の増加と併せて考えれば，1960 年代にすでに萌芽していた農地の賃借による経営規模の拡大傾向がさらに進んだことを示すものであろう。これも離農者の増加による農地供給の相対的な増加によるところが大きい。補足すれば，全国総農家数は，1967 年の 258.7 万戸をピークに減少傾向に転じ，1970 年に 241.1 万戸，1975 年に 228.5 万戸，1980 年には 212.8 万戸まで減少した［金聖昊他 1989, p.1090］。農家数の減少は，平均経営規模の拡大だけでなく，次章で詳しく述べるように，農地の賃貸による経営規模の柔軟な調節を可能にするものでもあった。

農業経営の全国的動向としてもう一点，指摘しておきたいのは，1970 年代の米の増産である。図 6-6 は，1969 年以降の米の生産量を示したグラフである（ただし，図 6-1 との年度のずれは，政府統計で当該年度に計上されている生産量を図 6-1 では翌年度の生産量とみなしたためであると考えられる）。1972 年から 1977 年にかけての伸

図 6-7　品種別反収

出典：『韓国経済年鑑』各年度版。

びが目覚しいが，これは化学肥料・農薬の普及と多収穫品種の本格的導入，すなわち韓国版「緑の革命」によるものであった。「統一米」系と総称される水稲の多収穫品種は，1969 年と 1970 年の IR667 の試験栽培を経て，1971 年より本格的な導入が開始された。図 6-7 に示したように，統一米の単位面積当たりの収穫量は，導入初期段階で一般米のそれを 3 ～ 4 割程度上回っていた。一般米と比べて味が劣る統一米は市場価格が一般米よりも低かったが，政府が一般米と同価格で統一米を買い入れ一般米よりも安い価格で販売する二重価格制を導入し，それと併行して行政機構を末端に至るまで動員した積極的なキャンペーンを展開することにより，図 6-8 に示したように 1978 年までは作付け面積を毎年大幅に伸ばしていった。この統一米の本格的導入により，1974 年から 1977 年までは 4 年連続して大豊作となった。1977 年には米の生産量がはじめて 600 万 M/T を突破し，自給率も 100% を上回った[4]。

しかし，従来の統一米の味を改良した新品種「魯豊」が 1978 年に本格的に導入されると，稲熱病が蔓延し，米の生産量は前年よりも減少した。魯豊の導入失敗により 1979 年には統一米系品種の作付面積が減少し，さらなる減収を示した。そして 1980 年には冷害により大凶作に見舞われ，統一米，一般米ともに反

4　以下の記述を含め，米穀生産の全国的動向は，『韓国経済年鑑』各年度版による。

図 6-8　品種別作付面積

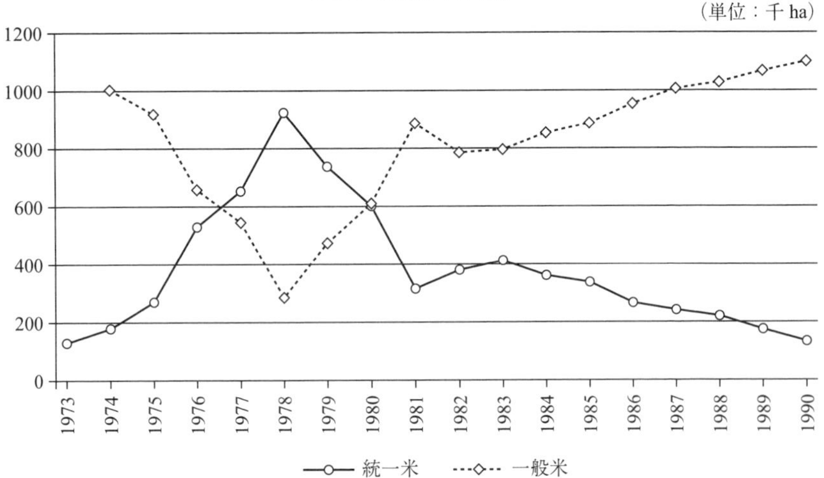

出典：『韓国経済年鑑』各年度版。

収が 1970 年代半ば以降の水準を大きく下回り，米生産量も 1960 年代の水準にまで下落した。その後一時的に統一米系品種の作付面積が増えたが，統一米には及ばないものの一般米の反収も 1970 年代前半に比べれば上昇していったので，統一米系品種の作付面積は徐々に減り，一般米が盛り返していった。1982 年以降は米生産量も 500 万 M/T 台を維持している。

米の生産量の高水準での安定化にもかかわらず，統一米の導入過程で化学肥料や農薬の導入も進んだため，その分営農経費の支出額も増えた。加えて，1980 年の大凶作時の米の過剰な輸入による米価暴落以降は，政府が低水準の米価を放置したため，農家の負債も急増した。稲作農家にとって，1970 年代の「緑の革命」は農業生産性の向上という意味に限れば経営の安定化をもたらしたといえるかもしれない。しかし同時に農業経営が資本主義経済により強く複雑に絡めとられることになり，また賃金水準が上昇した都市勤労者とのあいだにも経済的な意味での生活水準の格差が広がっていった。よって相対的に見れば，農業経営は低水準での安定化に留まったといえる。

6-2-2　南原地域の農業経営

次に南原地域と P 面での農業経営の変化についても，植民地期の状況と対照しつつ整理しておこう。

表 6-1　所有形態別農家比率（南原郡）　（単位：%）

	自作	自小作	小作
1935年	9.9	26.1	64.0
1961年	70.8	22.9	6.3

出典：松本［1998, p.104］；農林部農政局［1963, p.32］。

表 6-2　経営規模別農家比率（南原郡）　（単位：%）

	0.3町未満	0.3 ～ 1.0	1.0 ～ 3.0	3.0町以上
1938年	25.2	63.3	11.3	0.2
1961年	17.4	60.6	21.7	0.3

出典：松本［1998, p.104］；農林部農政局［1963, pp.26-27］。

植民地期の南原郡の農家は，3章2節で述べたように，水稲耕作中心の営農を営む小規模自営農が主体で，自給的性格が強く，市場経済への編入は遅れていたとみられる。表6-1は，1960年農業国勢調査時の所有形態別農家比率を，前述した1935年の統計値と比較したものである。解放後の帰属農地の分配と農地改革により，南原郡でも小作農家の比率が大きく減少し，自作農家の比率が劇的に上昇したことがわかる。また時期は若干ずれるが，経営規模別農家比率を1938年の集計値と比較した表6-2を見ると，0.3 ～ 1.0町は6割あまりで大差ないが，0.3町未満の比率が減少する一方で1.0町以上の比率が倍増しており，全般的な傾向としては経営規模の拡大を確認できる。しかし1.0町未満が依然として高い比率を占めていた点にも留意せねばならない。

それでは次に，1960年代以降の農業経営の変化を見てみよう。図6-9は，1960年から1990年までのP面の耕作規模別農家比率の変遷を示したものである[5]。面別の集計値が公開されていない年度と一部に誤記が確認できる1987年度を除いても，1960年代半ば以降0.5町未満の零細農家の比率が減少し，逆に1.0町以上の比較的経営規模の大きい農家の比率が増加したことを確認できる。これは先述の全国的動向と比べ，数年程度の遅れを見せている。またP面の場合，農家戸数のピークが1969年（1,502戸）で，1990年までの21年間で704戸，46.9%の減少を示している。特に1970年代後半と1980年代後半の減少幅が大きかった[6]。1980年代末には1.0町以上の比率が顕著に増加し，特に2.0町以上が目立って増

5　棒グラフが未表示の年度は，統計年報に面毎の集計値が記載されていない。また，1987年で3.0町歩以上の比率が前後の諸年度と比較して突出して大きいのは，明白な誤記と判断される。

6　『南原郡統計年報』各年度版による。

図 6-9　耕作規模別農家比率（P 面）

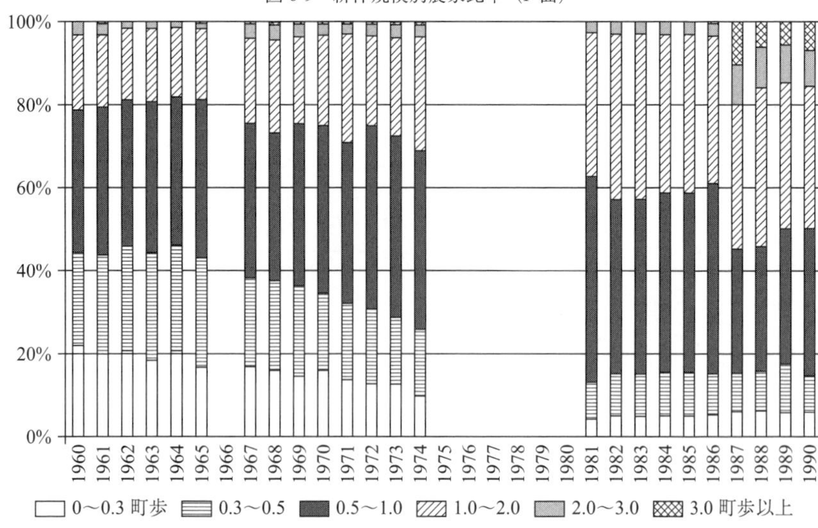

出典：『南原郡統計年報』各年度版。

加しているが，耕地の 8 割前後を占める水田での作業，特に田植えや稲刈り作業の機械化をいち早く行った一部の農家が耕作規模を拡大しつつあったことを反映するものであろう。これに対し，1980 年代初頭以降，0.5 町以下の零細経営の比率がほぼ同水準あるいは微増を示しているのは，人口の高齢化により経営規模を縮小する老齢営農者の比率が高まったことによるものと考えられる。詳しくは次章で述べるが，息子がすべて向都離村し，かつ子供がすべて自活した老齢者のみの農家の場合，営農規模を縮小する傾向が強く見られた。

米穀生産の変遷についても見ておこう。面毎の集計値は一部年度についてしか公開されていないため，ここでは南原郡全体の集計値を用いることにする。まず，米穀生産量の変遷を見ると，図 6-10 に示したように，1960 年代に確認できる増産傾向と 1970 年代半ばの飛躍的な伸びは全国的な動向とほぼ同様であったが，1973 年の不作と 1979 年の豊作については，それとは異なる地域的な要因の作用を読み取れる。それ以上に注目すべきは，1980 年の大凶作時の減収が比較的小幅に留まっていることで，これ以降も 1982 年と 1983 年の不作を除けば高い水準の生産量を維持している。図 6-11 に示したように，反収では 1984 年に 488.2kg/10a を記録して以降，むしろ 1970 年代後半の最高値をも上回る高い生産性を見せ，全国平均を相当程度上回っている。耕地面積に占める水田の比率は

図 6-10　米穀収穫高（南原郡）

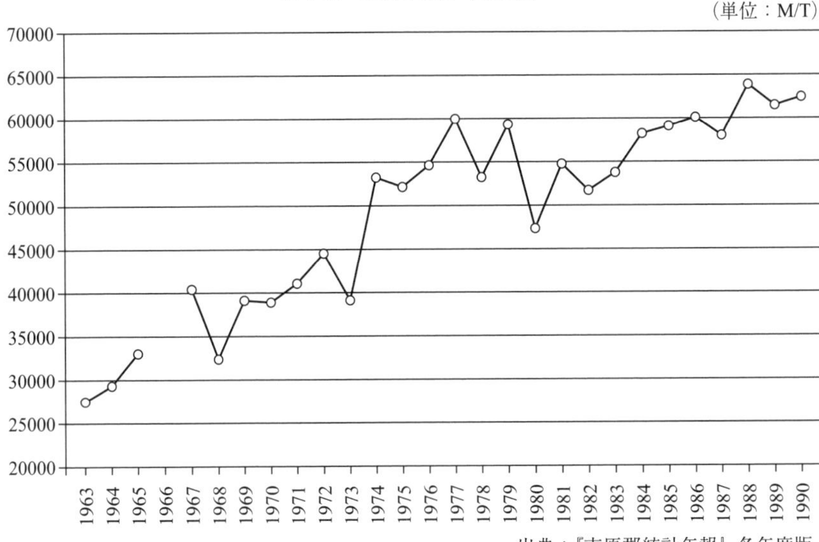

出典：『南原郡統計年報』各年度版。

1985 年で 76.8%，1990 年でも 74.2% の高い水準にあったので，米の生産性の高さと安定性は，農業経営の安定度を高めるものであったといえよう。

まとめれば，農村社会に暮らす人たちにとって，さらには都市に暮らす農村出身者にとっても，1960 年代以降（P 面では 1960 年代後半以降）の経営規模の拡大化傾向と 1970 年代半ば以降の稲作の生産性の上昇は，家族の再生産戦略の幅を広げるものであったと考えられる。特に，稲作に依存する度合いが高い南原地域の農家にとって，不作・凶作の年でもおおむね全国平均を上回る反収が安定的に得られるようになったことは，生計の安定化をもたらしたであろう。しかしその一方で，産業化過程を通じて都市中産層志向が農村に暮らす人たちのあいだにも広く共有されるようになり，加えて 1980 年代前半には低米価政策が展開されたこともあって，都市居住者とのあいだの経済的な面での生活格差（あるいは相対的剥奪感）も広がっていった。その結果として大規模な向都離村が引き起こされるとともに，農村に留まった者は子供の都市への移住と定着を後押しし，高齢者でも小規模の農業経営を維持することで都市に暮らす息子家族への経済的依存を極力先延ばしにするような戦略が，小規模自営農に広く見られるようになっていった。

次節では，韓国政府によって実施された全国的な人口調査（人口センサス）の集

図 6-11　米穀反収（南原郡／全国）

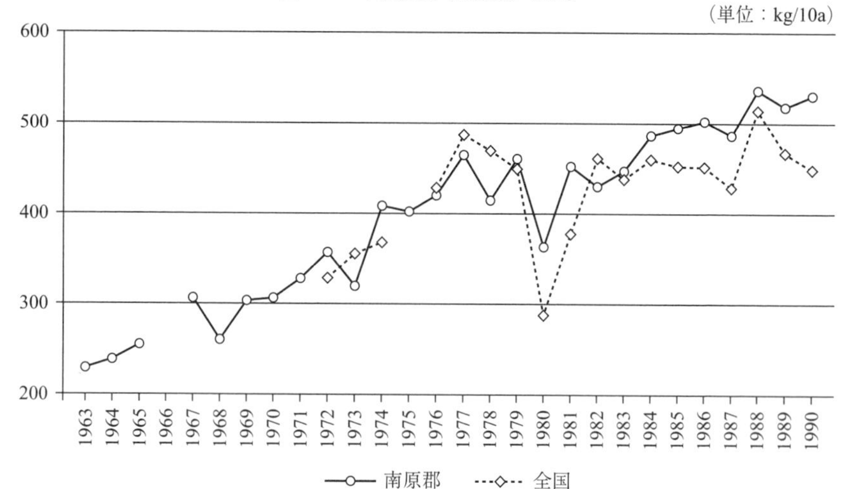

出典：『南原郡統計年報』各年度版；『韓国経済年鑑』各年度版。

計値を用い，産業化過程での南原地域とP面の人口変動について，時期，世代・年齢層，ならびに出生コーホートごとにどのような傾向が見られるのかを明らかにし，そのうえで，家族の再生産戦略におけるその含意について考えてみたい。

6-3　産業化過程での人口変動

韓国では1955年以後，原則5年毎に政府によって全国規模の人口調査が実施されている。本節ではこの人口センサスの集計値を用い，産業化過程での南原郡とP面の人口変動を分析する[7]。法定／行政里単位の人口統計も年度によっては

7　1948年大韓民国樹立後の国家規模の人口調査としては，まず1949年5月1日に総人口調査を実施し，次いで朝鮮戦争を挟んで1955年9月1日に簡易総人口調査を実施した。本格的な国勢調査の開始は1960年からで，まず同年12月1日に人口住宅国勢調査を実施したが，5年後に行う予定であった次の国勢調査は，1年遅れで1966年10月1日に人口センサスとして実施された。その後，1970年10月1日と1975年10月1日に総人口及び住宅調査を実施した。1980年からは調査基準を11月1日に移し，同年と1985年に人口及び住宅センサスを実施し，1990年11月1日からは人口住宅総調査に名称を改めた。年度によって名称は異なるが，原則として5年ごとに実施される本格的な国勢調査を，本論では人口センサスと総称することにする［経済企画院 調査統

表 6-3　P 面 5 歳幅年齢層別人口　　（単位：人）

年齢	男							女						
	1970	1975	1980	1985	1990	1995	2000	1970	1975	1980	1985	1990	1995	2000
0-4	**770**	600	280	139	65	46	34	**715**	554	260	148	37	28	34
5-9	730	**732**	479	241	119	65	38	681	**705**	447	219	132	30	29
10-14	586	605	**554**	**361**	191	92	49	586	562	**535**	**395**	**187**	106	32
15-19	265	312	399	178	153	76	60	293	306	307	152	140	81	39
20-24	292	316	284	213	**197**	**142**	65	245	234	181	74	35	31	20
25-29	237	238	111	85	59	45	53	224	183	116	95	48	39	24
30-34	231	193	120	91	55	54	36	259	193	129	87	63	38	29
35-39	219	194	136	103	52	54	41	260	229	136	109	76	52	35
40-44	175	206	156	115	84	44	37	188	248	204	122	88	68	40
45-49	162	164	172	131	102	88	45	214	179	207	185	111	74	61
50-54	170	152	133	149	120	90	62	172	191	154	171	166	96	68
55-59	125	149	128	116	137	110	84	161	140	165	134	158	**158**	96
60-64	103	110	123	94	97	126	93	147	142	118	133	113	133	136
65-69	74	80	81	88	69	72	**112**	96	120	98	95	119	99	**138**
70-74	38	55	54	50	69	55	62	78	76	75	77	77	91	75
75-79	23	18	33	35	33	44	35	39	54	52	58	56	58	69
80-84	10	8	3	16	21	17	25	21	21	32	33	40	37	37
85-	2	2	3	0	4	8	8	8	15	14	14	17	28	37
合計	4212	4134	3249	2205	1627	1228	939	4387	4152	3230	2301	1663	1247	999

出典：人口センサス報告書各年度版。
凡例：各年度で最も人口が多い年齢層を太字で示す。

市郡統計年報に掲載されているが，時期が古いほど掲載されていないことが多く，また，掲載されていても年齢層別の集計値までは示されていない。これに対し人口センサスでは，1970 年以降は 5 歳幅の年齢層毎の人口が男女別に面単位で集計されており，5年おきに実施される調査の結果を用いて性・出生コーホート別の経年的変化を近似値的にたどることが可能となっている（表 6-3）。

ここで P 面の産業構造について簡単に触れておくと，筆者の滞在調査当時の P 面の主産業は農業で，商工業施設としては，面事務所（役場）所在地の小規模の商業区画と数ヶ所の小工場が見られた程度であった。P 面は，当時の南原郡 1 邑 16 面のなかでも稲作農業の比重が特に高く，水田の賃借や購入による経営規模の拡大傾向も早くから見られた。1960 年農業国勢調査［農林部農政局 1963］によれば，田畑に占める水田の比率は 84.2%（南原郡全体で 79.0%），自作農の比率は南原郡で最も低く 58.0%，そして自小作農率が 22.9%，小自作農率が 10.6% で南原

計局 1968; 同 1972; 同 1977; 同 1982; 同 1987; 통계청 1992]。

郡のなかでは有数の高さを示していた。経営規模0.5町未満の事業体の比率も低めであった。

人口センサス資料の分析に入る前に，出生コーホートの区分に従った人口変動の分析方法についても説明しておこう。1970年のセンサスは10月1日午前0時を基準に実施されたもので，例えば，ここで0-4歳に分類された者は，1965年10月1日から1970年9月30日までに出生した者であった。この5年間の出生者をひと組の出生コーホートとみなし，C65-70と略記する。1975年のセンサスも10月1日午前0時を基準として実施されたので，C65-70は1975年調査時の5-9歳層にずれなく重なる。しかし1980年からは調査基準時が11月1日午前0時に移されたため，例えばその時点での10-14歳層が1965年11月1日から1970年10月31日までの出生者となるなど，1975年以前の人口センサスを基準とする5歳幅出生コーホートとのあいだに前後1ヶ月のずれが生ずることになる。ここではずれの部分にあたる1965年10月出生者数と1970年10月出生者数を便宜上同数と見なして，出生コーホート毎の人口変動を近似的に把握することにしたい。

また，必要に応じて世代区分も用いるが，一部を先述した通り，本論では便宜上0～4歳を「幼年」，5～14歳を「少年」，15～24歳を「青年」，25～44歳を「壮年」，45～64歳を「中年」，65歳以上を「老年」と分けることにする。

以下，産業化過程で特異な動向を見せた出生コーホートを中心に，まず出生時期（年代）と性別による経年的変化のパターンの違いを検討する。1960年代後半から1980年代後半までが主たる分析の対象となるが，先述の通り，1970年より前の調査では邑・面単位の男女年齢層別人口の集計値が公開されていないため，1960年代後半については南原郡全体の集計値を用いる。そして1970年の分からP面のみの集計値を見ていくことにする。分析にあたっては，学歴・教育水準と婚姻ステータス（未婚／既婚の別）も考慮に入れる。最後にその結果を踏まえ，時期（年代）ごとの人口構成と人口変動の特徴を明らかにする。

6-3-1　1960年代後半の男女・出生コーホート別人口変動

男女・出生コーホート別の人口変動について，まず，1960年代後半に限り，南原郡の集計値を用いて検討する。図6-12は，1970年調査時を基準とした5歳幅出生コーホートの1966年調査時と1970年調査時の人口を男女別に示したものである。このグラフから，1966年から1970年までの4年間で，C65-70をの

図 6-12　南原郡5歳幅出生コーホート別人口

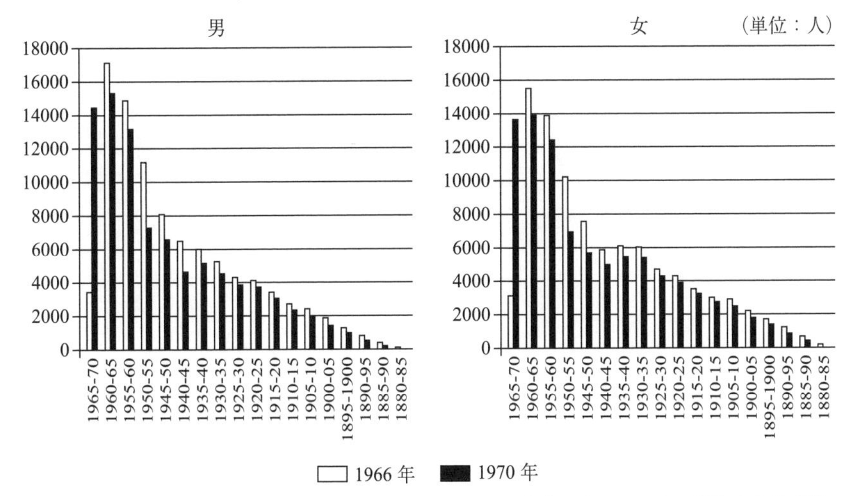

出典：人口センサス報告書各年度版。

ぞくすべての出生コーホートで人口が減少していたことを確認できる[8]。老年層では死亡による自然減の比率が大きかったと考えられるが，比較的若い世代，なかでも少年，青年，ならびに壮年層ではほとんどが郡外への転出による減少，すなわち社会減によるものと見なして差し支えないであろう。後者では男女ともにC50-55の減り幅が最も大きい。表6-4に示したように，このコーホートは4年間の減少率が男女ともに3割を越えていた。C50-55は，1966年調査時には11-15歳層，1970年には15-19歳層に重なっており，その間の減少率の高さは，10代半ば前後に転出が頻出していたことを意味する。また年齢上，中学，高校，あるいは大学への進学や，国民学校，中学，あるいは高校の卒業を含みうる時期であるので，人口流出の要因を検討する際には学歴や在学状況との関連も考慮に入れる必要がある。

表6-5に示した通り[9]，1970年人口センサス時のC50-55（15-19歳）の男性は

8　C65-70のみ，この期間で人口が見かけ上は増加しているのは，その大半が1966年調査時に生まれていなかったためである。

9　この表の高校進学率（推計）は，高校在学以上の者の数を，高校進学年齢に達していた者の数の推計値で割る形で求めた。後者の推計値は，センサス年の3月1日以前に満15歳に達していた者を高校進学年齢に達していた者とみなし，その比率を1970年と1975年は出生コーホート人口の60分の53，1980年以降は60分の52と仮定して算出した。

表 6-4　南原郡 1966 ～ 70 年出生コーホート別人口変化率　（単位：%）

出生年	C60-65	C55-60	C50-55	C45-50	C40-45	C35-40	C30-35	C25-30
1970 年年齢	5-9	10-14	15-19	20-24	25-29	30-34	35-39	40-44
男	-10.4	-11.4	-34.8	-18.5	-28.4	-14.3	-12.4	-10.8
女	-10.2	-10.7	-31.9	-24.8	-15.6	-11.2	-10.5	-8.8
出生年	C20-25	C15-20	C10-15	C05-10	C00-05	1895-1900	1890-95	1886-90
1970 年年齢	45-49	50-54	55-59	60-64	65-69	70-74	75-79	80-84
男	-9.9	-11.0	-11.2	-15.7	-22.5	-23.6	-35.9	-50.8
女	-9.2	-8.2	-8.7	-14.7	-19.0	-17.6	-30.3	-36.4

出典：人口センサス報告書各年度版。
凡例：網掛けは減少幅が最も小さい出生コーホート。

表 6-5　15-19 歳層の学歴と在学者数（南原郡）　（単位：実数は人，構成比・進学率は %）

男	出生年	高校在学以上		在学者		高校進学率（推計）
		実数	構成比	実数	構成比	
1970 年	1950-55	1,210	16.5	1,978	27.1	19
1975 年	1955-60	2,560	29.6	3,381	39.1	34
1980 年	1960-65	4,846	54.8	5,714	64.6	63
1985 年市	1965-70	3,621	78.8	3,905	84.9	91
1985 年郡	1965-70	2,595	66.6	3,037	78.0	77
1990 年市	1970-75	3,472	84.5	3,396	82.6	98
1990 年郡	1970-75	2,279	73.6	2,379	76.8	85
女	出生年	高校在学以上		在学者		高校進学率（推計）
		実数	構成比	実数	構成比	
1970 年	1950-55	568	8.2	883	12.7	9
1975 年	1955-60	1,396	17.3	2,077	25.7	20
1980 年	1960-65	3,202	42.3	4,254	56.3	49
1985 年市	1965-70	3,559	77.0	3,816	82.5	89
1985 年郡	1965-70	1,496	52.1	2,281	79.4	60
1990 年市	1970-75	3,562	81.7	3,530	81.0	94
1990 年郡	1970-75	1,809	64.5	2,251	80.2	74

出典：人口センサス報告書各年度版。
凡例：「高校在学以上」は高校中退を含む。

16.5% が高校在学以上（高校中退を含む）の学歴保有者で，27.1% が中学・高校等に在学中であった。同じく女性は高校在学以上 8.2%，在学率 12.7% であった。それ以前の 4 年間に郡外に転出した者のうちには，一部に親に連れられて転出した者も含まれていたと推測されるが，親の世代に相当する C30-35，C25-30，C15-20，C10-15 等の人口減少率がいずれも 1 割前後に留まっていたことを考慮に入れれば，多くは単身での転出であったと考えられる。また，一部には大都市の上級学校（高校，専門大学・大学等）に進学した者も含まれていたと考えられるが，当時は専門大学や大学への進学率が低く，また中学・高校段階での大都

図6-13　5歳幅年齢層別未婚率（南原郡1970年）

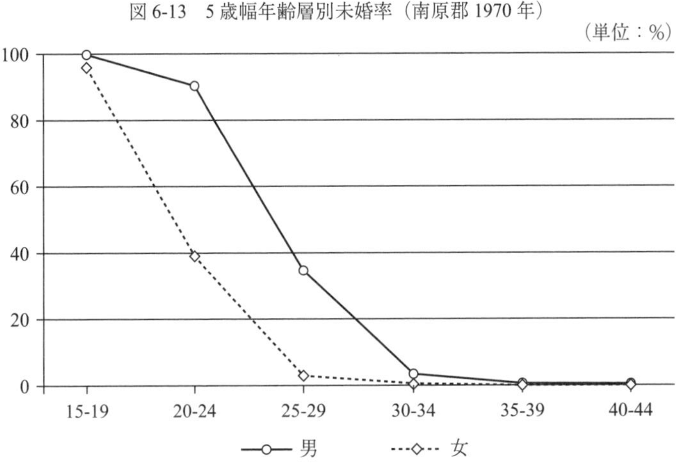

出典：経済企画院 調査統計局［1972, pp.126-127］。

市等の他地域の学校への進学も，富農・資産家の子弟で，かつ成績が優秀な男性にほぼ限られていた（5章2節参照）。よって転出者の大半は，中学・高校に進学しなかった比較的学歴の低い者であったと考えられる。

一方，C50-55以外の出生コーホートでは，減少幅や減少率に男女で相当の違いが見られた。まず，C50-55のひとつ上のC45-50と，さらにそのひとつ上のC40-45では，C50-55ほどではないが，減少幅と減少率が男女ともに高めの値を示している。また男性ではさらにひとつ上のC35-40でも減少幅と減少率が比較的大きい。1960年代後半のC45-50は20歳前後，C40-45は20代半ば，C35-40は30歳前後であったが，男性のC45-50（1970年の20-24歳層）とC40-45（1970年の25-29歳層），ならびに女性のC45-50は，図6-13に示した通り，未婚から既婚へと移行する時期，すなわち結婚適齢期に当たっていた点にも留意する必要がある。未婚者の単身での動きやすさに加え，結婚前後の場合には生活基盤の確立の必要性，結婚後の場合には第一子出生前の自由度の高さも，移住の要因として考慮に入れるべきであろう。

この青年・壮年層の過去4年間減少率を見ると，女性の場合，上の年齢層ほど移動性が低かったといえるのに対し，男性の場合は20歳前後のC45-50よりも20代半ばのC40-45の方が減少率が高い，すなわち移動性が高くなっていた。これは20代前半の義務兵役期間の前後で，一旦帰郷する者や転出を控える者が相当数いたためではないかと考えられる。またこの時期には，男性でも20代前半の者（1970年時点でC45-50）の高校在学以上の高学歴者の比率がまだ低く，10代半ばに比べれば未婚単純労働力としての需要が高かったことも要因のひとつとして挙げられよう。

最後に，青年・壮年層では，1966年から1970年までの4年間の人口減少率が最低でも1割弱であった点にも留意しておきたい。仮に他地域からの転入者がいなかったとしても，転出者が4年間で1割弱には達していたということである。これにより，少なくとも南原郡では，青年・壮年層を中心とする人口流出が1960年代後半の段階ですでに規模を増しつつあったことを確認できる。すなわち，1節で示した産業化への離陸とほぼ同時に，ソウル・首都圏やその他の工業地域から隔たった地方社会においても，向都離村の大きな波が起こりつつあったのだといえよう。

6-3-2　1970～80年代の出生コーホート別人口変動

次に，P面の年齢層別人口の集計値を用いて，1970年から90年までの20年間の人口変動について，男女5歳幅出生コーホート別に考察する。ただし煩雑さを避けるため，いずれのセンサス年度においても人口が100人未満のコーホート，すなわち男女ともに1905年以前に生まれた者と1985年以後に生まれた者は分析から除外する。よって，男女それぞれ16組の出生コーホートが分析対象となる。また，同一コーホートの経年的変化の傾向を同定するために，必要に応じて1995年度以後の人口センサスの集計値も補足する。図6-14は，出生コーホート毎の人口推移を，男女別に示したものである。

年少の8組（C80-85からC45-50まで：図6-14-a・b）と年長の8組（C40-45からC05-10まで：図6-14-c）を比較すると，1970年から1990年までの20年間で，すべてのコーホートが人口減少を示していた点は共通するが，年少のコーホートの方がより急激な減少を見せていたことを確認できる。C65-70やC60-65の経年的変化に典型的に現われているが，このような大幅な人口減少は少年期から壮年期にかけて生じていた。例えば，C60-65男性では，1970年（5-9歳）から1990年（25-29歳）まで急激な人口減少が見られるのに対し，それ以降は緩やかな減少傾向に移行している。C65-70女性では，1975年（5-9歳）から1990年（20-24歳）までの減少が急である。そこでまず，少年期から壮年期にかけての人口変動に焦点を合わせて，変化の傾向を，学歴・教育水準や婚姻ステータスと関連付けて考察したい。

⑴　少年期から壮年期にかけての人口変動

図 6-14-a　出生コーホート別人口変動（P 面・C80-85 ～ C65-70）

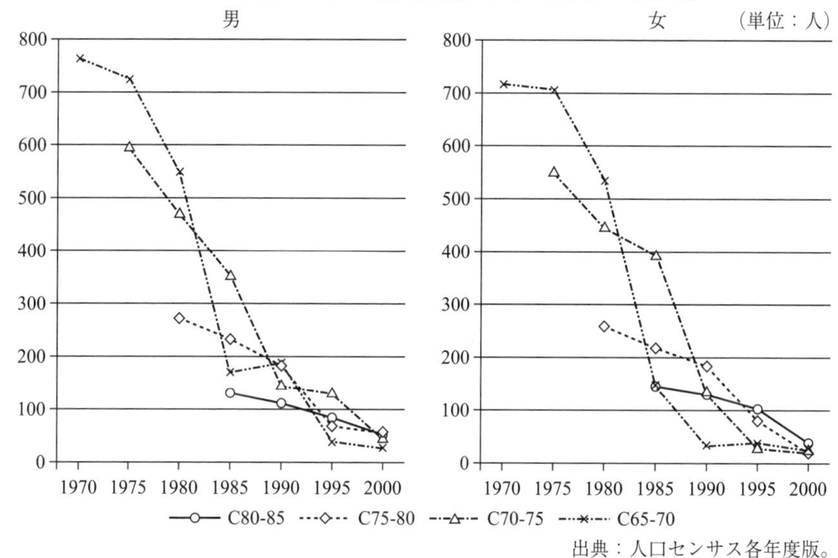

出典：人口センサス各年度版。

図 6-14-b　出生コーホート別人口変動（P 面・C60-65 ～ C45-50）

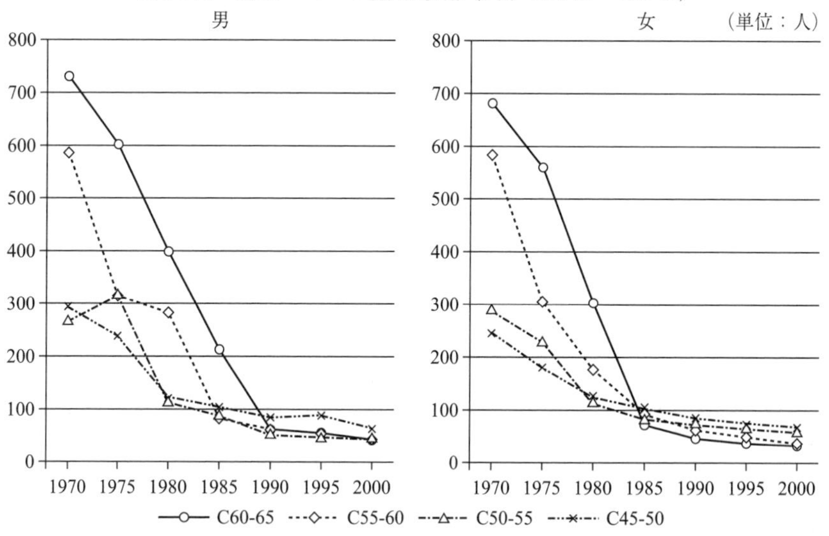

出典：人口センサス各年度版。

図 6-14-c　出生コーホート別人口変動（P 面・C40-45 ～ C05-10）

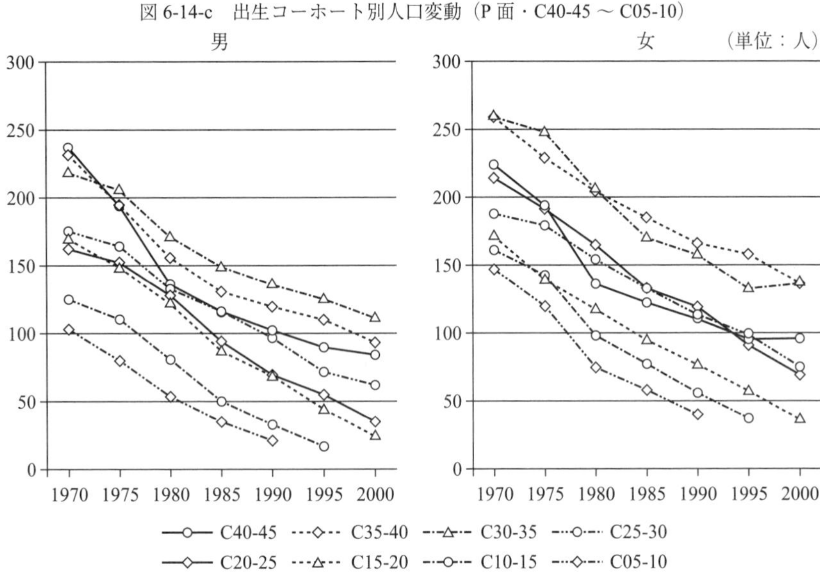

出典：人口センサス各年度版。

表 6-6 は，1970 年から 90 年のあいだのいずれかのセンサス年度で少年期（5 ～ 14 歳），青年期（15 ～ 24 歳），あるいは壮年期（25 ～ 44 歳）にあった P 面男性の出生コーホートについて，前センサス年度以後 5 年間の人口変動率（以下，過去 5 年間変動率あるいは過去 5 年間減少率と略記）を年度毎に示したものである。例えば，C60-65 が 10-14 歳であったのは 1975 年で，この年度を基準とした過去 5 年間（1970 年から 1975 年まで）の人口変動率は -17.1% であった。また 1960 年代後半の変化とも対照するために，前項で算出した南原郡の 1966 年から 70 年までの 4 年間の人口減少率をコーホート毎に斜字体で付記した。

この表について，まず，少年・青年期から壮年期に入り始めた段階までで汎コーホート的に指摘できる傾向性として，前項でも指摘した 10 代半ばと 20 代半ばでの大きな減少，ならびに 20 歳前後での減少の鈍化・小休止を挙げられる。例えば C55-60 では，10-14 歳層（1970 年）から 15-19 歳層（1975 年）に移行する 5 年間で 46.8% の減少が見られるのに対し，15-19 歳層から 20-24 歳層（1980 年）に移行する 5 年間では 9.0% しか減少していない。そして 20-24 歳層から 25-29 歳層（1985 年）に移行する 5 年間では再び 70.1% の大幅な減少を示している。年上の C50-55，ならびに年下の C65-70, C70-75, C75-80 でも同様の傾向を指摘できる。

表 6-6　P 面出生コーホート別年齢層別人口変動率（男性）

世代		少年期	青年期		壮年期				中年期
年齢層		10-14 歳	15-19 歳	20-24 歳	25-29 歳	30-34 歳	35-39 歳	40-44 歳	45-49 歳
センサス年度	C25-30							1970 年	1975 年
	C30-35						1970 年	1975 年	1980 年
	C35-40					1970 年	1975 年	1980 年	1985 年
	C40-45				1970 年	1975 年	1980 年	1985 年	1990 年
	C45-50			1970 年	1975 年	1980 年	1985 年	1990 年	1995 年
	C50-55		1970 年	1975 年	1980 年	1985 年	1990 年	1995 年	2000 年
	C55-60	1970 年	1975 年	1980 年	1985 年	1990 年	1995 年	2000 年	2005 年
	C60-65	1975 年	1980 年	1985 年	1990 年	1995 年	2000 年	2005 年	
	C65-70	1980 年	1985 年	1990 年	1995 年	2000 年	2005 年		
	C70-75	1985 年	1990 年	1995 年	2000 年	2005 年			
	C75-80	1990 年	1995 年	2000 年	2005 年				
	C80-85	1995 年	2000 年	2005 年					
過去 5 年間変動率（%）	C25-30							*▲10.8*	▲6.3
	C30-35						*▲12.4*	▲5.9	▲16.5
	C35-40					*▲14.3*	▲16.0	▲19.6	▲16.0
	C40-45				*▲28.4*	▲18.6	▲29.5	▲15.4	▲11.3
	C45-50			*▲18.5*	▲18.5	▲49.6	▲14.2	▲18.4	4.8
	C50-55		*▲34.8*	19.2	▲64.9	▲18.0	▲42.9	▲15.4	2.3
	C55-60	*▲11.4*	▲46.8	▲9.0	▲70.1	▲35.3	▲1.8	▲31.5	2.7
	C60-65	▲17.1	▲34.0	▲46.6	▲72.3	▲8.5	▲24.1	▲12.2	
	C65-70	▲24.3	▲67.9	10.7	▲77.2	▲20.0	▲11.1		
	C70-75	▲24.6	▲57.6	▲7.2	▲62.7	▲49.1			
	C75-80	▲20.7	▲60.2	▲14.5	▲72.3				
	C80-85	▲22.7	▲34.8	▲36.7					

出典：人口センサス報告書各年度版。
凡例：斜字体は 1966 ～ 70 年南原郡人口変動率を示す。薄い網掛けは上が 1980 年，下が 1990 年の値。濃い網掛け部分は前センサス年度以降の 5 年間の増減幅が 10 人未満のもの。

ただし，C60-65 と C80-85 では 20 歳前後でも大きな減少が見られる。このうち C60-65 については後に検討する。

これに対し壮年期では，出生コーホート毎の変動傾向にばらつきが大きく，共通する特徴を抽出することが難しい。むしろ時期・年代による違いがより顕著で，同一の年齢層における過去 5 年間変動率を比較すると，薄い網掛けで示した 1980 年と 1990 年の過去 5 年間の減少率が相対的に高い値をおおむね示しているのが分かる（但し，1990 年の C40-45 はこれに当てはまらない）。すなわち壮年層については，1970 年代後半と 80 年代後半に大きな人口減少をもたらす何らかの要因が介在していたと考えられる。先述の通り，この時期は農家戸数の減少幅も大きかったが，あわせて後に検討することにしよう。また，少年期の 5-9 歳から10-14歳に移行する5年間では，青年期へと移行する次の5年間と比べ，おおむね減少率が小さくなっていた。

1970～1990年は，男女ともに初婚年齢の分布に大きな変化が見られた時期でもある。便宜上，未婚者の比率が95%を切った年齢を結婚適齢期の開始とし，同じく5%を切った年齢をその終わりとすれば，農村部の男性の場合，1975年までは22，3歳から32，3歳までを結婚適齢期とみなすことができる[10]。その後1990年までのあいだで，適齢期の開始年齢は1，2歳上がった程度であったが，終了年齢がより大きく上昇し，1980年には34歳，1985年には38歳に達して，壮年期後半に食い込むようになった。さらに1990年には40代後半でも未婚者の比率が5%を上回り，適齢期の設定自体が難しくなっている。

この初婚年齢の分布を踏まえれば，過去5年間の減少率が高い水準を示していた15-19歳層と25-29歳層のうち，前者は結婚適齢期に達していなかったが，後者は結婚適齢期に入り，一部に既婚者を含んでいたことがわかる。すなわち25-29歳層については，結婚前後の転出も含まれていたと考えられる。また，1985年以降，適齢期が壮年期後半にまでずれ込むようになったことは，壮年期前半の転出にも単身未婚者が含まれるようになったことを意味する。

学歴・教育水準と関連させた分析は後回しにすることとして，女性についても少年期から壮年期にかけての人口変動を概観し，婚姻ステータスとの関連を見ておこう。

まず，1966～1970年の南原郡出生コーホート別人口変動率に現われていた10代半ばと20歳前後での大幅な人口減少は，表6-7に示した1970～1990年のP面各コーホートの経年的変化からも確認できる。しかし相違点として，前者では10代半ばでの減少率が20歳前後のそれよりも顕著に高かったのに対し，後者では，C55-60を除けば逆に20歳前後の減少率の方が高くなっている。特にC60-65でその傾向が顕著で，1975年15-19歳層での過去5年間減少率が45.4%であったのに対し，1980年20-24歳層では75.9%に達していた。

一方，壮年期での人口変動には，出生コーホート別に見てもまた時期・年代別に見ても，明確な傾向を見て取ることができない。例えば，C50-55とC55-60では，25-29歳層へと移行した20代半ばで上下のコーホートと比べ高い減少率を示し，かつそれよりは低いが30歳前後でも高い減少率を示しているのに対し，C45-50では20代半ばよりも30歳前後で減少率がより高くなっている。C45-50

10　人口センサス報告書各年度版の全羅北道面部の婚姻状態別集計値による。

表 6-7　P 面出生コーホート別年齢層別人口変動率（女性）

世代		少年期	青年期		壮年期				中年期
年齢層		10-14 歳	15-19 歳	20-24 歳	25-29 歳	30-34 歳	35-39 歳	40-44 歳	45-49 歳
センサス年度	C25-30							1970 年	1975 年
	C30-35						1970 年	1975 年	1980 年
	C35-40					1970 年	1975 年	1980 年	1985 年
	C40-45				1970 年	1975 年	1980 年	1985 年	1990 年
	C45-50			1970 年	1975 年	1980 年	1985 年	1990 年	1995 年
	C50-55		1970 年	1975 年	1980 年	1985 年	1990 年	1995 年	2000 年
	C55-60	1970 年	1975 年	1980 年	1985 年	1990 年	1995 年	2000 年	2005 年
	C60-65	1975 年	1980 年	1985 年	1990 年	1995 年	2000 年	2005 年	
	C65-70	1980 年	1985 年	1990 年	1995 年	2000 年	2005 年		
	C70-75	1985 年	1990 年	1995 年	2000 年	2005 年			
	C75-80	1990 年	1995 年	2000 年	2005 年				
	C80-85	1995 年	2000 年	2005 年					
過去 5 年間変動率（%）	C25-30							*▲8.8*	▲4.8
	C30-35						*▲10.5*	▲4.6	▲16.5
	C35-40					*▲11.2*	▲11.6	▲10.9	▲9.3
	C40-45				*▲15.6*	▲13.8	▲29.5	▲10.3	▲9.0
	C45-50			*▲24.8*	▲25.3	▲29.5	▲15.5	▲19.3	▲15.9
	C50-55		*▲31.9*	▲20.1	▲50.4	▲25.0	▲12.6	▲10.5	▲10.3
	C55-60	*▲10.7*	▲47.8	▲40.8	▲47.5	▲33.7	▲17.5	▲23.1	12.5
	C60-65	▲17.5	▲45.4	▲75.9	▲35.1	▲20.8	▲7.9	▲25.7	
	C65-70	▲24.1	▲71.6	▲77.0	11.4	▲25.6	10.3		
	C70-75	▲11.6	▲64.6	▲77.9	▲22.6	▲45.8			
	C75-80	▲14.6	▲56.7	▲75.3	▲35.0				
	C80-85	▲19.7	▲63.2	▲71.8					

出典：人口センサス報告書各年度版。
凡例：斜字体は 1966 ～ 70 年南原郡人口変動率を示す。薄い網掛けは上が 1980 年，下が 1990 年の値。濃い網掛け部分は前センサス年度以降の 5 年間の増減幅が 10 人未満のもの。

に関しては，男性壮年層での傾向と同様に，1970 年代後半と 1980 年代後半の減少率が前後の時期よりも高かったが，C40-45 と C50-55 では，1970 年代後半から 1980 年代後半にかけて，時期が後になるほど減少率が小幅になっている。1980 年代前半の減少率が 1980 年代後半のそれよりも高い点に限っては，C55-60 もこれと同様であった。

婚姻ステータスとの関連を見ると，農村部の女性の場合，1975 年までは 18 ～ 27，8 歳が結婚適齢期に当たっていた。同時期の男性と比べ，適齢期の期間の長さに目立った差は見られないが，開始年齢が 4，5 歳ほど低かった。経年的変化を見ると，開始年齢は 1990 年でも 20 歳に留まっていたが，終了年齢が 1985 年に 30 歳，1990 年に 33 歳まで上昇した。女性の場合も晩婚化傾向を見て取れるが，適齢期の長期化は男性ほど顕著ではなかった。これを先述の人口変動の傾向と対照すると，過去5年間減少率がおおむね高い水準を示していた15-19歳層と20-24歳層のうち，前者には一部に既婚者が含まれ，後者については1970年代半ばまでは既婚者が半数前後を占めていたが[11]，1980年代はその比率が減少し，未婚者の比率が上昇していったことがわかる。20-24歳層での過去5年間減少率が時期（年代）が下るほど高くなっていたことのひとつの理由として，晩婚化の進行による未婚率の上昇を挙げることができよう。

次に出生コーホート人口の経年的変化について，学歴・教育水準と関連付けて検討してみよう。

⑵ 学歴・教育水準と移動傾向

ここでは高学歴化との関連を見るために，高校進学率が大きく上昇した1970年から1985年のあいだに20-24歳層に達した4組の出生コーホートを取り上げ，学歴構成の経年的変化をコーホート毎に跡付けるとともに，出生年代による人口変動のパターンの違いをコーホート間の比較を通じて明らかにしたい。ここで取り上げる4組の出生コーホートは，C45-50，C50-55，C55-60，ならびにC60-65である。以下では，それぞれ男女別に1970年から1990年までの5回の人口センサス時の学歴構成を積み上げ棒グラフで示し，適宜他の集計値を補足して考察を加えることにする。ただし年齢層毎の学歴構成は面単位の集計がなされていないので，これについても一旦南原郡の集計値（1985年と1990年は南原市郡の合計値）を用いて分析を行い，そのうえでP面の統計と対照して補正を加えることにする。

a）C45-50

C45-50は，解放直後の1945年10月1日から朝鮮戦争勃発直後の1950年9月30日までのあいだに出生し，本格的な産業化への離陸がなしとげられた1960年代半ばまでに青年期に達していた者たちである。まずこの出生コーホートの男性では，図6-15から読み取れるように，国民学校退学（国退）以下（不就学を含む）と国民学校卒業・中学退学（国卒・中退）が全期間を通じて一貫して減少を示していた。これに対し中学卒業・高校退学（中卒・高退）と高校卒業・（一般・専門）

11　女性20-24歳層の既婚率は，1970年の全羅北道面部で46.9%であったのに対し，同年南原郡では60.9%に達していた。1975年は全羅北道面部で45.6%，南原郡で51.5%で，差が大きく縮まった。

大学中退（高卒・専大退）は1970年代前半の減少幅が大きく，1970年代後半以降は減少しても小幅に留まっていた。このコーホートは男性でも最終学歴が国卒である者が半数前後を占めていたため，中卒でも比較的高い学歴とみなすことができるが，1970年代前半に中・高卒者が急減したことは，義務兵役を終えてホワイトカラー職に就職したか，あるいは一般・専門大学に進学・復学したことによるものと考えられる。一方，一般・専門大学の在学者（専大在）と大卒以上を合わせた専大在以上の学歴保有者は1970年代後半から1980年代前半にかけて数を増しているが，年齢から判断して，兵役を終え大学を卒業した者が少ないながらも南原地域内で職を得て転入したことを示している。

高学歴者を含めた1970年代前半，20代半ばでの人口の大きな減少は，先述のように産業化期の男性に見られた汎コーホート的特徴といえようが，このコーホートでは低学歴者を主体とし1970年代後半，30歳前後の時期にも大きな人口減少が見られる。表6-6に示したように，P面の同一コーホートでも過去5年間減少率が1970年代前半よりもむしろ1970年代後半に高い水準を示していた。先述のように1970年代後半は壮年層で広く人口減少が見られた時期であるが，総じて，低学歴農業従事者の転出が多くを占めていたと考えられる。前節で示したように，1970年代後半は農家戸数の減少幅も大きかった。

これに対し，C45-50女性の場合，まず1970年時点での人口が男性の同じ出生コーホートよりも900名余り少なかった。その理由のひとつは先述の通り，女性C45-50が1960年代後半に男性C45-50よりも大きく減少したためであろう。一方，1970年代初頭以降は，逆に減少のしかたが緩やかで，かつ特定の学歴への偏りも見せていない。ただし，1970年代前半の20代半ば前後は先述の通り結婚適齢期の後半に位置していたため，高学歴者でも就職に伴う転出が少なく，結婚に伴う都市への移動が主体をなしていたと考えられる。また，これ以降の移住は，1970年代後半，30歳前後の段階ですでに既婚者がほとんどを占めていたことから判断すれば，先に都市に移住した夫を後追いする形態を含め，夫婦・基本家族単位での転出が主体をなしていたとみられる。

b）C50-55

C50-55は，朝鮮戦争戦間期と休戦直後に生まれた者たちの出生コーホートである。産業化への離陸段階では，少年期後半に達していた。まず男性では，図6-16から読み取れるように，1970年代前半の20歳前後で人口が微増するという，ほかのコーホートには見られない傾向を示している。P面同一コーホートの過去

5年間変動率も，この期間には19.2%の増加を見せていた。1970年と1975年の学歴構成を対照すると，国卒・中退の減少のように特定学歴保有者の転出を示唆する面もあれば，国退以下の増加と（中・高・大卒以上と高・専大在を含めた）中在以上の増加という無学歴者と高学歴者の転入を示唆する面もある。前項で述べたように，このコーホートは1960年代後半の人口減少率が青・壮年層で最も高かった。この時期に転出した者が戻ってきたのだとすれば，国卒・中退がむしろ増加していたはずであるが，学歴構成からはそのような傾向を見てとれない。転入については20歳前後の男性に共通する義務兵役前後の親元への滞在傾向が特に強く現われたのか，あるいはこの時期にのみ義務兵役に服務する者が農村部に多く居住していたのか，いくつかの可能性は考えられるが，いずれも断定しうる根拠に欠ける。

一方，1970年代後半は，先述の通り青年層男性に共通する20代半ば前後での減少率の高まりをこのコーホートでも示しているが，特に国卒・中退と中卒・高退で減少幅が大きい。国卒・中退以下の低学歴者の減少は1980年代でも目立つ。このうち，1980年代前半については，このコーホートの25-29歳に既婚者だけでなく未婚者も相当数含まれていたことから判断して，結婚前後で生計基盤の確保を目的とした都市への移住が試みられたものとみなすことができよう。また，コーホート全体の減少幅が，1980年代前半よりも1980年代後半でより大きいのは，先述の通り壮年層におおむね共通する特徴であった。

C50-55女性では，まず1970年代前半，10代半ば前後での国卒・中退以下の低学歴者の減少が顕著であった。1970年を基準にとれば，このコーホートの中学進学率は24.1%であったが，先述のようにこのコーホートの女性は1960年代後半の10代半ば前後ですでに大きく人口を減らしていた。女性で中学進学目的での単身の転出は考えにくいので，1960年代後半に国卒・中退以下の低学歴者が大規模に（3割強）転出し，残った者の4分の1程度が中学に進学，さらにその一部が高校に進学する一方で，低学歴者の単身での転出がその間も続いたとみられる。

ただし，中在以上の学歴保有者の数は，1970年代前半，さらには1970年代後半にも大きな増減を見せていなかった。このコーホートの女性の場合，1975年，20-24歳層での既婚率がすでに5割を越えていた。低学歴者の相当数が単身で転出していたのとは対照的に，中卒以上の比較的高学歴の女性の場合（さらにいえば，比較的裕福な家庭の娘の場合），学業修了後は結婚まで親元に暮らす傾向が強かったと考えられる。さらに既婚者が9割近くを占めるようになった1980年（25-29

図 6-15　南原 C45-50 学歴

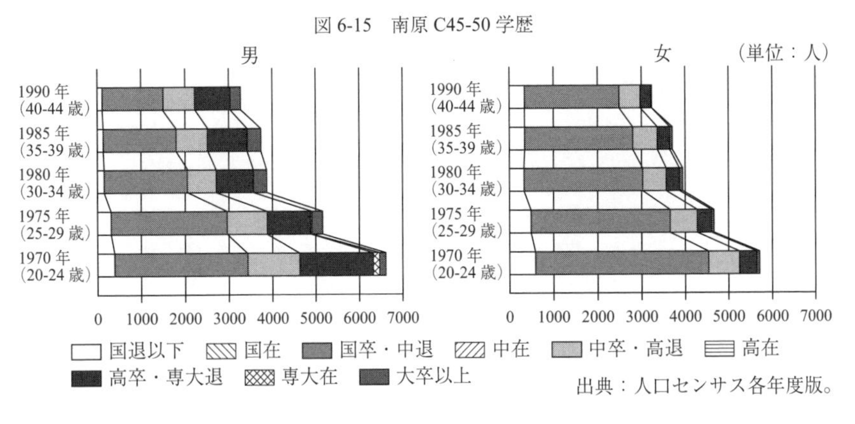

出典：人口センサス各年度版。

図 6-16　南原 C50-55 学歴

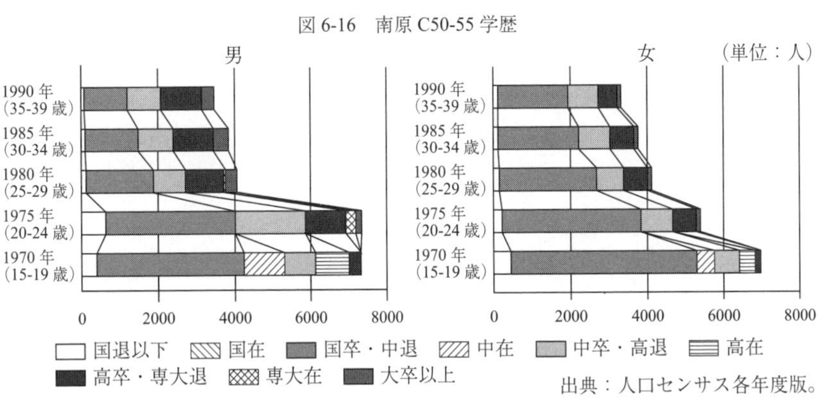

出典：人口センサス各年度版。

図 6-17　南原 C55-60 学歴

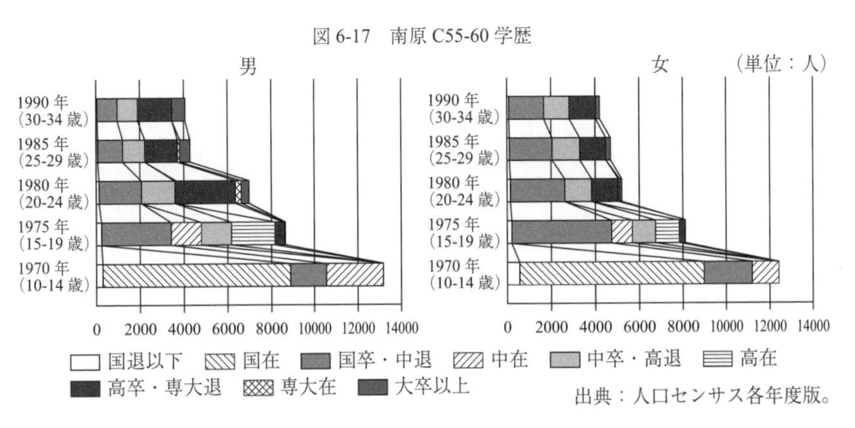

出典：人口センサス各年度版。

歳層）以降も，国卒・中退以下の低学歴者の減少が目立つのに対し，中卒以上の高学歴者はそれほど大きい減少を見せていなかった。

c）C55-60

C55-60は朝鮮戦争後のベビーブーム世代の上半部に相当し，年上の出生コーホートと比べ顕著な人口増を示している。産業化が本格化した1960年代半ばの時点では少年期前半で，産業化過程での青・壮年層の人口変動を本格的に体験した最初の出生コーホートとなる。C55-60男性は，図6-17に示したようにまず1970年代前半，10代半ば前後で大幅な減少を示していた。これは同年齢，1960年代後半のC50-55と同程度の減少であった。中学進学目的での単身の転出はあったとしても少数に留まっていたとみられるので，転出者の主体は国卒・中退以下の低学歴者で，一部に中卒者を含むものであったと考えられる。

この出生コーホートは1970年代後半に20歳を越えたが，この時期の減少幅が10代半ば前後よりも小さいのは，先述の通り，産業化過程での青年層男性に共通する特徴である。この年齢での減少幅を学歴別で見ると，国卒・中退以下の者が目立って大きい。5歳上のC50-55と比べて中学進学率は上昇していたが（15-19歳層を基準とする中学進学率は，C50-55で43.3%，C55-60で62.5%），中在以上の学歴保有者の減少は国卒・中退以下のそれと比べ小幅に留まっていた。このコーホートでは1980年代前半にあたる20代半ばを通過する頃に減少幅が再び大きくなるが，この年齢では逆に国卒・中退以下よりも中卒以上のほうが減少幅が大きかった。特に高卒・専大退の減少が目立つ。すなわち，高学歴者の転出がこの時期に特に顕著であったといえる。これに対し，1980年代後半，壮年層に差し掛かる時期では，再び国卒・中退以下のほうが減少幅が大きくなっている。1980年代後半で壮年層低学歴者の減少が目立つのは，C50-55と同様の傾向を示すものである。

C55-60女性では，1970年代前半の10代半ばを通過する段階と，1970年代後半の20歳前後を通過する段階で大幅な減少が見られた。これは既に見たC45-50，C50-55と同様である。学歴構成を見ると，10代半ばでの減少は年上のコーホートと同様に国卒・中退以下の低学歴者が主体であったと考えられる。これに対し，20歳前後では，低学歴者だけでなく，中卒以上の比較的学歴が高い者の減少も目立っていた。5歳上のC50-55と比べても中学進学率の上昇を明確に見て取ることが可能で（15-19歳層を基準とする中学進学率は，C50-55で24.1%，C55-60で42.2%），また表6-5に示したように，高校進学率も比率にして2倍程度に増え

図6-18　南原C60-65学歴

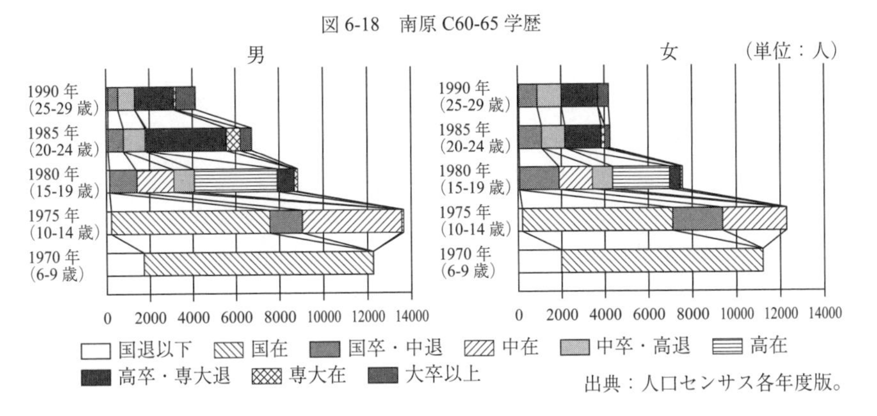

出典：人口センサス各年度版。

ていた。1970年代後半には女性の初婚年齢の上昇も進みつつあった。中学・高校進学率の上昇と晩婚化に伴い，中学・高校卒業後，結婚まで親元に留るのではなく，都市に働きに出る者が増え始めたものとみられる。

このコーホートの女性の1980年，20-24歳層での既婚率は39.7%で半分にも達していなかったが，その後の減少は国卒・中退以下が主体となっている。高学歴者の場合，未婚でも20代半ばになると都市での労働力としての需要が低下したのではないかと考えられる。1985年，25-29歳層では，既婚率が南原市で83.8%，南原郡で89.3%に達したが，既婚者が大半を占めるその後の人口減少でも，主体は国卒・中退以下であった。

d）C60-65

C60-65はおおむねベビーブーム世代の下半部に相当し，少年期を産業化過程で送り，さらに後述するように高等教育の拡大により，以前よりも多くの者が一般・専門大学へ進学するようになった。その相当数が1980年代に大学生活を送った。この出生コーホートの男性は，図6-18に示したように，おおむね5歳上のC55-60と同様の傾向を示しているが，その間に中学・高校への進学率が上昇したことの影響も見て取れる。15-19歳を基準とする中学進学率は20%以上増えて85.3%となり，高校進学率も推計で6割を越えた（表6-5参照）。これにより，国卒・中退者の多くが10代半ば前後の早い時期で転出する一方で，20代半ばでは高卒以上の減少・転出が主流をなすという，学歴による移住形態の両極化傾向がより顕著になった。また，市部居住者に偏りは見られるが，5歳上のC55-60と比較して，同一年齢層での専大在以上の学歴保有者が大きく増えている。

1990年の段階で南原には一般・専門大学がともに設立されていなかったため，南原地域の住民の子弟で大学に在学する者の大半は都市部に転出していた。人口センサスで捕捉された在学者は，親元から全州・光州等の大学に通っていたごく少数の者か，あるいは休学して親元に一時的に戻っていた者であったと考えられる。

この時期に大学在学以上の学歴保有者が増えた理由のひとつとして，大学入学定員の増員を挙げることができる。1970年代末に韓国政府文教当局は高等教育学生定員の拡大に踏み切り，1981年度には従来の「入学定員制」を「卒業定員制」に改めた。新しい制度では4年制大学で卒業定員の30%増し，専門大学（1979年以前の専門学校と初級大学）の場合は15%増しの入学を認め，そのうち卒業定員数の範囲でのみ卒業資格を与えることにした［有田2006, pp.93-94］。2節で論じたように，1970年代後半以降，営農規模の拡大と米の生産性の上昇により，稲作を主体とする小規模自営農の経営基盤が低水準ではあるが安定化傾向を示すようになった。入学定員の増員と農業経営の安定化によって，特に富裕な農家でなくても子供を大学に進学させることが以前よりは容易になったと考えられる。詳しくは本章末で取り上げるが，Yマウルの調査でも大学進学者の増加を確認できた。表6-6に示したP面過去5年間変動率で男性ではC60-65のみ20歳前後での減少率が高かったことの理由のひとつとしても，高卒後に大学に進学する者が急増したことを挙げることができよう。

C60-65女性も，5歳年上のC55-60と似通った傾向を示している。ただし女性の場合も中学・高校進学率が大きく上昇した（15-19歳層基準での中学進学率は75.2%，高校進学率は表6-5に示したように5割程度）。これにより，国卒・中退以下の者が主に10代半ばで転出する一方で，高卒者は主に20歳前後で転出するという，学歴に従った就労・就業構造の両極化がさらに進んだとみられる。先述のように，表6-7に示したP面過去5年間変動率では，このコーホート以降，20-24歳層での減少率が大きく上昇している。このことからも，高校進学率の増加と晩婚化の進行に伴い，女性でも高卒直後に大都市で就職，あるいは進学する者が急増したことがうかがえる。

以上，4組のコーホートについて，1970年から1990年までの学歴構成と人口変動の関係を経年的に考察した。資料の制約上，南原郡の集計値（1985年と1990年は南原市郡の合計値）を用い，部分的にP面過去5年間変動率と対照しつつ分析を行ったが，1980年までの南原郡南原邑，1985年からの南原市は，市街地に暮らす都市的人口を高い比率で含んでおり，これを含む南原市郡全体の集計値では，農村地域での諸傾向が人口減少についてはより低めに，学歴についてはより高めに表れていた。そこで以上の分析結果を，P面の過去5年間変動率に即して補正する作業を補っておきたい。

まず，男性で10代半ば前後の10-14歳層から15-19歳層への移行段階と20代半ば前後の20-24歳層から25-29歳層への移行段階にみられた人口減少率の高さは，南原市郡の4組のコーホートの学歴構成の変化からもおおむね確認できたが，このうち10代半ば前後での減少は国民学校卒業以下の低学歴者の転出を主体とするもので，20代半ば前後での減少はC45-50とC50-55では中学卒業以上，C55-60とC60-65以上では高校卒業以上の高学歴者の転出を示唆するものであった。いずれの段階でもP面・農村地域での減少率が市街地での減少率よりも高かったとみられるが，10代半ば前後での男性の単身での転出には，5章での農家の再生産戦略についての議論を踏まえれば，上級学校に進学させない息子を早い段階で都市に送り働かせることで生計維持を図るとともに，息子の自力での独立を促すという戦略的意図が介在していたと考えられる。これに対し20代半ば前後での高学歴者の転出は，中学・高校（C55-60とC60-65では高校・大学）を卒業し義務兵役も終えた息子にとって，高学歴に見合うホワイトカラー職への就職が農村地域では難しく，それゆえに都市に転出することを促された結果とみることができる。このような学歴に従った就労・就業構造の両極化がC60-65で特に強く表れていた理由は，前述の通りである。

これとは対照的に，20歳前後の15-19歳層から20-24歳層への移行段階での滞留・帰郷傾向は，C60-65を除けば南原市郡全体よりもP面でより強く表れていた。ひとつの理由としては，10代半ば前後での低学歴者の転出傾向がより強い分，義務兵役前後に一旦親元に戻る傾向もより強かったのだと推測できる。また農村地域の場合，低学歴者の未婚青年労働力としての需要もそれなりにあったと考えられる。一方，P面男性のC60-65では，1970年代後半，15歳前後での減少率が比較的小さめであった（表6-6参照）。先述のように，1970年代後半は，（C60-65より上の）壮年層で高い減少率を示した時期であったが，C60-65の場合，この時期が丁度高校に進学する段階に当たり，高校進学率の上昇の影響が出生コーホート人口減少率の鈍化として現われたといえるかもしれない。またその反動もあって，1980年代前半に大学進学者を含む高卒者の転出が集中したのではないかと考えられる。

P面壮年層に見られた1970年代後半と1980年代後半における人口減少率の相対的な高さは，南原地域の学歴構成の変化から判断する限り，既婚者を多く含む低学歴者の転出によるところが大きかったとみられる。ただし減少傾向はP面でより顕著であった。本章1・2節での議論と関連付ければ，1970年代後半は経営規模の拡大と米穀の生産性の上昇により長期的に見れば小規模自営農の経営の安定化が進んだ時期と捉えることができるが，南原地域では米穀の反収の増減幅が比較的大きく，その影響をより強く被った稲作の比重の高い農家が離農を選択した可能性も考えられる。これに対し1980年代後半は，一方で「三低景気[12]」といわれる好景気，他方で高学歴化と大学進学率の上昇により，都市での自身の就労と子供の教育を目論む若い営農者にとって，向都離村の事実上最後の機会となっていた。

次にP面女性の場合，10代半ば前後の10-14歳層から15-19歳層への移行段階と20歳前後の15-19歳層から20-24歳層への移行段階でおおむね高い人口減少率を見せていたが，C45-50では20代半ば前後と30歳前後でも同程度の減少率を見せており，C50-55ではむしろ20代半ば前後と30歳前後での減少率のほうが高かった。C55-60でも20代半ば前後には同程度の減少率を示していた。これを南原地域の4組のコーホートの分析結果と対照すると，C45-50では大きな違いが見られないが，C50-55では壮年期に差し掛かる段階からP面での減少率の方が目立って高い値を示すようになっていた。これは1970年代後半から1980年代後半にかけての農村地域で，既婚者を主体とする壮年期の女性の減少幅が大きかったことを意味する。1970年代後半と1980年代後半の壮年期男性の転出頻度の高まりと呼応する現象といえよう[13]。

12　「三低景気」とは，1985年プラザ合意後の原油価格低下，国際金利低下，米ドル安・円高・ウォン安による輸出拡大によってもたらされた1986年から1988年までの好景気を指す。この期間のGDP成長率は毎年10%を越え，1986年には経常収支の黒字化も達成された［裵2011］。

13　既婚者が多くを占める壮年層の場合，配偶者や子供を伴った夫婦・基本家族単位での転出が相当の比率を占めていたと考えられる。事実，1970年代後半には壮年層夫婦の子供世代でも人口減少率が高い値を示していた。例えば，男5-9歳層での過去5年間減少率は1975年が4.9%であったのに対し，1980年には20.2%まで増えた。男性10-14歳層での過去5年間減少率も1975年が17.1%であったのに対し，1980年は24.3%にまで上昇している。女性でも類似した傾向を示していた。しかし注意せねばならないのは，1970年代後半の壮年期の人口減少率が，男性よりも女性の方でおおむね低く，また女性の場合，1980年代前半にも高い減少率を示していたことである。この時期の壮年既婚者の向都離村には，夫婦が一緒に転出するのではなく，夫がまず転出し，都市での生活基盤を築いた後に妻子を呼び寄せる形態の移住も相当数含まれていたのではないかと考えられる。また，5-9歳層の過去5年間減少率が10-14歳層のそ

C55-60でもP面で壮年期の人口減少が目立つが，それ以上に青年期の10代半ば前後と20歳前後の減少率が高い水準を示しており，かつ南原市郡全体のそれをかなり上回っていた。後者の学歴構成で確認できた低学歴者の持続的な転出傾向と一部の高学歴者の結婚前の就労目的での転出傾向が，P面ではより強められる形で表れていたといえよう。また農村地域の場合，都市に暮らす男性との結婚による転出もこの年齢での人口減少の要因として考えうる。

これに対しC60-65では，1980年代前半，20歳前後での減少率が突出して高かった。実数で見ても302名から74名へと大幅な減少を示している。このコーホートでは1980年，15-19歳層での高校進学率が南原全体で5割程度に達していたが（表6-5参照），農業以外の就労機会が限定され，かつ親元から大学に通うことも困難な農村地域の場合，高卒後の就職や進学に伴う向都離村が慣行化するとともに，都市に暮らす男性との結婚による転出も一部に含まれるようになったと考えられる。

最後に，中年・老年層での人口変動について補足説明を加えることで，1970～80年代の出生コーホート別人口変動の分析を締めくくりたい。壮年層既婚男女とその子供世代の減少・転出が目立った1970年代後半には，男女中年・老年層でも前の時期より高い減少率を示していた。また中年層では，壮年層に比べれば比率は低かったものの，1980年代前半にも同水準の減少が継続していた。このうち老年層の場合は，既婚の息子夫婦に伴われた，あるいは先に移住した息子世帯に合流する形態での転出が主流であったとみられる。ただし老年層女性の場合，1980年代前半以降の減少率が相対的に低い値を示し，また老年層男性では，1970年代後半と1980年代前半で減少率に大きな差がなかった。調査当時のYマウルの状況を見る限り，老年男性の独居が稀であったのに対し，夫に先立たれた老年女性の独居は増えていたので，1980年代前半頃から，妻に先立たれた老年男性は都市の息子世帯に合流し，逆に老年女性は夫に先立たれても当分は村でひとり暮らしを続ける傾向が強まっていったのかもしれない。

以上，産業化過程で青年層を通過した4つの出生コーホートの比較分析から明らかなように，産業化過程でのP面農村の人口変動，なかでも青・壮年層の大規模な人口流出は，性別と出生コーホートごとに異なる，いいかえれば，息子か娘のいずれかによるだけでなく生まれた時期によっても選択の幅と含意が

れよりも目だって低いのは，乳幼児を抱えた既婚女性が転出を控える傾向にあったことを示すものかもしれない。

異なる，学歴・職業・結婚と移住に関する戦略的選択の蓄積のひとつの結果であったということができよう。別の言い方をすれば，産業化過程での農家の経営者（父・祖父等の家長）とその他の当事者たちは，兄弟姉妹であっても学歴と職業，ならびに結婚年齢に少なくない違いが生じうるほどに急激に変化する諸々の外的状況と自家の経営状況をその時々で見極めたうえで，子供にどこでどの段階までの教育を施すのか，どこでどのような職業に就かせるのか，いつどのように結婚させどのように所帯を構えさせるのかについての選択を積み重ねてきたのである。当時の農家は，子供に関わるこのような諸々の選択を家族の生計維持と社会的生存にかかわる諸他の選択と関連付けながら再生産戦略を組み立て，また組み換えてきたのであり，その蓄積の結果が青・壮年層の向都離村の量的な増加として現れていたのだといえよう。

6-3-3　世代別人口構成の変化

本節の締めくくりとして，性別と出生コーホートごとに量的ならびに質的違いを見せる移住・移動の展開が，総体として農村社会の人口構成をどのように変化させてきたのかについても整理しておこう。ここでは人口センサスの調査結果に即して，P面の世代別人口構成の変遷を示し，人口構成の変化をもたらした諸要因について検討する。

図6-19に示したように，1970年から1990年までの期間の最大の特徴として挙げられるのが，幼・少年人口，特に幼年人口の急激な減少と老年人口の漸増である。この20年間で幼年人口は男性で91.6%，女性で94.8%減少し，少年人口も男性で76.4%，女性で74.8%の減少を見せている。これは，先述した朝鮮戦争後，1950年代後半から60年代初頭までのベビーブームが一段落して，出生率が減少傾向に転じたことに加え，出産力の高い既婚者を主体とする壮年人口が減少したことによるものであった。これに対し老年人口は，全世代のなかで唯一，実数レベルでの増加が見られ（男性は33.3%増，女性は27.7%増），構成比でみると，さらに顕著な伸びを示している。この期間に老年人口を構成していた諸コーホートで産業化過程での人口減少が比較的小幅に留まっていたことに加え，平均寿命が延びたことをその要因として指摘できる。

次に着目したいのが，青年人口の変動である。男性では1980年までは増加し，その後大きく減少しているのに対し，女性では1975年から減少し始めているが，1980年までは減少幅がさほど大きくない。いずれにしろ1970年代後半までは男女ともに青年人口規模が相当に高い水準を維持していた。これは先述のとおり，

図 6-19　P面世代別人口数

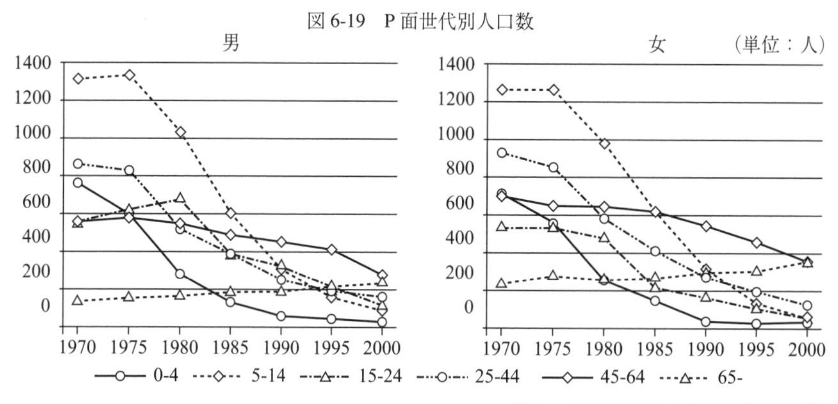

出典：人口センサス報告書各年度版。

各センサス年度に青年層を構成していた出生コーホートで人口減少が生じていなかったからではなく（ただし，男性 C50-55 のみ，1970 年から 1975 年の間に 265 名から 316 名に増加），減少幅を相殺しうるほど幼少年時の人口規模が大きかったためである。いいかえればベビーブーム世代の C55-60 と C60-65 の人口圧の高さを反映したものである。一方，1980 年代前半の急減は，1985 年の青年層を構成する C60-65 と C65-70 のその間の人口減少率の高さを反映するものといえる。その後も青年層までの大規模な人口流出は継続し，結果として，1980 年から 90 年までの 10 年間で，青年層男性は 48.8%，同女性は 64.1% の減少を示した。女性のほうが減少率が高かったのは，男性とは異なり 20 歳前後でも人口流出の規模が大きかったためである。

これに対し壮年人口は，男女ともに一貫して減少し続けた。1970 年から 90 年までの 20 年間の減少率は，男性で 71.0%，女性で 70.5% であった。先述の通り，出生コーホートによって経年的変化の特徴は異なるが，後の年代になるほど壮年期への移行段階までの減少幅が大きくなり，また壮年期での減少も大きくなっていった。また，人口規模がより小さいコーホートが中年期に移行してゆくに従って，中年人口もゆるやかではあるが減少傾向を示し，同じ 20 年間で男性が 18.6%，女性が 21.0% の減少を示した。

ここで青年人口の構成について説明を補足しておこう。青年人口の規模は 1970 年代を通じて比較的高い水準を維持していたが，学歴構成には大きな変化が現れていた。表 6-5 に示したように，その間，15-19 歳層の高校進学率と在学者率が男女ともに大きく上昇し，また表 6-8 に示したように，20-24 歳層の高学

表 6-8　20-24 歳の学歴と在学者数（南原郡）　（単位：実数は人，構成比は %）

男	出生年	高校在学以上		在学者	
		実数	構成比	実数	構成比
1970 年	1945-50	2,082	31.5	164	2.5
1975 年	1950-55	2,444	33.3	279	3.8
1980 年	1955-60	3,481	49.8	343	4.9
1985 年市	1960-65	2,093	75.9	482	17.5
1985 年郡	1960-65	2,938	74.1	219	5.5
1990 年市	1965-70	2,861	87.9	458	14.1
1990 年郡	1965-70	3,225	87.1	128	3.5
女	出生年	高校在学以上		在学者	
		実数	構成比	実数	構成比
1970 年	1945-50	463	8.1	7	0.1
1975 年	1950-55	751	13.9	23	0.4
1980 年	1955-60	1,386	26.8	86	1.7
1985 年市	1960-65	1,494	58.2	160	6.2
1985 年郡	1960-65	612	36.0	14	0.8
1990 年市	1965-70	2,254	77.1	180	6.2
1990 年郡	1965-70	737	57.3	35	2.7

出典：人口センサス報告書各年度版。
凡例：「高校在学以上」は高校中退を含む。

歴者比率も相当程度高まっていた。15-19 歳層での在学者率の上昇は，この年齢層での専従労働力の減少に直結したと考えられる。また 20-24 歳層については，特に男性の場合，高卒以上の高学歴者が義務兵役終了後に都市に転出しホワイトカラー職に就く傾向が強かったため，人口規模が同水準で在学者率が低い水準を維持していたとしても，農業労働に専従する者の比率は如実に低下したと考えられる。まとめれば，農村における青年労働力の減少は 1970 年代にすでに進行しつつあったといえる。これに対し同時期の女性高卒者の場合，先述のように結婚まで親元で過ごし，家事手伝い等を行っていたとみられる。

図 6-20 と図 6-21 から如実に読み取れるように，1970 ～ 80 年代を通じて人口構成が幼年・少年・青年層主体から中年・老年層主体へと変化するとともに，壮年以下の世代の人口が激減した。序論 1 節で述べたように，筆者が滞在調査を実施した 1980 年代末の Y マウルでは，子供や若者が少なく，中年・老年層の住民が日常生活や生業活動の中心にあったが，そのような状況はわずか 20 年余りの変化の結果であったことをこの資料からも確認できる。

本章では，産業化の過程で，農村社会における家族の再生産の諸条件にどのような変化がもたらされたのかについて，非農業産業部門の成長と人口都市化，都市生活への憧憬と都市中産層志向の高まり，農業経営の変化，ならびに

図 6-20　P 面世代別人口構成

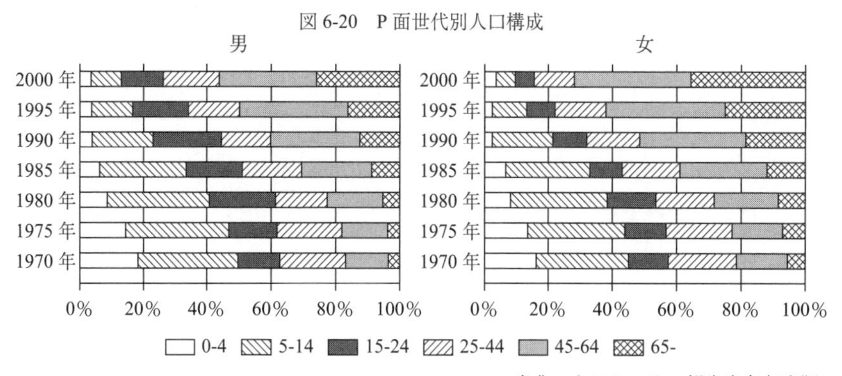

出典：人口センサス報告書各年度版。

図 6-21　P 面年齢層別人口

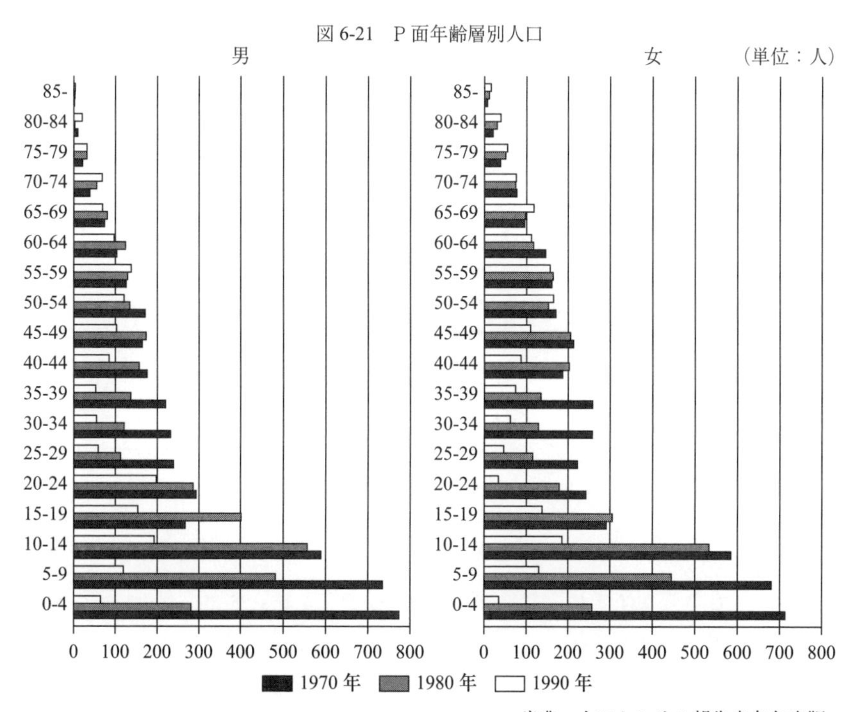

出典：人口センサス報告書各年度版。

人口変動と青年・壮年層の流出を中心に検討した。1節で取り上げたエイベルマンの議論を敷衍すれば，産業化過程での農村住民による家族の再生産は，一方で，農業生産を取り巻く諸状況のめまぐるしい変化に適応しつつ，農業経営の再生産と息子の分家／独立を含めた生計戦略を組み立て，組み換えるものであった。しかし他方では，自分自身，あるいは子供の社会移動への欲望としての都市中産層的な階級地平を内面化しつつ，自らの離村の契機と可能性を見極めるとともに，青年層の高学歴化と学歴による転出傾向の両極化が急速に進むなかで，子供にどのような進路を取らせるのかを農業経営と生計のその時々の状況に従って決定し，修正するという，高度の戦略的選択を求められるものでもあった。そしてこのいずれの選択も，多分に不確実性を含みうるものであったといえる。1980年代末のYマウルに暮らしていた人たちは，このような過去20年余りの間の再生産実践のひとつの帰結として，農村に残ることを選んだ，あるいは農村に残らざる／戻らざるを得なかった人たちである。また彼ら自身は様々な事情で農村に残らざるを得なかったとしても，都市中産層志向への階級地平の広がりは彼ら自身によっても内面化され，その子供の向都離村を促進するものとなっていた。

以上のような再生産条件の変化と再生産戦略の再編成は，調査当時のYマウル住民の子供の履歴にも如実に反映されていた。Yマウルの中年・老年層既婚者の子供の大半は，調査当時，生まれ育った農村地域を離れ，都市に暮していた。当時，壮年層を含めた既婚者の数は58組（配偶者と死別した者を含む）であったが，そのうち調査協力を得られなかった4組を除く54組の子供（すでに死亡した者を除く）の合計は256名，その内訳は，息子125名，娘131名となっていた。夫婦1組当たり平均4.7名の子供を儲けた計算になる。この256名のうち，既婚者は147名（息子70名，娘77名），未婚者は109名（息子55名，娘54名）であった。既婚の子供は，親と同居するか村内に分家した少数の息子を除けば，ほとんどが村を離れていた。

一方，未婚の子供も高校卒業後はほとんどが親元を離れ都市に暮らしていた。表6-9は，Yマウルの既婚者の未婚の子供を対象として，同居と別居の内訳を性別ならびに年齢層別に整理したものである。これを見ると，男女ともに10代後半が同居から別居への移行期であったことがわかる。調査当時のYマウルでは，中学への進学率が就学年齢者のほぼ100%に達しており，また中学を卒業した者もほとんどが人文系か実業系の高等学校に進学するようになっていた。高校段階から親元を離れて大都市の学校に進学する者も一部に見られたが，大半は

表6-9　Yマウル住民の未婚の子供

年齢	男			女			合計
	同居	別居	計	同居	別居	計	
0-4	4	0	**4**	0	0	**0**	**4**
5-9	7	0	**7**	15	0	**15**	**22**
10-14	8	0	**8**	12	0	**12**	**20**
15-19	3	6	**9**	5	4	**9**	**18**
20-24	0	14	**14**	0	15	**15**	**29**
25-29	1	12	**13**	1	1	**2**	**15**
30-34	0	0	**0**	0	1	**1**	**1**
合計	23	32	**55**	33	21	**54**	**109**

凡例：網掛け部分は別居する子供

南原市街地にある高等学校のいずれかに親元から通い，高校を卒業した段階で4年制一般大学か専門大学への進学，あるいは就職のために，親元を離れ向都離村するのが一般的であった。よって10代後半でも，その居住形態は，高校在学中は同居，卒業後は別居に明確に分けられた。

結婚についても適齢期を明確に見て取ることができた。同じく表6-9から確認できるように，男性は20代後半までに，女性はおおむね20代前半に結婚していた。ただし娘の場合，20代後半で未婚の者が2名，30代前半で未婚の者が1名おり，そのうち20代後半の1名は調査当時親元で暮らしていた。この女性も南原の女子高を卒業した後にソウルで美術会社に就職したが，勤めていた会社が廃業し，それと前後して父親も死亡して生家に母が一人で暮らすようになったので，一時的に親元に戻っていたものである。他の2名のうち，20代後半の者は南原の女子高を卒業後，全州で看護師として勤務し，30代前半の者は全州の国立大学で修士課程を修了した後，銀行に勤務していた。

学歴についても見ておこう。20代後半の同居の息子（身体障がい者）と娘（前述），各1名，親元から南原市内の職場に通う10代後半の娘1名，ならびに就学前の乳幼児を除き，親と同居する子供はいずれも各級の学校に在学中であった。これに対し，別居する息子32名の学歴は，国民学校卒1名，高卒7名，大学在学・在籍13名，大卒以上（大学院修了も含む）6名，不明5名で，不明者を含めても3分の2弱が大学在学以上の学歴を持ち，また不明者を除く大半が高卒以上の学歴を有していた。その最年長者でも1960年代初頭の生まれで，先述のC60-65以降の大学進学者の増加傾向が，Yマウル住民の息子についてはより強められる形で表れていたといえよう。一方，別居する娘21名の学歴は，中卒4名，高卒10名，大卒以上6名，不明1名で，4分の3程度が高卒以上の学歴を有していたが，大学に進学した者は3割弱に留まっていた。2名を除けば10代後半から20代前半の年齢であったことを考慮に入れれば，女性についても高学歴化が進みつつあったことは確かである。しかし男性との学歴格差は依然として大きく，特に大学進学率に大きな開きがあったことがわかる。

このように，1980年代末のYマウルでは，青年層のほとんどが10代末までに向都離村してしまい，20代前半の者は全くおらず，20代後半でも女性1名は一度ソウルで就職し，就職先の廃業と父の死で，一時的に親元に戻っていた者で，転出せずに親元に暮らしていたのは身体障がい者の男性1名のみであった。P面の人口センサスの集計値から読み取れた青年層前半での大規模な人口流出が，1980年代後半のYマウルではより急速度で進行していたことがわかる。また転出の理由としては，都市での就業だけではなく大学進学も相当な比率に達しており，特に男性においてそれが顕著であった。これに対し，南原市郡の年齢層別の有配偶者率から読み取れた晩婚化傾向は，調査当時のYマウル住民の子供に限れば，まださほど顕著には現れていなかった。

7章　家族の再生産戦略の再編成

5章で論じたように，長男残留規範の一義性，すなわち長男残留による小農的居住＝経営単位（中間的自営農家）の再生産は，ある種の危うさをはらんだ暫定的な社会経済的均衡状態によって担保されていた。一方，6章では，産業化過程における家族の再生産戦略の再編成を促した社会経済的諸条件の変化を，量的拡大と質的変容の2側面に分けて検討した。そこでの主要な論点として，17世紀以来の長期持続性（儒教化する小農社会）と植民地・近代経験（典型的には，農家経済の二重就業構造と近代メリトクラシー志向）とが交錯する韓国の農村社会において，一方で長期持続性を基調として，またそれに促される形で，農家成員の農業外就労とメリトクラシー志向が量的に拡大するとともに，他方で，このような長期持続性の構造的な転換をもたらすような質的な変化も起こりつつあったことを指摘した。また，この2側面の影響を最も強く，かつ直接的に受けたのが産業化過程で青年期に達した出生コーホートの男女で，なかでも調査当時のYマウルの未婚青年子女の多くは向都離村し，そのあいだでは高学歴化も顕著に進行していた。結果として，小規模自営農の暫定的均衡状態にどのような変化がもたらされたのであろうか。

本章では，農村社会の社会経済的脈絡に再び焦点を合わせ直し，1980年代末のYマウルの民族誌資料に即して，子女の向都離村を基調とする家族の再生産戦略との関係で農村世帯と農業経営がどのように再編成されていったのか，またそこでは再生産戦略の二重性，すなわち公式的＝家父長制的関係性の再生産と実践＝実用的諸集団・諸関係の（再）編成とがどのように（再）接合されていたのかについて，微視的かつ具体的に考えてゆきたい。以下，叙述の手順としては，まず1節で向都離村と還流的再移住の事例を取り上げ，6章3節で整理した出生コーホートごとの移住傾向と関連付けて，再生産戦略としての特徴を探る。次に2節では，5章3・4節で1940年以前出生の既婚男性と1945年以前出生の既婚女性について整理した結婚と農家世帯の編成・再編成の実践的論理について，それ以降に出生した既婚男女を含めて検討しなおす。3節では，調査当時の世帯編成と農業経営について，家内労働力の再生産と経営規模の調節に焦点を合わせて論ずる。4節では，世帯と家内集団の編成をめぐる再生産戦略の再編成が，祭祀の継承と実践にどのような影響を及ぼしていたのかを探る。5節では以上の議論を総合して，産業化過程での家族の再生産戦略の再編成にいかなる変化と持続性を見出すことができるのかについて考えてみたい。

7-1　向都離村と還流的再移住

本節では，産業化以前，あるいは産業化過程で向都離村し，都市生活の後に再び故郷に戻った還流的再移住者のライフヒストリーを事例として取り上げ，その再生産戦略の再編成について，空間的に拡散した家族・近親との関係を視野に入れつつ検討を加えるが，その前に，5章2節で示唆した子供を向都離村させる戦略の連鎖的な展開をうかがいうる事例をひとつだけ紹介しておきたい。

《事例7-1-1》10-金PJの子供たちの向都離村

10-金PJ（男・1917年生・73歳）は，調査当時，妻（1921年生・69歳）とふたりで自家所有の2,000坪ほどの水田と1,000坪ほどの畑を耕して暮らしていた。他に水田を2,000坪所有していたが，1-金HYに貸していた。

彼は彦陽金氏の出身で，2人兄弟の次男としてYマウル回山集落で生まれ，1937年に徳果面出身の妻と結婚した。その年に分家して同じ集落の別の家に所帯を構えたが，土砂崩れで家が壊されて住めなくなり，1977年7月にYマウルの中心集落にある今の家に転居した。もともとこの家には祖父の長孫〔父の長兄の長男〕が住んでいたが，ソウルに移住して空き家になっていた。一方，彼の長兄は父母と一緒に暮らしていたが，父母の死後〔父は1952年に死亡。母の死亡年は不明〕，全羅北道裡里〔現，益山〕に転居した。

夫婦は6男2女を儲けたが，調査当時，五男以外はみな結婚していた。長男（1942年生・48歳）は全北大学校師範大学卒業後，教師になった。〔南原郡〕松洞面の出身の4歳年下の女性と25歳のとき〔1966年〕に結婚した。次男（1949年生・41歳）は高卒後，ソウルで銀行に勤め，その後，西ドイツに留学して技術大学を卒業し，帰国して会社経営をはじめた。25歳頃〔1973年頃〕にソウルで結婚した。嫁は3歳下で，長水郡が故郷だが結婚当時はソウルに住んでいた。三男（1954年生・36歳）は全州で工業高校を卒業した後，韓国電力に就職した。25歳位〔1978年頃〕で結婚した。嫁はP面出身の3歳年下の女性で，当時同じ職場に勤務していた。四男（1955年生・35歳）は南原で高卒後，土木技師になり，南原邑内に暮らすようになった。嫁は二白面出身の5歳下の女性で，2年前〔1987年〕に結婚した。五男（1959年生・31歳）と六男（1962年生・28歳）はともにソウルの高校に進学し，卒業後は会社勤めをするようになった。六男は1年前〔1988年〕に3歳下の女性と結婚した。嫁は慶尚道出身で恋愛結婚だった。六男が嫁の家で下宿をしていて，嫁の兄に紹介された。長女（1953年頃出生・37歳位）は中卒後，〔京畿道〕水原の専売店で働いた。長女23歳，婿25歳で結婚した（1975年頃）。婿は南原邑内の出身であった。次女（四男と五男のあいだ）は中卒で，24歳のとき，金池面出身の28歳の男性と結婚した〔1980年代前半〕。調査当時は釜山に暮らしていた〔息子たちの年齢は族譜を参照して修正〕。

8人の子供がいる例はYマウルでも珍しく，しかも6人が息子で，比較的裕福な農家ではあったが長男以外のすべての息子に財産を分与して分家させることは難しかったと考えられる。10-金PJの場合，まず長男を全州の大学に進学させ，教職に就かせた。次男は高卒後，ソウルでホワイトカラー職に就いた（その後，自力で西ドイツに留学）。長男と次男がそれぞれ全州とソウルに所帯を構えたことで，他の息子たちがいずれかを頼って都市に進学することが可能となった。三男は長男を頼って全州の高校に進学し，五男と六男は次男を頼ってソウルの高校に進学した。四男のみ，親元から高校に通った。三男，五男，六男については一種の連鎖的移住といえよう。

6人の息子のうち，長男以外は産業化過程での向都離村であったが，6章3節で設定した出生コーホートの区分に従えば，次男はC45-50，三男と四男はC50-55，五男はC55-60，六男はC60-65に属していた。次男は高卒後，1960年代末か1970年代初頭に転出したとみられる。1970年代前半の転出であれば，この出生コーホートの高学歴者の転出パターンに当てはまる。三男の属するC50-55では，1960年代後半，10代半ば前後での転出が目立っていたが，彼の場合，高校進学のための転出で，この時期としては比較的珍しい例であったとみられる。裕福な農家の出身で，かつ12歳上の兄が全州で就職，結婚していたから可能になったものといえよう。五男と六男も高校進学目的で向都離村したが，五男の属するC55-60でも六男の属するC60-65でも，先述の通り10代半ばで大規模な転出が見られた。とはいえ高校進学目的での移住はやはり少数であったとみられる。

これに対し，2人の娘はいずれも親元から中学校に通ったのが最終学歴で，息子たちとのあいだには歴然たる学歴格差が表れていた。そのうちC50-55に属する長女は，卒業後，ソウル近郊で就職した。先述のように，この出生コーホートの女性では中卒でも相対的に学歴が高いほうであったが，高学歴女性の場合，結婚前に親元を離れて働くケースは決して多くなかった。逆にC55-60に属する次女の場合は，この出生コーホートのひとつの特徴であった高学歴者の親元を離れての就職というパターンを示していなかった。

先に都市で生活基盤を築いた兄，あるいは姉を頼って弟や妹が進学，就職することは，向都離村の重要な経路のひとつをなしていた。先駆的な例としては5章2節で取り上げた28-安CGの子供たちの事例（事例5-2-1）を挙げることができる。また，4-安SNの三・四女も全州で職を得た次女を頼って全州の中学・高校に進学した（事例5-2-11）。45-朴PSの事例（事例5-2-5）では，全州で大学院修士課程を終えて銀行に勤めた次女（1958年生・未婚）が学費を援助して，次男（1960年生・仁川の専門大卒）・三男（1963年生・大学3年）・三女（1966年生・全州の商業高校卒）を都市の上級学校に進学させた。

10-金PJの事例では，長男を始めとしてすべての息子を都市に送ったが，息子の一部を親元に残す，あるいは村内分家させるのではなく，彼のように可能な限り息子たちをみな向都離村させることが，産業化の進展に伴い家族の再生産戦略としてはむしろ主流をなしていった。その際，親が都会に暮らす息子世帯に合流することもあったが，Yマウルに暮らす中年・老年夫婦の場合は，自らは農業を営みつつ可能な限り息子たちの向都離村を援助し，さらに息子たちが都会に定着した後も，働ける限りは農村で自活を試みようとしていた。

これに対し，以下に取り上げる例では，向都離村した息子が再び故郷に戻ってきた。まず，産業化が本格化する以前に転出していた例として，37-金KYと15-崔PUを取り上げる。

《事例7-1-2》37-金KYの転出と帰郷（図7-1参照）

37-金KY（男・1935年生・55歳）は調査当時，K里で唯一の精米所を夫婦で営んでいた。また，彼が穀物等の運搬に用いていた軽トラックが，当時のYマウルの住民が所有する唯一の自動車であった。

彼は彦陽金氏の出身で，3兄弟の三男としてUマウルに生まれた。長兄，次兄ともに解放前は日本にいたことがあり，調査当時，長兄は大邱，次兄はUマウルに暮らしていた。

37-金KYは国民学校卒業後，18歳のとき〔1952年〕に全州に単身で移住し，1960年に結婚して南原市内〔邑内〕に移った。市内ではクリーニング店等，自営

図7-1　37-金KY家族の世帯編成（事例7-1-2）

a）長男大学進学時（1979年）

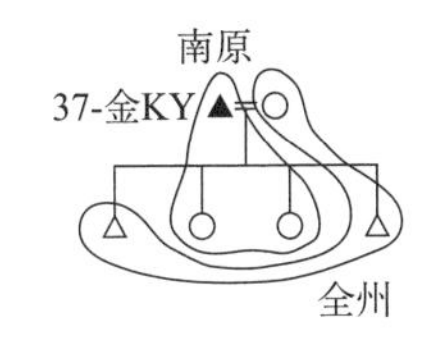

b）長女大学進学時（1982年）

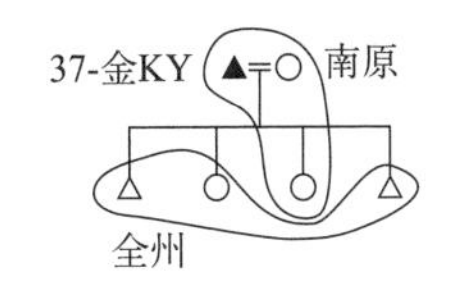

c）次女高校転校後（1983年～）

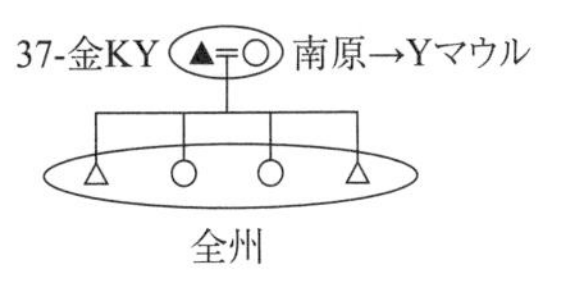

凡例 ▲：Ego

業を営んでいた。1972年〔38歳〕にYマウルの精米所を入手したが，当初は市内から通いで経営した。1979年に長男（1961年生）が全州の大学に進学したのを機に，妻は当時12歳の次男（1968年生）を連れて全州に移り，37-金KYは2人の娘と南原市内に残った。1982年に長女（1963年生）が全州の大学に進学すると，妻は長女と入れ替わりに南原に戻った。1983年に高校2年生になった次女（1966年生）も2学期から全州の高校に転校した。翌年から夫婦は精米所に付設された部屋に暮らすようになった。調査当時は全州にも住居を持ち，そこに2男2女が住んでいた。

この事例では，3人兄弟のうち，長男が生家に残り，次男は村内に分家したが，三男である37-金KYは結婚前から都市で就労しており，その点で，息子が多い場合に一部の者が残留・分家せずに農業以外の生業に従事するという，産業化以前の小規模自営農の生計維持戦略のひとつのパターンを示していた。しかしこの事例の特徴は，それよりもむしろ子供の教育のために夫婦家族の居住形態を柔軟に再編成してきた点にある。まず，故郷の精米所を入手した当初は，2男2女を南原市内の学校に通わせるために市内から通いで経営に当たった。長男が全州の大学に進学すると，長男の面倒を見つつ次男を全州の学校に通わせるために妻が夫と2人の娘を南原に残して全州に転居した。次に長女が全州の大学に進学すると，妻のみ南原に戻り，さらに翌年には次女も全州の高校に転校させた。すべての子供を全州の学校に進学させた夫婦は，南原市内に留まる必要がなくなったので，市内の住居を引き払って精米所に転居した。普段は子供たちだけで全州の家に暮らしていたが，名節等の休日には夫婦も全州で過ごしていた。

6章3節での出生コーホート区分に従えば，この夫婦の4人の子供は，長男と長女がC60-65，次女と次男がC65-70に属していた。表6-5に示したように，

15-19歳層基準の高校進学率（推計）が，C60-65南原郡男性では63%，同じく女性では49%（ただし後の市・郡を合わせた値），C65-70南原市部男性では91%，同女性では89%に達し，高卒がもはや高学歴とは見なせなくなりつつあった。6章3節で述べたように，1970年代末からは大学進学率も大きく上昇したので，夫婦の二重生計とその柔軟な再編成は，このような教育環境の変化を見据えつつ娘を含めた子供たちの学歴形成を後押しすることと農村での生業経営とを両立させるための方策であったといえる。生業と教育を両立させるために家内集団の複世帯化をはかったのは，5章2節で取り上げた28-安CGの事例と共通する。しかし28-安CGの場合は親夫婦がともに農村に残り，全州の別宅の生計は長男夫婦が担当していたのに対し，この事例では長男が全州の大学に進学してから長女が同じく全州の大学に進学するまでの3年間，2つの住居での生計を夫婦が分担して担当していた点が異なる。

一方，次の15-崔PUの事例では，自らが大卒者で，かつ生家に再合流し農業を営むようになった点が特徴的である。

《事例7-1-3》15-崔PUの進学，就業と帰郷

15-崔PU（男・1946年生・44歳）は調査当時，Yマウルで最も大規模に農業を営む者のひとりであった。彼の場合，稲作だけではなく茸やワングル〔莞草。莫蓙や蓆の材料として用いる〕等の商品作物の栽培も意欲的に試みていた。調査当時の営農規模は，水田6,000坪（自家所有3,000坪），畑1,000坪（すべて自家所有）であった。

彼は朔寧崔氏の出身で，Uマウルに3男3女の長男として生まれた。朔寧崔氏は〔南原郡〕巳梅面に多く住んでいたが，彼の家系では曽祖父の代にUマウルに転居した。調査当時，Uマウルには父の兄の息子である四寸兄〔父系第1イトコで年上の男性〕が2名暮らしていた。

15-崔PUは両親に連れられ1953年にYマウルに転居した。南原で中学と高校に通ったのち，全北大学校法科大学に進学し，卒業後はソウルで事業を始めた。1974年には父が死亡した。1975年には全州出身の女性と結婚した。やがてソウルでの事業が立ち行かなくなり，1976年〔31歳〕に母（1914年生）の住むYマウルに戻り農業を始めた。

彼の次弟（1949年生）は高卒後，全州で公務員になり，三弟（1952年生）は大卒後，ソウルで銀行に勤務するようになった。2人の姉（長姉は1940年生国卒，次姉は1943年生中卒）はYマウルから嫁ぎ，ソウルに移住したが，妹（1956年生）は高卒後，ソウルで就職した。

この事例では，3人の息子のうち，長男は大学に進学し卒業後はソウルで事業経営，次男と三男もそれぞれ高卒，大卒後，全州とソウルで就職しており，全ての息子が一旦は生家を離れた。長男15- 崔PUは5章2節で富農の息子の大学進学例として取り上げた通りである。3人の娘のうち，上の2人は親元から嫁いだが，三女は高卒後，ソウルで就職した。結婚した2人の娘ものちにソウルに転居した。6章3節の出生コーホート区分に従えば，長男15- 崔PUはC45-50では男性でも数少ない大卒者のひとりで，また次男も同じくC45-50に属していたが，高卒後産業化過程の早い段階で離村し公職に就いた。三男はC50-55でいまだ決して多くはない大卒者であった。三女はC55-60に属していたが，女性のこの出生コーホートでは高校進学率自体がまだ低く，高卒者が都市に移住して就職したケースとしては先駆的であった。またこの事例では，娘よりも息子の方が最終学歴がおおむね高かったが，娘のなかで三女が姉たちよりも学歴が高いのは，産業化過程での高学歴化の進行と相関的である。

15- 崔PUが生家に戻ったのは都市での事業の失敗を契機とするものであったが，これには生計維持に加え，父が死に，弟たちと妹も生家を離れてひとり暮らしになった母を扶養する目的もあった。すなわち，移住に伴う家族の実践＝実用的関係の再編成もここに見られた。また，2人の弟たちがいずれも都市に出ていたため，生家の営農基盤を全的に継承することも可能となっていた。水田を賃借して当時のYマウルの農家のなかでは最大規模の水田耕作を営んでいた理由としては，就学中の子供を4人抱えていたことも挙げられよう。

一方，次に取り上げる3例は，C50-55ないしはC55-60に属し，産業化過程で向都離村した者であったが，生家に戻った理由が生計維持と親の扶養にあった点は15- 崔PUの事例と同様であった。

《事例7-1-4》11- 金SMの転出と帰郷

11- 金SM（男・1952年生・38歳）は調査当時，意欲的に農業に取り組む若手営農者のひとりであった。彼は彦陽金氏の出身で，Yマウルに3男5女の長男として生まれた。国民学校卒業後，しばらく生家で農業を手伝っていたが，1977年〔26歳〕頃からソウルで仕事を始め，1980年〔29歳〕に知人の紹介で任実郡出身の24歳の女性と結婚した。しかし怪我をして仕事ができなくなり，1986年〔35歳〕にYマウルの父母の家に戻って農業を始めた。父はその翌年に死亡した。調査当時の営農規模は，水田5,400坪（自家所有1,400坪），畑200坪（すべて賃借）

であった。

次弟（1953年生）は国卒後，16，7歳でソウルに移住し，11-金SMの帰郷当時，理髪所を経営していた。三弟（1966年生）は大学在学中であった。姉2人と妹3人はすべて結婚してソウル暮らしをしていた。

この事例では，3人の息子のうち，1960年代末にまず次男が未婚でソウルに働きに出て，ついで長男である11-金SMも同じく未婚でソウルに働きに出た。長男，次男ともにC50-55に属していたが，この出生コーホートの男性は1960年代後半に10代半ば前後で大規模な転出を見せており，次男の場合はこれにあてはまる。長男の場合は，この出生コーホートが二度目の大規模な転出を見せる1970年代後半の向都離村であった。いずれもこの出生コーホートの転出の典型的なパターンを示していた。これに対し，長男，次男との年齢差が大きい三男は，11-金SMの向都離村時点でまだ中学在学中であった。C65-70に属する三男は国卒の兄たちとは異なり大学まで進学しており，その間の高学歴化，特に1970年代末以降の男性の大学進学率の上昇を反映する事例となっている。

11-金SMが生家に戻った時点で，上の弟はソウルで生計手段を確保し，下の弟も大学に進学していたので，彼は生家の営農基盤を全的に継承することができた。調査当時，国民学校在学中の3人の娘と未就学の息子1人を抱えており，自家所有分の3倍近い水田を賃借して大規模な水田耕作を営んでいた。

《事例7-1-5》34-金CYの転出と帰郷（図7-2参照）

34-金CY（男・1956年生・34歳）は調査当時，30代前半の若い営農者で，夫に先立たれた母と妻，そして幼い3人の子供と一緒に暮らしていた。彼は彦陽金氏の出身で，Yマウルに5男2女の三男として生まれた。1972年〔17歳〕から釜山で暮らし，ここで済州島出身の女性と知り合い1979年に結婚した。その後体を壊し，南原〔邑内〕で仕事をしようと1982年に移住したが，1983年〔28歳〕に父が死亡し母が生家にひとり残されたので，生家に戻って農業を営むようになった。以前は長兄（1945年生）夫婦が父母と同居していたが，1975年頃に事業を始めるためにソウルに転出した。分家した次兄（1948年生）も1979年頃に金を稼ぎにソウルに移住した。帰郷当時，四弟（1959年生）は釜山で公職に就き，五弟（1967年生）は高校在学中であった。営農規模は，水田4,500坪（自家所有1,000坪），畑1,500坪（自家所有1,300坪）であった。

図7-2　34-金CY家族の世帯編成（事例7-1-5）

a）次兄分家時

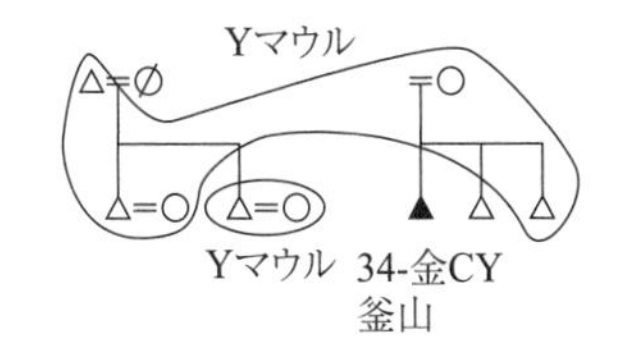

b）34-金CY帰郷時（1983年）

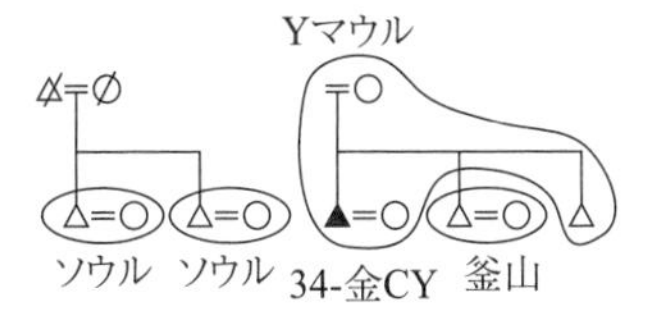

凡例 ▲：Ego　但し，姉妹は省略

この事例では5人兄弟の年齢差が大きいが，長男と次男の実母が早くに亡くなり，父が1955年に再婚して，34-金CY以下，3男2女を儲けたのがひとつの理由であった。5人の男兄弟のうち，長男は生家に残り，次男は分家したが，三男である34-金CYは釜山の高校に進学して卒業後もここで就業し（あるいは南原で高校に進学したが中退して釜山に単身で移住，就業し），結婚した。四男も釜山で就職しているが，ここに移住した父の長兄（クン・チプ）を頼ったものではないかとみられる。

ともにC45-50に属する長男と次男のうち，前者は生家に残留し，後者は村内に分家していずれも農業を営んでいたが，両者ともに1970年代後半に相次いでソウルに移住した。先述の通り男性C45-50では，1970年代後半に壮年既婚者の転出が大規模に見られ，両者ともにこのパターンを踏襲していた。34-金CYはC55-60に属していたが，この出生コーホートでは彼のように1970年代前半，10代半ば前後の時期に単身で転出する者が多かった。一方，四男もC55-60に属していたが，34-金CYよりは遅い20歳前後での転出とみられる。年の離れた五男はC65-70で，兄弟のなかでは唯一大学に進み，産業化過程での高学歴化を示す事例となっている。

ふたりの兄の向都離村によって，34-金CYは生家の営農基盤を全的に継承することが可能となっただけではなく，次男（次兄）が分与された水田も引き継ぎ，さらにソウルに移住した叔父の水田も賃借して，比較的大きい規模で水田耕作を営んでいた。調査当時，2男1女はいずれもまだ幼かった。

《事例7-1-6》40-金PRの転出と帰郷

40-金PR（男・1957年生・33歳）は調査当時，夫に先立たれた母〔事例4-1-5の40-安CR〕と妻，そして幼い1男2女と一緒に暮らしていた。主に母が農業を営み，妻は小売店舗を営んでいた。

彼は彦陽金氏の出身で，Yマウルに2男2女の長男として生まれた。高卒後，1979年〔23歳〕頃から南原市内で洋服仕立業を営むようになった。その前後に父が死亡した。1982年には当時交際していた女性と結婚した。その後，既製服の普及で仕立服が売れなくなったので，1985年〔29歳〕に店をたたんで母がひとりで暮らす生家に戻った。オートバイ事故で足を痛めていたため農業はできず，妻と一緒に村で「スーパー *syup'ŏ*」(小規模雑貨・食料品店）を営むようになった。長姉（1950年生）は中卒後，22歳〔1971年〕でYマウル出身の広州安氏男性と結婚してソウルに移住した。次姉（1954年生）は国卒後，父の姉を頼ってソウルに単身移住し，洋服店で仮縫いの仕事に就いたが，店主の姉の息子を紹介されて結婚した。弟（1963年生）は南原の高校を卒業後，金浦の戦闘警察で義務兵役に就き，退役後はソウルで会社勤めをするようになった。

この事例では，C50-55に属する長女が1970年代前半に結婚，転出し，同じC50-55に属する次女が姉よりも低学歴でかつ早い時期に単身で転出し都市で就労した。先述のように，女性C50-55では，低学歴者の10代半ば前後での転出が顕著であったのに対し，中卒以上の高学歴者は結婚まで親元に残る傾向が強かった。この事例の長女は後者，次女は前者に該当するケースとなっていた。一方，息子たちのうち，長男はC55-60で，この出生コーホートでは転出が比較的少ない1970年代後半に離村し南原市内に移った。しかし23歳という年齢からすれば，高校を卒業し義務兵役も終えた20代半ば前後での転出とみなすほうがむしろ適当であろう。次男はC60-65に属し，高卒，義務兵役終了後に都市で就職するという，この出生コーホートの転出パターンのひとつの典型をなしていた。

このように2男2女がすべて一度は都市に移住したが，父が早くに亡くなったため，次男が転出した後は母40-安CRが生家にひとりで暮らし，農業を営んでいた。40-金PRは数年後，南原市内での商売が立ち行かなくなった段階で，母がひとりで暮らす生家に戻った。怪我の後遺症のため農業はできなかったが，生家で近隣の村人を主たる顧客とする小売店舗を開き，生家と故郷での人間関係に依存して生計を立てるようになった。

ここで取り上げた産業化期の還流的再移住者5名のうち，4名は生家に再合流した。さらにそのうちの3名が長男で，いずれも弟がいた。弟たちはすべて都市で生計基盤を築くか，あるいは大学に進学していた。すなわち，一度は都市生活を送った彼ら自身を含め，すべての息子たちが生家の営農基盤の継承よりも都市での生計基盤の確立を優先し，親もそれを許容した例といえる。また，これに 34- 金 CY を加えた 4 名では，生家の営農基盤が維持されていただけでなく，他の息子たちが都市で生計基盤を築きつつあったことによりこれを全的に継承することも可能となっていた。5 章で取り上げた新規転入者や生家の援助を受けずに農家を構えた者とは異なり，出生順位にかかわらず再移住後の生計基盤を比較的容易に確保できていたといえる。

生家に再合流したこの 4 名の場合，老後の親の扶養も帰郷のひとつの理由とされてはいたが，彼らが都市で生計基盤を確立していれば，親たちも息子を呼び戻すのではなく，可能な限り農村で自活し，それが難しくなった段階でいずれかの息子の都市世帯に合流した可能性の方がはるかに高かったと考えられる。生家に再合流する形での老親の扶養は，あくまでも都市での生活難と農村での生計維持を前提としたものであった。これらの事例から読み取れるのは，他の兄弟との競合をもたらしうるほどの稀少性をすでに失っていた生家の営農資源といえども，都市での生計基盤の確立が頓挫した場合には生計維持の手段のひとつとして活用しうるような保険となっていたことである。ただし，当初は長男が生家に残留し，次男も村内に分家していた 34- 金 CY の生家の事例は，小規模自営農の旧来の再生産の形態がこの新たな形態へと転換していった一種の移行的な例といえる。

比較的早い時期から息子たちを高校，大学に進学させていた 15- 崔 PU の生家の事例は，前述のように，富農においては，都市中産層志向が小規模自営農に浸透する以前から，息子たちを上級学校に進学させることで家族の社会経済的ステータスを維持する戦略が追求されていたことを示唆している。一方，37- 金 KY の事例では，子供の教育のための複世帯生活が，親の生業の場＝日常生活の場と子供の日常生活の場＝家族の集まる場との分離へと収斂しつつあった。親子の日常生活の場の分離と儀礼・休暇等の機会を活用した家族の集まりは，次節で取り上げる都市の息子世帯に合流せずにふたりきりで暮らす老夫婦や，夫に先立たれたひとり暮らしの女性の事例にも見て取ることができた。

7-2　結婚と農家世帯の形成経緯

次に，結婚と農村世帯の形成について，産業化過程での事例を中心に整理しておこう。

まず結婚については，5 章 3 節で取り上げた 1945 年以前に出生した既婚女性と比較対照しながら，1946 年以後出生の既婚女性の事例を検討する。表 7-1 は，

表 7-1　Y マウル既婚女性の出身地　（単位：人）

出生年	夫姓氏	妻出身地						合計
		K 里	P 面	南原	全北	他道	不明	
1925 年以前	三姓	3	0	12	2	0	0	17
	他姓	0	0	2	1	0	1	4
	小計	**3**	**0**	**14**	**3**	**0**	**1**	**21**
1926 ～ 45 年	三姓	3	4	7	3	0	1	18
	他姓	1	1	4	0	0	0	6
	小計	**4**	**5**	**11**	**3**	**0**	**1**	**24**
1946 年以降	三姓	0	0	5	1	2	0	8
	他姓	2	0	0	1	0	1	4
	小計	**2**	**0**	**5**	**2**	**2**	**1**	**12**
合計		**9**	**5**	**30**	**8**	**2**	**3**	**57**

凡例：「妻出身地」のうち，「P 面」は K 里以外の P 面諸法定里の出身者，「南原」は P 面を除く旧南原郡諸面・邑の出身者，「全北」は旧南原郡を除く全羅北道諸郡・市の出身者を示す。

1945 年以前の出生者の出身地を分類した表 5-1 に，1946 年以降の出生者の集計値をつけ加えたものである。1925 年以前出生の老年層と 1926 年から 1945 年までの出生の中年層に共通する特徴として，旧南原郡の出身者のうちでは北部 3 面の出身者が多数を占め，また旧南原郡以外でも大半は隣接諸郡の出身であったことはすでに指摘した通りである。ここで取り上げる 1946 年以降に生まれた壮年層の場合でも，旧南原郡出身の 7 名中 4 名は K 里を含む北部 3 面の出身であった。ただし K 里出身で夫が他姓である 1 名は牧師の妻で，都市で夫と知り合い，Y マウルに開拓教会を設立することになった夫と一緒に故郷に戻ってきた。これを除く 3 名は Y マウルに暮らす男性に嫁いだ女性で，いずれも調査当時 30 代後半であった。これに対し，いずれも三姓の夫に嫁いだ北部 3 面以外の旧南原郡出身者 3 名は，朱川面出身の 1- 金 SY の妻（夫 40 歳，妻 33 歳），二白面出身の 23- 金 TY の妻（夫 30 歳，妻 29 歳），水旨面出身の 38- 宋 PH の妻（夫 37 歳，妻 33 歳）で，20 代後半から 30 代前半と比較的若かった。また，いずれも生家に残って農業を営む男性に嫁いだもので，青年層人口の減少により近隣諸面で適当な相手を見つけることが難しくなっていたことを示唆するものかもしれない。

旧南原郡以外の全羅北道出身者 2 名は，前節で還流的再移住者の事例としてとりあげた 11- 金 SM の妻（任実郡出身）と 15- 崔 PU の妻（全州市出身）である。いずれも夫が故郷を離れ都市生活を送っていた時期に紹介され結婚した。他道出身者 2 名も夫が還流的再移住者で，夫が都市生活を送っていた時期に結婚したものである。34- 金 CY の妻は済州道出身で結婚当時釜山に暮らしており，40- 金 PR の妻は全羅南道求礼郡出身で南原邑内に暮らしていた。この 2 例はいずれも「恋愛結婚」，すなわち当事者同士が何らかの形で知り合って交際したうえで，結婚に至ったケースであった。

このように，壮年層既婚女性の結婚経緯は，農村に暮らす夫に嫁いだ形態と夫と都市で知り合って結婚した形態とに大きく分けられる。このうち前者については，老年・中年層と同様にローカルな人脈による仲媒婚で，北部3面，あるいは旧南原郡の他の地域からYマウルに暮らす男性に嫁いだものであった。一方，後者には「仲媒」と「恋愛」の2つのパターンが見られた。これについては，事例数は少ないが，「恋愛」よりも「仲媒」の方で夫婦の出身地がより近いという傾向を見て取ることができる。

ただし壮年層では，5章3節でも言及したように，仲媒による縁組でもマッソンを伴う，すなわち縁組の締結以前に当事者同士が直接に会うことが一般的になっていた。それでも縁組の決定は，おおむね両親の意向に従うものであったようである。徳果面出身の25-金PHの妻（1952年生・38歳）は，夫27歳，本人25歳のとき〔1976年〕に結婚した。仲媒はUマウルの崔氏に嫁いだ実の姉によるものであった。両親と一緒に南原邑内の茶房で25-金PHに会ったが，ふたりだけで話はしなかった。自分は兄弟〔姉妹〕の住むところではなく遠くに嫁ぎたかったので25-金PHとは結婚したくなかったが，相手の家門を気に入った両親の意向に逆らえず，結婚したという。結婚式は南原邑内所在の南原中央礼式場で行った。

表7–1に含まれる例ではないが，都市に暮らす35-金PJの長男（1961年生・29歳）も両親の意向に従って仲媒で結婚した。彼は，全北大学校工科大学を卒業後，光州で会社に勤務し，1984年に24歳でP面Tsマウルの出身の女性と結婚した。相手の女性は高卒後，郵便局に勤務していた。仲媒をつとめたのは，三姓の広州安氏に嫁ぎ，かつてK里に暮らしながらTsマウルにもよく行き来をしていた女性で，両家の事情をよく知っていた。相手方から持ちかけられた縁談で，南原邑内の茶房で双方の父母と当事者たち，ならびに仲媒の女性が会って話をした後，父母たちと仲媒は出て行って，当事者同士がふたりだけで話をした。35-金PJの妻によれば，この一回のマッソンだけで長男は結婚を決めたという[1]。

1　離村した者が都市で相手を紹介されて結婚した例としては，この他に，全州の工業高校を卒業後，韓国電力に就職し，職場の知人の紹介で知り合った同僚の女性と結婚した10-金PJの三男（1954年生・1978年頃に結婚）等をあげることができる。一方，「恋愛結婚」，あるいは「仲媒半，恋愛半」（知り合いに紹介されて交際した後に結婚）に相当する事例としては，ソウルの高校を卒業後会社に勤務し，下宿先の娘と「恋愛結

表7-2　1941年以後出生の既婚男性の農家世帯形成経緯

世帯形成の経緯	事例数	内訳（出生年順）
親世帯への残留（長男）	2	1-金SY（40歳），38-宋PH（37歳）
親世帯からの独立（次三男）	2	31-宋CG（47歳・弟），25-金PH（40歳・三男）
親世帯への残留（次三男）	3	9-金SB（42歳・次男），<u>2-姜UG</u>（40歳・弟），23-金TY（30歳・三男）
親世帯の継承（再合流）	4	*15-崔PU*（43歳・長男），*11-金SM*（38歳・長男），*34-金CY*（34歳・三男），*40-金PR*（33歳・長男。但し農業は行わず）
合計	11	

凡例：*斜字体*は結婚後に農業以外の職業に従事した経験のある者。<u>下線</u>は結婚後Yマウル・近隣に移住した者。

一方，25-金PHの妻によれば，農村に暮らす友だちのなかにも恋愛結婚をした人はいたという。紹介を受け，文通をして，結婚する場合もあった。しかし，人目のつくところでの交際は難しく，男女が一緒に歩いていると年配の人たちから悪口を言われたそうである。

次に，1941年以降に出生した調査当時数え49歳以下の既婚男性について，農家世帯の形成経緯を見てみよう。

5章4節で1940年以前に出生した調査当時数え50歳以上の既婚男性（本人は死亡したが妻がYマウルに残っていた事例も含む）の農家世帯の形成経緯を見た際に，少なくとも34の事例を確認できた。これに対し49歳以下の場合，表7-2に示したように事例数自体が少なかった。これはひとえに産業化過程での未婚青年層と既婚壮年層を主体とした大規模な人口流出によるものであった。さらに前節で示した通り，親世帯に再合流した4例も一度は離村し，都市生活を送っていた者であった。これを除けば，向都離村せずに親世帯に残留，あるいは分家・独立した者は7例に過ぎなかった。

まず，当時のYマウル居住者のうちで，分家・独立した例が少なかったことの理由のひとつとして，事例7-1-5の34-金CYの次兄のように，村内に分家・独立した後に転出した者が相当数いたことを挙げられる。しかしそれ以上に，結婚前に向都離村する者が増加していたことが大きい。例えば，数少ない分家例のひとつである25-金PHの場合，4人兄弟の四男で，長男35-金PJは生家に残留し調査当時も母と暮らしていたが，次男は既婚，四男は未婚でともにソウルに居住していた。

婚」した10-金PJの六男（1962年生・1988年に結婚）や，高卒後ソウルで働き，友人の紹介で知り合った1歳年上の会社員と交際後結婚した18-金SYの長女（1965年生・1988年に結婚）等を挙げることができる。

Yマウル，あるいは近隣村落の出身で，親世帯に残留した4例でも，兄弟のうちに村内・近隣に分家した者はおらず，そのほとんどが結婚前に向都離村していた。1-金SY（1950年生・40歳・国卒）は事例4-1-2の1-金HYの長男で，4人兄弟のうち，次男は先述のように離婚後生家に戻ったが，三男（1955年生・35歳）は高卒で1974年頃にソウルへ移住し，四男（1960年生・30歳）は中卒で1983年頃ソウルへ移住した。38-宋PH（1953年生・37歳）は2人兄弟の長男で，国卒後，生家に残留し農業を継いだが，次男（1958年生・32歳）は光州の大学に進学し，卒業後，公職に就いた。事例5-2-1の28-安CGの次男安HSが受けた「儀礼的」財産分与と同様に，この次男も父から水田を1,200坪分与されたが，生家に残された水田4,800坪と合わせて長男38-宋PHが耕作していた。23-金TYは3兄弟の三男だが，長男はソウル，次男は南原で農業以外の職を得ていた[2]。このように，生家に残留しない息子に財産を分与して村内・近隣に分家させる村内分家は，産業化の過程で顕著に数を減らしていた。その結果，生家の営農基盤を事実上，ひとりの息子が相続するような形態が現出していた。還流的再移住者の事例で確認できたひとりの息子による生家の農業資源の独占は，故郷・生家に残って農業を営む者にとっても同様であった。

親世帯に残留した事例で向都離村せずに親元に残った理由として挙げられていたのは，おおむね父母の扶養と生家の継承であった。本人，あるいは父母の証言によれば，1-金SYと38-宋PHの場合は生家を継承させるために親が長男を意図的に残留させたものであった。いずれも残留した長男の最終学歴が国卒であったのに対し，他の息子たちは大卒（38-宋PH弟），高卒（1-金SY三弟）等，上級学校への進学が許されていた。

7-3　世帯編成と農家経済

家内労働力に頼って農業経営を行う小規模自営農の場合，日常的な居住・生計の単位である世帯の編成と農業経営とのあいだに密接な相関性を想定できる（小農的居住＝経営単位）。5章1節で述べたように，世帯の展開過程にあわせて，（村内分家した次三男世帯を含む）家長の統制下にある未婚／既婚の家内労働力を，農業就業と副業（農業外就業）や村外就業からなる農家経済の二重就業構造に向

2　ただし9-金SBの場合は，4章2節で述べたように，父が解放前に日本に移住し，兄も父と暮らしていた。

けていかに配分するのかは，生計維持，あるいは社会経済的ステータスの追求に方向付けられた家族の再生産戦略の重要な一部分をなす。しかし6章の末尾で述べたように，調査当時のYマウルでは未婚の息子・娘のほとんどが高卒後都市で進学，あるいは就労するようになり（ブラントも述べていたように，農村では青年労働力の不足が深刻になった），また前節で示したように，残留子以外の息子の村内分家も稀になっていた。産業化の過程では，農家経済の二重就業構造のうち，村外・農業外の就労・就業の比重が極端に高まり，農業経営は親夫婦，あるいは少数の残留した息子夫婦と還流的に帰郷した息子夫婦に委ねられることになった。そして都市中産層的階級地平が拡大した結果，農業経営の再生産よりも都市での就労・就業と生活基盤の構築が優先されるようになった。これに対し農業経営は，子弟の向都離村を経済的に支援するための手段，あるいは都市的な生活基盤の形成が頓挫した際の二次的な生計維持の手段へと意味を変えていった。すなわち，農業経営の道具化・手段化が進行し，小農的居住＝経営単位の再生産は，向都離村とメリトクラシー戦略に従属するようになったのだといえる。

本節では，世帯構成として現れる家内労働力の構成を踏まえつつ，調査当時の農業経営の実態を整理する。

7-3-1　産業化後の世帯編成

まず，調査当時のYマウル45世帯の内的構成を参照しながら，産業化過程での世帯編成の実践的論理の組み換えについて整理しておこう。表7-3は，Yマウル45世帯を，まず，同居する家族の構成に従って直系家族[3]（親と1組の子供夫婦，ならびに両者の未婚の子供の同居），夫婦家族（1組の夫婦と未婚の子供の同居），ならびに独居の3類型に分け，さらに直系家族については同居する既婚の息子の出生順位，夫婦家族と独居については息子の有無と長男の未既婚の別に従って下位類型に分けたものである。また，下位類型のそれぞれについて，夫婦の年齢（直系家族では子供世代の夫婦の年齢）に従った内訳を示した。

3　ただし，ここで直系家族というのは，調査時点での共時的な構成のみに着目した分類であって，本来，この概念に内包されていた世代を越えた世帯の維持と同居する1組の息子夫婦による継承という要件は，類型設定において考慮されていない。その点で，家族の再生産に関連する分析概念として用いるのではなく，便宜上，共時的構成のひとつの類型の名称として用いるに過ぎない点を断っておきたい。詳しくは序論2節を参照のこと。

表 7-3　Y マウル世帯構成（1989 年 8 月現在。常住者基準）　（単位：戸）

世帯類型	下位類型	小計	夫婦（直系家族では子供夫婦）の数え年齢					
			30-39	40-49	50-59	60-69	70-79	80-
直系家族	長男同居	8	3	2	2	1	0	0
	次三男同居	4	2	1	1	0	0	0
	その他	1	0	0	1	0	0	0
	小計	**13**	**5**	**3**	**4**	**1**	**0**	**0**
夫婦家族	長男既婚	13	0	0	2	6	4	1
	長男未婚	13	1	3	7	1	1	0
	息子なし	2	0	0	1	0	1	0
	小計	**28**	**1**	**3**	**10**	**7**	**6**	**1**
独居	長男既婚	2	0	0	0	2	0	0
	息子なし	2	0	0	0	0	1	1
	小計	**4**	**0**	**0**	**0**	**2**	**1**	**1**
合計		**45**	**6**	**6**	**14**	**10**	**7**	**2**

凡例：夫婦の年齢は，夫が存命の場合は夫の年齢，夫が死亡した場合は妻の年齢とする。

これを類型ごとに見てゆくと，まず直系家族で長男あるいは次三男が同居し，かつ子供世代の夫婦の年齢が 50 歳未満の者 8 例は，表 7-2 の親世帯に残留した 5 例のうちで父が日本に渡り母もすでに死亡した 9- 金 SB を除く 4 例か，あるいは親世帯に再合流した 4 例のいずれかに相当する。世帯編成の経緯は先述の通りである。これに対し，子供世代の年齢が 50 歳以上の例（5 章 3 節の表 5-3 の「親世帯への残留」のいずれか）では，息子自身は生家に残っていたが，その既婚の子供と高卒程度の年齢に達した未婚の子供はほぼすべて親元を離れ都市に移住していた。すなわち，孫世代での営農基盤の継承者は確保されていなかったか，あるいは決定が先延ばしされていた。

次に夫婦家族を見ると，夫婦の年齢が 50 歳未満の者は 4 例のみで，むしろ直系家族よりも事例数が少なかった。これは，若い層の営農者にとって，生家から分家するケース，ならびに向都離村後に帰郷する場合でも生家に再合流せずに独立して農業を営むケースの両方が稀になりつつあったことを示すものである。生家の営農基盤をほぼ全的に継承しうるという条件がなければ，帰郷して農業に従事することの戦略的優位性は低かったのだともいえるかもしれない。また夫婦が 50 代でも，息子が未婚である例の方が多くなっている。この場合は，自身が農村に留まって子供の向都離村の後押しを続けていたとみなせる。一方, 60 代以上の夫婦ではその大半に既婚の長男がいたが（表 7-3 の網掛けの部分），彼らにとっても長男あるいは他の息子の還流的再移住の可能性が残されていなかったわけではなかった。しかし，少なくとも調査時点で，長男の帰郷を望む者はほとんどいなかった。なかには70歳以上の高齢の夫婦が既婚の息子と同居せずにふたり暮らしを営む例も見られた。彼らのなかには知り合いが多く暮らし慣れた農村に可能な限りは住み続けたいとする者が多かったのも事実であるが，それとともに，小規模でも農業を営んで自活することにより，都市に出た息子の経済的な負担を軽減する意図も介在していたと推測できる。またこのような場合，息子が何らかの事情で農村での生計維持の必要性に迫られない限り，親夫婦が自身の面倒を見てもらうために息子の帰郷を求めることは難しかった。最終的には夫婦の一方が死亡するか，あるいは介護が必要になった段階で，都市に住む長男，あるいは他の息子の世帯に合流すると予測できた。よって営農単位としていずれは消滅する可能性が高かった。独居の場合もこれと同様であった。

家内労働力の構成という観点から整理しなおせば，まず親と息子夫婦が同居する直系家族の構成をとる世帯の場合，息子がすでに死亡した1例（6-金OC）と息子が事故の後遺症で農業に従事できない1例（40-安CR・金PR）を除き，息子が主要な農業労働力をなしていた。このうち1-金HY，2-姜SR，ならびに23-金PIのように，父親が存命で健常な場合には農業経営に部分的に関与する例も見られた。また先述のように，未婚青年層の息子と娘はいずれも高卒後ほとんどが離村していたため，ほぼ全ての農家で主要な労働力は既婚者となっていた。加えて，まだ子供が幼く育児に専念せねばならない若い嫁を除けば，8章2節で述べるように既婚女性も様々な形で農作業に関与するようになっていた。老年層の女性も同様で，特に夫に先立たれた既婚女性の独居世帯で農業を営む例では，老年女性自身が主要かつ唯一の農業労働力をなしていた。

7-3-2　1980年代末の農業経営

老齢者の世帯や世帯主が農業以外の職業に従事する一部の世帯を除けば，調査当時のYマウル諸世帯の主たる生計手段は農業で，特に水稲耕作が主要な現金収入源をなしていた。表7-4（序論1節表0-2を再掲）は調査当時のYマウル45世帯の農業への従事状況を整理したものであるが，これに示したとおり，農業をまったく行わない世帯は3世帯（老齢女性の独居，精米所経営，牧師）のみで，これを除く42世帯は何らかの形で農業に従事していた。そのうち4世帯は畑作のみしか行わず，稲作に従事していたのは残りの38世帯であった。耕作規模と水田の所有形態に違いは見られたが，当時はまだ稲作を大規模に行う農家はなく，稲作農家の水田耕作規模は平均3,000坪（約1ha）弱で，最大でも6,000坪（約

表 7-4　Y マウル世帯の農業従事状況（1989 年）　（単位：戸）

		水田耕作規模（坪）			合計（戸）
		0 以上 2,000 未満	2,000 以上 4,000 未満	4,000 以上	
稲作農家	自作	6 （5- 金 PR，21- 金 KS，25- 金 PH，28- 安 CG，**43- 黄 PC**，**45- 朴 PS**）	5 （8- 金 KY，10- 金 PJ，18- 金 SY，19- 安 KS，40- 金 PR）	3 （24- 金 CY，33- 安 CS，35- 金 PJ）	14
	自小作	1 （20- 金 KY）	2 （**4- 安 SN**，7- 楊 PG）	4 （15- 崔 PU，26- 安 CR，38- 宋 PH，42- 金 PY）	7
	小自作	2 （17- 安 KJ，44- 崔 CS）	4 （16- 宋 PH，22- 金 TY，23- 金 TY，41- 全 SG）	4 （1- 金 HY・SY，11- 金 SM，32- 安 YS，34- 金 CY）	10
	小作	2 （14- 安 MS，**36- 李 TS**）	0	1 （*2- 姜 SR・UG*）	3
	不明	0	1 （*9- 金 SB*）	3 （*12- 金 IS*，*13- 朴 CG*，*31- 宋 CG*）	4
	小計	11	12	15	38
畑作のみ		4 （**3- 金 SO**，**6- 金 OC**，30- 安 CM，**39- 邢 SR**）			4
非農家		3 （**27- 李 PS**，29- 姜 HT，37- 金 KY）			3
合計					45

凡例：1989 年 7 ～ 9 月に実施した Y マウルの世帯調査による。（　）内は内訳，太字は女性世帯主，*斜字体*は世帯調査への協力が得られず，他の村人の証言に従って分類したもの。

2ha）程度であった。

以下では，稲作と畑作に分けて調査当時の農業経営の実態を整理する。

⑴ 稲作

稲作を営んでいた 38 世帯のうち，当該世帯から直接データが得られた 33 世帯に限れば，水田耕作面積は最小で 800 坪，最大で 6,000 坪，平均 2,770 坪であった。ただし未調査の 5 世帯のうち 1 世帯は中程度の規模（3,000 坪程度），4 世帯は比較的大きな規模（4,000 坪程度）で水田耕作を営んでおり，この 5 世帯も含めれば，稲作農家の経営規模は平均 2,900 坪程度であったと推算できる[4]。この値は，Y マウル住民が村の農家の水田耕作面積の平均としてしばしば言及していた 15 マジギ（3,000 坪）におおむね近い値となっていた。

表 7-4 に従って稲作経営規模別の内訳を見ると，まず水田耕作面積が 2,000 坪

4　未調査の 5 世帯については，他の住民の証言から得られた推計値による。

未満の 11 世帯のうち，夫に先立たれ，既婚男性の働き手のいない既婚女性の 3 世帯（太字で表示した 36- 李 TS，43- 黄 PC，45- 朴 PS）を除く 8 世帯では，男性世帯主の年齢が 25- 金 PH（40 歳）以外はすべて 54 歳以上で，50 代が 2 世帯，60 代が 3 世帯, 70・80 代が 2 世帯となっていた。2,000 坪以上 4,000 坪未満の 12 世帯でも，夫に先立たれた女性が未婚の娘と同居する 1 世帯（太字の 4- 安 SN）を除く 11 世帯で，男性世帯主の年齢は 45 歳の 9- 金 SB を除けばすべて 52 歳以上で，50 代が 4 世帯，60 代が 4 世帯，70 代が 2 世帯となっていた。ただしこのうちの 3 世帯は 60 歳以上の父が 20 代後半から 30 代前半の息子とともに農業を営む世帯であった。これに対し，経営規模が 4,000 坪以上の 15 世帯では，男性世帯主の年齢が概して若かった。父と息子が一緒に農業に従事する 2 世帯を除く 13 世帯で, 30 代が 3 世帯, 40 代が 2 世帯, 50 代が 6 世帯, 60 代前半が 2 世帯となっていた。特に 30 代の 11- 金 SM，34- 金 CY，38- 宋 PH は，経営規模がそれぞれ 5,400 坪, 4,500 坪，6,000 坪で，これに 6,000 坪を耕作する 44 歳の 15- 崔 PU を加えた 4 世帯が，稲作経営規模で上位 4 世帯をなしていた。

稲作の経営規模が比較的大きい世帯で，男性世帯主の年齢が比較的若い，あるいは父子で農業経営に当たっていたという事実は，世帯内労働力の質ならびに量が，経営規模を決定する重要な要因として作用していたことを意味する。加えて，壮年や中年の世帯主の場合，未婚の子供の学費や結婚・独立費用を稼ぐ必要もあり（表 7-3 も参照），経営規模の拡大により強く動機付けられていた。逆に老齢の世帯主の場合には，体力が衰え，大規模な営農が難しくなるとともに，子供もおおむね結婚あるいは就職しており，夫婦の生計を維持することが可能な程度にまで営農規模を縮小する傾向がみられた。また，30 ～ 40 代の男性世帯主の場合，耕耘機や田植え機等の農業機械を導入し，自身が耕作する水田だけでなく，耕耘機を所有せずに小規模の稲作を営む老齢者の農作業の一部を代行し，労賃を受け取るケースも見られた。整理すれば，稲作の経営規模は，世帯の男性労働力の質（年齢と体力）・量と生計上の必要性（あるいは現金の需要）に従ってある程度柔軟に調節され，また若く大規模な営農を試みる者ほど，農業機械の導入にも意欲的であった。

次に，稲作経営規模がどのように調節されていたのかを見るために，水田の所有・貸借状況も整理しておこう。直接データを得られた稲作農家 33 世帯に限れば，水田の所有面積は 0 坪から 4,800 坪までで，平均 1,810 坪であった。この 33 世帯の水田耕作規模の平均が 2,770 坪であったので，1 世帯あたり平均 1,000 坪弱の水田を賃借していた計算になる。これに対し，水田を所有するが自家耕

表 7-5　水田耕作面積 4,000 坪以上の農家（1989 年）

類型	耕作者	年齢	所有面積（坪）	賃借面積（坪）	賃借元
a）すべて自家所有	24- 金 CY	53	4,000	0	
	33- 安 CS	55	4,000	0	
	35- 金 PJ	52	4,000	0	
b）家族から小規模賃借	38- 宋 PH	37	4,800	1,200	弟
c）家族・近親から賃借	34- 金 CY	34	1,000	3,500	伯父，次兄
	26- 安 CR	60	3,400	600	チャグン・チブ
d）賃借元が少数	15- 崔 PU	44	3,000	3,000	元 K 里在住安氏 2 戸
	32- 安 YS	64	100	4,000	26- 安 CR，28- 安 CG，P 面 Sd 里住民
	42- 金 PY	53	2,200	2,200	宗中（4 マジギ），ソウル在住の近親（4 マジギ），南原郷校忠列祠水田（3 マジギ）
e）賃借元が多数	1- 金 HY・長男 SY・次男	71・40・38	1,000	3,000	宗中を含め Y マウル 5 戸程度
	11- 金 SM	38	1,400	4,000	宗中，43- 金 PT，K マウル 2 戸，南原在住者〔元 K 里在住〕・ソウル在住者各 1 戸

作はせず，近隣の農家に賃貸する例が 3 世帯あった。それぞれの所有面積は，3- 金 SO が 800 坪，6- 金 OC が 800 坪，30- 安 CM が 4,400 坪であった。以下，所有と賃借の実態を，水田耕作面積が 4,000 坪以上の比較的大きい規模の経営を行う農家と，水田耕作面積 4,000 坪未満の中小程度の規模の経営を行う農家とに分けて，より詳しく見ることにする。

まず，水田耕作面積 4,000 坪以上の農家について，所有と賃借の実態に即して表 7-5 のように 5 つの類型に分けて検討しよう。

ここに挙げた農家のうち，自作（ここでは稲作のみに限る）は 3 世帯のみで，他の農家では規模の大小はあるがいずれも水田を賃借していた。ただし b）に分類した 38- 宋 PH は，先述のように父が光州で公職に就く弟に分与した水田を賃借していたもので，農繁期の休日には弟が手伝いに来ることもあった。すなわち，向都離村した弟の結婚・独立に伴い，ある種儀礼的な（生計維持において副次的である）財産分与として水田の名義の一部を弟に移したが，実質的な耕作は生家に留保した分も含め生家に残った兄が一括して担当し，弟も補助的な役割を果たしていたのだといえる。すなわち，農業経営においては父・兄の世帯と弟の世帯が一体をなしていたと見ることも可能である。

これに対し，c）に分類した 2 世帯では，家族や父系近親者のみから水田を賃

表 7-6　水田耕作面積 4,000 坪未満の農家（賃借者のみ・1989 年）

類型	耕作者	年齢	所有面積（坪）	賃借面積（坪）	賃借元
a）所属宗中から賃借	4- 安 SN	71（女）	1,600	400	恩津宋氏宗中
	14- 安 MS	69	0	1,400	外祖父祭祀用水田，広州安氏私宗中
	16- 宋 PH	58	700 ～ 800	2,200 ～ 2,300	宗中
	20- 金 KY	54	1,300	200	宗中
b）近親・姻戚から賃借	17- 安 KJ	64	600	1,200	南原在住の妻の兄
c）その他	7- 揚 PG・次男	63・28	2,000	600	南原在住の彦陽金氏
	22- 金 TY	71	300	2,700	恩津宋氏宗中，21- 金 KS（兄），叔父の孫（会社員），6- 金 OC
	36- 李 TS	53（女）	0	1,400	不明
	41- 全 SG	52	800	1,600	宋氏宗中，金氏宗中，全州在住の金氏
	44- 崔 CS	54	600	1,100	43- 金 PT，近隣の安氏

借していたものの，賃借地を所有する家族・近親の営農への関与は見られなかった。近親の離村者から水田の管理を委託される形での賃借は，産業化過程特有の現象でなかったとしても，これが顕在化したことは，産業化過程での人の移動を如実に反映するものであったといえる。

一方，d）と e）については，所属する宗中（42- 金 PY，1- 金 HY，11- 金 SM），近隣農家（32- 安 YS の全賃借地と 1- 金 HY ならびに 11- 金 SM の一部賃借地），近親以外の離農者（15- 崔 PU の全賃借地と 11- 金 SM の一部賃借地），あるいは地域の民間団体（42- 金 PY が一部賃借地を儒林が運営する祠廟から賃借）等，家族や近親以外からの賃借も見られた。このうち所属宗中の水田は，祖先祭祀の費用等を拠出するために設けられた共有財産で（詳しくは 9 章 1 節を参照），有利な条件で賃借しうる面もあれば，借り手が見つからない場合に構成員のひとりが半ば義務的に耕作を請け負うこともあった。また d) と e) の場合，賃借地の規模が最低でも 2,200 坪で，おおむね 3,000 ～ 4,000 坪程度と比較的大きかった。32- 安 YS 以外は主たる働き手である既婚男性の年齢が 30 代から 50 代までの働き盛りにあたった。一方 32- 安 YS は未婚の娘をふたり抱えていた。よって，いずれの場合でも経営規模の拡大への動機付けが強く働いていたといえる。このため，近隣農家や離農者等の非親族との契約性の強い賃借関係を含め，可能な手段を総動員して経営規模の拡大を図っていたとみられる。

次に，表 7-6 を参照しながら，水田耕作面積 4,000 坪未満の中小程度の規模の

表7-7　水田の賃貸（1989年）

類型	世帯主	年齢	所有面積（坪）	賃貸面積（坪）	賃貸先
a）家族・近親に賃貸	3- 金 SO	74（女）	800	800	Uマウル居住の甥
	21- 金 KS	78	1,400	400	弟 22- 金 TY
b）その他の近隣農家に賃貸	6- 金 OC	67（女）	800	800	22- 金 TY
	10- 金 PJ	73	4,000	2,000	1- 金 HY・SY・次男
	28- 安 CG	81	3,000	2,600	Uマウル・Kマウル農家1軒ずつ
	30- 安 CM	78	4,400	4,400	32- 安 YS，Kマウル農家等

経営を行う農家について，水田を賃借していた者に限り検討してみよう。

まず，主耕作者（夫に先立たれた既婚女性を含む）の年齢はいずれも50代より上で，かつ一族の宗中や近親・姻戚からのみ賃借している例が10世帯中5世帯と半数を占めていた点を特徴として挙げられる。この5世帯のうち，17- 安 KJ（順興安氏）を除く4世帯は三姓のいずれかに属していた。17- 安 KJ は，事例 5-2-8 でも述べたように，彦陽金氏出身の妻の故郷がYマウルに隣接するUマウルで，結婚後妻の両親を扶養するためにここに移住したという経緯があった。これに対し，宗中や近親以外から賃借する5世帯は，22- 金 TY 以外はいずれも他姓であった。22- 金 TY は賃借規模が大きいほうで，近親以外に他士族の宗中と近隣農家からも賃借していた。41- 全 SG は隣接するKマウルへの転入当初は姉の婚家から農地を賃借していたが（事例 5-2-7 参照），調査時点では他から賃借するようになっていた。他地域・他村落から転居してきた三姓以外の他姓の場合，所属宗中の共有農地が近隣に設けられていない場合がほとんどで，転居先に暮らす，あるいは縁故を有する近親・姻戚から農地を借りられない場合には，賃借元として他の氏族の宗中[5]や近隣農家，あるいは離農者に頼らざるを得なかったのだといえよう。

最後に，表7-7を参照して，所有する水田の一部，あるいは全部を自家で耕作せず，近隣の農家に賃貸していた事例を見ておこう。

5　宗中の水田の小作は，墓の管理や宗中の雑用を行うことの代償として，賃借料が安く設定されることが多く，その点では賃借者側に有利な条件をなしていた。反面，在地士族の宗中の墓の管理人は，以前は士族よりも身分が低い他氏族の者がつとめることが通例であったので，賃借地を所有する宗中の成員，特に高齢者から，卑賤視を受けることもあった。また，未調査のため事例としては示さなかったが，2- 姜 SR・UG は1988年に彦陽金氏大宗中の管理人として雇われ，大宗中所有の住居に暮らし，大宗中の所有地を耕作していた。

いずれも，老齢夫婦のふたり暮らしや夫に先立たれた老齢の既婚女性の世帯等，壮・中年男性の働き手がいない世帯で，家内労働力では耕作しきれない水田を近隣農家に賃貸していた。またいずれも三姓に属する世帯であったが，父系近親以外の者に貸す例も相当数見られた。

以上の事例から，調査当時のＹマウルの農家の稲作経営では，水田を所有しない一部の農家（14-安MSと36-李TS）を除き，自家で所有する水田を基盤としつつも水田を貸し借りすることによって，家内労働力の状態や生計維持・子供の扶養等の家計上の必要性に応じた経営規模の柔軟な調節が可能になっていたことが分かる。水田の賃借元については，家族・（非父系を含む）近親／所属宗中／近隣の農家・地主／他氏族の宗中／離農者の5つに大きく分けることができたが，貸し借りの当事者は一部を除き家族・近親，隣人あるいは元隣人で，既存の血縁ないしは地縁的関係を基盤として農地の貸し借りが行われていた点も特徴として挙げられる。

⑵ 畑作

調査協力が得られた33世帯[6]に限れば，畑の耕作規模は最小で100坪，最大で2,000坪で，平均610坪であった。これは水田耕作規模の4分の1にも達していなかった。また，表7-8に示したように，1,000坪以上の畑を耕作していた例では，34-金CYを除けば，いずれもすべて自家所有で畑の賃借をしていなかった。34-金CYの場合も，所属宗中の共有地を小規模に賃借するのみであった。他方で，34-金CY以外で畑を賃借していた農家は，賃借規模が最大でも600坪で，基本的に自家消費用の作物の栽培を目的とするものであった。すなわち，畑作はおおむね自家消費用の作物の栽培に留まっており，稲作のように農地を賃借してまで経営規模の拡大を図る例は見られなかった。

Ｙマウルでは現金収入を目的とした畑作物の大規模な栽培が当時ほとんど行われておらず，そのひとつの要因として，稲作主体の農業地域であった点と気候と地質が稲作以上に収益性の高い作物や果樹の栽培に適していなかった点を指摘できる。これは，現金収入源の確保や拡大を目論む際に取りうる手段に，一定の制約を及ぼすものであった。すなわち現金収入を増やすには，水田の賃

6　調査協力が得られた稲作農家33世帯のうち，5-金PR，28-安CG，36-李TS，40-金PRの4世帯は畑作を行っていなかったか，あるいは具体的な回答が得られなかった。他方で，畑作のみを行っていた農家が4世帯で，合わせて33世帯についての資料が得られた。

表 7-8　畑の貸借（1989 年）

a) 畑作面積 1,000 坪以上			b) 畑作面積 1,000 坪未満で賃借		
耕作者	所有面積（坪）	貸借面積（坪）	耕作者	所有面積（坪）	賃借面積（坪）
10- 金 PJ	1,000	0	1- 金 HY	0	600
15- 崔 PU	1,000	0	11- 金 SM	0	200
16- 宋 PH	1,500	0	18- 金 SY	0	500
24- 金 CY	2,600	600 賃貸	22- 金 TY	50	300
32- 安 YS	1,000	0	38- 宋 PH	400	400
33- 安 CS	1,000	0	39- 邢 SR	0	400
34- 金 CY	1,300	200 賃借	41- 全 SG	150	150
35- 金 PJ	1,200 ～ 1,300	0	44- 崔 CS	0	300
42- 金 PY	1,000	0			

借によって稲作の規模拡大を図るか，あるいは農業以外の現金収入源を確保するしか途がなかったのだといえる[7]。

7-4　家内祭祀の継承と実践

本論で相続の二重システムとして捉えた韓国の家族の再生産過程のうち，1～3 節では農家世帯の編成に焦点をあわせて実践＝実用的親族と諸関係の再編成と実践的論理の組み換えを論じたが，本節では，もうひとつのシステム，すなわち祭祀相続と家父長制的な公式的親族の編成について考えてみたい。以下，調査当時の Y マウルにおける祭祀相続と祖先祭祀の実践の事例を取り上げ，祭祀相続の形式的論理と実際の祭祀権の継承や祭祀の実践との関係について検討するが，本論に入る前に，祖先を対象として行われていた諸儀礼について手短に説明しておこう。

Y マウルの住民によって執り行われていた祖先儀礼には，大きく分けて儒礼に従うものと土着的な信仰に基づくものの 2 種類があった。まず後者から見ると，ソニョン（先塋 *sŏnyŏng*）と呼ばれる祖先霊を，ソンジュ（*sŏngju*：住居・敷地とそこに暮らす人たちの守護神霊）やサムシラン（*samsirang*：子供の出生と生育を司る神霊）といった屋敷や家庭の守護神霊（植民地朝鮮で民俗信仰の調査をした秋葉隆の用語によ

7　ただし，比較的若い営農者のなかには，15- 崔 PU のようにビニールハウスでのシメジの栽培や水田でのワングル栽培とドジョウ飼育を試みたり，2- 姜 SR・UG のようにビニールハウスで唐辛子の栽培を試みる者も一部に見られた。しかしこれも，稲作ほどの収益性は確保できていなかった。また，一部の農家は肉牛や豚を飼育し，大半の農家で飼っている犬も食用に売られたが，これも収益性が高くはなかった。

写真 22　家神への供物（陰暦 7 月 15 日百中）

写真 23　雑鬼への供物（陰暦 7 月 15 日百中）

れば「家神」[秋葉 1935]）とともに祀る儀礼を確認できた。名節の早暁に主婦が供物を準備し，手を合わせて祈る形式を取るが，調査時点までには大半の世帯で行われなくなっており，実際，このような儀礼を行う世帯として筆者が確認できたのは 1 戸（35- 金 PJ）のみであった。

一方，儒礼に従う祖先儀礼としては，調査時点でも，原則としてすべての父系直系男性祖先とその妻，すなわち父母，祖父母から遡って大宗中の入郷祖（と妻），さらには氏族の始祖（と妻）に至るまでの祖先を対象として，定まった形式の儀礼が毎年，所定の期日に執り行われていた。そのうち，原則として父系の 5 代祖以上の直系祖先と配偶者に対しては，父系男子子孫の共同責任で春か秋の定められた日に「墓祀 *myosa*」（一般には墓祭 *myoje*）あるいは「時祭 *sije*」（一般には時享 *sihyang*，あるいは時享祭 *sihyangje*）と呼ばれる儀礼を執り行っていた。儀礼を行う場所は原則として祖先の墓前であったが，それが難しい場合には，門中の祭閣，あるいは子孫の住居で行うこともあった。三姓住民の説明によれば，時祭は本来，祖先の墓前で行うべきものであるが，雨天等で墓前で行うことが難しい場合に祭閣や門中有司（その年の門中の幹事役）の住居で行うとのことであった（詳しくは 9 章 1 節参照）。これに対し，父母から高祖父母までの直近 4 世代の祖先については，原則として生存する最上世代の長孫（長男や長男の長男等の長系の男子子孫）が責任を負い，その家で 2 種類の儀礼を執り行っていた。これが先述の長男による祭祀継承の意味するところであり，また原則として父系 4 代祖（高祖）までの祖先を祀ることから「四代奉祀 *sadaepongsa*」と呼ばれていた。

本節では「四代奉祀」の原則のもとに長男・長孫の家で執り行う祖先儀礼を家内祭祀と呼ぶことにし，調査当時の Y マウル住民のうち，自ら家内祭祀を執り行っていた者を中心に，その実践の様相を探ることにする。

家内祭祀には，祖先の忌日（陰暦の命日）に行う「忌祭祀 *kijesa*」と，年 2 回，

写真24　忌祭祀

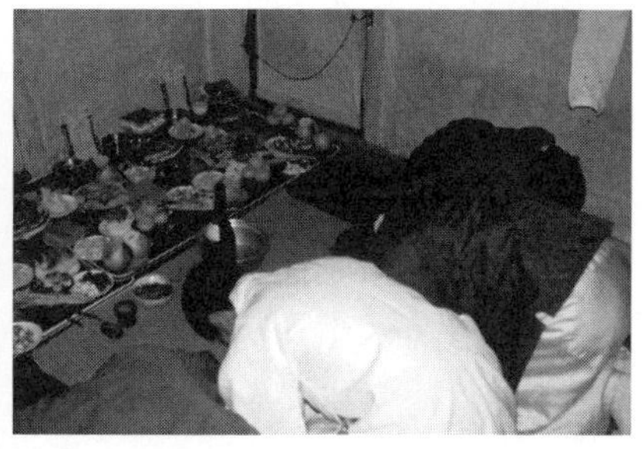

写真25　陰暦元旦の茶祀

写真26　陰暦8月15日秋夕の茶祀

陰暦元旦（*sŏllal*）と8月15日（秋夕 *ch'usŏk*）の二大名節に行う「茶祀 *ch'asa*」（一般には茶礼 *ch'arye*）の2種類があった。忌祭祀は，忌日の日の出前の深夜に，対象祖先（父系男性祖先の妻を含む）を配偶者と一緒に祀るもので（例えば，祖父の忌日には祖母も一緒に祀り，逆に祖母の忌日には祖父も一緒に祀る），4代の祖先夫婦の忌日ごとに行うことが原則とされていた。それゆえに高祖の長孫の家庭では少なくとも年8回，男性祖先が生前に複数の妻を娶った場合にはさらに多くの回数の忌祭祀を執り行わねばならなかった。これに対し茶祀は，元旦と秋夕の午前中に，家の主人が祭祀遂行の責任を負うすべての祖先を一度に祀るものであった。忌祭祀と茶祀で供物の種類に大きな違いは見られなかったが，儀礼の手順の違いとして，前者では男性子孫3名が順番に香を焚き，酒盃を献ずるのに対し，後者は1名のみが焚香・献盃する形式を採っていた。そして，忌祭祀で最初の献盃者（初献官）をつとめ，茶祀では唯一の献官をつとめるのが，長男・長孫の重要な役割のひとつをなしていた。いずれの儀礼でも，初献官が盃を献じたあと，「祝文」と呼ばれることほぎの文が読まれる。この祝文は原則として漢文で記されるため，これを読み上げる祝官は，長男・長孫以外の男性子孫，あるいは父系近親男性で，かつ漢文の素養がある者がつとめるのが通例であった。儒礼の祖先祭祀に参加できるのは原則として男性のみであったが，直系子孫だけでなく，近隣に暮らす傍系の父系近親（チバンガン *chiban-gan*）も参加することが望ましいとされていた。その範囲は家内祭祀で祀る最上世代の祖先，すなわち高祖を同じくする「八寸」(8親等) 内におおむね収まるもので，日常的に密接な相互扶助の関係にある実践＝実用的親族，すなわちチバンガンも，この「同高祖八寸」という公式的親族の範囲に準拠するものとされていた[8]。

家内祭祀は，儀礼の場から女性（父系男子子孫の妻や娘）が排除され，父系の系譜に従った孝の実践と役割分担，ならびに儀礼への参与が見られる点で，親族の公式的＝家父長制的な関係性が顕在化する場であり，いわば公式的親族が演じられる場であった。しかしその実践においては，女性の役割や女性の参与も決して重要性の劣るものではなかった。多種類に及ぶ祭需（供物）の準備は長男・長孫の妻，すなわち長孫家庭の主婦が担う役割で，先代の主婦，すなわち夫の母（姑）から教えられた知識と手順にのっとり，夫の弟たちの妻（同婿 *tonsŏ*）や息子の妻（嫁 *myŏnŭri*）の手助けを得て，材料を揃え，調理することになっていた。忌祭祀の翌朝に村人たちに酒食を振る舞う場合には，多量の酒食の準備に，チバンガンの主婦の協力を仰ぐこともあった。また，父母の忌日の前夜には，息子だけではなく嫁いだ娘も儀礼が執り行われる生家，あるいは長兄の家を訪問し，儀礼終了後の食事に参加するのが通例であった。よって家内祭祀の実践においては，公式的親族だけではなく，親族の実践＝実用的な関係性が介在する度合いも大きかったといえる。

7-4-1　家内祭祀の継承

調査当時のYマウルにおける家内祭祀の実態を考察するにあたり，まず各家庭で家内祭祀の対象としていた祖先を整理しておこう。表7-9は，最上世代の既婚男性を起点として，各世帯で祀られていた最上世代の直系祖先との世代距離

8　チバンガンとは南原地域の用語で，一般にはチバン（*chiban*）という呼び方が用いられる。チバンは「家，住居」を意味するチプ（*chip*）に，「なか，内」という意味をもつアン（*an*）が結合した合成語で，韓国語の固有表現である。南原地域ではこれに「間 *kan (-gan)*」（間柄）という漢字語を結合して用いることが多い。同様の父系親族の範囲を指す用語として，主に男性で漢文の素養のある者によって「堂内 *tangnae*」という表現が用いられることもあったが，日常生活ではチバンガンの使用が一般的であった［cf. 嶋 1976; 伊藤 2013, pp.124-141］。

表 7-9　Y マウル家内祭祀の対象祖先

最上世代	戸数	祀られる祖先	戸数	内訳（世帯番号）
+4	7	高祖父母～父母	7	9, 12, 20, 21[1)], 28[2)], 32, 42
+3	5	曾祖父母～父母，夫	2	3[3)], 43
		曾祖父母, 祖父母, 父（母は存命）	3	11, 35, 41
+2	2	祖父母，父母	1	26
		祖父母，父（母は存命），夫	1	6
+1	9	父母	2	2, 14
		父（母は存命）	3	15, 24[4)], 34
		父（母は存命），父の三寸	1	40
		母（父は消息不明）	1	7[5)]
		父母，妻	1	23[6)]
		父母，妻の父母	1	17
0	4	夫	4	4, 27, 36, 45
なし	14	なし	14	1, 5, 8, 10, 13, 16, 18, 19, 25, 30, 31, 33, 39, 44
その他	3	註を参照	3	22[7)], 37[8)], 38[9)]
不明	1		1	29[10)]
合計	45		45	

註：1）老夫婦の二人暮らしのため，祭祀の準備は長男夫婦が来て行う。2）但し，儀礼を行う場所は全州の長男世帯。3）息子はおらず, U マウル居住の夫の弟とその長男が来て祀る。4）調査前年まで高祖父母～祖父母も祀る。5）但し，プロテスタント式。6）但し，妻は長男が来て祀る。7）ヤンソニョンの茶祀のみ。8）曾祖父の第 3 夫人を祀る。9）実母（父の第 3 夫人）と父の第 2 夫人を祀る。10）キリスト教会牧師。

の順に，その世帯で祀っていた祖先を示したものである。なお，内訳には該当世帯の世帯番号のみを記した。また，既婚男性が常住しない世帯については，主婦の亡夫を起点として祖先との世代距離を示した。

調査当時の Y マウル全世帯 45 戸のうち，キリスト教会牧師の 1 戸を除けば，家内祭祀を行っていなかった世帯は 14 戸で，いずれも次三男の世帯であった。残りの 30 戸ではいずれかの祖先に対して家内祭祀を行っていた。時祭，特に墓祀とは異なり，忌祭祀や茶祀は場所を移すことが可能で，長男・長孫が都市に所帯を構えればその住居で行うことが一般的であった。ここで，Y マウル住民の家族・近親のなかには産業化過程で都市に移住した者が多かったにもかかわらず，全世帯の 3 分の 2 で何らかの家内祭祀を行っていたことの背景のひとつには，後述するように，祭祀を継承した息子が都市に暮らしていても，母が故郷に残っている場合には生家で祭祀を行うことが少なくなかったことを指摘できる。

祀られていた祖先を見ると，まず父母から高祖父母までの四代奉祀を行っていた世帯が 7 戸に及んでいた点が目を引く。いずれも三姓であった。この他に，高祖の家内祭祀は行わないが，世帯主男性が高祖の長孫であった者も2戸あり，あわせて，三姓の定着年代の古さを反映するものといえた。また，42-金PYが父の長兄に養子に入ったことを除けば，いずれも実父から祭祀を継承したものであった。ただし，長孫世帯だからといって無条件，生計基盤が安定していたわけではなく，5章2節でも示したとおり，28-安CGのような富農もいれば，彦陽金氏大宗中宗孫の12-金ISや広州安氏大宗中宗孫の32-安YSのように，不安定な他郷暮らしを経て帰郷した者もいた。

これを含め父母，あるいは父母を含む複数世代の祖先を祀る例は，父と長兄が日本に渡って戻ってこれなくなった9-金SB，ならびに，長兄が住所不定で生家を継承した他姓の7-楊PGと41-全SGを除けば，すべて長男・養子の現住世帯か生家，あるいは長男の妻の世帯であった。その点で，長男が家内祭祀を執り行えない状況にあるごく少数の例を除けば，長男奉祀の原則は貫徹されていたといえる。また，長男以外の息子が祭祀を「代行」していた場合でも，儒礼の形式をとらないプロテスタント式の追悼行事を行っていた（すなわち儒礼のやり方には従っていなかった）7-楊PGを除けば，本来の祭祀継承者である長兄，あるいは長兄の長男の事情が許せば，彼らの世帯に家内祭祀を移すべきであると語っていた。実際，家内祭祀を「代行」した後に本来の祭祀継承者に委譲した例もある。24-金CYの父（次男）は，1965，6年頃に長兄が死亡した後（族譜によれば陽暦で1967年末に死亡），その長男（1957年生）がまだ幼かったため，代わりに父母から曾祖父母まで（24-金CYから見れば，祖父母から高祖父母まで）の3代の祖先の家内祭祀を行うようになった。父の死後（1986年死亡）はこれを長男である24-金CYが引き継いだが，本来の祭祀継承者である父の長兄の長男の結婚（1988年）を機に，すべての祭祀を引き渡したという。

これに対し，傍系の祖先や直系祖先の妻のひとりなどを，様々な理由で次三男が祀っていた例も少数ではあるが見られた。表7-9で「その他」に分類した3世帯がこれにあたる。まず，22-金TYの場合，「四代奉祀」を継承した兄21-金KSの世帯で年8回の忌祭祀を行わねばならなかったため，調査時点の約10年前から，ヤンソニョン（養先塋），彼の説明によれば息子を残さずに死んだ傍系祖先の祭祀を代わりに行うようになった。ただし忌祭祀は行わず，元旦と秋夕の茶祀だけで祀るとのことであった。彼とヤンソニョンとの関係については，「クン・チプとチャグン・チプの間柄」，すなわちチバンガンであったということ以上の，正確な系譜関係を把握できなかった。また，忌祭祀を行わない代わりに墓祀を行うとのことであった。

37-金KYは，占い師の勧めで曾祖父の第3夫人の祭祀を自らの世帯で行うようになった。曾祖父には妻が3人おり，第2夫人は息子を2人産んだが，第1夫人と第3夫人には息子がいなかった。この第3夫人は「可哀そうなおばあさん」で，37-金KYの母が占い師に相談したところ，37-金KYの「四柱」(生年月日時の干支）を見て，三男だが「父母に仕える長男の役目をするとよい」,「可哀そうなおばあさんを祀るとよいことがある」,「商売がうまくゆく」と言われたので，彼が祀ることになった。ちなみに，父母，祖父母と曾祖父母の祭祀は大邱に移住した長兄の世帯で行い，高祖父母の祭祀は長孫が亡くなった際に墓祀に移した。

最後に，38-宋PHの家庭では，調査当時はまだ存命であった父38-宋CHの父の第2・第3夫人を祀っていた。長男38-宋PHによれば，祖父は3回結婚した。一番目の妻とのあいだには2人の息子を儲けたが，二番目の妻とのあいだには息子が生まれず，三番目の妻とのあいだにさらに2人の息子を儲けた。第3夫人の2人息子のうちの年長者が父38-宋CHであった。その関係で実母である三番目の妻と娘しか残さなかった二番目の妻の祭祀を父が行うようになった。しかし父がなくなれば，クン・チプ（光州に暮らす父の腹違いの長兄の長男の世帯）で祭祀を行うことになるであろうとのことであった。

この3つの事例を見る限り，傍系祖先や父祖の妻のひとりが息子を残さずに死んだ場合に長男・長孫以外の者が祭祀を行ったり，複数の夫人がそれぞれ息子を残した場合に長男ではない実子が実母の祭祀を担当したりすることも許容されていたようである。また，37-金KYの例からは，原理的には祈福信仰が排除される追慕・顕彰の行為である儒礼祭祀においても，実態としては不幸な死者の慰撫や祈福という要素が一部に介在していたことがうかがわれる[9]。同様の例として，40-金PRの世帯で行っていた父の三寸（叔父）の祭祀を挙げられる。40-金PRの母である40-安CRによれば，夫の三寸は死ぬまで結婚せずに住所不定の生活を送ったが，その死後，以前Yマウルに住んでいた占い師に相談したところ，「長孫に相応しい人」(夫のこと）が子孫として生まれたので，息子を残さずに死んだ三寸の祭祀を行うといいと勧められ，1969年から祭祀を行うように

9　伊藤によれば，珍島の時享・墓祭では，息子を残さずに死んだ傍系の祖先を祀らないとたたりがあると考えられていたため，門中で費用を出して他の祖先と一緒に祭祀を行っていたというが［伊藤 2013, p.298］，典型的には巫俗に見られるような現世利益的な鬼神信仰が，原理的にはそれを排除する儒礼祭祀に，実態としてどの程度混入していたのかについては，さらなる検討の必要がある。

なったとのことであった。

7-4-2　家内祭祀の実践

産業化の過程で家族の居住が空間的に拡散し，特に親夫婦を故郷に残して祭祀継承者である長男が向都離村することによって，家内祭祀の実践にも一部に変化が見られるようになっていた。以下，祭祀継承者の住居以外で祭祀が行われていた例と，祭祀の簡略化が図られた例とに分けて整理したい。

(1) 祭祀を行う場所

表 7-9 に挙げた事例のなかには，祭祀遂行の責任を担う長男・長孫が日常的に暮らす住居以外の場所で祭祀が執り行われていた例も相当数見られた。そのうち 28- 安 CG の場合は，先述のように高齢夫婦のふたり暮らしであったうえに，妻の足が不自由で日常的な家事もままならなかったため，全州の長男宅に 4 人の息子の妻たちが集まって祭需を準備し，28- 安 CG と妻は，群山に住む三男か南原邑内に住む孫（長男の長男）に自家用車で送り迎えをしてもらって祭祀に参加していた。ただし老夫婦が家内祭祀のたびに都市の長男宅を訪れていたのはこの事例のみで，他の事例ではすべて長男夫婦が父母，あるいは片親が住む Y マウルの生家を祭祀の度に訪れていた。

比較的多く見られたのは，都市に暮らす長男夫婦が，母を残して先立った父の祭祀を，母の暮らす生家を訪れて執り行っていた例である。36- 李 TS や 45- 朴 PS の夫たちの祭祀がこれにあたる。母と生家に暮らす 34- 金 CY の場合も，亡父の祭祀は自身と母が暮らす生家で行い，そのたびにソウルから長兄が訪れていた。亡夫の母とふたり暮らしの 6- 金 OC の場合も，夫と夫の父・祖父母の祭祀のたびに，全州に住む長男夫婦が母の住む生家を訪れていた。この事例の場合，亡夫の母が同居し，また亡夫の弟である 16- 宋 PH が隣家に住んでいたことも，祭祀の場所の選択に影響を及ぼしたと考えられる。

一方，息子のいない 3- 金 SO の夫の祭祀は，長男である夫が担当していた父母から曽祖父母までの 3 代の祭祀とともに，隣村 U マウルに暮らすチャグン・チプ（夫の弟とその長男）から人が来て行っていた。それとは対照的に，43- 黄 PC の住居に間借りしていた 27- 李 PS の夫の祭祀は，養子である 42- 金 PY の家で行っていた。

母の残る生家で亡父の祭祀を行い，その際に息子夫婦，さらには既婚の娘たちも母を訪れていたことは，一方で，6- 金 OC の事例に見られたような故郷に残るチャグン・チプを含む家父長制的関係性の再生産，他方で母を中心とする親子・兄弟姉妹の情緒的紐帯の発露の両極のあいだのいずれかの位置を占めていたと考えられる。身近な死者をめぐる家族・近親の情緒的紐帯については，9章2節であらためて論じたい。

⑵ 祭祀の簡略化

先述のように，家内祭祀の原則は，父母から高祖父母までの4代の父系直系男性祖先とその配偶者を祀る「四代奉祀」で，実際，調査当時のYマウルでも，高祖の長孫として四代奉祀を実践していた例が先述の通り7戸に及んだ。その一方で，調査時点までに簡略化がはかられていた例も見られた。

簡略化にはいくつかの方法があったが，比較的よく聞かれたのが「祭遷」の廃止・中断である。「祭遷 *chech'ŏn*」とは，玄孫世代の長孫が死んだ後も，同世代の父系男子子孫（他の玄孫）が存命であれば，存命の玄孫が長幼の序列に従って高祖の家内祭祀を引き継ぐことをいう。例えば，長孫の死後はそのすぐ下の弟が存命であればこれが引継ぎ，長孫の弟たちがすべて死んでしまっていたら父のすぐ下の弟の長男が引き継ぐといったように，長孫の系統から最も新しく分かれた系統から，かつ同じ世代で分かれた系統であれば，兄の方の系統から引き継ぐのが原則とされていた。この「祭遷」を途中で止める，あるいは最初から行わずに，高祖父母の祭祀を墓祀に移した例が5例見られた。まず1-金HYの高祖父母の例では，彼と同世代である玄孫世代の長孫が亡くなった後，その祭祀を長孫のすぐ下の弟が引き継いだ。そしてこの弟が死に，本来であれば1-金HYが引き継ぐ順番になっていたが，子孫で話し合って「簡単にしよう」と墓祀に移した。祭遷を中断したのはこの1例のみで，他の4例（10-金PJ，18-金SY，33-安CS，37-金KY）では，すべて玄孫世代の長孫の死亡に伴い墓祀に移されていた。

これと同様に，高祖父母等の当該祖先の長孫が存命中に家内祭祀から墓祀に移す方法もよく取られていた。例を挙げれば，14-安MSと19-安KSは従兄弟同士であったが，このふたりの高祖父母の祭祀は，調査時点の約10年前に墓祀に移された。長孫（曾孫）であった19-安KSの父が，私宗中（下位門中）に現金と米を預けて，その墓祀を私宗中の他の祖先と同じ日に行わせてもらうことにしたものである。19-安KSの説明によれば，「クン・チプ」（彼の兄の家）が祭祀のやり方をよく知らないし，生活も苦しかったためであったという。高祖父は5人兄弟であったが，1987年の私宗中の決議で，結局，他の兄弟の祭祀もすべて墓祀に移すことになった。14- 安 MS の説明によれば，宗山（私宗中の共有財産である山林）の採掘権を石材業者に売却した代金 1500 万ウォンで土地を買い，そこから得られる収益を墓祀の費用に充てることにしたのだという。この他，11- 金 SM，16- 宋 PH，17- 安 KJ，23- 金 PI，35- 金 PJ，ならびに 41- 全 SG の例でも，長孫の存命中に高祖父母の祭祀が墓祀に移された。このうち，11- 金 SM と 35- 金 PJ は自身が高祖の長孫で，35- 金 PJ の場合は，調査時点の約 3 年前に上の世代の人たちの提案によって決めたものであったという。また 23- 金 PI の場合は，高祖父母だけでなく曾祖父母の祭祀もすでに墓祀に移されていた。

また一部には，複数の祖先の忌祭祀を年 1 回，まとめて行うという方法も採られていた。高祖父母の祭祀を墓祀に移した 35- 金 PJ は，曾祖父とその 2 人の妻の忌祭祀を 2 番目の妻の忌日にまとめて行っていた。

祭祀の簡略化は，以上に述べたように，関係する子孫の合意に基づいて実行に移されていたが，その背景には，上世代の祖先の家内祭祀に集まる直系・傍系の子孫の数が以前よりも減少していたという現実も介在していた。このような現実を，Y マウルの複数の中高年男性は「核家族時代 *haekkajok-sidae*」という言葉で表現していた。これは世帯構成の核家族化をいうものでは必ずしもなく，むしろ世帯の境界を越えた父系親族の紐帯の弱まりを意味するものであった。また，別稿ですでに指摘した通りであるが，同じ名節の日にチバンガンの儀礼が異なる複数の場所で執り行われる茶祀の場合，なかには長兄・長孫が暮らす都市で行われる実の父母の儀礼には参加せず，近隣のチバンガン世帯での傍系祖先を対象とする儀礼に参加する例も見られた［拙稿 1994］。これは一方で名節に自身の許を訪れる既婚・未婚の子供たちとの再会を優先したためであろう。しかし他方では，産業化の進行に伴い，家族・近親の居住が地理的に広い範囲に拡散するに従って，日常生活での密接な協力を伴うような実践＝実用的諸関係が父系近親のなかでも限られた者とのあいだにのみ再生産される，また家内祭祀のように，本来，公式的親族が「演じられる」機会であっても，公式的関係性よりも実践＝実用的関係性のほうが時には優先されるようになっていたことを示すものかもしれない。

7–5　再生産戦略の変化と持続性

本節では，章の冒頭で設定した産業化過程での家族の再生産戦略の再編成に関する 2 つの課題，すなわち，①子女の向都離村を基調とする家族の再生産戦略との関係で農村世帯と農業経営がどのように再編成されていったのか，②そこでは再生産戦略の二重性，すなわち公式的＝家父長制的関係性の再生産と実践＝実用的諸集団・諸関係の（再）編成とがどのように（再）接合されていたのかの2点と関連付けつつここまでの議論を整理し，再生産戦略の変化と持続性について考えてみたい。

まず，産業化過程での農業経営の戦略的意味の変化として，中間的自営農による経営基盤の均衡の維持・模索を典型とするような経営自体の再生産から，向都離村する子女への経済的支援や農村に残った親の自活，あるいは還流的再移住者の生計維持の手段としての経営への転換を確認することができた。親元に息子が残留した（させられた）ごく少数の例（1- 金 SY，23- 金 TY，38- 宋 PH）と還流的再移住者の例を除けば，息子のひとりを後継者に定めて農業経営自体の再生産をはかろうとする意志を中高年の営農者に見いだすことはもはや難しくなっていた。端的にいえば，農業経営の道具化・手段化が進行し，小農的居住＝経営単位の再生産が，向都離村・メリトクラシー戦略に従属するようになったのだといえる。

次に，小農的居住＝経営単位の社会経済的均衡の維持・回復という観点から再生産戦略の再編成を捉えなおすと，未婚の子女の労働力の活用と息子たちの生計基盤の確立の方法に見られるいくつかの変化に目を引かれる。6章3節で述べたように，1960年代後半以降，低学歴の未婚青年層の10代半ばでの向都離村が男女ともに数を増したが，小農的経営を営む親にとって，未婚の子女の都市での就労は扶養負担の軽減と現金収入源の増大を可能にするものであった。また，未婚の息子にとっては，都市への就労移住が，生計基盤を確立し，親から独立した所帯を構えるという途を開くものでもあった。本章1節で取り上げた諸事例のなかにも，都市での就労を通じた未婚子女の結婚・独立を相当数確認できた（37- 金 KY，11- 金 SM と次弟，34- 金 CY，40- 金 PR と次姉等）。

一方，産業化以前には富農・資産家におおむね限定されていたようなメリトクラシー戦略，すなわち子供，特に息子の一部に高い学歴をつけさせてホワイトカラー・専門職への従事を促すような戦略が，高学歴化の進行と農業経営の安定化と併行して中間的自営農のあいだにも次第に広まっていった。本章1節で取り上げた10- 金 PJ の6人の息子たち，11- 金 SM の末弟，34- 金 CY の末弟，さらには6章末尾で言及した調査当時の別居未婚の息子の多くがこれに該当する。

ここでひとつの焦点となるのが長男の扱いである。1- 金 SY や 38- 宋 PH の例では，長男に小農的居住＝経営単位を継承させる一方で，弟（のひとり）にはメリトクラシー戦略を担わせるといったように，ふたつの相反する戦略が相補的に表裏一体となって遂行されていた。またいずれの例でも，農家を継承する長男と都市でホワイトカラー・専門職に従事する弟のあいだには，親の意向による顕著な学歴の差を見て取ることができた。これとは逆に，10- 金 PJ の長男や 15- 崔 PU の例のように，まず長男に高学歴をつけさせる戦略を採る例もあった。三男を親元に残して農家を継がせ，長男と次男にはメリトクラシー戦略を採らせた 23- 金 PI もこれに準ずる事例といえる。さらにこのいずれとも異なり，父親が息子の助けを借りずに単独で農業を営むことが可能であれば，11- 金 SM の例のように，息子に農家を継がせるかどうか，あるいはどの息子に継がせるかの決定を先送りにし，長男を含め一旦は都市で働かせるという方法も採りえた。また，兄弟間の年齢差が大きい場合には，兄よりも弟の方が学歴が高く，時期が下るほどメリトクラシー志向が強まっていた例も見られた。

長男の扱いには，このようにいくつかの異なる戦略を判別することができるが，総体として捉えれば，長男が親の農家世帯に残留して農業を継承する例は顕著に減少し，同時に息子の多くが都市での就労・就職と生計基盤の構築を志向するようになった。その結果として，中間的自営農の暫定的均衡状態を脅かす要因のひとつであった生家の営農資源（生産手段）をめぐる兄弟の競合が程度を弱めていった。それを端的に示していたのが，親世帯から財産分与を受け農家として独立する世帯形成の一形態，すなわち村内分家の激減であった。親の農家世帯に残留した息子の事例でも，また親の農家世帯に再合流した還流的再移住者の事例でも，他の息子たちは都市での生活基盤を築きつつあり，農業に従事する息子が親の営農資源をほぼ全的に継承することが可能となっていた。本章 3 節で指摘したように，直系家族世帯の比率がむしろ若い夫婦で高くなっていたのもこれによるものである。

加えて，6 章 2 節で示したように農業の生産性が飛躍的に高まったこと，そして本章 3 節で論じたように家内労働力の量と質，あるいは生計の必要性に応じた営農規模の柔軟な調節が可能になっていたことによっても，自営農の営農基盤の不安定さが緩和されていった。5 章での議論を踏まえれば，長男残留規範が一義的な意味を持ちえた状況，すなわち，複数の息子に不均等に営農基盤（生産手段）を分配しかつ時には農業外就労等を補うことによってはじめて維持しえた暫定的均衡が，安定度のより高い方向へとずらされていったのだといえる。

まとめれば，暫定的均衡を維持・回復することは，小規模自営農にとって，もはや生存の強い要請ではなくなった。このような均衡状態の再編成に伴って，危うい暫定的均衡の上に存立し，またこの均衡に向けた再生産実践を促していた（一義的な意味での）長男残留規範も，農家の世帯編成や農村住民の家族の再生産実践に対し，強い拘束を及ぼしえなくなったのだと考えられる。親からすれば，長男が安定した収入源を確保できれば，その労働力を農家に留め置き労働集約化をはからなくても生計維持は可能で，長男にしても都市での生計維持が可能である限り，生家の営農基盤に対する優先権に執着する必要はない。また次三男にとっても，生家の営農基盤からの分け前の魅力が減じた。すなわち，農業経営の再生産と生家の生計維持に作用する長男残留規範の効力が顕著に弱まったということである。

もちろんここで長男残留規範が全的に失効したというつもりはない。産業化以前からの富農の再生産戦略に見られたように，父一長男の複世帯化した家内集団と家父長制的関係性の再生産には，長男を差別化する論理が依然として組み込まれていた。これと対極をなす貧農の再生産戦略においても，この規範は長男の労働力の囲い込みや長男への経済的依存を合理化する論理として活用しうるものであった。ここでいいたいのは，中間的自営農，あるいは小農的居住＝経営単位の再生産を（副次的にではあれ）志向する再生産戦略において，この規範の拘束力が格段に弱まったということである。

以上の議論を踏まえ，次に家族の再生産過程の二重性を媒介・接合する実践的論理の組み換えについて検討したい。まず，結婚の形態を手がかりに，家父長制的関係性の再生産について考えてみよう。本章2節で明らかにしたように，農村に暮らす男女の結婚では，ローカルな対面的ネットワークによって媒介される仲媒婚が産業化過程でも依然として主流をなしてたが，還流的再移住者を含め結婚前に離村した者の場合，仲媒による縁組だけでなく，恋愛結婚も行われるようになっていた。離村者の移住先での仲媒婚でも，故郷の知り合いの仲介で出身地が比較的近い相手と結婚する例は見られたが，職場の先輩等，都市で知り合った者から紹介を受ける場合は，必ずしもその限りではなかった。また後者では，紹介された相手と交際後に結婚する「仲媒半，恋愛半」との境界も概して曖昧であった。それでも結婚にあたってはおおむね親の同意を得ていたようであるが，親元を離れ都会で働くようになった子供に対して，親の家長的統制が以前ほどには及びにくくなっていたのは確かであった[10]。

10　嶋による1970年代半ばの全羅南道内陸農村の調査報告でも，中卒後に光州の会社に就

本章4節での家内祭祀の継承と実践についての検討結果からも，家父長制的関係性が揺らぎ始めた徴候を確認できた。当時，家内祭祀の責任を担っていた者は，夫に先立たれた寡婦のいる家庭を除けば，おおむね自身は向都離村せずに農村に残った中年・老年層であった。彼らの世代では，長男としての，あるいは長男の「代行」としての生家への残留と祭祀相続の形式的論理とのあいだに整合性が保たれていたが，それでも祭遷の廃止，「四代奉祀」が完結する以前の墓祀への移行，あるいは忌祭祀の一部合同化といったような祭祀の簡略化も一部に試みられるようになっていた。その背景に，Yマウルの老年男性がしばしば「核家族時代」と表現するような，父系親族の実践＝実用的諸関係の弛緩と家父長制的な関係性の揺らぎを見て取ることができた。一方，寡婦の家庭の事例では，母を残して先立った父の祭祀を，都市に暮らす長男夫婦が母の暮らす生家を訪れて行う例も見られた。このような事例では，少なくとも親の意図としては家父長制的な公式的親族関係の再生産を図ろうとしていたとみられるものの[11]，そこに母を求心点とする兄弟姉妹の情緒的紐帯が介在していたのも確かかと思われる[12]。

（家族の再生産過程の二重性を媒介・接合する）長男残留規範の一義性がその存立基盤を喪失しつつあったこと，都市で働く子女や都市に暮らす息子の家庭に対する家長的統制が弱まりつつあったこと[13]，「核家族時代」という語りにも込められ

職した娘が「勝手に」恋愛をして結婚が避けられなくなり，親が善後策を講じるのに苦慮した例が示されている［嶋 1985, pp.72-80］。

11　ただし事例5-2-11で記したように，息子たちが結婚前に死亡し，夫にも先立たれ，さらに養子にとった夫の兄の次男も早死にしてしまった4-安SNの家庭では，家父長制関係性の再生産が頓挫していたといえる。

12　一方，父が三男と同居し，長男と次男は都市で独立した所帯を構えていた例では，家内集団の柔軟な編成と祭祀の形式的論理の両立がはかられていた。父と同居する23-金TYの事例では，兄2人がともに都市に所帯を構え，三男である彼が生家に残留したが，家内集団の編成という面では兄たちとのあいだに財産の分割に関する合意がなされていた。一方，長男である父が担当する祭祀は父の主宰のもとに彼と父が暮らす世帯で行い，また亡くなった母の祭祀は，長兄が生家（23-金TYが父とともに暮らす世帯）に戻って執り行うというように，祭祀相続の形式的論理も貫徹されていた。

13　産業化の過程でも，一方では，都市に進出する子供への援助と父母や長男を中心とする親子兄弟の結集など，家族の共同性が再生産される局面が見られたのに対し，他方では，息子夫婦の負担にならないように老夫婦が農村に残って自立的な生計を営む，あるいは息子夫婦が親の扶養よりも自らの生計維持と子供の養育・教育を優先するなど，親子・兄弟の居住・生計単位の独立性が顕在化する局面も見られた。都市アッパー

ていたように，家族・近親間の互助・依存関係が弱まるとともに，家父長制的関係性にも揺らぎの徴候が現れ始めていたことは，相続の二重システム，あるいは家族の再生産過程の二重性の接合にも変化をもたらした。28-安CGの家族のように家父長制的関係性が再生産され家族の互助・依存関係もそれに重なり合うように編成されていた例が見られた一方で，向都離村し都市に所帯を構えた長男も他の息子たちと同様に「分家」だと語る者，さらには息子だけでなく結婚した娘も同じ家族だと語る者のように，本論で用いる意味での家父長制的関係性とのずれを示す例もあった。

ひとつ興味深いのは，長男残留規範の一義性の解体に対し，この規範を裏支えしていた儒教的孝規範を読みかえることによって，実践＝実用的諸関係と家父長制的＝公式的親族との再接合を試みる例も見られたことである。まず，向都離村をせずに農村に留まった者や都市での生計維持が困難となり生家に戻った者の場合，親と一緒に暮らすことに対し，おおむね老後の扶養という理由づけがなされていた。このうち還流的再移住者の例では，生家への再合流の主要な目的（のひとつ）が生計維持にあったのは先述の通りで，また親の意向で生家に留まった者も，いまさら都市に移住して新たな生計手段を探すことも難しかったわけであるが，このような例でも，生計維持の必要性による親との同居を儒教的な孝の要件のひとつである親への奉仕として捉えなおすことで，公式的＝家父長制的関係性にすり寄せる形での生計維持戦略の正当化が可能になっていた。確かに孝規範に従えば，長男に限らず既婚の息子は均しく両親を奉養する義務を担わされるのである。一方，仮に長男が両親と同居し直接扶養できなかったとしても，両親の期待に答えて「良い暮らし」を営む（都市での生活基盤を築く）という点では，親から受けた恩に報いること，すなわち孝の実践を意味しえた。

しかし先述のように，ひとりでも息子が生家に残る，あるいは戻る場合はむしろ少数で，多くの場合では営農の目的が農村に残った親世代の生計維持と未婚の子供への経済的援助に限定されるようになっていた。このようなケースでは，小農的居住＝経営単位の再生産が事実上放棄されていたのだといえる。そして長男残留規範や孝規範は，小農世帯と家父長制の再生産から，より広い意味での親への気遣いや自立的な生計が営めなくなった親の扶養・介護，さらにはその死後の祭祀遂行へとその意味を移され，親子・兄弟の空間的拡散に即し

ミドルの家族とライフスタイルを論じたキム・ミョンへの論考［Kim 1992; 同 1993］は，父母や長男を中心とする親子兄弟の結集と個別の居住・生計単位の自律性とのあいだの対立と均衡を，都市居住者の側から捉えなおした議論としても読める。

て再解釈されていた。

一方，故郷に残る三姓の中高年男性のなかには，死後の墓の管理や祖先を求心点とする父系血統の継承の今後に強い危機感を抱く者が少なくなかったのも事実である。ここでは小農的居住＝経営単位の暫定的均衡をめぐる再生産戦略の再編成と実践的論理の組み換えに議論を一旦留め，父系血統と公式的親族の再生産については9章であらためて取り上げることにする。

6章で論じたように，産業化への離陸以降, 20年程度の短い期間で，産業構造，人口・階級構造，農業生産構造，教育環境，婚姻市場の相互に連関する変化と都市的ライフスタイルの形成が「圧縮された」形で進行し［cf. Chang 1999］，農村に暮らす人たちにとっても，エイベルマンのいう都市中産層的階級地平の内面化が進んだ。このような急速で，かつ見通しが立ちにくい変化・変動のなかで，農村住民はその時々の外的・内的状況に応じて自身と子供の向都離村の可能性と契機を見極めつつ，不確実性を伴う再生産戦略に自らを投企してきたのだといえる。そして調査当時のYマウルの状況は,「安富者」のような先駆的な事例を除けば，このような家族の再生産戦略の流動的な再編成が進行する只中にあった。本章では, Yマウル住民の生活史と1980年代末の調査資料の分析を通じて，産業化過程における家族の再生産戦略の再編成とその実践的論理の組み換えについて検討した。そこでは，再生産の諸条件の量的拡大と質的変容を背景として，農業経営の道具化・手段化，長男残留規範の一義性の存立基盤であった小農的居住＝経営単位の暫定的均衡の安定化（暫定性の解消），そして家父長制的関係性の揺らぎの徴候と儒教的孝観念の援用や拡大適用によって再生産過程の二重性を再接合する試みを見て取ることができた。家族の再生産戦略の再編成と実践的論理の再構築（公式的＝家父長制的関係性の再生産と実践＝実用的集団・関係編成の折衝と再接合）は，朝鮮農村社会の長期持続と農村住民の近代経験によって促されていた一方で（すなわち，持続性は変化に向けて開かれていた），また，儒教化する小農社会という長期持続的基盤に不可逆的な変化をもたらしつつあったのだといえよう。

Ⅲ部

産業化と農村社会

8章　産業化と村落コミュニティの再生産
：対照民族誌的考察

産業化の進行とともに家族の再生産戦略が再編成される過程で，村落コミュニティはどのように再生産されていたのか。本章では，1980年代末のYマウルでの滞在調査を通じて収集した民族誌資料をもとに，産業化過程での村落コミュニティの再生産について論ずる。本論に先立ち，主に序論，1章ならびに3章で展開した韓国の農村社会とローカルなコミュニティ的関係性（共同性）についての議論を踏まえ，この課題に対する展望を示しておきたい。

序論では，鈴木榮太郎の提示した「自然村」概念に代表されるコーポレートなコミュニティ概念を朝鮮韓国の農村社会に適用することの妥当性について疑義を提示し，平井京之介の「実践としてのコミュニティ」アプローチを敷衍した分析の方向性を示した。すなわち，村落の社会集団としての法人的一体性（corporateness）を自明の前提として論を進めるのではなく，マウルやトンネと呼ばれるような地理的／社会的空間にともに暮らす人たちによる生活の諸資源の緩やかな共有を前提としつつも，a）互助・協同の対面的相互行為の累積と，b）相互主観的な認識に基づく象徴的・社会的境界付けや帰属意識の構築の両面を区別した上で，その連関を探るという方法を本論では取ることにした。

1章3節では朝鮮時代後期から植民地期初頭にかけての農村社会における村落住民のローカルな関係性と共同性について論じたが，まず朝鮮時代後期社会経済史の研究成果から，在地士族の拠点形成が進み，洞契・洞約といった教化機構を通じて儒教的世界観に裏付けられた位階的秩序が浸透する一方で，生活上の必要性によって促される互助協同と相互規制・集合責任の対等性の高い共同性も再生産されていたことを確認できた。嶋陸奥彦や金炫榮らによる戸籍と量案の分析から導きだされた農村社会の社会経済的複合性と定着／移動性のスペクトラム，ならびに李榮薫らによる士族村落のモノグラフ的研究で示唆されていた村落住民間の多様な契約的関係性（契的諸結社や二者間の契約関係）を考慮に入れれば，このような平等的コミュニティは，隣人間の諸関係と相互行為を包括的に統制するものではなく，目的・機能が限定された様々の共同性を生起させつつ，実践＝実用的諸関係を人の出入りと生存と生活の必要性に応じて柔軟に編成／再編成するものであったとみられる。また，互助・協同の性格としては，葬喪時の相互扶助や税の共同納付，あるいは共同労働や労働交換など，小規模自営農が個別の戸・家内集団のみによっては充足しきれないような諸機能を担わされたものであったが，小農的家内集団の特定の村落や地域への定着を促進するような生業・生計に大きく資する資源を共有・統制するものでは必ずしもなく，その点で閉鎖的な再生産（成員が明確な原理に従って通世代的に補充されるような社会集団の再生産）を志向するものではなかった。

そして，1920年代初頭の村落調査の再分析を通じて，当時においても在地士族の集姓村がその地方を代表する村落と見なされていたことを確認するとともに，経済的階層分化の諸類型，社会統合の多様性と統合度の違い，ならびに共同性の暫定性を指摘した。これは，朝鮮後期以来の農村の社会経済的構成と統合における多次元的な複合性と動態性を示唆するものとして読み解くことができた。

3章3節では植民地期初頭から解放直前までのYマウルの洞契文書について，収支細目から読み取ることができる時期毎の活動内容と経費調達方法の違い，ならびに構成世帯の異同を検討した。このうち前者については，まず，住民の福利厚生にかかわる活動が全期間を通じて基調をなすとともに，その経費が共有財産の利殖や共同労働の収益によって充当されるというように，洞契の運営と平等的コミュニティとのあいだに相互依存的な関係が成立していたことを確認できた。また，この経常的な活動内容には，朝鮮後期の洞契・村契との連続性を見て取ることもできた。

一方，非経常的活動で，かつ植民地期特有の支出として，1910年代から20年代初頭までは植民地行政主導の諸事業・諸行事への参加・協力にかかわる経費が拠出され，また1930年代後半から40年代前半にかけては，農村振興運動と戦時協力にかかわる動員・徴発への対応がなされていた。すなわち，植民地期のYマウルの場合，村落住民が共同で対応を迫られる突発的な事がらに対しても洞契を基盤とした処理がなされていた点を確認することができた。

構成世帯の異同については，三姓が一貫して多数を占め，それに流動性の高い他姓が加わる形をとっていたことを特徴として指摘できた。また，三姓にも村内分家だけでなく転入によって新規加入した戸が認められるとともに，逆に転出・消滅した戸も相当数に達していたと推測できた。ただし三姓の転出入は，5章2節で取り上げたようなマージナルな生計維持の事例を除けば，近隣村落間の移動が主であったとみられる。その点で，3章1節で取り上げたような他の郡・面への移住や，3章2節で示した窮乏農民の移住・離農と必ずしも軌を一にするものではなかった。

以上の論点を踏まえ，本章では，まず，1960～70年代の民族誌資料を相互対照的に検討することを通じて，ここまでの議論では示唆的な指摘に留まっていた平等的コミュニティの存立条件について考える（1節）。次に，この平等的コミュニティの生成・再生産と対照しながら，調査当時のYマウルにおける互助・協同の諸実践について検討する。手順としては，最初に農業経営と関連する互助・協同に現れるモラル・エコノミー的関係性と経済的合理性の追求との折衝と暫定的調停を，農作業の機械化の進行や既婚女性の農作業への参与と関連付けながら考察する（2節）。次に，村落を基盤とした共同的活動の当時の状況を叙述し，それが契方式を採用した結社的組織を通じて実践されていたことの意味を探る（3節前半）。そして本章最後の事例として，産業化過程で生じた生活上の新たな必要性に応じて結成された結社の事例を取り上げ，互助・協同の実践と村落の象徴的構築とが暫定的に架橋される過程について検討する（3節後半）。まとめとして以上の対照民族誌的事例研究を総合して，産業化過程での村落コミュニティの再生産に見られる持続性と変化を同定する（4節）。

8-1　実践としてのコミュニティの対照民族誌的考察

本節では，隣人間の比較的対等性の高い互助・協同の累積からなるローカルな共同性，すなわちここで平等的コミュニティと呼んでいる関係性が生成され再生産される諸条件を，1960～70年代の農村・村落社会を対象とした民族誌を相互対照的に読み解くことを通じて析出したい。まず，ブラントによるソクポの事例研究を取り上げ，自生的な平等的コミュニティ生成の条件について考えてみよう。

ブラントは1966年に忠清南道瑞山半島の外海に面したソクポ（Sŏkp‘o）という村落でフィールドワークを行ったが，彼の描くソクポのコミュニティは，氏族構成等の社会組織の明白な諸側面において近在の諸村落と異なるだけではなく，「集合的雰囲気」(collective mood）といった用語で要約しうるような，より触感的に捉えがたいあり方においても異なっていた［cf. Brandt 1971, p.7］。ブラントはこれを「村落に遍く広がる結束の雰囲気」(prevailing mood of village-wide solidarity)［Brandt 1971, p.23］，「自生的なコミュニティに向けられた強い内集団的結束」(strong in-group solidarity for the natural community）[Brandt 1971, p.26]，あるいは集合責任（collective responsibility）のシステム・感覚［Brandt 1971, pp.72-73, 144］と表現し，居住パターン，リネージ，年齢，世襲的ステータス，ならびに職業に基づくはっきりした区別と，このソクポ特有の集合的雰囲気とのあいだにどのように折り合いをつけるのかが調査資料を分析する際の課題であったと述べている［Brandt 1971, p.23］。

ブラントによれば「コミュニティの結束」(community solidarity）という概念は手で触れることができない抽象物で定義・把握することが難しく［Brandt 1971, pp.7-8, 144］，またソクポの村人のなかでこのような抽象概念を用いて考え語るのも，里長他数名に限られていた［Brandt 1971, p.161］。住民同士の様々な違いに折り合いがつけられるのはおおむね二者間の相互行為においてであり，対面的状況における他の個人との眼前の付き合いが，村落の全住民を結びつける心的あるいは感情的紐帯という抽象的な意味での集団の結束に優先されることもしばしばであった［Brandt 1971, p.161］。ブラントは個々人間の具体的な相互行為（年齢が近い者同士の付き合い，酒を酌み交わすインフォーマルな集まり，様々な機会での酒食の振る舞いと気前よさ，儀礼・儀式的機会，隣人同士の協同・結束，金銭を介さない物品・サービスの貸し借りや交換）に着目し，その多くに見られる特徴としての社会的互酬性と集合責任の感覚の記述分析を試みている［Brandt 1971, pp.144-183］。このような感覚が発揮される典型的な例として，ブラントが隣人同士の相互依存と協同・結束を親族間の相互行為と対照しつつ説明している箇所を引用しておこう。

「これら隣人同士の協同と結束の諸事例を，親族の行為パターンを非親族に延長したものと捉えるのは誤りであろう〔中略〕。ある人たちの意見によれば，最も重要なのは隣人と良好な関係を保つことで，親族関係の義務が時には重荷になりうるのだという。たとえ共同的な活動への参加に違いが見られないとしても，非親族間の密接で持続的な紐帯の基盤は，親族同士のそれとは異なる。このような〔非親族間の〕関係には，自発的で，非位階的な要素が含まれる。お互いへの信頼と敬意は，親族イデオロギーの道徳的信条よりは，むしろ長い付き合いと詳細な知識に裏付けられる。自己中心的で攻撃的な行為を控えることと紛争がすばやく解決されることは，一種のコミュニティ感覚（a sense of community）を反映している。このコミュニティ感覚とは，それなしには隣人同士の調和の取れた生活が不可能であるような，ある種の不可避の要請を受け入れることを意味する」[Brandt 1971, pp.156-157]。

徹底して内面化された道徳的規範によって規制され動機付けられる親族の関係と，個別具体的な付き合いと知識に支えられ，隣人同士の調和のとれた生活の維持に向けられるコミュニティ感覚によって促進／規制される非親族の隣人間の関係との対比は，イデオロギー的な次元では2種類の倫理体系の対比としても捉え直されている。すなわち，住民の振る舞いと相互行為は，公式的，顕在的，リネージ志向的で，明確に構造化された地位と権威の位階的な体系を体現する倫理体系と，非公式的でコード化された組としての道徳規準を具えておらず，隣人同士の相互扶助と協同，饗応，気前のよさ，寛容を重視する平等的コミュニティ倫理（egalitarian community ethic）のいずれかによって規制されていたとする［Brandt 1971, pp.25-26］。

親族集団・リネージや世襲的ステータス（両班と常民），あるいは経済的階層や職業の境界を越え，住民同士を互酬性と集合責任によって結びつける平等的なコミュニティ（共同性）が再生産されていたことと関連して，ブラントは，平等主義的な伝統を強化する3つの環境的ないしは制度的要因を挙げている。そのうちで最も重要であるのはリネージの数，構成，ならびに居住パターンで，ソクポの場合，4つの主要なリネージが構成されていたが，いずれも支配的と見なしうるものではなかった。第二の要因は経済的格差が比較的小さかったことで，いずれのリネージでも富める者と貧しい者とのあいだに相当の違いが見られたが，実際の生活水準はそれほど大きな開きを見せていなかった。三点目は地理的な孤立性で，漁民と農民の伝統的な分業を前提とすれば，これによって経済的な相互依存が不可欠となる。また，両班リネージが他地域に住むより勢力の強い分派と密接な社会的・公式的紐帯を保つことも孤立性ゆえに難しくなっていた［Brandt 1971, pp.233-234］。

ブラントの描いたソクポの場合，コミュニティ感覚や平等的コミュニティ倫理によって（コーポレートな共同体，あるいは制度化された結社や社会関係を介さずとも）発動される集合責任のシステムが，究極的には，このコミュニティの経済的にマージナルな（貧しい）成員に何がしかの保護を提供する福利保険の一形態として作用していた［Brandt 1971, p.73］。これに対し金宅圭が1964年に調査した河回1洞（河回洞）では，全国的な名門士族（両班）の末裔である豊山柳氏の「同族」の住民と，大半が賎民の出身と見なされる「非同族」[1]（柳氏以外の氏族の出身者）の住

1　この点について金宅圭は，この村落では過去の奴婢の子孫やその縁故者をすべて賎民出身と見なしているようだと述べている［金宅圭 1979, p.184, 註2］。

民とのあいだに大きな経済的格差が存在し，経済的に不安定な「非同族」の住民は柳氏に依存することで生計を維持していた。河回洞の経済的階層構造と柳氏の大地主については1章3節で取り上げた1920年代初頭の小田内通敏による調査報告でも比較的詳しめに述べられていたが［朝鮮総督府 1923, pp.68-73］，農地改革から10数年を経過した調査時点においても，この村落の住民の所有する水田の84.4%，畑の86.9%は，全村落166戸のうち97戸，58.4%を占める柳氏の所有にあった。逆にいえば，全戸の4割程度を占める非同族世帯の所有する農地は，全所有農地の2割にも満たなかった。農家数は，柳氏97戸中86戸，非同族69戸中46戸，合わせて132戸であったが，農地の所有形態に従って類別すれば，柳氏が地主16戸，地主兼自作15戸，自作34戸で，4分の3が自作以上の階層を占めていたのに対し，非同族の地主と自作は合わせて16戸のみで，3分の2にあたる残りの30戸は自小作，小自作，あるいは小作のいずれかであった。このように柳氏と非同族の経済的格差には金宅圭の調査時点においても歴然たるものがあった［金宅圭 1979, pp.79-80］。非同族は柳氏の所有農地や位土の小作，あるいは柳氏農家での農業労働に生計を依存する者が多く，なかでも父祖が柳氏と主従関係にあり調査当時も経済的に柳氏に依存していた者は，柳氏に対する全人格的な主従関係から依然として逃れることができなかった［金宅圭 1979, pp.62, 68-69］。非同族の半数弱（30戸）は他地域の生まれで過去60年以内にこの村に転入した者たちであったが，「この村落が，所有する農地はなく，労働力はある人たちには住みやすいところ」であると柳氏たちが語っていたように，経済的に柳氏に依存していた点ではこの村で生まれた非同族と変わるところがなかった［金宅圭 1979, p.73］。

ブラントが調査した1966年のソクポにおいては，比較的対等な隣人同士の相互扶助と協同が住民の生業と生計において高い重要性を示していたのに対し，1964年の河回洞の場合，身分的にも経済的にも下層にある非同族の住民の生計は，柳氏地主との位階的な支配－従属関係によって支えられていた。すなわち後者においては，ブラントがソクポの事例から見出したコミュニティ感覚や平等的コミュニティ倫理が，仮に非同族の下層民のあいだで何がしかの相互扶助や協同を促進するものとして作用していたとしても，生業活動と生計維持においてソクポの場合よりも格段に低い重要性しかもちえなかったとのだいえよう。

さらに河回洞の場合，柳氏の分派間の対立が，ブラントの言い方を借りれば抽象的な次元でのコミュニティの結束を阻害する要因として介在していたとみられる。まず，柳氏の二大分派（宗家），すなわち，壬辰倭乱時に領議政をつとめた13世柳成龍の直系子孫である西厓派と，成龍の兄雲龍の直系子孫で河回門中の大宗家の係累である謙庵派のあいだに，社会的威信と経済力をめぐる対立・緊張がうかがわれた[2]［金宅圭 1979, pp.63-65］。加えて西厓派の内部には，過去に経済力が突出していた南村と北村という2つの家系のあいだの対立があり，両者のあいだに中道派と目される派閥も形成されていた［金宅圭 1979, pp.37, 65, 174-176］。非同族の多くも柳氏との旧身分・経済的主従関係に従っていずれかの派閥に連なっており［金宅圭 1979, p.147］，柳氏の分派間の対立は柳氏内部に留まらず非同族住民間の関係にも影響を及ぼしていた。

一方，1972年以降，伊藤亜人が断続的に滞在調査を実施した珍島上萬里の事例では，任意参加の契を媒介とする密集度が高く中心性が低い社会ネットワークが親族集団の境界を越えて張りめぐらされていた。契とは「財物による協力の一つの方法」としての「契方式」を採用した目的集団（「契集団」）であるが［鈴木 1963］，上萬里（調査開始当時94世帯）では，豊富な穀物の備蓄をひとつの背景として，婚礼・葬礼に必要な物品の相互扶助や貯蓄，あるいは親睦を目的とした数多くの任意参加の契が村落住民の間で複雑に組織されていた。個別の契に参加する者の数は10名前後であったが，契の総数は伊藤の概算で130弱，村人の推算で200余りに達し，当初の目的が達成されれば消滅するが，新しい契も絶えず発生し，常に契集団の新陳代謝が行われていた。特に成人男性の間では，年齢が近接する者同士のインフォーマルで親しい関係の網の目の上に契集団が組織されており，村における様々な亀裂，特に門中間の利害対立を抑制する効果が大きかったと伊藤は述べている［伊藤 1977; 同 2013, pp.312-369］。

ソクポでは長い付き合いと互いについての詳細な知識によって支えられていた隣人間の相互扶助と協同（平等的コミュニティ）が，上萬里の場合，小規模で任意参加の契の累積によっても強化され，再生産されていたといえよう。また伊藤によれば，契による相互扶助の関係網は，農作業における労働力交換の慣習とも密接に関連しあっていた。上萬里の場合，田植えや収穫時の農繁期における労働力の不足分が親族間の協力とプマシ（労働力交換）によってほぼ賄われており，賃労働力を雇用する農家は耕作規模が大きい1世帯に留まっていた。プマシの労働交換はその都度自己を中心として設定され，個々の相手との1対1の個別関係で決済されていたが，村全体の田植えの日程が遅れる気配があると，

2　門中内での序列では兄の系統で大宗家である謙庵派が上であったのに対し，派祖の官職と子孫の数（調査当時で，謙庵派33戸，西厓派59戸），ならびに経済力では西厓派が優勢であった。

里長が音頭をとってほぼ一日のうちに村中の田植えの日程とプマシの予定が決められることもあった。荒天のため田植えができなくなれば村全体の日程が順延された［伊藤 2013, pp.359-364］。すなわち，短期集中的に行わねばならない農作業の日程が詰まった場合には村全体のプマシが連動的に組まれ運用されることとなり，結果的に村落規模のコミュニティの結束にも一定の寄与を果たしていたといえるかもしれない。

伊藤の議論では，契とプマシによる経済的な相互交換体制が，門中間の対立葛藤の抑制だけではなく，住民間の貧富の拡大を絶えず抑制し平準化するメカニズムとしても作用していた可能性が指摘されている［伊藤 2013, p.367］。しかしソクポや河回洞の事例と対照すると，これ以外にもコミュニティの結束を支えていた上萬里独特の要因を指摘できる。まず，農家世帯の世帯主のほとんどが上萬里の出身で，村外からの移住者は，僧侶や理髪師など農業以外の職業に従事する者，結婚後妻方居住（テリルサウィ）をする者，その他一部に限られていた。個別世帯の社会経済的ならびに儀礼的な自律性と持続性も比較的高い方で，親の世帯から独立したチャグン・チプ（陸地では長男が結婚後親世帯に残るのが一般的だが，5章1節でも言及したように，珍島では長男が独立して次三男が残ることも例外的ではなかった）と親世帯を継承したクン・チプとの関係も比較的対等であった［伊藤 2013, pp.124-141］。このように村落を構成する農家世帯の自律性・持続性と社会経済的な均質性・対等性が顕著に高かった点が，上萬里の平等的コミュニティの統合の強さの背景にあったと考えられる。

さらに伊藤の調査当時の上萬里における平等的コミュニティを支えていた今ひとつの要因として，村落住民の福利厚生や公益を目的とした自治的な結社組織が安定的に運営されていた点を挙げることができる。上萬里の洞契は，村に居住して独立した世帯を構えていることが成員の基本条件で，その成人男性世帯主が成員の資格を得て運営に携わった。転出すれば成員権を失う一方で，転入者も長く住んでいて世帯を構えていれば加入が認められた。1882年以前から続く歴史の長い組織で，村有山林・共同墓地や共同井戸，公会堂（マウル会館），セマウル倉庫等の財産・公共施設を共同所有するとともに，地先海面での海草採取権といった生活と密着した資源の管理主体ともなっていた。天幕，秤，婚礼衣装，駕馬，喪輿，楽器等，村の備品も多くに上り，「洞物台帳」という帳簿に記録され管理された。村の祭り（陰暦正月15日のコリジェ *kŏrije*）などの行事も洞契によって運営された。すなわち，伝統的な「村ごと」(*tongne-il*) がすべて洞契によって主管されていた［伊藤 2013, pp.374-380］。先述のように，洞契の財政規模と安定度，共有・統制する生活資源の有無と稀少性，ならびに村の共同生活に必要な伝統的活動としての「村ごと」の内容には幅があるが，3章3節で取り上げたYマウルの事例と比較しても，上萬里の洞契は活動内容の幅広さと安定性・持続性が際立っていたといえる。

くわえて村落の共同的，自治的組織として自生的に組織された振興会が活発な活動を展開してきたことも，上萬里の特徴として挙げられる。上萬里の振興会は1928年に発足し，2年後には村の9割近い世帯が会員として参加して，実質的に村全体の振興事業の推進母体となった。振興会の発足に中心的な役割を果たしたのは，旧韓末から1925年まで面長（面役場の長）を勤めた人物で，上萬里の主要門中のひとつの出身であった。財政面では会員が平等に拠出して共同資金を設け，これを利殖する一方で，共同労働で得た収入も資金に加え，農地も購入し，最盛期には近在でも資金の潤沢な契として知られていた。1933年には地元の金融組合から建築資材の半分を無償で贈られて集会所と共同購買店を兼ねた公会堂を建設し，1930年代には当時珍島の村落では唯一の共同沐浴場（銭湯）も設置した。その他，共同井戸の整備，村営の理髪店経営，豚や山羊の共同飼育，作業用発動機の購入，未就学児童のための夜学と書堂への財政支援，孝子烈女や善行者・功労者の表彰，冠婚葬祭の簡素化と浪費の抑制，賭博の禁止，過度な飲酒の禁止などの多方面にわたる活動を解放後まで継続した。しかし指導層の老齢化が進むにつれて活動は停滞していったという［伊藤 2013, pp.383-389］。

以上の3つの事例だけからでも，韓国の農村・村落社会において，平等的コミュニティの生成が普遍的な現象ではなく（あるいは村落のすべての住民がそれに均しく関与していたわけではなく），またこのような関係性が立ち上がっていたとしても，その持続性・再生産が無条件に保証されていたわけではなかったことが分かる。さらにこれを1章3節で検討した1920年代初頭の村落コミュニティの諸事例と相互対照すると，まず，村落住民の福利厚生を増進する互助・協同的な諸結社の介在が，平等的コミュニティの再生産，あるいは村落統合と密接にかかわっていたことを指摘できる。道立里の「婚儀・葬儀の契」，錦山里の「里中契」・「禁松契」・「喪布契」・「婚用契」，富民里の「貯金契」と「禁酒会」，蓮根里の「勤倹貯蓄契」と「農契」，麗陵里の3組の「葬契」と「婚契」，望湖里の「書堂契」・「喪賻契」・「婚姻契」などを，そのような結社の例としてあげることができる。また，望湖里の諸契が近年の創設であったことや，長洞里で数年間のあいだに「冠婚葬祭の契」が廃れたことは，平等的コミュニティや村落統合を促進する諸結社の持続性や恒久性が無条件に保証されていたわけではなかったことを示唆する。3章3節で取り上げた植民地期のYマウルの洞契の事例を敷衍すれば，村落コミュニティの再生産を促進する互助・協同的結社は村落コミュニティそれ自体と相互依存的，あるいは相互触発的な関係にあり，このような結社の維持・活用も，それが増進するところの村落コミュニティに依存していたのだといえる。

村落コミュニティの再生産においては，上萬里や上新里，道立里の例に見られたように，道徳的指導者や篤志家も時には相当の寄与を果たしていたと考えられる。韓国の農村・村落社会における平等的コミュニティの再生産は，その点でもコーポレートな諸集団や恒久的な諸制度の介在を自明の前提とするものではなかったことがわかる。

手短にコミュニティの象徴的構築についても，事例の許す範囲で検討しておきたい。上萬里の場合，村落を単位とする活発な自治的活動と安定性の高い諸結社，ならびに公共施設や貯水池といった村落の地理的空間に刻まれた諸資源が，上萬里という村落の社会的かつ象徴的一体性を強化し，再生産してきたといえよう。また，珍島で書堂教育の盛んな村として一,二を争うほどであったことも，村落住民によって共有される威信（象徴資本）であったと推測される［伊藤 2013, pp.413-446］。これに対しソクポでは，住民同士の対等的で互酬的な相互行為が活発で，近在の村落と比べ情の篤い村落であるという自負心も見られたが[3]，地理的な全体としての村落に対する帰属意識や愛着は必ずしも強くはなかった［Brandt 1971, pp.144, 177-180］。一方，河回洞は柳氏門中の拠点として象徴・観念化されており，特に柳氏の場合，村落自体への帰属意識よりも全国的な名門士族家門への帰属意識のほうがより強かったのではないかと推測される。

平井は，これまでのコミュニティ概念に対する批判の多くが，象徴によって構築されるコミュニティと相互行為としてのコミュニティを混同することによるものではないかとし，「コミュニティに同質的で境界がはっきりしているという観念がある場合でも，それに関わる相互行為が多様性や矛盾を含み，統合が緩やかで，つねに変化していることは十分ありうる」と述べている［平井 2012, p.9］。韓国の村落の場合，統合が緩やかで流動性・可塑性が高いだけでなく，上の3つの事例からもうかがえるように，村落の象徴的・社会的境界付け自体が決して安定的ではなく，村落への帰属意識も時には流動的であったのだといえ

3　近在の村落と比べて経済発展に遅れた落伍した村落であるというネガティヴなアイデンティティも，村落の象徴的境界付けに寄与するものであったといいうるかもしれない［Brandt 1971, pp.83-87］。

る。さらに事例を付け加えれば，嶋陸奥彦が 1974 ～ 75 年に調査した全羅南道羅州郡の青山洞の事例では，村落住民の一部の近隣村落への移住により村落の地理的境界が引きなおされたり，村落を基盤とする公益的で自治的な諸結社が世代交代とともに解散され，再組織されてもいた。また，このような結社の成員権の認定をめぐって村落の社会的境界と地理的境界のあいだにずれが生ずることもあり（具体的には，村落外に転居した者の一部が村落結社の成員として留まるなど），その際には交渉を通じて暫定的な調停が図られていた［嶋 1990］。社会的実体としてのコーポレートなコミュニティ・共同体概念を適用することの妥当性が必ずしも高くはない韓国・朝鮮の農村・村落社会の場合，相互行為の蓄積としてのコミュニティ結合（あるいは対等的で互酬的な共同性の弛緩や位階的関係性の優勢）とコミュニティの象徴的構築（あるいは社会的境界付けの実践）を分析上区別した上で，両者を架橋する実践に着目するアプローチの有効性がより高いといえよう。

8-2　産業化後の農業経営と互助・協同

7 章 3 節で示した通り，調査当時の Y マウルの農家では，世帯内の労働力の量と質，ならびに家計の必要によって，主たる現金収入源である稲作の耕作規模を調節している様子がうかがわれた。他方で，世帯内労働力では賄いきれない農繁期の作業，なかでも田植えと稲刈り・脱穀作業については，世帯外の労働力を動員するか，あるいは作業の一部を農業機械によって行うことで作業の集約化がはかられていた。特に田植えは，苗の生育状況と水利条件との関係で作業に適した時期が限られており，短期間でより集約的な作業が必要とされた。

本節では，当時の農事暦を概観したうえで，世帯内労働力のみでは賄いきれないような集約的な作業をどのように行っていたのかを，田植えと稲刈り・脱穀を中心に記述分析する。特に，産業化以前の農村で主たる世帯外労働力の調達方法であった日雇い労働とプマシ，ならびに産業化の過程で進みつつあった農作業の機械化を中心に，農作業での相互扶助・協同の実践と村落コミュニティの再生産とがどのような関係を切り結んでいたのかについて考察する。またこれと関連して，既婚女性の農作業への関与と仕事の変化についても触れておくことにする。

8-2-1　農事暦

まず稲作を中心に，調査当時の農事暦を概観しておこう。

写真 27　機械田植え用のモパン作り

写真 28　苗代（モパンを用いたもの）

写真 29　田植え

写真 30　プマシによる稲刈り

水田の田起こしは 3 月初旬ごろから始まる。耕耘機，あるいは牛に引かせた鋤で土を掘り起こすものだが，前年の収穫時に刈りとった稲の根やコンバインでの脱穀後に田に撒き散らされ腐食した稲穂も一緒に土中に鋤き込んでゆく。堆肥や化学肥料も施される。代かき（ロータリー）をする前にこのような田起こし作業を数度行う。耕耘機や牛を所有しない農家は，所有農家に依頼し，労賃を支払って田起こしを行ってもらう。田起こしは主に男性の仕事であった。

4 月上旬から田に水を入れて代かき（ロータリー）をする。これにも耕耘機を用いる。併行して水田の一画に苗代を設置する。手植え用の苗については籾を水田に直に播くが，田植え機で植える苗は，プラスチック製の皿（モパン *mop'an*）に土を敷いて，そこに籾を一定間隔で埋め込んだものを，苗代に置いて育成する。苗代に籾を播く作業やモパンを準備する作業は男女が協力して行っていた。後述するプマシで作業が行われることもある。

南原地域の農村で田植えが始まるのは 5 月中旬で，機械による田植えが手植え作業よりおおむね先に済まされた。これはモパンで栽培する苗が成長しすぎると機械で植えることが難しくなるためであった。機械での田植えはおおむね 5

月末までで，その後は手植え作業が6月中旬まで続く。

稲刈りまでの間は，水田・畦道の補修，水利や生育状況の管理，施肥や除草剤・農薬の散布，その他の病虫害対策等にあたる。除草剤の導入以前は8月中旬までの間に手作業で3～4度草取りをせねばならず，植民地期末あるいは解放直後まではこのために村落単位で作業団（トゥレ）が組まれもした（3章3節参照）。以前の稲作では夏の草取りが田植えや稲刈りに匹敵する手間のかかる作業であったが，1970年代に除草剤が普及してからはこの手間が省かれた。

8月下旬から9月上旬は台風や集中豪雨の被害を受けやすい時期で，せっかく稔り始めた稲穂が強風になぎ倒されて水に浸かり，質が悪くなったり病気にかかりやすくなったりして，収穫量が落ち込むこともある。しかし，この時期を凌げばその年の収穫の見通しをおおむね立てることができる。賃借地では，9月下旬の秋分前後に農地の所有者と耕作者が一緒に作柄を検分して，その年の「収税」(小作・賃借料）の額を決める「看坪」が行われる[4]。

稲刈りが始まるのは10月上旬である。調査当時は，稲刈り作業の機械化比率が半分にも達していなかったため，10月上旬から中旬にかけては連日手作業での稲刈りが行われた。雨が続いたり，優先的に行わねばならない用事が重なったりするなど作業のできない日が続くと，11月に入っても稲刈りが終わらないこともあった[5]。ただし田植えとは異なり，一旦稲穂が実れば，多少の作業の遅れは収穫に大きな影響を及ぼすものではない。コンバインを用いた収穫作業では稲刈りと脱穀を同時に行うことが出来るが，手作業で刈り取った稲はまず束にまとめて稲刈りの終わった田に稲穂を上にして立てて並べ，乾燥させる。脱穀はその後に行う。脱穀後の籾は，晴れた日の昼間に，農家の中庭や集落の路地，あるいは「新作路」と呼ばれる舗装道路の路辺に広げてさらに乾燥させる。

一部の稲作農家では，稲作の裏作として麦も栽培していた。麦作の開始は10月下旬ごろで，なるべく水はけのよい田に種を撒き，翌年の6月，田植え前に収穫する。調査当時は収穫した麦のほとんどが政府によって買い上げられていた。1989年6月末に政府によって買い上げられた麦は，Yマウル全体で144カマニであった。個別農家の栽培面積と収穫量について，資料の得られた3軒分

4　植民地期の小作慣行の調査によれば，全羅北道の場合，水田についてはその年の作柄によって小作料を決める「執穂法」が9割以上を占めていた［朝鮮総督府 1929, pp.66-83］。

5　1989年秋の場合，後述するようにYマウルでは村人の死亡が相次ぎ，喪家以外の農家でも手伝いに出ねばならなかったため，稲刈り作業に大幅な遅れが生じた。

写真 31　機械動力による脱穀

写真 32　脱穀後の籾を天日で干す。新作路の路肩も乾燥場所として用いられる

のみ付記しておくと，34- 金 CY が 700 坪（1989 年稲作営農規模 4,500 坪）・15 カマニ，33- 安 CS が 400 坪（稲作営農規模 4,000 坪）・10 カマニ，31- 宋 CG が 600 坪（稲作営農規模 4,000 坪程度）・収穫量不明で，1 マジギ（200 坪）当たり 4 ～ 5 カマニ程度の収穫が得られた。この年でも所有・賃借している水田の一部を使って栽培していた程度で，しかも 1989 年秋以降は，稲の裏作としての麦栽培はほとんど行われなくなった。

収穫後の水田の利用法として，大蒜を栽培する農家も一部に見られたが，大半の田は，収穫が終わると翌年の田起こしまで放置された。その間，水田の土質を改善するために牧草を植える例も一部に見られたが，必ずしも一般的ではなかった。

畑作物としては，主に自家消費用の雑穀・蔬菜が随時植えられ，収穫されていた。

8-2-2　世帯外労働力の調達と機械化

植民地期の小作慣行に関する報告書によれば，当時の農村には農地を所有せず，小作地の確保も難しく，自営せずに地主や富農に雇用されることで生計を立てる農業労働者層が存在していた［朝鮮総督府 1929, pp.31-34］。彼らは人口の流動性が高く，農業以外の労働にも随時従事することでマージナルな生計を維持していたとみられる（3 章 2 節参照）。また，P 面と同様に南原地域に属する周生面の一農村を対象とした 1930 年代の調査によれば，世帯外労働力の調達方法として，中農群では日雇いとプマシが併用され，貧農群ではプマシの比重がより高く，極貧農群ではプマシが主流で日雇い労働力はほとんど活用されていなかった［大野 1941, pp.170-182］。Y マウル住民が語る生活史によれば，富農や農業以外の現金収入源を持つ農家の場合，年雇用の住み込み男性労働者（作男 *mŏsŭm*）や日雇い労働者を雇う例もかつては珍しくはなかった（4章2節，5章2節参照）。しかし産業化と都市への大規模な人口流出の過程で，青年・壮年労働力の不足と労賃の上昇が進み，作男の雇用も1970年代末までには行われなくなったという。嶋による1970年代前半の全羅南道羅州地域の調査によれば，当時でも貧農の未婚の子弟が他の農家に日払いで雇われる例が普通に見られ，歳末の村落の総会でその際の労賃を取り決めたが，人口流出が進むにつれてこのような「共同体的取り決め」も効力を失っていった。その後の調査では，1978年には最低賃金の取り決めに変わり，1984年にはそれを合意で決めることもなくなったという［嶋 1985, pp.13-23, 94-104］。

調査当時のYマウルで農繁期の農作業に日雇い労働を調達する例は，経営規模が小さい高齢農家や農業以外の現金収入源を持つ農家（41-全SG等）に限られていた。その理由として，第一に嶋も指摘しているように，未婚青年層の大規模な流出（6章3節参照）によって農繁期に村内で日雇い労働力を調達することが事実上不可能になっていたこと，第二に，部分的にではあるが農作業の機械化が進み，田起こしやロータリー等の耕耘機を使う作業や田植えと稲刈り・脱穀等の専用の機械を使う作業を，機械を保有する（比較的若い）営農者に廉価で委託することが可能になっていたことを挙げられる。調査当時に日雇い労働力を調達していた農家では，提供を受けた労働力に見合う代価を自家の労働力で補償できない，あるいは他の仕事との兼ね合いで専業性の高い農家とプマシを組むことが難しい等の理由で，日払いで人を雇って田植え・稲刈の作業を行っていた。このような場合，Yマウルや近在の農家では人手の余裕がなく，また村落内では労賃が低く抑えられていて日雇い労働を頼みづらかったため，おおむね村外から人手を調達した。1989年の労賃は1日7,000～8,000ウォン程度で，人手が求めにくいときには1日1万ウォン程度を支払うこともあった。

これに対し，プマシによる労働力の調達は，調査当時でも広く行われていた。

(1) プマシ

プマシ（*p'umasi*）とは近隣の農家世帯の間で組まれる等価的な労働交換で，ある農家が別の農家から人手を供出してもらうと，その代価として後日，同じ分の人手を相手の農家に供出する形をとる。

調査当時，人力では，田植えの場合1日に100坪程度，稲刈りの場合1日に110～140坪程度の作業が可能とされていた。田植えや稲刈りは，過疎化が進み成人男性労働力が不足するようになる前には専ら成人男性によって担われていた作業で，プマシを行う場合にもかつては成人男性のみが労働交換の対象となり，そこに女性は含まれなかった。また高齢で体力が衰えた男性は，自らプマシを組まないようにしていたという。しかし調査当時までには既婚女性も田植えや稲刈りの作業に加わるようになっており，プマシにおいても男手を供出してもらった代価に女手を供出することが可能になっていた。高齢者が比較的若い者とプマシを組む事例も見られた。

田植え作業でのプマシの事例を以下に1つ挙げておこう。

《事例8-2-1》田植えのプマシ（1989年6月16日，35-金PJ宅）

作業前日の35-金PJ（男・1938年生・52歳）による説明によれば，彼の家での田植え作業は，田植え機で2回に分けて3,000坪分（機械所有農家に委託），手作業2回で900坪分，合計3,900坪分が終わり，700坪分が残っていた。このうち2ヶ所に分かれる400坪と200坪，計600坪分の作業を翌日6月16日にプマシで行うことにした。作業者としては，35-金PJ夫婦の他に人手を4人手配済みで，朝7時頃に作業を開始し，午後7時半か8時頃までの一日がかりの作業になる見込みであった。その間，作業に来てくれる人たちに食事を朝・昼・夕方の3回振る舞わなければならないが（ただし朝と夕方は間食*saekkŏri*で軽い食事になる），妻は昼12時頃まで作業をし，その後は昼食の準備をする予定であった。プマシで田植えを行う場合，主婦は食事の準備にあたらねばならないので，通常は田植えの作業には加わらないが，彼の家では「特別に」妻も田植え作業をするのだという。田植えのプマシで振る舞う食事としては，豚肉や海産物などの料理を準備し，マッコルリやソジュといった酒も提供せねばならない。男性には煙草1箱（200ウォン）も与えるとのことであった。

6月16日の作業はその日に植える苗の準備から始まった。作業に集まったのは，35-金PJ夫婦（夫52歳[6]，妻49歳）の他，プマシで作業を頼んだ8-金KY（男・55歳），5-金PR妻（女・62歳），12-金IS妻（女・53歳），33-安CS妻（女・51歳）の4名であった。午前7時から9時まで，この日に植える分を苗代から引き抜いて，片手で持てるくらいを一くくりにし，それを移植先の水田に運んだ。作業終了後は，間食として麺を食べた。

田植えは午前9時20分頃に開始された。苗は7寸間隔で植えるが，7寸ごと

6　以下，年齢はいずれも1989年時点での数え年齢。

写真33　プマシの昼食

に目盛を付けた縄を平行に動かして，苗を植える位置を決める。途中，午前10時40分から55分まで休憩した以外は昼頃まで作業が続けられたが，35-金PJの妻は昼食を準備するために休憩時間以降の作業には加わらなかった。

昼食後，12-金IS（男・57歳）が作業に加わった。彼を含めプマシの相手は，35-金PJ夫婦のどちらかに田植えを手伝ってもらったので，そのお返しで来たという。男女どちらが来てもいいとのことであった。

この事例からも分かるように，田植えや稲刈りの作業に調達する世帯外の労働力は，予定している作業量に従ってあらかじめ見積もられていた。そしてすでにプマシで労働提供した農家からはその代価として，そうでない農家からは後日代価として労働提供する約束で，必要な人手を調達していた。プマシを組もうとする相手と事前に互いの作業の日程を調整することが望ましいが，作業が連日続くような忙しい時期には，事前に予定が組めずに作業の前日に急遽予定を聞いて頼むこともしばしばであった。プマシの相手はそれぞれの農家が別個に探し，1対1で交渉するため，翌日に作業を予定している2軒の農家が同じ相手にプマシのお返しを頼みにいって，調整がつかず口論になることもあった。先にプマシでの作業をしてもらった農家が，日程の調整がつかなかったり，結果的に相手側で人手の必要がなくなったりして，代価としての労働提供ができなくなった場合には，村の総会で取り決められた額に従って現金で精算された。ただし日程の調整がつけば，変則的ではあるが，農家Aから労働提供を受けた農家Bが農家Aに直接返済する代わりに，農家Aに労働を提供した農家Cに労働提供をする形で農家Aへの返済に代えるという，三者間のプマシも可能であるとのことであった。

この事例からもわかるように，一度の作業に複数の農家から人手が調達される場合でも，作業の依頼は相手ごと，作業ごとに別個に行われた。よって，同じ農家の作業でも日によって作業に加わる者の顔ぶれは異なりえた。ただしこの事例では，プマシで作業に加わっていた農家のうち，5- 金 PR 宅と 8- 金 KY 宅の 2 軒は 35- 金 PJ のチバンガン（父系近親世帯）であった。チバンガン世帯のあいだでは優先的にプマシを組むと語る者もいた。しかし 35- 金 PJ のチバンガンで近隣に暮らす世帯のうち，もっとも近い関係にあるはずの弟 25- 金 PH の世帯からは，少なくともこの事例に限れば誰も手伝いに来ていなかった。祖先祭祀等の儀礼的な局面での互助関係とは異なり，農作業におけるチバンガン世帯の協力関係は，必ずしも義務的なものとは捉えられていなかったようである［cf. 拙稿 1994］。

他方で，以前は村落内で班（組）分けをして，同じ班の農家とプマシを組むようにしていたという者もいた。班によっては，調査当時でもよくプマシが組まれていた。

「田植えや稲刈のプマシは日帝時代〔植民地期〕に分けた班に従って行うことが多い。1班がトゥイッコル, 2班がカウンデッコル, 3班がクンシアムコル〔序論 1 節参照〕。今は世帯数が減ったので〔班は〕ふたつしかない。1 班で一緒によくプマシをするのは，31- 宋 CG，19- 安 KS，32- 安 YS，33- 安 CS，5- 金 PR，34- 金 CY，38- 宋 PH，16- 宋 PH で，16- 宋 PH の家はトゥイッコルではないが，何故か 1 班に入っている」(32- 安 YS 妻・1989 年 10 月調査)。

「プマシをよく一緒にするのは，31- 宋 CG，33- 安 CS，19- 安 KS，32- 安 YS，34- 金 CY，26- 安 CR，38- 宋 PH」(11- 金 SM 母・1989 年 10 月調査)。

「10 年位前までプマシの組が 3 つあった。かつては同じ組の農家同士でプマシを行った。1 組 8 世帯程度で，加入していない世帯も多かった。うちは 35- 金 PJ，25- 金 PH，20- 金 KY，8- 金 KY，18- 金 SY，23- 金 PI，41- 全 SG と同じ組に入っていた。32- 安 YS，19- 安 KS，33- 安 CS が入っている組ではいまだによくプマシをやっている」(5- 金 PR 妻・1989 年 10 月調査)。

「同じ班に属していたのは 15- 崔 PU，9- 金 SB などで，班は自分が 6，7 年前に全州から転居してくる以前からあったという。5 年前に班に入ったが，2 年でなくなった。機械で作業をするようになったからだ。今でもこの班の人とプマシをすることがあるが，昔のように「団合 *tanhap*」〔結束〕が成りたたなくなった」(12-金IS・1989年10月調査) [7]。

班（組）の数は3つで，32-安YS妻の証言にあるように，班分けは村落内の地理的な区分におおむね従っていたようである。もともとは植民地期，おそらくは戦時中に，出稼ぎ・徴用等で不足した男性労働力を補うために女性を加えて組織された作業班を母体とするものであったとみられる。この班分けに従っていつからプマシが組まれるようになったのかは定かでないが，調査時点の3～10年前，すなわち1970年代末から80年代半ばまでのあいだに，班を単位としてプマシを組むことがあまり行われなくなったようである。この年代は，P面で既婚の壮年夫婦が多数離村した時期に相当し，Yマウル住民の証言でも世帯単位での離農が最も多かったという。

班を単位とするプマシは，調査当時に行われていた場当たり的な相手の探し方よりも，農繁期の世帯外労働力の調達方法としてはより確実性の高いものであったとみられる。日雇い労働力を雇用する経済的余裕がない農家にとっては，労働力の供給を安定的に確保するひとつの方策として，人手を求めやすかった産業化以前でも同じ班に属する世帯とのプマシを優先していた可能性もある。しかし植民地期に組まれた班が解放後どのように活用されたのかについては確実な証言が得られておらず，同じ班の農家と優先的にプマシを組んだのは，産業化過程の初期段階に限られた現象であった可能性も否定できない。

⑵ 農作業の機械化

調査当時は田植えと稲刈り作業の機械化が進みつつあった時期で，手作業と機械作業の比率が逆転する直前の端境期に当たっていた。Yマウル住民の見積もりと筆者の観察を総合すれば，1989・90年の田植え・稲刈り作業の機械化比率は3～4割程度であったとみられるが，1991年以後はこれが5割を越えた。一方，田畑の耕作等の作業への耕耘機の導入はこれよりも早くに始まっていた。当時の農業機械の普及状況を整理すれば，Yマウルの農家42世帯中，耕耘機を保有する農家は13世帯程度（ただし4世帯では2台ずつ所有し，1台は運搬用に使用），

7　以上の4名の証言を総合すれば，各班の構成は，1班（トゥイッコル）が（5・）11・16・19・26・31・32・33・34・38，2班（カウンデッコル）が5・8・18・20・23・25・35・41，3班（クンシアムコル）が9・12・15他であったと考えられる（構成世帯は世帯番号のみを表記）。

田植え機を保有する農家は2世帯（38-宋PH所有1台，42-金PY管理1台[8]），コンバインを保有する農家は1世帯（23-金TY）となっていた。

農業機械を持たない農家から機械作業を委託された場合に受け取る代金は，作業の種類ごとに単位面積当たりの基準額が村落あるいは面単位で決められていた。1989年の基準額と1日に作業可能な面積は以下の通りである。

・田起こし，ロータリー（代かき）：耕耘機で1マジギ（200坪）あたり5,000ウォン。1日4マジギ（800坪）。
・田植え：田植え機で1マジギあたり6,000ウォン。1日15マジギ（3,000坪[9]）程度。
・稲刈り・脱穀：コンバインで1マジギあたり14,000ウォン（P面全体で取決め）。1日10マジギ程度。

この他，手作業で稲刈をした場合の脱穀作業に，耕耘機の動力で動かす脱穀機を用いることもあったが，その際の作業代金は脱穀後の籾の量に応じて支払われた。1989年10月2日に39-邢SR宅で行われた脱穀作業では，耕耘機と脱穀機を所有する38-宋PHに依頼して統一米3マジギ分を脱穀してもらい，15カマニ（当時は籾1カマニ＝80kg）程度の籾が得られた。代金としては脱穀した籾のうちの1カマニ（時価7万ウォン程度）を渡した。

調査時点で田植え・稲刈り作業の機械化率が5割未満に留まっていた理由として挙げられるのは，当時が機械作業への移行期でこれに合わせた営農方式に農家が慣れていなかったこと（田植え機用のモパンで苗を生育しても，時期を逸して苗が成長しすぎてしまい，モパンで育てた苗を手作業で植えた例もあった），機械化作業に適していない水田の存在（農道が未整備で田植え機・コンバインを入れにくい，あるいは水はけが悪く泥が深いため機械が沈んでしまうなど），農業機械の不足等であった。一方，機械作業の代金は相当程度に低い水準に設定されていた。ここで，世帯内労働力やプマシによる作業のコストを現金に換算すること自体に無理があるのを承知で，人力で作業する場合と機械で作業する場合のコストの違いを試算してみたい。

手作業で田植えを行う際の1日の労賃を仮にプマシが成りたたなかった場合の補償額6,000ウォンと見なせば，1マジギ＝200坪の田植えを手作業で行って

8　10名前後で機械化営農団を組織して購入する形をとったが，実際は42-金PYが独占的に使用していた。

9　15マジギ＝3,000坪は，先述の通り，Yマウル稲作農家の平均耕作規模にほぼ相当する。

もらった場合，その代価として２日分の労賃 12,000 ウォンを支払わねばならない。これに対し，機械作業の代金は１マジギあたり 6,000 ウォンであったので，手作業の労賃が日雇い労賃の時価よりも低いプマシの補償額と同程度であったと仮定しても，そのコストは手作業の半額程度にしかならない。一方，手作業で稲刈りを行ってもらった場合，１日ひとり当たり 125 坪程度の作業が可能であるとすれば，１マジギ当たりの労賃は 9,600 ウォン程度となる。これに加え，脱穀作業に１マジギ分あたり 23,000 ウォン程度を要するとすれば（39- 邢 SR の事例に準拠），あわせて１マジギあたり 33,000 ウォン程度の労賃を支払うことになる。同じ作業をコンバインで行ったときの代価は 14,000 ウォンで，この４～５割程度に収まる。すなわち，田植えと稲刈り・脱穀については，人力を主体として作業を行うよりも田植え機やコンバインを保有する農家に委託する方が，格段に低いコストで済ますことができたのだといえる。ただし，世帯内労働力やプマシによる作業には労働力が現金に換算される契機自体が含まれておらず，当事者が必ずしも同様のコスト計算をしていたとは限らない。

それでも，機械作業を請け負う若い営農者の側からすれば，作業代金の安さは否めなかったようである。このような不満が表面化した機会のひとつが，次の事例に示すトンネガリ（村落の年度末総会）での，翌年度の労賃の取り決めについての話し合いの場であった。

《事例 8-2-2》トンネガリでの労賃をめぐる議論（1989 年 12 月 23 日）

Y マウルのマウル会館で開催された 1989 年度のトンネガリでは，午前中から夜半まで当該年度の会計決算と監査，面からの告知事項の通達，役員選出等の議事が進行された。それがひと段落した午後 10 時半頃から，翌年度の労賃についての話し合いが始まった。そこでは労賃の額をめぐって，激しい議論が戦わされた。以下はその場での発言を断片的に書き留めたものである。

> 「プマシへの補償が 6,000 ウォンであるのはいいが，自分で労働をせずに他人を雇う人の場合が問題になる」(9- 金 SB・男・45 歳・耕耘機所有)。

> 「里長の任料〔面から手当てが支払われていなかった時期に，村の各世帯から１日労働奉仕，あるいはそれに相当する額を米で支払う〕は〔10 升〕２等米換算で 7,700 ウォンになる。里長の家で１日仕事をするのを基準にとれば，〔日雇い労賃は〕7,000 ウォンが適当だ」。「プマシへの補償金と日雇い労賃は別途定めるべきだ」(34-

金CY・男・34歳・耕耘機所有)。

「耕耘機〔作業〕は1マジギあたり5,000ウォンだが，水田によっては高くもあり安くもあるので，議論してもしかたない」(16-宋PH・男58歳・里長・耕耘機所有せず)。

「〔耕耘機での作業代は，〕C里〔K里の北に隣接する法定里〕では4,500ウォンで，Yマウルは P面で一番高い。ロータリーが〔1マジギあたり〕5,000ウォン，〔機械での〕田起こしが〔1マジギあたり〕6,000ウォン〔5,000ウォンの誤りか？〕，牛での田起こしが〔1日あたり〕6,000ウォンだ」(42-金PY・男・53歳・耕耘機所有)。

「田起こしは一日の労賃と同じく7,000ウォンが適当だ。ロータリーも田起こしも同じ額でなければいけない」(2-姜UG・男・40歳・耕耘機所有)。

「田植え機やコンバインは面単位で取り決めをしないと話にならない」(不明)。

「耕耘機は借金をして買った」(15-崔PU・男・44歳・耕耘機所有)。

このように日雇の労賃や機械作業の手間賃をめぐり，具体的な数字を挙げながらの議論が白熱したが，若い世代の営農者の不満が噴出して30分以上紛糾し，結局結論が出ないままにトンネガリは閉会された。

機械作業の代金が低く抑えられていたうえに燃料費や修理費は保有者の負担とされていたため，農地の条件が悪く燃料を通常よりも多く要したり，あるいは作業中に機械が故障したりすると，時には赤字になることもあったようである。機械を保有する若い営農者が不利な条件を甘受していたのは村や面での取り決めに従ったもので，嶋の表現を借りれば「共同体的取り決め」，あるいは行政的指導によるものであった。

ここで，当時のプマシによる経済的な相互扶助と機械作業の労賃設定に及ぼされる共同体的規制が，村落コミュニティの再生産とどのような関係を切り結んでいたのかについて考えておきたい。

伊藤が描いた1970年代の珍島上萬里では，契とプマシによる経済的な相互交換体制が，門中間の対立葛藤の抑制だけではなく，貧富の格差を絶えず抑制し平準化するメカニズムとしても作用していた。これに対し1980年代末のYマウルでは，プマシ，特に田植えと稲刈りのプマシは，大規模な人口流出による男性青・壮年労働力の枯渇と農作業の機械化の進行とのタイムラグを，割高な賃労働力に頼らずに埋めるための数少ない方法のひとつとして用いられていた。また，7章3節で示したように，農業経営は産業化過程での家族の再生産戦略の再編成と連動し，個別の農家はそれぞれの必要に応じて営農規模を柔軟に調節するようになっていた。都市に移住した子弟の経済状況を含めて農家の経済水準を捉えなおせば，必ずしも可視的に現れるものではなかったが，Yマウルの農家のあいだには相当程度の貧富の格差が存在していたと考えられる。

当時のYマウルのプマシは，ブラントが1960年代半ばのソクポで見出したようなコミュニティ感覚，いいかえれば互酬性と集合責任の感覚によって促されていたと一旦は捉えることができようが，さりとて従来の経済的相互交換体制の単純な再生産とみなすことも難しかった。すなわち，当時のプマシの実践は，徐々に比重を増しつつあった機械作業では賄いきれない作業に向けられたものであり，また，成年男性だけではなく壮年・中年の既婚女性の労働力をも取り込むものとなっていた。しかもこのようなプマシは，あくまで当座の農業経営上の必要性によって動機付けられていた。

プマシがコミュニティ的な相互扶助と協同の一形態であったとしても，その実践が時々の経済活動上の必要性と合理性によって動機付けられるものであったことは，世帯外労働力の調達方法の変化からも裏付けられる。Yマウルの場合，産業化過程で労働力不足が深刻になるまでは田植え・稲刈り等の作業に年雇・日雇の労働力を動員することも当たりまえに行われていた。またある時期には，プマシを組む際の便宜と確実さを担保するために，班分けに従った編成もなされていた。その意味でも1980年代末のYマウルにおけるプマシは，決して昔から変わらない形で執り行われてきたものではなく，当時の農業経営の諸条件に応じて暫定的・即興的に変奏されたものであった。すなわち，コミュニティ感覚と経営上の必要性・合理性とのあいだに成立した暫定的均衡が，当時のYマウルにおけるプマシの実践であったということができよう。

一方，機械作業の労賃設定に及ぼされる共同体的規制は，農作業の機械化が進行する過程で，農業機械を保有する若い営農者と，農業機械を扱えない年配の営農者とのあいだに生じつつあった農業経営上の格差を抑制する効果をもたらしていた。このような規制が及ぼされていた背景にも，ある種のコミュニティ感覚が介在していたとみられる。しかしこれも機械化への移行期における暫定的な措置で，しかも機械保有者と彼らに機械作業を依頼する他の営農者とのあいだには葛藤が生じつつあった。嶋が報告した青山洞の事例では，より早い段階で，労賃の共同体的設定自体が難しくなっていた。

田植えと稲刈りの作業におけるプマシへの依存度と機械化から受ける恩恵の性質は農家それぞれの経営上の諸条件の違いによって相当の幅があり，またこれに関与する諸世帯が決して経済的に対等な関係にあるわけではなかった。この事例において，互酬性と集合責任の感覚の醸成は，それを可能にする社会経済的均質性を前提としつつも，参与する者同士が対等な立ち位置にあることを求めるものではなく，むしろある種の格差を前提とし，それを部分的に緩和するような性質を持つ相互扶助と協同を促すものとなっていた。調査当時のＹマウルにおけるプマシの実践と機械作業の労賃設定は，様々な差異と格差によって隔てられた住民のあいだで，コミュニティ感覚に基づく交渉の結果として結ばれた，一種の暫定的協定であったといえる。あくまでもその限りにおいて村落コミュニティ，あるいは共同性は再生産されていたのである。

8-2-3　女性の仕事の変化

田植えや稲刈りといった，かつてはもっぱら男性によって担われていた稲作の諸作業に，「人手不足」ゆえに既婚女性も加わるようになったことは，夫婦や既婚男女の役割分担にどのような変化をもたらすものであったのか，またこのようなジェンダー分業の再編成に対して，Ｙマウルの住民はどのように合理化をはかっていたのか。この点についても，筆者の観察と住民の証言を総合して考察を加えおきたい。

調査当時のＹマウルの既婚女性のうちで農作業にほとんど従事していなかった者は，子供がまだ幼い若い主婦（23-金TY妻・29歳：長女6歳，長男2歳）と息子夫婦と暮らす老齢の女性程度で，既婚女性の大半は何らかの形で農作業に携わっていた。農作業に従事していなかった者でも，収穫した唐辛子・豆・胡麻・雑穀類や蔬菜を干したり，蔬菜の筋を抜いたり，豆やゴマの殻を取り除いたりする作業を住居の中庭で行うなど，食糧の管理・保存や加工・調理と関係する労働強度の低い作業や育児の合間にできる作業には日常的に携わっていた。ちなみに，学校教育を終えた後も親元で暮らしていた未婚女性は2名のみであったが，いずれも農業以外の職業に従事しており，農作業を手伝うことはほとんどなかった。

プマシの事例で示したように，調査当時のＹマウルの稲作農家では既婚女性の多くが稲作の諸作業にも従事していた。しかし稲作はもともと男性の仕事で，女性の仕事は，アンイル *anil* と総称される炊事，洗濯，衣服の管理，掃除などの家の中での衣食住に関連する仕事と，これと関係の深い畑作や紡績・織布（麻等）といった生産労働，ならびに食用茸や山菜，燃料とする薪や焚き付けに用いる松葉の採集等であった。住民の証言からも，

> 「女は麻布を織っていた。水田や市場にはゆかなかった。水田は昔は作男がいたが，今は男だけでは人手が足りないので女も出る」(15- 崔 PU 母・76 歳・1989 年 10 月調査)。

> 「稲作を女性が手伝い始めたのは約 7 年前からだ。理由は人手不足。以前は村にも若者が多く，自分の家でも学校に通う息子や娘が仕事を手伝っていた。娘は洗濯や炊事をした。かつては女性が稲作をすることを男性が嫌っていた。今は必要だから仕方がない」(32- 安 YS 妻・59 歳・1989 年 10 月調査)。

というように，人口流出によって人手不足になるまでは，稲作は男の仕事で，女性は稲作にかかわるべきではないという厳格なジェンダー規範が共有されていたことがわかる。畑作は家の外での仕事であるが，畑は住居の敷地内あるいは敷地に隣接して設けられることもあり，それ以外でも，大半が集落の裏手や山裾等，農作業以外の人の行き来がほとんどないような場所に設けられていた。すなわち空間的配置においても，水田が集落の前面や道路沿いの平地にも設けられていたのとは異なっていた。その点で，男＝稲作＝外／女＝畑作＝内という性別に従った生産活動と作業空間の区分が成りたっており，これが儒教的な「男女有別」の規範によって裏打ちされていた。「女性が稲作をすることを男性が嫌っていた」という証言の背景には，このような（儒教）家父長制的なジェンダー規範が介在していた。

既婚女性が田植えや稲刈りの作業に加わるようになった理由としては，先述のとおり，産業化過程で青年・壮年層人口が大規模に流出し，男性労働力が不足するようになったことを指摘できる。住民の証言によれば，女性が水田での作業に従事するようになったのは，調査時点の「約 7 年前」(1980 年代初頭。先述の 32- 安 YS 妻による)，あるいは「10 数年前」(1970 年代後半。後述の 28- 安 CG 妻による) からであったが，1970 年代後半から 80 年代初頭までの期間は，先述のように P 面で青年・壮年男性人口が激減した時期に当たり（6 章 3 節参照），確かに労働力

不足は深刻なものとなっていた。P面のセンサス統計によれば，1970年から90年までの20年間で，男性青年人口は37%減，男性壮年人口に至っては実に71%減を示した。これらの世代の質の高い男性労働力の急減を補うために，農作業の機械化と併行して老齢者や既婚女性の稲作作業への関与が進んだことがうかがえる。

ただし女性が稲作に従事したのは，これが初めてではない。一部の住民の証言によれば，植民地期末の戦時体制下で，多くの成人男性が出稼ぎや徴用等で一時離村していた際にも類似した現象が見られたという。

> 「女性が水田で作業をするようになったのは植民地期で，指導者の女性が軍糧を出さねばならないといって始めたものだ。解放後は再び男だけで作業をするようになったが，10数年前からまた女性も加わるようになった。自分は水田で作業をしたことがない」(28-安CG妻・82歳・1991年4月調査)。

> 「日帝時代に男性が徴用を受けていなくなった〔村を離れていた〕ときに，女性たちが共同で農作業を行った。これを「共同出力 *kongdongch'ullyŏk*」といった。女性の水田での農作業はこれが始まりだった」(10-金PJ・男・73歳・1989年10月調査)。

このようにもともと女性の稲作への従事は，戦時中の男手の不足を補うための一時的な措置であった。またこの際には，共同作業で稲作に当たった点も，調査当時の稲作への主婦の参与とは異なっていた。

一方，調査当時に見られた既婚女性の仕事の変化は，田植えや稲刈りの作業への従事に留まるものではなかった。男女有別をはじめとする儒教規範の実践に社会的威信の源泉を見出していた「両班」(在地士族）の子孫である三姓に嫁いだ高齢女性のなかには，市場に出入りした経験自体を持たない者もいたが，調査当時のYマウルでは，家事や農作業の合間に市街地の常設市場に農産物等を売りに出る農家の主婦も目立つようになっていた。まず，かつての市場への出入りを見ておこう。

> 「男の仕事を女がするようになったものは，田植え，市場に物を売りに行くこと，広寒楼見物。自分は公設市場にも行ったことがない」(6-金OC姑・88歳・1989年10月調査)。

「嫁が市場に物売りに行くようになったのは昨年からだ。以前は市場での買い物も男がやっていた。女は麻布を織っていた。水田や市場にはゆかなかった。水田は，昔は作男がいたが，今は男だけでは人手が足りないので女も出る」(15-崔PU母・76歳・1989年10月調査)。

「若い時，女が市場に行くのは不幸なことだった。市場に行った女は未亡人くらいだった。今は夫がいても行く」(24-金CY母・79歳・1989年10月調査)。

「女性が市場に行くようになったのは日帝時代の末からだが，何人かがときどき行くくらいで，しかも商売はせず買い物をするだけだった。女性が市場に行かないのは両班だからだ。その後，開明，発展して，男女平等になった」(10-金PJ・男・73歳・1989年10月調査)。

「舅が生きている間は，市場での買い物はみな舅がやっていた〔舅は1979年に死亡〕」(35-金PJ妻・49歳・1989年10月調査)。

近代以前の農村の住民にとって，主たる商取引の場は，「場 *chang*」あるいは「場市 *changsi*」(今日では「在来市場 *chaeraesijang*」と一般に呼びならわされている）と呼ばれる定期市場であった。植民地期の調査報告を見ると，このような定期市場が旧郡県の範囲内に数箇所程度開かれており，農村に暮らしていた人たちがおおむね日帰りできる範囲に市がひとつは立っていたことが分かる［cf. 朝鮮総督府 1924］。植民地期以降は市街地を中心に常設店舗も設けられたが，その後も在来市場は農村住民にとって重要な取引の場であった。南原地域の場合，南原邑内で4と9のつく日に開かれていた邑内場が突出した取引規模を誇っており，調査当時のYマウルの住民も専らこの邑内場を利用していた。6-金OC姑の証言にある広寒楼とはかつての邑内南市場の手前にあった朝鮮時代以来の著名な楼閣で，女性がこの楼閣の見物をすることがなかったというのは，市場に行く用事がなかったことを言い換えたものであろう。

生活に必要な物資の購入を含め，市場での取引はもともと男性の仕事であった。10-金PJの証言によれば，植民地期末から女性も市場に買い物をしに行くようになったというが，それでも数は少なく，特に「両班」の伝統が強く残るYマウルではあまり歓迎されることではなかった。また，次の17-安KJ妻（事例5-2-8参照）のように自ら商売に従事する女性もいないではなかったが，少なくともＹマウル住民のあいだでは生計の必要に迫られた例外的な事例と見なされるものであった。

> 「若いころ息子を学校に送るために絹織物の商売をしていた。南原や全州で仕入れて，〔同じＰ面の〕Ｃ里やＳ里で売った。15年位やっていた。農業も一緒に行っていた」(17-安KJ妻・61歳・1989年10月調査)。

これに対し調査当時には，農作業の手が空いた時間に農作物や加工食品を入れたタライを頭に載せて，市街地の常設市場（上述の邑内場とは異なる。市外バスターミナルに隣接）まで売りに行く農家の主婦が相当数見られるようになっていた。

> 「市場に行き始めて4，5年になる。最近，稲刈をしないときには毎日物売りに行く。自分も行きたくて，家族も勧めてくれたので行き始めた。売り上げで子供のものを買ったり，子供に小遣いをあげたりしている」(15-崔PU妻・37歳・1989年10月調査)。

> 「市場での物売りは3年前くらいから始めた。頻繁に行くようになったのは今年からだ。夫が反対していて，前は夫の目を盗んで行っていたが，今は黙認している。反対理由は，「男たちがいろいろと悪くいうではないか」といったものだった。夕食の準備が遅れるのも不満だったらしい。売り上げで夫に酒を買ってあげたり，肉を買ったり，家計の足しにもする。秋夕後から今日まで〔約1ヶ月で〕20万ウォン儲けた」。「舅が生きている間は市場での買い物はみな舅がやっていた〔舅は1979年に死亡〕。市場で女性が商売をするのは，若い女性だと問題だが，自分は若くないので問題ない」(35-金PJ妻・49歳・1989年10月調査)。

> 「市場によく物を売りにゆくのは，7-楊PG妻〔54歳〕，8-金KY妻〔51歳〕，35-金PJ妻〔49歳〕，24-金CY妻〔49歳〕，20-金KY妻〔50歳〕，15-崔PU妻〔37歳〕」(5-金PR妻・62歳・1989年10月調査)。

彼女たちが市場で売るのは主に自家生産物で，それも自家消費用に栽培した畑作物の余りや加工食品が大半であった。自家消費用としてではなく市場で売るために畑作物を多めに栽培していたのは 7- 楊 PG 夫婦の 1 例のみであった[10]。すなわち，当時の農家の主婦による市場での担ぎ売りは，小規模かつ不定期で，専業性の度合いが低い商取引であったといえる。Y マウルの主婦は，調査当時の「数年前」，すなわち 1980 年代半ば頃から，三々五々このような不定期小規模の商取引に従事するようになった。ただし，5- 金 PR 妻の証言にもあるように，15- 崔 PU 妻を除けば 50 歳前後かそれより若干上の女性に限られており，若い主婦がこのような商取引に従事することは当時でもあまり歓迎されていなかった。また，このような年配の女性でも，35- 金 PJ 妻のように当初は夫の反対を受けた者もいた。舅や姑にとってはさらに容認しづらいことで，上記の主婦たちの場合，いずれも舅・姑が既に死亡したか，あるいは姑が存命でも老齢で嫁への統制力（家父長制的権威）が弱まっており，市場通いを強く反対する者がいなくなっていた。35- 金 PJ 妻の証言に見られるように，小まめに通えばひと月で相当額の収入（日雇い労働 20 日分程度）を挙げることも可能で，家計に実質的な寄与を果たしえたことも夫や姑が反対しにくい理由のひとつになっていたと推測される。

調査当時の Y マウルでは，女性の仕事の変化が，人手不足が深刻になった農作業の領域から，一部の年配の主婦の市場での商取引等，人手不足とは関係の薄い領域にまで広がりつつあった。市場での商取引への従事に表れていたように，士族子孫のあいだでも家父長制的拘束が揺らぎつつあったことを示すものかもしれない。このような変化に対し，10- 金 PJ が「開明」・「発展」・「男女平等」の結果と説明するように，近代西欧的な規範を流用した合理化も試みられていた。

8-3　互助・協同と村落コミュニティ

本節では，調査当時の Y マウルの村落コミュニティ，あるいは村落を基盤とする共同性の諸様相について，洞契と村落を範域とする共同的活動，ならびに

10　ただし，畑の耕作面積は 300 坪に留まっていた。またこの事例で，市場に売りに出るのは妻の役割であったが，市場で売る農作物や食物の加工は夫も手伝っていた。一方，近隣の K マウル S 集落に暮らす尹 MH（男・1930 年生）によれば，S 集落では彼自身が住民を啓蒙して畑作物を栽培し市場で販売するように勧めたという。彼の世帯では 10 年以上前から妻が南原邑内の市場で畑作物の露店販売を行っており，年収の半分近くは畑作物の栽培と販売によるものであった。ちなみに，尹 MH は朴正煕政権期に統一米の普及がはかられた時期に，P 面南部の定着指導士の任に就いていたという。

葬儀の際の相互扶助を中心に考えてみたい。

3章3節で示したように，植民地期のYマウルでは，村落コミュニティを基盤とする洞契の活動を通じて住民の福利厚生が図られていただけではなく，植民地行政による動員と収奪への対応もこの洞契を媒介として共同的，集団的になされていた。住民の福利厚生をめぐる経常的な支出と経費拠出の方法については，洞契と村落コミュニティの相互依存的な関係性を指摘することができた。一方，Ⅰ期に見られた植民地行政の諸事業への散発的な動員とⅢ期の農村振興運動と戦時体制下での間断ない動員に対して共同的な対応がなされた背景としては，洞契をひとつの媒介として住民のあいだに相互触発的な関係性・共同性が醸成された可能性を示唆した。

植民地期のYマウルの洞契の場合，Ⅰ期とⅢ期の突出的な収支とその内訳が特徴的であったが，洞契の民族誌的諸事例では，（珍島上萬里の事例で「村ごと *tongne-il*」と総称されていた）福利厚生関連の活動においても，村落による違いが見られた。1章3節でも言及した朝鮮時代後期の洞契についての先行研究によれば，在地士族と常民の両方を含む当時の農村居住者が1つあるいは複数の村落を範囲として洞契・大同契を組織し，葬喪時の相互扶助や面里税の共同納付等を行うこともあった［鄭勝謨 2010 等］。税の共同納付は植民地期初期のYマウルの洞契でも行われていたようであるが，Ⅱ期以降は姿を消した。葬喪時の相互扶助は洞契の収支としては記録されていないが，喪家に一定量の米・麦を持ち寄ること程度は慣行的に行われていたようである。植民地期のYマウルの洞契の場合，経常的な支出としては，むしろ清潔（井戸の清掃）・種痘，道路橋梁の整備，伝掌時（トンネガリ）の酒食費が目立っていた。また，毎年の伝掌時の酒食費以外の年中行事と関連した支出は，一部の年度で7月15日百中の酒食費を計上する程度であったが，1章3節で取り上げた小田内通敏による村落調査報告で村落統合の指標として捉えられていた農楽に用いる楽器や農旗の購入・修理費用を，Yマウルでは洞契の会計から拠出していた［cf. 朝鮮総督府 1923, pp43-47］。

解放後産業化までのYマウルの洞契の運営状況と産業化過程での社会経済的な諸状況の変化への対応，特に1970年代に全国的に推進されたセマウル運動の実態については当該時期の文書を確認できておらず，これについての検討は本論から割愛せざるを得ない。とはいえ，植民地期の資料と調査当時の状況を比較するだけでも，洞契の活動に見られる持続性と変化を同定することは可能かと考える。また，洞契と関連する活動を含む共同的活動の参与観察から，調査当時のYマウルにおける住民の相互扶助・協同の諸様相と洞契との関係に光を

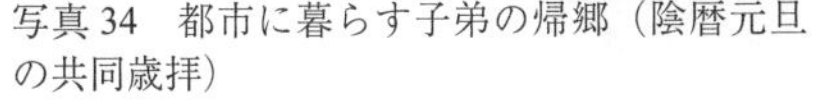

写真34　都市に暮らす子弟の帰郷（陰暦元旦の共同歳拝）

写真35　陰暦元旦。Yマウル会館での共同歳拝後，代表数名がUマウルに歳拝に行く。途中でUマウルの代表たちとすれ違う

当てることもできる。葬喪時の相互扶助については，従来の為親契を統合して調査開始の前年に結成された喪扶契の活動を観察する機会に多く恵まれた。以下，まず調査当時の村落の共同的活動と洞契の運営について考察し，ついで喪扶契の事例を取り上げる。特に後者の事例では，葬喪時の扶助への不参加の扱いをめぐる議論を中心に，村落コミュニティの象徴的構築についても考えてみたい。

8-3-1　村落の共同的活動と洞契

調査当時のYマウルで村に暮らす諸世帯の参与が広く求められていた諸活動として，まず年中行事他の定例的な活動を見てみよう[11]。

村落の定例的な行事・活動としては，年末のトンネガリに加え，旧正（陰暦正月1日）の共同歳拝と正月人日（陰暦正月7日）・流頭（陰暦6月15日）・七夕（陰暦7月7日）・百中（陰暦7月15日）に開催されるスルメギを挙げられる。このうち陰暦元旦の午後にマウル会館で開かれる「共同歳拝」は比較的新しい行事であった。「歳拝」（*sebae*）とは年始の挨拶のことで，年長者は年少者の拝礼を受け，同年輩の者同士は同等の礼を交し合い，寿ぎの言葉を述べ合う。家族同士だけでなく，親族・知人同士でも礼が交わされ，訪問先では酒食が振舞われるのが通例であった。「共同歳拝」（*kongdongsebae*）とは，個別に行っていた歳拝の訪問を，各世帯の既婚男性がマウル会館に会同して一斉に行うようにしたものである。礼を交した後は，主に老齢者のいる世帯が準備・提供する「床」（*sang*：ご馳走が載せ

11　ここに示す定例的行事・活動の事例は，拙稿［1998］で取り上げたものとおおむね重複する。

られた膳）を囲んで酒食に興ずる。調査当時，陰暦元旦には都市に暮らす息子たちの多くが妻子とともに親元に帰省していたが，彼らの一部も共同歳拝に参加し，普段父母が世話になっている村人に報いる意味で「床」を持ち寄っていた。1990年1月27日（陰暦庚午正月元日）の共同歳拝の際には，9戸から「床」と酒が持ち寄られ，他に1戸から酒のみが提供された。このうち6戸は息子夫婦がすべて都市に暮らす世帯であった。

スルメギ（*sul-megi*）[12]とは「農事名日」，すなわち農作業の休日に，村の各世帯の既婚男性がマウル会館に集まって酒食に興じる行事である。百中のスルメギをのぞき，酒食の準備にはその年のトンネ・ユサ（*tongne-yusa*），すなわち「村の有司」(世話役・庶務担当)が当たる。費用は後述する洞契会計から拠出されるが，流頭のスルメギの際に村人から任意で集められた寄付金も費用の一部に充てられる。この寄付金をチャンウォルリ（*changwŏlli*）というが，元来は，富農やその年の作柄がよい農家がスルメギの際に濁酒を拠出していたもので，拠出する量をあらかじめトンウ（甕）単位で申請して，スルメギのたびに造って持ち寄ったという。家庭での酒造が禁止されてからは，かわりに寄付金を流頭のスルメギの際に集めるようになった。一方，百中のスルメギの費用は，この日にK里の3つの村落が合同で開催する祝祭行事の共同予算（3村落の住民によって構成されるSクッ保存委員会が管理）から拠出された[13]。

ここでチャンウォルリとスルメギへの参与について，1989年の流頭と七夕を例に見ておこう。

《事例8-3-1》流頭（1989年7月19日）と七夕（1989年8月8日）のスルメギ

1989年の流頭のスルメギでは，35名から「チャンウォルリ」(寄付金）が納められた。その内訳は以下の通りである。

・1万ウォン：3名（うち1名は元住民金HTの長男，1名は調査者＝筆者）
・5千ウォン：20名
・3千ウォン：9名
・2千ウォン：3名

12　*sul*は「酒」，*megi*は「飲ませる」という意味の動詞*mŏgida*の名詞形がなまったもの。鈴木榮太郎［1943a］が「洞宴」・「スルメキ」と呼んでいる行事がこれに当たると考えられる。

13　この祝祭行事については，拙稿［1995］を参照のこと。

１万ウォンを拠出した唯一の村人には，妻が市場によく畑作物を売りにゆくため，コンスタントな現金収入があった。これに対し，２～３千ウォンと拠出金額が比較的少ない者は，老齢者，農業経営規模の小さい者，あるいは酒を余り好まない者のいずれかであった。大勢で酒を飲むのが嫌いでスルメギにあまり出席しない者や既婚男性のいない世帯（老女の一人暮らし世帯など）からは，寄付金が納められなかった。

このときのスルメギには，筆者が把握しえた限りで22世帯から既婚男性23名の参加があった。この他に元Ｙマウルの住民で当時は隣村に暮らしていた金HT（4章2・3節参照）の長男（全州居住）が帰省のついでに参加した。ちなみに翌月の８月８日（陰暦７月７日七夕）のスルメギには，これよりも少ない20名程度の参加しか見られなかった。Ｙマウル45世帯のうち，既婚男性のいる世帯は37世帯であったので，少ないときでもその過半数の参加があったことが確認できるが，見方をかえれば，トンネの行事に参加しない世帯も相当数に上っていたといえる。

そのせいかもしれないが，七夕のスルメギの場で村の諸問題に関して討議が行われた際に，「個人のことではなく洞里のことであるのだから，洞里のスルメギや部落に関することでは責任者を中心として全部落住民が心と力を合わせよう」（当日の議事録より引用）といった趣旨の意見が少なからず出された。

この事例では，チャンウォルリの拠出もスルメギへの参加も義務的なものと捉えられていなかったが，他方で七夕のスルメギでの意見に代表されるように，「洞里」・「部落」に関する活動への参与と全住民の結束を求める者がその場の主流をなしていたのも事実であった。スルメギへの不参加が問題視された背景には，かつては作男を休ませるなど農村の重要な休日であった「農事名日」（名節）であるにもかかわらず，休まずに農作業を行う者が目立つようになっていたこともあった。他方で，産業化以前，新しい農業技術の普及や機械化が進む以前の農事暦に即した伝統的な休日が，調査当時の農業経営，特に農業機械をいち早く導入して経営規模を拡大しつつあった若い営農者のそれにそぐわなくなっていたことも事実であった。

次に，相互扶助と共同労働の慣行についても見ておこう。村落の諸世帯が参与を求められる相互扶助・共同労働の慣行はプヨク（*puyŏk*：賦役・夫役か？）と呼ばれ，家屋の新改築の際の棟上げ，後述する父祖の墓の整備作業（サンイル *san-*

写真 36　住居改築の際のプヨク

写真 37　住居新築の際のプヨク。一種の娯楽として，即席で作ったブランコに主人を乗せ，酒代を出させる

写真 38　サンイルでのプヨクや見物に来た人たちへの食事のふるまい

il)，ならびに村落内の転居の際に，各世帯から成人男性が 1 名，無償で手伝いに加わることが慣例とされていた。ただし，実際には村落のすべての世帯が一様に参与していたわけではなかった。筆者は滞在調査期間中に家屋改築の事例 1 件とサンイルの事例 11 件［拙稿 1993］に立ち会ったが，手伝いを出さなかった世帯も相当数見られた。とはいえ，（スルメギへの不参加について批判的な意見が表明されていたのとは異なり）プヨクへの不参加に対して非難が向けられることはなかった。逆に，隣村に暮らす知人がプヨクに加わることもあった。同じ村落に暮らす者ならばプヨクに参与するものであると語られてはいたが，村落構成員の義務というよりは，むしろ普段から付き合いのある隣人同士の相互扶助の一部として捉えられていたようである。実際，村人のなかにはプヨクを先述のプマシに例える者もいた。プマシのように借りが短期的，等価的，かつ義務的に返済されるものではなかったが，このようなプヨクも，プマシをひとつの形式とする隣人間の互酬的相互行為に含まれることを示唆する言明であったと考えられ

写真39　トンネガリでの洞契の会計決算。領収証を確認し，その場で帳簿に記入する

る。

村落の共同的活動としては，この他，世帯の主人・既婚男性だけでなく主婦・既婚女性も参加する旅行や暑気払いなどの親睦行事が企画されることもあった。

以上に述べたような村落の諸世帯の関与が広く求められる共同的活動のうち，スルメギや親睦行事など経費を伴うものについては，その全額あるいは一部が，村落の共同の会計から拠出された。この他，マウル会館（集会所）の維持経費や「村の有司」への慰労金も同じく共同会計から拠出された。共同会計の主たる収入は，米穀と現金からなる共有財産[14]を貸し付けた利子（当時は年利10%），村落に新規転入した世帯から徴収される「新入租」(1989～90年当時は米10升相当)，チャンウォルリ等の寄付金，ならびに後述する喪扶契からの繰越金であった。ここで注意しておきたいのは，村落の共有財産と共同の支出が洞契によって管理されていたことである。より正確にいえば，洞契の財産と会計は村落全体のそれに他ならなかった。共同会計の収支は，植民地期初頭からほぼ毎年書き継がれてきた洞契の２種類の帳簿（穀文書と銭文書）に記入された。新規転入世帯が納める基本財産（新入租）は，洞契への入会金として処理された。洞契の会計決算と監査はトンネガリ，すなわち村落（トンネ）の年度末総会の場で行われた。役員についても両者のあいだに区別はなく，村落の有司（トンネ・ユサ）がすなわち洞契の有司であった。このように洞契と社会組織としての村落は不可分のものといえた。

ここに村落コミュニティを基盤として組織される結社にまつわるひとつの問

14　以前は村落共有の農地もあったそうであるが，1983年に先述のサムドン・クッ保存委員会が発足して以後は，すべてこの委員会に移管されたという。

題が潜んでいる。ブラントの調査当時のソクポに典型的に見て取れたような，互酬性と集合責任の感覚によって促される隣人間の相互扶助・協同と相互規制の（再生産される）総体としての平等的コミュニティ（あるいは集合的で動態的な関係性・共同性としてのコミュニティ）は，生存の必要性に応じて相互行為と協同の凝集性を高めもすれば，親族集団・分派間の対立と葛藤，必要性の減退，あるいは外部社会の介入によって弛緩・瓦解しもする。このコミュニティへの帰属は生得的である（コミュニティに生まれ育ち，暮らし続ける）こともあれば獲得的である（他地域から移住する／他地域へ転出する）こともあるが，コミュニティとの関係で生ずる利害はコミュニティへの帰属それ自体に由来するものでは必ずしもなく，むしろ相互行為と協同に持続的に参与し続けることに拠っていたといえる。よって集合的で動態的な共同性としてのコミュニティは，それ自体でコーポレートな集団・社会単位を志向するものとはなりがたい。

洞契とは，このように不定形で可塑的な村落コミュニティに契の方式を活用して制度的な枠付けをしたもの，すなわち，目的・活動，成員資格と成員の権利・義務を規定し，活動の費用を拠出するための資産を設定したものと捉えることができる。鈴木榮太郎は，実体的な社会組織としての「契集団」から契制・契法というべき「契方式」を分離して捉えた。そして後者，すなわち「契方式」を財力による協力の方式と定義し，「協力に参加する人の力を皆対等と認める事を合理と解せんとする信仰の上に立つものであって，甲も乙も対等に出資し，対等にその効果の分配をうくる事が出来ると云う原則である」と言い換えている［鈴木 1963, p.554］。鈴木の論を敷衍すれば，洞契とは村落自治を目的とする集団であるが，契方式を用いることで，財力（財・サービス）の制度的（義務的）な糾合と蓄積，ならびに出資負担・効果分配の対等性と（冷徹なる）合理性を可能にする結社的な集団であったといえよう。また，村落コミュニティ・共同性のある部分が契方式を用いて洞契として組織化されるがゆえに，調査当時のＹマウルのように，洞契と社会組織としての村落の区別が困難となるような状況も生じたのであろう。

ここで公共・公益的，村落自治的集団を契方式で組織することの利点と制約について考えてみたい。上萬里の事例で言及した通り，現実の契集団には，婚礼・葬礼に必要な物品の相互扶助や貯蓄・親睦を目的とした任意参加の契のように存続期間が限定されているものもあれば，共有財産が維持され世代交代がなされる限りにおいて半恒久的に存続しうるものもあった。しかし契集団が財力の結集と対等な資格での参加を条件とする契方式を採用する限り，その条件が満たされなくなれば解散・解体せざるをえない。1915年にYマウル洞契が再結成された背景にも，以前からの「洞財」が「流用され失われてしまった」ことがあった。すなわち洞契は村落コミュニティの持続的な再生産を無条件に可能にするものではなく，むしろそれ自体が，構成員の主体的な参与によって支えられるものであった。これに対し契方式を採用することの利点としては，村落コミュニティの消長（盛り上がりと弛緩）に応じた柔軟な組織と活動の再編成が可能となることを挙げられる。この村落結社が機能している限りにおいて，コミュニティの構成員はその活動への義務的な参与を求められるが（このような参与の要請はブラントのいうコミュニティ感覚によって裏打ちされる），コミュニティから離脱した場合，あるいは結社とコミュニティが機能不全に陥った場合には，参与を要請する相互規制自体が成員に及ばなくなるのだといえよう。

Yマウルの共同的活動の分析に戻ると，1節で言及したように，ブラントはソクポの村落コミュニティと関連して，コミュニティの結束という概念が手で触れることのできない抽象物で定義・把握することが難しいと述べている。これに対し調査当時のYマウルの場合，洞契やスルメギを通じて人びとはコミュニティの結束を経験し，それへの不参加をコミュニティの結束の危機として観念化することが可能となっていた。先述の珍島上萬里の例では，洞契や振興契など，このような村落コミュニティを基盤とする結社がいくつも組織され，それぞれが豊富な財源と活発な活動を誇っており，コミュニティの経験と観念化の契機により豊富に恵まれていたといえるかもしれない。

また，植民地期の活動状況と対照すると，以前のYマウル洞契の主要な収入源であったトゥレや共同労働といった各世帯からの労働力の供出は，調査時以前に行われなくなっていた。人手不足が進む一方で新しい農業技術の導入が進みつつあった調査当時のYマウルでは，トゥレの組織や賃金労働への無償の参与を求めることは難しく，また農薬の普及によりトゥレのような労働組織の必要性もなくなっていた。支出面では，植民地期に全期を通じて計上されていた種痘・清潔や道路・橋梁補修の費用が拠出されなくなっていた。このうち「清潔」（井戸の清掃）は調査当時でも毎年百中行事の前に行われていたが，他は行政の所管に移された。これに応じて，スルメギや旅行等の親睦費用の占める比重が高まった。「洞里」・「部落」の結束の危機は，一方で村落自治的な機能の多くが行政に移管されたこと，他方で労働力の商品化の進行と家族の再生産戦略の再編成によって生存を村落コミュニティに依存する度合いが低下したことによるものと一旦は捉えることができるであろう。

これに対し，次項で取り上げる喪扶契の事例では，葬儀の際の相互扶助を目的とする契が，同じく村落を基盤とするものでありながらも，洞契とは別途に再組織されていた。なぜ葬儀の相互扶助を目的とする契が再組織されたのか，また村落全体の福利厚生を目的とするにもかかわらず，なぜ洞契とは別途の契集団を組織したのかを含め，この事例の検討に移ることにしよう。

8-3-2　喪扶契の再編成と村落の象徴的再構築

喪扶契[15]とは，喪葬の際の相互扶助を目的として結成された契集団である。前述のように，朝鮮時代後期の中・南部農村で組織されていた洞契や大洞契のなかには喪葬時の相互扶助を活動に含むものも見られたが，少なくとも植民地期以降のYマウルの洞契に類似の機能は担わされていなかった。喪扶契の再組織についての住民の説明によれば，1980年代半ばまでは父母の喪葬のために年齢の近い者同士で組織した為親契[16]が複数存在し，主にこのような契を基盤として喪葬時の相互扶助がなされていた。しかし離村者の増加に伴って為親契の維持と喪葬時の人手の確保が難しくなったため，1988年に既存の4つの為親契を統合して村落全体で単一の契を運用するようになった。

統合後の喪扶契では，原則として村の世帯の構成員，あるいはその（別居する）家族が死亡し，Yマウルの近隣に埋葬される場合に扶助がなされるようになった。扶助の具体的な内容は，死亡時から埋葬までの期間，村の各世帯から毎日男手を1人ずつ無償で提供するとともに，喪輿の飾り（コッカマ）と手伝いの者が使う手ぬぐい・軍手を喪扶契の支払いで購入するものである。喪輿を載せる担ぎ棒（金属製のパイプを組み合わせたもの）も喪扶契で所有・管理する。この他，調査当時には，村の各世帯から喪家に米を一定量ずつ持ち寄る慣行も見られたが，追跡調査によればその後行わなくなったという。

喪扶契の収入は遺族の支払う「路銭 *nojŏn*」のみである。喪輿を担いで喪家から埋葬場所まで運ぶ間，担ぎ手の男性たちは挽歌を合唱しながらゆっくりと進んで行く。途中，集落のはずれや橋に差し掛かると，挽歌の先導者が，「路銭が足りずに進めない」と唄う。そうすると，死者の遺族，多くは娘婿が，喪輿の前面にわたされた縄に紙幣を結びつける。これが「路銭」で，喪扶契の収入と

15　本項で取り上げる喪扶契とトンネガリでの関連討議の事例は，拙稿［2002］ですでに取り上げたことがある。

16　為親契とは，主に父母の喪葬時の相互扶助を目的として組織される任意参加の契を指す。

写真 40　葬式の準備。手伝いに集まった村人たちが喪輿を担ぐための太い縄を結う

写真 41　喪家にて。父の霊前で拝礼をする息子たちと嫁たち

写真 42　喪家にて。弔問を受ける息子たち

写真 43　発靷前夜。夜半まで喪家に詰める手伝いの村人たちが喪輿の飾りを持ち上げて遺族に哭を求める

写真 44　発靷。手伝いの村人たちが喪輿を担いで，埋葬場所へと出発する

写真 45　橋のたもとで喪輿を止め，遺族に路銭を要求する

なる（ただし，死者の息子がマウルの喪扶契以外の為親契に加入しており，その契員が一緒に喪輿を担いだ場合には，両者で路銭を分け合うこともあった）。その一部は，手伝いの男女で分け合う酒や煙草（男性）・飴（女性）の購入に充てられる。さらに喪輿の飾り・手ぬぐい・軍手代などの必要経費を差し引いた残額が，トンネガリの際に洞契の収入に繰り込まれる。

遺族が拠出する路銭の基準額についての取り決めはなく，実際，喪葬によって路銭収入にはかなりのばらつきが見られた。一方，喪家の側は，埋葬が終わるまでのあいだ，手伝いに来た村人に食事を提供せねばならず，さらに埋葬の翌日には，手伝ってもらった村人を招いて酒食を振る舞うことが慣例となっていた。また，村で葬式を行う場合には各世帯から2日余り無償で男手を提供することを取り決めていたが，以前にYマウルに住んでいた者が近隣に埋葬される場合にも1日のみ無償で男手の提供がなされた。その際の路銭収入も喪扶契の会計に計上された。

村全体の喪扶契が発足した1988年には村での葬儀が1件もなかったが，1989年には死亡者が相次ぎ，年末までに10回もの葬儀を執り行う結果となった。しかも秋口から冬に葬儀が集中したため，稲作農家では葬儀のたびに農作業を休んで手伝いに出ねばならず，例年では10月末までには終わる稲刈りが11月中旬まで終わらなかった例も見られた。

喪扶契の決算と会計監査は年末のトンネガリの際に行われたが，1989年末のトンネガリでは，この年に初めて問題化した葬儀の際に手伝いを出さなかった世帯の扱いについても話し合われた。

《事例8-3-2》トンネガリでの喪扶契関連の討議（1989年12月23日）

喪扶契の決算の際に，過去1年間に執り行われた葬儀に手伝いを出さなかった世帯をどのように扱うかについても話し合いが持たれ，結論として罰金を徴収することになった。罰金額は，男性の1日分の労賃（1万ウォンで計算）に手伝いに出なかった回数を掛けて算出した。男性のかわりに女性が手伝いに来ていた場合にはその半額を徴収することにした。この年の10回の喪葬に1回も手伝いを出さなかった世帯への課金額は10万ウォンとなった。ただし，既婚男性のいない世帯や，男性がいても高齢で手伝いに出られない世帯については，それぞれの事情を斟酌して異なる対応がとられた。

まず，夫が息子を残さずに死亡し養子をとった既婚女性の世帯で，養子が同一マウル，あるいは近隣に居住する場合（3-金SO，27-李PS）は，議論の対象自体に含められなかった。

次に，夫に先立たれた既婚女性の独居世帯，あるいは未婚の娘と同居する世帯のうち，息子がいないか，いても未成年である場合には，女性本人が手伝いに出ていれば罰金を科さないことにした。

これに対し，夫に先立たれた既婚女性の一人暮らし，あるいは老夫婦の二人暮らしの世帯でも，既婚の息子がいる場合には（28-安CG等），息子が初喪の手伝いに当然出てくるものとみなして，手伝いを一切出さなかった場合には全額，主婦が手伝いに出ていた場合には半額の罰金を科すことになった。都市で働く息子が手伝いに来るには仕事を休まないといけないから過重な罰則だといった反対意見も出されたが，村の住民も仕事を休んで手伝っているのだからそれは理由にはならないという意見がその場では大勢を占めた。

一方，開拓教会の牧師29-姜HTは，転入時に新入租を納めたが，それまで村の葬儀に参加したことがなく，当日のトンネガリにも出席していなかった。急遽呼び出された29-姜HTに対し，村の若手指導者の一人である9-金SB（45歳・地方国立大卒）は，「〔儒教式の〕祭祀をするしないにかかわらず，トンネの風俗には従わなければいけない」，「トンネ・サラム〔村人〕は，トンネの規約に従わなければならない」と意見した。これに対し29-姜HTは，「田舎に住む友人がいるが，そのような風俗は聞いたことがない」，「〔儒教式の葬儀の際に〕労働をすることは〔自分の信仰するキリスト教の〕教えに反する」と抗弁した。結局，「トンネ」に転入したからにはその規約を守らなければならないという多数意見を彼が受け入れる形で，今回に関しては罰金を支払うことになった。ただしトンネの慣習を知らなかったことが酌量されて，3万ウォンのみ支払うことで決着した。そしてこれからは労働ができなくても初喪（葬儀）の際には顔を出すように，また初喪に限らず，トンネで集まるときには出席して親交を深めるようにと申し渡されて帰っていった。

喪扶契が村落単位で再組織されたのは，村人が説明するとおり，大規模な人口流出によって従来の形での為親契を維持することが難しくなり，また葬儀の際に充分な人手を確保することも困難になったためであろうが，葬儀への不参加は，このような再組織に込められた意図を脅かすものといえた。不参加者に対して罰金を科すという厳しい処置がなされたのも，「トンネ」の和や結束を乱すこと以前に，喪扶契再組織の趣旨自体が揺らぐことへの危惧から発したものであろう。また，スルメギ，チャンウォルリやプヨクとは異なり，義務的な参加が求められていたことが，洞契とは別個の契集団を組織した理由のひとつであったと考えられる。加えて，洞契・村落組織とは別途に有司を置くことで，トンネ・ユサに雑用が集中することを避ける意図もあったとみられる。

他方で，この契の収益がそのまま洞契の会計に繰り入れられ，その決算・監査もトンネガリの議事に組み込まれたことは，再組織にあたって喪扶契が村落組織（村落コミュニティの制度）の一部として位置づけなおされ，また構成員が村落・洞契と重なり合うこと（あるいはそのようなものと見なされたこと）によるものであろう。大卒若手指導者の 9- 金 SB が喪扶契を基盤とする葬儀の際の扶助を「トンネの風俗」と性格付け，その取決めを「トンネの規約」と表現していたのも，喪扶契が洞契とは組織上区別されるが，別の形で村落コミュニティに制度的な枠付けを与えるものであったからであろう。

ここで注意せねばならないのは，彼のいう「風俗」や「規約」が必ずしも明文化されたものではなく，喪扶契への参加義務に対して異議申し立てがなされるに際して言語化され，観念化されていたことである。加えて，このトンネの活動への参加義務が議論の末に別居する息子にまで拡張適用されたことは，トンネが世帯の現住者，いいかえれば生業と日常的な生計の基本単位を共有する者のみによって構成されるものとは必ずしも捉えられていなかったこと，さらにいえば，居住がトンネを社会的に境界付ける絶対的基準とは認識されていなかったことを示すものである。罰則規定としては，トンネの活動への参加義務を現住者，すなわちトンネの諸世帯の現住構成員に限定することも可能であった。さらには，農村を生業の基盤とし社会文化的な均質性が高いほとんどの住民と，生活様式と宗教を異にする牧師との間に境界線を引いて，牧師をトンネの住民から除外しトンネの人としての義務を課さないことも可能であったはずである。ここで重要なのは，どのような解決策が採られたのかではなく，トンネが境界を持つべき（持たねばならない）ものとして観念化されるとともに，不参加の問題を契機としてトンネの社会的境界が交渉され，暫定的な合意が形成されたことである。すなわち，相互行為としてのコミュニティ（トンネ）と象徴的構築としてのコミュニティが実践において架橋されたのだといえる。

8-4　産業化と村落コミュニティの再生産

最後に，本章での議論を整理しつつ，産業化過程での村落コミュニティの再生産に現れる持続性と変化について考えてみたい。

まず，1960～70年代の民族誌の相互対照的考察から得られた知見として，ブラントが1966年のソクポで経験したような平等的コミュニティ，すなわち互酬性と集合責任の感覚によって促進／規制されるような相互扶助と協同の集合的かつ動態的関係性が，それ自体は不定形かつ可塑的で，コーポレートな実体を具備するものではなかった点に注目したい。ソクポの場合は，それを村落コミュニティの結束として観念的に捉える視角も住民の多くに共有されるものではなかった。また，このような平等的コミュニティの再生産は，村落固有の諸条件に依存するところが大きかった。ソクポの場合は主要門中間の勢力均衡，住民のライフスタイルの均質性，地理的孤立性，ならびに生業・生計に供せられる諸資源の希少性がその主たる条件であったとみられる。これに対し珍島上萬里では，同じく主要門中の勢力均衡と住民の社会経済的均質性を条件としつつも，契とプマシの経済的相互交換体制や財政的安定性と持続性の高い洞契・振興会など，村落コミュニティの結束を制度・慣習化し，その安定的，持続的な再生産を可能にする社会的装置も発達していた。

産業化以前のYマウルでも平等的コミュニティは再生産されていたとみられる。かつては500石の小作収入のあった金富者や100石の収入のあった宋富者のような中小地主もいたというが，彼らといえども突出した政治力を他の村人に及ぼしていたわけではなく，しかも農地改革までに多くの財産を失った。三姓のうち，子孫の数では彦陽金氏が優位にあったが，両班としての威信においては広州安氏と恩津宋氏も拮抗していた。解放後の資料は未確認であるが，少なくとも植民地期にはトゥレや共同労働を基盤として洞契が運営され，この洞契によって公益的な活動と外部からの介入に対する共同的な対処もなされていた。また，安富者兄弟の兄に嫁いだ28-李KNが記した手記で，精米所経営の破綻によって近隣の諸農家に負った借金を相手の好意で無利子無期限で返済したとあったことからは，このような対等的な相互扶助が富農とその他の住民との間にも立ち上がりうるものであったことを確認できた。

これに対し河回洞の場合，非同族の村人の生計は柳氏地主との経済的にも身分的にも位階的な支配一従属関係に依存するもので，また柳氏の分派間の葛藤・対立が非同族の村人同士の関係にも影響を及ぼしていた。すなわち，平等的コミュニティは生成していたとしても局限的であったとみられる。一方，青山洞の事例では，平等的コミュニティの動態（地理的領域の拡大，共同性の盛り上がりと弛緩，世代交代）に呼応して村落結社が解体／再組織され，また村人の出入りに従って村落結社の成員権＝村落コミュニティの社会的境界も再交渉され，暫定的に協定されていた。すなわち相互行為としてのコミュニティと象徴的構築／再構築としてのコミュニティが実践に埋め込まれ，また実践において架橋されていたのだといえる。

1980年代末のYマウルにおける村落コミュニティの再生産も，相互扶助・協同と象徴的再構築の諸実践に埋め込まれていた点ではこれと同様であったが，産業化過程での家族の再生産戦略の再編成と中間的自営農の暫定的均衡状態の安定化，ならびに農業経営の諸条件の変化により，相互扶助と協同の実践に以前とは異なる諸条件が課されるようになっていたのも事実であった。農村で自律的な生計を営む限りにおいて，Yマウルの農家世帯がその生計を主に農業に依存していた点は確かであろうが，経営規模や農家世帯の編成には多様化し分化した家族の再生産戦略の要請に応じた偏差が生じ，また家族の再生産戦略における農家世帯の再生産自体の優越性が失われつつあった。田植えや稲刈り作業でのプマシによる世帯外労働力の調達は，一方で，互酬性と集合責任のコミュニティ感覚によるモラル・エコノミー的要請によって促されていたが，他方で，（世帯の労働力状況・経済状況や作業時期・進捗状況等による）限られた選択肢のなかで，いずれの方法がより実利的であるのかについてのある種の合理的判断に基づくものでもあった。機械作業代金の取決めも，世帯間の偏差，あるいは格差を背景とした，農業経営の合理化（あるいは利潤追求）と共同体的規制とのあいだのせめぎ合いのなかでの暫定的な協定と捉えることができた。ただし後者については，農業機械をいち早く導入して自家の農作業の効率化，ならびに営農規模の拡大と作業の請負による現金収入の拡大を目論む若手の営農者と，人手不足と世帯内労働力の老齢化をなるべく廉価な外注作業によって補おうとする年配の営農者とのあいだに，かなりはっきりとした利害の対立が生まれつつあったのも事実であった。

田植えと稲刈りのプマシや機械作業代金の取決めに対する共同体的規制は，ある面ではコミュニティ感覚の発露であり，村落コミュニティの再生産に部分的に寄与するものであったかもしれない。だとしても調査当時のYマウルにおいて，家族の再生産と農業経営を村落コミュニティに依存する度合いは農家によって顕著に異なっていた。またプマシや労賃取決めのような相互扶助と共同体的規制も，モラル・エコノミー的感覚と合理的判断（さらにいえば商品・市場経済への接合）のある時点での均衡を示すものであり，状況の変化や再交渉によって別の暫定的協定が結ばれたり，あるいは協定自体が破棄される可能性を常に含むものであった。あくまでもその限りにおいて農業経営と村落コミュニティの相互依存性は再生産されていた。

コミュニティ感覚と実利・合理性の折り合いの上に立ち上がる不定形かつ可塑的な共同性としての村落コミュニティと，村落結社等によるその部分的制度化・枠付けという二面性は，調査当時のYマウルにおいては，慣行的な共同労働であるプヨクへの任意・自発的な参加とトンネガリや喪扶契への参加の義務的要請とのあいだの対照性としても発現していた。スルメギについては，村落＝洞契の役員が準備し，村落＝洞契の会計から経費の一部が拠出されるという点では義務的関与を基盤とするものであったが，チャンウォルリの拠出やスルメギへの参加は任意的であり，その意味で義務的関与と任意的参加のあいだのある種の中間的な性格を示していた。ここでスルメギへの不参加者が目立つようになっていたことがコミュニティの結束の危機として観念化されたことは，相互行為としてのコミュニティと象徴的構築としてのコミュニティとのあいだに生じつつあった齟齬を対象化したものと捉えることができよう。これに対し喪扶契の事例では，大規模な人口流出後の喪葬時の相互扶助というその時点での生活上の必要性に応じて新たな村落結社が組織され，この必要性の強い要請によって活動への参与が義務付けられた。さらに不参加者の問題をめぐって参与すべき者の線引き，すなわち村落コミュニティの社会的境界付けが交渉されるというように，相互行為としてのコミュニティと象徴的構築としてのコミュニティが実践において関連付けられ，再交渉される局面を見て取ることもできた。

産業化以前の韓国の村落がコーポレートな共同体をなしていたと仮定すれば，産業化過程での農村社会の変化，特に互助的な各種の契の解体・消滅や村落の共同的活動の縮小は，研究者の目に村落共同体の解体と映るかもしれない。しかし対等的な互助・協同の関係性はもとより不定形かつ可塑的で，産業化以前でもすべての村落において同じく，かつ一様に存立していたわけではない。Yマウルの事例が示唆するように，産業化過程での村落コミュニティの変化は，家族の再生産の諸条件と農業経営の諸条件の変化，その他村落内外の状況の変化を背景としたコミュニティ感覚と生業・生活の必要性や合理的判断とのせめぎ合い，あるいは互助協同の実践とコミュニティの象徴的構築との齟齬と再交渉といった側面をも含みこんでいたと考えられる。それは村落コミュニティの再生産の暫定的で歴史的な一様相といいうるものであった。

9章　孝実践の諸様相
：門中とサンイル

6章で論じたように，産業化過程での家族の再生産条件の変化と変動に伴う中間的自営農の暫定的均衡の安定化と農業生産の手段・道具化（あるいは小農的生産単位の再生産の揺らぎ）によって，a）長男残留規範の拘束力が強く作用しうるような状況が局限化されるとともに，b）家族の再生産過程の2つの側面，すなわち実践＝実用的諸集団・諸関係の編成と公式的＝家父長制的関係性の再生産の再媒介と再接合が試みられるようになった。また，公式的親族が演じられるひとつの場である家内祭祀においても，祭祀の簡略化や「核家族時代」と表現されるような父系親族の公式的／実践的両面での関係性の弛緩など，家父長制的関係性の揺らぎの徴候を見て取ることができた。これに対し，故郷に残る三姓の中高年男性のなかには，父系血統の継承の今後に強い危機感を抱く者も少なからず見られた。

本章では，6章で未解決の課題として残した父系血統と公式的親族の再生産，ならびにこれに必ずしも収斂しきらないような孝実践の諸様相について，Yマウルで記録した2種類の民族誌事例の再分析を通じて検討する。そのうちの1つ目として，1節では門中組織と墓祀の事例を取りあげる。門中は父系血統の再生産を担う親族団体であり，その維持・存続は，父系血統を軸とする公式的＝家父長制的関係性の再生産に直結するといえる。また，父系祖先を対象とする墓祀は，父系血統の上に位置づけられる歴代の父祖を個別的に祀るとともに，その祖先を参照点とする公式的親族を表象する機会ともなる。調査当時のYマウルにおける門中の運営の実態と墓祀の実践の検討を通じて，まず公式的＝家父長制的関係性の再生産に向けられた諸制度がどのように編成され維持されてきたのかを明らかにする。

2つ目の事例として取りあげるのが，南原地域で「サンイル」と呼ばれる墓の整備作業である。墓祀が毎年決められた日に実施される定期的行事であるのとは異なり，サンイルは，広い意味で墓の造営に関わる何らかの作業を行うことを目的とした一回性の行事であった。また，調査当時このような作業が活発に行われていた背景には，産業化過程での農村社会の変化をより顕著に見て取ることができた。2節では，サンイルの形式と内容，ならびにサンイルに現れる孝実践の諸様相について検討を加える。

以上の議論を踏まえ，3節では，調査当時のYマウルにおける孝実践の諸様相に現れつつあった変化についての，より厳密に言い直せば，産業化過程での人口の大規模な流出と家族の再生産戦略の再編成を背景として，父系血統の再生産や家族・近親の関係にどのような変化の徴候が現れつつあったのかについての再考を試みる。

9-1　門中組織と孝実践の再生産

本節では，三姓の諸門中の事例の検討を通じて，門中の組織と活動に現れる孝実践の様相を明らかにする。

2章で述べたとおり，Yマウルの三姓は，後に入郷祖と位置付けられるようになった父系男性祖先，あるいはその妻子が15世紀後半から18世紀初頭までのあいだに南原府に移住・定着し，その子孫がこの地域の在地士族の列に加わったものである。この3つの家系の入郷祖の墓はいずれもYマウル諸集落の近隣に設けられており，その祭祀の遂行と遺徳の顕彰を主たる目的とする父系親族結社，すなわち「門中」(*munjung*) が調査当時も維持・運営されていた。入郷祖の祭祀・顕彰のために組織された門中を，この地域では「大宗中」(*taejongjung*) と呼ぶ。「宗中」(*chongjung*) とは「門中」と同義である。また，ここでいう「大宗中」とは，嶋の用語を借りれば「地域的拠点」(localized core) を中心に組織された門中で［嶋 1978］，産業化以前にはその構成世帯の相当数が特定の村落・集落に集まり住む傾向も強く見られた。フリードマンによる中国宗族のモデル化を転用して，本論ではこれを「地域門中」(local lineage) と呼ぶことにしたい［cf. Freedman 1966, pp.20-21］。

それぞれの大宗中では，入郷祖の祭祀だけではなく，他の祖先やその妻たちの祭祀の一部も一緒に執り行っていたが，大宗中で祀らない祖先については，直系の子孫たちがそれぞれ別個に結社を組織し，祭祀を執り行っていた。大宗中で祀られる祖先の直近の下世代の祖先を祀る門中は「小宗中」(*sojongjung*) と呼ばれ，さらにその下世代の祖先を祀る門中は「私宗中」(*sajongjung*) と総称される。大宗中，小宗中と幾多の私宗中を父系の系譜上に落とせば幾重にもわたる入れ子状の構成を示す。これは他地域の旧在地士族家系の門中組織ともおおむね共通する特徴をなしていた［cf. 嶋 1987］。

韓国の門中組織を論じた社会人類学的研究では，アフリカのリネージ研究［cf. Evans-Pritchard 1940］や中国の宗族研究［cf. Freedman 1958; 1966］を敷衍して，このような系譜的表象としての重層的な入れ子構造を一種の分節体系（segmentary system）と捉える傾向が強かった［Janelli & Janelli 1978; 1982 等］。確かに儒教的素養を身に付けた現地の知識人による説明でも，下位門中は，典型的には系譜上の分岐に沿って組織する（「兄弟がいるとそこで分かれる」）とされていた。とはいえ，個別の共有財産の設定や「契」方式（8 章 3 節参照）を用いた結社の立ち上げ等，実際の下位門中の結成は，この分岐に必ずしも沿うものではなかった。嶋がいち早く指摘したように，上位門中の拠点から他地域に移住した子孫の一部がまず下位門中を組織し，これに基づいて上位門中や他の下位門中との関係を築く過程を想定することもできた［嶋 1978］。よって下位門中を上位門中の系譜的分節として捉えることは必ずしも適切ではない。この点に留意し，地域門中と諸レベルの下位門中との関係を，系譜上の分岐と下位結社の組織の複合的な過程として捉えたうえで，これを便宜上，地域門中の内部分化と呼ぶことにする。

以下，調査当時の Y マウル三姓の諸門中の事例について，①地域門中の内部分化と，②祭祀を含む門中の諸活動とに大きく分けて，そこに現れる孝実践の諸様相を検討することにする。

9-1-1　地域門中の内部分化

三姓地域門中の内部分化を整理する前に，それぞれの大宗中の世代深度と子孫の近隣への居住状況を整理しておこう（表 9-1）。

入郷祖から現住子孫までの世代深度は，入郷年代が古いほど大きかった。Y マウルに居住する戸数だけではなく南原大宗中の規模も，同じく彦陽金氏が最大で，ついで広州安氏，恩津宋氏の順となっていた。彦陽金氏は U マウルと C 里 C マウルにも，広州安氏は K マウル KY 集落にも相当数の子孫が居住していた。

(1) 彦陽金氏南原大宗中（図 9-1 参照）

それでは地域門中の内部分化について，彦陽金氏を例にとり，系譜の分岐と下位門中の組織化とを関連付けて整理してみよう。三姓のなかで大宗中の規模が最大で世代深度が最も大きい彦陽金氏は，地域門中の内部分化においても最も複雑な構成を示していた。まず大宗中と小宗中の関係を見てみよう。表 9-2 に示したように，彦陽金氏南原大宗中では，入郷祖である 18 世千秋と中興の祖と

表 9-1　Y マウル三姓大宗中の世代深度と居住状況

	入郷祖	Y マウル在住の子孫 1)	世代深度	近隣居住状況
彦陽金	18 世千秋	32 ～ 34 世，22 戸 2)	14 ～ 16 世代	U マウル 5 戸程度，C 里 C マウル 20 戸程度
広州安	24 世克忠	36 ～ 37 世，7 戸	12 ～ 13 世代	K マウル 10 戸程度
恩津宋	18 世光朝	26 ～ 27 世，4 戸	8 ～ 9 世代	U マウル 2，3 戸

註：1）既婚男性に限る。2）この他に傍系 2 戸。

図9-1　彦陽金氏大宗中の内部分化

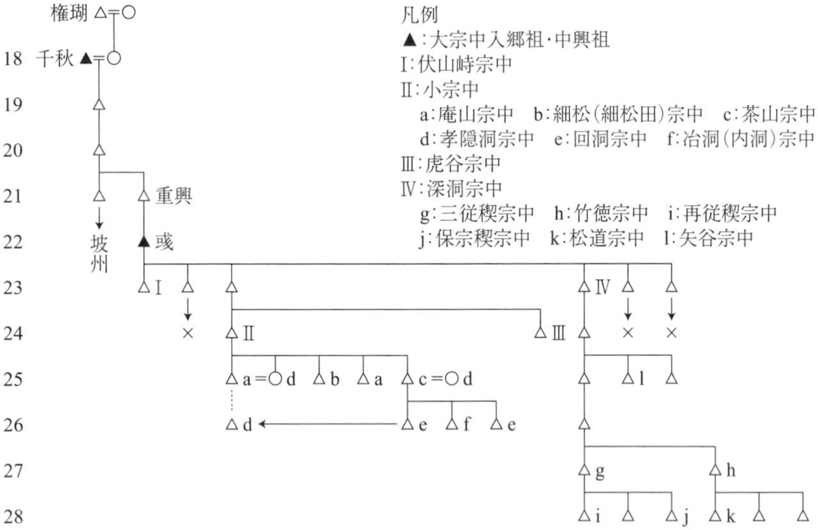

して位置づけられる 22 世彧を中心に，6 代の父系祖先の一部と入郷祖の妻の父母（安東権瑚・晋州蘇氏）を祀っていた。墓所は 2 ヶ所に分かれており，それぞれに祭閣が建てられていた。ただし 20 世笟と 21 世復興の墓は京畿道坡州に設けられており，南原大宗中では祀っていなかった。また 23 世については，彧の息子の 6 兄弟のうち，次男若海（・妻）と三男若氷（・妻）のみを大宗中で祀っていた。

Y マウルに暮らす南原大宗中の成員 22 世帯はすべて 22 世彧の直系子孫で，さらにその 6 人の息子のうちの長男若水，三男若氷，四男若湖のいずれかの後裔であった。小宗中は合わせて 4 つ組織されていたが，起点となる祖先は伏山峙宗中が 23 世若水（長男），小宗中が 24 世瑠（三男若氷の長男），虎谷宗中が 24 世珪（三男若氷の次男），深洞宗中が 23 世若湖（四男）で，世代にずれが見られた。24 世瑠を祀る小宗中についてのみ，固有名称としても「小宗中」という呼び方

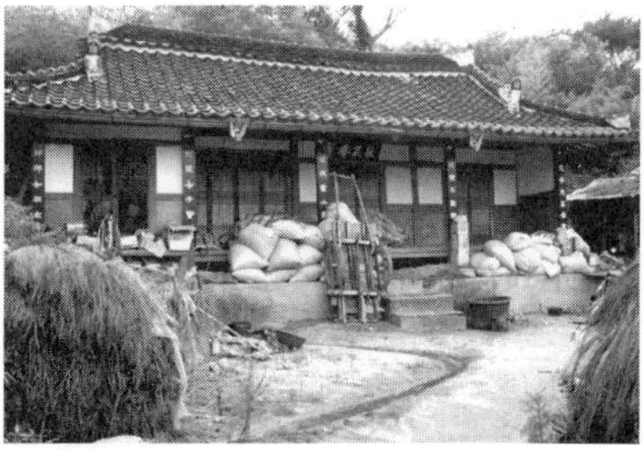

写真 46　彦陽金氏小宗中祭閣

表 9-2　彦陽金氏南原大宗中と小宗中の構成

大宗中	時祭日と対象祖先	戸数	小宗中	時祭日と対象祖先	戸数	内訳
南原大宗中【世敬斎・追敬斎】	10/11（18 世千秋・妻，妻父母，19 世敦慶・妻，21 世復興妻，21 世重興，23 世若海・妻） 10/12（22 世彧・1 妻・2 妻，23 世若氷・妻）	22	伏山峙宗中【なし】	10/13（23 世若水・妻，24 世玖，25 世漢老・1 妻・2 妻，27 世慶琓 2 妻，28 世永祐・妻，28 世永文〔虎谷宗中慶益養子・実父慶大〕，26 世宗彦妻）	2	11- 金 SM，12- 金 IS
			小宗中【敬慕斎】	10/13（24 世瑜・1 妻）	7	3- 金 SO（女），10- 金 PJ，27- 李 PS（女），40- 金 PR，42- 金 PY，43- 黄 PC（女），45- 朴 PS（女）
			虎谷宗中【なし】	10/14（24 世珪・妻，25 世載老・妻，26 世昌彦・妻，27 世慶益 3 妻，27 世慶大，28 世永生 3 妻，26 世述彦・妻，27 世慶益・1 妻，28 世永文 1 妻）	4	9- 金 SB，18- 金 SY，23- 金 PI・TY，37- 金 KY
			深洞宗中【慕敬斎】	10/13（23 世若湖・妻，24 世璳・妻，25 世巌老・妻，26 世冑彦・妻）	9	1- 金 HY・SY，5- 金 PR，8- 金 KY，20- 金 KY，24- 金 CY，25- 金 PH，34- 金 CY，35- 金 PJ，39- 邢 SR（女）

凡例：時祭日は陰暦。【　】は祭閣の有無・名称。妻が複数の場合は算用数字で結婚順を示す。

を用いていたが，他の3つの小宗中は，いずれも墓所のある場所の小地名を固有名称として用いていた。混同を避けるため，固有名称として用いる場合のみ，「小宗中」というように鍵括弧を付すことにする。

墓祀・時祭の日取りは，陰暦に従って門中毎に定められていた（表9-2参照）。まず大宗中の場合，対象となる12基の墓がYマウルの後背に位置するチェンギナンコルとP面に隣接するT面M里の2ヶ所に分かれているため，2日に分けて祭祀を行う。1日目（陰10月11日）には入郷祖の18世千秋の墓があるチェンギナンコルで8基を，原則として上世代から祀り，2日目（12日）には22世彧の墓があるM里で4基を祀る。また，小宗中以下の下位門中の祭祀は，原則として上位門中の祭祀よりも後に行う。まず4つの小宗中について見ると，大宗中M里墓所での祭祀の翌日にあたる陰10月13日に，伏山峙宗中，「小宗中」，深洞宗中の3つの小宗中がそれぞれ別途に祖先の祭祀を執り行う。虎谷宗中のみは，10月14日と15日の両日に祭祀を行う。これは虎谷宗中で祀る24世珪の玄孫のひとりを，墓の立地の関係で伏山峙宗中で祀っているためである。すなわち虎谷宗中の子孫の一部が，主として傍系祖先を祀る伏山峙宗中の祭祀にも参加せねばならないため，虎谷宗中の祭日がその翌日以降にずらされたものである。伏山峙宗中の祭祀を先に行うのは，中心となる祖先の世代関係に従ったものであろう（伏山峙宗中で祀る23世若水の方が虎谷宗中で祀る24世珪よりも1世代上）。ここで，系譜上隣接しない2つの分派[1]が，祭祀遂行の便宜上，同一の宗中に参加していた点に留意しておきたい。

小宗中と私宗中の関係も見ておこう。まず大宗中宗孫の系統である伏山峙宗中は，23世若水以下28世までの祖先を祀っていた。28世永佑には2人の息子がおり，そのうちの長男である29世時重の子孫がYマウルに2戸暮らしていたが（いずれも世帯主は34世），すでに墓祀に移した時重に対し，私宗中は組織されていなかった。

これに対し，「小宗中」の系統は複雑な内部分化を示していた。24世瑜には4人の息子（25世）がおり，長男泰老と三男華老に対し庵山宗中，次男致老に対し細松（あるいは細松田）宗中，四男季老に対し茶山宗中が組織されていた（いずれも祭日は陰10月14日。但し致老のみ陰10月12日）。長男泰老は息子を残さずに亡くなり，三男華老の長男が養子として系統を継いだため，庵山宗中は実質的には

1　例えば，24世瑜・珪兄弟をそれぞれ祀る「小宗中」と虎谷宗中は横（lateral）に隣接しているといえるが，この兄弟の父で，伏山峙宗中で祀る23世若水の弟である若氷は大宗中で祀られるため，小宗中・虎谷宗中と伏山峙宗中は隣接しているとはいえない。

三男華老の直系子孫によって組織されたとみなすことができる。また，長男泰老の妻全州李氏と四男季老の妻済州高氏の墓はともに同じ孝隠洞に，それぞれの夫とは別途に設けられていたため，この妻2人の祭祀のために別の私宗中も組織されていた（祭日は10月15日。泰老の養子に入った華老の長男夫婦もこの宗中で祀られる）。調査当時，庵山宗中と細松宗中の子孫はYマウルに暮らしておらず，Uマウルの金KYが前者を，同じくUマウルの金PG（次節参照）が後者を管理していた。一方，四男季老を祀る茶山宗中の子孫としては10- 金PJ，40- 金PRや42- 金PYらがいた。彼らの証言によれば，さらに下位の私宗中も組織されており，季老の3人の息子（26世）のうち，長男俊彦と三男履彦は回洞宗中で祀り（祭日は10月16日），次男相彦は冶洞（あるいは内洞）宗中で祀るとのことであった（祭日は10月16日か？）。

残りの2つの小宗中のうち，虎谷宗中では下位の私宗中が組織されていなかった。23世三男若湖の子孫からなる深洞宗中の内部分化については，門中の結成経緯と関連して後述することにする。

ここでひとつの宗中で祀る祖先の範囲について，説明を補足しておきたい。中心となる祖先の弟の5世孫，すなわち虎谷宗中の系統に属する傍系祖先を，自身の直系祖先と一緒に祀っていた伏山峙宗中のような例は珍しいかもしれないが，3代の祖先のうちで祖父と孫のみを同じ宗中で祀り，あいだに挟まれた息子は別の宗中で祀る例や，夫婦の一方を別の宗中で祀る例のように，親子や夫婦の祭祀が優先的にひとつの宗中にまとめられるわけではなかったことは上記の事例からも明らかである（表9-2も参照）。これは主に墓の立地が考慮された結果である。大宗中，小宗中と一部の私宗中は墓を造営するための比較的広い山林（「山所 *sanso*」）を所有していたが，各宗中で祀る墓のすべてがこの墓所に集められていたわけではなく，また夫婦が別の山に埋葬されることも珍しくなかった。風水地理的な知識に従って個々の死者と子孫にとって福をもたらす場所を選んだ結果として，宗中の墓所が準備されていても別のよい場所に埋葬したり，また先に亡くなった夫／妻とは別の場所に埋葬することがしばしば見られたのである（2節参照）。

次に深洞宗中を例に，下位門中の結成経緯を見てみよう。深洞宗中の祭閣に残されている文書によれば，23世若湖を祀るこの宗中は，1787年に26・27世，すなわち曾孫・玄孫の代の子孫によって結成された。1815年には，子孫が多く暮らすC里Cマウルに祭閣（慕敬斎）を建立した。以下，この宗中の長老のひとりであるCマウル居住の金HTの証言に従って，深洞宗中の下位門中の結成経

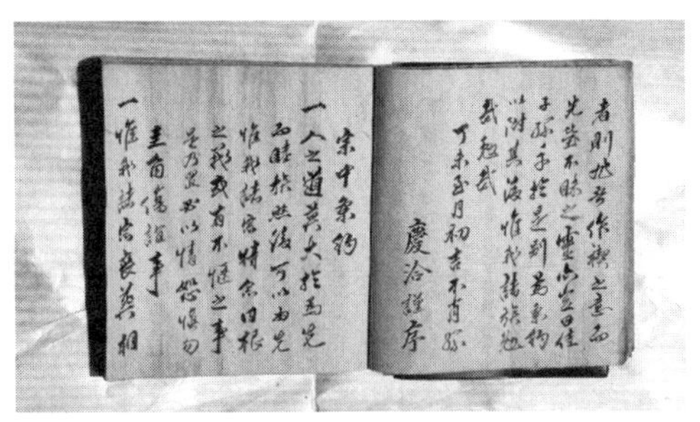

写真 47　彦陽金氏深洞宗中の契文書

緯を整理しよう。

深洞宗中で祀る最上世代の祖先は，23 世若湖である。金 HT の言では，「若湖の息子以下，3 代の子孫〔24 ～ 26 世〕はいずれも「独子」〔ひとり息子〕で，息子がひとりしかいなければ，〔上位門中とは別途に〕宗中を作る必要がなかった[2]」。これに対し，玄孫の代（27 世）には慶洽と慶浹の 2 人の息子がおり，「〔子孫たちが〕それぞれに対して宗中を作った」。まず，兄慶洽の系統では，慶洽の 3 人の息子（28 世相玉・基玉・理玉）が父の祭祀のための財産を準備し，「三従稧宗中」を組織した。さらにこの 3 人の息子たちのうち，まず長男の相玉に対して「再従稧宗中」が作られた。しかし，次男の基玉には子孫が少なく，かつ貧しかったので，宗中は作られなかった。三男理玉に対しては，「保宗稧宗中」が作られた。

一方，慶洽の弟慶浹の系統では，曾孫の 30 世時雲が同世代の子孫たち（族譜によれば，他に時中・甲千・時煥・時雨の 4 名）と一緒に竹徳宗中を作った。最初は水田 3 マジギしか財産がなかったが，「現在」（調査時点）は水田 10 マジギと祭閣がある。この宗中の自慢は，時雲の長男で 31 世宗孫の奎錫が科挙進士試に合格したことである（1888 年）。その妻である霊光柳氏も，夫が死んだ日の晩に自害して烈女として讃えられ，Y マウル入り口に烈女碑が立てられている（序論1節参照）。

慶浹には 28 世錬玉・振玉・采玉の 3 人の息子がいたが，長男錬玉を祀る松道宗中は，「40 年前」（1949 年）に 31 世奎錫を含む曾孫世代の 6 人兄弟（錬玉の息子と孫はいずれも独子）が兄弟稧を結成して基本財産を準備した。当初田畑はなく精米 1 ～ 2 石のみであったが，「現在」（調査時点）は水田 2 マジギがある。子孫からま

2　正確には，息子（24 世瓚）と長系の曾孫（26 世冑彦）が独子で，孫の 25 世の代には巌老・益老・永老の 3 人の男子がいた。長男の巌老は深洞宗中で祀っていたようであるが，後述する金 HT 自身の証言でも言及されるように，次男の益老に対しては別の私宗中が組織されていた。

だ〔追加して〕費用を集めたことはない。時祭はまだ錬玉に対してしか行っていないので，多くの財産は必要ない。一方，次男振玉の子孫は35-金PJだけなので宗中は必要なく，三男采玉には子孫がいないので宗中が組織されていない。

以上の金HTの証言をまとめれば，「独子」，すなわち息子が1人だけの場合には，父を祀る宗中とは別に息子のために新たな宗中を作る必要はない。なぜならば，父の父系直系男子子孫が，すべて独子の子孫でもあるからである。これに対し兄弟の子孫たちは，兄と弟それぞれの側に分れて別の宗中を組織する。上述の他の小宗中の事例で墓の場所と立地が下位門中で祀る祖先の範囲に影響を及ぼしていたのとは異なり，金HTが取り上げた事例では，いずれも系譜上の分岐が下位門中の結成の契機をなしていた。

宗中の結成経緯を見ると，はやくは息子世代，そうでなくとも曾孫の世代で，あるいは曾孫の存命中に玄孫も加わって，基本財産の準備が始められていた。これは下位宗中の主目的が「四代奉祀」の家内祭祀を終えた祖先に対する墓祀・時祭の遂行にあることと呼応するものである。仮に「祭遷」(7章4節参照) を行ったとしても，原則として玄孫がすべて死ねば父系直系男子子孫（世帯）の共同責任で墓祀・時祭を始めねばならない。宗中の基本財産は，金HTが述べていたように，この墓祀・時祭の費用を拠出するために準備される。そして，墓祀・時祭の開始以前に財源を準備するのであれば，遅くとも玄孫の世代までには着手していなければならないというわけであった。

ただし，兄弟の子孫が系譜上分岐しても，起点となる兄弟のすべてに対して私宗中が作られたわけではないことにも注意しておきたい。子孫が途絶えた場合だけでなく，子孫の数が少なく，経済的に余裕が無いような場合にも，基本財産の準備は難しくなる。また残っている子孫が事実上一家族のみで，家内祭祀だけでなく墓祀・時祭もその家族が単独で責任を負わねばならないような場合には，（田畑等の祭祀経費拠出用の財産を別途準備するとしても）結社としての宗中を組織する必要性が生じない。

金HTの証言に従って，下位門中の運営の実態をもう少し詳しく追ってみよう。

金HTは，35-金PJの父とともに，竹徳宗中の様々な活動を推進した。例えば，「約40年前」(1950年頃)，国家が法律で宗中の所有地に制限を課したので（農地改革法により，祭祀用の水田の面積が，墓の1位当り2反歩＝600坪以内に制限された），大宗中の水田の一部にあたる5マジギを米96カマニで売却した[3]。当時，大宗中の

3　1マジギ20カマニ近い高額の地価は，20年近い差はあるが5章2節で取りあげた28-

下には，伏山峙宗中，細松田宗中，茶山宗中，虎谷宗中，三従稧宗中，竹徳宗中，矢谷宗中の7つの「私宗中」(ここでは下位門中の意）があった。この96カマニを戸数比で各宗中に分配し，年1割の利子を毎年大宗中に納めさせることにした（市中での利息は30%程度)。竹徳宗中には13カマニが分配された。他の宗中ではこの米を使い切ってしまったが，竹徳宗中では，金HTと35-金PJの父のふたりで相談して水田を買った。この水田を貸して小作料を取り，さらに水田を買い足して約7マジギになった。

この証言から，19世紀後半の結成当時には水田3マジギのみであった竹徳宗中の基本財産が，金HT自身の表現を借りれば彼と35-金PJ父のふたりの「努力」により，水田10マジギにまで増えた経緯を読み取れる[4]。ここで注意しておきたいのは，大宗中水田の売却代金を分配して利殖する際に，入れ子状に内部分化した下位門中のうちのあるものが非対照的に被分配単位として選ばれた点である。前述の4つの小宗中のうち，大宗中の宗孫の系統である伏山峙宗中（23世長男若水の子孫）と24世珪（23世三男若氷の次男）の子孫からなる虎谷宗中は小宗中自体が被分配単位とされていたが，「小宗中」(若氷の長男である24世瑲の子孫）は細松田宗中（瑲の次男で25世致老の子孫）と茶山宗中（瑲の四男で25世季老の子孫）の2つに分けられ，深洞宗中（23世四男若湖の子孫）は三従稧宗中（27世慶洽の子孫），竹徳宗中（27世慶浹），ならびに矢谷宗中（25世益老の子孫）の3つに分けられていた。おそらくは子孫の戸数が比較的多い小宗中を複数に分けたものと推測されるが（これに対し伏山峙・虎谷両小宗中は，先述の通り内部分化を見せていなかった），実利追求的な活動にあたっては，必ずしも系譜的な対称性を重視せずに，より適正な規模の単位が模索されたといえるのではないか。ただし，「小宗中」では庵山宗中が除かれており，また深洞宗中では25世永老の子孫が含められていなかったが，これは子孫の数自体が少なかったか，あるいは近隣に居住する子孫が極端に少なかったためではないかと考えられる。

李KNの手記でコチシルの水田の売却価格として示されていた1マジギ4.75カマニから大きな隔たりがあり，またその5マジギの売却価のごく一部を利殖して水田を7マジギにまで増やしたというのも理解しづらい。5マジギというのは筆者の聞き違いか金HTのいい間違いかと思われる。

4　参考までに，1989年度の竹徳宗中の収支を記しておくと，収入が農地・宅地・米穀の賃貸料・利子合わせて115万5085ウォンであったのに対し，支出が時祭費用17万8750ウォン，祭閣修理費用73万ウォン，歳饌20万ウォン程度，合わせて113万6900ウォンであった。祭閣修理という臨時の出費を除けば，財政に相当の余裕があったことがわかる。

図9-2　広州安氏大宗中の内部分化

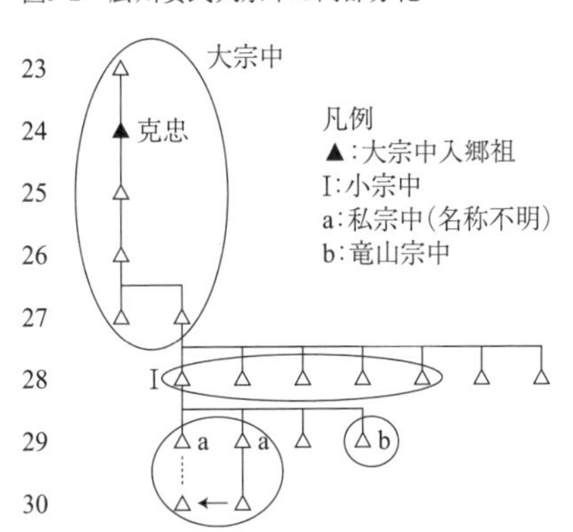

(2) 広州安氏大宗中と恩津宋氏大宗中

広州安氏大宗中は，入郷祖の父である23世宏，入郷祖24世克忠（独子），その長男である25世泳（次男は子孫がとだえる），泳の長男26世鉄寿（独子），ならびに鉄寿の長男球・次男瑀の5代の祖先を祀っていた（図9-2参照）。Yマウルに暮らす広州安氏は，この27世の2兄弟のいずれかの直系子孫であった。このうち兄球の子孫は（宗孫の）32-安YSのみで，別途下位門中が組織された形跡はなかった。これに対し，弟瑀には7人の息子がおり，この28世の兄弟のうち長男から五男までの5名が「小宗中」(固有名称はなし）で祀られていた。この5位のうち，長男済漢の子孫のみがYマウルに居住していた。済漢には息子（29世）が4名いたが，長男杉は息子を残さずに亡くなり，次男相の息子が養子に入った。「小宗中」の下位門中としては，この杉・相他を祀る私宗中（名称不明）と四男桓を祀る竜山宗中の2つの私宗中を確認できた。後者の竜山宗中では，29世から33世までの5代の祖先を祀っていた。7章4節で14-安MSと19-安KSの高祖5兄弟の祭祀を1987年の私宗中の決議で一括して墓祀に移したとあったのは，この竜山宗中の33世を指すものである。

恩津宋氏大宗中は入郷祖からの世代深度が8～9代と比較的浅く，子孫も多くはないため，5代祖以上の祖先に対する墓祀の多くを大宗中で行い[5]，一部につ

5　恩津宋氏大宗中の祭閣である慕先斎（1966年建立）に保管されていた「1979年己未恩津宋氏大宗中祝文」によれば，この大宗中では16基の墓の祖先26位（「考」＝男性祖先13位，「妣」＝男性祖先の配偶者13位）に対する墓祀・時祭を執り行っていた（1989

いてのみ私宗中を組織して行っていた。

Yマウル三姓は，いずれも入郷祖を頂点（apical ancestor）とする地域門中を組織していたが，その内部分化には，入郷祖からの世代深度と系譜の分岐のしかた，子孫の数，ならびに子孫の経済状況によって，顕著な違いが見られた。また，先行研究で指摘されていたように，祖先祭祀の墓祀への移行が下位門中（私宗中）の結成，あるいは（位土などの）祭祀財産の造成の契機をなすことを，Yマウルの事例でも確認できた［cf. 嶋 1978; 伊藤 2013, p.263］。次節でも述べるように，地域門中の内部分化は調査時点から見て過去に完結済みのことではなく，新たな私宗中の結成が当時も進行しており，その意味で未完成かつ構築中（in the making）であったといえる。とはいえ，四代奉祀を終えた祖先毎に別途に新たな私宗中を組織していたわけではなく，財源が新たに準備されれば決議によって既存の私宗中の祭祀対象に含めてもらうことも可能であり，また子孫が少ない場合には，私宗中を介さず，場合によっては祭祀財産をも設けずに墓祀を行う例もあった。そして金HTの証言にもあったように，祖先の祭祀と顕彰に献身的に奉仕する子孫の有無によっても，祭祀他の活動のための基本財産の規模や活動の広がり，さらには下位門中を結成するかどうかに至るまで相当の違いが生じていた。門中の活動が相当程度で中心的人物の意欲と献身に支えられていた点は，次節で検討するサンイルの事例からも確認できる。

9-1-2　墓祀と門中の諸活動

筆者は，Yマウルでの滞在調査中の1989年11月とソウルから短期補充調査に訪れた翌年の11～12月に，三姓の墓祀を集中的に参与観察する機会を得た。同じ時期に三姓の祭祀，ならびに同じ大宗中の異なる下位門中の祭祀が併行して行われていたため，筆者ひとりでそのすべてを網羅的に観察記録するのは不可能であったが，時間の許す限り，なるべく広く参加するようにつとめた。筆者が2年にわたって参与観察した墓祀は次の表9-3の通りである。ここでは筆者の観察記録に基づき，当時の墓祀・時祭と門中活動の実態を素描しておきたい。ただし韓国の農村社会で行われてきた時祭・墓祭（南原では「墓祀 *myosa*」と呼ぶ）についての先行研究は少なくない。よって，祭祀の作法・手順については簡略な記述に留め，三姓の作法の違いと調査当時に現れ始めていた変化の徴候を同

年11月15日閲覧)。

表 9-3　Y マウル三姓の墓祀（1989・90 年）

祭祀の日取り［陰暦］	主催者
1989 年	
11 月 9 日［10 月 11 日］	彦陽金氏南原大宗中
11 月 10 日［10 月 12 日］	彦陽金氏南原大宗中
11 月 11 日［10 月 13 日］	広州安氏小宗中
11 月 12 日［10 月 14 日］	彦陽金氏竹徳宗中
11 月 13 日［10 月 15 日］	恩津宋氏大宗中
11 月 14 日［10 月 16 日］	彦陽金氏回洞宗中
11 月 15 日［10 月 17 日］	恩津宋氏私宗中
11 月 19 日［10 月 21 日］	彦陽金氏井邑宗中
1990 年	
11 月 29 日［10 月 13 日］	彦陽金氏伏山峙宗中
11 月 30 日［10 月 14 日］	彦陽金氏虎谷宗中
12 月 1 日［10 月 15 日］	恩津宋氏大宗中
12 月 7 日［10 月 21 日］	彦陽金氏井邑宗中

定するに留める。

まず，三姓のなかで Y マウルに暮らす子孫の数が最も多く，また内部分化が最も複雑であった彦陽金氏南原大宗中の墓祀を見ることにしよう。

《事例 9-1-1》彦陽金氏南原大宗中墓祀（1989 年 11 月 9・10 日）

彦陽金氏南原大宗中の墓祀は，調査当時，陰暦 10 月 11 日と 12 日の 2 日間にかけて行われていた。初日は Y マウル・チェンギナンコルの墓所に埋葬されている祖先の祭祀を，2 日目には P 面に隣接する T 面 M 里の墓所に埋葬されている祖先の祭祀を行うものであった。先述のように，チェンギナンコルには入郷祖 18 世千秋，M 里には 22 世彧を記念する祭閣がそれぞれ設けられていた。筆者は 1989 年冬の墓祀に準備を含め 3 日間にわたって参加する機会を得た。以下，その概要を記す。

a）11 月 8 日（水）：墓祀の準備（場所：Y マウル・チェンギナンコル世敬斎）

午後 2 時頃にチェンギナンコルの世敬斎に行くと，近隣に暮らす子孫世帯から主人と主婦が集まり，男女に分かれて翌日の祭祀に供える食物の準備に当たっていた。老年男性たちが見守るなか，中年男性は「正庁」(「行祀之所」である正面中央の板の間）で餅を切りそろえていた。主婦たちは「楼」(祭閣両翼から張り出た板敷きの東屋）の下で「炙」(魚・肉などに小麦粉と溶き卵をつけて油で焼いたもの）を焼いていた。準備の終わった供物は漆塗りの器（木器）に盛り，正庁西側の「宿直室」（オンドル部屋）に運び，祭祀 1 回分を陳設（霊前に供物を並べること）する順番に従って 1 列に，計 10 回分を並べた。墓 1 基に対してそれぞれ 1 回ずつ祭祀を行うが，ひとつの墓に男性祖先かその妻のひとりだけが埋葬されているのか，あるいは

写真48　墓祀の供物の準備（彦陽金氏大宗中）

写真49　彦陽金氏入郷祖の墓祀

夫婦が一緒に埋葬されているのかによって，人数分を供える一部の供物（餅・飯・羹など）の数が違う。まず，部屋の一番奥に餅を載せた台を並べ，他の供物も同じ順番で縦1列をなすように並べるが，墓の祖先が夫婦の場合には餅の台をふたつ1列になるように置いた。墓8基（11位）分と2ヶ所での山神祭に用いる供物をそれぞれ1列に並べ，足りないものがないかを確認した。

準備作業は朝から行っており，午前中には豚を1匹潰したとのことであった。彦陽金氏の子孫はK里Y・Uマウルだけでなく，K里の隣のC里Cマウルにも多く住んでいたが，この日の準備には近隣の子孫世帯が全て参加したわけではなく，「誠意によって来たもので，仕事が忙しければ来ない」とのことであった。

b）11月9日（陰10月11日）：初日の祭祀（場所：Yマウル・チェンギナンコル墓所・世敬斎）

朝8時30分過ぎに世敬斎に行くと祭祀の準備中であった。祭祀を始める前に，儀礼における役割分担（「執事分定記」）を紙に記して祭閣の壁に貼った。役割としては，都執礼，初献官，亜献官，終献官，大祝，司樽，樽爵，陳設，奉香，奉爐，按行などが決められた。

まず，祭閣脇の墓所にある墓3基で墓祀を行い，終了後に山神祭を行った。祭祀の順番と墓に埋葬されている祖先は次の通りである。

① 18世金千秋（1位）

② 18世金千秋妻安東権氏（1位）

③校理安東権氏瑚・妻晋州蘇氏（2位。②の安東権氏の父母）

④山神祭

それぞれの墓で行われた①～③の墓祀には，彦陽金氏子孫の中高年男性26名が参列した。①の入郷祖の墓祀のみ，供物として蒸した豚の頭が追加された。③は入郷祖の妻の父母で，父系子孫による祭祀の継承という原則に従えば娘の子孫である彼らが祀るべき祖先ではないが，入郷祖の墓と隣接して埋葬されて

写真 50　山神祭

いるため，その墓祀の際に一緒に祀るのだという。儀礼の手順は，香を焚いて「降神」し，ついで 3 人の献官（初・亜・終献官）が酒盃を献じ再拝し，また祝文を読むという，大同小異の儒礼の方法に従うものであったが，終献官の献杯・再拝後に初献官が酒を注ぎ足す「添酌」が独特であった。

残りの墓祀は，墓が遠くて供物を運ぶのに手間がかかるため，祭閣で行うことにした。

⑤ 19 世金敦慶・妻羅州朴氏（2 位）

⑥ 21 世金復興（13 代従祖）妻居昌慎氏（1 位）

⑦ 21 世金重興（1 位）

⑧ 22 世金彧妻南原梁氏（1 位）

⑨ 23 世金若海（11 代従祖）・妻安東金氏（2 位）

⑩山神祭

先述のように 20 世箣夫婦と 21 世復興の墓は京畿道坡州にあるためここでは祀っていない。他方で傍系の祖先でもここに墓がある⑥と⑨は一緒に祀っていた。山神祭を再度行ったのは，①～③とは異なる墓域（山）に埋葬されていたからである。①～③と⑤～⑨の 8 基の墓祀の初献官は，いずれも大宗中宗孫である 12- 金 IS がつとめていた。④と⑩の山神祭は，献官 1 名（墓祀の献官とは異なる）と祝官 1 名のふたりで執り行った。

一通り祭祀が終わった後は祭閣で食事をし，その後に参列者の人数に応じて供物を分けた。近隣に暮らす直系子孫世帯でも，参列しなかった者には供物の分け前を受け取る権利がないという。この他，煙草が 1 パック（20 本入り）ずつ分配された。この日の参列者は最終的には 40 名程度に達し，なかには都市に暮らす中高年者も含まれていたが，かつては 100 名以上が参加したという。

c）11 月 10 日（陰 10 月 12 日）：2 日目の祭祀（場所：T 面 M 里追敬斎・墓所）

この日の参列者は中高年男性30名程度で，祭閣に集まり，隣接する墓所で4基6位の墓祀と山神祭を行った。

⑪ 22世金彧・妻坡平尹氏（2位）
⑫ 23世金若氷（彧の三男）・妻長渕辺氏（2位）
⑬ 24世金玖（彧の長男若水の長男・1位）
⑭ 25世金致老（若氷長男の瑲の次男・1位）
⑮山神祭

このうち，大宗中の子孫全員に共通する直系祖先は⑪のみで，⑫～⑭はそれぞれの直系子孫たちが供物を準備し，それぞれの宗孫（ただし⑬の宗孫は大宗中宗孫の12- 金IS）が初献官をつとめた。ただし傍系の子孫たちも，直系子孫と「墓が同じ場所にある」という理由で傍系祖先の墓祀に参列していた。この日も祭祀の終了後に食事をし，参列者で供物を分け合った。

大宗中の墓祀で入郷祖以外の祖先に対する祭祀も一緒に行っていたのは，広州安氏や恩津宋氏でも同様であった。また，入郷祖の祭祀といえども一部の供物が若干立派であった程度（彦陽金氏であれば，豚の頭を加えるくらい）で，供物の種類や手順に他の祖先のそれと大きな違いは見られなかった。その点では，特定の祖先の顕彰よりも，むしろ入郷祖を起点とする父系の血統を表象することに重点が置かれていたといえる。

また，父系直系の血統のみに固執するわけではなく，非父系祖先や傍系の祖先を含めて門中・家系に関わる死者を広く追慕するような側面も見られた。この事例で初日に行われた入郷祖の妻の父母に対する祭祀（③）や父系の傍系祖先に対する祭祀（⑥，⑨）がこれにあたる。またこの事例では，2日目の⑫～⑭のように，大宗中の主催によるものではない（供物は直系子孫が別途準備する）祭祀も同日に同じ場所で行われていた。これは，地域門中の内部分化との関連でも述べたように，祖先の墓が各地に分散している場合に，手間を省くために場所が近い墓については同じ機会に墓祀を行うようにしたものと考えられるが，これにも傍系子孫の参加が見られた。

ここで，墓祀で祀られる祖先をどのような存在と捉えるのかについても見ておきたい。彦陽金氏のある長老は，「神〔霊〕がいるかいないかは知りようがない。神が来る来ないにかかわらず「精誠」を尽くす。祖先の心が降りてくるかのように，そこにいるかのように行うものだ」と語り，また2日目に参加していた慶尚北道に暮らす39歳の男性は，「墓祀に参列するのは子孫の道理である」と語っ

写真 51　恩津宋氏大宗中祭閣

写真 52　恩津宋氏大宗中祭閣での時祭。手前の四角い盆にのせられているのが *kallap* の供物

た。広州安氏のある老人は，「祖先がいなければ自分は生まれなかった。そのことを感謝するために墓祀を行うのだ」と語った。そうであるのならば，なぜ「外家」(母方)の祭祀は行わないのかとたずねると，「韓国は父系社会だから」という答えが返ってきた。恩津宋氏のある男性は,「祖先の事績を思い出しながら祀る」のだと語っていた。祖先を霊的な存在と捉えるものではないが，多くの祖先を集合的に祀るのではなく，個別に，それぞれについての記憶を想起しつつ感謝し祀る。また時には祀る者のいない非父系・傍系祖先をも祭祀の対象に含めるように，個別の人格として死者を想起・表象し，父系の血統をひとつの参照軸として，個別の死者と自身の関係を再認識しつつその死者に対して真心を尽くす。そこに墓祀の意味が見いだされていたといえる。

一方，儀礼の梗概は『朱子家礼』や『四礼便覧』(なかには『程氏家礼』を挙げる者もいた) などの儒礼のテクストに従うものであったが，その細部には，三姓のあいだで多少の違いも見られた。彦陽金氏大宗中の墓祀では，上述のように，終献官の献盃・再拝後に初献官が酒を注ぎ足す「添酌」を行っていた。恩津宋氏大宗中でも同様に「添酌」を行っていたが，広州安氏の墓祀ではこの手順を取っていなかった。後者ではまた，飯（・匙)・汁・蔬を供物に含めていなかった。一方，恩津宋氏大宗中では，供物を並べた大きな膳の脇に小さな台を置き，その上に肉類を盛った皿を 3 つ並べ，初献官，亜献官，終献官がそれぞれ酒盃を献上した後にひと皿ずつ膳に供えるという手順も加えられていた。これを *kallap* (漢字表記は不明) といい，酒のつまみとして召し上がっていただくために供えるとのことであった。一般に「家家礼 *kagarye*」と呼ばれる儀礼作法の細かな違いを，Y マウルの三姓の事例からも確認することができた。

上述の事例における証言を含め，三姓の墓祀への参加者たちによれば，墓祀

写真 53　祭閣内での時祭（広州安氏）

写真 54　墓祀・時祭終了後の供物の分配と飲福（恩津宋氏）

に参加する子孫は以前と比べて目立って少なくなったという。また若い人手が減って供物を山中の墓にまで運ぶことができなくなったため，祭祀を行う場所を墓から祭閣や子孫の家に移した例もあった。彦陽金氏大宗中の事例で，祭閣から距離のある場所に墓が設けられている⑤～⑩に対して祭閣で祭祀を行っていたのはすでに述べた通りである。広州安氏小宗中でもかつては墓で祭祀を行ったが，若い人がいなくなり，墓まで供物を運ぶことが難しくなったので，室内（祭閣）で祭祀を行うようになった。広州安氏の長老によれば，かつては多くの子孫で祭閣が一杯になり，また食糧事情も悪くおなかをすかせた国民学校生も餅を食べに来たというが，いまや近隣に残る中高年男性と都市に住む者のごく一部が参加する程度にまで規模が縮小していた。彦陽金氏の竹徳宗中では，1987 年まで墓前で祭祀を行っていたが，前年の 1988 年からは天気が良くても室内で祭祀を行うようにした。恩津宋氏大宗中では，1989 年の場合，前日に雨が降ったため祭閣内で祖先の祭祀を行い，山神祭は祭閣の門の外で行った。その翌年も雪がちらつく寒い日で，祭閣で祭祀を行った。

儒礼の祖先祭祀では，儀礼の種類を問わず，参加した子孫が供物を分け合って食べること（飲福）が手順のひとつをなす。上の事例では祭祀に参列した者だけに供物を分配していたが，門中によっては近隣に住む構成世帯のすべてに分配する例も見られた。また，同じ参加者のなかでも，若者より老人により多くの供物を分配する例もあった。これとの関連で補足すれば，門中によっては年末に老人にお小遣いをあげる例もあった。

以上のように，門中の活動の中心は毎年の墓祀の遂行にあるが，それ以外にも後述する墓碑の建立，墓域の整備や族譜の編纂などの祖先顕彰活動（「為先事業」）を随時行っていた。これに対し，構成員・世帯の福利厚生には必ずしも熱心でなかった。

9-2　墓の整備作業と孝実践

本節では，サンイル（*san-il*）と呼ばれる墓の整備作業について，Yマウルでの滞在調査中の1990年3月から7月までのあいだにYマウルとその近隣で実施された11事例（ただし3月の1例はYマウル住民は招待客としてのみ参加）を資料として用い（表9-4参照），その形式と内容を整理したうえで，誰によって何を目的としてサンイルが実施され，またそこに孝実践のどのような様相が現れていたのかについて検討を加える[6]。事例の検討に先だって，まず，当時の韓国の農村社会において，死者を葬る場所である墓が，その墓に葬られた死者の家族・親族やその他の縁故者にとって，どのような意味・機能を担わされる場所であったのかについて改めて整理し，墓と墓所を対象とした一種の土木作業であるサンイルが，それ自体孝の実践として，他の孝の実践の諸様式と対照してどのような特徴を具えていたのかを概観しておきたい。

9-2-1　墓とサンイル

産業化以前の韓国の農村社会では，疫病死や幼少時，結婚前の死など，異常な死に方をした者を火葬にする場合を除けば，遺骸の処理法としては土葬，すなわち地中に埋葬するやり方が主流をなしており，調査当時でも火葬は限定的にしか行われていなかった[7]。埋葬場所には山や丘の斜面が選ばれることが多く，

場所の選択にあたっては，土地の入手の容易さや墓の管理のしやすさといった実利的な条件だけでなく，風水地理上の立地条件も考慮されることが多かった。これは，祖先の墓の場所の良し悪しが子孫の禍福に影響を及ぼすという墓地風水信仰に基づくもので，子孫に良い影響を及ぼす祥気が集まるとされる「明堂チャリ」（*myŏngdang-chari*）が好まれていた。

埋葬墓は個人ごと，あるいは夫婦ごとに設けられる。風水地理説では，死者の棺が埋められる場所を「坐」と呼び，その背面の方向をもって「坐」の方位

6　なお，以下の9-2-1と9-2-2は，拙稿［1993］の一部を改稿のうえ再掲した。

7　韓国保健社会部の調査によれば，1975年から1984年までの10年間の全国火葬率は15〜16%前後で，1988年でも17.4%に留まっていた［朝倉 1993, p.67］。1990年代半ば以降，火葬率は急激な上昇を見せたが［cf. 秀村 2007; 丁 2012］，調査当時の村落社会では，未だ土葬（埋葬）が主流であった。

表 9-4　Y マウル近隣で行われたサンイル（1990 年 3 ～ 7 月）

	日程		主宰者	対象祖先	埋葬形態（被埋葬者数）	作業内容他	プヨク	見物客
	陽暦	陰暦						
a	3/19 (月)	2/24	晋州蘇	父母	雙墳(2)	移葬・墓碑・床石・石物	有	有
b	4/2 (月)	3/7	広州安	祖父母	合封(2)	移葬・床石・石物	無	無
c	4/5 (木)	3/10 清明	広州安	曽祖母	単墳(1)	移葬	無	無
d	4/6 (金)	3/11 寒食	彦陽金	父母	品字形(3)	移改葬・墓造営・床石・石物	有	有
e	4/6 (金)	3/11 寒食	彦陽金	5 代祖 曽祖父母	単墳(1) 合封(2)	床石 床石	無	無
f	4/16 (月)	3/21	彦陽金	父母	合封(2)	移葬・床石・石物	有	有
g	4/19 (木)	3/24	彦陽金	祖父母 父母 本人夫婦	合封(2) 合封(2) 合封(2)	墓碑・墓修繕 改葬・墓碑 墓造営	有	有
h	7/1 (日)	閏 5/9	彦陽金	5 代祖 5 代祖母	単墳(1) 単墳(1)	墓碑・石物・墓修繕 石物	有	有
	7/14 (土)	閏 5/22				祝宴		
i	7/1 (日)	閏 5/9	彦陽金	祖父母	合封(2)	墓碑	有	有
j	7/3 (火)	閏 5/11	広州安	高祖	単墳(1)	石垣	無	無
k	7/13 (金)	閏 5/21	彦陽金	曽祖父母	合封(2)	移葬	有	有
計					15 基 26 位	移改葬 7，墓碑 5，石物 8*		

凡例：* の「石物」は床石を含む。

が示される。一方，この坐の正面する方位は「向」と呼ばれる。よって，「坐」の方位と「向」の方位は一直線上で逆の向きを示すことになる。墓壙（墓穴）の底に棺を安置する際には，遺骸の頭が「坐」の方角に，足が「向」の方角に向くように棺を置き，さらに棺の正中線が坐向を結ぶ直線と一致するように向きが整えられる。墓壙を掘る際には，水平断面が棺の底面よりもやや大きくなるように，成人男子の腰が隠れるくらいの深さにまで鉛直に掘り下げ，底を水平に均す。そして棺を安置した後に掘り上げた土で埋め直し，さらにその上に半球状に土を盛り，表面に芝を植え付る（この盛り土を「封墳」と呼ぶ）。封墳の周囲は馬蹄形に整地され，そこにも芝が植え付けられる（莎草）。この馬蹄形に整地された場所が 1 基の墓として数えられ，墓での祭祀や墓参，そしてここで取りあげる墓の整備作業も，この 1 基の墓を単位としてなされる。

ただし，同じ墓に埋葬される死者の数は 1 人である場合もあれば（単墳），複数の死者（原則として夫婦）が 1 基の墓に埋葬される場合もある。前者では，封墳は当然 1 つだけになるが，後者の場合，2 つの棺を 1 つの墓壙に並べて安置する場合には封墳は 1 つ，墓壙を 2 つ掘りそれぞれに 1 つずつ棺を安置する場合に

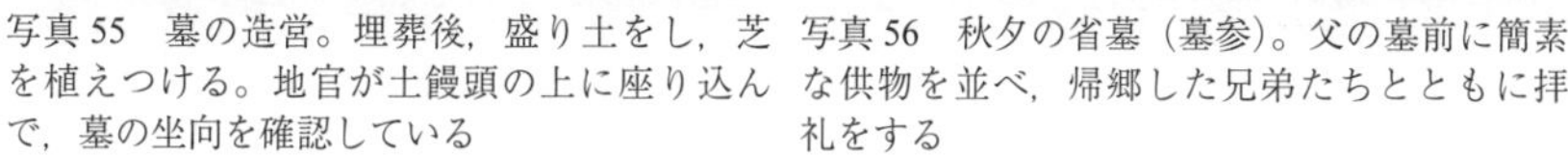

写真55　墓の造営。埋葬後，盛り土をし，芝を植えつける。地官が土饅頭の上に座り込んで，墓の坐向を確認している

写真56　秋夕の省墓（墓参）。父の墓前に簡素な供物を並べ，帰郷した兄弟たちとともに拝礼をする

は封墳は2つになる。2つの棺を同じ墓壙に安置するものを「合封」(ないしは「合葬」)，別々の墓壙に安置して封墳を2つ築くものを「雙墳」という。加えて，夫と2人の妻を1基の墓に埋葬する場合もある。その際には，夫の墓壙の前方（「向」の方向）左右に墓壙を1つずつ設け，それぞれに妻の棺を1つずつ安置し，計3つの墓壙の上に封墳を1つずつ築く。これは封墳の配置に似た「品」の字を用いて「品字形」と呼ばれる。

死者が埋葬された墓は，子孫が詣り，祭祀を捧げる対象でもある。調査当時のYマウルの住民たちは，祖先の墓を定期的に清掃，補修し，旧正月・清明・秋夕等の機会に墓参（省墓）を行っていた。都市・他地域に移住した子孫の多くも故郷を訪れれば祖先の墓に帰省の報告をし，無沙汰を侘びた。前節で述べたように，原則として5代祖から上の世代の家内祭祀では祀らない父系祖先に対しては，毎年陰暦3月ないしは10月（Yマウルの各氏族では10月が主流）の定められた日に墓前での祭祀（墓祀）を行っていた。

墓は，墓参や祭祀を執り行う場所であるのみならず，そこに葬られる死者の生前の業績を讃え，その子孫の栄華を誇示する記念物（モニュメント）としての性格をも兼ね備えていた。なかでも旧在地士族の門中では，壮麗な墓の造営や祖先の功績を記した墓碑の建立が，祖先の栄光を記念し，その威信を受けつぐ実践として重視されていた。在地士族の子孫以外でも，経済的な余裕が生ずると父祖の墓の整備に先ず力を注ぐ者が決して珍しくなかった［cf. 高村 2009］。

すなわち，韓国の農村社会における墓とは，単に死者の遺骸が葬られる場所であるだけではなく，個別の名前をもつ個体としての祖先を表象する装置でもあり，祖先に対する儀礼的行為やその他の孝の実践が向けられる物理的対象ともなっていた。祖先についての記憶も，時に墓を媒介として想起された。また，墓自体が祖先の記念物としての性格を強く帯びることもあり，墓碑等の形式を用いて，墓の祖先に関する再構成された記憶が物理的に刻まれもした。サンイルの直接の対象である墓は，このように，死者を対象とする孝の実践の一媒体として捉えうるものであった。

サンイル（*san-il*）という現地語彙は，漢字語の「山」(*san*）に「用事，仕事，作業，行事」という意味を持つ固有語のイル（*il*）を結合させた言葉である。漢字語の「山」は，地形としての「やま」を意味するだけではなく，「墓・墓地」という意味を持つ「山所」(*sanso*）の縮約形としても用いられる。すなわちサンイルとは，直訳すれば「山ないし墓での仕事・作業」という意味になる。ただし，Yマウルの周辺地域では特に父祖の墓を整備する作業・行事の意味に限って用いていた。

サンイルでは，父祖の墓・墓所の造営，およびその周囲の環境の整備に関わる各種の作業が遂行される。ただし，名節の前や清明に定期的に行われる墓の清掃と補修，あるいはその他必要に応じて行われる簡単な整備作業までがすべてサンイルと呼ばれていたわけではない。サンイルというときには，特に，父系子孫が共同で事前の準備にあたり，予定された日取りと手順に従って所定の作業をおおむね半公開的に行うものを指し，その相当数が比較的規模の大きいものとなっていた。その点で，単なる墓の整備作業というよりは，むしろ墓の整備をひとつの内容とするある種の行事と捉える方が適切かもしれない。サンイルという語のこのような用法は，必ずしも韓国全域に共通するものではなかったが，同様の作業・行事は韓国全土で広く行われていた。特に調査当時は，経済的な余裕が生じた子孫たちにより，父祖の墓の整備が以前よりも活発に行われるようになっていた。このような機会は，都市に転出した子孫が帰郷して故郷に残る親族や知人と旧交を暖め，故郷とのつながりを再確認する機会にもなっていた。以上のような事情を考慮に入れて，ここではサンイルという用語をYマウル周辺地域の事例に限らず同一の内容を持つ作業・行事一般を指すものとして用いることにする。

儒礼の祖先祭祀（「祭」）が，「四礼」・「冠婚喪祭」と総称される規範的（かつ公式的）な人生儀礼の最終段階として位置付けられていたのとは対照的に，サンイルは具体的かつ物理的な作業を遂行することを直接の目的とする一回性の行事であり，かつ社会規範に照らし合わせて義務的要請として行われるものでは必ずしもなかった。しかし，その動機付けとそれによってもたらされる効果からみれば，そこには世代間の序列関係に立脚した祖先の記念・追慕や祖先の遺徳の継承というモチーフが強く表れており，儒礼の祖先祭祀と同様に祖先に対する孝の実践の一様式として捉えることが可能となる。孝実践の諸様式としては，その他に族譜や祖先の文集の編纂，祖先の遺徳を顕彰する祭閣や旌表門・碑閣の建立などを挙げることもできるが，サンイルの形式をとる孝の実践は，個体としての祖先の記憶装置である墓を直接の対象として半公開的に行われるという点で，他の諸様式と性格を異にしていた。以下，具体的な事例に従ってサンイルの形式と内容を整理し，そのうえで調査当時のＹマウルの事例からうかがえるサンイルを通した孝の実践の諸様相について検討する。

9-2-2　サンイルの形式と内容

サンイルの日取りは，「択日 *t'aegil*」によって決められる。「択日」とはこの場合，墓の父祖と子孫の「四柱八字」(陰暦の生年月日時）を易のテキスト（『天機大要』など）に照らし合わせて「差し障り」(*t'al*）のない日を選ぶことを意味する。択日には易に関する専門的知識を必要とするため，一般の村人は風水地理の専門家である「地官 *chigwan*」，あるいは易学と漢籍に明るい老人にこれを依頼することが多い。季節的には春先で陽気が良く，農村では田植えの始まる前の比較的忙しくない清明・寒食の前後の時期が好まれる。このうち清明は，墓の掃除や補修を行う日とされる。また，清明，寒食および陰暦の閏月（*yundal; kongdal*）には何をするのにも「差し障り」がないので，「無学な者」(*musikhan saram*）はこの時期にサンイルを行うのが無難だともいわれた。表 9-4 に示したように，筆者の観察した 11 例のうち，7 例が清明，寒色，あるいは閏月に行われた[8]。

8　清明は，冬至を起点として黄道を 24 等分した等分点（交互に「中気」，「節気」とされる）のうち，冬至（12 月中）から 7 番目（3 月節）の点を太陽が通過する日時を意味する。寒食（寒色）は，冬至から 105 日目の日を指す。月の満ち欠けを基準とした陰暦 12 ヶ月を 1 年とすると，1 年の日数が 354 日となり，太陽年とのあいだにずれを生ずるため，韓国の「陰暦」（太陰太陽暦）では，中気が含まれない月を閏月として，19 年に 7 回，この閏月を挿入して 1 年を 13 ヶ月とすることで，太陽年とのずれを修正する。清明・寒食には祖先の墓参りをすることも多い。調査当時，清明の日は「植木日」という公休日に指定されていた。閏月はいわば余分の月で，何を行っても災厄がないとされる。調査当時のＹマウルでは，サンイルの他に，転居，家の新改築，ならびに老人の寿衣（死に装束）の準備にも閏月が好まれていた。また，各地の民俗として，嶺南（慶尚南北道）地方では，この月に寺に参拝することも多く，全羅北道高敞では，この月に城を歩いて回ると死後に極楽世界に行けるという［李杜鉉 1983, p.276］。

サンイルに不可欠な要素として，まず，移改葬と墓の造営，石造装飾物の設置，あるいは墓碑の建立といった実際の土木作業を挙げることができる。詳しくは個別の事例で述べるように，作業にあたっては，既婚男女のあいだに明確な役割分担が見られ，男性は力仕事を受け持ち，女性は作業者と見物客に振る舞う酒食の準備，ならびに儀礼に用いる祭需の準備を受け持った。「初喪」(葬礼)の後に死者を墓に埋葬するときとは異なり，墓の造営等の土木作業についても，手伝い（プヨク）に来た村人，あるいは日雇いの労働者に作業をすべて任せるのではなく，父系男子子孫世帯の構成員や婚出した娘，そして婿たち自身が直接作業に携わった。子孫自らが作業に当たり祖先に誠意を尽くすことが重視されていたものと考えられる。

作業の終了後に行われる墓の地神（山神）への供儀[9]と墓の祖先に対する儀礼（祭祀）も，サンイルに欠くことのできない要素である。祖先を対象とする儀礼では，儒礼の様式に従って祭需（供物）を墓前に供え，献酒と拝礼を行う。献酒を担当する献官には父系直系男子子孫が当たり，特に一人目の献官（初献官）には，忌祭祀・茶祀・墓祀と同様に長男，長孫ないしはその代行者があたる。初献官の献盃後に，「一家」(父系親族）のうちで漢文が読める者によって「祝文」が読みあげられるのも祖先祭祀と同様である。ただし祝文の主たる内容は，作業内容を墓の祖先に報告するものとなっていた。また，父母の墓を対象とするサンイルでは，父系男子子孫である「子」(息子）や「孫」(息子の息子）だけではなく，後述するように息子の妻たちや婚出した娘たち，さらにはその夫たちもしばしば献酒と拝礼を行った。その他，チバンガンの男性や「一家」で親族距離が比較的近い男性も，献酒はしないが参列して拝礼を行っていた。

整理すれば，サンイルの日程は所定の方法に従って決められる。その構成は，墓・墓所を対象とする土木作業と，作業終了を山神と祖先に報告する儀礼の2つの部分からなる。このように祖先祭祀の諸儀礼とは形式を異にし，特にその内容において，実際の作業に重点が置かれた孝の実践の一形態であることがわかる。

このような形式性に留意しつつ，以下，移改葬，石造装飾物の設置，ならびに墓碑建立に分けて，個別の事例に即してサンイルの内容について検討することにしよう。

9　先述の墓祀（墓祭）でも，必ず山神への供儀がなされていた。

図9-3　34-金CYの家族・近親とT・S宗中

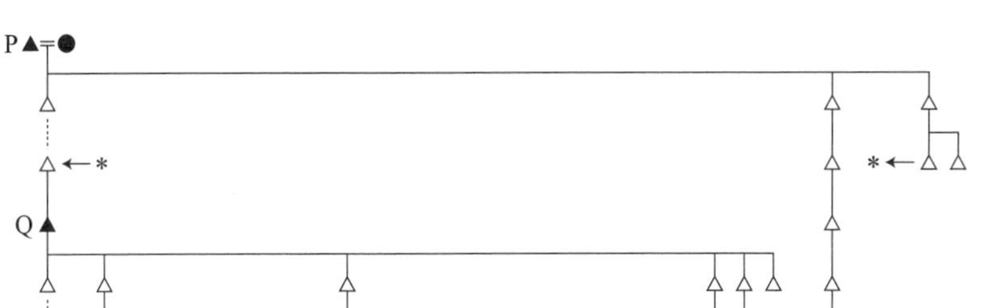

凡例
▲・●：サンイルの対象となった祖先　P：T宗中始祖　Q：S宗中始祖　A：34-金CY父

(1) 父祖の移改葬

《事例9-2-1》34-金CYの兄弟姉妹による父母の移改葬（表9-4事例d）

1990年4月6日（寒食），34-金CY（男・35歳[10]・以下Dと表記）の父Aの改葬と，Aの前妻a_1の移葬，ならびにAの後妻a_2（Dの実母・54歳）の墓の造営が行われた。Aは1983年，a_1は次男出生後に死亡したが，墓の改葬はいずれも今回が初めてであった。Aは改葬前と同じ場所に埋葬し直され，a_1は別の場所からAの墓壙の正面左に移葬された。この作業とともに，a_2を死後埋葬するための石棺がAの墓壙の正面右に埋められ，「品字形」の墓が造営された。Aの従兄弟にあたる5-金PR（以下Mと表記）によれば，移葬前のa_1の墓は芝の生育が悪く，地官に場所を見てもらったところ「この位置では「ご利益がない」(*chaemi-ŏpta*)」といわれたため，場所のよいAの墓に一緒に埋葬しなおすことにしたのだという。夫婦それぞれの「運」が共に「坐」に合うものであれば，同じ墓に埋葬しても特に差し障りを招くものではない。また，墓の草取り（伐草）や墓祀もしやすくなるので，近年ではこのように夫婦の墓をひとつにまとめる例が増えているとのことであった。

ここで，Aの家族・親族について手短に整理しておこう（図9-3参照）。Aはa_1との間に息子を2人（B，C），a_1の死後に再婚したa_2との間に3男2女（以下息子は出生順にD，E，F，娘はg，hとする）を儲けた。長男B（46歳）はYマウルで生ま

10　1990年時点での数え年齢。サンイルの諸事例に関しては以下同様。

れ育ったが，1975 年ごろ事業を行うためにソウルに移住し，調査当時もソウルに居住していた。結婚後，村内に分家した次男 C（43 歳）も，1979 年頃にはソウルに移った。三男 D は中学卒業後に単身釜山に移り，そこで就職，結婚したが，怪我のために仕事ができなくなり，1982 年に南原市内に転居した。さらに 1983 年に父が死んで実母 a_2 が一人暮らしとなったため，生家に戻って農業を営むようになった。四男 E（32 歳），長女 g（28 歳），次女 h（27 歳）は結婚してそれぞれ釜山，裡里，ソウルに居住し，五男 F（24 歳）のみ未婚で，大学卒業後，扶安で就職した[11]。一方，A の父系近親のうちで当時 Y マウルに暮らしていたのは，図 9-3 の I（20- 金 KY），j（39- 邢 SR），K（8- 金 KY），M（5- 金 PR），N（35- 金 PJ），O（25- 金 PH）の 6 世帯であった。また，L（金 HT[12]）は 1970 年頃に Y マウルから隣の C マウルに転出した。このうち，I，j，K，L，M の 5 世帯は，A の三男 D にとって，いずれもその高祖の父系直系男子子孫の世帯で，同じ彦陽金氏の世帯，すなわち「一家 *ilga*」のなかでも特に近いチバンガン（*chiban-gan*）の関係にあった。チバンガンの父系親族は互いに「有服之親」（喪礼の際に喪に服さねばならない親族，姻族）の関係にもあり，特に同じ村に住むチバンガンの世帯の間では，日常生活，生業活動，儀礼活動において密接な協力関係が見られた。一方，5 代祖の弟の子孫である N と O は，D にとって厳密にはチバンガンではなかったが，同じ村に暮らし，かつ親族距離が比較的近い父系親族として，チバンガン同然の関係にあった。

当日の作業は次のような手順で行われた。

①棺を掘り出す（破墓）

A の墓は，新作路（序論 1 節参照）沿いの，マウル北端の丘の南斜面に位置する T 宗中の墓所に設けられている。午前 7 時少し前，C，D，E ならびに A の末弟が A の墓前に集まった。まず簡単な供物を墓前に供え，C が線香を焚き，濁酒をコップに注いでその上を 3 回巡らし，「お父さん，お母さんと一緒にして差し上げます」といいながら壇状の盛り土の前に 3 回に分けて注ぎ，全員で再拝する。その後，この 4 人で A の封墳の芝を剥がし，封墳を崩し，地面を掘り下げてゆく。この間に D の家から作業者や見物客をもてなすための膳や食べ物，酒が運びこまれた。また，当日の作業を地官として差配する P 面 S マウル在住の姜氏（74 歳）も到着した。Y マウルに住むチバンガンの男性たちもやって来た。

11　詳しくは，7 章 1 節の事例 7-1-5 を参照のこと。

12　4 章 2 節の事例 4-2-1 参照。

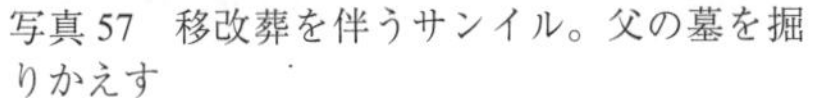

写真57　移改葬を伴うサンイル。父の墓を掘りかえす

写真58　地官の指示に従って取りあげた骨を七星板の上に並べ，窓戸紙で覆う

②骨を取り上げる

木棺の上を被う銘旌の布が半ば腐りかけていたが，漆塗りの木棺自体はしっかりと形をとどめていた。Dが「お父さん，新しい家を立派に建てて差し上げますからね」といいながら蓋をこじ開けた。遺骸の肉は完全に腐食してなくなっており，骨は「明るい茶色 *norang-saek*」を帯びていた。その後の手順としては，墓壙に向かって右側を平らに均してから，紐を約20cm程度の間隔で7本並べる。その上に紐と垂直に交叉するように細長い木の板（七星板）を置き，さらにその上に窓戸紙（朝鮮紙の一種）を三重に敷く。ついで木棺の頭の方に香を焚き，「消毒のため」焼酒を口に含んで吹き付ける。Dが墓壙に降り，骨を頭の方から順にひとつずつ取りあげると，上にいるCが受け取り，手ぬぐいで骨に付いた黒い付着物をきれいに拭き取ったあと，姜氏の指示に従って先程の窓戸紙の上に頭蓋骨から下の骨へと順に並べる。先ず大きな骨を上下左右に並べ，次に，鎖骨を上腕部の骨と背骨の上に差し渡す。両手の細かな骨は左右別々に窓戸紙に包んで骨盤の両側に置き，両足の細かい骨はまとめて左右の臑の骨の間に置く。全部並べ終わると，窓戸紙で骨を包むように覆い，七星板の下に並べた紐を上にわたして1本ずつ結ぶ。この間，その場に居合わせた故人の娘や嫁は近寄ってこない。チバンガンの男性や徐々に集まり始めていた手伝いの村人も近寄ろうとはしない。子供は近寄ると追い払われる。その場に立ち会ったのは，C, D, E, Aの末弟，地官姜氏，及び調査者（筆者）のみであった。

a_1はYマウルの裏山に埋葬されていた。そこでの作業に立ち会った者によれば，Aの遺骨を掘り起こす作業と併行して，B, F, Kが同様の手順で墓を掘りかえし，骨を取りあげ，窓戸紙で包んで七星板に紐で結わえ付けたという。これをKが背負子にのせてAの墓域に運び込み，背負子に載せたままAの墓の向かって右手の松の木の下に置き，上に松の葉をかぶせた。墓の場所が悪かった証拠に，a_1 の骨は「真っ黒」になっていたという。
③墓壙を掘り石棺を組む
チバンガンの男性の他に，Y マウルと隣村 U マウルの村人（男性）が手伝い（プヨク。8 章 3 節参照）としてあわせて 10 名程度集まった。姜氏が磁石を使って A，a_1，a_2 の墓の坐向の方位である「甲坐庚向」を調べ，この方向に，A の墓壙の中央を貫くように糸を張る。これと垂直になるように正面に糸を張り，距離を測って a_1，a_2 の墓壙の位置を決める。A の息子たち，末弟，チバンガンの男性たち，そして手伝いの村人が手分けをして A の墓壙の形を整え，また，a_1，a_2 の墓壙を掘りさげる。その間，姜氏は墓壙の位置と方位にずれが生じないように見守る。途中，作業者に酒食が振る舞われる。墓壙が掘りあがると，水準器に合わせて底を水平に均し，まず A 及び a_1 の墓壙の底に石棺を組む。石棺の底は土が露出しており，水はけのよいようにさらに砂が敷かれた。
④遺骸を墓壙に降ろす（下棺）
七星板に載せた A の遺骨を C と K が頭と足の方をそれぞれ持って，墓壙の中の石棺に下ろす。その間，手伝いのチバンガンや村の男性のうち，K 以外は丘の麓に待機する。窓戸紙，及び「學生彦陽金公之墓」と墨で記された紙（銘旌）を載せ石の蓋をかぶせる。B が蓋の上に土を 3 回に分けて頭の方から落とす。続いて a_2，A の他の息子たち，娘たち，孫たちも順に同様の動作を繰り返す。a_1 の遺骸も同様の手順で埋葬する（ただし a_2 は加わらなかった）。a_2 の墓壙には石棺を下ろし，蓋をしてそのまま埋める（この時，なかに生卵を入れろという者，および窓戸紙を入れろという者がいたが，姜氏が何も入れるなといったのでそのまま埋めた）。
⑤封墳を築く（成墳・莎草）
下棺が終わると，手伝いの男性たちも加わって墓壙を土で埋める。そして石工が石で基礎を作って半月形の石（月石）を据える。次に，手伝いの男性たちが，芝を植え付けながら封墳を積み上げていく。
⑥石物を設置する
床石，望柱石などの石物を設置する。まず a_1，a_2 の墓壙の下辺を結んだ線に接するようにその中央に長方形の石（安盤石）を置き，ついで四隅に鼓の形をした鼓石（*puksŏk*）を置く。昼食をはさんで，さらに床石を設置する。まず滑車で床石を持ち上げる。その際，手伝いの村人が即興で歌詞を作って歌い，床石の上に A の息子たちをひとりずつ載せ，焼酒を飲ませ，つまみを食べさせて，酒代だといって現金を出させた（手伝いの村人たちはそのお金で酒や煙草を買った。酒は

写真59　品字型の埋葬墓の造営

写真60　床石に子孫たちを載せ，酒を飲ませて酒代をせびる。写真は末息子と孫

その場にいる者で飲み，煙草は男性の参加者に配られた）。滑車の鉄組に結び付けた縄に紙幣が差し込まれるたびに床石を少し持ち上げてゆく。婿たち，娘たち，嫁たち，末弟夫婦，a_2，K，Mの弟も順に載せて金を出させた。その後，鼓石の上に床石を降ろす。墓の前方と左右には境界を区切る細長い石（*taesŏk*）を置く。墓の前方左右には望柱石を立てる。

⑦山神祭を行う

墓が設けられた墓所の山神に対して，Aの家族が準備した祭需（供物）を捧げる。祭官と祝官はAのチバンガンの男性がつとめた。

⑧墓の父母への祭祀を行う

床石の上に祭需を並べ，儒礼の形式に従ってAの息子たち，婿たち，嫁たち，娘たちなどが順に献盃し再拝する。

⑨作業者と参会者に酒食を振舞う

作業を手伝った村人や参会者，見物人に酒食を振舞う。宴卓の準備はa_2，娘たち，嫁たち，チバンガンの主婦たち，彦陽金氏のなかでも親族距離が比較的近い世帯の主婦1名，Yマウル内の恩津宋氏に嫁いだMの妹があたった。

⑩祝宴

Dの家にAの家族，チバンガンの世帯員全員，ならびにDと親しい村人らが集まり，夕食を食べて，歌い踊って遊んだ。

表 9-5　対象祖先からの世代深度

世代深度	事例記号・対象祖先	埋葬形態	作業内容	プヨク	見物客
0	g 本人夫婦	合封	墓造営	有	有
1	a 父母	雙墳	移葬・墓碑・床石・石物	有	有
	d 父母	品字形	移改葬・墓造営・床石・石物	有	有
	f 父母	合封	移葬・床石・石物	有	有
	g 父母	合封	改葬・墓碑	有	有
2	b 祖父母	合封	移葬・床石・石物	無	無
	g 祖父母	合封	墓碑・墓修繕	有	有
	i 祖父母	合封	墓碑	有	有
3	c 曽祖母	単墳	移葬	無	無
	e 曽祖父母	合封	床石	無	無
	k 曽祖父母	合封	移葬	有	有
4	j 高祖	単墳	石垣	無	無
5	e 5 代祖	単墳	床石	無	無
	h 5 代祖	単墳	墓碑・石物・墓修繕	有	有
	h 5 代祖母	単墳	石物	有	有

表 9-4 に示したが，筆者の観察した 11 の事例のうち，7 例で移改葬が行われた。ただし，表 9-5 に整理しなおしたとおり，対象となった死者は，父母から曽祖父母までの近い世代の祖先に限られていた。死後の埋葬から移葬までの期間の長さには事例によってばらつきが見られたが，いずれの場合でも遺骸の肉が腐食，すなわち「肉脱 *yukt'al*」する程度の期間が置かれていた。肉脱に要する時間は墓の場所の状態によって異なるが，最低 5 年程度であるという。遺骸を移す場所には，なるべく風水が「良い」場所を選ぶ。ただし，最初に埋葬した場所に差し障りがなければ，移葬をしなくともなんら不都合はない反面，一旦「良い」と判断された場所に移葬しても何らかの差し障りが生ずれば，別の良い場所を求めて何度でも墓が移される。実際，事例 b では祖父が死後 84 年間に 4 回，祖母が 50 年間に 3 回移葬されたという。また，事例 c の曽祖母は最初の移葬であったが，夫である曽祖父はすでに 3 回移葬されていた。

個人差はあるものの，いずれの村人も墓の風水に関する基本的な知識を有しており，その知識に拠って個別の墓の場所の良し悪しをある程度までは判断できた。その内容としては，周りの山勢が良い，青龍白虎（風水地理で主山の両翼に張り出した尾根を意味する）に取り囲まれている，西風や坤申風（西南方から吹く風）が吹き込まない，墓の地質が砂ないし黄土で水はけが良い，小川が前をながれている，易学上被埋葬者の「運」が「坐」の方角に合致しているなどの条件を充たしているのが良い場所とみなされ，一方，蛇が出たり，虫が湧いたり，墓に植えた芝が枯れたりする場所は悪い場所とみなされる。また，肉脱した骨の色が明るい茶色であれば良い場所で，黒ければ悪い場所であるという。さらに，子孫に不幸が続いたり，祖先が夢枕に立って居心地の悪さを訴えることが，墓の立地を再検討する契機となる場合もあった。しかし，良い場所は，「拝席」（儀式で礼拝するために設ける敷物を敷いた場所）ひとつ分くらいの広さしかないといい，以上のような条件を満たす場所の探索，ないしは特定の場所がその条件に適合するかどうかの判断は，実際には，風水地理の専門家である地官に委ねざるをえなかった。風水の良し悪しをめぐる判断が地官によって食い違う場合もあり，墓の場所の選択に当たって複数の地官の意見が参照されることもしばしばであった。

墓の場所の選定と関連する従来の風水研究では，死者に向けた子孫の孝実践よりも，むしろ子孫の利己的な風水操作が強調される傾向にあった［cf. 村山 1931, pp.8-12; 任敦姫 1982］。フリードマンによる漢族研究でも，墓の祖先は受動的な存在で，墓の風水は祖先の意志とは関係なく子孫の幸福・厚生に影響を及ぼすという点が強調されていた［Freedman 1979, p.299］。しかし，Ｙマウルの事例では，子孫の幸福自体が死んだ祖先の安寧を前提とするもので，死者の「住居」（陰宅）であるところの墓に対する風水地理的操作も，祖先への「孝」と矛盾しないばかりかむしろ逆に「孝」の積極的な実践とみなされていた。すなわち，「移葬は子孫の道理として行うもの」であり，「「亡人」〔死者〕が快適でよい状態にあればこそ，子孫も心休まり幸福」で，亡人に「痛いところがあれば子孫たちも心が休まらない」。事例ｄで地官をつとめた姜氏も，「子息に道理を果たさせ」，「父母の陰徳に報いるようにする」こと，すなわち儒教的な孝の実践に，彼自身の墓地風水判断の意義を見出していた。

その一方で，筆者の調査時点までには，墓の管理や祭祀の便宜を考慮して夫婦の墓を１ヶ所にまとめたり，往来のしやすい場所に墓を設けたりする傾向も強まりつつあった。姜氏によれば，昔は風水の恩恵をより多くの場所から受けようとして父と母の墓を別々に作ることが多かったが，近年では墓への往来や祭祀の便宜を考えて父母の墓を一緒にすることも多くなっているとのことであった。表 9-4 に示した事例でも，対象となった全 15 基の墓のうち単墳は 5 基だけで，残りの 10 基は合封や雙墳など，いずれも夫婦を同じ場所に埋葬する形態をとっていた。特に祖父母以下の世代の祖先の墓はすべてがこの形態をとり，そのうちの 5 例は，サンイルの作業の目的自体が，夫婦の墓を移改葬によってひとつにまとめることにおかれていた。特に父母を対象とするサンイルでは，いずれも移改葬によって両者の墓がひとつにまとめられていた（表9-5参照）。墓の場所も集落から往来が便利な道路沿いや山丘の麓の近くが選ばれた。

⑵ 石物の設置

《事例9-2-2》金PGによる父祖の墓への石物の設置（表9-4事例e）

1990年4月6日，Uマウル在住の金PGが，午前中に曾祖父母，午後に5代祖の墓に床石を据えた。作業に当たったのは，金PGとUマウル在住の長男，他出した三男，Yマウルに住む娘婿（31-宋CG），ならびに日雇で雇用したUマウルの男性2名とYマウルの男性1名であった。見物客は招かれていなかった。事例9-2-1と同様に，床石を据える際に作業者が子孫を床石に載せて祝儀を受け取った。作業終了後には，被埋葬者に対する祭祀，ならびに山神に対する供犠がなされた。

「石物」(*sŏngmul*) とは，墓におかれる石造装飾物の総称である。床石（*sangsŏk*）もそのひとつで，形状は厚みのある長方形をなし，墓前での祭祀儀礼の際，その上に「祭需」(供物) が「陳設」(定められた位置に祭需を並べること) される。古い床石には，文字が一切刻まれていないものも多かったが，比較的新しい床石には，その正面に墓に埋葬された故人の本貫・姓名・号や坐の方角，側面に床石を設置した年月日とそれに関わった子孫の名がおおむね刻まれていた。後者のような床石は，特定の墓に眠る故人の名を後世に伝え，墓が遺失されるのを防ぐ記憶媒体ともなる。事例c，j，kを除く8件では，サンイルの対象となった墓にすでに床石を設置済みか，あるいは事例での作業の際に床石が設置された。ただし，床石を据えると「差し障り」が生ずるとされる坐もあり，このような場合には床石を設置しない。例えば，「穴」(風水地理で生氣の集まる場所を指す) の形状が蜘蛛・百足・蚕の場合，床石を置くと子孫が死ぬなどの害がもたらされるという。ちなみに事例jでは高祖の墓が蜘蛛穴であったため，床石を設置しなかった。また，坐の方角が「三煞」[13]にあたる年に床石を置くと，子孫のうちに3名の死者が出るともいわれていた。

床石の他に比較的頻繁に設置される石物として，望柱石，石人などを挙げることができる。地官姜氏によれば，石物は子孫が自分の家門（*chiban*）や祖先を他人に自慢するために置くもので，墓に対して決して風水的に良い影響を及ぼ

13 「三煞」(*samsal*) とは，歳煞・劫煞・災煞の3つの不吉な方角を指す。

すものではない。墓が様々な石物で飾りたてられるようになったのは比較的新しいことで，昔の長老たちは墓を派手に飾るのは良くないと語っていたという［cf. 高村 2009］。

⑶ 墓碑の建立

《事例 9-2-3》彦陽金氏私宗中による父祖の墓碑の建立（表 9-4 事例 h・i）

彦陽金氏Ｔ・Ｓ宗中はそれぞれ事例 9-2-1 のＢ～Ｆ兄弟の６代祖Ｐと曾祖Ｑを頂点とする門中である（図 9-3 参照）。子孫のひとりである金 HT によれば，Ｔ宗中はＰの曾孫の代に結成され[14]，Ｓ宗中はＱの６人の息子の代で作られた。1990 年７月１日の午前中にＴ宗中がＰの墓碑建立と石物設置・墓の補修，およびＰの妻の墓の石物設置を行い[15]，同日の午後にＳ宗中がＱの墓碑建立を行った。

①Ｐの墓は，Ｙマウル後方の山中に徒歩で約１時間ほど分け入った場所にある。Ｐの墓にはすでに床石が据えられている。Ｙマウル居住のＰの父系男子子孫（D, I, K, M, N, O）に加え，Ｃマウル在住の５世孫Ｌ，および全州在住の彼の長男とその長男，全州在住のＴ宗中の門長Ｒ（5 世孫），その息子３名，門長の弟Ｓ，ならびにその息子２名が当日の作業に当たった。この他にＹマウルの男性６名とＵマウルの男性１名がプヨクとして作業を手伝った。一方，Ｄの母，Ｉ・Ｋ・Ｍ・Ｎ・Ｏ・Ｌの妻たち，及びｊが食事の準備にあたった。作業の手順としては，まずＰの墓碑を建てる。これが終わると，Ｌ，Ｒ，Ｓおよび見物しに来た彦陽金氏の長老１名が墓碑の前に祝儀を供える。次に，封墳に土を加えて芝を植え付ける。周囲の雑木も切り倒す。望柱石を立て，山神祭用の石を据える。最後に，父系直系子孫および「一家」の一部が参加して，作業の終了をＰに報告する儀礼を執り行う。また，山神に対しても別途供犠を行うというものであった。

②Ｐの妻の墓は，Ｙマウルの中心集落の北方，新装路沿いの小さな丘の南斜面にある。①の作業終了後，集落に戻る前に，ここに寄って望柱石を立てる。作業終了後，Ｐの妻に対する儀礼と山神に対する供犠を行う。

③Ｑの墓は，Ｙマウルの前方（東方）にある低い丘の西斜面に設けられている。

14　Ｔ宗中に関する最も古い記録は，1901 年の位土からの収税（小作料徴収）に関するものである。

15　Ｔ宗中の主宰によるサンイルで設置されたＰの墓碑，ならびにＰとその妻の墓の石物の準備に要した費用は，墓碑石１座 40 万ウォン，望柱石２対 28 万ウォン，山神祭石２座・月石２座計 10 万ウォン，碑文撰（執筆）謝礼 10 万ウォン，碑文書謝礼 10 万ウォン，碑文刻印代金 15 万 2500 ウォン，合計 113 万 2500 ウォンであった。

写真 61　墓碑の設置。子孫たちが力を合わせて碑石に上蓋を載せる

写真 62　墓碑設置終了後，それを報告する祭祀を墓前で執り行う

同日の午後に①，②の作業に当たった者が，①と同じ手順でQの墓前に墓碑を建てる。午後には彦陽金氏の長老6人が見物に来た。墓碑に上蓋をかぶせるときに，Yマウルの男性1名が即興の歌詞で歌い，Qの子孫から祝儀を集めた。この金でタバコや飲み物を買い，作業者に振る舞った。作業終了後，Qへの儀礼，および山神への供犠を行った。

墓碑には，故人の名と，故人に関する伝承（故人の人となりや主たる功績）が刻まれる。それに加えて，故人の属する父系氏族の来歴や始祖から故人に至るまでの系譜，ならびに故人の父系子孫の名が刻まれることもよく見られた。このような墓碑は，他人から立派な「両班」だと讃えられるような「功」を残した祖先に対してのみ作られるものだと言う。ここで「功」とは，具体的には国家に尽くした功績，官位・官職，村落や地域社会での徳望，あるいは村人・地域住民を救済・指導した功績などを指す。表 9-4 にあげた事例で墓碑建立の対象となった故人は，官位・官職についての記載は見られなかったものの，いずれも相応の「功」を残した人物とされていた。例えば，事例 9-2-3 のPとQはいずれも学問と徳行に秀でた人物であり，また事例aの主宰者の父は貯水池の堤の建造と村の周囲の山の植林に尽力した人物であった。筆者は直接立ち会うことができなかったが，朝鮮時代末に中枢院議官を務めたQの息子に対しても，事例 9-2-3 のサンイルの直前に墓碑が立てられた。墓碑の建立は，旌表，すなわち卓越した忠，孝，あるいは烈の実践者への褒賞のように，地元の郷校や中央の成均館による認定を必要とするものではなかった。しかしそれでも墓碑銘文の執筆を子孫以外の第三者，概して文人として名の通った人物に引き受けてもらったり[16]，あるいはサンイルに招待した儒林の長老に碑文の内容をその場で確認してもらうなど，地域の儒林コミュニティによる非公式の認証を受けるものであった。1923年に刊行された『龍城続誌』や1960年に刊行された『南原誌　全』には，歴代の著名な人物の墓碑銘も数多く収録されている。すなわち，墓碑を媒体として再構成された故人の記憶は，地域の両班・儒林共同体における公式・非公式の評価の対象となっていた[17]。

9-2-3　サンイルに現れる孝実践の諸様相

それでは次に，サンイルが誰によって何を目的として実施され，またそこに孝実践のどのような様相が現れていたのかについて検討することにしよう。ここではYマウル住民が家族・近親としては参加していなかった事例aを除く10例について，まず，①実質的に子孫個人が単独で主宰したもの（事例c，e，g），②（父母や近い世代の祖先の墓について）兄弟（一部に姉妹も含む）が共同で執り行ったもの（事例d，f），③門中の主宰で，あるいは父系子孫が共同で執り行ったもの（事例b，h，i，j，k）の3つに分けて，規模・公開性や家族・近親の参加状況と合わせて検討してみたい。

子孫個人が事実上単独で主宰した事例はc，e，gの3例であったが，そのうちeとgの2例は，Uマウル在住の金PG（男・1920年生）が主宰したものであった。金PGはまず4月6日（寒食）に曾祖父母と5代祖の墓に床石を設置し（事例e＝事例9-2-2），その約2週間後の4月19日に祖父母（合封）と父母（雙墳を改葬して合封に）の墓に墓碑を立て，さらに父母の墓の下方に自身と妻の墓を作った（事例g）。彼は2人兄弟の次男であったが，兄は息子を残さずに死亡し，兄の妻である3-金SOがYマウルにひとりで暮らしていた（事例5-2-10参照）。父と祖父は長男であったので，曾祖父までの父系祖先の祭祀・顕彰については，金PGが事実上，長孫の役割を果たしていた。曾祖父母，祖父母と父母の墓を対象とするサンイ

16　Pの碑文の執筆は，金HTが友人の息子に依頼した。

17　当時でも忠・孝・烈の三綱を讃える石碑を立てる際には，地域の儒林と中央の成均館の承認を受けなければ本物と認められなかった。詳しくは拙稿［1999b］を参照のこと。墓碑の場合はこれほど厳格な手続きを経ずに立てることができたが，それでも地域の儒林に認められることが，その真正性の保証となるのは同様であった。

ルを彼が主宰していたことはこれで理解できる。さらに曾祖は次男であったがその兄の子孫が絶え，高祖も独子（弟のいない長男）であったため，高祖と5代祖に対しても金PGが宗孫の役割を担っていたことが分かる（前節も参照）。

金PGが主宰した2回のサンイルについて家族・近親の参加を見ると，いずれの場合でも金PG夫婦，兄の妻3-金SO，長男夫婦，未婚の三男に加え，Yマウルに嫁いだ娘とその夫（31-宋CG）が参加していた点が注目される。金PGにとって近隣に暮らす父系近親世帯（いわゆるチバンガン）は3-金SOのみで，他姓の31-宋CGには近隣に暮らす父系近親がいなかったため，両者はチバンガンに準ずる役割を相互に果たしていた。

いまひとつ注目すべきは，同一人によって主宰された2回のサンイルのあいだに，規模と公開性において顕著な違いを見て取れる点である。最初に行われた5代祖と曾祖父母の墓への床石の設置は，見物客やプヨクの村人が呼ばれず，土木作業主体で非公開的に行われたのに対し，2回目のサンイルには近隣に住む老人が20名程度招かれ，「一家」である彦陽金氏の世帯を中心にY・U両マウルの村人も手伝いに来ていた。後者には，金PGの妻の妹夫婦（Yマウル在住の7-楊PG夫婦）も参加していた。この2回目のサンイルは，同じ斜面に上下1列に設けられた7代祖の妻，6代祖父母，祖父母，父母の墓4基のうち，祖父母の墓を整備し，父母の墓を雙墳から合葬に造り直し，さらに両者の墓に碑を立てることにくわえ，父母の墓の下に金PG自身の墓を造営するものであった。墓所としての規模が大きかったことも理由のひとつであろうが，それとともに，父母・祖父母等のより直近世代の祖先の墓を対象としていた点にも留意しておきたい。

一方，事例cは，14-安MS（男・1921年生）が曾祖母のひとりを移葬したものである。Kマウルに暮らす広州安氏のうち，曾祖と系譜的距離が比較的近い傍系の子孫が3名手伝いに来たが，全州に住む曾祖の長孫は参加しなかった。この事例では，曾祖を対象とした門中がすでに組織されており，移葬の費用も門中の財産から拠出されたが，故郷に残るのは14-安MSと19-安KSのみで，14-安MSが実質的にひとりでサンイルを主宰していた。移葬の理由ももっぱら風水地理的な問題を解決するためであった。当日の作業は山の奥深いところで非公開的に行われ，日雇で雇用された労働者も「一家」である広州安氏の者が大半を占めていた。

次に，父母や近い世代の祖先の墓について兄弟姉妹が共同で執り行ったサンイルを見てみよう。これに当たるのが，事例d，fの2例である。このうち事例d（事例9-2-1）は，すでに述べたように34-金CYを含む5人の息子が父とその2

表 9-6　サンイルへの家族・近親の参加

	男			女				その他
	直系	傍系	婿	直系	傍系	直系嫁	傍系嫁	
b	SS:2(2)	BSS:1					BSSW:1	
c	SSS:1	FBSSS:1 FBSSSS:2						
d	S:5(4)	B:1(1) BS:1 FBS:3(1) FBSS:1 FFFFBSSSS:2	DH:2(2) BDH:1(1) FBDH:1	D:2(2)	Z:1(1) FBD:1	W:1 SW:4(3)	BW:2(2) BSW:1 FBSW:1 FBSSW:1 FFFFBSSSSW:2	
e	SSS:1 SSSS:2(1)		SSSDH:1	SSSD:1		SSSW:2 SSSSW:1		
f	S:2(2)	FFBSS:1 FFBSSS:2 FFFFFBSSSSS:3 FFFFFBSSSSSS:1	DH:2(2)	D:2(2)			FBSW:1(1) FFBSSW:1 FFBSSSW:2 FFFFFBSSSSSW:3 FFFFFBSSSSSSW:2	
g	Ego:1 S:2(1)		DH:1	D:1		W:1 SW:1	BW:1	WZH:1 WZ:1
h	SSSSS:6(2) SSSSSS:9(6)					SSSSSW:5 SSSSSSW:2		
i	SS:4(2) SSS:9(6)	FFBSSSS:2				SSW:6(2) SSSW:2	FFBSSSSW:2	
j	SSSS:1 SSSSS:3					SSSSSW:2 直系・傍系嫁4		
k	SSS:3(1) SSSS:3(2)		SSSDH:1	SSSD:1		SSSW:2 SSSSW:1		SSSDHB:1

凡例：(　) 内は遠方からの参加者数（内数）。「直系」「傍系」はいずれも父系親族。「婿」は父系女性親族の夫。

人の妻の墓を整備したものである。床石製作費等の経費は息子たちが分担拠出し，床石にも子供の世代では息子5人の名前のみが刻まれたが[18]，当日の作業には他地域に嫁いだ2人の娘も参加した。息子の妻たちと娘の夫たちもすべて参加していた。表9-6から読み取れるように，この事例では，近隣に暮らす近親としてチバンガン世帯から主人（男 - 傍系）と主婦（女 - 傍系嫁）が参加していただけではなく，他にも「女 - 傍系」(FBD：5- 金 PR の妹）と「男 - 婿」(FBDH：5- 金 PR の妹の夫 16- 宋 PH）らの参加が見られた。また，遠方に暮らす近親としては，「男 - 傍系」(B：ソウルに居住する故人の末弟；FBS：南原市内に居住する故人の従弟)，娘の夫以外の「男 - 婿」(BDH：故人の弟の娘の夫)，「女 - 傍系」(Z：故人の姉妹)，ならびに「女

18　他に孫5名の名も刻まれたが，いずれかの息子の息子たちで，外孫は含められていなかった。

-傍系嫁」(BW：故人の末弟の妻，別の弟の妻）らが参加していた。このうち故人の末弟は3年ぶりに故郷を訪れたという。このように事例dでは，祖先祭祀の責任を負う故人の息子夫婦と日常的に密接な協力関係にある父系近親世帯（チバンガン）だけでなく，遠方からの娘夫婦，父系近親世帯，さらには非父系近親の参加も見られた。また当日の夜には隣人を交えて34-金CYが母と暮らす家で祝宴も開かれた。

兄弟姉妹の協力関係は事例fにも見て取ることができた。この事例では，Yマウルに長く暮らしていた故人夫婦（夫は彦陽金氏）の息子2人（いずれもソウルに居住）と娘2人が費用を拠出しあって，父母を移葬して合封墓を造営し，床石等を設置した。父系近親世帯としては1-金HY（故人の祖父の弟の孫）・SYと24-金CY（故人の祖父の弟の曾孫）の2戸がYマウルに残っていた。このうち24-金CYが村人への連絡や手伝いの手配を担当し，また，酒食の準備や食事の場所として自分の家を提供するなど，世帯総出で手伝った。24-金CYによれば，Yマウルの村人たちには一通り声をかけたが，来ない人も多かった。また手伝いに来た村人たちも賃金を支払って雇った人が大半であったという。Yマウルから15名程度の男性，Uマウルから2名程の男性が当日の作業に加わっていた。

これに対し，門中の主宰，あるいは父系子孫の共同によるものは，事例b, h, i, j，kの5例で，事例数が最も多かった。表9-6から読み取れるように，そのいずれでも父系直系男性子孫（男-直系）とその配偶者（女-直系嫁）が家族・近親の参加者の大半を占め，逆に遠方から参加する直系女性子孫（女-直系）とその夫（男-婿）が全く見られなかった点が，他の諸事例，特に兄弟姉妹を中心とする事例d, fと対照をなしていた。

事例9-2-3に示したように，事例hとiは同日の午前と午後に彦陽金氏の2つの私宗中によって実施されたもので，午前中に5代祖の墓碑建立・墓域整備とその妻の墓の整備を行ったT宗中の一部の子孫によって構成されるS宗中が，午後に祖父母の墓碑建立を行った。T宗中の運営で中心的な役割を果たしていた金HTと全州在住の宗長（1906年生）がS宗中の成員でもあり，それもあってT宗中のサンイルに合わせてS宗中のサンイルが企画された。遠方からの参加者は宗長とその息子3名，宗長の弟とその息子2名，全州に住む金HTの長男等で，いずれもS宗中の直系子孫であった。一方，当日の作業に参加したT宗中の父系男子子孫のうちでS宗中に属さない者は，確認しえた限りで，Yマウル在住の35-金PJ・25-金PH兄弟の2名のみであった。この兄弟の2世帯が，Yマウルに暮らすS宗中の成員世帯とのあいだに，日常的な互助関係や儀礼の際の相

写真63　墓碑設置を祝うための宴会の準備。写真の建物は，彦陽金氏私宗中が民家を購入して祭閣に改修したもの

互参加など，チバンガンに準ずる関係を結んでいたのは先述の通りである。

事例hではY・Uマウルの村人数名（彦陽金氏以外の者も含む）がプヨクとして作業を手伝い，また所属する小宗中の長老（C里在住）が見物に来て，祝儀を渡した。一方，事例iには近隣に暮らす彦陽金氏「一家」の長老6名が見物に訪れ，そのうち南原市街地から来た金IS[19]（事例5-2-8参照）が祝儀を渡した。作業終了後の儀礼には，傍系子孫も含め，彦陽金氏男性30名余りが参列し拝礼した。さらに事例hのT宗中のサンイルでは，後日，村人と近隣の老人をYマウル所在の祭閣に招いて祝宴も催された。

Yマウルに住む10-金PJ（1917年生・事例7-1-1参照）とUマウルに住む金HG（1910年生）の曾祖父母を合葬した事例kも，Y・Uマウルの村人20名余りがプヨクとして作業を手伝い，近隣に住む「一家」の長老4名が見物に訪れた。関連する出来事として，同年の初頭に曾祖父母の祭祀費用を拠出するための水田（位土）6マジギも準備されていた。位土購入費630万ウォンとサンイルの費用は，4名の曾・玄孫（金HG兄の長男[20]，金HG，10-金PJ兄，10-金PJ）が分担・拠出した。当日の作業に参加した直系子孫は，曾孫の代で金HG，10-金PJ兄（1911年生・全羅北道裡里在住），10-金PJの3名，玄孫の代で金HGの長男金IY（金HGと同居），10-金PJ長男（全州在住），10-金PJの他の息子の3名であった。宗孫である金HG兄の長男はソウルで会社勤めのため，平日に行われたこの行事には参加でき

19　金ISは調査当時，南原邑内に夫婦で暮らしていたが，先述の通りYマウルに家屋と農地を所有し，また頻繁にYマウルを訪れるなど，村人との親しい関係を維持していた。

20　金HGの兄は1984年頃死亡し，長男（1940年生）がソウルに暮らしていた。金HG兄が死亡した際に高祖父母の祭祀を墓祀に移したが，調査当時，曾祖父母についてはこの長男宅で家内祭祀を行っていた。

なかった。彼らの妻のうちで参加したのも近隣に暮らす者（金HG妻, 10-金PJ妻, 金IY妻）に限られていた。この他，Uマウルの朔寧崔氏に嫁いだ金HGの娘が夫とともに参加した。

一方，事例jは，Kマウルに住む安CJ（1925年生）[21]の高祖で，Yマウルに住む14-安MSの5代祖にあたる祖先の墓の石垣を築くものであった。直系子孫としては他にKマウルに住む5代孫2名が参加した。加えて，広州安氏の「一家」を含むK・Uマウルの村人10名程度が日雇で作業にあたった。プヨクで参加した者や見物客はおらず，土木作業を主体に非公開的に行われた。

また，事例bでは故人（広州安氏）の父系男子子孫がすべて転出し，Yマウル近隣に残る者はひとりもいなかった。サンイルの費用は，孫の世代の9人の父系男子子孫が契（「祖父稧」）を組織して準備したが，当日の作業に参加していたのはそのうちの2名（故人の長男の長男［1918年生］と次男の長男［1926年生］）のみであった。父系近親世帯のうち，KマウルKY集落に暮らす故人の弟の孫夫婦だけが手伝いに来ていた。作業者の大半は主催者が村外から連れてきた日雇労働者であったが，一部に近隣に居住する者も含まれていた。

ここでは一旦，誰によって（いずれの父祖を対象として）実施されていたのかに従って便宜上3つの類型に分けてサンイルの事例を整理してみたが，個々のサンイルは主宰者が誰かだけではなく，プヨクによる手伝いや招待・見物客を含めた参加者の規模と公開性の度合いにおいても違いを見せていたことがわかる。産業化過程での家族の再生産戦略の再編成との関連でまず注目したいのは，離村者を含む兄弟姉妹が，故郷に設けた父母の墓を，故郷に残る父系近親世帯の助けを借りて整備したケースである。事例d, fがこれにあたるが，目的・動機付けとしては，都市に暮らす子孫にとっても墓参や墓の管理がしやすいように，さらに都市中産層志向的な再生産戦略の行き着く先として直系子孫がすべて故郷を離れてしまっても墓の散逸を防ぐことができるように，父母の墓を集落の近隣でなるべく行き来の便がよい場所にまとめなおし（合墳・品字形），かつ父母と子孫の名を刻んだ床石等を設置するというものであった。他の父系氏族に嫁いだ姉妹も参与していた点は，一方で忌祭祀にも共通して見られる特徴であった。しかし他方で，夫や子供とともに家族全体で参加し，さらには男兄弟とともに経費を分担して，夫・息子の名を床石に刻むケース（事例f）も見られたよ

21　安CJは高祖の息子5兄弟のうちの長男の系統に属するが宗孫ではなかった。しかし，5代宗孫が独子（弟のいない長男）で若くして死亡し，そのひとり息子も当時中学3年生で，彼の他に宗孫の役割を果たせる者がいなかった。

うに，必ずしも父系血統の再生産に収斂しきらないような，ある種の情緒的紐帯に基づく追慕の側面をそこに見いだすこともできた（7章4・5節参照）。また，故郷に残る父系近親世帯との密接な協力がなされていたのに加え，事例dのように故人の兄弟姉妹やその配偶者，婿の参加が見られた点も，このような追慕の様相を示唆するものであった。そして，父母の墓の整備が，故郷に残る父系親族（一家）やその他の村人たちを交えて祝われていたことは，故郷の知己とのつながりのなかで父母の祭祀・追慕を再生産しようとする意志の現われであったと考えられる。

祖先の墓を行き来がしやすい場所に夫婦単位で合葬したり，祖先と子孫の名を刻んだ床石・墓碑を設置するといったように，墓参や墓の管理の利便を図り，墓の散逸を防ぐことは，祖父母を合葬して石物を設置した事例b，同じく祖父母の墓碑を設置した事例i，ならびに曾祖父母を合葬した事例kでも目論まれていた。しかしこの3つの事例は，父系男子子孫の共同責任で，墓祀への移行に向けた準備過程にある私宗中を基盤として行われていた点で，父系血統の再生産に向けてより強く動機付けられるものであったといえる。いずれの事例においても故郷に残る直系子孫，なかでも中高年者が積極的な関与を見せており，また高齢者を中心に，故郷を離れた子孫の一部の関与も見られた。ただし，その息子世代の子孫で遠方から訪れていた者はおおむね父と一緒に参加した者に限られていた。さらに，事例kの3人の曾孫の息子たちのひとりが「〔自分はサンイルをしなければならないとは考えないが〕オルン〔年長者〕がなさることなので，仕方なく従っている」と筆者に語ったように，参加姿勢においては父子のあいだに温度差を見て取ることもできた。実際，この事例では，父を早くに亡くした金HGの兄の長男は，宗孫であるにもかかわらず，経費の一部を負担するのみで当日の作業には参加していなかった。また，事例d（事例9-2-1）で父母のサンイルに参加した34-金CYの長兄も，自身の曾祖父母（事例i）や6代祖父母（事例h）のサンイルには参加していなかった。

以上のサンイルで墓の形態がいずれも夫婦を一緒に埋葬するものであったのに対し，曾祖母を対象とする事例c，高祖を対象とする事例j，ならびに5代祖とその妻を対象とする事例hでは，墓の形態がいずれも単墳で，風水地理的な条件がより強く考慮されていた。ただしサンイルの作業内容と規模には違いが見られた。まず事例cは移葬による墓の風水地理的立地条件の改善，事例jは石垣の築造で，いずれも実際の作業中心で非公開的なものであった。先述のように，事例cの曾祖母は初めての移葬であったが，その夫である曾祖父についてはすでに3回移葬を行っており，子孫たちが風水地理的な立地条件に対して特に強い関心を抱いてきたことがうかがわれた。これに対し，墓碑建立と石物の設置がなされた事例hでは，祖先の功績の顕彰やそれを含めた記憶装置としての墓の整備に重点が置かれ，公開性も高かった。近在の長老も招かれるなど，祖先の遺徳の継承に対する関心の高さがうかがわれた。このような違いはあるが，この3例のいずれからも父系血統の継承と両班としての社会的威信の再生産と密接に結びついた従来的な孝の実践をうかがいみることができた。また，確かに生活の余裕が生じたがゆえにサンイルを実行しやすくなっていたことも事実であろうが，父系血統の再生産という点に着目すれば，必ずしも産業化過程での変化を体現するものとも言い難かった。

家族・近親の情緒的紐帯と父系血統の再生産を両極とするスペクトラムのなかにサンイルの調査事例を位置づけようとする際，金PGが主宰した2回のサンイル（事例e，g）は，ある種特異な様相を示す。彼の場合，必ずしも門中組織を基盤とせずに独力で父系血統の再生産を目論む意志が強く見られた。家族の再生産戦略としても，長男を手許に残し農業経営を継承させる方法をとっていた。このときのサンイルでは自らの墓も予め造営しており，自身の死後にも家父長制的な関係性が維持されることを強く望んでいたのだといえる。一方，事例cも事実上単独での主宰であったが，この事例では，門中の行事を故郷に残る子孫が事実上ひとりで取り仕切っていた点に，子孫のあいだにあった上述のような温度差を見て取ることができるかもしれない。

9-3　家族の再生産と孝実践

この3節では，本章の締めくくりとして，1節で取り上げた門中・墓祀と2節で取り上げたサンイルの諸事例に即して，産業化過程での家族の再生産過程の再編成と孝実践との関係について考えてみたい。

事例の背景として三姓の大宗中がYマウル・近隣を本拠としていたことと，1節で示したようにこの地域門中に複雑な入れ子状の内部分化が見られたことは，2章1節で述べたように，三姓の入郷祖（あるいはその直近の父系子孫）のこの地域への移住・定着と子孫による拠点形成，ならびに在地士族としてのステータスの再生産と密接に関連するものであった。1章2節でも言及したように，在地士族による17世紀後半以降の「族契」では，構成員がおおむね父系子孫に限定され，祖先祭祀と相互扶助が主たる機能とされていたが［鄭求福 2002］，三姓の大宗中や私宗中もこのような親族結社に淵源をたどることができよう。ただし，本章1・2節で示したように，その活動は墓祀の実施や墓の整備，その他祖先顕彰にかかわるものが主体で，相互扶助的な活動が比較的活発な門中の例でも，構成家庭の老人への少額の小遣いの給付や墓祀の供物の分配，葬送時の木棺の支給，あるいは不定期の親睦行事など，副次的なものに留まっていた。

家族の再生産過程との関係では，門中の活動が父系血統の再生産にかかわるもので，（再生産過程の2つのプロセスの一方をなす）家父長制的＝公式的親族の構築と相互規定的な関係を切り結んでいたことに，まず着目したい。父系出自を構成原理（形式的論理）とし，故郷・地域的核を離れて移住した子孫をも構成員として取り込む門中は，1章1節で引用した山内が財産相続における宗家の重視への変化の含意として述べていた宗家を軸とする父系親族の拡大と結集を体現する組織であり，長男による単独相続と父―長男の中心軸の形成という祭祀相続の形式的論理を裏支えするものでもあった。そして門中を基盤として遂行される墓祀は，このような父系親族の公式的＝家父長制的関係性（宗孫の儀礼的中心性，男女の明確な区分と分離，祖先からの世代深度に従う序列）が表象され上演される場となっていた。

ただし，門中の内部分化が必ずしも厳密に父系の系譜の分岐に従うものではなかったことや，様々なレベルの門中で実施される墓祀において，父系直系祖先だけではなく父系の傍系祖先や非父系祖先に対する儀礼も執り行われたり，また傍系子孫の参加が見られたりもしたことは，門中と墓祀が，公式的関係性の表象と父系血統の再生産のみに特化した制度をなしていたわけではなかったことを示唆するものである。これを公式的関係性の再生産を機能とする祖先崇拝（ancestor worship）とは概念的に区別し，追慕（commemoration）によって動機付けられる儀礼実践として，一旦，性格付けておきたい[22]。

門中の活動と墓祀の実態に表れていたこのような両義的側面を踏まえた上で，6・7章で論じたような家族の再生産戦略の再編成と再生産条件の変化が門中と墓祀の実践にどのような影響を及ぼしていたのかを次に考えてみたい。まず，墓祀儀礼の卓越した形式性と正統性（orthodoxy）――陰暦に従う祭祀の日取り，祖先の世代・序列関係に従った祭祀の順序，儒礼の正統的な方式による儀礼の大枠と家系によって異なる細部の取決めなど――には，調査当時でも大きな変

22　追慕（commemoration）については，Freedman [1958, p.84]，Freedman [1966, pp.153-154]，ならびに拙稿［1993］を参照のこと。

化は生じていなかった。しかし，門中の行事や墓祀に参加する子孫の数の減少（若者や「国民学校学生」の不参加）や，若い人手の不足による一部の儀礼の墓前から室内への移行などは，家族の再生産戦略を構成していたある要素の量的拡大，すなわち就労，あるいは進学・就職を目的とする青・壮年層の向都離村の大規模化を如実に反映するものとなっていた。また，供物を大量に準備することがなくなった理由のひとつは，6章2節で述べたように，緑の革命の成功によって食糧不足が解消されたことにあった。他方で，再生産条件の質的変容――都市中産層的階級地平の内面化や農業経営の道具化・手段化――は，門中活動と墓祀を通した父系血統の再生産実践に対し，少なくとも調査当時の段階ではまだ目立った影響を及ぼしていなかった。

これに対し，構造化の程度が低いまさに一回性の行事であったが故に，その時々の内的・外的状況や当事者の動機付けによって内容や規模が左右されていたサンイルでは，家族の再生産戦略の再編成の影響が，門中・墓祀をめぐる諸実践に比べ，より強くかつ直接的に表れていた。まず，前節で提示した主宰者の3分類のうち，門中を基盤とする，あるいは門中契の組織化の過程で実施されたサンイルは，その効果から判断して，確かに父系血統の再生産の物的基盤の強化，ならびに（公開性の高い行事については）その血統によって担われる卓越した威信の表象を目的とするものであった。また，墓の祖先と行事に参加する子孫との関係，ならびに子孫同士の関係は，公式的関係性としての父系出自を目に見える形で表象するものとなっていた。とはいえ，このような行事と父系血統の再生産への参与のあり方には，故郷に残り否応なくこれに関与せざるをえない子孫と向都離村し任意的に参加することが可能になった子孫とのあいだに，さらには積極性を見せる高齢者と必ずしもそうではない中・壮年層とのあいだに，ある種の温度差を見て取ることもできた。故郷に残る子孫にとってのサンイルの意味については，村落・地域社会での評価や体面（在地の士族共同体における「両班」としての威信や孝規範の重視，あるいは「他人がやるから自分もやるのだ」という理由付け），ならびに隣人としての付き合い（隣人同士の相互扶助としてのプヨク，隣人の招待と饗応）にもかかわる問題として別稿で論じた通りであるが［拙稿 1993］，それとは対照的に，都会に暮らす子孫，特により若い層にとっては，父系血統の継承が必ずしも強いリアリティ，あるいは切実さを持つものではなくなりつつあった。高齢者が父系血統の再生産に執着する一方で，家族の再生産戦略の再編成が，このようにサンイルの実践においては家父長制的関係性の揺らぎの徴候を示しつつあった。

また，向都離村戦略の展開によってもたらされつつあった墓の伝承の危機に対しても，故郷に残る高齢者は敏感な反応を示していた。調査当時のYマウルでサンイルが活発に行われていたことの理由のひとつは，確かに，都市に移住した者にとっても農村に留まる者にとっても経済的な余裕が生じつつあったことに求められていた。しかしそれとともに，経済的余裕をもたらした産業化，都市中産層志向と中産層的階級地平の内面化，ならびに向都離村の大規模化が，墓祀と墓の伝承を通した父系血統の再生産を阻害しうるであろうことについて，サンイルの主宰者，なかでも高齢男性が抱いていた危機感が，この時期のサンイルの実践を強く動機付けていたのも事実であった。それは当時のサンイルの作業内容が，祖先夫婦の合葬や祖先と子孫の名を刻んだ床石の設置，祖先の事績と子孫に至る系譜を刻んだ墓碑の建立，その他，耐久性の高い石造装飾物の設置など，墓の風化・失伝を防ぎ，墓の管理と祭祀の利便性を図ることに重点を置いていたことからも明らかである。

個人が主体となって行われていたサンイルでも，このような父系血統の再生産と家父長制的＝公式的親族の構築の目論みをうかがうことができた。これに対し，兄弟（と姉妹）が協力して行う父母の墓のサンイルでは，父系血統と公式的関係性の再生産を必ずしも全的に志向するわけではないような追慕の行為が，より身近な死者に向けられるものとして発現していたように思う［cf. 拙稿 1993］。さらに，生者の記憶に残るような身近な死者のサンイルでは，既婚の娘たちだけではなく，その夫と子供，死者自身の弟や姉妹，その他の近親や姻戚の参加も見られた。ただし，これが家族の再生産過程の質的変容と直接に関係するものであったのかについては充分に論じうるほどの資料を集めることができなかった。7章4節でも示唆したように，身近な死者に対する追慕の様相は家内祭祀の実践の一部にも見て取ることのできる特徴であり，特に生家を離れて婚家の公式的＝家父長制的関係性に組み込まれた既婚の娘の参加にこのような動機付けを比較的強く見いだすことができた。しかし，少なくとも産業化以前と比べれば，既婚の娘が生家の父母や兄弟姉妹と交流する機会は確実に増えており，また都市に移住した家庭の場合，既婚女性が夫の生家・父母から受ける家父長制的統制も，夫の生家で暮らす，あるいは夫の生家から近隣に分家した場合と比べて弱まりつつあった［cf. Kim 1993］。

整理すれば，産業化過程での家族の再生産戦略の量的・質的両面での再編成と青・壮年層を主体とする大規模な向都離村的人口流出によって，父系血統の再生産に対する主体的な参与が子孫のあいだで広く共有されにくくなる一方で，既婚の娘を含む家族の情緒的紐帯が活性化されつつあった。調査当時のＹマウルの民族誌資料に照らし合わせれば，このような公式的＝家父長制的関係性の揺らぎと家族・近親関係の再編成の徴候が，門中・墓祀の実践においては徐々に現れつつあり，またサンイルにおいては比較的明確に現れていたといえる。

結論

結 -1　本論の論点と意義

本論では，筆者が1980年代末のYマウルでのフィールドワークとその民族誌の記述分析にあたって直面した二重の困難を克服するためのひとつの方法として，「そこにいたこと」としての民族誌的現在と「表現形式」としての民族誌的現在を，歴史民族誌として記述分析しなおすことを試みた。ここで採った歴史民族誌的方法とは，振り返ってみれば，①韓国の農村社会を記述分析する枠組を問い直しつつ，調査当時の農村住民にとっての家族の再生産や村落コミュニティの再生産の基盤をなしていた長期持続性と植民地・近代体験，ならびに産業化過程での再生産条件の変化を同定することと，②これを通して得られた知見に鑑みて，筆者自身がフィールドで経験した現実を，持続性を基調としつつも変化に開かれた実践として記述分析しなおすことを核とするアプローチであった。ここで，家族の再生産戦略（序論，1・3～7章）と村落コミュニティの再生産過程（序論，1・3・8章）を中心に記述分析を行ったのは，家族と村落コミュニティ自体を論ずることに研究の目的があったからではなく，調査当時のフィールドの状況（筆者が体験した「そこにいたこと」としてのフィールドの現実），すなわち，産業化過程での農村社会の変化を記述分析する上で，このふたつの社会文化的事象に着目することの有効性が高いと判断したためである。また，身分伝統，父系親族の組織化，祖先祭祀，ならびに墓の整備作業の事例を取り上げたのは，筆者がフィールドワークの過程で比較的厚い資料群を収集することが可能であっただけでなく，このような孝実践の諸様相が，少なくとも当時の農村に暮らす人たちの再生産実践のある部分を構成し，また，他の部分を相当程度に規制するものであったからである。

この歴史民族誌的記述分析の作業を通じて得られた知見を，本節では次の5点に分けて捉えなおしたい。

①17 世紀以来の朝鮮半島農村社会の動態的均衡性
②小規模自営農による経営・生計基盤の暫定的均衡に向けた諸戦略を中間値とする家族の再生産戦略の社会経済的スペクトラムと長男を差別化する規範による再生産過程の二重性の媒介・接合
③産業化過程での家族の再生産条件の量的拡大／質的変容による農業経営の道具化，小規模自営農の暫定的均衡の安定化，ならびに再生産過程の二重性の（再）接合
④平等的コミュニティにおける不定形かつ可塑的な共同性とその制度的・慣習的枠付けとの相互浸透性，ならびにモラル・エコノミーと合理性，あるいは互助・協同の実践とコミュニティの象徴的構築との交渉と暫定的調停
⑤孝実践の諸様相に見られる多義性と家父長制的関係性の揺らぎの徴候

以下では，この 5 点について本論での議論をたどりなおすとともに，その民族誌的，ならびに理論的意義について考えてみたい。

結 -1-1　小農社会の動態的均衡性

1 章では，小農的生産様式の形成と儒教・朱子学的な理念・行動様式の浸透という 17 世紀以来の朝鮮半島農村社会の長期持続的様相のなかで，居住・生計と生産の基本単位である戸と，互助・協同の諸関係が立ち上がる場としての村落が，身分構造，経済階層，ならびに父系親族の集団化・組織化と相互に関連しあいながらどのように生成し再生産されてきたのかについて，近年の歴史人類学と社会経済史の研究成果に即して再検討した。

まず，戸の再生産に見られる特徴として，戸の定着／流動性に社会経済的スペクトラムを看取できる点，そして 17 世紀後半～ 18 世紀後半の戸の再生産戦略の再編成に少なくとも 3 つの類型を識別できる点を指摘した。このうち，戸の定着／流動性については，所有あるいは小作による生産手段（農地）の確保，父系親族の集団化と組織化，ならびに身分的威信の獲得が居残りに有利な条件をなしていたと推測できる一方で，戸の再生産にとっての社会経済的資源の地域的蓄積がそれほど大きくはなく，定着性の比較的高い集団に属する戸でも移動性が決して低いわけではなかったことを確認できた。また，戸の再生産戦略としては，少なくとも，次の 3 類型を想定することができた。

①トバギ士族地主：分割相続の原則に従いつつも祭祀財産を増やすことによっ

て，宗家を中心軸とする父系親族の結合と拡大をはかる。

②農地を相当規模で所有する，あるいは農地への比較的に安定的なアクセスを有する小規模自営農：両班的な長男優待の規範を採り入れつつ年長労働力である既婚の長男を親の戸に残留させることで，営農基盤の細分化を防ぐとともに農業経営の労働集約化をはかる。

③零細・無所有の小作農・貧農：一家離散的な既婚の息子の独立など，マージナルな生計維持を試みる。

このうち②については，18 世紀（あるいは 17 世紀後半）以降の農地開発の停滞と 17 世紀から 18 世紀中葉までの人口増加を考慮に入れれば，人口圧の高まりが移秧法（田植え）などの新しい農業技術の導入と労働集約的な農法への転換を促進したと想定できること，また③においても，年長男性労働力を親元に残すこと（長男の労働力を囲い込むこと）に経済的効用を求めうることを補足的に述べた。以上の議論により，朝鮮時代後期の農村社会における戸の編成を，祭祀単独継承からの干渉を受けつつも，それとは異なる次元での戦略的判断によるものとして捉えなおすことが可能となった。

次に村落の再生産の特徴として，2 種類の社会経済的関係性，すなわち比較的対等な互助・協同と相互規制によって特徴付けられる共同性（平等的コミュニティ）と，これと交叉する位階的諸関係とを区別できる点を指摘した。ここで位階的関係とは，具体的にいえば，複合的な身分構成，あるいは地主から無所有小作農までの経済的階層分化を基盤とする，必ずしも対等ではない諸関係を指す。隣人間の互助・協同は，個別の戸だけでは担いきれない様々な生活の必要性を充当する役割を担わされていたが，その様式には，自然発生的なものから結社の形態をとるものまで，また対等性の高いものから社会経済的な位階関係に基づくものまで，相当の幅が見られた。それとともに，村落への排他的な成員権（仮にそのようなものがあったとして）の獲得自体によってもたらされる利益が限定的で，隣人間の互助・協同の再生産もまさにそのような実践に参与することによって支えられていたと考えられること，また，特定の（経済的・象徴的利益をもたらす）資源へのアクセスが，資源を占有・統制する個人的・集合的行為主体との個別的な関係に依存していたと推察できることを指摘した。さらに，1920 年代初頭の村落調査報告の分析から，村落の氏族構成，経済階層，社会統合と共同性の消長に多次元的な複合性と動態性を見て取れることを示した。

2 章で整理したように，近代初頭の Y マウルでは，住民の中核をなす三姓が旧南原府の儒林の活動への参与を通じて両班としての威信を維持していたと考えられるが，彼らにしても社会経済的階層としてはおおむね下層両班に属し，一部に小地主が見られたものの，住民の大半は自作・小作の小規模自営農によって占められていたと推測できる。3章1節での1930年朝鮮国勢調査の分析を通じて示したように，当時の南原郡では，営農基盤が脆弱なほど農業に従事する人口の流動性が高かった。また，少なくとも1920～30年代においては，農地の一部，あるいは全部を小作する小規模自営農が農民の多数を占め，かつ，自給的農業が主体で農業経営の資本主義化の度合いも低かったとみられる。他方で相次ぐ天災と恐慌によって農家の窮乏化が進み，貧農・貧困層の流動性も高まっていた。自給的農業と変化・流動性とのあいだにいかに均衡を保つのかは，Yマウルの下層両班＝自営農にとっても切実な問題であったと推測できる。

6章2節で論じたように，解放・独立後の韓国の農村では農地改革の実施によって一旦は自作農の比率が高まった。しかしそれも小規模自営農の営農基盤の強化にはつながらず，1960年代には再び小作・自小作農の比率が上昇していった。1960～70年代の民族誌で描かれた小規模自営農も，生産手段としての農地の確保，農家として独立する息子への財産分与の調整，一部の息子の自力独立や都市での就労など，営農・生計基盤を維持するための不確実性を伴う戦略的な判断と選択を迫られていた。

以上をまとめれば，小農的生産様式の形成と儒教・朱子学的な理念・行動様式の浸透を基盤とし，小規模自営農の経営・生計基盤の不安定さと人口の流動性の高さによって条件付けられる動態的均衡性が，朝鮮時代後期，17世紀以来の農村社会の長期持続的基盤をなしていたといえる。このような動態的均衡性，なかでも小規模自営農の営農・生計基盤の不安定さとそれを前提とした再生産戦略は，日本による植民地支配下での収奪と解放後の農地改革を経た1960～70年代の農村社会においても，依然として生活の基調をなしていたと考えられる。1章の冒頭で言及した宮嶋［1994b］は，17世紀頃に成立した朝鮮の小農社会にとって，1990年代中葉が「小農社会の成立期に匹敵する，第二の大転換点の入り口に当たっている」［宮嶋 1994b, p.94］と記している。本論では，ブローデル［1989=1958］の「長期持続」(longue durée) という歴史学の3つ目の時間についての議論に依拠しつつ，宮嶋のいう小農社会を，17世紀から産業化過程に至るまでの長期持続として跡付けつつ，これを高い流動性や動態性のなかでの暫定的な均衡に向けた再生産の諸戦略・諸実践の展開過程として捉えなおした。

結 -1-2　家族の再生産戦略の社会経済的スペクトラムと二重性の媒介

5章の叙述での基本的な姿勢は，産業化以前の農村社会における家族の再生産過程を，エミックなモデルに則った理想型や構造的拘束に還元せずに，実践や戦略に焦点をあわせ，その実践的論理を斟酌しつつ記述分析することにあった。またそこでの課題のひとつは，長男残留（あるいは優待，差別化）の規範を，個別具体的な社会経済的脈絡に落とし込んで意味付けることにあった。以上のような展望に基づき，Yマウルの民族誌資料を1960～70年代の農村の民族誌，ならびに植民地期農村の口述史と相互対照的に分析した結果として，まず，保有する社会経済的資源の多寡に応じて，具体的にいえば富農・地主／小規模自営農／零細農・貧農のあいだで，採りうる家族の再生産戦略――家族への参与を通じた生計維持と社会的生存の諸戦略――に相当の違いが生じており，それが長男残留規範の意味付け（あるいは再生産戦略の実践的論理）にも幅をもたらしていた点を示した。

このうち富農・地主では，規模の大きい農業経営によって担保される経済的基盤の安定性によって，より高い水準での物質的・象徴的利益の増進戦略が可能となっていた。なかには，父―長男のラインを中軸とする家内集団（財産単位）が居住と経営・職業を別にする複世帯的構成をとりつつも，一体的に再生産実践に当たる例も確認できた。

一方，社会経済的スペクトラムにおいてその対極にある零細農・貧農の場合，まず財産単位自体の存立基盤が脆弱で，父―長男を軸とする家父長制的＝公式的親族の構築よりもその時々で採りうるマージナルな生計維持の諸方策を多分に優先せざるをえなかった。彼らの生計維持の諸方策は多様性と柔軟性に富み，かつ暫定的な性格を強く帯びていた。ここで長男残留の規範は，時に現実に対する拘束力を喪失することを余儀なくされたが，他方で，マージナルな生計維持戦略の公式的規範による正当化や公式的＝家父長制的関係性の回復，あるいは実践＝実用的関係のそれへのすり寄せがはかられる局面も一部に見て取れた。

このスペクトラムの両極と対照することによって見えてくるように，長男残留の規範が長男の（父）親との同居と財産分割における長男の優待を通じた小農的居住＝経営単位の再生産を一義的に意味したのは，まさに中間的自営農においてであった。この中間的自営農は，零細農・貧農と比べれば財産単位としての家内集団の経済的基盤が比較的しっかりしていたが，地主・富農のように家内集団の複世帯化や農業経営の再生産に留まらない複合的な再生産戦略の実践が可能なほどの社会経済的基盤を欠いていた。また，その再生産過程の様々の局面には，均衡状態を維持／回復するための戦略的判断と選択の介在を確認できた。すなわち，社会経済的基盤の暫定的均衡を維持，再生産することを通じて，初めて（村内分家を含めた）長男残留規範に整合的な小農的居住＝経営単位の再生産が可能となっており，長男残留規範は，このような均衡状態に向けた再生産実践への主体的参与を促すものとなっていた。

本論では，世帯・家内集団の編成と祭祀継承を分析上峻別する嶋の議論［嶋 1980］を敷衍して，相続の二重システム，あるいは家族の再生産過程の二重性という観点を導入した。そして嶋の議論では先送りにされていた2つのプロセスの関係付け（接合）という課題に対し，これを社会経済的スペクトラムを呈する再生産戦略のなかに置き戻し，小農的居住＝経営単位の暫定的均衡に向けた実践において長男残留（あるいは差別化）の規範＝装置によって媒介・接合されるものとして捉えなおした。長男残留の規範がこのスペクトラムの中間的な位置で特に強い拘束力を及ぼしていたことは，この規範の状況依存性を示すものであるとともに，この規範が形式的論理と実践的論理（あるいは実践感覚）の結合したもので，実践レベルで2つのプロセスの接合を媒介する装置として機能していたことを意味していた。このように，長男残留規範の作用を構造的拘束として捉えるのではなく，個別具体的な状況と連関した実践をうみだすメカニズムのひとつとして捉え直した点に，ここでの議論の独自性を見いだせるかと思う。

結 -1-3　産業化過程での再生産戦略の再編成

長男残留規範の一義性，すなわち長男残留による小農的居住＝経営単位（中間的自営農家）の再生産は，このようにある種の危うさをはらんだ暫定的な社会経済的均衡状態によって担保されていたが，産業化過程でその再生産条件に急激な変化，あるいは変動が生じた。6章では，長期持続的な社会経済的諸条件との関係に着目し，この再生産条件の変化を量的拡大と質的変容の両面に分けて整理した。まず量的拡大としては，国家主導による輸出志向型製造業の拠点形成の結果としての産業蓄積が都市・工業化地域への偏りを示し，これに誘導される形で農村からの低学歴青年・壮年層の就労目的の離農・離村が増加した点，ならびに，高学歴化と営農基盤の安定化によって小規模自営農のあいだにもメリトクラシー戦略が広まっていった点を指摘した。これに対し質的変容としては，都市中産層志向の拡大と農村住民による都市中産層的階級地平の内面化を挙げた。

農業経営の変化について補足すると，6章2節で示したように，1960年代以降（P

面では1960年代後半以降）に小規模自営農の経営規模の拡大が進み，1970年代半ば以降は稲作の生産性も上昇した。その結果として小規模自営農の経営と生計の安定化が進んだが，同時に，都市・工業化地域を拠点とする高度経済成長の過程で，都市居住者とのあいだの経済的な面での生活格差も広がっていった。これを一因として向都離村が激化するとともに，農業経営の目的が，壮・中年層にとっては当座の生計維持と子供の都市への移住・定着に対する経済的支援へ，また高齢者層では，小規模でも農業経営を維持することによって都市に暮らす息子家族の経済的負担を軽減することへと偏りを見せるようになった。

6章3節では，人口センサスの出生コーホート分析を通じて，産業化過程での人口変動を年齢層と時期別に細かく検討した。男女ともに青・壮年期の人口減少が特に顕著で，男性の場合10代半ば前後の10-14歳層から15-19歳層への移行段階と20代半ば前後の20-24歳層から25-29歳層への移行段階で，女性の場合は10代半ば前後の10-14歳層から15-19歳層への移行段階と20歳前後の15-19歳層から20-24歳層への移行段階で，おおむね高い減少率を見せていた。学歴分布と婚姻ステータスも考慮に入れてこの時期に青・壮年期を通過した4つの出生コーホート（C45-50，C50-55，C55-60，C60-65）を対照すると，まず男性では10代半ば前後での低学歴者の転出と20代半ば前後での高学歴者の転出という，学歴に従った移住・就業形態の両極化を見て取ることができた。特に大学進学者数が大きく増加したC60-65でこのような傾向が顕著に表れていた。女性の場合は一貫して低学歴者の転出傾向が見られる一方で，時期が下るにつれ，高学歴者の就職目的での転出や都市の男性との結婚による転出の増加傾向が顕著になっていった。また，壮年層の若い既婚者では，男女ともに1970年代後半と1980年代後半に高い人口減少率を示していた。

このように未婚青・壮年層の就労，あるいは進学・就職目的での単身移住を基調としつつ，時期によっては既婚者の家族単位での移住傾向の高まりを含む向都離村戦略の進行と拡大の結果として，1980年代末の調査当時のYマウルでは，既婚の壮・中年層が大きく欠ける人口構成を示すとともに，高卒後の未婚の子女のほとんどが都市に暮らすようになっていた。高等教育を履修した未婚子女も数を増していた。

ここでYマウルの民族誌資料から，産業化過程での再生産戦略の再編成を示唆する事例をいくつか再提示しておこう。7章1節で示したように，まず農業に従事する還流的再移住者の場合，生家に再合流した段階でその営農基盤が維持されていた点を共通して見てとることができた。のみならず他の息子たちが都市で生計基盤を築きつつあったことにより，これを全的に継承することも可能となっていた。ここで，彼らが生家に戻ったひとつの理由が老親の扶養に求められていたが，それもあくまで都市での生活難と農村での生計維持を前提とした理由付けとなっていた。一方，7章2節で示したように，生家に残留しない息子に財産を分与して村内・近隣に農家として独立させる村内分家は産業化過程で顕著に数を減らし，その結果として，生家の営農基盤を事実上ひとりの息子が相続するような形態が現出しつつあった。その際，向都離村せずに親元に残った理由として挙げられていたのは，おおむね父母の扶養と生家の継承であった。

産業化以前の農村においても，家長の統制下にある未婚／既婚の家内労働力を，農業と農業外・村外就労からなる農家経済の二重就業構造に向けていかに配分するのかは，小規模自営農にとって生計維持，あるいは社会経済的ステータスの追求に向けられた家族の再生産戦略の重要な一部分をなすものであった。これに対し，産業化の過程で村外・農業外就労の比重が顕著に高まるとともに，農業経営は親夫婦，あるいは少数の残留した継承子夫婦と還流的に帰郷した息子夫婦に委ねられることになった。そして都市中産層的階級地平が拡大した結果，農業経営戦略の基調として，（自身の）農業経営自体の再生産よりも（子供の）都市での就労と生活基盤の構築が優先されるようになった。

家内労働力の編成という観点からこれを整理しなおせば，7章3節で示したように，調査当時のYマウルでは未婚青年層の息子と娘のほとんどが高卒後離村するようになっていたため，農家世帯の主要な労働力は既婚者で，まだ子供が幼く育児に専念せねばならない若い嫁を除けば，女性も様々な形で農作業に関与するようになっていた。親と息子夫婦が同居する直系家族の構成をとる世帯の場合は，おおむね既婚の息子が主要な農業労働力をなしていた。

また，同じく7章3節で示したように，Yマウルの農家の主たる現金収入源であった稲作の経営規模は，自家所有の水田を基盤とし，これに貸し借りを補うことによって，家内労働力の状態や再生産戦略の要請に応じた柔軟な調節が可能となっていた。農地の貸し借りは，おおむね血縁ないしは既存の地縁的関係を基盤として行われていた。また若く大規模な営農を試みる者ほど，農業機械の導入にも意欲的であった。

話は前後するが，産業化過程での家族の再生産戦略の再編成について，7章の冒頭では，①子女の向都離村を基調とする家族の再生産戦略との関係で農村世帯と農業経営がどのように再編成されていったのか，②そこでは再生産戦略の二重性，すなわち公式的＝家父長制的関係性の再生産と実践＝実用的諸集団・

諸関係の（再）編成とがどのように（再）接合されていたのかという2つの課題を提示した。①と関連しては，既に述べた通り，まず農業経営の戦略的意味が，農業経営自体の再生産から向都離村する子女への経済的支援や農村に残った親の自活，あるいは還流的再移住者の生計維持へと転換しつつあった点を指摘した。端的にいえば，農業経営の道具・手段化が進行し，小農的居住＝経営単位の再生産が向都離村／メリトクラシー戦略に従属するようになったのだといえる。また，小農的居住＝経営単位の社会経済的均衡の維持・回復という点においては未婚の子女の労働力の活用と息子たちの生計基盤の確立が家族の再生産戦略のひとつの課題となるが，これも既に述べたように，第一に，小農的経営を営む親にとって未婚の子女の都市での就労が扶養負担の軽減と現金収入源の増大を可能にするものとなったこと，第二に，産業化以前には主に富農・資産家に限定されていたようなメリトクラシー戦略が，高学歴化の進行と農業経営の安定化と併行して中間的自営農のあいだにも広まっていったことを指摘できた。

ここで注目すべきが長男の扱いであった。産業化過程での再生産戦略の再編成においては，長男に小農的居住＝経営単位を継承させる一方で，弟（のひとり）にはメリトクラシー戦略を担わせるといったように，2つの対照的な戦略が相補的に表裏一体となって遂行されていた例もあれば，それとは逆に，まず長男に高学歴をつけさせる例も見られた。そのいずれとも異なり，父親が息子の助けを借りずに単独で農業を営むことが可能であれば，どの息子に農家を継がせるのか，あるいは息子に農家を継がせるのかどうかの決定自体を先送りにし，長男を含め息子たちを一旦は都市で働かせるという方法も採りえた。その結果として，長男が親の農家世帯に残留して農業を継承する例が顕著に減少するとともに，いかなる形であれ息子の多くが都市での就労・就職と生計基盤の構築を志向することによって，中間的自営農の暫定的均衡状態を脅かす要因のひとつであった生家の営農資源（生産手段）をめぐる兄弟の競合が程度を弱めていった。

これに加えて，農業の生産性が飛躍的に高まったこと，そして家内労働力の量や質，あるいは生計の必要性に応じた営農規模の柔軟な調節が可能になったことによっても，自営農の営農基盤の不安定さは緩和されていった。長男残留規範が一義的な意味を持ちえた状況，すなわち，複数の息子に営農基盤（生産手段）を分配しつつ農業外就労等を補うことによって維持しえた暫定的均衡が，安定化の度合いのより高い方向にずらされていったのだといえる。すなわち，暫定的均衡を維持・回復することは，小規模自営農にとってもはや生存の強い要請ではなくなった。このような均衡状態の再編成に伴って，危うい暫定的均衡のうえに存立し，またこの均衡に向けた再生産実践を促していた一義的な意味での長男残留規範も，農家の世帯編成や農村住民の家族の再生産実践に対し強い拘束力を及ぼしえなくなっていた。

これを踏まえて，②家族の再生産過程の二重性を媒介・接合する実践的論理を捉えなおすと，まず，二重性の一方をなす家父長制的関係性自体が揺らぎつつあった徴候が注目された。親元を離れ都会で働くようになった子供に対して，親の家長的統制が以前よりも及びにくくなっており，また，家内祭祀の継承と実践についての検討結果からは，長男単独相続の形式的論理はほぼ徹底されていたものの，それでも祭祀の簡略化が一部に試みられるようになっていたことが明らかとなった。そしてその背景に，Yマウルの老年男性がしばしば「核家族時代」と表現するような父系親族の実践＝実用的諸関係の弛緩と公式的＝家父長制的な関係性の揺らぎを見て取ることができた。寡婦の家庭の事例では，母を中心とする兄弟姉妹の情緒的紐帯の介在をうかがいみることもできた。

長男残留規範の一義性がその存立基盤を喪失しつつあったこと，都市で働く子女や都市に暮らす息子の家庭に対する家長的統制が弱まりつつあったこと，そして家族・近親間の互助・依存関係が弱まるとともに，家父長制的関係性にも揺らぎの徴候が現れ始めていたことは，家族の再生産過程の二重性の接合にも変化をもたらすものであった。長男残留規範の一義性の解体に対し，調査当時のYマウルでは，この規範を裏支えしていた儒教的孝規範を読みかえることによって，実践＝実用的諸関係と家父長制的＝公式的親族との媒介・接合を試みる例も見られた。例えば，還流的再移住者の例では，生計維持の必要性による親との同居を儒教的な孝の要件のひとつである親への奉仕として捉えなおすことで，公式的＝家父長制的関係性にすり寄せる形での再生産戦略の正当化が試みられていた。また，仮に長男が両親と同居し直接扶養できなかったとしても，両親の期待に答えて「良い暮らし」を営む（都市での生活基盤を築く）ことが，親から受けた恩に報いること，すなわち孝の実践として解釈しなおされてもいた。とはいえ多くの場合では，営農の目的が農村に残った親世代の生計維持と未婚の子供への経済的援助に限定されるようになっていた。このようなケースでは，小農的居住＝経営単位の再生産が事実上放棄されており，長男残留規範や孝規範も，小農世帯と家父長制的関係性の再生産から，より広い意味での親への気遣いや自立的な生計が営めなくなった親の介護，さらにはその死後の「同居」（祭祀の遂行）へとその意味を移されるといったように，親子・兄弟の空間的拡散に即して再解釈されていた。

産業化過程での農村家族の変化の記述分析は，早くは崔在錫［1988］等によっても試みられている[1]。これに対し，筆者［拙稿 1994］とパク・プジン［박부진 1994］は，いずれも家族（family）と世帯（household：但し，パクの用語では「家口 *kagu*」）を概念的に区別し，世帯構成としては確かに崔在錫も指摘しているように長男が親と同居する直系家族形態が減少しているが，長男夫婦は別居していても夫の親に対する扶養の義務を認識しており，理念的には（パクの用語では文化体系としては）両者が直系的な構成をとるひとつの家族をなすと捉えた[2]。いずれも，1980 年代後半から 1990 年代初頭の農村における居住＝生計＝経営単位の編成と親子・兄弟姉妹の協力・依存関係を実態・現象面で把握することには成功したといえるが，両親と長男夫婦が別居後もなぜ家族として一体であるという認識を保ちうるのかについては，端的にいえば，本論でいう長男残留規範の拘束力の強さに還元する議論に留まっていた。これに対し本論では，一義的な意味での長男残留規範を，中間的自営農の暫定的均衡において強く作用する状況依存的な拘束力と捉えなおし，かつ長男優待・差別化の規範を，相続の 2 つのプロセス，あるいは再生産過程の 2 つの次元を媒介・接合する装置と捉えることによって，農村の世帯―家族（家内集団）のシステムが，産業化過程でのこのような「変化」を惹起しうるような構成をとっていたことを示した。さらにいえば，居住と営農の単位である世帯は，生計と生活の必要性に応じた柔軟な編成を本来的にとりうるもので，そのレベルにおいては，必ずしも規範に忠実な編成をとること自体に価値が置かれていたわけではなかった。むしろ問題となるのは，二重性をいかに媒介するのかであったのだといえる。

産業化過程での家族の再生産戦略の再編成に関するここでの議論は，キム・ミョンへ［Kim 1993］やレット［Lett 1998］が民族誌的に論じた都市中産層やアッパー・ミドルの世帯編成と再生産戦略を，送り出し側である農村の側から論じ

1　崔在錫は，1984 ～ 86 年に全羅北道任実郡 S 面 D 部落で実施した現地調査に基づき，1965 年と 1985 年の世帯（原典では「家口」）類型を比較した結果，①直系型と夫婦型がともに減少し，高齢化した夫婦型で片方が死亡することにより 1 人世帯の比率が増加したこと，②世代別では 2 世代同居と 3 世代同居が顕著に減少し，1 世代のみの世帯が増加していること，③直系型で子供世代が長男以外の息子である世帯が大きく増加したこと，等を変化の特徴として列挙している［崔在錫 1988, pp.88-124］。

2　パク・プジンは，親夫婦と長男夫婦の相互行為の実態に即して，さらに分離居住型直系家族，循環居住型直系家族，独立世帯型直系家族といった区分を設けている［박부진 1994］。

なおしたものとしても意義付けできる。キムによれば，彼女が1990年に調査したアッパー・ミドルの72家族のうち，84%は核家族の構成をとっていた。夫が長男である事例に限れば，31%だけが親と同居し，7%で親は次三男と同居，62%では親はどの息子とも同居していなかった。その際の別居の決定は必ずしも息子によるものではなく，むしろその妻によるものであったという［Kim 1993, p.76］。本論でとった家族の再生産過程へのアプローチは，同居を望む親との交渉，親への貢献をめぐる兄弟姉妹の葛藤，あるいは（核家族の境界を越えて）拡大された親族ネットワークの妻による管理など，戦略・実践に焦点をあわせたキムの分析との親和性が高い［Kim 1992; 同 1993, pp.76-80］。また，1990年代の韓国で中産層のステータスを維持するためには親族への依存と長期計画が必須で，この依存の代価として依存する相手からの統制を受けざるをえなかったと記すレット［Lett 1998, p.80］も，同様のアプローチをとるものであったといえる。

結-1-4　平等的コミュニティの再生産

3章3節で明らかにしたように，植民地期Yマウルの洞契の構成は，三姓の子孫が多数を占め，それに流動性の高い他姓が加わる形をとっていた。ただし三姓にも構成戸の出入りがあり，村内分家や転入によって洞契に新規加入した戸もあれば，逆に転出・消滅したとみられる戸も相当数にのぼった。また，在地士族の子孫である三姓が運営の主体をなしてはいたが，他姓を含めた住民の対等な関与を見て取ることもできた。収支細目に即してその活動内容を見ると，まず，住民の福利厚生に関わるものが全時期を通じて基調をなしていた。特に生活・生業環境の整備が住民自身の労働奉仕によって実施されており，その点で洞契は村落住民の共同性の醸成，あるいはコミュニティ的関係性の再生産に部分的に寄与するものと捉えることができた。他方で経常的な活動の財源が共有財産の利子と共同労働による収入によって充当されていたように，村落住民の共同性やコミュニティ的関係性が洞契の運営の重要な基盤をなしていたのも確かであった。このように洞契の運営とコミュニティ的関係性の再生産とのあいだには，相互依存的な関係が成り立っていた。

一方，植民地期特有の現象として，植民地権力による動員・徴発に対し，少なくともYマウルでは洞契を基盤として共同的な対応がなされていたことも確認できた。これは洞契が，外部社会と村落住民とのあいだのインターフェースとしての機能をも果たしていたことを意味する。さらに臨時の支出への対応は，洞契と村落コミュニティの間に，単純な（定常的な）相互依存と相互の再生産への寄与に留まらない，より動態的な関係が成り立っていたことを示唆するものであった。すなわち，外部社会との相互作用，この場合は植民地権力の主導する諸事業への動員・徴発の過程で，想定外の支出に対しても柔軟性の高い臨機応変の対処がとられた。具体的には，行政的動員による突発的な支出に対し，一回的な共同労働の労賃収入や各戸からの拠出金によって経費を充当し，それでも不足する場合には共有不動産の処分や共同資金の切り崩し等がなされていた。ここでのコミュニティ的関係性と洞契との関係は，田辺［2012］のいう意味で，情動のコミュニティと相互触発を促す装置という関係にあったといえよう。ただし，他村落，他地域の事例との対照を通して示したように，洞契という装置が集合的力能の高まりを無条件に可能にしていたわけではなかったことにも留意せねばならない。

1960 ～ 70 年代の民族誌の相互対照的考察から得られた知見としては，ブラントが 1966 年のソクポで経験したような平等的コミュニティ，すなわち互酬性と集合責任の感覚によって促進／規制されるような相互扶助と協同の集合的かつ動態的関係性が，それ自体は不定形かつ可塑的でコーポレートな実体を具備するものではなかった点を挙げることができる。実際，このような平等的コミュニティの再生産は，村落固有の諸条件に依存するところが大きかった。珍島上萬里の例では，村落コミュニティの結束を制度化し，その安定的，持続的な再生産を可能にする社会的装置が発達していた。前段で述べたように，Y マウルの場合も，少なくとも植民地期にはトゥレや共同労働を基盤として洞契を運営し，この洞契を通じて公益的な活動と外部からの介入に対する共同的な対処がなされていた。また，村のある富農が精米所経営の破綻によって近隣の諸農家に負った借金を相手の好意で無利子無期限で返済した事例からは，このような対等的な相互扶助が富農とその他の住民との間にも立ち上がりうるものであったことを確認できた。

1980 年代末の Y マウルの村落コミュニティの再生産も，相互扶助と協同の諸実践に埋め込まれていた点では以前と同様であったが，産業化過程での家族の再生産戦略の再編成と中間的自営農の暫定的均衡状態の安定化，ならびに農業経営の諸条件の変化により，相互扶助と協同の実践には，以前とは異なる諸条件が課されるようにもなっていた。経営規模や農家世帯の編成には多様化し分化した家族の再生産戦略の要請に応じた偏差が生じ，またそこで，農家世帯の再生産自体は副次的な位置づけに追いやられていった。田植えや稲刈り作業でのプマシによる世帯外労働力の調達は，一方で，互酬性と集合責任のコミュニティ感覚によるモラル・エコノミー的要請によって促されていたが，他方で，青壮年労働力の流出と農作業の機械化とのタイムラグを埋めることに向けられた，ある種の合理的判断もそこには介在していた。機械作業代金の取決めも，世帯間の偏差，あるいは格差を背景とした，農業経営の合理化（あるいは利潤追求）と共同体的規制とのあいだのせめぎ合いのなかでの暫定的な協定というべきものであった。すなわち，プマシや労賃取決めのような相互扶助と共同体的規制は，モラル・エコノミー的感覚と合理的判断（さらにいえば商品・市場経済への接合）とのある時点での均衡を示すものであり，状況の変化や再交渉によって暫定的協定が再度結びなおされたり，あるいは協定自体が破棄される可能性を常に含むものであった。

コミュニティ的実践の両面性，すなわちコミュニティ感覚と実利的・合理的判断との折り合いの上に立ち上がる不定形かつ可塑的な共同性としての村落コミュニティと，村落結社等によるその部分的制度化・枠付けとの相互浸透は，慣行的な共同労働であるプヨクへの任意・自発的な参加とトンネガリや喪扶契への参加の義務的要請とのあいだの対照性としても現れていた。ここで，調査当時のＹマウルのスルメギで不参加者が目立つようになっていたことがコミュニティの結束の危機として観念化されたことは，相互行為としてのコミュニティと象徴的構築としてのコミュニティとのあいだに生じつつあった齟齬を対象化したものといえた。これに対し喪扶契の事例では，大規模な人口流出後の喪葬時の相互扶助というその時点での生活上の必要性に応じて新たな村落結社が組織され，この必要性の強い要請によって活動への参与が義務付けられた。さらに不参加者の問題をめぐって，参与すべき者の線引き，すなわち村落コミュニティの社会的境界付けが交渉されるというように，相互行為としてのコミュニティと象徴的構築としてのコミュニティが実践において結び付けられ，再交渉される局面をも見て取ることができた。産業化過程での村落コミュニティの変化は，家族の再生産の諸条件と農業経営の諸条件の変化，その他村落内外の状況の変化を背景とし，互酬性・集合責任の感覚と生業・生活の必要性や合理的判断とのせめぎ合い，あるいは互助協同の実践とコミュニティの制度的・象徴的構築との齟齬と再交渉といった側面をも含みこんでいた。

ここでの議論の特徴として，まず，韓国の村落コミュニティに対する近年の批判的な再検討を踏まえつつ，平井の「実践としての」コミュニティ論的アプローチを導入することによって，不定形かつ可塑的な共同性とその制度的枠付けとのあいだの相互依存と齟齬，ならびに暫定的な均衡の模索という動態的な均衡性を抽出し，それを民族誌的「現在」の分析に援用した点を挙げることができる。済州島の農村に暮らす人びとの生活世界を探求した伊地知紀子が，互助・協同の即興的で創発的な実践を通じて人びとが様々な共同性を創り出している点を強調しているのも［伊地知 2000］，共同性の動態的な側面をすくいあげようとしている点でここでの議論に通じる側面をもつ。しかし，伊地知が植民地期以来の日本との行き来や貧困，あるいは1970年代以降の現金収入源の拡大など，マクロな政治経済的要因（伊地知の言い方に従えば「社会を構造化する力」）に強く拘束される社会経済的諸条件との関係で創造性や主体化を捉えようとしたのに対し，本論では，制度や均衡に本来的に内在する動態性をすくいあげようとした点に違いを見出せる。このようなアプローチは，個別の時期的制約を越えた小農社会の長期持続に対する開かれた議論を可能にするものと考える。

また，1980年代末のYマウルの民族誌の固有・特殊性と一般・普遍性を同定するためにここでとった方法は，一方で歴史資料を民族誌的に読解し，民族誌的「現在」と相互対照しつつ（歴史民族誌），他方で他の村落・地域の事例との相互対照を試みるもの（対照民族誌）であったといえる。断片的かつ変化・変動に富んだ民族誌資料の読解において，この方法が有効性を発揮することも示しえたと思う。

結-1-5　孝実践の多義性と家父長制の揺らぎ

2章で論じたように，Yマウルの三姓は，15世紀後半から17世紀前半のあいだに旧南原府に移住・定着した後，主導的な役割を果たすには至らなかったものの在地士族コミュニティに関与しつつ，両班としてのステータスを維持してきた。そして19世紀末の法的身分制度の撤廃以降も，旧南原府の儒林への参与を通じて，両班・儒教的な文化実践を通じた卓越した社会的威信の再生産の一翼を担ってきた。このような社会的威信の再生産実践において，儒教的な孝実践の中核に位置づけられる門中の組織化や儒礼に従った祖先祭祀の遂行は必須の要請といえた。7章4節で取り上げたYマウル住民，なかでも三姓の子孫による家内祭祀の継承と実践においても，長男による単独相続という形式的論理に従った祭祀の委譲が徹底され，また，一部に簡略化が見られるものの四代奉祀の原則が固守される様相を見て取ることができた。

9章で示したように，三姓の大宗中に複雑な入れ子状の内部分化が見られたことは，三姓の入郷祖（あるいはその直近の父系子孫）のこの地域への移住・定着と子孫による拠点形成，ならびに在地士族としてのステータスの追求をひとつの背景とするものであった。また，三姓の大宗中や私宗中は，17 世紀後半以降の在地士族の族契と同様に，祖先祭祀と祖先の遺徳の継承をその主要な機能としていた。ただし，地域門中（大宗中）の内部分化が必ずしも厳密に父系の系譜の分岐に従うものではなかったことや，様々なレベルの門中（大宗中／小宗中／私宗中）によって執り行なわれる墓祀において，父系直系祖先だけではなく傍系祖先や非父系祖先をも奉祀の対象に含めていたり，またその儀礼に傍系子孫の参加が見られたりもしたことは，門中と墓祀が，公式的関係性の表象と父系血統の再生産のみに特化した制度・実践ではなかったことを示唆するものであった。そこには，公式的関係性の再生産を機能とする祖先崇拝（ancestor worship）とは概念的に区別されるような，追慕（commemoration）による動機付けを見いだすことができた。

以上の点を踏まえ，9 章では，孝実践に対する産業化過程での再生産戦略の再編成と再生産条件の変化の影響を探ったが，まず，墓祀儀礼の卓越した形式性には，大きな変化を未だ確認できなかった。しかし，門中の行事や墓祀に参加する子孫の数の減少，ならびに若い人手の減少による一部の儀礼の墓前から室内への移行などは，家族の再生産戦略を構成していたある要素の量的拡大，すなわち就労，あるいは進学・就職を目的とする青年・壮年層の向都離村の大規模化を如実に反映するものとなっていた。

これに対し，墓の整備作業を一次的な目的とする構造化の程度が低い一回性の行事であるサンイルでは，その時々の内的・外的状況や当事者の動機付けによって内容や規模が左右されていた。また，家族の再生産戦略の再編成と実践的論理の再構築の影響も，門中・墓祀をめぐる諸実践と比べればより強くかつ直接的に表れていた。そのうち門中を基盤とする，あるいは門中契の組織化の過程で実施されたサンイルは，その効果から判断すれば，確かに父系血統の再生産の物質的基盤の強化，ならびに（公開性の高い行事については）その血統によって担われる卓越した威信の表象を目的とするものであり，またこのような行事に参与する親族間の関係も，公式的関係性としての父系出自を目に見える形で表象するものとなっていた。他方で，このような行事と父系血統の再生産への参与のあり方には，故郷に残り否応なくかかわらざるをえない子孫と向都離村し任意的に参加することが可能となった子孫，さらには積極性を見せる高齢者と必ずしも積極的ではない中・壮年層との間で温度差を見て取ることもできた。加えて，都市中産層的な階級地平の内面化と農業経営の手段・道具化が，墓祀と墓の伝承，ならびに父系血統の再生産の妨げになる可能性について，サンイルの主宰者たち，なかでも高齢男性が抱いていた危機感が，この時期のサンイルの実践を強く動機付けていたのも事実であった。

個人が主体となって行われていたサンイルでも，このような父系血統の再生産と家父長制的＝公式的親族の構築が目論まれていたが，これに対し，兄弟（と姉妹）が協力して行う父母の墓のサンイルでは，父系血統と公式的関係性の再生産を必ずしも全的には志向しないような追慕の様相が，より身近な死者に向けられるものとして発現していた。その背景のひとつに，少なくとも産業化以前と比べれば，既婚の娘が生家の父母や兄弟姉妹と交流しやすくなっており，また都市に移住した家庭の場合，既婚女性が夫の生家・父母から受ける統制が夫の生家で暮らす，あるいは夫の生家から近隣に分家した場合と比べて弱まりつつあった点を指摘できた。産業化過程での家族の再生産条件の量的拡大と質的変容により，一方で父系血統の再生産に対する主体的な参与が子孫に広く共有されるものではなくなりつつあり，他方で既婚の娘を含む家族の親密性が強まりつつあったのも確かであった。このような変化の影響が門中活動と墓祀の実践においては徐々に現れつつあったのに対し，サンイルにおいてはより明確に現れていたのだといえる。

サンイルの諸事例については拙稿［1993］でも論じたが，本論ではこれに参与する多様な行為主体とその実践に焦点をあわせなおし，かつ，家族の再生産戦略の再編成と関連付けつつ，門中の組織・活動と対照しながら孝実践としての意味合いを探る形で再分析を試みた。その背景にあった農村社会の変化と持続性のなかに置き戻すことによって，過去の民族誌事例をまた別の観点から論じなおすことができたかと思う。

結 -2　方法論的／民族誌的展望

本論で特に重要と考える成果は以下の 3 点である。まず，17 世紀以来の韓国朝鮮農村社会の長期持続的様相，すなわち儒教化する小農社会の基調的属性として動態的均衡性を指摘し，そのうえで小規模自営農の再生産戦略と村落の平等的共同性の再生産を暫定的均衡に向けた実践として捉えなおした。そして 1960 年代中盤以降の産業化過程での家族と村落の変化を暫定的均衡の再編成として捉え直し，これを変化に開かれた持続性，すなわち，長期持続的な社会経済的基盤によって再生産過程の再編成が促進されるとともに，後者（の量的蓄積）が前者の（質的）不可逆的変化をもたらすといったように，両者が弁証法的な関係にあるものとして性格づけた。最後に，調査当時のＹマウルの民族誌を歴史的ならびに対照的に再検討することによって，家父長制的関係性が揺らぎ始めた徴候を見いだした。このような発見は，いわゆる伝統社会と都市生活との間隙を民族誌的記述分析によって埋める試みとして位置づけることもできる。ここで再生産戦略と再生産の実践に焦点をあわせた理論的視角を取ることにより，両者の統合的理解が可能となった。そして，Ｙマウルの事例の記述分析の方法として採った歴史民族誌的方法と，時期と場所を異にする民族誌を相互対照する方法，あえて言えば対照民族誌的方法（contrastive ethnography）は，変化と多様性に富み，かつ断片的な民族誌資料に対して，その独自性・特殊性をより厳密に同定しつつ，普遍性・一般性の高い理解を模索することの一助たりえたと考える。

一方，韓国社会を対象とした民族誌的研究においては，近年，多岐的に分化し，流動性を高める人々の生き方とその葛藤・折衝をいかに捕捉し，それをどのように脈絡化するのかが重要な問題となりつつある。本論で採った歴史民族誌的・対照民族誌的方法をこのように複雑さを増す現代社会に適用することで，個別性と一般性をともに視野に入れた対象の理解を深化させるとともに，民族誌研究の方法論的洗練を重ねていくことを今後の課題として提示しておきたい。

韓国社会の人類学的・民族誌的研究では，1970年代から80年代にかけて豊かな民族誌的成果を生み出した村落コミュニティ研究からの離脱が進むとともに，移動性を増したフィールドの人たちの異質な他者との接触・交渉を射程に含んだ個別の民族誌的諸事例間の乖離が広がりつつある。その間の民族誌的研究の多様化と深化は確かであったものの，個別の事例分析・解釈を越えた架橋的理解は依然，課題として残されている［cf. 拙稿2015b］。古典的なコミュニティ研究の成果として性格づけることもできる1980年代までの民族誌的研究の蓄積を読解しなおし韓国社会の急激な変化との架橋を試みた本論が，そのたたき台となることを願いつつ結びとしたい。

あとがき

日本の紀年法に従えば，昭和から平成に変わった直後に韓国の農村での予備調査を始め，同年の7月に本書で再考を試みたYマウルでの滞在調査を開始した。よってその成果を1冊の民族誌として刊行するまでには，足掛け28年の歳月を要したことになる。

途中，韓国の地方社会を対象とした主題に限っても，邑内の吏族家系（本論1章1節参照）についての歴史人類学的研究や，技能工・工房経営者のライフヒストリーを資料とした在来の手工業についての民族誌的考察，さらには近年の農村移住者のインタビュー調査など，いくつかの異なる作業に携わった。しかし，Yマウルの資料を中途半端に放り出したままに他の主題に取り組むことには，常にどこかしら後ろめたさを感じてきた。そうこうする間にフィールドの現在から見ればかなり古びてしまった資料を整理しなおそうと思うようになったのは，2009年（平成21年）の春頃であったと記憶している。その間に手掛けた別の主題での作業で用いた方法をYマウルの民族誌資料に適用することによって，当初は困難なものに感じられたより包括的な記述分析が可能になるのではないかと考えたのがきっかけであった。授業や学生指導を含む大学での業務や別の主題での作業の合間を見つけては手探りで資料を整理しなおし，また記述・分析しなおす作業を繰り返した結果として，全体の構成と内容がほぼ固まったのが2015年（平成27年）の春のことであった。

本文中に注記した既刊の2本の論文からの部分的な引用とその他の論考で取り上げた事例との一部重複を除けば，本論はこの間にほぼ書き下ろしに近い形で執筆したものである。ただし，家族の再生産戦略とその再編成（本論5・7章），ならびに村落コミュニティの再生産（本論8章）については，上記の作業の過程で習作的な論考として取りまとめ，筆者が所属する研究室の紀要に掲載した［拙稿2014; 同2015a］。もちろん最終的な草稿に組み込みなおすにあたって，前者については大幅な加筆と改稿を施し，後者についても相当の手を加えた。

調査者としても研究者としても未熟な段階で半ば若さと無知に駆り立てられ

るように行った民族誌的作業の成果を記述・分析しなおすという本論の試みが，日本の関連学界でどのような受け止め方をされるのかは，正直なところ予測がつかない。ただ長年韓国社会を対象とした人類学的・民族誌的研究に従事する過程で自分自身にとって当たり前となった知識や認識が，筆者よりあとにこの社会の研究を始めた人たちに必ずしも共有されるものではないことに気づかされる機会が増えたことが，本書で試みたような体感的な知識・認識の実証的かつ緻密な言語化へと筆者を動機付けたのは確かかと思う。まずは若い研究者に本書を読んで批判していただきたいと思う。

加えて滞在調査中のＹマウルは，韓国の産業化が一段落し，これをひとつの動因とする農村社会の変化が本格化しつつある時期にあった。それ故にあくまでも結果的にではあるが，当時の民族誌資料を歴史民族誌的な観点から記述・分析しなおすことによって，今日の韓国社会へとつながる急激な社会変化を農村社会の側から微視的に考察することが可能となったといえよう。その意味では，ローカルな社会経済的脈絡の急激な変化と再編成，あるいは変化に開かれた持続性を論じた民族誌として，広く読まれることを願う。

Ｙマウルでの滞在調査は，本文中にも記したように，筆者が 1988 ～ 91 年度文部省（現，文部科学省）アジア諸国等派遣留学生としてソウル大学校社会科学大学院に留学中に実施した。また，その後の補充調査と資料収集については，1992 ～ 93 年度科学研究費補助金（特別研究員奨励費）「韓国における社会変化にともなう文化的システムの変容の諸様相について」，ならびに財団法人国民学術協会 1992 年度学術研究助成「韓国の都市化と家族・親族の変容：過疎地域の人口流出の問題をとおして」（ともに研究代表者は本田洋）の支援を受けた。本稿の取りまとめ作業は，2007 ～ 10 年度科学研究費補助金（基盤研究 (B)）「韓国社会のポスト産業化に関する人類学的研究」，2011 ～ 14 年度科学研究費補助金（基盤研究 (B)）「韓国社会の生き方に関する人類学的研究：グローバル化する競争社会における折衝と離脱」，ならびに 2015 ～ 16 年度科学研究費補助金（基盤研究 (C)）「生き方の分化・再編と交渉に関する対照民族誌的研究：韓国社会の事例を中心に」（いずれも研究代表者は本田洋）の一部として実施した。最後に，本書の出版にあたっては，韓国国際交流財団 2016 年出版支援事業，ならびに 2016 年度東京大学文学部布施学術基金学術叢書刊行費の助成を受けた。当該機関ならびに関係者の方々にあらためて謝意を表したい。

Ｙマウルでのフィールドワークから本書の上梓に至るまでの間，実に多くの方々にお世話になった。以下，この場を借りて謝辞を捧げたい。まず，筆者が学部2年冬学期進学内定生の段階から，学部後期課程，大学院修士・博士課程，さらには日本学術振興会特別研究員と助手としての奉職期間に至るまで，12年あまりのあいだ籍を置かせていただいた東京大学教養学部・大学院総合文化研究科（但し，修士課程のみ社会学研究科）文化人類学研究室の諸先生方，スタッフの方々，ならびに同時期に在籍されていた皆様へ。なかでも修士・博士課程での指導教官であり，また韓国研究の余人をもって代えがたい先達でもある伊藤亜人先生からは多大な学恩を賜った。伊藤先生によって導かれることがなければ，少なくとも今のような形で研究教育活動に従事することはなかったかと思う。また，韓国の農漁村を含む東アジアの諸地域で精力的に民族誌研究に携わっていらっしゃった末成道男先生からは，折に触れて的確なご助言を賜った。大学院在学中は武田幸男先生のゼミ（大学院人文科学研究科）にも出入りし，朝鮮史研究について様々のことを耳学問させていただいた。

筆者にとっての韓国研究のもうひとりの先達であり，おそらくは筆者の研究の最良の理解者でもある嶋陸奥彦先生（東北大学名誉教授）からは，本論の発想の源となった多くの啓発と刺激を受けた。また，本書をお読みいただければわかるように，筆者が試みた対照民族誌的論考は，伊藤先生と嶋先生おふたりの先駆的な業績なしには成り立ちがたいものであった。

ソウル大学校社会科学大学院では，指導教授として筆者を受け入れてくださった故李光奎先生を始めとする人類学科の諸先生方にひとかたならずお世話になった。Yマウルでの滞在調査では，故宋秉漢・金奇順ご夫妻と故金晒亮・趙順伊ご夫妻，ならびに故李今年さんに特によくしていただいた。彼ら彼女らを含む当時のYマウルの住民の方々――その相当数は故人となられたが――とそのご家族が快く受け入れてくださったがゆえに，筆者の力不足は否めないものの，本書としてとりまとめた民族誌的作業が可能となった。また当時，韓国外国語大学校で教鞭をとられていた熊谷明泰先生（現，関西大学教授）は，筆者の韓国への留学以前から帰国後の補充調査に至るまで，フィールド的日常からの避難所をしばしば提供してくださった。

そのほかにも韓国で知り合った多くの方々のご助力があって，本書に至るまでの調査研究を続けることができた。南原地域での資料収集では，南原文化院の院長を長らくつとめられた魯相烋さんから様々なご助言を賜った。同氏は，日本から来た「文化間諜（スパイ）」と彼が呼ぶところの筆者の，南原現地での「身元保証人」的な存在でもある。また同氏のもとで事務局長の任にあった故李錫鴻さんは，南原で唯一友人といいうる人であった。ご家族とも今に至るまで親しくさせていただいている。彼は長年同地域で地道な民俗調査を行ってきた人でもあり，早逝が惜しまれる。韓国社会を対象とした歴史人類学・歴史民族誌的研究については，故鄭勝謨先生と地域文化研究所の方々からも多くのことを学ばせていただいた。ソウル大学校・東京大学を経て，現在，全北大学校で教鞭をとられる人類学者・日本研究者の林慶澤さんは，公私にわたりよき相談相手となってくださった。30年来の友人である尹慧蘭さんには，ところどころ怪しい韓国語での長話にたびたびお付き合いいただいた。紙幅の都合上，この場でお名前をあげることのできなかった方々を含め，フィールドでの多くの出会いを通じて，この社会に関する知識と認識を深めてゆくことが可能となった。篤くお礼を申し上げたい。

日本での研究活動では，ナグネの会，ならびに韓国・朝鮮文化研究会でご一緒させていただいた方々から幅広い刺激と啓発を受けた。なかでも両会の運営に一貫して携わっていらっしゃった秀村研二さん（明星大学教授）からは，韓国研究者としての生き方についてまことに多くのことを学ばせていただいた。1996年4月から6年間奉職した東京外国語大学アジア・アフリカ言語文化研究所（AA研）の元同僚の方々からは，在所中はもちろんのこと退所後も所内・所外の共同研究会・プロジェクトにお誘いいただくなど，研究を錬磨する貴重な機会をたびたび与えていただいた。2002年4月に転任した東京大学大学院人文社会系研究科では，2008年度夏学期の特別研究期間を除き，韓国朝鮮社会を主対象とする社会・文化人類学演習を一貫して担当してきた。このゼミでの文献購読やディスカッション，ならびに研究指導を通じて蓄積した知識と認識が，本書における記述・分析の重要な基盤の一部をなしていることは確かである。また，2009年度夏学期に学部・大学院の共通講義として開講した「韓国朝鮮民族誌」が，本書に結実するYマウル民族誌の再記述・分析作業の出発点となった。今に至るまでの指導学生と受講生の皆さん，ならびに韓国朝鮮文化研究室と人文社会系研究科の同僚の方々にも感謝したい。

本書の出版にあたっては，風響社の石井雅さんから多大なご助力とご配慮を賜った。また金良淑さん（立教大学講師），丁ユリさん，青佑林さん（ともに東京大学大学院人文社会系研究科博士課程）には，助成応募書類の作成や本書の校正を手伝っていただいた。

末尾に私事ながら，子供が生まれた翌年に開始し，その成長を横目で見守りながら続けてきた本書の執筆作業は，この子供が小学2年生になってようやく実を結ぶこととなった。時に子供の相手をひとりで引き受けてくださった本田美紀子さんには，本当にお世話になりっぱなしであった。このふたりとともに家族を営むようになって，宿年の課題を解決してしまおうという踏ん切りもついた。諸々のこと，心より感謝しています。

参照文献

(1) 和文

秋葉隆

1935 「朝鮮家祭の二重組織」『日本社会学会〔年報〕社会学』3, pp.268-270, 岩波書店 .

1954 『朝鮮民俗誌』六三書院 .

有田伸

2006 『韓国の教育と社会階層:「学歴社会」への実証的アプローチ』東京大学出版会 .

朝倉敏夫

1993 「韓国の墓をめぐる問題」藤井正雄・義江彰夫・孝本貢編『家族と墓』(シリーズ比較家族 2) pp.63-80, 早稲田大学出版部 .

ブローデル , フェルナン [井上幸治監訳]

1989 [1958]「長期持続――歴史学と社会科学」井上幸治編『フェルナン・ブローデル [1902 ~ 1985]』pp.15-68, 新評論 .

ブルデュ , ピエール

1988 [今村仁司・港道隆訳]『実践感覚』1, みすず書房 .

1990 [今村仁司・福井憲彦・塚原史・港道隆訳]『実践感覚』2, みすず書房 .

ブルデュー , ピエール

2007 [2002][丸山茂・小島宏・須田文明訳]『結婚戦略:家族と階級の再生産』藤原書店 .

2012 [1989][立花英裕訳]『国家貴族Ⅱ――エリート教育と支配階級の再生産』藤原書店 .

丁ユリ

2012 「韓国の大都市とその周辺部における納骨堂――儀礼・追慕の形式の変化と新しい死と生の空間の生成」『死生学研究』17, pp.51-89, 東京大学大学院人文社会系研究科 .

朝鮮史研究会編

1995 『朝鮮の歴史　新版』三省堂 .

朝鮮総督府

1914 『朝鮮総督府統計年報』大正元年度 , 京城 : 朝鮮総督府 .

1917 『朝鮮総督府統計年報』大正 5 年度 , 京城 : 朝鮮総督府 .

1920 『朝鮮総督府統計年報』大正 8 年度 , 京城 : 朝鮮総督府 .

1922 『朝鮮総督府統計年報』大正 10 年度 , 京城 : 朝鮮総督府 .

1923 『朝鮮部落調査予察報告』第 1 冊 , 京城 : 朝鮮総督府 .

1924 『朝鮮の市場』（調査資料第 8 輯）京城 : 朝鮮総督府 .
1925 『朝鮮総督府統計年報』大正 12 年度第 3 編（其ノ一）, 京城 : 朝鮮総督府 .
1926a『朝鮮総督府統計年報』大正 13 年度第 3 編（其ノ一）, 京城 : 朝鮮総督府 .
1926b『大正 14 年 10 月 1 日現在簡易国勢調査結果表』京城 : 朝鮮総督府 .
1929 『朝鮮の小作慣習』（調査資料第 26 輯）京城 : 朝鮮総督府 .
1933 『昭和 5 年朝鮮国勢調査報告』道編第 4 巻全羅北道 , 京城 : 朝鮮総督府 .
1934 『昭和 5 年朝鮮国勢調査報告』全鮮編第 1 巻結果表 , 京城 : 朝鮮総督府 .
1935a『昭和 5 年朝鮮国勢調査報告』全鮮編第 2 巻記述報文, 京城 : 朝鮮総督府 .
1935b『朝鮮の聚落』（調査資料第 41 輯生活状態調査其 8）後篇 , 京城 : 朝鮮総督府 .
1937 『昭和 10 年朝鮮国勢調査報告』道編第 4 巻全羅北道 , 京城 : 朝鮮総督府 .

朝鮮総督府中枢院
1938 『朝鮮旧慣制度調査事業概要』京城 : 朝鮮総督府中枢院 .

江守五夫・崔龍基編
1982 『韓国両班同族制の研究』第一書房 .

韓永愚
2003 ［吉田光男訳］『韓国社会の歴史』明石書店 .

橋谷弘
2000a「解放と南北分断」武田幸男編『新版世界各国史 2 朝鮮史』pp.325-361, 山川出版社 .
2000b「経済建設と国際化の進展」武田幸男編『新版世界各国史 2 朝鮮史』pp.362-436, 山川出版社 .

服部民夫
1975 「日本・朝鮮における同族概念の比較試論——養子と相続を中心として」『アジア経済』16(2), pp.60-72.

秀村研二
2007 「韓国社会における死をめぐる民俗文化の変容——火葬の増加と葬儀場」朝倉敏夫・岡田浩樹編『グローバル化と韓国社会——その内と外』（国立民族学博物館調査報告 69）pp.31-42.

平井京之介
2012 「実践としてのコミュニティ——移動・国家・運動」平井京之介編『実践としてのコミュニティ——移動・国家・運動』pp.1-37, 京都大学学術出版会 .

本田洋
1993 「墓を媒介とした祖先の〈追慕〉——韓国南西部一農村におけるサンイルの事例から」『民族学研究』58(2), pp.142-169.
1994 「韓国家族論の現在——全羅北道南原郡一山間農村の事例から」『朝鮮学報』152, pp.109-166.
1995 「郷土芸能はだれのもの？——現代韓国農村における民俗伝承の一側面」『朝鮮文化研究』2, pp.141-172, 東京大学文学部朝鮮文化研究室 .
1998 「小農社会の終焉と韓国農村の現在——南原地域のフィールドワーク（1989 年

〜)」嶋陸奥彦・朝倉敏夫編『変貌する韓国社会——1970〜80年代の人類学調査の現場から』pp.261-303, 第一書房.
1999a「韓国の地方邑における「郷紳」集団と文化伝統——植民地期南原邑の都市化と在地勢力の動向」『アジア・アフリカ言語文化研究』58, pp.119-202.
1999b「儒教規範の実践と評価——韓国南西部南原地域における郷校表彰の事例から」三尾裕子・本田洋編『東アジアにおける文化の多中心性』pp.85-117, 東京外国語大学アジア・アフリカ言語文化研究所.
2002 「韓国の地域社会における地縁性と共同性——南原地域の事例から」伊藤亞人・韓敬九編『韓日社会組織の比較』(日韓共同研究叢書5) pp.243-273, 慶應義塾大学出版会.
2004 「吏族と身分伝統の形成——南原地域の事例から」『韓国朝鮮の文化と社会』3, pp.23-72.
2006a「商品としての南原木器——韓国のものつくりに関する一試論」『東アジアからの人類学——国家・開発・市民』(伊藤亞人先生退職記念論文集編集委員会編) pp.3-18, 風響社.
2006b『韓国の在地エリートに関する社会人類学的研究』平成14年度〜平成17年度科学研究費補助金(基盤研究(C))研究成果報告書(課題番号:14510332, 研究代表者:本田洋).
2007a「村はどこへ行った——『朝鮮農村社会踏査記』と韓国農村共同体論の位相」『韓国朝鮮文化研究』10, pp.45-73.
2007b「地域開発と媒介者に関する試論——韓国南原地域の事例」伊藤亞人・韓敬九編『日韓共同研究叢書19 中心と周縁からみた日韓社会の諸相』pp.87-130, 慶應義塾大学出版会.
2007c「韓国の地場産業と商品資源の構築——南原の木器生産の事例から」小川了編『躍動する小生産物 資源人類学4』pp.139-181, 弘文堂.
2011 「嶋陸奥彦著『韓国社会の歴史人類学』」『文化人類学』75(4), pp.617-621.
2013 「彼ら彼女らの資本主義——「富と威信」再考」『韓国朝鮮の文化と社会』12, pp.214-224.
2014 「変化に開かれた持続性——韓国農村住民の産業化経験と家族の再生産」『韓国朝鮮文化研究』13, pp.43-78.
2015a「韓国の産業化と村落コミュニティの再生産——対照民族誌的考察」『韓国朝鮮文化研究』14, pp.1-37.
2015b「日本の人類学者の韓国認識——1970年代初頭以降のフィールドワークと民族誌的知識の蓄積」『日韓関係史1965-2015 Ⅲ　社会・文化』pp.423-445, 東京大学出版会.
伊地知紀子
2000 『生活世界の創造と実践——韓国・済州島の生活誌から』御茶の水書房.
井上和枝
2006 「訳注」李海濬[井上和枝訳]『朝鮮村落社会史の研究』pp.343-364, 法政大学

出版局 .
石井美保
2007 『精霊たちのフロンティア――ガーナ南部の開拓移民社会における〈超常現象〉の民族誌』世界思想社 .
板垣竜太
2008 『朝鮮近代の歴史民族誌：慶北尚州の植民地経験』明石書店 .
伊藤亜人
1977 「契システムにみられる *ch'inhan-sai* の分析――韓国全羅南道珍島における村落構造の一考察」『民族学研究』41(4), pp.281-299.
1983 「儒礼祭祀の社会的脈絡――韓国全羅南道珍島農村の一事例を通して」江渕一公・伊藤亜人編『儀礼と象徴――文化人類学的考察』(吉田禎吾教授還暦記念論文集) pp.415-442, 九州大学出版会 .
1987 「韓国の親族組織における“集団”と“非集団”」伊藤亜人・関本照夫・船曳建夫編『現代の社会人類学 1 親族と社会の構造』pp.163-186, 東京大学出版会 .
2013 『珍島：韓国農村社会の民族誌』弘文堂 .
糟谷憲一
2000 「朝鮮近代社会の形成と展開」武田幸男編『新版世界各国史 2 朝鮮史』pp.222-271, 山川出版社 .
金翼漢
1996 「植民地期朝鮮における地方支配体制の構築過程と農村社会変動」東京大学大学院人文社会系研究科東アジア歴史社会専門分野文学博士学位論文 .
小松田儀貞
2008 「「再生産戦略」再訪――ブルデュー社会学における「戦略」概念についての一考察」『秋田県立大学総合科学研究彙報』9, pp.1-8.
松本武祝
1998 『植民地権力と朝鮮農民』社会評論社 .
宮嶋博史
1990 「植民地朝鮮」柴田三千雄他編『歴史のなかの地域』(シリーズ世界史への問い 8) pp.137-163, 岩波書店 .
1991 『朝鮮土地調査事業史の研究』(東京大学東洋文化研究所研究報告) 東京大学東洋文化研究所 .
1994a 「朝鮮両班社会の形成」溝口雄三・浜下武志・平石直昭・宮嶋博史編『アジアから考える [4] 社会と国家』pp.131-164, 東京大学出版会 .
1994b 「東アジア小農社会の形成」溝口雄三・浜下武志・平石直昭・宮嶋博史編『アジアから考える [6] 長期社会変動』pp.67-96, 東京大学出版会 .
1995 『両班 (ヤンバン)：李朝社会の特権階層』(中公新書 1258) 中央公論社 .
村山智順 (朝鮮総督府編)
1931 『朝鮮の風水』(調査資料第 31 輯民間信仰第 1 部) 京城 : 朝鮮総督府 .
中根千枝

1970 『家族の構造――社会人類学的分析』東京大学出版会 .
岡田浩樹
2001 『両班――変容する韓国社会の文化人類学的研究』風響社 .
大野保
1941 「朝鮮農村の実態的研究」大同学院編『論叢』4, pp.75-391, 新京 : 満州行政学会 .
裵海善
2011 「韓国経済の 50 年間の政策変化と成果」『筑紫女学園大学・筑紫女学園大学短期大学部紀要』6, pp.181-193.
朴根好
1993 『韓国の経済発展とベトナム戦争』御茶の水書房 .
朴宇煕・渡辺利夫編
1983 『韓国の経済発展』文眞堂 .
ロハス , カルロス・アントーニオ・アギーレ
2003 「長期持続と全体史――フェルナン・ブローデルの著作の規模と射程」イマニュエル・ウォーラーステイン , ポール・ブローデル他［浜名優美監修・尾河直哉訳］『入門・ブローデル』pp.13-66, 藤原書店 .
佐野道夫
2006 『日本植民地教育の展開と朝鮮民衆の対応』社会評論社 .
佐々木春隆・森松俊夫監修・国書刊行会編
1978 『写真集朝鮮戦争』国書刊行会 .
瀬地山角
1996 『東アジアの家父長制――ジェンダーの比較社会学』勁草書房 .
四方博
1976［1938］「李朝人口に関する身分階級別観察」四方博『朝鮮社会経済史研究』中 , pp.107-241, 国書刊行会 .
嶋陸奥彦
1976 「「堂内」（Chib-an）の分析――韓国全羅南道における事例の検討」『民族学研究』41(1), pp.75-90.
1978 「韓国の門中と地縁性に関する試論」『民族学研究』43(1), pp.1-17.
1980 「韓国の「家」の分析――養子と分家をめぐって」『広大アジア研究』2, pp.39-52.
1985 『韓国農村事情 :「儒」の国に生きる人々の生活誌』PHP 研究所 .
1987 「氏族制度と門中組織」伊藤亜人・関本照夫・船曳建夫編『現代の社会人類学 1 親族と社会の構造』pp.3-23, 東京大学出版会 .
1990 「契とムラ社会」阿部年晴・伊藤亜人・荻原眞子編『民族文化の世界 (下) 社会の統合と動態』pp.76-92, 小学館 .
1996 「大同契冊を読む」『朝鮮文化研究』3, pp.95-109, 東京大学文学部朝鮮文化研究室 .
2010 『韓国社会の歴史人類学』風響社 .

宋丙洛
1983 「産業構造の巨視的分析」朴宇熙・渡辺利夫編『韓国の経済発展』pp.25-49, 文眞堂.
末成道男
1982 「東浦の村と祭——韓国漁村報告」『聖心女子大学論叢』59, pp.123-218.
1987 「韓国社会の「両班」化」伊藤亜人・関本照夫・船曳建夫編『現代の社会人類学1 親族と社会の構造』pp. 45-79, 東京大学出版会.
1990 「韓国と中国漢族の大小リニージの比較」杉山晃一・櫻井哲男編『韓国社会の文化人類学』pp.103-122, 弘文堂.
須川英徳
2009 「士族家門における威信と富」『韓国朝鮮の文化と社会』8, pp.28-49.
鈴木榮太郎
1940 『日本農村社会学原理』時潮社.
1943a 「朝鮮農村社会瞥見記」『民族学研究』9, pp.47-73.
1943b 「朝鮮の農村社会集団に就いて」（其一～其三）『調査月報』14(9), pp.1-23; 14(11), pp.1-19; 14(12), pp.1-15.
1944 『朝鮮農村社会踏査記』大阪屋号書店.
1963 「朝鮮の契とプマシ」『民族学研究』27(3), pp.552-558.
高村竜平
2009 「葬法選択と墳墓からみた朝鮮の近代」『韓国朝鮮の文化と社会』8, pp.50-83.
田辺繁治
2012 「情動のコミュニティ——北タイ・エイズ自助グループの事例から」平井京之介編『実践としてのコミュニティ——移動・国家・運動』pp.247-271, 京都大学学術出版会.
友部謙一
1988・1989「小農家族経済論とチャヤノフ理論：課題と展望」（上・下）『三田学会雑誌』81(3), pp.145-169; 81(4), pp.175-183.
1990 「農家経済からみた「モラル・エコノミー」論——家族経済・慣習経済・市場経済」『思想』794, pp.114-132.
外村大
2004 『在日朝鮮人社会の歴史学的研究——形成・構造・変容』緑陰書房.
上野千鶴子
1986a 「マルクス主義フェミニズム——その可能性と限界②」『思想の科学』75, pp.145-156.
1986b 「マルクス主義フェミニズム——その可能性と限界④」『思想の科学』79, pp.113-122.
浮葉正親
1992 「近代化と韓国（朝鮮）農村社会の変容——「モラル・エコノミー」論の視点から」『日本学報』11, pp.1-25.

山内民博

1990 「李朝後期における在地両班層の土地相続——扶安金氏家文書の分析を通して」『史学雑誌』99(8), pp.55-74.

1995 「李朝後期郷村社会における旌表請願」『朝鮮文化研究』2, pp.85-101, 東京大学文学部朝鮮文化研究室.

矢沢康祐

1986 「郷約」伊藤亜人・大村益夫・梶村秀樹・武田幸男監修『朝鮮を知る事典』p.74, 平凡社.

吉田英三郎

1995 [1911]『朝鮮誌』上・下（韓国併合史研究資料⑧）龍渓書舎.［＝吉田英三郎 1911『朝鮮誌』京城:町田文林堂.］

吉田光男

1998 「朝鮮の身分と社会集団」『岩波講座世界歴史』第13巻, pp.215-234, 岩波書店.

全羅北道警察部

1999 [1932]「秘 昭和7年6月 細民ノ生活状態調査 第2報」近現代資料刊行会企画編集『植民地期社会事業関係資料集〔朝鮮編〕1 社会事業政策［救貧事業と方面事業］——貧困と救貧事業1』（戦前・戦中期アジア研究資料1）pp.303-448, 近現代資料刊行会.

善生永助

1943 『朝鮮の姓氏と同族部落』刀江書院.

『朝鮮国勢調査報告』各年度版, 朝鮮総督府.

『朝鮮総督府及所属官署職員録』各年度版, 朝鮮総督府.

『朝鮮総督府統計年報』各年度版, 朝鮮総督府.

(2) 韓国語

姜大敏

1992 『韓国의 郷校研究』（学術研究叢書Ⅱ）釜山:慶星大学校 出版部.

経済企画院 調査統計局

1968 『1966 년 人口 센서스 報告』12-8 全羅北道, 서울:経済企画院 調査統計局.

1971 『한국통계연감』제 18 회, 서울:경제기획원 조사통계국.

1972 『1970 총인구및주택조사보고』12-8 전라북도, 서울:경제기획원 조사통계국.

1977 『1975 총인구및주택조사보고』12-8 전라북도, 서울:경제기획원 조사통계국.

1982 『1980 인구및주택센서스보고』제 1 권 전수조사, 12-8 전라북도, 서울:경제기획원 조사통계국.

1987 『1985 인구및주택센서스보고』제 2 권 시・도편, 13-9 전라북도, 서울:경제기획원 조사통계국.

1990 『韓国統計年鑑』1990, 第 37 号, 서울:経済企画院 調査統計局.

国史編纂委員会（大韓民国文教部）編

1990 『朝鮮社会史資料 1（南原)』(韓国史料叢書第 34) 서울 : 大韓民国文教部 国史編纂委員会 .

金健泰

2008 「조선후기～일제시기 伝統同姓村落의 변화상 — 全羅道 南原 屯德里 사례」『大東文化研究』62, pp.295-319.

金斗憲

1969［1949］『韓国家族制度研究』서울 : 서울大学校出版部 .

김병택

2004 『한국의 쌀정책』(한울아카데미 638) 파주 : 한울 .

金聖昊・金敬植・蔣尚煥・朴錫斗

1989 『農地改革史研究』서울 : 韓国農村経済研究院 .

金容燮

1970 『朝鮮後期 農業史研究——農村経済・社会変動』서울 : 一潮閣 .

1993 「朝鮮後期 身分構成의 変動과 農地所有——大邱府租岩地域 量案과 戸籍의 分析」『東方学志』82, pp.45-93.

金宅圭

1964 『同族部落의 生活構造研究 : 班村文化調査報告』大邱 : 青丘大學出版部 .

1979 『氏族部落의 構造研究』서울 : 一潮閣 .

金弼東

1991 「身分理論構成을 위한 예비적 고찰」서울大学校 社会学研究会編『社会階層——理論과 実際』(善丁 金彩潤 教授 回甲記念論文集) pp.447-465, 서울 : 茶山出版社 .

金炫榮

1993 「朝鮮後期 南原地方 士族의 郷村支配에 관한 研究」서울大学校大学院 国史学科 文学博士学位論文 .

1999 『朝鮮時代의 両班과 郷村社会』(조선시대사 연구총서 6) 서울 : 집문당 .

南原郡内各国民学校長

1949 『南原誌』.

南原氏族定着史編纂委員会編

1993 『南原氏族定着史』南原 : 南原氏族定着史編纂委員会 .

南原郷校誌編纂委員会

1995 『南原郷校誌』南原 : 南原郷校誌編纂委員会 .

農林部農政局

1963 『1960 農業国政調査』市郡邑面統計（全羅北道篇）大韓民国農林部 .

박부진

1994 「전환기 한국 농촌사회의 가족유형」『한국문화인류학』26, pp.157-201.

宋俊浩

1987 『朝鮮社会史研究—— 朝鮮社会의 構造와 性格 및 그 変遷에 관한 研究 』서울 : 一潮閣 .

安勝澤

2014 「한 현대농촌일기에 나타난 촌락사회의 계（契）형성과 공동체 원리」『농촌사회』24(1), pp.7-44.

呂運模

1988 「1945 年 南原地方의 左・右翼葛藤에 관한 研究」韓国精神文化研究院 附属大学院 碩士学位論文 .

윤영근・최원식編著

1999 『南原抗日運動史』南原 : 南原市・韓国文人協会南原支部 .

윤택림

1997 「구술사와 지방민의 역사적 경험 재현 : 충남 예산 시양리의 박형호 씨 구술증언을 중심으로」『한국문화인류학』30(2), pp.187-213.

2003 『인류학자의 과거 여행 —— 한 빨갱이 마을의 역사를 찾아서』서울 : 역사비평사 .

윤형숙

2002 「한국전쟁과 지역민의 대응 : 전남의 한 동족마을의 사례를 중심으로」『한국문화인류학』35(2), pp.3-29.

2004 「집의 연속과 변화」역사인류학연구회編『인류학과 지방의 역사 : 서산사람들의 삶과 역사인식』pp.257-300, 서울 : 아카넷 .

李光奎

1975 『韓国家族의 構造分析』서울 : 一志社 .

李杜鉉

1983 「歳時風俗」『韓国民俗学概説（改訂版）』pp.210-276, 서울 : 学研社 .

李榮薫

2001 「18・19 세기 大渚里의 身分構成과 自治秩序」安秉直・李榮薫編著『맛질의 농민들 : 韓国近世村落生活史』pp.245-299, 서울 : 一潮閣 .

李海濬

1996 『조선시기 촌락사회사』서울 : 민족문화사 .

2005 「한국의 마을문화와 자치・자율의 전통」『한국학논집』32, pp.213-234.

李勛相

1990 『朝鮮後期의 郷吏』서울 : 一潮閣 .

1994 「朝鮮後期의 郷吏와 近代이후 이들의 進出 : 仲裁엘리뜨의 談論과 그 帰結」『歴史学報』141, pp.243-274.

任敦姫

1982 「韓国農村部落에 있어서의 墓자리의 영향 : 風水와 祖上의 탓」『韓国文化人類学』14, pp.31-47.

鄭求福

2002 『古文書와 両班社会』서울 : 一潮閣 .

鄭勝謨

2010 『조선후기 지역사회구조 연구』서울 : 민속원 .

鄭泰秀

1995 『광복 3 년 韓国教育法制史』서울 : 叡智閣 .

趙璣濬

1991 「朝鮮後期 農業史 研究現況」趙璣濬・劉元東・柳承宙・元裕漢・韓榮國『朝鮮後期 社会経済史研究入門』pp.11-73, 서울 : 民族文化社 .

趙成教編著

1972 『増補版南原誌』南原 : 南原郡鄉校 .

1976 『新増版南原誌』南原 : 南原郡誌編纂委員会 .

줄레조 , 발레리 (Gelézeau, Valérie)

2007 [길혜연 옮김]『아파트 공화국 : 프랑스 지리학자가 본 한국의 아파트』서울 : 도서출판 후마니타스 .

池承鐘

1991 「身分概念과 身分構造」서울大学校 社会学研究会編『社会階層 ――理論과 実際』(善丁 金彩潤 教授 回甲記念論文集) pp.466-484, 서울 : 茶山出版社 .

2000 「甲午改革 以後 両班身分의 動向」지승종・김준형・허권수・정진상・박재홍『근대사회변동과 양반』(경남문화연구총서 2) pp.11-37, 서울 : 아세아문화사 .

池承鍾・金享俊

2000 「社会変動과 両班家門의 対応 : 山清郡 丹城面 江楼里 安東権氏家門의 경우」지승종・김준형・허권수・정진상・박재홍『근대사회변동과 양반』(경남문화연구총서 2) pp.39-121, 서울 : 아세아문화사 .

崔承熙

1989 「朝鮮後期「幼学」・「学生」의 身分史的 意味」『国史舘論叢』1, pp.85-118.

崔在錫

1975 『韓国農村社会研究』서울 : 一志社 .

1988 『韓国農村社会変動研究』서울 : 一志社 .

통계청

1992 『1990 인구주택 총조사보고』제 2 권 시・도편 , 15-11 전라북도 , 통계청 .

함한희

2004 「이씨농장과 현대농장」역사인류학연구회編『인류학과 지방의 역사 : 서산사람들의 삶과 역사인식』pp.89-134, 서울 : 아카넷 .

『経国大典』(『訳注経国大典』翻訳編 , 韓国精神文化研究院 , 1985 年).

『龍城誌』(崇禎紀元後 72 年己卯［1699 年］冬始事, 越 4 年壬午［1702 年］春訖工).

『官報(旧韓国)』甲午［1894 年］6 月 28 日 .

『龍城続誌』(歳在辛酉［1921 年］秋始事, 越 3 年癸亥［1923 年］秋訖工).

『帯方郷約 全』「養士斎記」(歳在甲子［1924 年］後月上澣 ,『남원향약』南原文化院 , 1993 年所収).

『東亜日報』1929 年 1 月 13 日 , 1938 年 4 月 5 日・9 日・17 日 .

『南原誌 全』(1960 年).

『彦陽金氏族譜』（1981 年）.
『廣州安氏大同譜』（癸亥［1983 年］）.
『恩津宋氏秋披公派世譜』（1983 年）.
『湖巖書院誌　全』（1986 年）.

『南原郡統計年報』各年度版 , 南原 : 南原郡 .
『韓国経済年鑑』各年度版 , 서울 : 全国経済人聯合会 .
『韓国의 社会指標』各年度版 , 서울 : 統計庁 .
『韓国統計年鑑』各年度版 , 서울 : 経済企画院調査統計局 .

(3) 英文

Abelmann, Nancy
　1997　Women's Class Mobility and Identities in South Korea: A Gendered, Transgenerational, Narrative Approach, *The Journal of Asian Studies,* 56(2), pp.398-420.

Bourdieu, Pierre (translated by Richard Nice)
　1977 [1972] *Outline of a Theory of Practice,* Cambridge & New York: Cambridge University Press.
　1990 [1980] *The Logic of Practice,* Stanford, California: Stanford University Press.
　2008 [2002] *The Bachelors' Ball : the Crisis of Peasant Society in Béarn,* Chicago : University of Chicago Press.

Brandt, Vincent S. R.
　1971　*A Korean Village: Between Farm and Sea,* Cambridge, Massachusetts: Harvard University Press.
　2014　*An Affair with Korea: Memories of South Korea in the 1960s,* Seattle & London: University of Washington Press.

Chang, Kyung-Sup
　1999　Compressed Modernity and its Discontents: South Korean Society in Transition, *Economy and Society,* 28(1), pp.30-55.

Department of Economic and Social Affairs, United Nations
　1962　*World Economic Survey 1961*, New York: United Nations.

Evans-Pritchard, E. E.
　1940　*The Nuer: A Description of the Modes of Livelihood and Political Institutions of a Nilotic People,* Oxford: Clarendon Press.

Fabian, Johannes
　1983　*Time and the Other: How Anthropology Makes its Object,* New York: Colombia University Press.

Fortes, Meyer
　1953　The Structure of Unilineal Descent Groups, *American Anthropologist,* 55(1), pp.17-41.

Freedman, Maurice

1958 *Lineage Organization in Southeastern China,* London: University of London, The Athlone Press.

1966 *Chinese Lineage and Society: Fukien and Kwangtung,* London: University of London, The Athlone Press.

1979 *The Study of Chinese Society: Essays by Maurice Freedman,* selected and introduced by G. William Skinner, Stanford, California: Stanford University Press.

Honda, Hiroshi

2008 Reproduction of Status Traditions and Social Prestige in the Provincial Society of Colonial and Post-Colonial Korea: A Case Study of Namwŏn, in Mutsuhiko Shima (ed.), *Status and Stratification: Cultural Forms in East and Southeast Asia,* pp.115-147, Melbourne: Trans Pacific Press.

Janelli, Roger L. & Dawnhee Yim Janelli

1978 Lineage Organization and Social Differentiation in Korea, *Man* (N. S.), 13(2), pp. 272-289.

1982 *Ancestor Worship and Korean Society,* Stanford, California: Stanford University Press.

Kim, Myung-hye

1992 Late Industrialization and Women's Work in Urban South Korea: An Ethnographic Study of Upper-Middle-Class Families, *City and Society,* 6(2), pp.156-173.

1993 Transformation of Family Ideology in Upper-Middle-Class Families in Urban South Korea, *Ethnology,* 32(1), pp.69-85.

Lett, Denise Potrzeba

1998 *In Pursuit of Status: The Making of South Korea's "New" Urban Middle Class,* Cambridge, Massachusetts: Harvard University Asia Center.

Redfield, Robert

1956 *Peasant Society and Culture: An Anthropological Approach to Civilization,* Chicago: University of Chicago Press.

Sanjek, Roger

1991 The Ethnographic Present, *Man* (N. S.), 26(4), pp.609-628.

Shanin, Teodor ed.

1971 *Peasants and Peasant Societies: Selected Readings,* Harmondsworth: Penguin.

Wolf, Eric R.

1966 *Peasants* (Foundations of Modern Anthropology Series), Englewood Cliffs, N.J.: Prentice-Hall.

索引

IR667

ア

アッパー・ミドル　254, 440
アンイル（*anil*）　361
圧縮された近代（compressed modernity）　14
安富者　205, 209, 210, 241, 334, 379
インフォーマルな経済活動　164
位土　208, 342, 394, 415, 421
居残り　62, 63, 66, 88, 430
　――度　62, 63
為親契　85, 367, 374, 376, 377
威信得点　255, 256
移改葬　406, 407, 412-414
異居同財　59
市場　26, 192, 240, 248, 261, 263, 334, 361-365, 369, 380, 442
一家（*ilga*）　72, 82, 135, 178, 191, 196, 204, 242, 391, 406, 408, 415, 418, 421-423, 431
一家離散　72, 135, 191, 196, 242, 431
飲福　43, 400
占い師　325
閏月（*yundal; kongdal*）　405
耘草　149
雲峰　16, 112, 115, 124-129, 137, 169, 205, 207
　――郡　16, 112, 124, 125, 128, 129, 137, 169
　――県　115
　――面　124, 126-129
　――邑　129
エミックな行為モデル　244
営農基盤　36, 38, 42, 46, 72, 129, 191, 196, 197, 201, 216, 236-239, 301-305, 309, 311, 330, 331, 431, 432, 434-437
　生家の――　301-305, 309, 311, 331, 436
衛生事業　146, 148
オーラルヒストリー　180
恩津宋氏　18, 22, 23, 95-97, 101-103, 107, 114, 115, 117, 141, 156, 209, 227, 379, 385, 393, 398-400, 411
諺文　86, 169, 171, 172, 174
　――識字率　172

カ

カウンデッコル　20, 354, 355
火葬　401
仮構的現在時制　14, 15, 44
仮名・諺文の読み書き　86, 169, 171, 172
河回　32, 82, 83, 86, 146, 341-344, 346, 379
　――1洞　32, 341
　――洞　82, 83, 86, 146, 341, 342, 344, 346, 379
科挙　51, 54-56, 59, 93-97, 100, 101, 104, 106-109, 163, 390
　――文科　59, 93, 95, 104
　――武科　94, 163
科業　96, 106, 109
家家礼（*kagarye*）　399
家口（*kagu*）　439
家神　320
家族の再生産
　――過程　15, 27, 36, 44-46, 161, 186, 192, 203, 204, 229, 319, 331-333, 383, 424, 425,

427, 434, 438, 440
──過程の二重性　*44-46, 192, 331-333, 434, 438*
──戦略　*14, 35, 45-47, 159, 186, 187, 191-193, 198, 219, 228, 233, 241, 247, 265, 266, 295, 296, 310, 328, 334, 337, 359, 373, 380, 384, 422, 425-427, 429, 430, 433, 436, 439, 441, 444, 447*
──戦略の社会経済的スペクトラム　*247, 430, 433*
──の諸条件　*290, 381, 442*
家族労働力　*35, 52, 131*
家長　*37, 40, 199-203, 206-208, 214, 219, 221-224, 242, 253, 288, 309, 331, 332, 436, 438*
──的統制　*332, 438*
──的役割　*206, 207, 214, 219*
──の役割の垂直的分担　*208*
家内祭祀　*47, 319, 320, 322-324, 326-328, 332, 383, 391, 403, 421, 438, 443*
家内集団（domestic group）　*34, 35, 37-45, 191, 196, 200, 202, 206-210, 213, 215, 241-245, 296, 300, 332, 338, 433, 434, 439*
──の複世帯化　*208, 243*
家内労働力　*47, 200, 296, 309, 310, 312, 318, 330, 436, 437*
家父長制（patriarchy）　*47, 192, 203, 204, 208, 209, 213, 215, 217-219, 224, 228, 239, 242, 245, 295, 319, 322, 327, 329, 331-334, 361, 365, 383, 425-428, 430, 433, 436, 438, 443, 445, 446*
──的関係性　*47, 192, 203, 204, 208, 209, 213, 215, 217-219, 224, 228, 245, 295, 327, 329, 331-334, 383, 425-428, 430, 433, 436, 438, 446*
──的な関係性　*322, 332*
過去 5 年間減少率　*274, 276, 278, 279, 286*
過去 5 年間変動率　*274, 275, 284, 285*
過小農　*258*
寡婦　*22, 23, 141, 219, 245, 332, 438*
会館　*20, 143, 150-152, 157, 344, 357, 367, 368, 371*
開拓教会　*24, 306, 377*
階級アイデンティティ　*254*
階級地平（class horizon）　*46, 254, 256, 292, 310, 334, 426, 427, 434, 436, 444*
外家　*93, 95, 96*
外孫　*66, 71, 93, 419*
各姓村（*kaksŏng-baji*）　*15, 17, 82, 86, 237*
──落　*15*
拡大家族（extended family）　*36, 42, 70*
父系──　*42*
核家族時代（*haekkajok-sidae*）　*328, 332, 383*
学歴格差　*294, 297*
冠婚喪祭　*404*
看坪　*349*
寒食（寒色）　*405, 407, 417*
閑良（*hallyang*）　*163*
還流的再移住　*47, 222, 295, 296, 304, 306, 309, 311, 329, 331, 333, 435, 437, 438*
簡易倉庫　*150*
韓国戦争　*10, 180, 247*
韓半島　*10, 15, 51, 179*
元旦（*sŏllal*）　*321, 324, 367, 368*
祈福信仰　*325*
忌祭祀（*kijesa*）　*43, 320-324, 328, 332, 422*
帰属農地　*256, 257, 263*
記念物（モニュメント）　*403, 404*
起主　*57*
寄付金　*115, 145-150, 152, 157, 368, 369, 371*
既婚率　*122, 278, 280, 283*
機械化　*264, 339, 347, 349, 350, 351, 355, 356, 359, 360, 362, 369, 442*
田植えと稲刈り作業の──　*355*
農作業の──　*339, 347, 351, 355, 359, 442*
儀礼準則　*151*
儀礼的家　*40-42, 191*
北朝鮮　*167, 180, 183-186, 212, 216, 221, 236*
──人民軍　*167, 180, 183, 184*

客地　*216*
旧慣調査　*68*
居住・営農単位　*212, 213, 215*
居住＝生計単位　*37*
　小農的――　*46, 192, 200, 201, 240, 243, 245, 309, 310, 329-331, 333, 334, 434, 437, 438*
共産主義　*1, 180, 181, 183-185*
共同出力（*kongdongch'ullyŏk*）　*362*
共同性（communality）　*2, 15, 27, 29, 33-35, 47, 74, 77, 86-88, 139, 157, 167, 168, 215, 224, 240, 332, 337, 339, 341, 347, 360, 365, 366, 372, 379, 381, 430, 431, 440, 442, 443, 445*
　――の再生産　*2, 15, 168, 445*
共同体　*1, 2, 29-34, 36, 38, 39, 41, 75, 76, 91, 92, 107, 138, 341, 347, 351, 358-360, 380, 381, 417, 426, 442*
　――的取り決め　*358*
共同労働　*29, 32, 76, 144-146, 148, 154, 157, 338, 345, 369, 373, 379, 440-442*
京在所　*98*
郷案　*55, 93, 95, 96, 98-104, 106, 107, 112, 113, 116-118*
　――体制　*99, 100*
郷校　*98, 104, 109-116, 177, 178, 417*
郷射堂　*55, 109*
郷族　*98, 100, 106*
郷村結契　*32*
郷約　*55, 74, 75, 83, 85, 98, 109, 116, 156*
　――所　*109, 116*
　退渓――　*74*
　栗谷――　*74*
　呂氏――　*74, 85, 116, 156*
橋梁　*86, 143, 145-147, 149, 151, 157, 366, 373*
　――木　*147, 149*
行政里　*17, 18, 21, 266*
行列字　*141, 154*
近代化　*17, 92, 117, 252*
近代教育　*46, 86, 120, 161, 162, 179, 181, 186, 232*
クン・チプ（*k'ŭn-chip*）　*39, 43, 44, 164, 165, 167, 194, 195, 199-202, 207, 209-211, 213, 220, 221, 223, 238, 239, 244, 303, 325, 327, 344*
クンシアム　*20, 21, 163, 354, 355*
クンシアムコル　*20, 21, 163, 354, 355*
軍政　*180-182, 207, 256, 257*
軍用馬　*152*
　――草　*152*
　――麦　*152*
郡県　*16, 55, 56, 60, 68, 97, 107, 109, 110, 114, 115, 178, 363*
郡守　*86, 114-116, 147, 176, 177, 181, 184*
系譜的表象　*385*
形式的論理　*36, 37, 40-45, 191, 201, 204, 214, 215, 242-244, 319, 332, 425, 434, 438, 443*
契
　――方式　*33, 34, 339, 343, 372, 373*
　――集団　*343, 372, 374, 378*
経国大典　*60, 67, 110*
経済資本　*66, 205, 254*
経済的合理性　*47, 238, 339*
経済的／象徴的利益　*77, 199, 431*
経済・文化・社会・象徴資本　*241*
継承家族　*35, 37-40, 42*
鶏龍山　*20, 21, 175*
芸草　*144, 145, 149*
結婚
　――適齢期　*122, 174, 271, 276, 277*
結社（association）　*2, 32, 33, 47, 55, 65-67, 71, 75-77, 88, 138, 139, 146, 156, 158, 159, 337, 339, 341, 344-347, 371-373, 379, 381, 384, 385, 391, 425, 431, 442*
　任意参加的な――　*33*
　任意――　*33*
結負　*58, 59, 63*

月背　59-62, 64, 68, 71, 73, 82, 97
彦陽金氏　15, 18, 21-23, 93-97, 101-107, 114, 115, 117, 141, 156, 161, 164-167, 174, 204, 211, 216, 219, 221, 222, 228, 240, 242, 296, 298, 301, 304, 317, 324, 379, 385, 395, 396, 398-400, 408, 411, 415, 416, 418, 420, 421
現世利益的な鬼神信仰　325
コーポレート（corporate）　30, 32, 33, 76, 77, 201, 341, 346, 347, 372, 379, 381, 441
　──・グループ（corporate group）　30
　──性（corporateness）　30, 337
　──なコミュニティ　32, 33, 76, 347
　──なコミュニティ概念　337
　──な単位　201
コミュニティ（community）　32, 340, 341
　──的関係性　76, 77, 156-159, 228, 337, 440, 441
　──の結束（community solidarity）　340, 342, 344, 373, 379, 381, 441
　──の象徴的構築　346, 347, 367, 381, 430
　実践としての──　337, 339
　象徴として構築される──　34, 346
　情動の──　158, 441
　相互行為としての──　34, 47, 346, 378, 380, 381, 442
コミュニティ感覚（a sense of community）　340-342, 359, 360, 373, 380, 381, 442
コミュニティ・共同体概念　29-32, 347
　コーポレートな実体としての──　30
コリジェ（kŏrije）　344
小作（──慣行）　349, 350
　──契約　137
　──権　64, 131, 136, 137, 197
　──農　53, 72, 75, 83, 84, 88, 129-132, 136, 191, 197-200, 202, 211, 240, 241, 255-260, 263, 267, 431, 432
戸
　──の定着／流動性　53, 60, 73, 88, 122, 129, 430
　──の流動性　61, 64
戸口　27, 28, 96, 142, 145-147, 156, 157
　──税　145-147, 156
　──税の共同納付　146, 156
　──単子　96
　──帳籍　28
　──調査　142, 145-147, 157
戸首　60, 61, 69, 96
戸税　86, 146, 147
　──契　86, 146
戸籍　17, 28, 52, 56, 57, 59-62, 64, 68, 69, 71, 72, 98, 108, 145, 337
　──台帳　57, 60, 68
　──草案　72
戸歛　145, 146, 150, 153
湖巌書院（湖岩書院）　95, 104
互酬性（reciprocity）　340, 341, 359, 360, 372, 380, 441, 442
　社会的──　340
互酬的な関係性　45, 139
互助・協同　31, 33-35, 44, 45, 47, 74, 75, 77, 86-88, 91, 119, 156, 337-339, 345, 346, 347, 365, 381, 430, 431
　──の共同性の不定形性・可塑性　47
工業化　46, 247, 248, 250-252, 256, 434, 435
口述史　46, 191-193, 198, 241, 433
　──資料　46, 191-193
公教育　168, 172, 176, 178, 205, 241
公共業務　32, 33, 76
公共的役割　139
公式的＝家父長制的関係性　47, 213, 295, 329, 334, 383, 425, 427, 428, 433, 436, 438
公式的親族　42, 44, 45, 191, 208, 215, 224, 242, 319, 322, 328, 332-334, 383, 425, 427, 438, 445
広州安氏　22, 23, 93, 94, 96, 97, 101-104, 106, 107, 114-117, 141, 156, 161, 162, 167, 205, 211, 212, 240, 304, 324, 379, 385, 393, 399,

400, 418, 422
甲午改革　*87, 92, 107-109*
向都離村　*21, 46, 47, 191, 209, 237, 252, 255, 256, 264, 265, 272, 286-288, 292, 294-298, 301-303, 308-311, 315, 326, 328, 329, 332-334, 426, 427, 435-437, 444*
孝
　――実践　*47, 383-385, 401, 405, 413, 417, 424, 429, 430, 443-445*
　――の諸実践　*45, 47*
幸福な少数者（happy minority）　*107*
高学歴　*247, 253, 272, 278-280, 282, 285-287, 290, 292, 294, 295, 297, 298, 300-304, 329, 330, 434, 435, 437*
　――化　*253, 278, 286, 292, 294, 295, 301-303, 329, 434, 437*
　――ホワイトカラー志向　*247*
高節坊　*20, 96, 115*
高層アパート　*253*
高地・山村　*124, 125*
高等教育学生定員の拡大　*284*
構造機能主義　*30*
構造的拘束　*46, 198, 241, 433, 434*
合封　*403, 413, 417, 420*
国勢調査　*119-123, 127, 129, 131, 134, 137, 162, 169, 172, 248, 263, 266, 267, 432*
国民学校　*113, 162, 167, 172, 179, 180, 199, 206, 207, 209, 214, 219, 220, 226, 269, 278, 285, 293, 298, 301, 302, 400, 426*
穀文書　*139-141, 154, 371*
乞粒　*139, 150, 154-156*
婚姻ステータス　*268, 272, 276, 277, 435*

サ

サムシラン（*samsirang*）　*319*
サンイル（*san-il*）　*47, 369, 370, 383, 384, 394, 401, 404-407, 413-418, 420-424, 426-428, 444, 445*
左翼運動　*176, 179, 183, 184*
砂防工事　*25, 150, 175*
差し障り（*t'al*）　*405, 407, 412, 414*
再生産実践　*35, 198-200, 205, 211, 241-243, 256, 292, 331, 426, 429, 438, 443*
再生産条件　*46, 247, 256, 292, 383, 425, 426, 429, 430, 434, 444, 445*
　――の変化　*46, 247, 256, 292, 383, 425, 429, 434, 444*
再生産戦略
　――の社会経済的スペクトラム　*46, 247, 430, 433*
　――の再編成　*47, 88, 159, 191, 247, 256, 292, 295, 296, 328, 329, 334, 380, 384, 422, 425, 426, 434-436, 439, 441, 444*
　――の二重性　*295, 329*
妻家　*92-94, 96, 176, 202, 215, 217, 218, 223, 224, 229, 232, 242, 245*
　――暮らし（*ch'ŏga-sari*）　*202, 215, 218, 223, 224, 229, 242, 245*
崔盧李安　*92*
祭閣　*15, 18, 21, 93, 96, 104-106, 164, 211, 320, 386, 389, 390, 392, 393, 395-398, 400, 405, 421*
祭祀
　――継承　*40-43, 191, 239, 242-244, 320, 324, 326, 434*
　――相続　*36, 37, 39-41, 44, 45, 201, 204, 214, 215, 243, 319, 332, 425*
　――の簡略化　*326-328, 332, 383, 438*
祭需　*322, 326, 406, 411, 414*
祭遷（*chech'ŏn*）　*327, 332, 391*
歳拝（*sebae*）　*367, 368*
　共同――（*kongdongsebae*）　*367, 368*
在地士族　*17, 21, 22, 25, 45, 55-57, 59, 63, 64, 66-68, 70, 71, 74-76, 82, 83, 91-93, 97-100, 102, 106-109, 111-113, 117, 156, 168, 180, 198, 229, 237, 240, 337, 362, 366, 384, 403, 424, 443, 444*

中小——　*107*
財産相続　*39, 40, 44, 45, 67, 68, 93, 201, 425*
作男　*175-177, 200, 205, 351, 361, 363, 369*
作手成家（*chaksusŏngga*）　*195, 197, 235, 239, 244*
雑姓村　*82*
三姓　*22, 23, 46, 55, 91-93, 96, 97, 100-102, 106, 107, 113, 114, 116-118, 141, 155, 156, 211, 218, 229-231, 233, 239, 240, 242, 306, 307, 317, 318, 320, 323, 324, 334, 338, 362, 383-385, 394, 395, 399, 424, 431, 440, 443, 444*
三低景気　*286*
山所（*sanso*）　*389, 404*
産業化
——への離陸（take-off）　*2, 247, 251, 272, 278, 279, 334*
暫定的均衡　*46, 192, 197, 200, 204, 238, 243, 247, 295, 330, 331, 334, 359, 380, 383, 430, 434, 437-439, 441, 445*
ジェンダー規範　*361*
ジェンダー分業　*360*
士族（*sajok*）　*17, 20, 21, 22, 25, 39, 45, 52, 53, 55-60, 63-68, 70-77, 82-84, 86-88, 91-93, 97-100, 102, 103, 106-109, 111-113, 116-118, 138, 156, 158, 168, 180, 191, 198, 199, 223, 229, 237, 240, 317, 337, 341, 346, 362, 365, 366, 384, 403, 424, 426, 430, 440, 443, 444*
——家系　*17, 20, 21, 56, 76, 91, 100, 116, 118, 180, 223, 384*
——共同体　*91, 92, 107, 426*
士大夫　*51, 55, 98*
——層　*51*
氏族　*22, 23, 31, 82, 84, 87, 88, 94, 108, 113, 156, 193, 317, 318, 320, 341, 403, 416, 422, 431*
四星　*208*
四礼　*399, 404*
四柱単子　*221*
四柱八字　*405*
市場経済　*26, 240, 263, 442*
自然村　*28-30, 31, 74, 337*
朝鮮の——　*30*
朝鮮の——の「発見」　*30*
自然部落　*29, 31*
私宗中（*sajongjung*）　*226, 327, 328, 384, 388-394, 415, 420, 423, 425, 444*
資本転化　*205, 241*
自給　*25, 26, 121, 130, 131, 136, 137, 159, 176, 192, 240, 258, 261, 263, 432*
——的農業　*26, 136, 159, 192, 432*
——自足　*25*
——肥料　*130*
自小作農　*83, 130-132, 136, 197-199, 255, 258, 259, 260, 267, 432*
自作農　*83, 130, 132, 136, 197, 199, 255, 256-259, 263, 267, 432*
自府面出生者率　*122-128, 131*
自由党時代　*210*
地主　*51, 53, 57, 59, 64, 65, 68, 72, 75, 83-85, 86, 88, 118, 129, 131, 132, 137, 177-179, 191, 197-200, 204, 210, 240, 241, 243, 244, 247, 253, 257, 318, 342, 350, 379, 430-433*
侍養孫　*223*
持続性　*2, 3, 13-15, 27, 44, 48, 77, 119, 147, 159, 187, 196, 247, 295, 296, 328, 329, 334, 339, 344, 345, 366, 378, 379, 429, 445, 448*
事務・専門職　*46, 161, 168, 176, 179, 186, 192, 195, 241, 247*
時享（*sihyang*）　*320, 325*
時祭（*sije*）　*94, 211, 320, 323, 388, 391-394*
執穂法　*349*
実践
慣習的行為としての——　*15*
実践感覚　*244, 434*
実践＝実用的　*44, 204, 208, 209, 214, 215, 218, 219, 224, 226, 228, 229, 233, 242, 244, 295, 319, 322, 328, 332-334, 338, 383, 433,*

436, 438
──諸関係　*44, 209, 218, 224, 226, 228, 229, 244, 328, 332, 333, 338, 438*
──諸集団・諸関係　*295, 383*
実践（実用）的関係　*199, 214, 215, 218, 219, 224, 233, 242, 301, 328, 433*
実践的論理　*36, 40-42, 44-47, 71, 191, 192, 193, 198, 201, 202, 204, 235, 240, 241, 243, 244, 295, 310, 319, 334, 433, 434, 438*
社会移動　*254, 256, 292*
社会経済的均質性　*379*
社会経済的資源　*66, 88, 202, 241, 430, 433*
社会経済的ステータス　*224, 310*
社会経済的スペクトラム　*46, 88, 200, 204, 238, 240, 242, 247, 430, 433, 434*
社会主義運動　*181, 182*
社会人類学　*17, 30, 385*
社会的威信　*91, 343, 362, 424, 443*
社会的家　*40-42, 44, 191*
社会的生存　*14, 35, 241, 288, 433*
社会的流動性　*2*
守令　*97-99, 106, 109, 114, 117, 177*
朱子学　*45, 51, 52, 71, 87, 430, 432*
種痘　*142, 143, 145-148, 151, 157, 366, 373*
儒学　*82, 85, 109, 110*
儒教　*17, 36, 42, 45, 51-53, 55, 57, 68, 71, 75, 76, 82, 83, 84, 86, 87, 109, 116, 118, 203-205, 209, 219, 224, 239, 240, 245, 295, 333, 334, 337, 361, 362, 377, 385, 413, 430, 432, 438, 443, 445*
──化　*51, 53, 76, 295, 334, 445*
──規範　*55, 224, 362*
──化する小農社会　*295, 445*
──的孝規範　*333, 438*
──伝統　*17, 82, 83, 84, 240*
儒教家父長制（Confucian patriarchy）　*203, 209*
儒郷分岐　*98*
儒林　*104, 109-113, 114, 116, 118, 205, 316, 417, 432, 443*
──コミュニティ　*417*
儒礼　*43, 319, 320, 322, 324, 325, 397, 399, 400, 404-406, 411, 425, 443*
収税　*150, 415*
収復　*183, 184*
秋夕（*ch'usŏk*）　*321, 324, 364, 403*
秋布　*145, 147*
集合責任（collective responsibility）　*337, 340, 341, 359, 360, 372, 379, 380, 441, 442*
集合的雰囲気（collective mood）　*339, 340*
集合的力能　*157, 158, 441*
集姓村　*55, 82, 84-87, 156, 181, 198, 338*
集村化　*74*
集団化　*45, 62, 65, 71, 73, 87, 88, 430*
祝文　*321, 393, 397, 406*
出生コーホート　*123, 248, 266, 268, 269, 271, 272, 275, 276, 278, 279, 282, 283, 287-289, 295, 29-299, 301-304, 435*
出征軍人　*152*
春窮期　*134*
春布　*147*
初献官　*321, 396-399, 406*
初婚年齢　*276, 283*
初喪　*377, 406*
書院　*95, 98, 104, 109, 116*
書堂（*sŏdang*）　*76, 85, 108, 168, 169, 174, 177, 182, 199, 205, 345, 346*
──契　*85, 168*
改良──　*169*
官──　*182*
小規模自営農　*25, 27, 35, 45, 46, 52, 64, 72, 73, 83, 88, 118, 131, 136, 137, 165, 191, 192, 196-198, 201, 237, 238, 240, 247, 263, 265, 284, 286, 295, 299, 305, 309, 330, 430-432, 434-437, 445*
小宗中（*sojongjung*）　*106, 226, 384-386, 388, 389, 391-393, 400, 421, 444*
小農　*15, 35, 45, 46, 51-53, 56, 57, 64, 68, 73,*

84, 87, 191, 192, 200, 201, 240, 241, 243, 245, 258, 295, 309, 310, 329-331, 333, 334, 338, 383, 430, 432-434, 437, 438, 443, 445
——社会　51-53, 56, 57, 295, 334, 430, 432, 443, 445
——的居住＝経営単位　46, 192, 201, 240, 243, 245, 309, 329-331, 333, 334, 434, 437, 438
——的生産様式　35, 51-53, 87, 430, 432
——的農家世帯　201
床（sang）　367, 368, 410, 411, 414, 415, 417-420, 422, 423, 427
床石（sangsŏk）　410, 411, 414, 415, 417-420, 422, 423, 427
省墓　403
商品経済　25
掌議　99, 110-114
象徴資本　66, 199, 241, 254, 346
象徴的構築　34, 47, 339, 346, 347, 367, 380, 381, 430, 442
上下合契　74, 75, 77
上典　57, 64
上萬里　32, 43, 158, 193-195, 197, 201-203, 213-215, 218, 235, 242, 253, 343-346, 358, 366, 372, 373, 379
条約　139, 140, 154, 155, 250
常民　52, 53, 56, 57, 59, 64-67, 70-72, 75, 107, 108, 138, 197, 341, 366
情緒的紐帯　193, 327, 332, 424, 428, 438
食母　200
食糧自給可能面積　258
植民地支配　16, 46, 92, 118, 138, 139, 145, 161, 162, 165, 168, 174, 179, 186, 187, 192, 197, 432
——の経験　46, 161, 186, 192
職業威信　254, 256
職役　57, 58, 63
振興会　151, 152, 158, 345, 379, 449
新規転入者　215, 238, 305
新教育　192
新作路（sinjangno）　18-21, 222, 228, 349, 408
進士　55, 95, 96, 99, 106, 111, 390
新入租（新入条）　154, 155, 371, 377
人共　167
人口圧　71, 289, 431
人口センサス　248, 265-269, 272, 276, 288, 294, 435
人口都市化　251
人口変化率　127, 128, 137
人民委員会　167, 182-185
スーパー（syup'ŏ　小規模雑貨・食料品店）　255, 304
ステータス・ゲーム　254
スルメギ（sul-megi）　367-371, 373, 377, 381, 442
セマウル運動　253, 366
生員　55, 96, 99, 106
生活史　15, 334, 350
生活資源　345
生計維持　14, 35, 59, 136, 163, 164, 166, 167, 191, 195, 196, 198-202, 207, 211, 213-216, 218, 223, 233, 236-239, 241, 242, 244, 245, 251, 252, 256, 285, 299, 301, 305, 310, 312, 315, 318, 329, 331-333, 338, 342, 431, 433, 435, 436, 437, 438
マージナルな——　191, 201, 211, 223, 242, 244, 245, 338, 433
生計経済　27, 129, 130
生産手段　41, 64, 65, 67, 88, 131, 137, 196, 197, 200, 330, 430, 432, 437
青山洞　41, 142, 158, 347, 360, 379
青年層　21, 280, 282, 287, 289, 290, 292, 294, 306, 308, 312, 329, 351, 436
青年団体　180
清潔　147, 148, 151, 366, 373
清明　403-405
精米所　20, 24, 208, 216, 218, 224-227, 241,

298, 299, 312, 379, 441
石物（*sŏngmul*） *410, 414, 415, 423, 424*
赤色 *180, 181*
釈奠 *111, 115*
世帯（household） *34, 35, 439*
——内労働力 *314, 347, 357, 380*
先見之明 *207*
先山 *21*
専業農家 *252*
戦時体制 *143, 151, 152, 186, 362, 366*
賎民 *53, 55, 57, 59, 70, 72, 75, 108, 341*
銭文書 *139-142, 147, 154, 155, 371*
全州
——北中学校 *177, 178*
——神社 *152*
——農学校 *175, 176*
全北大学校 *206, 210, 296, 300, 307, 450*
ソクポ（Sŏkp'o） *32, 193, 200, 252, 253, 339-344, 346, 359, 372, 379, 441*
ソニョン（*sŏnyŏng* 先塋） *319, 324*
ソンジュ（*sŏngju*） *319*
ソンドッコル（Sŏndok-kol） *20, 95*
祖岩（租岩） *57, 60*
祖先崇拝（ancestor worship） *425, 444*
壮年層 *46, 247, 269, 271, 272, 277, 279, 280, 282, 285-288, 292, 306, 307, 308, 361, 426, 427, 434, 435, 444*
宋富者 *205, 209, 210, 241, 379*
宗家 *39, 64, 68, 71, 72, 191, 240, 342, 343, 425, 431*
宗山 *328*
宗孫 *87, 105, 106, 205, 211-213, 240, 324, 388, 390, 392, 393, 397, 398, 418, 421-423, 425*
宗中（*chongjung*） *15, 18, 21, 22, 23, 91, 93-96, 106, 164-166, 211-213, 215, 226, 239, 240, 242, 316-318, 320, 324, 327, 328, 384-386, 388-395, 397-400, 408, 415, 420, 421, 423-425, 443, 444*
相続慣行 *67, 68, 70, 71, 199*
相続システムの二重化 *67*
相続の二重システム *44, 72, 191, 243, 244, 319, 333, 434*
相続の二重プロセス *41*
倉庫補助金 *150*
創発性 *47*
喪扶契 *226, 367, 371, 374, 376, 377, 378, 381, 442*
喪輿 *344, 374, 376*
雙墳 *403, 413, 417, 418*
族契 *55, 65, 66, 105, 424, 444*
族譜 *52, 55, 66, 71, 93-95, 105, 155, 156, 212, 223, 297, 324, 390, 400, 405*
即興的で創発的な実践 *443*
村契 *32, 33, 75-77, 138, 154, 338*
村落
——外婚 *231, 233*
——の象徴的境界 *346*
村落コミュニティ *46, 48, 74, 91, 118, 138, 139, 156, 157, 229, 337, 345, 346, 347, 358, 365-367, 371-373, 378-381, 429-442, 446, 447*
——の再生産 *46, 138, 156, 337, 346, 358, 378, 380, 441, 447*
尊聖契 *114, 115*
存本取息 *34*
存本取利 *34*

タ

タルモスム（*talmŏsŭm*） *205*
他姓 *23, 85, 86, 141, 154-156, 215, 218, 229-232, 242, 306, 317, 324, 338, 418, 440*
田植え機 *25, 314, 348, 352, 356-358*
多収穫品種 *261*
多層異心 *76*
太平洋戦争 *164, 179*
対照民族誌（contrastive ethnography） *191, 337, 339, 443, 446, 448, 449*

堆肥　150, 151, 348
大家族（*taegajok*）　36-38, 42, 209
大韓青年団　184
大韓民国政府樹立　257
大丘帳籍　60, 67, 82, 122, 129
大渚里　32, 33, 64, 76, 77, 82
　――朴氏　64, 76, 77
大成殿　110, 111
大宗中（*taejongjung*）　15, 18, 21-23, 91, 93-96, 106, 164, 165, 211-213, 239, 240, 242, 317, 320, 324, 384-386, 388, 389, 391-395, 397-400, 424, 443, 444
　南原――　21, 23, 93-96, 106, 211, 212, 385, 386, 395
代（*tae*）　164, 209, 384, 411
第1次5ヶ年計画　250
択日（*t'aegil*）　405
単独戸　62-65, 68, 71, 72, 77, 129, 192
単独相続　36, 40, 44, 45, 67, 191, 425, 438, 443
単墳　402, 413, 423
男女均分　67, 93
男女有別　203, 361, 362
チェンギナンコル　21, 395, 396
チバン（*chiban*）　199, 215, 232, 233, 322, 324, 328, 354, 406, 408-411, 418-421
チバンガン（*chiban-gan*）　232, 233, 322, 324, 328, 354, 406, 408-411, 418, 419, 421
チプ（*chip*）　35, 39, 43, 44, 164, 165, 167, 194-196, 199-202, 207, 209-211, 213, 219-221, 223, 238, 239, 243, 244, 303, 322, 324-327, 344
チャグン・チプ（*chagŭn-chip*）　39, 43, 167, 194-196, 199-202, 207, 209, 219, 239, 243, 324, 327, 344
チャンウォルリ（*changwŏlli*）　368, 369, 377, 381
地域化された核（localized core）　91, 384
地域社会　27, 45, 54, 56, 62, 63, 84, 91, 107, 117, 186, 416, 426
地域的拠点（localized core）　14, 45, 67, 91, 92, 384
地域名望家　84
地域門中（local lineage）　91, 384, 385, 394, 398, 424, 444
　――の内部分化　385, 398
地官（*chigwan*）　405, 408, 409, 413, 414
地方行政区域の統廃合　16, 17, 28
地方吏員養成所　174-176
治山治水事業　175
茶祀（*ch'asa*）　321, 323, 324, 328, 406
茶礼（*ch'arye*）　321
嫡長男子　68, 71
中間的自営農　192, 196, 197, 200, 201, 204, 206, 211, 212, 238, 240, 243, 244, 247, 295, 329-331, 380, 433, 437, 439, 441
中山間農村　124
中人　56, 58, 59, 63
中年層　21, 229-231, 287, 306, 307, 435
仲媒（*chungmae*）　175, 219, 231-233, 245, 307, 331
　――半，恋愛半　307, 331
長期持続（longue durée）　15, 25-27, 35, 44-46, 51, 53, 87, 92, 118, 119, 247, 295, 334, 429, 430, 432, 434, 443, 445
　――（な）様相　15, 25-27, 35, 44-46, 51, 87, 92, 118, 119, 430, 445
長孫　42, 105, 178, 198, 199, 205, 212, 216, 219, 296, 320-328, 406, 417, 418
長男残留　36, 37, 39, 43, 46, 67-69, 71, 73, 191-194, 196, 197, 198, 200, 201, 204, 209, 218, 236, 238-245, 295, 330-334, 383, 433, 434, 437, 438, 439
　――規範の一義性　295, 332-334, 434, 438
　――（型）直系家族　39, 67, 73, 191
　――傾向　67, 69, 71, 73, 196
　――（の）規範　36, 43, 46, 192-194, 196-198, 200, 201, 204, 218, 236, 239-245, 295,

330-334, 383, 433, 434, 438, 439
長男単独祭祀相続　*36*
長男奉祀の原則　*324*
長幼之序　*203*
朝鮮王朝　*15, 16, 28, 60, 67, 93, 107, 110*
──時代　*15, 16, 28*
朝鮮国勢調査　*119, 121, 123, 129, 134, 137, 162, 169, 432*
──報告書　*129, 137*
朝鮮時代後期（朝鮮後期）　*17, 27, 32, 33, 45, 53, 54, 56, 57, 60, 65, 67, 68, 73, 75-78, 87, 91, 92, 97, 98, 100, 106, 107, 117, 129, 146, 154, 156, 191, 196, 197, 240, 337, 338, 366, 374, 431, 432*
朝鮮戦争　*10, 46, 162, 166, 179, 180, 183-186, 236, 247-249, 251, 256, 266, 278, 279, 282*
朝鮮総督府　*31, 68, 78, 82-87, 119, 120, 124, 132, 134, 144-147, 171, 172, 177, 342, 349, 350, 363, 366*
朝鮮農村社会踏査記　*109*
徴用　*164, 165, 167, 168, 177, 186, 211, 355, 362*
直月　*96, 98-100, 102, 103, 106, 107, 109, 112, 113, 114, 116-118*
──有司　*96*
──案　*98-100, 102, 103, 106, 107, 109, 112-114, 116-118*
直系家族（stem family）　*35-40, 42, 53, 67, 71-73, 191, 196, 310-312, 330, 436, 439*
──化傾向　*71, 72, 196*
珍島　*32, 36, 43, 158, 193, 195, 197, 198, 201, 213-215, 235, 237, 242, 244, 253, 325, 343-346, 358, 366, 373, 379, 441*
賃労働　*26, 176, 192, 240, 242, 343*
追慕（commemoration）　*325, 398, 405, 423, 425, 427, 444, 445*
妻方居住　*43, 344*
──婚　*242*
テドン里（Taedong-ri）　*198, 199, 201, 203, 224, 244*
テリルサゥイ（*teril-sawi*　率婚）　*202, 229*
出稼ぎ　*46, 133, 135, 137, 161-164, 166-168, 179, 186, 192, 211, 214, 215, 236, 237, 243, 355, 362*
典校　*104, 111-114*
添酌　*397, 399*
伝掌　*140, 141, 143, 146, 147, 149, 151, 158, 366*
──時　*141, 143, 146, 147, 149, 151, 366*
佃戸　*51, 53, 197*
トゥイッコル　*20, 354, 355*
トゥレ（*ture*）　*29, 33, 75, 76, 85, 143, 144, 145, 147, 154, 349, 373, 379, 441*
トバギ（*t'ŏbagi*）　*63, 65, 66, 72, 73, 77, 82, 88, 91, 191, 240, 430*
──家系　*66*
──士族　*65, 72, 73, 77, 88, 191, 240, 430*
──士族地主　*72, 88, 191, 240, 430*
トンネ（*tongne*）　*28, 29, 34, 44, 138, 147, 158, 181, 210, 226, 232, 337, 357, 358, 366-369, 371, 374, 376-378, 381, 442*
──イル（*tongne-il*）　*158, 344, 366*
──ガリ（*tongne-gari*）　*138, 147, 158, 357, 358, 366, 367, 371, 374, 376-378, 381, 442*
──・ユサ（*tongne-yusa*）　*138, 368, 371, 378*
都市化　*1, 16, 128, 138, 203, 251, 448*
都市中産層　*46, 186, 248, 252-256, 265, 290, 292, 305, 310, 334, 422, 427, 434, 436, 439, 444*
──志向　*46, 186, 248, 252, 253, 255, 256, 265, 290, 292, 305, 422, 427, 434*
──的階級地平　*310, 334, 434, 436*
土葬　*401*
土地改革　*257*
土地調査　*142, 146, 148, 157*
土着的な信仰　*319*

統一米　*261, 262, 356*
統監府期　*16, 78, 114*
稲熱病　*130, 151, 261*
同高祖八寸　*199*
同姓族部落　*82*
同婿（*tonsŏ*）　*322*
同族　*30, 37, 82, 341-343, 379*
　──部落　*82*
　非──　*341-343, 379*
洞宴　*29, 368*
洞契（*tongye*）　*29, 74-77, 85, 119, 138-142, 144-148, 150-159, 192, 226, 228, 337, 338, 344-346, 365-368, 371-374, 376, 378, 379, 381, 440, 441*
　──文書　*138, 142, 338*
洞祭　*29, 31, 75, 76*
洞財　*140, 373*
洞掌　*140, 141*
洞物台帳　*344*
洞里　*17, 28, 29, 31, 32, 64, 68, 76, 78, 82-84, 87, 113, 145, 345, 369, 373*
　──殴打（*tongni-mae*）　*31*
　新──　*17, 28*
　旧──　*28, 29, 32*
堂山祭　*19*
堂山木（*tangsan-namu*）　*19, 20*
堂内（*tangnae*）　*322*
動態的均衡性　*15, 48, 159, 430, 432, 445*
動態的地主　*131, 132*
道評議員　*78, 83, 85*
独子　*36, 69, 70, 94, 105, 193, 194, 236, 237, 238, 390, 391, 393, 418, 422*

ナ

内孫　*66, 105*
南原
　──郷校　*104, 110-116, 177, 178*
　──郡　*16, 17, 112, 113, 115, 116, 119-122, 124-132, 135-138, 150, 151, 162, 169, 171, 172, 177, 180, 184, 185, 207, 216, 219, 230, 231, 263, 264, 267, 268, 272, 274, 276, 278, 283, 284, 296, 300, 306, 307, 432*
　──市　*16, 17, 93, 110, 176, 217, 231, 278, 283-285, 287, 293, 294, 298-300, 304, 408, 419, 421*
　──市郡　*16, 278, 284, 285, 287, 294*
　──地域　*16, 17, 46, 88, 89, 91, 96, 109, 116, 117, 119, 129, 162, 179, 182, 183, 187, 205, 240, 248, 256, 262, 266, 279, 284-286, 322, 348, 350, 363, 383, 449*
　──府　*16, 22, 91-93, 96-101, 103, 104, 106, 107, 109, 111-118, 156, 158, 177, 178, 240, 384, 432, 443*
　──府使　*97, 111, 116, 177*
　──面　*16, 112, 124-126, 128, 162, 169, 172, 181*
南原邑内　*16, 115, 116, 128, 161, 169, 174, 176-182, 216, 230, 231, 297, 306, 307, 326, 363, 365, 421*
南原警察署　*182, 184*
南原誌　*105, 111, 177- 179, 417*
南原事件　*182*
南原農業学校（南原公立農業学校）　*169, 182, 183, 206, 207*
南北分断　*180, 186*
二重就業構造　*192, 240, 295, 309, 310, 436*
　農家経済の──　*309, 310, 436*
二人契　*33, 64, 76, 77*
肉脱（*yukt'al*）　*412, 413*
日韓併合　*78, 92, 108*
日帝時代　*165, 175, 354, 362, 363*
入郷祖　*22, 23, 92-97, 101-105, 320, 384-386, 388, 393, 394, 396, 398, 424, 443*
奴者　*108*
奴婢　*52, 53, 55, 57-59, 64, 65, 68, 70, 93, 108, 111, 138, 341*
　公──　*55, 57*

私――　*55, 57*
年長労働力　*72, 191, 196, 200*
農家（peasant household; peasant family farm）
――経済　*25, 26, 192, 309, 310, 436*
――世帯の形成　*192, 236, 305, 308*
農楽　*75, 85, 87, 145, 150, 153, 366*
農旗　*85, 87, 145, 149, 153, 366*
農業訓練所　*174, 175, 176*
農業経営の道具・手段化　*437*
農業の資本主義化　*136*
農業本業者率　*127, 128*
農事暦　*347, 369*
農村経済　*119, 129*
農村社会学　*2, 29, 30, 193*
日本――　*29*
朝鮮――　*30*
農村振興運動　*28, 143, 150-152, 338*
農地改革　*197, 199, 204, 257-259, 379, 432*
――法　*257*
農地開発　*56, 57, 70-72, 431*
農民（peasant）　*25, 32, 40, 52, 64, 129, 132, 137, 159, 182, 192, 253, 257, 339, 341, 432*
――層分解　*129*
――の窮乏化　*129*

ハ

パルチザン　*183-185*
買収農地　*257*
班村（*panch'on*）　*17, 59, 107*
日雇い労働　*25, 176, 218, 347, 350, 351, 355, 365*
非父系　*71, 215, 218, 226, 229, 233, 242, 244, 318, 398, 399, 420, 425, 444*
――近親世帯　*233, 244*
――の近親・姻戚世帯　*218*
備荒貯穀　*152*
百中　*153, 366-368, 373*
平等的コミュニティ　*47, 159, 337-339, 341, 343-346, 372, 379, 430, 431, 440, 441*
――の存立条件　*339*
――の生成・再生産　*339, 345*
――倫理（egalitarian community ethic）　*341*
品字形　*403, 407, 422*
貧農　*64, 72, 88, 129, 137, 138, 168, 191, 192, 198, 200, 202, 204, 213-216, 218, 223, 235, 236, 238, 240-244, 247, 251, 331, 350, 351, 431-433*
フィールドワーク　*2, 3, 13-16, 19, 29, 31, 32, 253, 339, 429, 448*
フェサン（回山）　*21, 221, 222, 296*
プマシ（*p'umasi*）　*343, 344, 347, 348, 350-360, 370, 379, 380, 441, 442*
プヨク（*puyŏk*）　*369, 370, 377, 381, 406, 415, 418, 421, 422, 442*
夫婦家族（conjugal family）　*35, 72, 191, 299, 310, 311*
不遷之位　*94*
父系血統　*47, 68, 219, 334, 383, 384, 423-427, 444, 445*
父系親族　*14, 15, 17, 22, 23, 39, 42, 45, 51, 53, 55, 56, 62, 63, 65, 66, 68, 71-73, 82, 87, 88, 91, 105-107, 117, 156, 164, 165, 185, 191, 204, 224, 226, 227, 233, 242, 322, 328, 332, 383, 384, 406, 408, 425, 429, 430, 431, 438*
――戸　*62, 63*
――集団　*14, 15, 53, 73, 82, 91*
――の集団化・組織化　*87, 430*
――の組織化　*45, 55, 105, 106, 117, 429*
普通学校　*114, 161, 162, 169, 172, 174-179, 182, 205, 207*
公立――　*114, 161, 162, 169, 174, 176-178, 182, 205, 207*
富農　*83, 153, 179, 186, 192, 204, 205, 209, 210, 215, 224, 226, 228, 229, 236, 238-241, 243, 244, 247, 271, 301, 305, 324, 329, 331, 350, 368, 379, 433, 437, 441*

部落　*28, 29, 31, 78, 82, 83, 85, 150-152, 183, 369, 373, 439*
　——調査　*78*
風水　*389, 401, 405, 412-414, 423, 424*
　——地理　*389, 401, 405, 412-414, 423, 424*
複世帯　*208, 241, 243, 244, 300, 305, 331, 433*
　——的構成　*241, 433*
　——的（な）家内集団　*244*
物質的・象徴的利益　*73, 88, 198, 210, 241, 244, 433*
文化・経済・社会諸資本　*254*
文化資本　*254*
分割相続　*37, 67, 68, 72, 191, 430*
分給　*140-144, 149, 150*
　——銭　*140, 142-144, 149, 150*
分家（*punga*）　*41, 43, 155, 156, 163-167, 186, 192, 194-196, 199-202, 208-211, 214, 216, 229, 233, 235-239, 243, 244, 292, 296-299, 302, 303, 305, 308-311, 330, 333, 338, 408, 427, 434, 436, 440, 445*
　村内——　*155, 156, 209, 233, 235, 236, 238, 239, 298, 309, 310, 330, 338, 434, 436, 440*
　伝統——　*209*
分節体系（segmentary system）　*385*
文廟　*109-111, 114-116, 118*
ベトナム派兵　*250*
ベビーブーム　*251, 282, 283, 288, 289*
　——世代　*282, 283, 289*
平斗　*140*
平民　*56-59*
変化に開かれた持続性　*15, 48, 445*
ホワイトカラー　*207, 247, 253-256, 279, 285, 297, 330*
墓祭（*myoje*）　*66, 320, 325, 394, 406*
墓祀（*myosa*）　*320, 324, 325, 327, 328, 332, 383, 388, 391, 393-400, 403, 406, 407, 421, 423-428, 444, 445*
墓碑　*109, 400, 403, 404, 406, 415-417, 420, 423, 424, 427*
奉祀条　*67*
法人的一体性（corporateness）　*30, 34, 44, 337*
法定里（*pŏpchŏng-ri*）　*17, 18, 28, 358*
封墳　*402, 403, 408, 410, 415*
豊山柳氏　*341*
北部 3 面　*18, 230, 231, 233, 236, 237*
朴正煕　*249, 365*
本貫（*pongwan*）　*22, 414*

マ

マウル（*maŭl*）
　——会館　*20, 344, 357, 367, 368, 371*
マッソン（*matsŏn*）　*231, 232, 307*
末子　*69, 195*
　——残留　*69*
身分　*15, 17, 31-33, 38, 45, 51, 53-61, 63, 64, 65, 72, 73, 76, 77, 84, 86-88, 92, 103, 106-109, 116, 117, 197, 240, 317, 342, 343, 429, 430, 431, 443*
　——構造　*45, 51, 53, 54, 57, 87, 108, 430*
　——制　*54, 92, 108, 117, 443*
　——伝統　*17, 240, 429*
　社会的——　*51, 54-57, 63, 73, 77, 108*
　法的——　*54, 56, 57, 108, 443*
緑の革命　*261, 426*
民主青年同盟　*182, 185*
民籍簿　*65*
民族誌　*2, 3, 13-15, 27-29, 32, 34, 35, 37, 44-48, 67, 88, 91, 159, 180, 191-193, 197, 198, 231, 241, 295, 337, 339, 366, 379, 383, 428, 429, 432, 433, 435, 439, 441, 443, 445-450*
　——資料　*2, 13, 46, 48, 191, 241, 295, 337, 339, 428, 433, 435, 443, 446, 447, 448*
　一村——　*32*
民族誌的現在　*13-15, 27, 44, 47, 48, 429*
　——の「現在」化　*14*

「そこにいたこと」としての―― *44, 47*
「表現様式」としての―― *13*
表層としての―― *15, 44*
民村 *75*
ムルトジ（*mul-toji*） *226*
村ごと（*tongne-il*） *158, 344, 345, 366*
村の精神 *29, 30*
村の有司 *138, 371*
メリトクラシー *46, 209, 241, 295, 310, 329, 330, 437*
――戦略 *46, 310, 329, 330, 437*
（近代）――志向 *46, 209, 241, 295, 330*
名節 *85, 153, 299, 320, 321, 328, 369, 404*
名門五姓 *92-94, 96, 97, 101, 102, 103, 106, 112, 113, 117*
名門士族 *39, 91, 92, 107, 117, 156, 158, 240, 341, 346*
銘旌 *409, 410*
面（*myŏn*）
――事務所 *183, 205, 267*
――書記 *145, 174-176, 180, 181, 183, 184*
――庁 *145-148*
――役場 *144-147, 149, 174, 175, 205, 238, 345*
――有林 *149*
棉作 *149*
モスム（*mŏsŭm*） *195, 200, 201, 205, 227, 228*
――暮らし *195, 201*
モパン（*mop'an*） *348, 356*
モラル・エコノミー *47, 339, 380, 430, 442*
門中（*munjung*） *20, 22, 37, 43, 47, 55, 76, 85, 91, 104, 109, 112, 113, 115, 116, 146, 168, 228, 320, 325, 327, 343, 344, 345, 346, 358, 379, 383-385, 388-394, 398, 400, 403, 415, 417, 418, 420, 424-426, 428, 443-445*
――契 *55, 85, 146, 426, 444*
――組織 *383-385, 424*

ヤ

薬山 *20, 21*
輸出志向型 *250, 434*
輸入代替型 *248, 250*
有子孫率 *61-63, 192*
有司 *96, 99, 100, 102, 111, 138, 158, 320, 368, 371, 378*
有祖先率 *60-63*
邑
――書記 *174, 182*
――城 *109, 110, 115*
邑内（*ŭmnae*） *16, 17, 19, 64, 78, 84, 109, 115, 116, 128, 137, 161, 162, 169, 172, 174, 176-182, 195, 216, 230, 231, 297, 298, 302, 306, 307, 326, 363-365, 421, 447*
――場 *363, 364*
予備拘束 *184*
良い暮らし *253, 256, 333, 438*
読み書きの程度 *120*
幼学 *52, 55-58, 63, 72, 196*
遥拝 *152*
養蚕振興 *149*
養子 *24, 38, 40-42, 212, 214, 215, 218, 220-223, 235, 245, 324, 326, 332, 376, 388, 389, 393*
――の慣行 *223*
養士斎 *109, 112-116*
養父母 *38, 223*
嫁（*myŏnŭri*） *20, 95, 96, 161, 164, 167, 168, 178, 202, 203, 208, 213, 214, 216-222, 228, 230, 231, 233, 242, 296, 297, 300, 301, 306, 307, 312, 322, 362, 363, 365, 379, 409, 411, 418-420, 422, 436*
四代奉祀（*sadaepongsa*） *320, 323, 324, 327, 332, 391, 394*

ラ

ライフスタイル　*253, 254, 333, 334, 379*
　都市的（な）――　*334*
ライフヒストリー　*45, 46, 156, 159, 161, 168, 180, 181, 186, 191, 204, 296*
リネージ　*340, 341, 385*
吏族　*56, 116, 161, 174, 176, 178-182, 184, 447*
　――家系　*174, 176, 178-182, 184, 447*
里長（*ijang*）　*15, 18, 141, 146, 181, 183, 340, 344, 357, 358*
理想型（ideal model）　*34, 35, 37, 39-41, 46, 191, 193, 241, 433*
離農　*46, 130, 132, 134, 192, 237, 260, 316-318, 339, 355, 434*
　――者　*260, 316-318*
流動／定着性のスペクトラム　*72*
龍城誌　*104, 110, 111*
龍城続誌　*104, 417*
両極化　*283, 284, 285, 292, 435*
　移住形態の――　*283*
　就労・就業構造の――　*284, 285*
　転出傾向の――　*292*
両班（*yangban*）　*15, 17, 22, 25, 52, 53, 55, 57-59, 63-65, 72, 76, 82-84, 89, 91, 92, 103, 107-109, 112, 117, 118, 191, 196, 197, 205, 212, 239, 240, 341, 362, 363, 379, 416, 417, 424, 426, 431, 432, 443*
　――志向　*53*
　――・儒林共同体　*417*
　下層――　*53, 118, 240, 432*
良役　*54-57*
良賤　*54, 87, 108*
良民　*55-57, 141*
量案　*57, 59, 63, 65, 197*
流浪する長男　*217, 219*
歴史人類学　*45, 53, 60, 447, 450*
歴史民族誌　*2, 13, 15, 44, 48, 429, 443, 446, 448*
烈女　*20, 95, 98, 104, 107, 117, 345, 390*
　――碑　*95, 390*
恋愛結婚　*297, 307, 308, 331*
連鎖的移住　*220, 297*
路銭（*nojŏn*）　*374, 376*
魯豊　*261*
労役　*75, 86, 132, 144, 192*
労働集約　*72, 130, 131, 191, 196, 243, 431*
　――化　*72, 191, 196, 431*
　――の度合い　*130*

人名索引

秋葉隆　*17, 319, 320*
有田伸　*254-256, 284*
安克忠　*23, 94-96, 101-104*
安省　*95, 104*
安勝澤　*34*
伊藤亜人　*17, 32, 35, 43, 158-169, 180, 193-195, 200, 202, 253, 322, 325, 343-345, 358, 394, 449*
石井美保　*40*
エイベルマン（Abelmann, N.）　*254, 334*
小田内通敏　*78, 82-87, 145, 146, 342, 366*

キム・ミョンヘ　*203, 204, 333*
金彧　*95, 96, 101, 102, 105, 106, 397, 395*
金炫榮　*57, 58, 59, 63, 82, 92, 97-100, 103, 337*
金千秋　*22, 94-96, 101, 104-106, 396*
金宅圭　*29, 32, 107, 193, 341-343*
金斗憲　*37, 68*
金弼東　*54*
金容燮　*57, 58, 63, 197*

崔在錫　*29, 31, 35, 72, 441*
嶋陸奥彦　*17, 28, 34, 35, 40-42, 51-53, 55-58, 60-75, 82, 91, 92, 107, 111, 122, 142, 158, 191, 193, 240, 243, 322, 331, 332, 337, 347, 351, 358, 360, 384, 385, 394, 432, 434, 449*
善生永助　*82*
宋光朝　*23, 95, 96, 102, 103*
宋之渾　*95, 96, 102*
宋俊浩　*66, 71, 92, 93*

池承鍾　*108, 109*
友部謙一　*192*

パク・プジン　*441*
平井京之介　*34, 337, 346, 4442*
フリードマン（Freedman, M.）　*384, 385, 413, 425*
ブルデュー（Bourdieu, P.）　*35, 42, 43, 44, 72, 204, 254*
ブラント（Brandt, V.S.R.）　*32, 193, 228, 252, 253, 310, 339-342, 359, 372, 373, 379*

松本武祝　*129-132, 134*
宮嶋博史　*28, 51-53, 56-58, 64, 66, 67, 70-72, 74, 75, 92, 111, 240, 432*

山内民博　*67, 68, 71, 98, 125, 207, 425*
ユン・ヒョンスク　*198, 199*

李榮薫　*32, 33, 59, 64, 65, 67, 74, 76, 77, 82, 339*
李海濬　*32, 33, 74-77, 138, 147*
李光奎　*35, 37, 39, 40, 193, 451*
李チャンヨン　*199, 244*
レット（Lett, D.P.）　*253, 254, 439, 440*

写真・図表一覧

写真

写真 1　トゥイッコル　*16*
写真 2　カウンデッコルとクンシアムコル　*16*
写真 3　Y マウル中心集落入口の石碑群　*20*
写真 4　Y マウル会館。裏手は農協倉庫　*20*
写真 5　クンシアム（1994 年 8 月撮影）　*20*
写真 6　彦陽金氏大宗中入郷祖の祭閣（チェンギナンコル）　*20*
写真 7　Y マウルのある農家（当時の里長宅）　*26*
写真 8　農家の納屋　*26*
写真 9　農家での豚の飼育　*26*
写真 10　仔牛の出産　*26*
写真 11　チャンドクテ　*26*
写真 12　下宿先の農家での日常的な食事　*26*
写真 13　広州安氏の顕祖である安省の神位と享祀の供物（湖巌書院）　*105*
写真 14　彦陽金氏大宗中中興祖の祭閣と墓所　*105*
写真 15　教化機関としての郷校（南原郷校大成殿）　*117*
写真 16　穀文書の表紙　*139*
写真 17　穀文書所収の条約冒頭部　*139*
写真 18　右が乞粒記末尾，左が銭文書冒頭　*140*
写真 19　旗歳拝　*149*
写真 20　農楽の演奏　*153*
写真 21　李 KN の手記の一節（手稿の複写）　*225*
写真 22　家神への供物（陰暦 7 月 15 日百中）　*320*
写真 23　雑鬼への供物（陰暦 7 月 15 日百中）　*320*
写真 24　忌祭祀　*321*
写真 25　陰暦元旦の茶祀　*321*
写真 26　陰暦 8 月 15 日秋夕の茶祀　*321*
写真 27　機械田植え用のモパン作り　*348*
写真 28　苗代（モパンを用いたもの）　*348*
写真 29　田植え　*348*
写真 30　プマシによる稲刈り　*348*
写真 31　機械動力による脱穀　*350*

写真 32　脱穀後の籾を天日で干す　*350*
写真 33　プマシの昼食　*353*
写真 34　都市に暮らす子弟の帰郷（陰暦元旦の共同歳拝）　*367*
写真 35　陰暦元旦　*367*
写真 36　住居改築の際のプヨク　*370*
写真 37　住居新築の際のプヨク　*370*
写真 38　サンイルでのプヨクや見物に来た人たちへの食事のふるまい　*370*
写真 39　トンネガリでの洞契の会計決算　*371*
写真 40　葬式の準備　*375*
写真 41　喪家にて。父の霊前で拝礼をする息子たちと嫁たち　*375*
写真 42　喪家にて。弔問を受ける息子たち　*375*
写真 43　発靷前夜　*375*
写真 44　発靷　*375*
写真 45　橋のたもとで喪輿を止め，遺族に路銭を要求する　*375*
写真 46　彦陽金氏小宗中祭閣　*387*
写真 47　彦陽金氏深洞宗中の契文書　*390*
写真 48　墓祀の供物の準備（彦陽金氏大宗中）　*396*
写真 49　彦陽金氏入郷祖の墓祀　*396*
写真 50　山神祭　*397*
写真 51　恩津宋氏大宗中祭閣　*399*
写真 52　恩津宋氏大宗中祭閣での時祭　*399*
写真 53　祭閣内での時祭（広州安氏）　*399*
写真 54　墓祀・時祭終了後の供物の分配と飲福（恩津宋氏）　*400*
写真 55　墓の造営　*403*
写真 56　秋夕の省墓（墓参）　*403*
写真 57　移改葬を伴うサンイル　*409*
写真 58　地官の指示に従って取りあげた骨を七星板の上に並べ，窓戸紙で覆う　*409*
写真 59　品字型の埋葬墓の造営　*411*
写真 60　床石に子孫たちを載せ，酒を飲ませて酒代をせびる。写真は末息子と孫　*411*
写真 61　墓碑の設置　*416*
写真 62　墓碑設置終了後，それを報告する祭祀を墓前で執り行う　*416*
写真 63　墓碑設置を祝うための宴会の準備　*421*

図

図 0-1-a　Y マウル周辺図　*18*
図 0-1-b　Y マウル中心部　*19*
図 0-2　Y マウル年齢層別人口（1989 年）　*22*
図 3-1　全羅北道年齢・出生地別人口（1930 年）　*123*

図 3-2　南原郡出生地別人口（1930 年）　*125*
図 3-3　南原郡の下位行政区域と人口　*126*
図 3-4　Y マウル洞契銭文書収支（1915 ～ 42 年）　*141*
図 4-1　1930 年朝鮮国勢調査年齢層別仮名・諺文読み書きの程度（全羅北道・朝鮮人）　*173*
図 4-2　1930 年朝鮮国勢調査年齢別未婚率（全羅北道）　*173*
図 5-1　1950 年代半ばの 28- 安 CG 家族の世帯編成　*205*
図 5-2　32- 安 YS 家族の世帯編成　*212*
図 5-3　1949 年頃の金氏 3 兄弟の世帯編成　*214*
図 5-4　41- 全 SG 家族の世帯編成　*217*
図 5-5　17- 安 KJ と 44- 崔 CS の近親　*217*
図 6-1　食糧穀物生産量と消費量　*249*
図 6-2　韓国産業別就業者数　*250*
図 6-3　韓国センサス人口　*252*
図 6-4　韓国所有形態別農家数　*258*
図 6-5　韓国経営規模別農家比率　*259*
図 6-6　米穀全生産量　*260*
図 6-7　品種別反収　*261*
図 6-8　品種別作付面積　*262*
図 6-9　耕作規模別農家比率（P 面）　*264*
図 6-10　米穀収穫高（南原郡）　*265*
図 6-11　米穀反収（南原郡／全国）　*266*
図 6-12　南原郡 5 歳幅出生コーホート別人口　*269*
図 6-13　5 歳幅年齢層別未婚率（南原郡 1970 年）　*271*
図 6-14-a　出生コーホート別人口変動（P 面・C80-85 ～ C65-70）　*273*
図 6-14-b　出生コーホート別人口変動（P 面・C60-65 ～ C45-50）　*273*
図 6-14-c　出生コーホート別人口変動（P 面・C40-45 ～ C05-10）　*274*
図 6-15　南原 C45-50 学歴　*281*
図 6-16　南原 C50-55 学歴　*281*
図 6-17　南原 C55-60 学歴　*281*
図 6-18　南原 C60-65 学歴　*283*
図 6-19　P 面世代別人口数　*289*
図 6-20　P 面世代別人口構成　*291*
図 6-21　P 面年齢層別人口　*293*
図 7-1　37- 金 KY 家族の世帯編成　*298*
図 7-2　34- 金 CY 家族の世帯編成　*302*
図 9-1　彦陽金氏大宗中の内部分化　*386*
図 9-2　広州安氏大宗中の内部分化　*393*
図 9-3　34- 金 CY の家族・近親と T・S 宗中　*407*

表

表 0-1　Y マウル世帯の氏族構成　*23*
表 0-2　Y マウル世帯の稲作・畑作従事状況，水田耕作規模と農地所有形態　*24*
表 1-1　1714 年租岩坊戸籍台帳戸主の身分別平均農地所有　*58*
表 1-2　1714 年租岩坊戸籍台帳戸主の身分別農地所有分化　*58*
表 1-3　1720 年渚谷面の身分別農地所有　*59*
表 1-4　大丘帳籍月背地域の時期別戸数　*61*
表 1-5　大丘帳籍月背地域の既婚の息子の居住　*69*
表 1-6　朝鮮部落調査の概要　*79*
表 1-7　朝鮮部落調査の調査村の構成と統合度（歴史の古い農村＋望湖里）　*87*
表 2-1　「龍城郷案」収録者数　*101*
表 2-2　「龍城郷案」三姓収録者　*102*
表 2-3　南原府郷憲・直月　*103*
表 2-4　「直月案」三姓収録者　*103*
表 2-5　南原郷校典校・掌議の出身家門　*112*
表 3-1　南原郡人口変化率，農業本業者率，自府面出生者率（1930 年・男性）　*127*
表 3-2　農家等級・農家収支（1925 年 9 月，最近 1 年間）　*133*
表 3-3　農家の転業状況（1925 年 9 月，最近 1 年間）　*134*
表 3-4　昭和 7 年自 1 月至 4 月離村農民調査表　*135*
表 3-5　朝鮮国勢調査南原郡人口変化率・世帯規模・性比　*137*
表 4-1　植民地期南原郡公立教育機関　*170*
表 5-1　Y マウル既婚女性の出身地（1945 年以前の出生者のみ）　*230*
表 5-2　Y マウル居住者の村内分家　*234*
表 5-3　1940 年以前出生の既婚男性の農家世帯形成経緯　*237*
表 6-1　所有形態別農家比率（南原郡）　*263*
表 6-2　経営規模別農家比率（南原郡）　*263*
表 6-3　P 面 5 歳幅年齢層別人口　*267*
表 6-4　南原郡 1966 ～ 70 年出生コーホート別人口変化率　*270*
表 6-5　15-19 歳層の学歴と在学者数（南原郡）　*270*
表 6-6　P 面出生コーホート別年齢層別人口変動率（男性）　*275*
表 6-7　P 面出生コーホート別年齢層別人口変動率（女性）　*277*
表 6-8　20-24 歳の学歴と在学者数（南原郡）　*290*
表 6-9　Y マウル住民の未婚の子供　*293*
表 7-1　Y マウル既婚女性の出身地　*306*
表 7-2　1941 年以後出生の既婚男性の農家世帯形成経緯　*308*

表 7-3　Y マウル世帯構成（1989 年 8 月現在。常住者基準）　*311*
表 7-4　Y マウル世帯の農業従事状況（1989 年）　*313*
表 7-5　水田耕作面積 4,000 坪以上の農家（1989 年）　*315*
表 7-6　水田耕作面積 4,000 坪未満の農家（賃借者のみ・1989 年）　*316*
表 7-7　水田の賃貸（1989 年）　*317*
表 7-8　畑の貸借（1989 年）　*319*
表 7-9　Y マウル家内祭祀の対象祖先　*323*
表 9-1　Y マウル三姓大宗中の世代深度と居住状況　*386*
表 9-2　彦陽金氏南原大宗中と小宗中の構成　*387*
表 9-3　Y マウル三姓の墓祀（1989・90 年）　*395*
表 9-4　Y マウル近隣で行われたサンイル（1990 年 3 ～ 7 月）　*402*
表 9-5　対象祖先からの世代深度　*412*
表 9-6　サンイルへの家族・近親の参加　*419*

著者紹介

本田　洋（ほんだ　ひろし）

1963年生まれ。東京大学教養学部卒業，大学院社会学研究科修士課程修了，総合文化研究科博士課程（文化人類学専攻）単位取得満期退学。
東京大学教養学部助手，東京外国語大学アジア・アフリカ言語文化研究所助手・助教授等を経て，現，東京大学大学院人文社会系研究科・文学部教授。
専門は社会・文化人類学，韓国朝鮮文化研究。
主要業績は，『東アジアからの人類学――国家・開発・市民』（共編著，風響社，2006年），『有志と名望家――韓日地域社会構造についての民族誌的比較』（林慶澤と共著，イメジン，2013年，韓国語），「韓国山内地域の農村移住者と生活経験――2010年代前半の動向を中心に」（『韓国朝鮮文化研究』15，2016年）など。

The Korea Foundation has provided financial assistance for the undertaking of this publication project.

韓国農村社会の歴史民族誌　産業化過程でのフィールドワーク再考

2016年10月20日　印刷
2016年10月30日　発行

著　者　本田　洋

発行者　石井　雅

発行所　株式会社　風響社

東京都北区田端4-14-9（〒114-0014）
TEL 03(3828)9249　振替 00110-0-553554
印刷　モリモト印刷

ISBN978- 4-89489-233-0 C3039